"十四五"国家重点出版物出版规划项目

淮南矿区
瓦斯治理理论与实践

HUAINAN KUANGQU
WASI ZHILI LILUN YU SHIJIAN

袁 亮 唐永志 刘泽功 主编

合肥工業大學出版社

图书在版编目(CIP)数据

淮南矿区瓦斯治理理论与实践/袁亮,唐永志,刘泽功主编．—合肥:合肥工业大学出版社,2021.10(2023.6 重印)

ISBN 978-7-5650-5224-8

Ⅰ.①淮… Ⅱ.①袁…②唐…③刘… Ⅲ.①煤矿—矿区—瓦斯治理—淮南 Ⅳ.①TD712

中国版本图书馆 CIP 数据核字(2020)第 261399 号

淮南矿区瓦斯治理理论与实践

袁 亮 唐永志 刘泽功 主编

策划编辑	王 磊 储国斌
责任编辑	张择瑞 袁 媛 汪 钵 赵 娜
责任校对	郭 敬 马成勋 殷文卓 毕光跃
出版发行	合肥工业大学出版社
地 址	(230009)合肥市屯溪路 193 号
网 址	www.hfutpress.com.cn
电 话	理工图书出版中心:0551-62903204 市 场 营 销 中 心:0551-62903198
开 本	787 毫米×1092 毫米 1/16
印 张	25.5
字 数	585 千字
版 次	2021 年 10 月第 1 版
印 次	2023 年 6 月第 2 次印刷
印 刷	安徽联众印刷有限公司
书 号	ISBN 978-7-5650-5224-8
定 价	195.00 元

《淮南矿区瓦斯治理理论与实践》编委会

前　言

淮南矿区是我国典型的高瓦斯煤层群开采矿区。煤炭开采过程中采动影响煤层多、瓦斯涌出量大，且大部分高瓦斯煤层具有煤与瓦斯突出危险性。历史上，淮南矿区曾发生过多次重特大瓦斯事故，瓦斯灾害给淮南煤矿安全生产带来惨痛教训和重大损失。20世纪80年代以来，淮南矿区采用的传统瓦斯抽放技术和方法，不能解决松软低透气性煤层群开采的瓦斯治理难题，为此，淮南矿业集团加大治理瓦斯的力度，在“十五”“十一五”期间组织产学研联合攻关，取得了一系列成果。目前，淮南矿业集团已在实践中发展了保护层卸压开采、沿空留巷等煤与瓦斯共采技术。淮南矿区在瓦斯治理技术研究方面取得了重大突破，多次得到党和国家领导人及各级政府的肯定和表扬。

淮南矿区瓦斯治理技术的重大突破主要体现在煤层群卸压开采、卸压瓦斯抽采、煤与瓦斯共采技术方面。淮南矿业集团在20世纪90年代中后期对煤层群卸压开采、卸压瓦斯抽采进行了深入研究，并取得重大突破。煤与瓦斯共采是当今世界高瓦斯矿井资源开采的最新发展趋势。随着人们对可利用资源的重视，煤矿开采中所排放的瓦斯已逐渐从危害气体转变为可利用资源。同时，在煤矿开采中有效地抽采瓦斯既能保证煤矿开采安全，又可减少温室气体排放。煤与瓦斯共采已是煤炭资源开发、开采安全以及环境保护等的重要发展方向。

本书研究内容涉及回采过程中采场周围煤岩应力场重新分布、煤岩体变形及破坏、煤层瓦斯压力、渗透性变化、瓦斯解吸与运移规律、卸压立体瓦斯抽采关键理论与技术体系。近年来，煤与瓦斯共采理论与技术实践已有了很大的发展。应用岩石力学、岩层移动“O”形圈、瓦斯流动等理论，结合多次煤矿井下瓦斯事故抢险经验，总结分析事故的原因和教训，提出采取卸压开采增加煤层透气性、“抽采”瓦斯的原理，变传统瓦斯自然排放为集中“抽采”，实现卸压开采抽采瓦斯、煤与瓦斯共采的科学构想；提出了在煤层群中选择安全层首先开采，形成岩层移动、煤层膨胀卸压，使邻近煤层中80%以上的瓦斯由吸附状态解吸为游离状态，对在被卸压煤层顶底板设计巷道、钻孔抽采卸压瓦斯的技术路线进行了几十种模拟研究。探索揭示出卸压开采采场内应力场分布规律，首采层开采后顶板存在环形裂隙区、顶底板被卸压煤层膨胀变形区的裂隙场分布及演化规律，瓦斯富集区分布及运移规律；在百余个工作面的现场工业性试验中，研究成功开采首采层之后，大量解吸瓦斯在抽采负压作用下沿卸压张裂隙径向流动的卸压开采抽采瓦斯原理；在成功研究卸压开采抽采瓦斯技术的基础上，发现了该研究成果存在瓦斯抽采巷道、钻孔工程量大等新的技术问题。为此，21世纪初又提出了无煤柱煤与瓦斯共采的科学构想：用采煤工作面无煤柱沿空留巷替代顶底板瓦斯抽采岩巷，变传统“U”形为“Y”形通风方式，在留巷内设计钻孔连续抽采采空区瓦斯的技术路线。揭示了首采层开采后，无煤柱沿空留巷采场内增压区、卸压区、应力恢复区的应力场分布规律；在沿空留巷顶板岩层移动存在竖向裂隙发育区、被卸压煤层膨胀变形区的裂隙场分布及演化规律；首采层在“Y”形通风流场下卸压瓦斯分布规律。工程实践取得了成功，实现了无煤柱煤与瓦斯共采技术的重大突破。

卸压开采抽采瓦斯、无煤柱煤与瓦斯共采理论研究在淮南矿区取得成功，实现了卸压层间距达50倍采高，突破了30倍采高的传统理论。淮南矿业集团根据上述理论将瓦斯集中抽采到地面并加以综合利用，建成一批发电、民用、锅炉燃烧等国际先进的瓦斯利用示范工程。

为了将近20年来淮南矿区瓦斯治理中探索出的经验和重大研究成果记录下来，以便进一步总结淮南矿区瓦斯抽采与治理的经验，完善各种瓦斯治理技术措施，发扬和传承淮南矿区瓦斯治理经验与煤矿安全文化，为保障淮南矿区煤炭生产的长治久安奠定理论基础，特编写此书。本书由淮南矿业（集团）有限责任公司和安徽理工大学袁亮、唐永志和刘泽功主编，编委有淮南矿业（集团）有限责任公司李平、雷成祥、朱贵旺、张纯如、童云飞、何吉春、童碧、丰安祥、陈建、丁同福、曹学军、张瑞、朱昌淮、李点尚、高艳忠、魏廷双、董瑞刚、潘辉和程合玉，安徽理工大学蔡峰、刘健、黄文尧、张春华、马衍坤和高魁等。安徽理工大学张健玉博士做了大量编校工作。

感谢国家自然基金面上项目深井突出煤层深孔聚能造缝固粒驱流增透消突机理研究（编号：51474009）的资助。本书大量引用了有关淮南矿区煤矿开采和瓦斯治理方面的科研报告、科技成果、学术论文和学位论文，同时引用了国内外有关煤矿瓦斯防治方面的研究成果和论文，在此对成果拥有者和论文作者一并表示感谢！

编　者

2021年8月

目　录

第 1 章　绪　论

1.1　引言

我国是世界第一产煤大国，煤炭产量占世界的 37%。煤炭作为我国的主要能源，分别占一次能源生产和消费总量的 76%和 69%。《能源中长期发展规划纲要(2004—2020年)》中已经确定，我国将“坚持以煤炭为主体、电力为中心、油气和新能源全面发展的能源战略”。显然，在相当长的时期内，煤炭作为我国的主导能源，其地位不可替代。

根据全国煤田普查预测，我国煤炭预测资源量及其埋藏深度的分布所占比例如图 1-1所示。

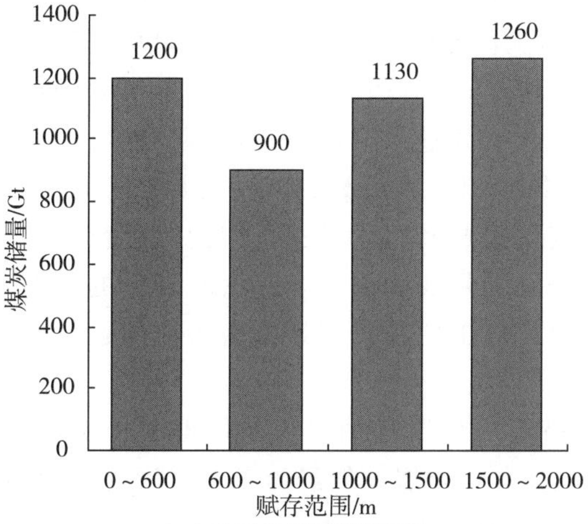

(a) 我国煤炭预测资源量

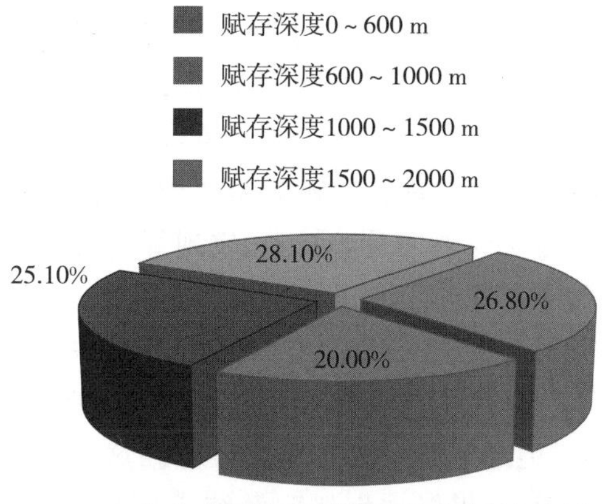

(b) 我国煤炭埋藏深度的分布所占比例

图 1-1　我国煤炭预测资源量及其埋藏深度的分布所占比例

由图 1-1 可知，就我国目前达到的勘探深度而言，至地下 2000 m 深度处预测总资源量约为 4.5×10^3 Gt。粗略地估算，勘探深度平均每增加 100 m，获得的煤炭预测资源量约增加 225 Gt，而在 1500～2000 m 深度范围内，勘探深度每增加 100 m 煤炭预测资源量平均增加 250 Gt。如果按目前煤矿的平均开采深度为 400 m 估计，我国地下煤炭的预测总资源量中至少还有大约 80%的煤炭资源没有被开发和利用。深部煤炭资源的开发将是一项长期的工作。

随着矿井开采深度的增加，煤层瓦斯含量逐渐增大，煤炭开采时瓦斯涌出量显著增加，深部矿井开采时的瓦斯灾害威胁越来越严重。瓦斯灾害是我国煤矿生产过程中的主要灾害。煤层瓦斯又称煤层气，是煤炭的伴生资源，其发热量为 33.5～36.8 MJ/m^3，是一种新型的洁净能源和优质化工原料，也是 21 世纪的重要接替能源之一。近年来陆续出台的国家能源政策使人们逐步意识到，煤层气是害也是宝，是新的洁净能源。我国煤层气资源丰富，据新一轮全国煤层气资源预测结果可知，在我国陆上煤田埋深 2000 m 以浅范围内拥有的煤层气资源量为 31×10^{12} m^3，居世界第二位，与我国陆上常规天然气资源量（30×10^{12} m^3）相当。在全国 21 个大气田中，16 个为煤成气大气田，煤成气大气田占全国大气田总储量的 86.86%，占全国天然气总储量的 51.94%，而大部分煤层气田是由煤层气运移形成的。因此，在我国发展煤层气产业既是客观需要，又具有雄厚的物质基础。开发利用煤层气，对缓解常规油气供应紧张状况、实施国民经济可持续发展战略、保护大气环境等均具有十分重要的意义。

煤层气是一种清洁、方便、高效的能源，并且不存在环境污染问题。大力开发抽采煤层气，既可以充分利用地下资源，又可以改善矿井安全条件和提高经济效益，并有利于改善地方环境质量和全球大气环境。因此，如何更有效地开发和利用煤层瓦斯，一直以来都是广大科研工作者努力的方向和目标。20 世纪 90 年代中期，淮南矿业集团开始卸压层卸压开采、煤与瓦斯共采的攻关研究，取得了一系列成果。

两淮矿区深部煤炭资源丰富，已探明－1500 m 以上储量近 700 亿 t。深部开采出现了一系列新问题和新特点，如淮南矿区深部开采煤层瓦斯含量高（26 m^3/t），地压大（最大水平应力 26.8 MPa），地温高（原岩温度 43 ℃，工作面回风流温度 37 ℃），煤与瓦斯突出严重，建井技术难度增加，岩层发生变化，软岩增加，压力增大，巷道位移量增大，巷道维护难度大，尤其是采掘巷道维护更加困难。随着矿井进入深部开采，瓦斯、地压、地温等重大技术问解题日益严重，特别是防治煤与瓦斯突出技术成为我国高瓦斯矿区的重大技术难题。现代采矿的基本内涵是本质安全、高效集成和科学开采。因此，继续全面系统地研究现代采矿技术，实现煤与煤层气的洁净开发是我国采矿业一直在努力的方向。深部矿井井工开采面临许多重大技术课题，其中最突出的就是瓦斯灾害防治问题，迫切需要解决这一问题，以保证深部矿井的安全开采。

近年来，作为防治瓦斯灾害事故主要技术措施的煤层气抽采虽然取得了较快的发展，但总体上看水平仍然较低。这主要是由于我国含煤地层一般经历了成煤后的强烈构造运动，煤层内生裂隙系统遭到破坏，塑变性大大增强，造成煤层的低渗透率和高可塑性，使得沿煤层打钻孔困难，煤层采前预抽效果较差。而且煤层普遍具有低渗透率，一般为 $0.1\times10^{-6}\sim1\times10^{-6}$ μm^2，水城、丰城、鹤岗、开滦、柳林等渗透率较好的矿区也仅为 $0.1\times10^{-3}\sim1.8\times10^{-3}$ μm^2，这一特点导致我国地面开发煤层气的难度很大，松软低透气性煤层条件下的煤矿瓦斯治理和煤层气地面开发是世界性技术难题。煤气安全共采现场测定和试验研究表明，不论原始渗透系数多么低的煤层，受采动的影响，煤层卸压后，其渗透系数会急剧增加，煤层内气体渗流速度增大，抽采钻孔的煤层气量也随之增大。

根据煤层赋存的地质条件和煤层瓦斯赋存特点，我国在瓦斯治理技术研究方面取得了一定的进展，形成了一系列成熟的瓦斯抽采模式，如原始煤层透气性较高的晋城矿区地面抽采原始煤层瓦斯模式、松藻矿区井下抽采瓦斯模式和两淮矿区低透气性煤层井上下立体抽采卸压瓦斯模式。

两淮矿区低透气性煤层井上下立体抽采卸压瓦斯模式其中的一项关键成套技术就是地面钻井卸压瓦斯抽采技术。由于淮南矿区含煤地层处在深厚表土层（300～500 m）高地应力履岩层下，原始煤层透气性极低，原始煤层瓦斯抽采效率低，要想进行地面钻井瓦斯抽采，必须走卸压瓦斯抽采的道路。

瓦斯作为一种洁净能源，应予开采和利用的科学采矿观日益受到关注和认可。它既是我国煤矿生产过程中的主要灾害源，又是一种新型的洁净能源和优质化工原料，是21世纪的重要接替能源之一。2006年，我国煤炭产量23.8亿t，国有重点煤矿井下瓦斯抽放量约24亿m^3。以平均吨煤瓦斯含量8 m^3计，每年排掉168亿m^3。近年来陆续出台的国家能源政策已把瓦斯（煤层气）列为新的洁净能源。因此，开发利用瓦斯（煤层气），既可以充分利用地下资源，又可以改善矿井安全条件和提高经济效益，对缓解常规油气供应紧张状况、实施国民经济可持续发展战略、减少温室气体排放、保护环境等均具有十分重要的意义。

我国煤矿自然条件差，地质条件复杂。我国大陆是由众多小型地块多幕次汇聚形成的，主要煤田经受了多期次、多方向、强度较大的改造，导致煤田地质条件复杂，伴生灾害多。我国煤矿均为有瓦斯涌出的矿井，全国煤矿的年瓦斯涌出量在100 m^3以上。国有重点煤矿中，高瓦斯和突出矿井占49.8%，煤炭产量占42%；有煤尘爆炸危险的矿井占87.4%；煤层具有自然发火危险的矿井占51.3%。在这种复杂的地质条件下，我国的煤矿尤其是瓦斯矿井容易发生事故。以2005年数据为例，瓦斯事故起数占12.13%，但死亡人数达到36.5%；一次死亡3人以上重特大事故中，瓦斯事故占59%；一次死亡10人以上特大事故中，瓦斯事故占69%；中华人民共和国成立以来发生的22起一次死亡百人以上的特别重大事故中，20起为瓦斯煤尘事故，事故起数和死亡人数分别占91%和94%。瓦斯事故的危害性和危险性极大。因此，瓦斯灾害事故防治是煤矿安全工作的重中之重。

我国煤矿开采深度平均每年增加10～20 m，随着采深的增加，地应力、瓦斯压力、地温也越来越高，煤矿自然灾害的威胁逐步加重，治理的难度也越来越大。煤层瓦斯压力平均每年增加0.1～0.3 MPa，瓦斯涌出量每年增加约1.5×10^9 m^3。2005年45户重点监控企业中高瓦斯和突出矿井的比例比2004年增加了10%。淮南矿区的绝对瓦斯涌出量由1997年的473 m^3/min增加到2005年的1000 m^3/min，2003年至2005年已有3处矿井升级为突出矿井。此外，受冲击地压和热害威胁的矿井也急剧增多，我国已有102处矿井发生过程度不同的冲击地压，并有70多处矿井存在热害威胁。

煤矿瓦斯灾害防治的主要目的是防止瓦斯积累，消除瓦斯突出，防治瓦斯煤尘爆炸。防止瓦斯积累的主要技术途径是减少瓦斯向采掘空间涌出和稀释采掘空间的瓦斯浓度，其中瓦斯抽放是减少瓦斯涌出的一种有效途径，加强矿井通风是稀释采掘空间瓦斯浓度有效的方法。消除瓦斯突出等动力现象的主要技术途径是释放煤岩层中的瓦斯和地压。瓦斯灾害防治的辅助手段主要是控制井下火源，建立防隔爆、抑爆和个人防护体系，加强瓦斯监测。电器防爆、使用抗静电和阻燃性材料、使用煤矿许用安全爆破器材、有效防治煤层自然发火、有效控制外因火灾等措施是控制井下火源的主要途径。

我国地面钻孔抽放瓦斯目前尚处于勘探试验阶段。20世纪70年代，为了解决煤矿瓦斯灾害问题，曾在白沙、抚顺、焦作、阳泉等矿区打了40多个地面钻孔，采用钻孔水力压裂等措施后抽放瓦斯，取得了一些经验，但产气效果不理想，抽气成本太高。1992 年，联合国开发计划署资助我国开发煤层气，由煤炭科学研究总院西安分院承担煤层气资源评价，同时在开滦、铁法、松藻进行了示范性的地面、井下试验（美国 REI 公司负责铁法和松藻项目，GAI 公司负责开滦项目，项目已于 1998 年完成）。试验结果：铁法抽采空区瓦斯的 3 个地面钻孔，两年半时间内单孔平均产气量为 747 m^3/d；开滦施工的 3 个地面钻孔进行采前预抽，由于水量大，最大产气量 2000 m^3/d，但很快衰减，不适合商业开发；松藻主要完善利用系统，冬季民用用气率达 100%。1995 年，我国煤炭工业部与美国能源部签订《化石能研究与开发合作议定书》，就煤层气回收与利用领域达成合作协议；同时又同美国安然、美中能源、阿莫科、德士古等公司就淮南、淮北、三交、平顶山、晋城等矿区地面煤层气开发进行合作。1996 年，由煤炭部、地矿部和中国石油天然气总公司联合组建中联煤层气有限责任公司（以下简称中联公司），从事煤层气资源的勘探、开发、输送、销售和利用，并享有对外合作专营权。1998 年 1 月，中联公司与美国德士古公司合作开发淮北煤层气，最终投资规模达 5 亿美元；同年 6 月又与美国阿科石油公司和菲利浦斯石油公司合作开发山西河东煤田煤层气。已在全国 10 多个矿区施工了 100 多口井，最大产气量达 10000 m^3/d 以上，但 90%以上的气井产气量小于 1000 m^3/d，据估算，按现有市场价格计，地面钻孔产量小于 3000 m^3/d 时，抽放 10 年以上方可收回投资，因此从目前试验的情况看，地面钻孔抽取效果较差，从经济价值上考量很难达到商业化开采。

我国的含煤地层一般经历了成煤后的强烈构造运动，煤层内生裂隙系统遭到破坏，成为低透气性的高延性结构，煤层普遍具有变质程度高、渗透率低和含气饱和度低的特点，70%以上煤层的渗透率小于 1×10^{-3} mD，其透气性比美国和澳大利亚低 2～3 个数量级，这使得地面钻孔完井后采气效果差，水力压裂增产效果不明显。地面钻孔有效排放半径和钻孔瓦斯流量小、衰减快、透气性最好的抚顺煤层井下水平钻孔与美国同类条件相比，钻孔影响范围仅 30～50 m，而美国可达到 100 m 以上。煤层的低渗透率特点决定了我国地面开发煤层气的难度很大。虽然地面钻井开采煤层气在个别高透气性煤层的矿区（沁水煤田）试验取得成功，但是我国 70%以上矿区的煤层赋存在高地应力、高瓦斯、低透气性的复杂地质条件下，先采气后采煤技术没有突破，采用现有煤层气开采技术难以实现国家制定的“先抽后采”安全开采方针和“煤与瓦斯共采”能源战略。

实践表明，一旦煤层开采引起岩层移动，即使是渗透率很低的煤层，其渗透率也将增大数十倍至数百倍，为瓦斯运移和抽放创造了条件。我国煤层的主要特点是地质构造复杂、煤层群开采、煤层透气性低、瓦斯含量高、煤层突出危险严重。我国的煤层赋存条件决定了瓦斯抽采应以卸压抽采为主，瓦斯抽采的重点应放在井下，利用井下的采掘巷道，通过采矿活动引起的采动影响，卸压增透，用抽采钻孔和各种有效配套技术强化卸压煤层的瓦斯抽采。因此，若在开采时形成采煤和采瓦斯两个既相对独立又相互依赖的完整系统，即形成“煤与瓦斯共采”的开采体系，则不仅有益矿井的安全，还实现了在采煤的同时采出了洁净的瓦斯能源。为此，必须创新设计理念，实现安全高效开采在矿井设计理念和技术的突破。寻求科学的深部开采技术难题的解决方法，创新煤与瓦斯共采技术，在开采煤炭的同时，利用采矿技术的基本原理将瓦斯安全高效地开采出来，是我国煤炭和瓦斯资源开发的一条重要途径。

1.2 淮南矿区煤层群的赋存特征

淮南矿区位于华东经济发达区腹地，安徽省中北部，横跨淮南和阜阳两市，距南京250 km，距上海、杭州约500 km，地理位置优越，与以上海为中心的国内经济最为发达、最具发展活力的长江三角洲经济区紧密相连，具有得天独厚的区位优势。

煤田所含煤地层为石炭二叠系，其中二叠系山西组、石盒子组为主要含煤地层，可采煤层段煤系厚340 m左右，共含有可采煤层9～18层，可采煤层总厚度25～34 m，平均30 m。C13-1、B11-2、B8、B6、B4、A1等煤层为主采煤层，单层厚度一般为2～6 m，主采煤层的总厚度占可采煤层总厚度的70%左右。矿区内煤层分布连续、赋存稳定。

淮南矿区煤层赋存为高瓦斯煤层群（9～18层可采煤层），煤层赋存的地质条件极为复杂，煤层瓦斯含量高（12～26 m^3/t），煤体极松软（坚固性系数 f 为0.2～0.8），煤层透气性低（渗透率为0.001 mD），煤层瓦斯压力大（高达6 MPa），主采煤层C13、B11、B8、B4均为强突出煤层。在煤层赋存特点上，淮南矿区东西部各有不同，老区新生界松散层较薄，多为近距离煤层群，其可采煤层法向间距大多为6～40 m，如新庄孜矿（煤层赋存状况见表1-1）；潘谢新区新生界松散层较薄较厚，潘谢新区大多为远距离煤层群，虽然面积较大，含煤性高，主采煤层多，但是其可采煤层法向间距比较大，在采区布置、开采方式等方面与近距离煤层群不同，如顾桥煤矿（煤层赋存状况见表1-2）。

淮南矿区煤炭资源极为丰富，2004年国家发改委批准了淮南矿业集团的总体规划，获煤炭资源量284亿t，总储量约占安徽省的74%，华东地区的50%。

矿区－800 m以浅保有资源储量64亿t，－1000～－800 m标高保有资源储量51亿t，－1500～－1000 m标高保有资源储量169亿t，分别占总资源储量的22.5%、18.0%、59.5%。淮南矿区的深部资源量占到本矿区总资源量的77.4%，开发深部资源对于保持矿区稳产、高产，支撑华东经济区的经济发展具有极其重要的意义。因此，研究并总结一整套适合淮南矿区的深井开采技术，是实现淮南矿区发展的重要前提。

表1-1 淮南矿区近距离煤层赋存状况

系	统	组	煤组	厚度 最大~最小 / 平均	岩性柱状 1:500	岩性描述
二叠系P	上统P_2	上石盒子组P_2^1	C组	3.75		中粗粒砂岩：灰色略呈青灰色，以石英为主含鲕粒，菱铁结核，泥质胶结，中厚层状，层面光滑呈黑色
				3.90~0.60 / 1.56		灰色泥岩：含铝土质砂质及植物化石碎片，白云母碎片丰富、易碎、断面光滑
				1.31~0.15 / 0.85		C14煤
				12.50~0.60 / 4.00		灰色砂质泥岩：底部为C14槽下，不稳定，C14与C14下之间为砂质泥岩，中部为中粗砂岩，顶底部为铝土质泥岩，含植物化石
				3.50~0.15 / 1.50		浅灰色泥岩：发褐色略含铝土质，砂质及丰富的白云母碎片，易碎断口平整
				12.50~5.00 / 10.00		浅灰灰白色粗、中、细粒石英砂岩：泥钙质胶结，中厚层状，以石英为主，含菱铁结核，分选性好，水平层理，坚硬，底部为不连续的水平层理，斜层理，层面不平整，夹有深灰色薄层泥岩，含少量植物化石碎片
				5.40~1.20 / 4.15		灰色砂质泥岩：坚硬，含植物化石碎片，底部为泥岩
				8.40~4.74 / 6.40		C13煤
				2.50~0.40 / 2.10		灰色砂质泥岩：含大量植物根茎化石，偶夹煤屑，顶底部为泥质结构，中部为粉砂质条带
				0.70~0 / 0.30		C12煤
				12.50~5.60 / 8.50		灰褐色砂质泥岩：薄层或中厚层状，易碎，含少量铝土质鲕粒及植物化石碎片
				9.40~4.00 / 5.00		灰色铝土质含砂泥岩：内有花斑呈紫红色，鲕粒分布不均，细腻性脆，顶底均有鳞片状炭质页岩
				3.41~0 / 1.50		浅灰色砂质泥岩：含少量铝土质鲕粒及植物化石和菱铁质
				12.0~5.50 / 9.20		灰白色中粗粒砂岩：泥钙质胶结，含菱铁结核。主要为石英，砂粒上细下粗，层面夹不稳定煤线
				5.60~0.35 / 3.10		浅灰色泥岩：含砂质，铝土质，底部有一层煤线
				3.15~1.30 / 2.10		灰白色粗粒石英长石砂岩：泥质胶结，见水易风，遇水呈高岭土

（续表）

系	统	组	煤组	厚度 最大～最小 平均	岩性柱状 1：500	岩性描述
二叠系P	下统 P_1	下石盒子组 P_1^2	B组	6.50～0.50 4.00	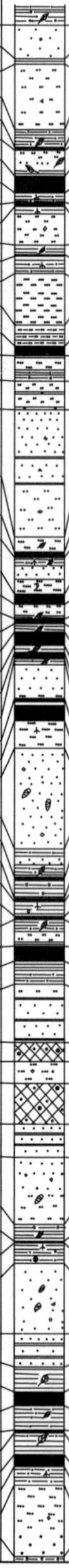	灰色含砂岩：含有鲕粒、煤屑，植物化石碎片
				9.00～3.05 6.00		灰白色粗粒石英砂岩：中厚层状，泥质胶结，含大量菱铁结核，层面光滑夹黑色煤屑
				4.05～0 1.20		灰色泥岩：含砂质、植物化石，并有煤屑、鲕粒
				16.50～5.70 11.60		灰白色石英砂岩：中粒结构，泥钙质胶结，水平层理，含大量的菱铁结核
				9.00～0.15 3.40		灰色砂质泥岩：薄层状，易碎，碎后片状，含植物化石
				0.90～0.20 0.40		B11c煤
				5.95～2.71 4.50		灰色细中粒砂岩：顶部为粗砂岩，含菱铁结核，底部为薄层状泥岩
				4.40～1.29 3.20		B11b煤
				3.10～0.75 2.50		灰色泥岩：含砂质、菱铁及少量的铝土质，植物化石丰富
				1.20～0.35 0.65		B11a煤
				11.20～4.20 9.10		灰白色中粒石英砂岩：层面不规则，厚层状，含菱铁结核，夹有泥岩及炭屑
				3.10～1.50 2.15		灰色泥岩：含铝土质、砂质及植物化石，顶底部均有煤线，不稳定
				8.10～3.50 5.00		浅灰色砂质泥岩：含土质，鲕粒较多而不均，植物根茎化石及白云母碎片较多
				8.00～5.00 6.00		灰白色细砂岩
				3.00～2.00 2.50		灰色砂质泥岩，含植化碎片
				1.73～0.20 1.40		B10煤为结构简单的薄煤层，煤层结构为0.2～0.4（0.2～0.7）0.6～1.2 m，煤层赋存状态不稳定，煤厚变异系数大，顶部煤质较差
				7.00～3.00 5.00		灰色粉砂质鲕状泥岩：含大量白云母碎片，顶部植化较多
				9.55～1.20 5.32		灰白色中粒石英砂岩：中粒结构，钙质胶结。中夹极薄的泥岩，含大量的云母片，并有鲕粒，泥岩不稳定
				39.00～20.0 24.15		浅灰色粗粒石英砂岩：钙质胶结，厚层状，坚硬，含大量菱铁结核，顶部有一至三层极不稳定煤线，层面不平整而光滑，呈黑色，夹有薄层的灰色泥岩，煤屑，粉砂岩。水平层理为主并有斜层理，上部粒度粗，下部细，含有泥质角砾，白云母碎片及黑色矿物
				3.40～1.65 2.72		灰色细粒砂岩：薄层状，含大量的白云母及植物化石碎片，坚硬，破碎后呈片状
				1.10～0.60 0.75		B9煤
				8.50～5.90 7.00		浅灰色砂质泥岩：含植物化石、云母碎片，黄铁矿晶体。中部为中粒石英砂岩，含菱铁结核，底部为灰色泥岩，含砂及海豆芽化石
				2.40～1.20 2.00		B8煤
				3.40～2.30 3.00		砂岩，顶部为浅灰色中粗粒石英砂岩，坚硬，底部为深灰色泥岩，致密，含大量白云母碎片及植物化石
				1.40～0.40 0.75		B7b煤
				2.40～0.50 1.60		灰色铝土质泥岩：性脆，易碎，含大量的植物化石及白云母碎片
				3.30～1.95 2.50		B7a煤
				2.00～0.90 1.40		灰色铝土质含砂泥岩：含大量的白云母及植物化石碎片
				2.60～0.60 1.20		B7a煤
				10.0～2.00 6.50		浅灰色石英钙质砂岩：粗粒，谢层理、波状层理、交错层理，含菱铁结核，黑色矿物，云母碎片较多
				5.00～3.00 4.00		B6煤
				7.50～0.30 5.00		灰色细砂岩、粉砂岩，以石英为主，条带状结构，夹有煤屑，植物化石，云母碎片
				25.00～12.00 18.70		灰白色粗巨粒砂岩：以石英为主，含长石菱铁结核，鲕粒及黑色矿物，泥质角砾较多，形状不一， 厚层状，层面光滑不平整，夹有薄层泥岩或炭屑，呈条带状，钙质胶结，层面有植物化石及白云母碎片
				8.20～3.00 5.60		灰色砂质泥岩：与砂岩互层，呈条带状，底部有一煤线
				5.00～1.30 2.50		灰色铝土质含砂泥岩：薄层状含煤屑，植物化石及白云母碎片较多，贝壳状断口
				0.85～0 0.45		B5b煤
				3.50～0.40 2.00		灰色铝土质泥岩：性脆易碎，植化丰富，断口平整，云母片多，炭屑呈条带状分布
				1.20～0.30 0.50		B5a煤
				6.50～0.80 4.80		灰色砂质泥岩：中夹中粒砂岩，含铝土质菱铁结核
				5.50～4.40 3.20		B4煤
				5.50～1.30 4.00		灰色泥岩：底部含砂质较多，植物化石，云母片多。含菱铁质小结核，底面夹不稳定煤线
				14.00～5.60 11.00		暗灰色中粗粒石英泥质砂岩：以石英为主，含有长石，黑色矿物及少量的绿色矿物，小菱铁结核， 层面富集炭屑或薄层泥岩，呈条带状水平层理，谢层理，波状层理均有泥质结核，底部煤线不稳定
				4.10～2.10 3.00		铝土质泥岩：褐灰色花斑状，铝土品位较高，鲕粒多而不均，花斑为紫红色，易碎，贝壳状断口
				5.90～0.95 4.00		神灰色细砂岩：含铝土质、泥质、鲕粒，含菱铁，白云母碎片
				10.00～2.30 7.50		银灰色花斑鲕状铝土岩：含砂质，花斑黄褐、紫红色、鲕粒多而不均，性脆、易碎，断口平整
				8.00～4.00 6.00		灰色粗粒石英砂岩：与深灰色砂质泥岩互层，呈薄层状
				19.00～11.00 15.00		灰色中粗粒砂岩
				4.35～1.90 3.10		灰色砂质泥岩：顶部砂质多，底部少，含有鲕粒，铝土质，植物化石及白云母碎片较多
				0.40～0 0.20		煤线：鳞片状炭质页岩，不稳定
				6.30～1.00 4.70		灰色砂质泥岩：含少量的铝土质鲕粒，植物化石碎片及丰富的白云母片
				17.00～12.00 15.00		灰白色粗粒砂岩：以石英、长石为主，钙泥质胶结，厚层状，含大量的泥质角砾，巨粗砂粒，分选性差，水平层理、 斜层理、波状层理渐断出现，层面不规则呈黑色，夹有透镜体泥岩或炭屑，并有黄铁矿晶体
		山西组 P_1^1	A组	8.70～3.30 6.20		灰白色条带状砂岩：与灰绿色砂质泥岩互层，中觉小菱铁结核，植物化石，白云母碎片
				7.30～0.30 4.60		灰黑色含砂泥岩：含粉砂质，层面有黄铁矿薄膜，植物化石及云母碎片较多
				4.30～0.40 2.50		A3煤
				5.30～3.80 4.10		灰黑色砂质泥岩：含大量植化条带及较多云母片。有泥质结核，小菱铁结核
				0.60～0.20 0.40		A2煤
				4.50～3.20 4.00		砂质泥岩：薄层状，中夹薄层中细粒砂岩，含丰富的白云母碎片及植物化石
				3.10～1.20 2.00		A1煤
				5.20～1.00 2.50		灰色砂质泥岩：泥质结构，钙砾质胶结，致密，含植物化石
				16.5～9.10 13.50		灰色粗中细粒石英砂岩：分选性好，水平层理，含菱铁质小颗粒，云母碎片较多
				0.25～0.10 0.20		深灰色钙质碎屑岩，局部有小角砾，坚硬，含较多的小白云母碎片

表 1－2　淮南矿区远距离煤层赋存状况

远距离煤层	炭质岩厚度									
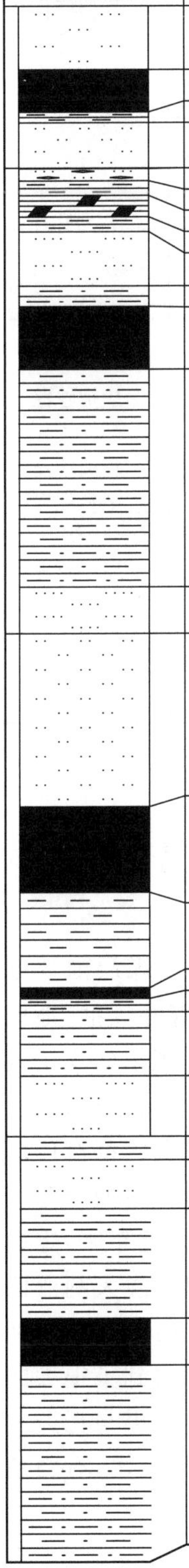	37		570.79	2.99			4	2.98	570.57	中细砂岩
	38	17–2	572.77	1.98			4	1.98	572.55	煤
	39		573.27	0.50			4	0.50	573.05	黏土岩
	40		575.42	2.15			4	2.14	575.19	中砂岩
	68		665.75	0.60	0.51	85.00	4	0.60	665.31	含菱铁细砂岩
	69		666.45	0.70	0.50	71.00	4	0.70	666.01	黏土岩
	70	13–2	667.45	1.00	1.00	100.0	4	1.00	667.01	炭质页岩
	71		668.15	0.70	0.70	100.0	4	0.70	667.71	黏土岩
	72		670.68	2.53	0.95	38.00	4	2.52	670.23	粉砂岩
	73		671.65	0.97	0.97	100.0	4	0.97	671.20	砂质泥岩
	74	13–1	674.60	2.95	2.27	77.00	4	2.94	674.14	煤
	75		684.80	10.20	1.20	12.00	6	10.14	684.28	砂质泥岩
	76		686.99	2.19			6	2.18	686.46	粉砂岩
	90		751.40	8.12	7.52	93.00	4	8.10	750.58	细中砂岩
	91	11–2	755.40	1.26 (0.19) 2.00 (0.20) 0.35	0.30	86.00	4	1.26 (0.19) 2.00 (0.20) 0.35	754.58	煤 炭质页岩 煤 炭质页岩 煤
	92		759.88	4.48	4.22	94.00	4	4.47	759.05	黏土岩
	93	11–1	760.38	0.50	0.50	100.0	4	0.50	759.55	煤
	94		761.02	0.64	0.60	94.00	4	0.64	760.19	黏土岩
	95		764.02	3.00	3.00	100.0	4	2.99	763.18	砂质泥岩
	96		766.85	2.83	2.10	74.00	4	2.82	766.00	粉细砂岩
	110		827.20	1.10			4	1.10	826.19	砂质泥岩
	111		829.50	2.30			4	2.29	828.48	粉砂岩
	112		834.63	5.13	3.66	71.00	4	5.12	833.60	砂质泥岩
	113	8	836.84	2.21	2.14	97.00	4	2.20	835.80	煤
	114		846.05	9.21	0.55	6.00	4	9.19	844.99	砂质泥岩

（续表）

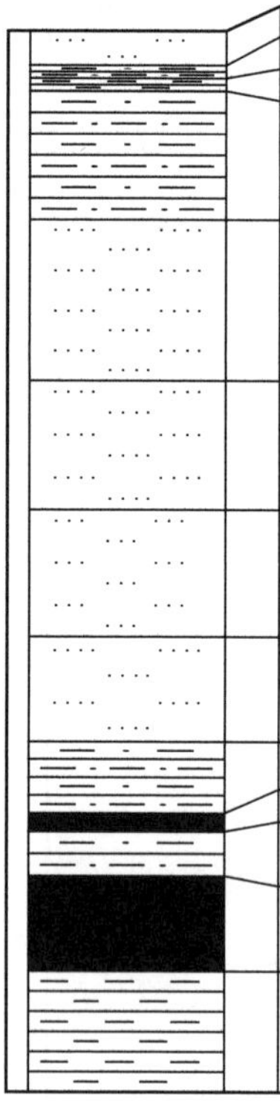

115		847.10	1.05			4	1.05	846.04	细砂岩
116		847.50	0.40			4	0.40	846.44	砂质泥岩
117	7-2	847.90	0.40			4	0.40	846.84	黏土岩
118		851.90	4.00			4	3.99	850.83	砂质泥岩
119		856.90	5.00			4	4.99	855.82	粉细砂岩
120		860.90	4.00			4	3.99	859.81	粉砂岩
121		864.85	3.95			3	3.94	863.75	中细砂岩
122		868.10	3.25	2.30	71.00	3	3.25	867.00	粉细砂岩
123		870.33	2.23	2.14	96.00	3	2.23	869.23	砂质泥岩
124		870.90	0.57			3	0.57	869.80	煤
125		872.27	1.37	0.31	23.00	3	1.37	871.17	砂质泥岩
126	6-2	875.25	2.98	2.95	99.00	3	2.98	874.15	煤
127		878.99	3.74	1.30	35.00	3	3.73	877.88	黏土岩

1.3 国内外深井开采瓦斯治理研究状况

瓦斯抽采可分为瓦斯预抽、边采边抽和采后抽采。瓦斯预抽一般在煤层渗透率较高、煤层埋藏较浅的国家应用，如美国、澳大利亚等。其方式有地面垂直井预抽、地面定向长钻孔预抽、顺层钻孔预抽等。这些国家已逐渐形成了具有一定经济规模的煤层气开发。边采边抽和采后抽采一般在渗透性较低的煤层进行，方法一般有穿层钻孔、顶板水平钻孔、采空区井、专用抽采巷道等。其中，穿层钻孔和顶板水平钻孔在我国都有广泛应用，采空区钻井普遍应用于煤层埋藏较浅的国家，如美国、澳大利亚等，专用抽采巷道或配之以抽采钻孔的应用方法在我国高瓦斯煤层群开采应用中较为广泛。近年来，定向长钻孔钻进技术成为煤矿瓦斯抽采新的发展趋势，在我国山西晋城、美国和澳大利亚已成功应用。澳大利亚对埋藏较浅煤层还广泛使用了由地面打向煤层的定向钻孔抽采瓦斯技术，并开发了先进的定向钻孔导航系统，使得钻孔的钻进速度、精度都得到了很大的发展。卸压瓦斯抽采在淮南、阳泉、淮北等很多矿区也已得到了强化，促进了煤与瓦斯共采技术的发展。淮南矿区目前成功实施了留巷钻孔法无煤柱煤与瓦斯共采技术，有力地推动了煤与瓦斯共采实践的发展。

淮南矿区是我国高瓦斯、高地应力、煤层群、开采条件特别复杂的典型矿区，煤炭资源丰富，国家批准开发煤炭285亿t。煤田位于华北板块与扬子板块结合处，南邻秦岭—大别山构造带，是我国瓦斯含量较高的矿区之一。

淮南矿区历史上曾是瓦斯频繁发生的重灾区，近年来，淮南矿业集团加大瓦斯治理的投入，重特大瓦斯事故达到有效控制，百万吨死亡率逐年下降。由于各矿井开采技术条件复杂，生产过程又受多种主客观因素的影响，安全隐患随时有演变为事故的可能，淮南矿业集团2000—2010年各类安全事故统计见表1-3。由表1-3可知，自2001年始，原煤产量逐年递增，而百万吨死亡率逐年递减，百万吨死亡率处于全国平均水平之下。

表1-3 淮南矿业集团2000—2010年原各类安全事故统计

年度	产量/万t	死亡人数	百万吨死亡率	事故原因					
				瓦斯	顶板	机电	运输	水	其他
2001	1774	17	0.9	6	5	1	3		2
2002	2335	15	0.64	4	4		4	1	2
2003	2673	12	0.45		6	1	4		1
2004	2982	13	0.45	2	5	2	2	1	1
2005	3095	16	0.52	7	5		2		2
2006	3223	6	0.18	2	1	2	1		
2007	4196	10	0.238		6	3	1		
2008	6005	8	0.133		2	3	1		2
2009	6715	17	0.253	4	10	3			
2010	6619	9	0.106		4	1	2		2

在我国煤炭行业中，淮南矿业集团的瓦斯综合治理技术处于全行业领先地位，为煤炭安全开采、维护矿工的生命进行了大量探索和实践。1998年以来，淮南矿业集团根据自身的开采技术条件，致力于瓦斯治理技术及相关技术的攻关。2001年，淮南矿业集团承担了国家“十五”科技攻关项目，组建成立了瓦斯地质管理研究院，形成了“瓦斯与地质结合，管理与研究并重”的技术管理措施，立足于“瓦斯抽采”，探索出了适合淮南煤矿特点的成套瓦斯治理和利用技术，强化了资源利用，解放了生产力，为矿区大规模发展提供了技术保障，获得了良好的社会效益。淮南矿区取得的多项瓦斯治理技术研究成果，已在鸡西、阜新、长春、阳泉、晋城、鹤壁、郑州、平顶山、松藻、盘江、涟邵、丰城、淮北等煤电、矿业公司的50余个局矿广泛应用，取得了良好的示范效应。

淮南矿业集团多年的实践表明，通过加强技术攻关能够有效开采煤层气，煤矿煤层气资源可以变害为宝。形成的主要技术成果如下。

(1)保护层卸压开采技术。把开采保护层作为防突治本措施，从采场布置和开采程序上走卸压开采增加煤层透气性、治理瓦斯的技术路线，首先进行了系统的卸压开采“抽采”瓦斯基础理论研究，创立了一整套“开采煤层顶底板卸压瓦斯抽采工程技术方法”，最先建立了卸压开采“抽采”瓦斯、煤与瓦斯共采的安全高效开采工程技术体系。同时，规定 0.8 m 以上的保护层必须强制性开采，突出威胁区域煤巷掘进必须采用区域性瓦斯治理措施，做到“可保尽保、应抽尽抽”。

(2)全方位立体抽采卸压瓦斯技术。在完善穿层钻孔、顺层钻孔预抽瓦斯技术、采空区埋管抽采采空区瓦斯、瓦斯专用巷道抽采本层及邻近层卸压瓦斯等技术的基础上，采用地面钻井抽采采动影响区域卸压瓦斯，地面钻孔实现抽采卸压瓦斯 8～32 m^3/min 的好成绩，形成了井下与地面结合、本煤层与邻近层结合的立体抽采技术。

(3)煤与瓦斯突出综合防治技术。采用“先抽后掘，边抽边掘”的方法，并在“十五”攻关期间，试验成功了“深孔控制预裂爆破”辅助“两帮钻场钻孔＋迎头钻孔”抽采的边抽边掘方法。针对强突出煤层使用顺层钻孔区域性消突技术，满足了工作面回采区域预抽煤层气消除突出危险性的要求。

2002 年淮南矿区煤层气抽采量为 1.1 亿 m^3，2003 年为 1.3 亿 m^3，超过了 1961—1997 年 37 年的总和。2004 年抽采瓦斯 1.5 亿 m^3，2006 年抽采瓦斯 1.7 亿 m^3。矿井瓦斯抽采率由 20 世纪 90 年代初的 2%提高到 2005 年的 43%。2010 年，顾桥、丁集、望峰岗、顾北、潘北等矿井的投产和其抽采系统的运行，瓦斯抽采量达到 4 亿 m^3，在 2025 年预期达到 300 亿～500 亿 m^3。图 1-2 为淮南矿区瓦斯抽采量统计图。

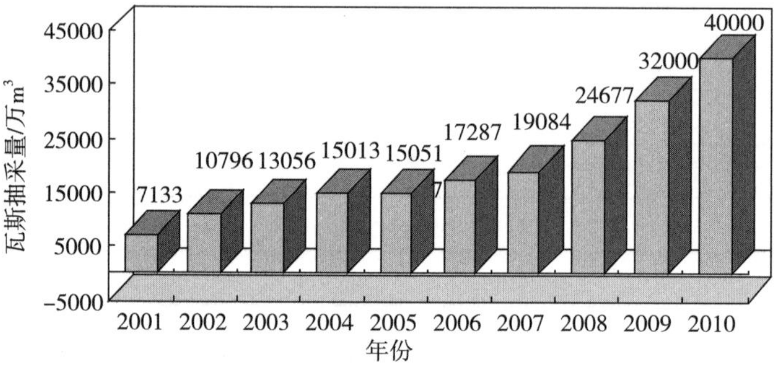

(a) 瓦斯抽采量

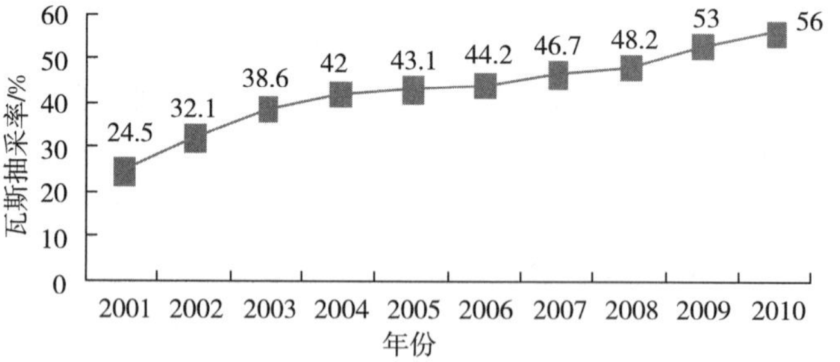

(b) 瓦斯抽采率

图 1-2 淮南矿区瓦斯抽采量统计图

1.4 淮南矿区深井开采瓦斯治理面临的技术问题

深部资源开采已成为国内外采矿工程界一个十分重要的研究课题。1983 年，苏联的权威学者就提出对超过 1600 m 的深(煤)矿井开采进行专题研究。联邦德国还建立了特大型模拟试验台，专门对1600 m深矿井的三维矿压进行了模拟试验研究。1989年，岩石力学学会曾在法国专门召开“深部岩石力学”问题国际会议，并出版了相关的专著。几十年来，国内外学者在岩爆预测、软岩大变形机制、隧道涌水量预测及岩爆防治措施、软岩防治措施及深部矿井的瓦斯灾害治理等各方面进行了深入的研究，取得了一些成绩。一些深井开采的国家，如美国、加拿大、澳大利亚、南非、波兰、俄罗斯等，其政府、工业部门和研究机构密切配合，集中人力和财力紧密结合深部开采相关理论和技术开展基础问题的研究。南非政府、大学与工业部门密切配合，从1998年7月开始启动了一个名为“deep mine”的研究计划，旨在解决深部金矿安全、经济开采所需解决的一些关键问题。加拿大联邦和省政府及采矿工业部门合作开展了为期10年的2个深井研究计划，在微震与岩爆的统计预报方面的计算机模型研究以及针对岩爆潜在区的支护体系和岩爆危险评估等方面进行了卓有成效的探讨。美国Idaho大学、密西根工业大学及西南研究院展开了深井开采研究，西澳大利亚大学在深井开采方面也进行了大量工作。

我国20世纪80年代末开始深部开采方面的研究，一些高校和科研院所对深部开采的理论和技术进行了研究，并取得了不少研究成果。在软岩支护、岩爆防治、超前探测、信息化施工等方面，隧道工程部门、煤炭科学研究总院、中国矿业大学、中南大学、东北大学、重庆大学、同济大学、西南交通大学、安徽理工大学等进行了大量的研究和实践，积累了丰富的实践经验，且具有开展相关研究的基础与条件。

淮南矿区地质条件复杂，煤层倾角变化大（0～90°），开采范围内已探明的落差5 m以上断层1900余条，平均每平方千米1.1条。地质构造与瓦斯赋存密切相关，大的构造往往控制瓦斯赋存状况的分布，多数瓦斯事故与地质构造有关。

随着逐步向深部开采，矿井开采深度将以每年20 m以上的速度下延，矿区瓦斯涌出量将以每年100 m^3/min的幅度递增。目前，淮南矿区内新建矿井多为深井开发，首采区多在距地表800 m以下深度；大部分生产矿井的开采深度已达－1000～－700 m，且开采深度正以每年20～25 m的速度增加。由于过去对深部地质条件下开采技术的研究较少，未来10年淮南煤矿深部开采的难题将越来越突出。

深井开采遇到的技术问题主要有采深增加、瓦斯升级，矿井瓦斯综合治理的难度越来越大；深部开采原岩温度越来越高，高地温问题越突出；深部矿井地压问题凸显；井下瓦斯治理与生产接替矛盾。

1.4.1 瓦斯含量和突出威胁显著增加，治理难度加大

煤矿瓦斯治理是世界性难题，美国、英国、德国、俄罗斯等国家曾多次发生瓦斯爆炸事故。由于对井下瓦斯场、应力场、构造场规律没有完全把握，像淮南矿区这样高瓦斯、高地压、高地温的煤矿区，技术发达国家开采也较困难。

淮南矿区现有生产矿井开采深度进入－600 m后，煤层瓦斯含量增加煤与瓦斯突出危险性显著增加，瓦斯升级迅速，所有矿井全面升级为煤与瓦斯突出危险矿井。2005年新庄孜矿66108掘进工作面及2006年望峰岗矿井筒揭煤时相继发生煤与瓦斯突出事故，造成人员伤亡，新庄孜矿、丁集矿发生工作面煤壁的整体位移，伴随大量瓦斯涌出，造成瓦斯积聚，险些酿成事故。试验矿井望峰岗矿井田－860 m水平B11b煤层实测最大

瓦斯压力为6.2 MPa。随着矿井开采水平的不断提高,煤与瓦斯突出危险性更加严重。瓦斯升级给矿井的设计和安全生产管理造成极大困难,深部煤层防治煤与瓦斯突出为深井开采技术难题之首。

深部开采瓦斯的不断升级,传统的通风方式无法解决深部采煤工作面上隅角瓦斯超限问题。随着开采深度的增加,高瓦斯采煤工作面的瓦斯涌出量显著增大,尤其是煤层群卸压开采时,首采工作面瓦斯涌出量达90～120 m^3/min,邻近层的瓦斯涌出比例通常超过60%。目前,我国采煤工作面大多采用"U"形通风系统(见图1-3),其优点是系统简单、经济,适于采空区瓦斯涌出量不大的工作面,缺点是高浓度瓦斯集中汇流于采煤工作面上隅角,产生瓦斯浓度超限危险区。"U"形通风系统主要存在以下问题:①对采空区瓦斯涌出比例较大的采煤工作面,采空区积存大量高浓度瓦斯;②高瓦斯采煤工作面供风量大,上、下端口压差大,采空区漏风量大(约20%);③采空区漏风在上隅角汇集,上隅角瓦斯聚集无法从根本解决;④工作面系统通风路线长、风阻高;⑤"U"形通风方式即使加上高位钻孔或高抽巷抽采采空区瓦斯,上隅角也仍然存在瓦斯积聚问题,瓦斯时常超限。

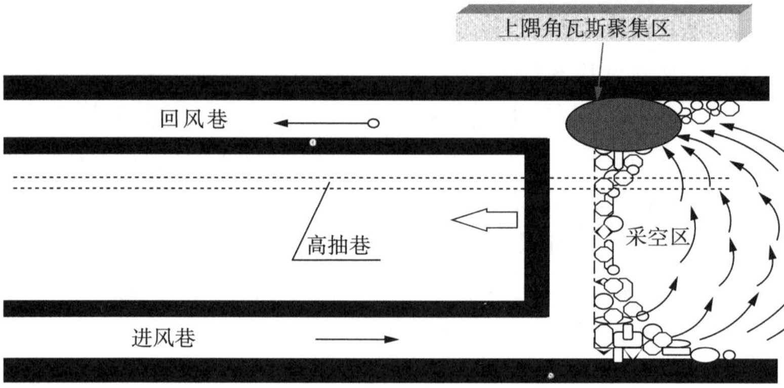

图1-3 "U"形通风工作面通风系统示意图

浅部治理措施不适于深部或实施困难。首先,高位钻孔或高抽巷抽采措施及煤层钻孔措施已不能满足深部高瓦斯涌出量工作面和强突出煤层消突的需求,开采层的高位钻孔或高抽巷抽采只能解决涌出量50～60 m^3/min的工作面瓦斯,强突出煤层直接施工钻孔引发的喷孔和突出已严重威胁施工人员的生命安全。其次,卸压开采消突技术是实现淮南矿区安全高效开采的关键。近年来,淮南矿区通过保护层卸压开采配合卸压瓦斯抽采方法,基本消除了突出煤层的煤与瓦斯突出事故的发生。但是,由于受地质条件和技术因素的影响,卸压层留设煤柱和断层岩柱造成了被保护层部分区域的应力集中,近年发生的煤与瓦斯突出和动力现象都是在采动影响应力集中区发生的,深部突出煤层的突出危险性更大,采掘布置及开采应尽量避免采动应力集中。最后,在浅部以巷道或巷道+穿层钻孔抽采(简称巷道钻孔法)卸压瓦斯的成功经验,以及突出煤层"一面四巷"(煤层巷道开掘前先布置两条岩巷)预抽瓦斯消突的有效措施,均需要提前准备大量的岩巷和钻孔工程。进入深部后,由于高地压的影响,巷道开掘成本高、掘进速度低且维护困难，在采掘接替时间安排上难以实现，在社会经济效益上也与安全高效开采不相适应。

淮南矿区历史上也是瓦斯灾害频繁发生的重灾区，经过十多年的探索，淮南矿业集团首先创立了“煤与瓦斯共采”“卸压开采”等理论，提出了“瓦斯治理理念二十种”，总结出“瓦斯治理经验五十条”“瓦斯治理技术五十种”，变传统的被动抽排瓦斯为主动抽采瓦斯，变局部治理为区域性井上下立体抽采治理。通过疏导卸压提前释放瓦斯压力，使煤层变性，由高瓦斯状态变为低瓦斯状态后进行开采，实现本质安全开采。淮南矿业集团承担了“十五”国家重点科技攻关“矿山重大瓦斯煤尘爆炸事故预防与控制技术”等瓦斯防治高新技术研发课题，研发了一整套巷道法卸压开采抽采瓦斯技术，如“低透气性高瓦斯软厚煤层远程卸压瓦斯抽放技术”“煤层群多重上保护层防突开采技术”“开采煤层顶板瓦斯抽放技术”“高瓦斯煤层巷道边抽边掘抽放瓦斯技术”“地面钻井抽采采动区、采空区卸压瓦斯技术”等，多数已推广到全行业，确立了我国瓦斯治理技术的领先地位，并且在国际上产生了影响。

顾桥、望峰岗矿井分别被国家确定为高瓦斯、高地压、高地温治理示范矿井和深井开采试验矿井。淮南矿业集团建有煤矿瓦斯治理国家工程研究中心，这是我国煤炭行业唯一的以企业为平台的工程中心，担负着为行业瓦斯治理出技术、出标准规范和技术培训的任务。

近年来，重特大瓦斯事故得到有效控制，百万吨死亡率逐年下降。从 1998 年到 2007 年，瓦斯抽采量由 2260 万 m^3 增加到 1.9 亿 m^3，瓦斯抽采率由 9.7%增加到 45%，煤炭产量由 11.02 Mt 增加到 42.03 Mt，百万吨死亡率由 4.01 人降到 0.18 人，如图 1-4 所示。

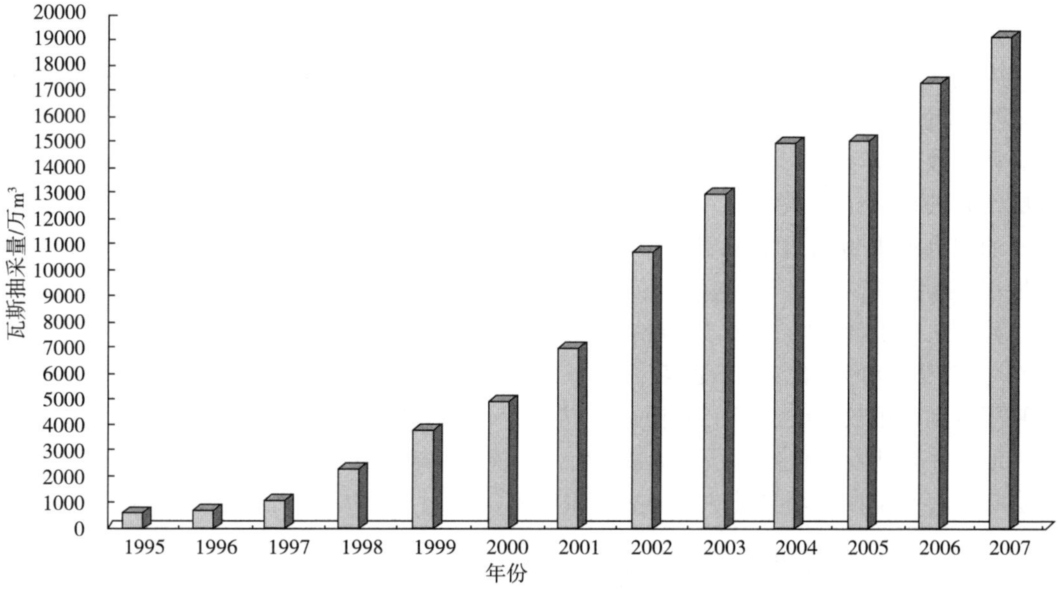

图 1-4　淮南矿区瓦斯抽采量统计图

以上技术已成功解决淮南矿区−700 m 以上浅开采深度的瓦斯治理问题，但随着开采深度增加，煤层瓦斯含量迅速增大，瓦斯涌出量明显增大，矿区已达 820 m^3/min，煤与瓦斯突出危险日趋严重,现有15对生产和在建矿井,全部为煤与瓦斯突出矿井。面对涌现出来的一系列新问题,现有的瓦斯灾害防治技术、安全规程和技术标准不能解决深井开采的瓦斯灾害防治问题,急需研究适应深井开采治理煤与瓦斯突出、瓦斯抽采的关键技术,并制订新的技术标准。瓦斯综合治理难度增大。

淮南矿区现有生产矿井开采深度进入600 m后全部升级为高瓦斯及煤与瓦斯突出矿井,瓦斯含量及煤与瓦斯突出危险性显著增加,在高地应力作用下,极易发生动力现象。瓦斯升级给矿井的设计和安全生产管理造成极大困难。

煤层安全高效开采难度大。深部开采时,大面积使用地面钻孔方式进行原始煤层瓦斯的高效抽采难以实现。因此,要想大面积使用地面钻孔方式抽采煤层气,必须寻求采场采动影响区域大面积煤层卸压煤层气的地面钻井抽采新技术。

1.4.2 井下瓦斯治理工程与生产接替矛盾

淮南矿区在浅部研究并成功实践的卸压开采瓦斯抽采技术,主要以巷道或巷道结合巷道中的穿层钻孔抽采卸压煤层瓦斯为主,需要提前准备的岩巷巷道工程量大。井下抽采瓦斯巷道施工工程量大,地压高、掘井难、支护难、维护费用高等导致煤矿生产接替紧张,难以实现煤矿安全高效生产。井下抽采瓦斯钻孔施工难,抽采钻孔施工安全问题较多,容易出现喷孔、打钻诱导煤与瓦斯突出、钻进慢等情况。矿井进入深部开采后,深部巷道采掘成本高且维护困难,同时在采掘接替时间安排上也难以实现。因此,深部煤层气抽采应着眼于充分利用首采关键卸压层开采后,卸压瓦斯的流动规律和流场分布,创新卸压瓦斯抽采方法,利用地面钻井抽采卸压煤层气的卸压开采技术体系,替代专用巷道钻孔法抽采煤卸压煤层气。

煤层气资源与煤炭资源在区块是重叠的,开发过程又相互影响。因此,有必要进行采煤采气一体化的煤层气抽采模式,从而实现煤层气抽采与矿井开发、生产的全过程协调一致。采动影响对井孔的位置部署必须遵循使井位能正常产气且使地应力对煤层气井的破坏达到最小值。生产强度的增大具体体现在工作面的推进速度上,但工作面的推进速度将通过上覆岩层移动反映在对煤层气抽放井的破坏,造成不产气或产气量小等情况。

科学预测采动影响、卸压瓦斯抽放的采收率、产能和煤层含气量变化,实现井巷、工作面与煤层气井的优化部署,是煤与煤层气共采能否成功的关键技术。煤炭生产造成采动卸压增流作用较大改造了上覆构造煤储层特性,同时,高强度的煤炭生产对可卸压煤层气地面井井孔稳定性产生了较大影响,从而降低了卸压煤层气地面井抽采效率。卸压煤层气地面井设计必须与煤矿生产接替相匹配。

1.4.3 巷道支护难度剧增,瓦斯治理工程难以实施

深部瓦斯治理需要大量的岩巷工程,但深部岩巷的掘进和支护制约作用日益突出。淮南矿区地质条件复杂,断层构造多,水平地应力大,实测－820 m水平的最大主应力为26.8 MPa,软岩遇水膨胀,岩层松软破碎,裂隙发育,属于典型的软岩矿区,软岩和煤巷支护难度很大。围岩刚开挖出来时较为坚硬,不久即风化变软。不少岩层富含水,个别矿

钻孔涌水量可达 7～8 m^3/h。随着开采深度的加大，地压显现更为严重，支护难度日益增大。某些巷道采用架棚和砌碹支护，3 个月就压坏了；有的巷道采用 29U 型钢支护，代价高而效果亦不理想。近几年，软岩巷道采用锚注(注浆锚杆)支护，效果较好，但也存在许多问题，如如何选择注浆参数，漏浆封堵，遇泥岩注不进浆，支护成本高，等等。极易离层复合顶板煤巷采用高性能预拉力锚杆支护技术也取得重大突破，但是进入－700 m 以下后，软岩的各种软弱性表现得更加剧烈，围岩的自稳性能进一步减弱、流变显著，变形周期缩短。

按照目前的开拓布局及采掘接替方式，必然存在沿采空区边缘布置的大量巷道。这一类巷道在深部煤巷支护中问题特别突出，通常的布置方式是在相对较小的开采深度中经常采用留一定煤柱沿稳定采空区边缘掘进巷道，在稳定顶板、中等强度煤层内一般能够取得成功，但进入深部以后小煤柱沿空掘巷围岩虽然处于应力低值区，但由于煤柱松软破碎，承载能力很低，在工作面采动影响时，上覆基本顶岩层三角块结构旋转下沉，塑性区、破碎区迅速扩展，导致巷道变形剧烈，变形量通常以米计算，仍然是极难维护的一类巷道。增加煤柱宽度，可以提高煤柱的整体性和承载能力，但是围岩应力也随之迅速增加，深部的高应力问题又表现出来。随着采深增加，原岩应力增大，导致工作面超前支承压力升高。煤矿生产集中化程度日益提高，大型设备的应用及工作面风量增加，巷道断面随之扩大，沿空掘巷维护更加困难，该类巷道围岩的稳定性问题越来越突出，严重影响生产、威胁安全，是煤矿生产中急需解决的技术难题，也是扩大锚杆支护技术应用范围，提高煤矿开采经济效益、社会效益的关键。

“九五”期间，中国矿业大学在深部煤矿开发中灾害预测和防治研究、武汉岩土所在硐室优化及稳定性研究等方面都做了许多有益工作，取得了重要成果。“淮南矿区特厚表土层冻结法凿井关键技术研究及其应用”“煤矿极易离层破碎型顶板预应力控制理论研究及工程应用”等成果也为高地压治理积累了不少经验。

但在深部开采环境下，煤岩体的变形特性发生了根本变化：由浅部的脆性向深部的塑性转化；高地应力作用下，煤岩体具有较强的时间效应，表现为明显的流变或蠕变；煤岩体的扩容现象突出，表现为大偏应力下煤岩体内部节理、裂隙、裂纹张开，出现新裂纹导致煤岩体积增大，扩容膨胀；煤岩体变形的冲击性，表现为变形不是连续的、逐渐变化的，而是突然剧烈增加。深部开采环境和煤岩体变形特征决定了深部矿井会遇到一系列过去浅部开采未曾遇到的灾害。

围岩大变形、顶板垮落是深部开采遇到的主要灾害之一。随着矿井深度增大，围岩应力高于围岩强度，增大围岩的失稳性和支护难度，极易导致顶板垮落，出现事故。近年来的统计数据表明，全国煤矿顶板事故分别占事故次数和死亡人数的 50%和 30%以上。深部开采工程围岩失稳垮落是矿山灾害的一个重要部分。此外，围岩大变形导致采场、巷道断面不能满足通风、运输、行人的要求，不得不多次维修与翻修，严重影响矿井的正常生产。近年来，随着煤矿开采深度的增加，岩层灾害的发生呈上升趋势，并日益严重。归纳起来，还存在以下问题。

(1)缺乏对深部矿井应力环境和构造环境全面、系统的了解，基础参数明显不足。

(2)对于深部矿井煤岩体力学特性和动力响应特征的研究，大多局限于表象的分析，缺乏实质性、机理性的研究。

(3)尽管提出了多种围岩控制理论,但任何一种理论都有缺陷,不能全面解释围岩大变形、垮落的机理,对岩层灾害发生的一些影响因素还缺乏了解。

(4)深部围岩控制技术虽然取得一定效果,但还缺乏高应力环境下围岩与支护体相互作用机理全面、系统的研究,矿井深部矿井巷道变形与破坏剧烈,围岩控制将更加困难,不仅支护成本很高,还严重威胁矿井巷道的稳定和矿井的安全。需要研究和采用适应深部开采特点的支护技术和措施。

1.4.4 围岩温度持续升高,热灾严害

以淮南矿区为例,目前最大开采深度为－780 m,开拓深度为－840 m,地热灾害严重。生产矿井各煤层－600 m水平大部分区段地温超过31 ℃,属于一级高温区,局部区段大于37 ℃,进入二级高温区。潘一矿－650 m标高围岩温度达到40 ℃,潘三矿－650 m标高地温达到37 ℃。顾桥矿井、丁集矿井等都属于以地温异常为主的高温区,其中顾桥矿井在地质勘探过程中对39个钻孔进行了井温测试,地温梯度平均为3.08 ℃/100 m,垂深－500 m岩石的平均地温在31 ℃以上,已进入一级高温区;垂深－700 m岩石的地温在37 ℃左右,进入二级高温区;垂深－800 m岩石的地温达40 ℃。目前,矿区高温采掘工作面都采取了加大风量、降低机电设备散热、缩短作业时间等措施,但都不能有效解决地热灾害。深部高温区域回采工作面回风空气温度为32～34 ℃,夏季达到35～37 ℃,现场作业的职工出现过中暑现象,地热灾害严重危及职工身体健康和现场安全生产,一些回采工作面被迫停产。

淮南矿区是国内开展矿井降温工作较早的矿区之一,1964年九龙岗矿就开始了矿井降温工作。2001年以来,针对潘一矿、潘三矿和谢桥矿多个采掘工作面温度夏季处在30 ℃以上的实际情况,先后采取了优化通风系统、加大工作面风量、改上行通风为下行通风、煤层注水预冷煤体、冰块溶解降温等措施,但效果均不太显著。

从2002年开始,淮南矿业集团开始了机械制冷降温工作。2002年夏季,潘三矿1451(3)采煤工作面装备了一台降温用冷风机组,尽管设备投入和运行费用都很高,但工作面风流降温1～2 ℃,效果不是十分明显。2005年又在14102(1)工作面引进安装了德国WAT公司生产的一套3台大气降温机,工作面温度降低了2～3 ℃,降温效果仍然不是十分理想。

上述深部岩层控制存在的问题,已经成为制约深部煤炭资源安全、高效开采的关键技术瓶颈。如果这些问题得不到有效解决,大量深部煤炭资源无法开采,矿井的安全状况将会进一步恶化,煤矿的产量与效益受到严重制约,煤炭工业的可持续发展无法实现。因此,亟须研究和提出针对深部围岩控制的新理论,开发新的、有效的支护技术。

1.5 本书的研究内容与方法

本书以淮南矿区深部煤层群开采条件瓦斯治理为主线,以煤层群开采后顶底板岩层卸压运移为基础,探寻卸压煤层气运移特征和富集区域,提出卸压瓦斯开采方法,并将理

论研究的成果应用于卸压瓦斯开采实践。主要研究内容和方法如下。

(1)回采过程中煤岩应力场研究。分析保护层开采后覆岩破坏及移动的力学模式，建立采场三维地质模型，分析采动应力场及卸压开采应力场的动态变化规律，获得采动影响下邻近煤层膨胀变形动态变化特性。

(2)回采过程中煤岩裂隙场研究。利用相似材料模拟试验的方法，研究并获得首采层开采后覆岩“三带”形成过程及分布特性；与数值模拟方法相结合，建立COSFLOW围岩采动影响的二维数值模型，获得采动裂隙场动态演化规律。

(3)采动卸压瓦斯流动规律研究。利用三维示踪方法，研究采动瓦斯的运移和涌出特性；利用计算流体力学原理和数值模拟软件，分别研究“Y”形和“U”形通风方式下采空区瓦斯运移规律及抽采条件下的瓦斯动态运移规律；分析获得首采关键卸压煤层瓦斯运移规律及卸压瓦斯富集区分布规律。

(4)卸压开采煤与瓦斯共采理论体系及实践。包括深井煤层群首采卸压层、无煤柱沿空留巷开采顶、底板覆岩矿压显现规律，提出深部卸压煤气共采的设计理念和技术途径。在煤层群无煤柱开采围岩卸压煤层裂隙分布规律研究的基础上，提出并实施基于留巷的卸压开采煤气共采技术方案；探索在深部开采卸压层留巷内巷道系统基础上的立体式钻孔卸压抽采煤层气新技术和新方法；构建以留巷钻孔替代多岩巷的抽采卸压煤层气的煤气共采技术体系；实施几种典型条件下的煤与瓦斯共采技术实践。

(5)煤与瓦斯突出防治理论与实践。分析淮南矿区煤与瓦斯突出特征及突出预测方法；利用相似材料模拟试验的方法，分析并获得突出煤层石门揭煤围岩力学特性；分别在煤巷掘进工作面、采煤工作面、石门揭煤及立井揭煤利用水力化技术、保护层技术及深孔预裂爆破技术等，开展煤与瓦斯突出防治技术实践。

第2章 回采过程中煤岩应力场

2.1 保护层开采覆岩破坏及移动的力学模式

采场回采工作结束后，覆岩破坏、移动及应力分布模式简化如图2-1所示。在覆岩破坏、移动稳定的情况下，在垂直剖面内，采场周围所采煤层本身及顶板覆岩均为压应力区或增压区。在采空区上方，岩层在铅垂方向上受拉伸，在水平方向上受压缩。因此，自下而上产生冒落带、裂隙带和弯曲带，其中冒落带、裂隙带为卸压区。裂隙带以上岩层，在垂直方向上受拉，水平方向上受压，产生整体移动。这种力学状态对于位于裂隙带以上被保护层（如图2-1中的垂直拉应力区）卸压变形和裂隙发育产生较大的影响，被保护层在垂直方向上受拉，水平方向上受压，所以，被保护层发生膨胀变形并产生层间裂隙，在一定范围内有利于卸压瓦斯抽放。

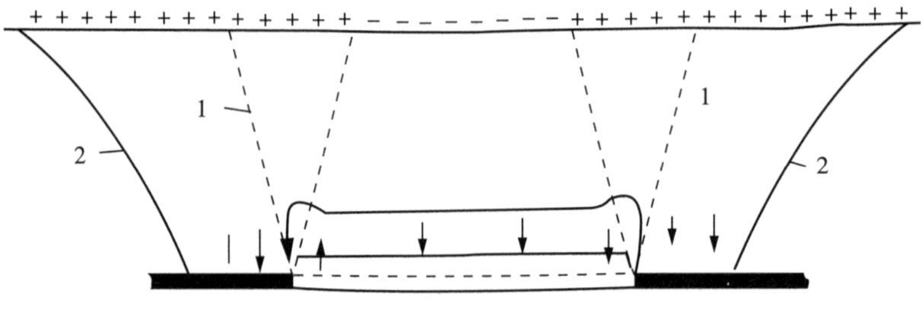

+—拉伸应力或变形；-—压缩应力或变形；↑—垂直压缩压力区；

↓—垂直拉应压力区；1—地表移动范围；2—应力变化范围。

图2-1 覆岩破坏、移动力学模式示意图

采动岩体的破坏状况可采用弹塑性理论分析，采用弹塑性理论分析采动岩体的破坏状况时，可将采动岩体划分为以下几种区域。

(1)弹性区：岩层仅发生弹性变形，完整无破坏，实际上可以认为是在采动影响下未发生新的破坏；

(2)塑性区：岩土层发生塑性变形，有些区域发生剪切破坏；

(3)拉张破坏区：在双向拉应力作用下，岩层被拉断拉开或冒落；

(4)拉张裂隙区：某点一个方向的拉应力超过了岩体的抗拉强度而产生一定方向的拉张裂隙（与层理方向平行、斜交或垂直），这些拉张裂隙贯通时，可形成导气（水）裂隙带；这些裂隙不贯通或密度较小，不影响岩体的整体性时，可称为轻微拉裂区。

拉张破坏区和拉张裂隙区主要分布在采空区上方拉应力区岩层内和正曲率区拉伸应力区岩层内，顶部拉伸区随着工作面推进而前进，原拉伸裂隙部位又产生压缩。塑性区分别位于支承压力区、采空区上部软弱岩层、盆地中间部位土层及风化带岩层内。

采用以上分区可以较为方便地预测岩体破坏状况，在详细分析上覆岩土体工程地质岩组特性的基础上，采用数值分析方法确定冒落带和裂隙带的高度，不仅可以灵活地针对某一实际工程地质剖面进行预计，还可以克服前述经验类比法的某些不足，其精度能够满足生产需要。

2.2　采场三维地质模型

三维地质模型既可用于煤层分布情况和围岩构成、水文、瓦斯等地质条件的分析，为研究采动围岩应力变化、岩层运动、流体运移等提供指导，又可为三维数值模拟提供地质模型数据。本节以谢桥煤矿 13－1 和 11－2 两个煤层为研究对象，建立了三维地质模型并进行地质分析。

所研究的顾桥煤矿三维地质模型区域如图 2－2 所示，主要研究对象为 13－1 和 11－2两个煤层。这两个煤层的埋藏深度为 540～950 m。

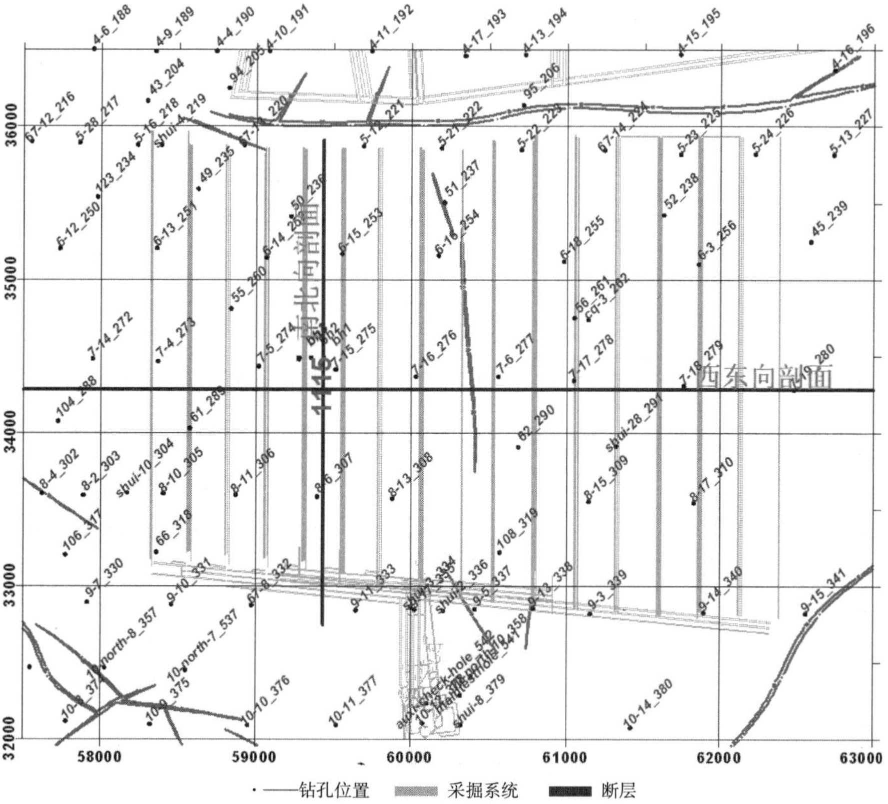

图 2－2　顾桥矿三维地质模型区域

共收集到的顾桥矿关于地质、钻孔岩芯、物探测井及地震资料如下：

(1)136 个钻孔岩芯柱状图；

(2)7 张 AutoCAD 煤层地质横剖面；

(3)标有断层和长壁开采设计平面的煤层分布等值线图；

(4)以三维地震勘探资料解释报告为依据的断层解释。

2.2.1 地层岩性对比

钻孔地层岩性是基于顾桥矿 136 个钻孔岩芯柱状图进行解释的。对 136 个钻孔岩性的观察可见以下特征：

(1)粉砂岩、泥岩和黏土岩为该矿区主要地层；

(2)在大部分地区可追踪到砂岩；

(3)11－2 和 13－1 煤层顶、底板附近主要由 5 种岩性组成：砂岩(SS、SF、SM)、页岩和粉砂岩(SH、SL)、泥岩(MS)、黏土岩(CS)及煤层(CO)。

表 2－1 列出了新的地层层序，是把可追踪对比的砂岩地层加入构建的煤层层序中所成，在此基础上便可建立顾桥矿的三维地质模型。

表 2－1　从上至下地层岩性层序表

地层	出现次数(84 口深井)	最大厚度/m	平均厚度/m	岩性描述
25	11	0.61	0.39	煤层－尖灭(不是到处都有)
24	27	1.95	0.84	煤层－尖灭(不是到处都有)
23	29	0.76	0.51	煤层－在露头区连续
221	25	0.7	0.5	煤层(不是到处都有)
22	28	1.15	0.43	煤层－尖灭(不是到处都有)
21	9	0.6	0.45	煤层－只有局部有
20	43	2.25	0.69	煤层－尖灭(不是到处都有)
19	28	1.09	0.61	煤层－尖灭(不是到处都有)
18	43	3.33	0.85	煤层－尖灭(不是到处都有)
172	67	2.95	1.29	煤层－尖灭(不是到处都有)
S1705	53	3.87	2.08	分布较广的薄砂岩层
171	58	1.57	0.49	煤层－尖灭(不是到处都有)
S1605	52	6.1	2.56	分布较广的薄砂岩层
16	47	2.15	0.73	煤层－尖灭(不是到处都有)
S1525	34	16.46	8.29	河相厚砂岩层
S1520	56	16.79	6.2	分布较广的河相厚砂岩层

（续表）

地层	出现次数（84 口深井）	最大厚度/m	平均厚度/m	岩性描述
S1515	7	12.01	6.11	局部分布的河相厚砂岩层
S1510	33	14.01	6.85	河相厚砂岩层
S1505	8	9.35	5.67	局部分布的河相厚砂岩层
15	38	0.84	0.42	煤层一尖灭(不是到处都有)
14	66	0.93	0.46	煤层一尖灭(不是到处都有)
S1320	28	17.68	5.11	河相厚砂岩层(含粉砂岩)
S1315	48	6.15	2.09	分布较广的中厚砂岩层
S1310	20	6.11	2.37	中厚砂岩层
132	39	1.06	0.5	煤层一尖灭(不是到处都有)
S1305	62	25.54	5.25	分布较广的薄砂岩层,向西变厚
131U	34	1.2	0.46	煤层一被砂岩分叉
131	84	6.43	4.06	开采煤层一强制到处都有
131D	80	1.55	0.62	煤层一尖灭(不是到处都有)
12	31	0.7	0.37	煤层一尖灭(不是到处都有)
S1135	57	10.91	2.98	分布较广的中厚砂岩层
S1130	46	12.52	3.17	分布较广的河相中厚砂岩层
S1125	65	37.43	7.83	分布较广的河相厚砂岩层
114	40	0.68	0.39	煤层
S1120	43	9.67	3.37	分布较广的河相中厚砂岩层
S1115	17	9.01	5.31	局部充垫砂岩体
S1110	73	25.69	13.41	分布较广的厚砂岩层
113	34	0.67	0.42	煤层一尖灭(不是到处都有)
112	72	4	2.87	开采煤层一强制到处都有
S1105	20	4.4	2.3	中厚砂岩层
111	54	1.19	0.52	煤层一尖灭(不是到处都有)
S1010	41	22.72	3.89	分布较广的河相中厚砂岩层
101	28	0.73	0.37	煤层
S1005	47	19.35	5.87	分布较广的河相中厚砂岩层
10	27	0.68	0.36	煤层一尖灭(不是到处都有)
92	42	0.92	0.52	煤层一尖灭(不是到处都有)
91	40	0.65	0.38	煤层一尖灭(不是到处都有)

（续表）

地层	出现次数（84 口深井）	最大厚度/m	平均厚度/m	岩性描述
8	43	5.1	2.34	煤层一尖灭（不是到处都有）
72	29	1.57	1.03	煤层一尖灭（不是到处都有）
71	21	1.14	0.58	煤层一尖灭（不是到处都有）
62	44	5.95	3.2	煤层一尖灭（不是到处都有）
61	7	0.6	0.39	煤层一尖灭（不是到处都有）
52	5	1.69	0.87	煤层一尖灭（不是到处都有）
51	3	0.5	0.5	煤层一尖灭（不是到处都有）
42	6	1.3	0.66	煤层一尖灭（不是到处都有）
41	25	0.8	0.62	煤层一尖灭（不是到处都有）
1	18	10.86	7.5	煤层一尖灭（不是到处都有）

在收集的钻孔资料中，浅孔水井占相当的一部分。详细的近地表松散沉积层的情况可从这些浅孔水井资料中获得。对松散层进行的沉积砂层层序划分可见表 2－2 所列。

表 2－2 对松散层进行的沉积砂层层序划分

地层		出现次数（42口井）	最大厚度/m	平均厚度/m	岩性描述
SOIL					表土层
AS84		30	13.39	6.99	松散砂层-上部分岔
	AS80	12	21.88	16.51	松散砂层-主层
AS82		30	9.78	6	松散砂层-下部分岔
AS70		36	3.03	1.48	松散砂层
AS60		15	1.7	1.13	松散砂层
AS54		22	7.07	2.82	松散砂层-上部分岔
	AS50	9	28.07	15.42	松散砂层-主层
AS52		22	18.33	9.85	松散砂层-下部分岔
AS40		31	23.03	10.22	松散砂层
AS30		16	10.87	6.14	松散砂层
AS20		31	16.51	10.47	松散砂层
BAL					不整合面基底

2.2.2　三维地质模型

三维地质模型建立分为两步：第一步用 Minescape 软件对煤层和砂岩层进行整体模拟，建立三维初始地质模型；第二步用 GOCAD 软件在初始模型网格上将断层加入。

图 2－3 显示了基于 Minescape 建立的三维地质模型。利用 GOCAD 软件建立的带断层的三维地质模型主要基于 11－2 煤层、S1110 砂岩层、13－1 煤层、第四系覆盖层的基底不整合面、地表及 11 条断层。图 2－4 和图 2－5 显示了用 GOCAD 模拟的带断层的顾桥矿三维地质模型的层面图和地层剖面。

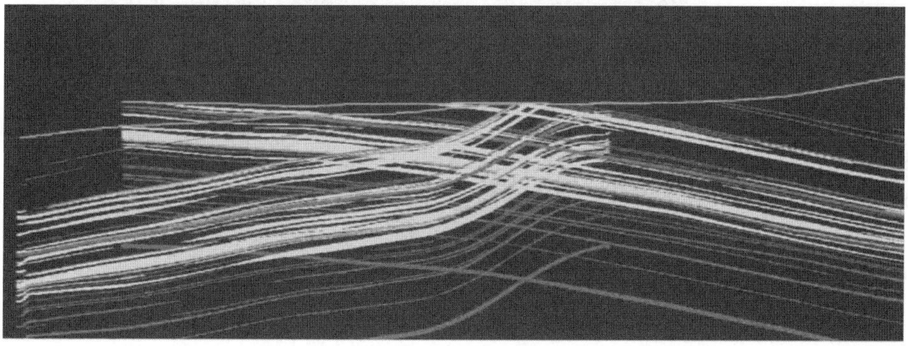

图 2－3　基于 Minescape 建立的三维地质模型

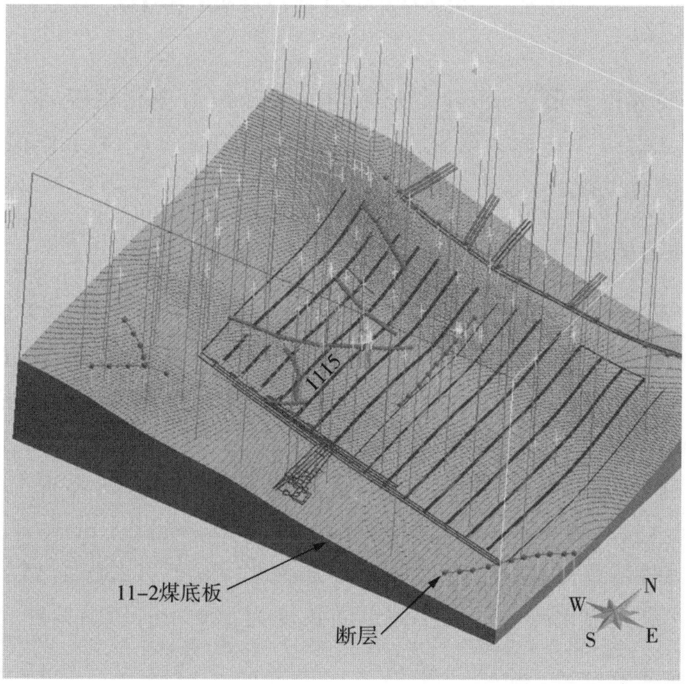

图 2－4　顾桥矿 11－2 煤层底板三维显示

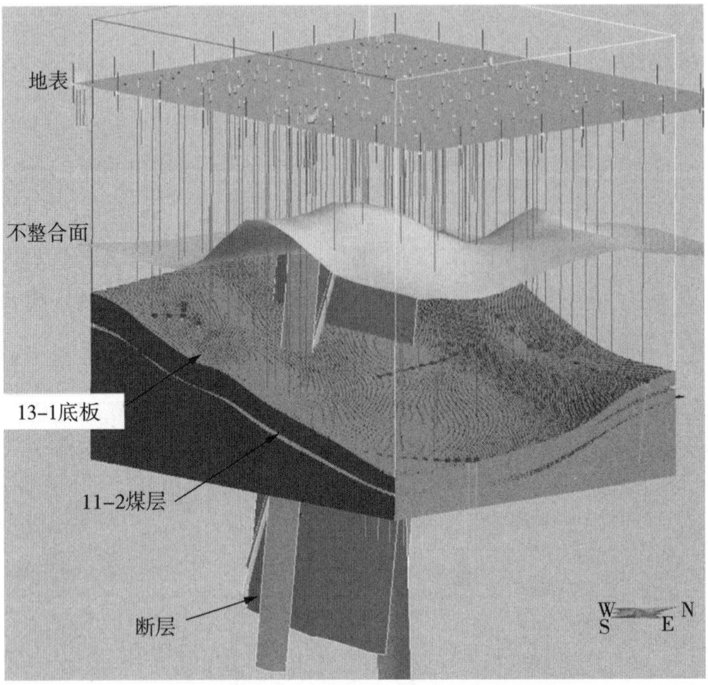

图 2-5　含主要地层和断层的顾桥矿三维地质模型

2.3　采动应力的动态变化

为清楚地反映煤层开采后，邻近煤岩体内的采动应力变化情况，以淮南矿业集团潘三矿东四 B 组煤 17214 工作面为研究对象，系统研究随着 17214 工作面的开采，邻近煤岩体内应力动态变化情况。

2.3.1　试验工作面概况

试验工作面为 17214 工作面，为东四采区首采工作面。由于东四采区 4-2 煤层～8 煤层平均垂距为 61.2 m，煤层间距较小，为充分解决开采瓦斯治理，采用开采下保护层，即先开采 4-2 煤层，保护 4-1 煤层及 5～8 煤层。17214 工作面煤层情况为 4-2 煤层总厚 0.34～2.19 m，均厚 1.5 m，煤层结构复杂，与 5-2 煤层间距为 16.7 m，倾角 7°，平均 13°。该煤层赋存较稳定。4-2 煤层：黑色，硬度较大，玻璃光泽，容重 1.37，以半亮型煤为主。4-2 煤层直接顶为粉砂岩与细砂岩互层，厚度 4.0～8.94 m，均厚 7.1 m，灰色，水平层理，块状结构胶结致密，坚硬；直接底为砂质泥岩，厚度 0.43～1.27 m，均厚 1.0 m，灰色至深灰色，含炭化植化碎片。工作面走向长度为 1000 m，切眼长度为 170 m。

2.3.2　相似模拟试验目的

(1)17214 工作面开采后，分析 4-1 煤层及 4-2 煤层以上各煤层应力、应变变化情况。

(2)17214 工作面开采后，分析 4－1 煤层及 4－2 煤层以上各煤层走向、倾向方向的卸压范围。

(3)17214 工作面开采后，分析 4－2 煤层以上各煤层层离及裂隙发育情况。

(4)17214 工作面开采后，分析 4－2 煤层以上各煤层位移变化。

2.3.3　相似材料模拟试验基本条件

根据相似性原理，两个对应系统所产生的相似现象意味着：①描述两个系统对应点的各物理量之间分别保持一个常数，即相似常数；②描述两个系统对应点的动态发展规律的方程相似，或者说各相似常数间保持一定的关系，即相似准则。可见，两个完全相似的体系要求的条件是很严格的，但对某一具体研究问题而言，只要把握主要的物理量和主导相似准则就可以了。按照一般物理现象相似的要求，模型与原型之间应满足下列相似的条件。

1)几何相似

设原型的几何尺寸为 l_{p}，模型的相应尺寸为 l_{m}，取长度相似系数(模型尺寸与原型尺寸之比)：

$$C_{\mathrm{l}}=\frac{l_{\mathrm{m}}}{l_{\mathrm{p}}}$$

2)容重相似

设原型中第 i 层岩层的容重为 $\gamma_{\mathrm{p}i}$，模型中相应岩层的容重为 $\gamma_{\mathrm{m}i}$，取容重相似系数(模型中各岩层的容重与现场相应岩层的容重之比)：

$$C_{\gamma}=\frac{\gamma_{\mathrm{m}i}}{\gamma_{\mathrm{p}i}}$$

3)时间相似

由于在模型和原型中的重力加速度相等，取时间相似系数(模型中的开采与现场的开采时间之比)：

$$C_{\mathrm{t}}=\sqrt{C_{\mathrm{l}}}$$

4)弹模相似

设原型中各岩层的弹性模量为 $E_{\mathrm{p}i}$，模型中相应岩层的弹性模量为 $E_{\mathrm{m}i}$，取弹性模量相似系数(模型中岩层的弹模与现场岩层的弹模之比)：

$$C_{\mathrm{E}}=\frac{E_{\mathrm{m}i}}{E_{\mathrm{p}i}}=C_{\mathrm{l}}\times C_{\gamma}$$

5)强度相似

设原型(现场)中各岩层的单向抗压强度为 $R_{\mathrm{p}i}$，模型中相应岩层的单向抗压强度为 $R_{\mathrm{m}i}$，取强度相似系数(模型中各岩层的强度与原型中各岩层的强度之比)：

$$C_R=\frac{R_{mi}}{R_{pi}}=C_l\times C_\gamma$$

6)泊松比相似

设原型中各岩层的泊松比为μ_{pi},模型中相应岩层的泊松比为μ_{mi},取泊松比相似系数(模型中岩层的泊松比与原型中各岩层的泊松比之比):

$$C_\mu=\frac{\mu_{mi}}{\mu_{pi}}$$

7)应力相似

设原型中各岩层内的应力为σ_{pi},模型中相应的应力为σ_{mi},取应力相似系数(模型中的应力与原型中的应力之比):

$$C_\sigma=\frac{\sigma_{mi}}{\sigma_{pi}}=C_l\times C_\gamma$$

2.3.4 相似模拟实验模型的设计与制作

1)原型条件

模拟的4-2煤层厚度1.54 m,直接顶为3.0 m厚的泥岩,老顶为6.0 m的砂质泥岩,煤层底板为7.0 m厚的砂质泥岩,模拟的4-1煤层、5-1煤层、5-2煤层、6-1煤层、6-2煤层、7-1煤层和8煤层见图1-3。

2)相似参数确定

(1)几何相似比。安徽理工大学现有的平面模型试验架长度3 m、宽0.3 m,因此取模型与原型的几何相似比为

$$C_l=1/100$$

(2)容重相似比。按岩层的容重、力学性质和实际情况,取容重相似比为

$$C_\gamma=0.6$$

(3)应力相似比。按相似原则,根据前面所确定的几何相似比和容重相似比,取应力相似比为

$$C_\sigma=C_\gamma\times C_l=0.6\times 1/100=0.006$$

(4)时间相似比。按照相似理论有

$$C_t=\sqrt{C_l}=\sqrt{1/100}=1/10$$

为了模拟时间的方便,取时间相似比$a_l=1/12$,即模拟试验中的2 h相当于现场的一天。

3)相似材料的选择

用相似材料模拟岩层时,所用相似材料的性质和成分应随着模拟岩层的类型不同而变化。煤矿岩层种类繁多,力学及变形性质差异很大,对于材料的要求应满足以下条件:

(1)材料的某些力学特性与岩石的力学特性相似。

(2)力学性能稳定,不易受外界条件的影响,要求材料的收缩性小、内应力小。

(3)调节材料的配比,较易获得不同的力学特性。

(4)模型制作方便,成型快。

(5)对人体无害,成本低,货源足。

在煤系地层中,多为沉积岩,一般利用骨料和胶结物组成的相似材料即可基本满足沉积岩的力学特性,故相似模拟试验常用的材料有如下几种。

河砂:要求含其他杂质少,粒度均匀。一般其颗粒直径在 5 mm 以下,作为相似材料的骨料。

石英砂:也是作骨料用的,要求其均匀,色白、纯净、无黏土杂质,一般使用的粒度为 0.3 mm 左右的细砂,密度为 2.6 g/cm^3。

石膏:一般采用熟石膏。这里用的是建筑一级石膏粉,其初凝时间为 4 min,终凝时间为 10 min,24 h 可达到稳定强度。一般石膏是作为胶结材料用的,也可以用它来作水泥的速凝剂。如果作为胶结物使用,需要掺加缓凝剂。

石灰:作胶结材料用,宜采用新鲜烧透的灰块,这种材料的脆性极明显。

高岭土:为塑性材料,强度随着含水率的减小而增加,属于低强度胶结材料。

云母粉:属于非亲水性材料,根据不同使用目的使用不同的规格,作为拌合料时,应使用直径 $d=0.4$ mm 以下的云母粉;作为分层材料时,应使用颗粒较大的云母粉或片状云母,其外形最大尺寸应小于 5 mm。在做岩层弱面研究时,如断层、大节理面等,要用片状云母作为夹层材料。

其他材料:在模拟高强度岩石时,可以用水泥作为胶结物。对于密度较大的岩石,在模拟时可以掺入铁粉、重晶石粉等,以增加试件的密度。对于密度较小的岩石(模型密度小于 1.4 g/cm^3)可以掺入炉渣粉来减小密度,增大体积。

本次相似材料模拟试验,考虑制作工艺和材料来源的方便,骨料选用河砂,胶结料选用石灰和石膏,分层材料选用云母粉。改变骨料和胶结材料的成分,可以模拟不同类型的岩层。砂子粒度以 0.15～0.5 mm 为宜,石灰宜采用新鲜烧透的灰块,石膏为熟石膏。

4)配比的选择

根据所选的相似材料,依据相似参数确定的模型。

5)相似材料模型的确立

为了全面掌握 4－2 煤层开采后在其他煤层中引起的卸压空间分布规律,根据理论计算和钻孔实测,一般在工作面煤壁附近其上覆岩层移动变形量最大,而采动裂隙也在此发育最高。因此,为保证工作面上覆岩层在开采后能充分移动与变形,将走向模型布置于工作面上风巷处。

6)模型制作工艺

首先,按照计算的用量制作好材料,加水拌匀。然后,按各分层用量将材料分层铺设,装入模板中。为便于将模型材料压实,铺设时每次成型厚度严格按照设计厚度铺设,模型中岩层的结构面在成型过程中通过撒适量的云母粉来模拟。每一层中按节理方向和节理密度设置缝隙,撒入云母粉,模拟裂隙及节理情况,模型放置 3 d 后去掉侧护模板,让其干燥 10 d。相似材料模拟试验模型全景如图 2-6 所示。

图 2-6 相似材料模拟试验模型全景

7)模型加载

模型上部岩层的重力按均布载荷处理,并按配重采用杠杆式加载,杠杆数量为 15 个,均匀布置在模型的上表面。为了达到基本力学特征相似,模型两侧用槽钢约束第三轴,形成准平面应变模型。为减少槽钢与模型的相对摩擦,在槽钢与模型面铺设塑料纸并涂上黄油。相似材料模拟试验模型加载如图 2-7 所示。

图 2-7 相似材料模拟试验模型加载

8)走向模型测点布置

在模型中,在 5-1 煤层、5-2 煤层、6-1 煤层、6-2 煤层、7-1 煤层、7-2 煤层和 8 煤层中分别布置应力计和位移计,监测各煤层的应力和位移变化。走向模型测点布置示意图如图 2-8 所示。

开采过程中应力、位移的变化是由计算机控制的,静动态电阻应变仪数控自动巡回监测系统采集应变信息,同时进行拍照及顶板垮落过程的描述。

图 2－8　走向模型测点布置示意图

2.3.5　模拟试验结果分析

1）回采程序设计

在模型的左右边界各留设 40 m 煤柱作为边界煤柱，以消除边界影响。开采从模型的右边开始，首先在模型右边开设切眼，切眼宽度为 8 m。工作面每次推进 4 m，每 2 h 回采一次。实行走向长壁全部垮落法开采。

模型模拟开采长度为 220 m。整个模型自开切眼开采至 220 m 后，使模型卸载并打开侧护板，对顶板垮落状况、“三带”分布规律和裂隙分布状况进行宏观观察并实地拍照。

2）覆岩破坏规律

（1）顶板垮落规律。

17214 工作面在推进过程中，直接顶暴露面积逐渐扩大，当工作面推进到 32 m 时，顶板岩梁在煤壁前方和切眼煤壁后方上部出现裂隙，同时在岩梁中部下方也出现裂隙；当工作面推进到 36 m 时，老顶岩梁在煤壁前方和切眼煤壁后方先发生断裂，随后老顶岩梁在中部也发生断裂，断裂后的岩块相互咬合形成三铰拱式平衡结构；当工作面推进到 38 m时，三铰拱式结构失稳，顶板岩梁垮落；此后，随着工作面推进，顶板岩层悬顶长度在 3～7 m 以上垮落。4－2 煤层以上岩层从下向上逐层垮落，其间横向和竖向裂隙发育，横向裂隙与竖向裂隙相互贯通，此高度在 12 m 以上时部分裂隙闭合。

（2）顶板岩层“三带”发育规律。

冒落带：冒落带高度为 5.5～10.0 m，相当于采高的 3.6～6.5 倍，切眼附近断裂线与水平面夹角为 57°左右，工作面前方岩层断裂线与水平面最大夹角约为 61°。冒落带岩层的稳定性及结构特点在厚度方向上也是不同的，下位岩层为不规则冒落带，其厚度为煤层采出厚度的 1.05～1.3 倍；上位岩层为规则垮落带，其结构具有一定的稳定性，这部分岩层在断裂和回转的同时，与后方已垮落矸石相作用，可形成“半拱”式结构，随支架的前移及顶板的回转，形成“半拱”式结构的岩块继续回转。同时，移架也使拱脚遭到破坏，结果使得这种“半拱”式结构逐层失稳垮落，但垮落的最大高度不超过上方已形成的稳定“砌体梁”结构。

弯曲带：此带位于裂缝带上方直到地表的整个覆岩。岩层呈平稳的弯曲，没有大的断裂，但有时产生离层，甚至在拉伸部位产生局部的微小张裂隙，但这些裂隙的连通性很弱或不连通，局部有可能导致渗透性加大，但不影响整体。

裂隙带：裂隙带位于冒落带之上，由于受到采动影响在岩层中产生许多裂隙，并且这些裂隙随着采动的变化也将发生张开和闭合运动，裂隙带内自下部向上岩块排列整齐。待岩层移动稳定以后，通过宏观量测：在开切眼附近整个裂隙带的发育高度达到 26.6 m，约为采高的 17.3 倍，在停采线附近整个裂隙带的发育高度达到 30.5 m，约为采高的 19.8 倍。

裂隙带中的裂隙主要有两种：垂直和斜交于岩层层面的开口向上和向下的裂隙，平行于岩层层面之间的离层裂隙。裂隙带以上以垂直和斜交于岩层层面的开口向上和向下的裂隙为主，而平行于岩层层面之间的离层裂隙次之，此区域一直发展到 60 m 处。

基于以上试验分析结果，绘出裂隙带沿推进方向的分布规律，如图 2－9 所示。

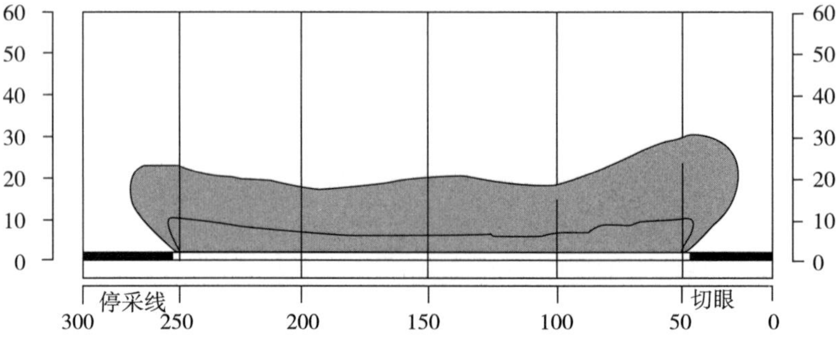

图 2－9　裂隙带分布图

(3)各煤层应力场特征。

17214 工作面回采过程中，顶板各煤层支承压力曲线如图 2－10～图 2－14 所示，图中横坐标为工作面走向方向，切眼位置在横坐标 40 m 处，停采线在横坐标 260 m 处，纵坐标为支承压力。

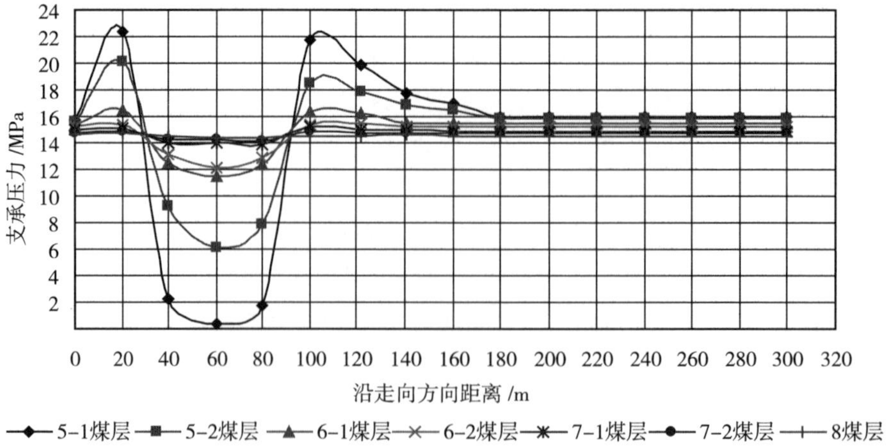

图 2－10　工作面推进 40 m 时各煤层支承压力分布曲线

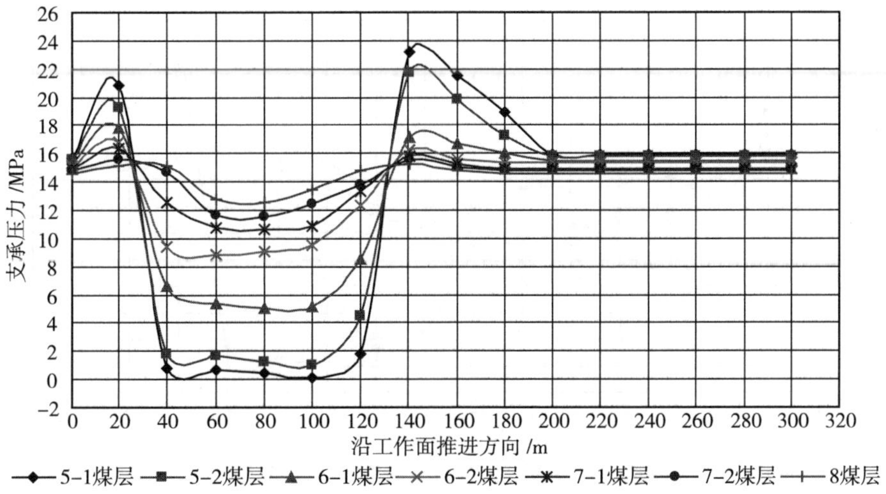

图 2-11　工作面推进 80 m 时各煤层支承压力分布特征

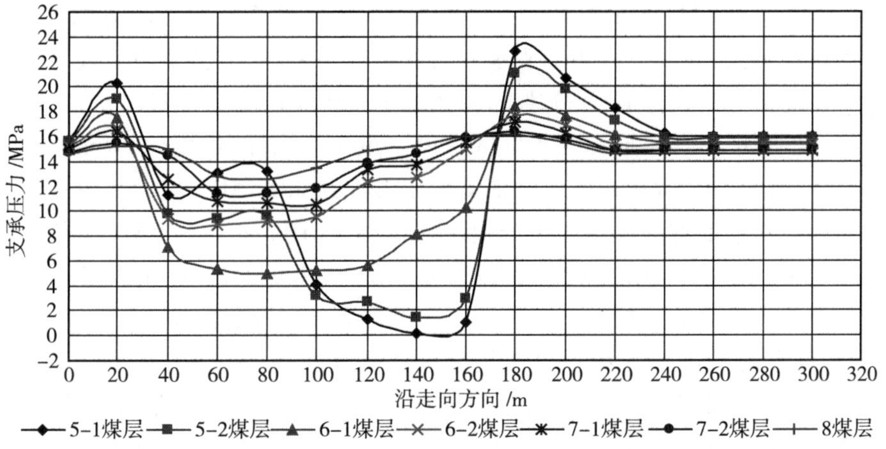

图 2-12　工作面推进 120 m 时各煤层支承压力分布曲线

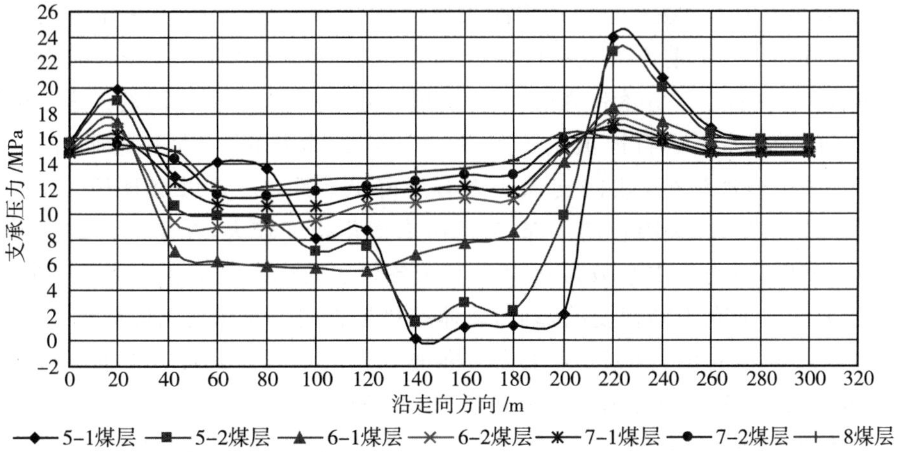

图 2-13　工作面推进 160 m 时各煤层支承压力分布曲线

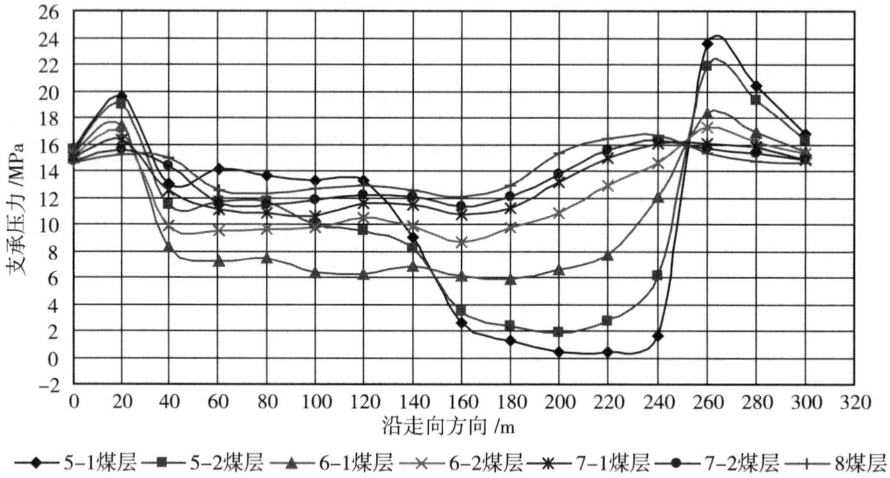

图 2-14　工作面推进到停采线时各煤层支承压力分布曲线

从图 2-10 支承压力分布曲线可以看出，距 4-2 煤层顶板 9.7 m 处的 5-1 煤层支承压力变化幅度最大，在采空区中部支承压力降到 0.4 MPa，应力集中系数为 0.25，在切眼后方和工作面前方的支承压力分别达到 22.32 MPa 和 21.76 MPa，应力集中系数为 1.4 和 1.36，说明 5-1 煤层局部处于冒落带内。距 4-2 煤层顶板 12.8 m 处的 5-2 煤层支承压力变化幅度次之，在采空区中部支承压力降到 6.1 MPa，应力集中系数为 0.38，在切眼后方和工作面前方的支承压力分别达到 20.16 MPa 和 18.48 MPa，应力集中系数为 1.27 和 1.17。距 4-2 煤层顶板分别为 25.8 m 和 32.9 m 的 6-1 煤层和 6-2 煤层，支承压力降低和升高趋势比较接近，说明 6-1 煤层和 6-2 煤层处于 4-2 煤层上部裂隙带中，煤岩整体移动一致。距离 4-2 煤层顶板分别为 47.9 m、51.4 m 和 60.7 m 的 7-1 煤层、7-2 煤层和 8 煤层，支承压力几乎没有变化，说明采动对这三层煤影响甚微。

从图 2-11 可以看出，当 17214 工作面推进 80 m 时，距 4-2 煤层顶板 9.7 m 处的 5-1煤层支承压力在采空区后方距工作面煤壁 20 m 处支承压力达到最低，为0.12 MPa，应力集中系数为 0.08，而在采空区后方距工作面煤壁 40～60 m 处支承压力又略有所增加，在切眼后方和工作面前方的支承压力分别 20.86 MPa 和 23.15 MPa，应力集中系数为 1.31 和 1.45，说明处于冒落带内的 5-1 煤层随着 4-2 煤层工作面的推进上覆岩层垮落，远离工作面的采空区矸石被重新压实，致使支承压力升高，但是在切眼后方，由于时间因素，煤岩发生塑性流变，致使支承压力有所降低。距 4-2 煤层顶板 12.8 m 处的 5-2煤层紧邻冒落带，即裂隙带的下部，支承压力变化幅度较大，在采空区的支承压力最小值为 1.04 MPa，应力集中系数为 0.66。其余各煤层处于裂隙带和弯曲下沉带内，采场中部支承压力相应的有不同程度的降低，总体趋势是越向上支承压力降幅越小。

从图 2-12 可以看出，当 17214 工作面推进 120 m 时，5-1 煤层支承压力在采空区后方距工作面煤壁 80 m 处支承压力恢复到 13.18 MPa，应力集中系数为 0.83，而在采空区后方距工作面煤壁 20 m 处支承压力最小，即 0.168 MPa，应力集中系数为 0.01，在切眼后方和工作面前方的支承压力分别 20.36 MPa 和 22.84 MPa，应力集中系数分别为

1.28 和 1.43。5－2 煤层位于裂隙带的最下部，支承压力变化幅度较大，在采空区支承压力最小值为 1.46 MPa，应力集中系数为 0.09；其余各煤层处于采空区上方的裂隙带和弯曲下沉带内，采场中部支承压力相应地有不同程度的降低，总体趋势是越向上支承压力降幅越小。6－1 煤层、6－2 煤层、7－1 煤层、7－2 煤层和 8 煤层最小支承压力分别为 5.03 MPa、8.94 MPa、10.58 MPa、11.39 MPa 和 12.48 MPa，应力集中系数分别为 0.32、0.58、0.71、0.77、0.86。

由图 2－13 可知，当 17214 工作面进一步向前推进到 160 m 时，采空区中后部冒落矸石部分被压实，5－1 煤层中支承压力逐渐回升至原岩应力，而采空区靠近工作面煤壁处，由于冒落矸石不充分或还未冒落，支承压力最小；5－2 煤层支承压力在采空区中后部部分恢复到 9.69 MPa。

总的来看，在采空区中后部，5－1 煤层、5－2 煤层、6－1 煤层和 6－2 煤层支承压力逐渐恢复，而 7－1 煤层、7－2 煤层和 8 煤层支承压力还在继续减小。在采空区靠近工作面煤壁附近，无论是 5－1 煤层、5－2 煤层、6－1 煤层和 6－2 煤层，还是 7－1 煤层、7－2 煤层和 8 煤层，支承压力都在减小。

由图 2－14 可知，当 17214 工作面推进到停采线时，由于采场覆岩岩层已完成几次周期垮落，采场中部进一步压实，5－1 煤层支承压力基本恢复到原岩应力水平，5－2 煤层支承压力也有较大的恢复，但是在整个回采期间，7－2 煤层和 8 煤层的支承压力一直处于下降状态。

总的来看，沿工作面推进方向，在采空区两侧一定范围内形成应力集中区域，而在采空区内一定范围形成应力降低区域，整个应力降低区从外形看呈现为拱壳状。

(4)各煤层位移分布规律。

17214 工作面回采过程中，顶板各煤层位移曲线如图 2－15～图 2－19 所示，图中横坐标为工作面走向方向，切眼位置在横坐标 40 m 处，停采线在横坐标 260 m 处，纵坐标为各煤层位移量(图上为模型位移)。

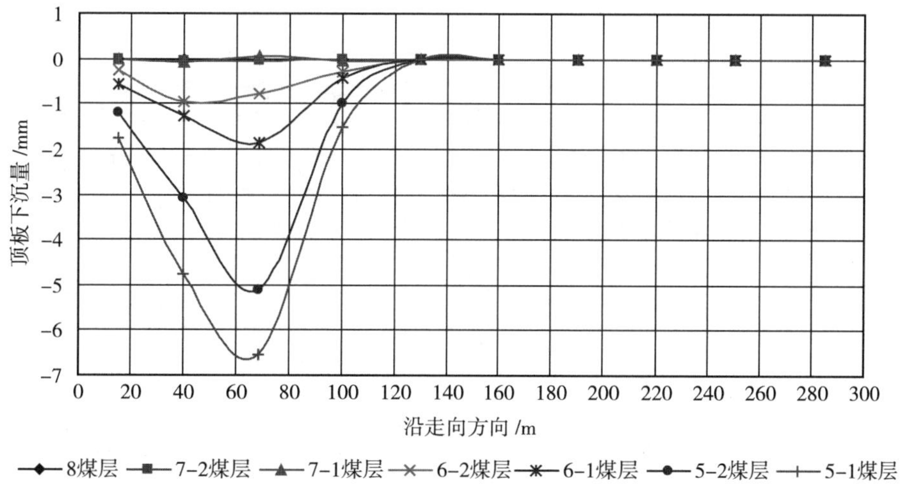

图 2－15　工作面推进 40 m 时各煤层位移曲线

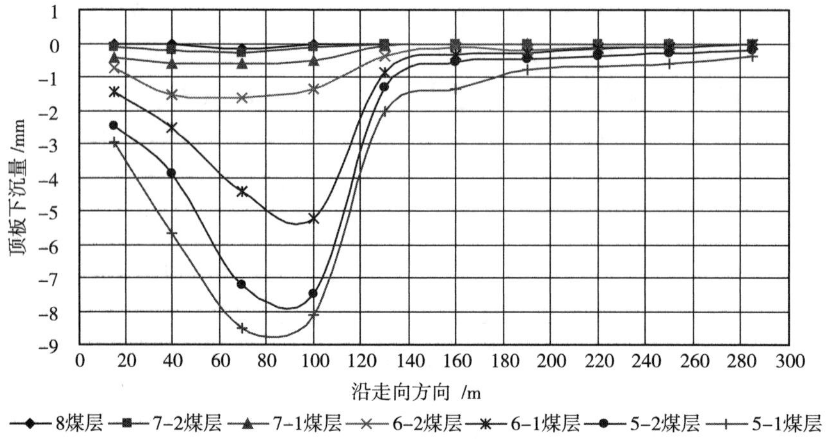

图 2-16　工作面推进 80 m 时各煤层位移曲线

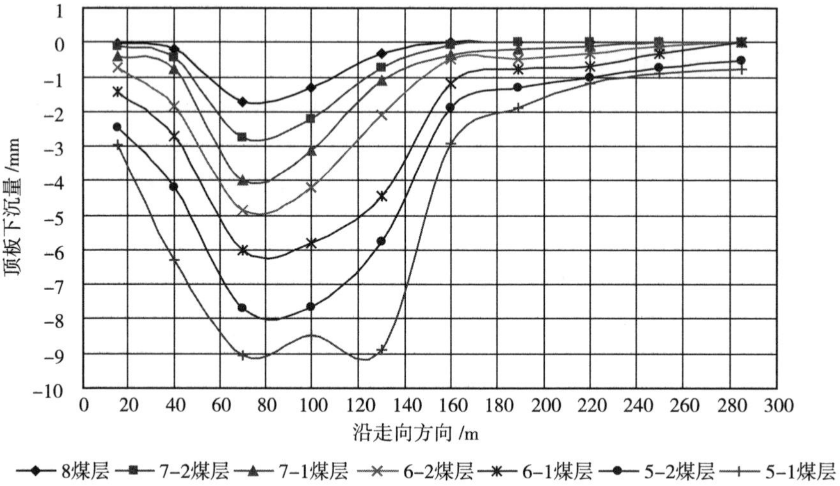

图 2-17　工作面推进 120 m 时各煤层位移曲线

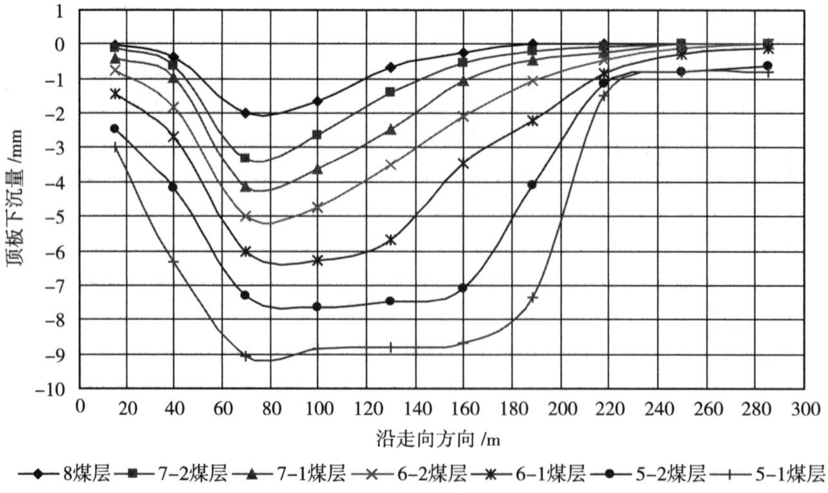

图 2-18　工作面推进 160 m 时各煤层位移曲线

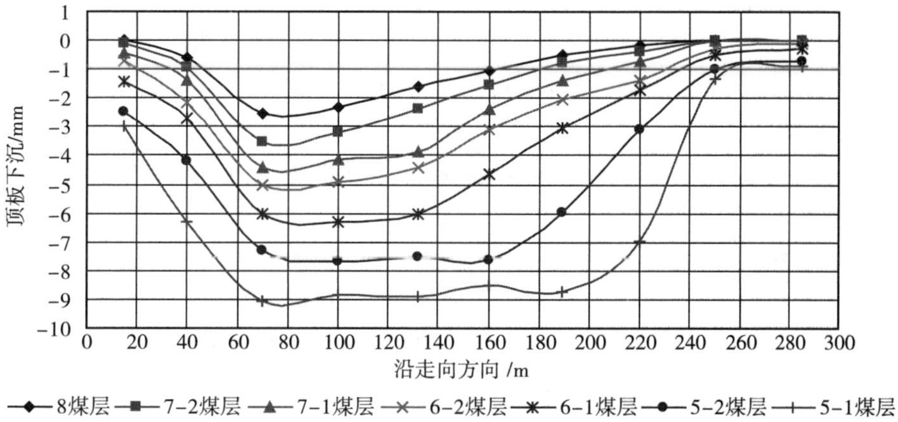

图 2－19　工作面推进 200 m 时各煤层位移分布特征

从图 2－15 位移分布曲线可以看出，距 4－2 煤层顶板 9.7 m 处的 5－1 煤层位移变化幅度最大，在采空区中部位移下沉盆地呈锥形，最大下沉值为 655 mm，进一步说明 5－1煤层局部处于冒落带内。距 4－2 煤层顶板 12.8 m 处的 5－2 煤层位移变化幅度次之，最大下沉值为 511 mm。距 4－2 煤层顶板分别为 25.8 m 和 32.9 m 的 6－1 煤层和 6－2煤层，煤层位移值比较接近且较小，说明 6－1 煤层和 6－2 煤层处于 4－2 煤层上部裂隙带中，随覆岩一起移动。距离 4－2 煤层顶板分别为 47.9 m、51.4 m 和 60.7 m 的 7－1煤层、7－2 煤层和 8 煤层，煤层位移几乎没有变化，说明工作面推进 40 m 时采动对这三层煤几乎没有影响。

从图 2－16 可以看出，距 4－2 煤层顶板 9.7 m 处的 5－1 煤层在采空区上方位移随工作面推进继续减小，采动在 5－1 煤层中的影响范围在不断扩大，位移曲线仍然为锥形，最大位移为 853 mm。5－2 煤层随工作面推进，煤层位移量也在不断增大，位移曲线比较平滑，最大位移在工作面后方大约 30 m 处，最大位移为 752 mm。其余各煤层位移总体趋势是越向上位移越小。

从图 2－17 可以看出，5－1 煤层在采空区上方位移波动较大，位移曲线呈现“W”形，出现了双峰值，双峰值位移分别为 906 mm 和 889 mm，这是冒落带中的矸石局部充填密实程度不一致的缘故。5－2 煤层随工作面推进，煤层位移量不断增大，位移曲线比较平滑，最大位移在工作面后方大约 30 m 处，最大位移值为 769 mm。其余各煤层位移总体趋势是越向上位移越小，5－2 煤层位移曲线在采空区中部下沉盆地呈平底盆形，而 6－1 煤层、6－2 煤层、7－1 煤层位移曲线在采空区中部下沉盆地呈锥形，且锥尖从下向上偏向采空区后方。

从图 2－18 可以看出，5－1 煤层在采空区后方大约 70 m 以后位移变化趋于稳定，最大位移值仍为 906 mm，位移曲线在采空区中后部逐渐转向平地盆形，这是冒落矸石重新被压实的缘故。5－2 煤层随工作面推进，煤层位移曲线平底范围逐渐扩大，最大位移值为 780 mm。其余各煤层位移总体趋势是越向上位移越小，6－1 煤层、6－2 煤层、7－1 煤层和 8 煤层位移值分别为 628 mm、500 mm、414 mm、334 mm 和 200 mm。

从图 2－19 可以看出，随着工作面的不断推进，上覆煤岩层运动范围在走向方向逐渐扩大。采场上方的各煤层位移走向范围由下到上逐渐减小。从相似材料模拟实验的过程来看，当工作面推进距离 200 m 时，采场上方的各煤层位移仍然向上扩展，但是越靠近开采煤层采空区上方煤层活动越弱，越远离开采煤层采空区上方煤层活动越剧烈，但是总体趋势是各煤层位移趋于减小。到开采结束，5－1 煤层、5－2 煤层、6－1 煤层、6－2 煤层、7－1 煤层、7－2 煤层和 8 煤层累计最大位移分别为 906 mm、766 mm、628 mm、491 mm、442 mm、352 mm 和 252 mm。

(5)卸压范围。

17214 工作面回采后，沿工作面走向方向 4－2 煤层覆岩的卸压范围，在切眼位置卸压保护角为 57°左右，裂隙带高度约 26.6 m；工作面煤壁位置卸压保护角为 61°左右，裂隙带高度为 30.5 m 左右；裂隙带以上以垂直和斜交于岩层层面的开口向上和向下的裂隙为主，而平行于岩层层面之间的离层裂隙次之，此区域一直发展到 60 m 处。

2.4 卸压开采应力演化规律

1. 卸压开采采场覆岩运移规律

卸压开采采场覆岩运移一般具有以下特点。

(1)煤层直接顶范围内的岩体均随采随冒，而老顶及上覆岩层在工作面推进一定距离时才开始逐渐垮落，伴随着工作面的继续推进，岩体的变形破坏不断向上、向前发展，并具有一定的周期性，且上覆岩层的移动破坏形态是冒落拱形。垮落带高度及裂缝带高度不断向上发展，但当工作面推进一定距离时，这一高度值基本保持不变。

(2)在工作面回采过程中，工作面及采空区上覆岩层将自下而上依次运动，但由于岩层的强度和分层厚度及层理、节理发育情况的不同，各岩层的运动和垮落步距也有所不同。

(3)两带高度内岩层间有明显的分组变形、破坏、下沉等现象，呈现出以关键层为标志的明显成组运动特征，即上覆岩层分为若干组且各组岩层具有协调运动的特点。冒落带内岩体呈不规则垮落，排列也极不整齐；裂缝带内岩体破断后排列比较整齐，形成多组梁式结构并对上覆岩层有一定的支撑作用。

(4)两带最大高度(离层最大高度)随工作面推进呈梯级跃进并逐渐趋于稳定。

2. 卸压开采应力分带特征

从卸压应力分布观点看，岩层的垮落、自然充填的支撑和压实等作用，在采空区上方的横向上也产生“四带”：应力集中带、初始卸压带、充分卸压带和应力恢复带。被卸压煤层应力分带模型如图 2－20 所示。

(1)应力集中带：通常位于保护层工作面前方 5～50 m 范围内。此带范围内煤层承受的应力高于原始状态，最大应力点位于保护层工作面前方 5～20 m 范围内，最大压缩变形达 0.5‰～2‰，裂隙封闭，透气性降低。

(2)初始卸压带：从保护层工作面开始往采空区方向均存在保护卸压作用，但保护层的卸压传递到被保护层时要滞后一段距离，因此，保护层卸压带的起点(对卸压层而言)

通常位于保护层工作面后方 0.25～0.8 倍层间距位置。从卸压瓦斯流动观点来看，在此带范围内，煤层纵向破断裂隙发育，透气性大大增加，为初始卸压增透带。

(3)充分卸压带：充分卸压点位于保护层工作面后方 50～150 m，通常为层间垂距的 0.8～2.75 倍，然后应力开始恢复。从卸压瓦斯流动观点来看，在此带范围内，煤层承受的应力减小，被保护层变形增大，卸压煤层裂隙十分发育，尤其是横向离层裂隙发育丰富，透气性增加，充分卸压带内为卸压充分高透高流带。

(4)应力恢复带：位于保护层工作面后方 150～500 m，此带范围由于采空区冒落岩石逐渐被压实，应力逐渐恢复，但仍然小于原始应力状态，只能经过足够时间的恢复，才逐步向原始应力状态靠近。从卸压瓦斯流动观点来看，在此带范围内，由于上覆岩层向下移动压实作用使应力恢复带内的采动裂隙趋于密合，为减透减流，被保护层横向离层变形要维持较长的时间，为卸压瓦斯抽采提供足够的时间。

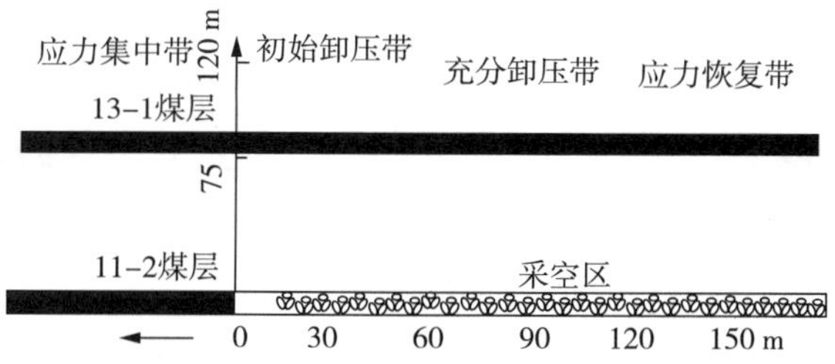

图 2-20　被卸压煤层应力分带模型

3. 被卸压煤层移动规律

由于下部煤层开采深度、开采厚度、采煤方法、顶板管理方法、岩性及煤层的产状不同，下部煤层开采后其上覆岩层移动和破坏的形式也不一样，层间距与下煤层采厚的比值较小时，煤层采出一定面积后，上煤层底板可能出现较大的裂隙或塌陷坑，这时，巷道移动和变形在空间和时间上都是不连续的，即在渐变中有突变，它们的分布没有严格的规律性。当采深与采厚的比值较大时，底板中没有较大的地质破坏，下部煤层采出一定面积后，上覆岩层移动和变形在空间和时间是都是连续的、渐变的，它们的分布有明显的规律性，形成某种形式的盆地。在充分采动条件下，卸压煤层的移动盆地一般可以划分 3 个区域，根据模拟实验结果得到卸压煤层移动盆地的特征，如图 2-21 所示。

(1)中间区(采空区上方)：煤层底板下沉均匀，断裂裂缝不明显，断裂裂缝趋于密合，但存在横向膨胀离层裂隙，下沉值最大。

(2)内边缘区：底板下沉均匀，但下沉值不相等，底板向盆地中心倾斜，呈凹形，产生拉伸压缩变形，形成断裂裂缝，裂隙发育丰富，按照一定的方向呈竖向向采空区上方展布，但裂隙沟通性差。

(3)外边缘区(煤柱上方)：底板下沉不均匀，并向盆地中心倾斜，呈凸形，产生拉伸变形。当拉伸变形值超过一定数值时，底板产生裂缝。在内、外边缘区连接处，即剖面上凹线形与凸线形的交接点为线形拐点。它的特征如下。

① 移动盆地与采空区不对称。在倾斜方向上，工作面上边界上方的盆地边缘比下边

界上方盆地边缘陡；开采影响范围是外边缘区比内边缘区小，整个移动盆地偏向采空区内边缘。

② 工作面上边界上方的底板移动盆地的拐点偏向采空区内侧，下边界上方的底板移动盆地的拐点偏向采空区外侧。

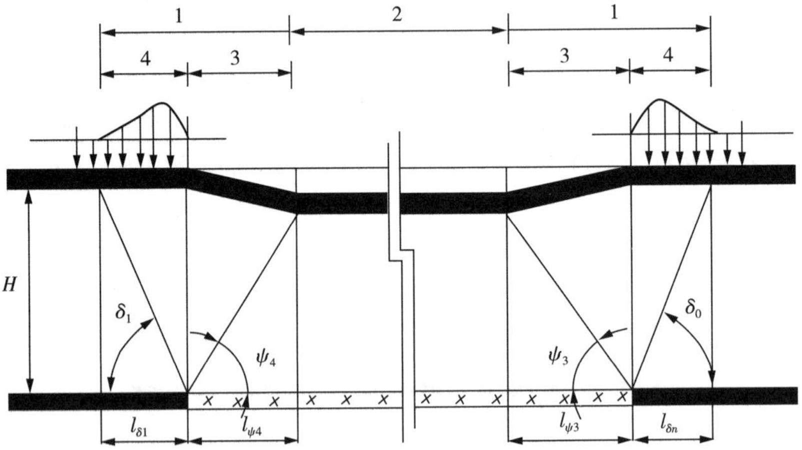

（a）走向

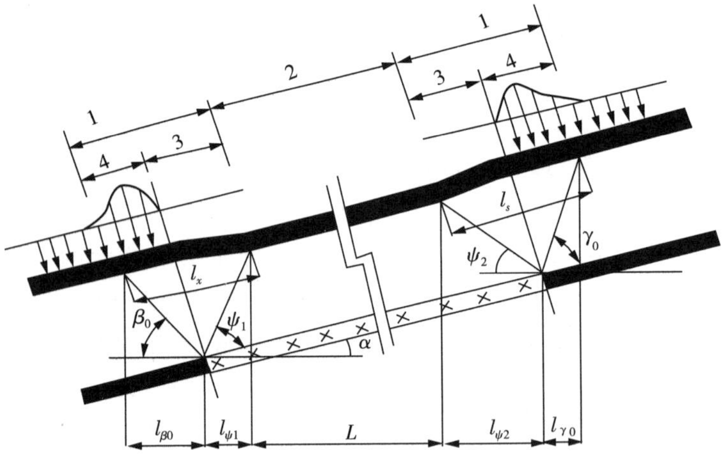

（b）倾向

1—边缘区；2—中间区；3—内边缘区；4—外边缘区。

图 2－21 卸压煤层移动盆地的特征

4. 被卸压煤层移动变形的范围

采用长壁垮落采煤法的工作面，随着工作面不断推进，采空区面积也不断扩大，岩层移动波及某一高度的覆岩，使覆岩产生一种在空间和时间上有规律的移动和变形，在工作面采完，覆岩移动稳定之后，在采空区上方形成一个沉陷区。

下部煤层开采以后，上部卸压煤层下边界内影响区长度 $l_{\psi 1}$、上边界内影响区长度 $l_{\psi 2}$、走向内边界影响区长度 $l_{\psi 3}$、下部边界影响区斜长 l_x、上部边界内影响区斜长 l_s 计算如下。

下边界内影响区长度为

$$l_{\psi1}=H\cos(\psi_1+\alpha)/\sin\psi_1$$

上边界内影响区长度为

$$l_{\psi2}=H\cos(\psi_2-\alpha)/\sin\psi_2$$

走向内边界影响区长度为

$$l_{\psi3}=H\cot\psi_3$$

下部边界影响区斜长为

$$l_x=H[\cot(\alpha+\beta_0)+\cot\psi_1]$$

上部边界内影响区斜长为

$$l_s=H[\cot(\gamma_0-\alpha)+\cot\psi_2]$$

式中，β_0、γ_0——下部、上部边界角，°；

ψ_1、ψ_2、ψ_3——下部、上部、走向充分采动角，°。

沿煤层走向可分为边界影响区、最大下沉区，两端边界影响区范围大致相同。走向边界影响区范围为

$$l_z=H[\cot\psi_3+\cot\delta_0]$$

式中，H——上下煤层层间距，m。

覆岩内部移动角与层间岩性及煤层倾角有关，顾桥矿 11－2 与 13－1 煤层之间以中硬偏软岩层为主体，根据有关研究结果，取充分采动角为 52°，$\psi_1=\psi_3-0.5\alpha$，$\psi_2=\psi_3+0.5\alpha$。因此，不同层间距条件下的合理空间关系见表 2－3 所列。

表 2－3　不同层间距条件下的合理空间关系（$\alpha=6°$）

内影响区长度/m	层间距 H/m		
	60	67	85
下部边界影响区斜长	65.3	72.9	92.5
上部边界影响区斜长	73.3	81.9	103.9
走向边界影响区	68.7	76.7	97.3
下边界内影响区长度	43.3	48.4	61.3
上边界内影响区长度	50	55.8	70.8
走向边界内影响区长度	46.9	52.3	66.8

由计算公式及表 2－3 可见，上行远程卸压开采具有以下特点。

① 在倾斜煤层条件下，由于走向、倾向上方、倾向下方岩层移动角存在明显的差异，各个方向的内影响区长度不同。上方内影响区范围最大，倾斜下方最小，走向居中。

② 各个方向的内影响区范围与层间距大小呈线性关系。层间距越大各个方向影响区的长度越大。

2.5 采场围岩移动规律

淮南矿区各煤层的形成条件大致相同，瓦斯含量普遍较高，但各煤层及煤层的不同部位瓦斯含量极为不均。这种瓦斯赋存的不均匀性是煤矿安全生产的危险因素，对防止矿井瓦斯突出，进行瓦斯抽采是十分不利的。为此，针对淮南矿区煤层赋存特点，采用卸压开采方法使突出煤层卸压。

卸压开采后，其上覆岩层发生破坏和位移，不同层位卸压层其变形与破裂形态有较大差异，研究卸压开采后，覆岩“三带”分布规律对卸压煤层气抽采具有指导意义。在采用长壁全部冒落法开采缓倾斜煤层条件下，当采深达到一定程度时，覆岩的破坏和移动形成“三带”，分别为冒落带、裂隙带和弯曲下沉带。图 2－22 为顾桥煤矿 11－2 煤层开采后的覆岩移动模拟图。

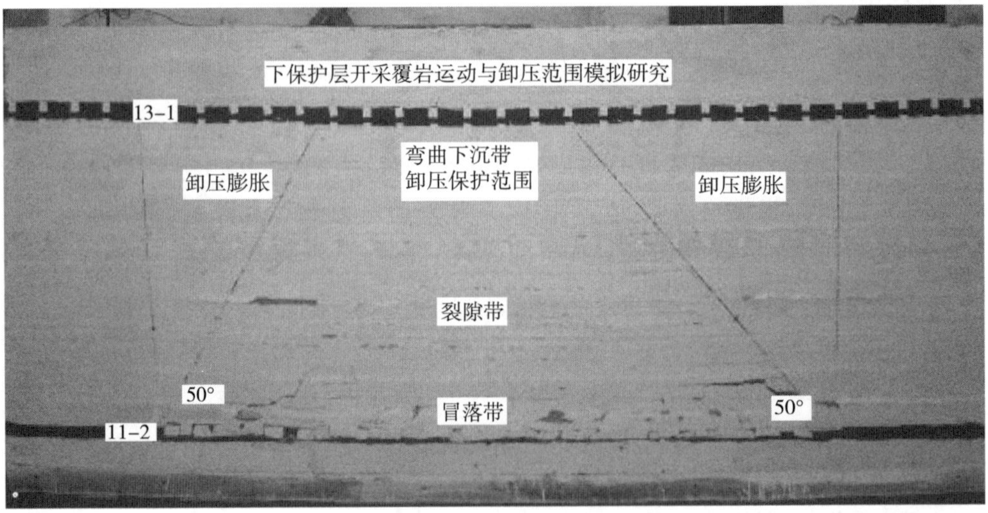

图 2－22 顾桥煤矿 11－2 煤层开采后覆岩移动模拟图

研究表明，11－2 煤层开采后最大冒落带高度 13.6 m，为采高的 4.0 倍，岩石垮落不规则。在采空侧，采动裂隙发育高度为 58.7～72 m，其中，在采空侧下位顶板离层明显，在距煤层顶板 0～58.7 m 范围内裂隙互相沟通，在距煤层顶板 58.7 m 以上顶板岩层也有裂隙发育，但不互相沟通；自煤壁向偏采空区方向裂隙呈 50°左右向上延伸，裂隙带发育高度约为采高的 17.2 倍。裂隙带中的裂隙主要有两种：垂直和斜交于岩层层面的开口向上和向下的裂隙,平行于岩层层面之间的离层裂隙。由于裂隙带发育高度较大,在裂隙带的下部岩层内的纵向裂隙和横向裂隙是相互沟通的。在裂隙带的上部尽管有纵向细微裂隙和横向细微裂隙的存在,但相互没有完全沟通。

弯曲下沉带位于裂隙带之上,此带内的岩层移动基本上是成层的、整体性的移动,位于弯曲下沉带内的卸压煤层一般以横向膨胀变形为主,采动裂隙与下部的采空区没有沟通。

2.6　采动影响下邻近煤层膨胀变形动态变化

在煤层开采过程中,邻近煤层将发生卸压膨胀变形,生成瓦斯运移和抽采所必需的裂隙。下面仍以淮南矿业集团潘三矿东四 B 组煤 17214 工作面为研究对象,运用 UDEC 4.0 数值模拟软件,研究随着 17214 工作面的开采邻近煤体内膨胀变形动态情况。

2.6.1　保护层开采被保护层应力及变形特性数值模拟准备

根据研究目的,设计数值模拟模型尺寸和位置如下:

工作面位置设计:工作面推进方向前后各留煤柱 40 m;

模型计算的范围:长×宽×高=400 m×300 m×300 m,共划分 385100 单元。

2.6.2　数值模拟结果分析

17214 工作面回采过程中,各煤层膨胀变形率曲线如图 2-23～图 2-25 所示。

(1)由图 2-23 可知,17214 工作面回采 40 m 时,采场顶底板煤岩层应力得到一定程度的释放,煤岩体发生不同程度的膨胀变形。位于采场位置的 4-1 煤层最大膨胀变形率为 4.4‰,切眼后方最大压缩变形率为 1.7‰,煤壁前方最大压缩变形率为 2.4‰;位于采场位置的 5-1 煤层最大膨胀变形率为 10.57‰,切眼后方最大压缩变形率为 5.61‰,煤壁前方最大压缩变形率为 4.67‰;位于采场位置的 5-2 煤层最大膨胀变形率为 9.61‰,切眼后方最大压缩变形率为 4.37‰,煤壁前方最大压缩变形率为 1.53‰;位于采场位置的 6-1 煤层最大膨胀变形率为 7.46‰,切眼后方最大压缩变形率为 3.13‰,煤壁前方最大压缩变形率为 1.44‰;位于采场位置的 6-2 煤层最大膨胀变形率为 5.33‰,切眼后方最大压缩变形率为 8.1‰,煤壁前方最大压缩变形率为 2.4‰;位于采场位置的 7-1 煤层最大膨胀变形率为 4.67‰,切眼后方最大压缩变形率为 2.4‰,煤壁前方最大压缩变形率为 1.2‰;位于采场位置的 7-2 煤层最大膨胀变形率为 4.2‰,切眼后方最大压缩变形率为 8‰,煤壁前方最大压缩变形率为 2‰;位于采场位置的 8 煤层最大膨胀变形率为 3.33‰,切眼后方最大压缩变形率为 3.4‰,煤壁前方最大压缩变形率为 0.7‰。由上述煤层膨胀变形率分析可知,处于采场中部位置的各煤层呈膨胀变形,切眼后方和煤壁前方位置各煤层呈压缩变形。

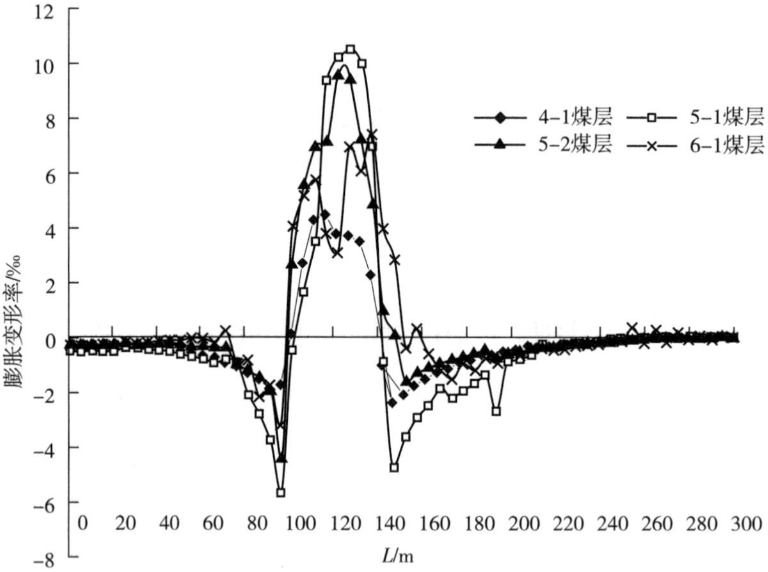

（a）煤层4-1、5-1、5-2、6-1

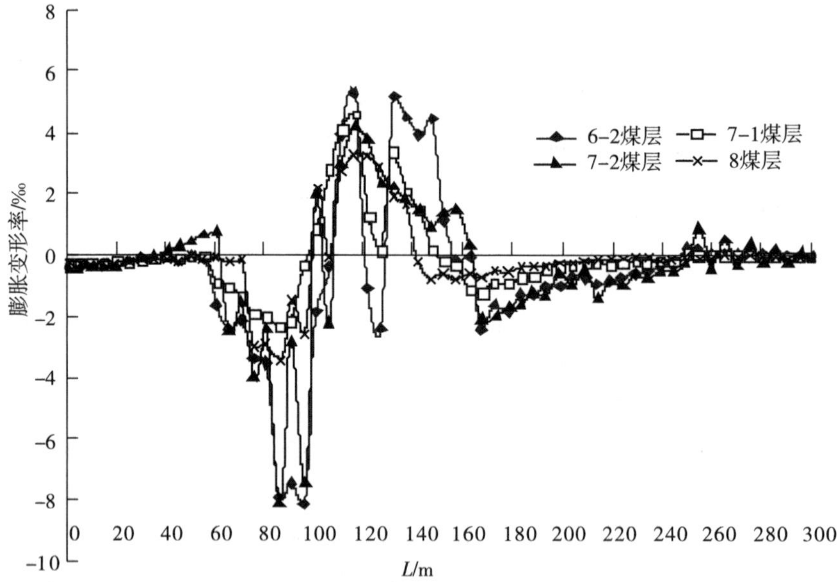

（b）煤层6-2、7-1、7-2、8

图 2-23　工作面推进 40 m 时各煤层膨胀变形率曲线

(2)由图 2-24 可知，随着工作面继续向前推进，由于采场上方煤岩体离层和冒落逐步向上发展，采场位置煤岩体膨胀变形发生变化，如采场推进到 70 m 时，位于采场位置的 4-1 煤层最大膨胀变形率为 4.2‰，切眼后方最大压缩变形率为 4.6‰，煤壁前方最大压缩变形率为 3.9‰；位于采场位置的 5-1 煤层最大膨胀变形率为 29.9‰，切眼后方最大压缩变形率为 20.8‰，煤壁前方最大压缩变形率为 21.6‰；位于采场位置的 5-2 煤层最大膨胀变形率为 27.2‰，切眼后方最大压缩变形率为 15.5‰，煤壁前方最大压缩变形率为 7‰；位于采场位置的 6－1 煤层最大膨胀变形率为 23.0‰，切眼后方最大压缩变形率为 13.6‰，煤壁前方最大压缩变形率为 5.79‰；位于采场位置的 6－2 煤层最大膨胀变形率为 20.9‰，切眼后方最大压缩变形率为 12.8‰，煤壁前方最大压缩变形率为 1.68‰；位于采场位置的 7－1 煤层最大膨胀变形率为 15.4‰，切眼后方最大压缩变形率为 12.4‰，煤壁前方最大压缩变形率为 1.6‰；位于采场位置的 7－2 煤层最大膨胀变形率为 13.3‰，切眼后方最大压缩变形率为 10.1‰，煤壁前方最大压缩变形率为 1‰；位于采场位置的 8 煤层最大膨胀变形率为 11.1‰，切眼后方最大压缩变形率为 10.0‰，煤壁前方最大压缩变形率为 0.5‰。由上述分析可知，由于采场的推进，各煤层膨胀变形率迅速增大，同时压缩变形率也有所增大。

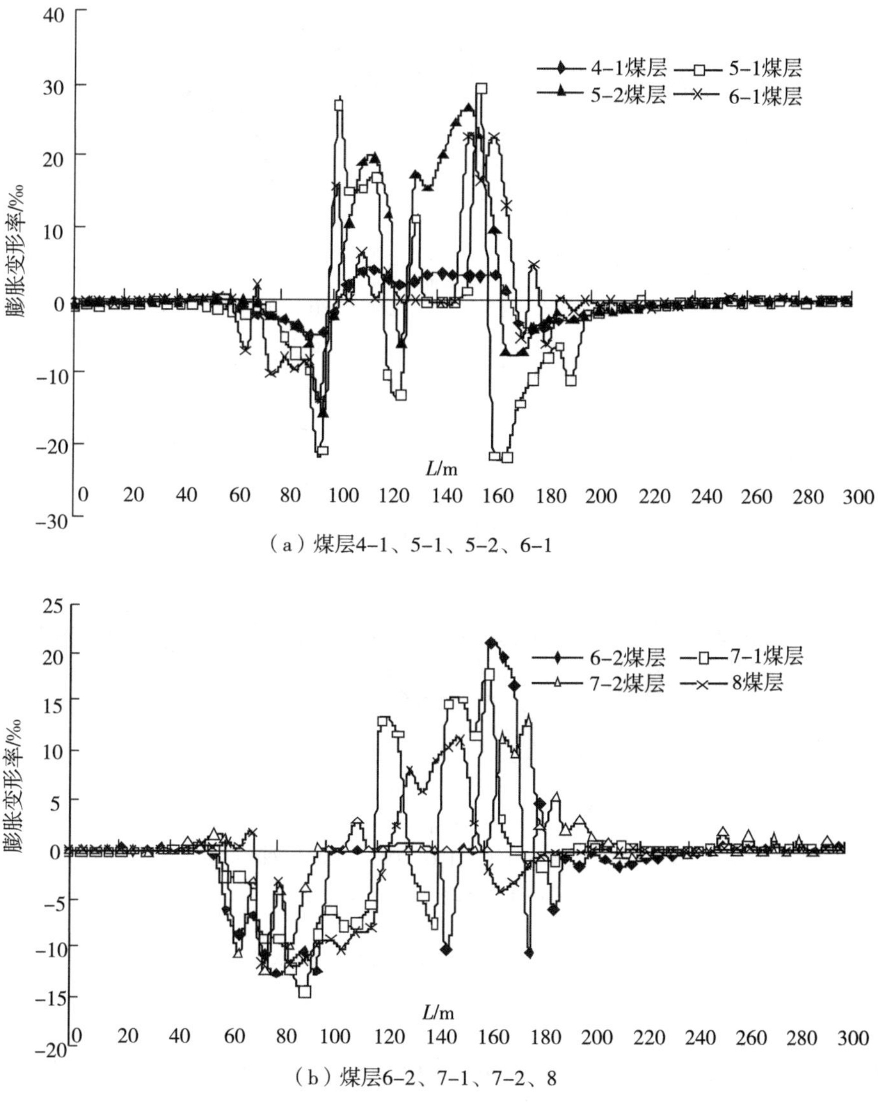

（a）煤层4-1、5-1、5-2、6-1

（b）煤层6-2、7-1、7-2、8

图 2－24　工作面推进 70 m 时各煤层膨胀变形率曲线

(3)由图 2－25 可知，随着采场进一步向前推进，由于采场中部煤岩体初步压实，其膨胀变形率逐渐减小，切眼后方和工作面煤壁前方煤岩体压缩变形率稳定在一定值附近；切眼附近煤岩体膨胀变形率小于煤壁附近煤岩体膨胀变形率，切眼附近煤岩体压缩变形率大于煤壁附近煤岩体压缩变形率。

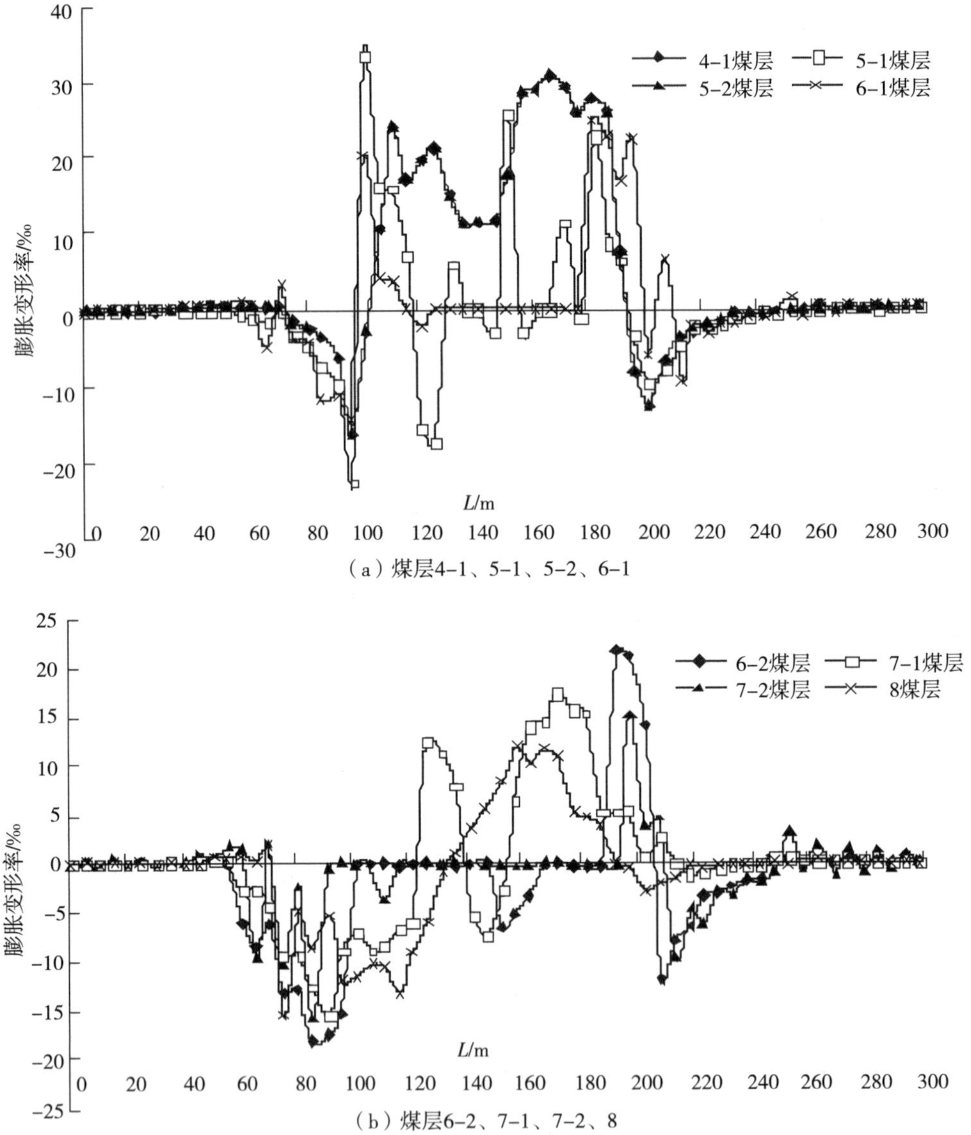

(a) 煤层4-1、5-1、5-2、6-1

(b) 煤层6-2、7-1、7-2、8

图 2－25　工作面推进 100 m 时各煤层膨胀变形率曲线

(4)卸压范围。

17214 工作面回采后，沿工作面回采方向 4－2 煤层覆岩卸压范围如图 2－26 所示(倾向)，沿工作面方向 4－2 煤层覆岩卸压范围如图 2－27 所示(走向)。由图 2－26 和图 2－27可得以下结论。

① 沿工作面回采方向，切眼位置卸压保护角为 58°左右，采场上方裂隙带高度为 28.5 m 左右，采场下方裂隙带高度为 17.6 m 左右，裂隙带宽度为 25.4 m 左右；工作面煤壁位置卸压保护角为 60°左右，采场上方裂隙带高度为 32.5 m 左右，采场下方裂隙带高度为 17.9 m 左右，裂隙带宽度为 44.0 m 左右。

② 沿工作面方向，左侧位置卸压保护角为 78°左右，采场上方裂隙带高度为 31.5 m 左右，采场下方裂隙带高度为 15.6 m 左右，裂隙带宽度为 32.7 m 左右；右侧位置卸压保护角为 77°左右，采场上方裂隙带高度为 32.0 m 左右，采场下方裂隙带高度为 15.6 m 左右，裂隙带宽度为 36.2 m 左右。

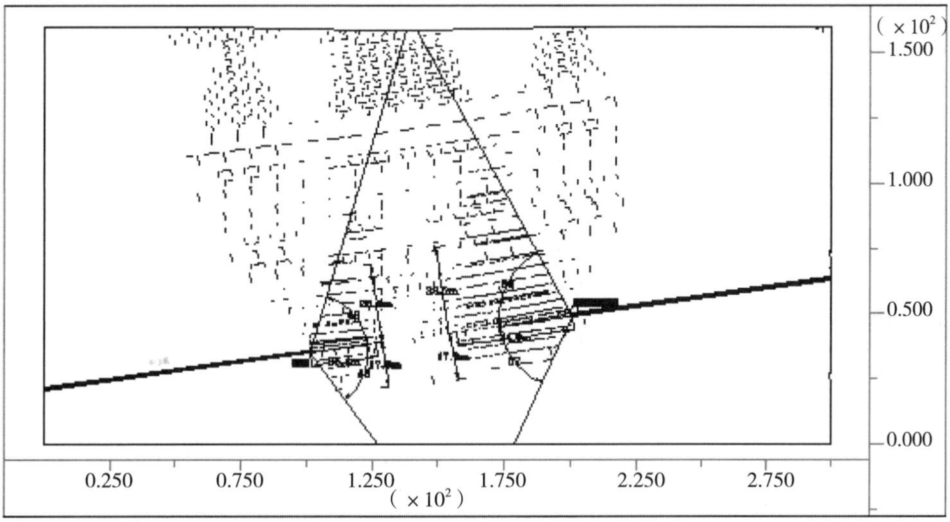

图 2-26　沿工作面回采方向 4-2 煤层顶底板卸压范围示意图

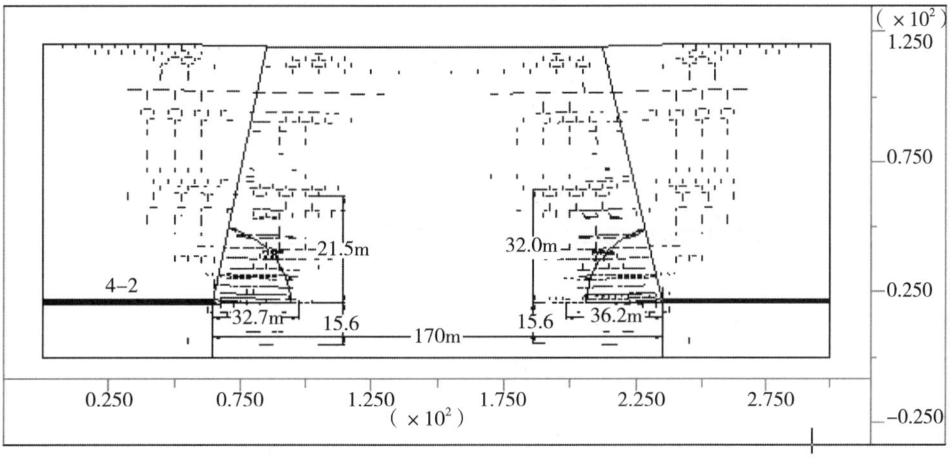

图 2-27　沿工作面方向 4-2 煤层覆岩卸压范围示意图

第3章 回采过程中煤岩裂隙场

3.1 围岩变形及破坏特征

3.1.1 保护层开采覆岩“三带”的形成

保护层采出后，其上覆岩层要发生破坏和位移，位于不同层位的被保护层，其变形与破裂形态有较大差异，研究保护层开采后，覆岩“三带”分布规律对被保护层瓦斯防治具有指导作用。经长期现场观测证实：覆岩破坏和位移具有明显的分带性，其特征与地质、采矿等条件有关，在采用长壁全部垮落法开采缓倾斜煤层条件下，当采深达到一定程度时，覆岩的破坏和移动出现3个具有代表性的部分，自下而上分别称为冒落带、裂隙带和弯曲下沉带，如图3-1所示。

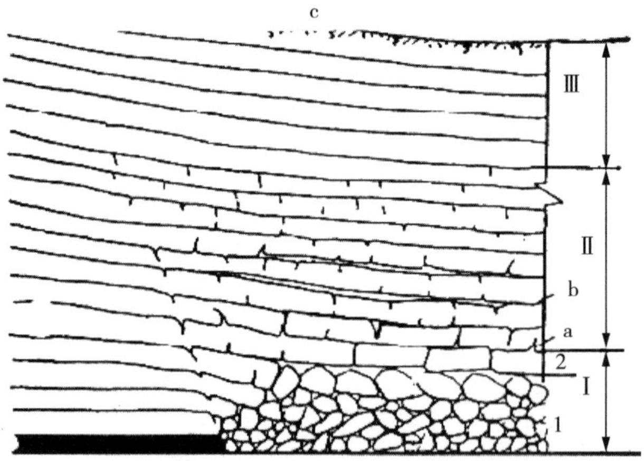

Ⅰ—冒落带；Ⅱ—裂隙带；Ⅲ—弯曲下沉带；

a—竖向裂隙；b—离层裂隙；c—地表裂隙；1—不规则冒落带；2—规则冒落带。

图3-1 覆岩破坏移动分带示意图

1)冒落带

冒落带即垮落带，是指脱离岩层母体，失去连续性，呈不规则岩块或似层状巨块向采空区冒落的部分岩层。冒落带位于覆岩的最下部，紧贴煤层。煤层采空后，上覆岩层失去平衡，由直接顶板岩层开始冒落，并逐渐向上发展，直到开采空间被冒落岩块充满为止。冒落带下部岩层破坏较大，失去层状，呈不规则岩块冒落，杂乱堆积于采空区内，该部分可称为不规则冒落带。向上冒落岩块渐大，甚至过渡为巨块，呈似层状断块，脱离母体岩层，不连续地覆盖于不规则冒落带上部，称为规则冒落带。

冒落岩块由于碎胀，体积较冒落前增大，增大比例可用碎胀系数表示，碎胀系数大小与岩性、采厚有关，硬岩及采厚较大时，其值大，反之则小，平均为1.1～1.5。在自由堆积状态下，由于冒落岩块的碎胀性而逐渐填充开采空间，导致冒落带向上发展至一定高度而自行停止。

冒落带碎落岩块在上覆岩层沉降压力下可逐渐压实，甚至部分形成再生顶板，厚煤层分层开采时，冒落岩块受到重复采动多次破坏，岩块碎度增大，碎胀系数减小，冒落岩块也多次被压实。冒落带内岩块之间的空隙多，连通性强，是地下水和瓦斯涌出和聚积的场所。

2)裂隙带

裂隙带或称断裂带，指位于冒落带之上，存在主关键层或亚关键层控制着其上岩层的变形与移动。该带具有与采空区连通的导气(水)裂隙，但连续性未受破坏的那一部分岩层，裂隙带的裂隙主要有两种：一种是垂直或斜交于岩层的新生张裂隙，主要是岩层向下弯曲受拉而产生，它可部分或全部穿过岩体分层，但是其两侧岩体基本无相对位移而保持层状连续性；另一种是沿层面的离层裂隙，主要因岩层间力学性差异较大时岩层向下弯曲移动不同所致，离层裂隙要占据一定空间，致使上部覆岩和地表下沉量减少，离层裂隙是贮气和导气的通道，裂隙带的下部垂向裂隙逐渐发育增强，离层裂隙和垂向裂隙透通，导气性明显增加，并能向下渗透到采空区，故裂隙带又称导气(水)裂隙带。

裂隙带随采区扩大而向上发展，当采区扩大到一定范围时，裂隙带高度达到最大，此时采空区继续扩大，裂隙带高度基本不再发展，并随着时间的推移，岩层移动趋于稳定，裂隙带上部裂隙逐渐闭合，裂隙带高度也随之降低。一般说来，在采空区形成2个月左右之后，裂隙带发育最高，厚煤层分层开采时，冒落带高度可能上升，裂隙带高度也随之增加，但其上升幅度较初次采动大为减小。

3)弯曲下沉带

弯曲下沉带又称整体移动带，指裂隙带顶部到地表的那部分岩层，弯曲下沉带基本呈整体移动，其内岩层一般不再破裂，只有自重作用下产生的法向弯曲。故岩体较好地保持了原有的整体性，特别是带内为软弱岩层及松散土层时，在垂直剖面上，弯曲下沉带上下各部分下沉量差值较小，弯曲下沉带上部一般很少出现离层，但其下部可能产生离层，特别是在软硬岩层交替接触处最易产生，甚至在弯曲下沉带中上部可出现离层，但此带中的离层裂隙仅局部充气而不与导气裂隙带连通。弯曲下沉带高度随岩性不同而异，当岩层多为脆而硬岩时，其高度为规则移动带的3～5倍，当岩体软弱而具塑性时，约为规则移动带的数十倍，直至地表。

以上“三带”虽特征明显不同，但其界面是逐渐过渡的。认识“三带”的破坏特征对保护层开采具有重要的指导作用。当被保护层位于裂隙带内时，由于被保护层充分卸压，一方面，被保护层地应力大大减小，同时产生大量的垂直或斜交裂隙和层间裂隙，被保护层中的瓦斯通过导气裂隙大量进入保护层采空区，这样被保护层瓦斯潜能得以充分释放，所以位于此带煤层的保护范围内煤层突出危险性得以解除；另一方面，当被保护层位于弯曲下沉带内时，其保护作用主要是由于保护层开采后，岩体中形成自由空间，破坏了原岩应力的平衡，地应力重新分布，岩体向采空区方向移动，被保护层发生卸压、膨胀，从而产生大小不同的层间裂隙，煤层透气性增大。同时，必须通过卸压瓦斯抽放，造成被保护层煤层瓦斯含量的减小和瓦斯压力的下降，这样使瓦斯潜能降低。瓦斯的排放使煤的坚固性增加，即提高了煤自身抗突出的性能。这一系列变化都是由于煤层的变形和移动导致的。

3.1.2 “三带”的空间形态

1)水平-缓倾斜保护层开采

冒落带为不对称的枕形(中间微凸、平或微凹)，边界一般在采空区边界内。裂隙带一般呈马鞍形，边界一般在采空区边界外(特别坚硬岩层例外)。由于采煤工作面中部冒落速度快，下沉幅度大，故冒落中止早。另外，随着覆岩弯曲下沉，采空区中部逐渐压实，导水(气)裂隙带也随之下降，故冒落带和裂隙带最终形态为冒落带一般为中间微凹的枕形，裂隙带一般为马鞍形，其最高点位于采空区的倾斜上方，如图 3-2 所示。弯曲下沉带沿走向及倾向均为基本对称的下沉盆地。

2)倾斜保护煤层开采

冒落带为不对称的平枕或拱枕，边界一般在采空区边界内，上方略大于下方。裂隙带为上大下小的不对称的凹形枕，上轮廓线大致呈抛物线，马鞍形消失或残留不明显，与采空区边界齐或略偏外，主要由于因煤层倾角增大，采空区上部冒落岩块下滑先充填采空区下部，采空区上部覆岩继续失稳而离层、断裂、充分冒落所致，如图 3-3 所示。弯曲下沉带沿倾向不对称下沉，上山方向较下山方向下沉量大。但若走向开采长度大，则沿走向仍为对称下沉。

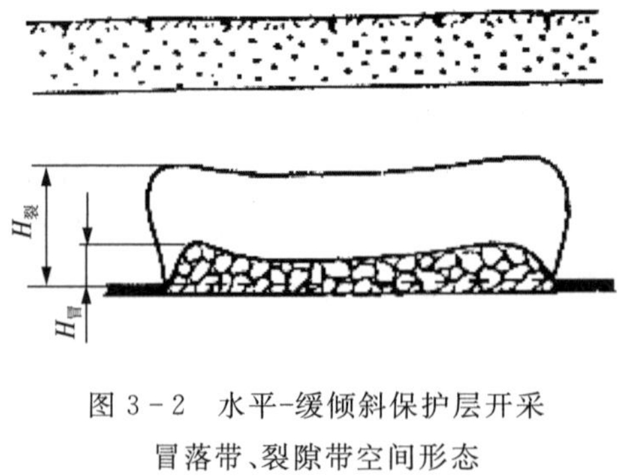

图 3-2 水平-缓倾斜保护层开采冒落带、裂隙带空间形态

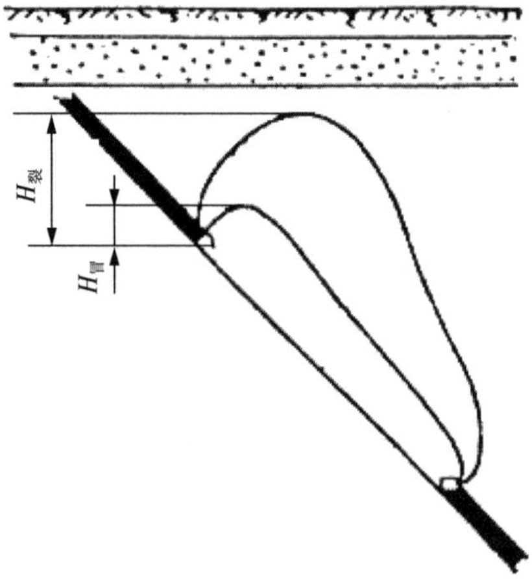

图 3-3 倾斜保护层开采冒落带、裂隙空间形态

3)急倾斜保护煤层开采

冒落带为耳形或上大下小的不对称的拱形，裂隙带与冒落带形态类似。二者上边界均大大超过采空区边界。其原因是倾角加大，冒落岩块滚动下滑加剧，迅速填充采空区

下部空间，限制了冒落带与裂隙带下边缘的发展，而采空区上部，边界煤柱悬空，逐次片帮、开裂、冒落，使两带上边缘急剧向上发展，以致大大超过采空区上边界，如图 3－4 所示。在高角度条件下，如顶底板岩性坚硬、平整，煤层厚且松软，则可能沿本煤层抽冒，高度可超过百米，甚至穿过松散层到达地表，形成地表塌陷坑。

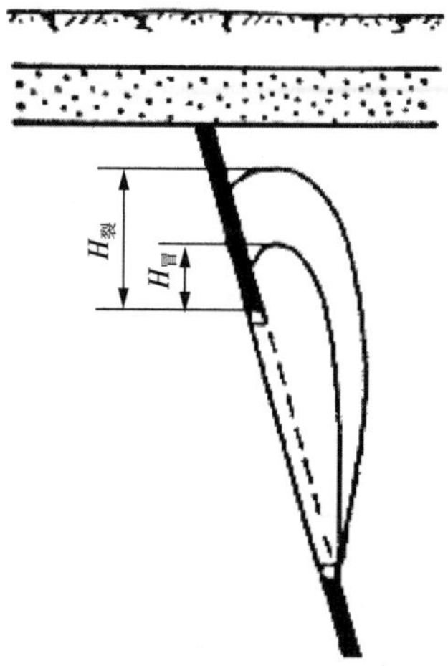

图 3－4 急斜保护层开采冒落带、裂隙带空间形态

3.1.3 冒落带、裂隙带发育高度的预计

在对现场工程地质条件岩石地质条件和岩石物理力学指标了解不充分的条件下，可运用已有的经验公式预计覆岩的破坏高度，它们来源于实测、简单易用。但实际情况下最常见的是各种不同岩类交替出现互相组合的覆岩。

1）缓倾斜保护煤层开采冒落带和裂隙带高度

（1）冒落带高度。

当煤层顶板有坚硬岩层，采后能形成悬顶时，冒落高度 $H_{冒}$ 可用下式计算：

$$H_{冒}=\frac{M}{(k_p-1)\cos\alpha} \tag{3-1}$$

式中，α——煤层倾角；

M——采高；

k_p——冒落岩石的碎胀系数。

当煤层顶板有坚硬、中硬、较软弱和极软弱岩层或其互层时，采后随冒随沉，开采单一煤层冒落高度 $H_{冒}$ 可用下式计算：

$$H_{冒}=\frac{M-W}{(k_p-1)\cos\alpha} \tag{3-2}$$

式中，α——煤层倾角；

M——采高；

W——冒落过程中顶板下沉量；

k_p——冒落岩石的碎胀系数。

（2）裂隙带高度。

裂隙带最大高度计算公式见表 3－1 所列。

表 3－1 裂隙带最大高度计算公式

岩性	计算公式之一/m	计算公式之二/m
坚硬	$H_{裂隙}=\frac{100\sum M}{1.2\sum M+2}(\pm 8.9)$	$H_{裂隙}=\frac{100\sum M}{2.4n+2.1}(\pm 11.2)$

（续表）

岩性	计算公式之一/m	计算公式之二/m
中硬	$H_{裂隙}=\frac{100\sum M}{1.6\sum M+3.6}(\pm 5.6)$	$H_{裂隙}=\frac{100\sum M}{3.3n+3.8}(\pm 5.1)$
软弱	$H_{裂隙}=\frac{100\sum M}{3.1\sum M+5}(\pm 4.0)$	$H_{裂隙}=\frac{100\sum M}{5.0n+5.2}(\pm 3.5)$
极软弱	$H_{裂隙}=\frac{100\sum M}{5.0\sum M+8.0}(\pm 3.0)$	$H_{裂隙}=\frac{100\sum M}{7.0n+7.5}(\pm 4.0)$

2)急倾斜保护煤层开采冒落带和裂隙带高度

急倾斜保护煤层开采冒落带和裂隙带高度计算见表 3-2 所列。

表 3-2　急倾斜保护煤层开采冒落带裂隙带最大高度计算公式

岩性	裂隙带最大高度/m	冒落带最大高度/m	备注
坚硬	$H_{裂隙}=\frac{100\sum Mh}{4.1h+133}(\pm 8.4)$	$H_{冒}=(0.4\sim 0.5)H$	h 为回采阶段垂高；M 为煤层法线厚度
中硬软岩	$H_{裂隙}=\frac{100\sum Mh}{7.5h+293}(\pm 7.3)$	$H_{冒}=(0.4\sim 0.5)H$	

3.1.4　裂隙带发展的时间过程

在研究覆岩破坏时，不仅要了解其空间分布的规律性，还要了解在时间上分布的规律性。裂隙带发展的时间过程可分为两个阶段：①在裂隙发展到最大高度以前，它是随着时间而增长的。从缓倾斜、中倾斜煤层覆岩裂隙带最大高度实测统计中得出：对于中硬覆岩，一般是回采工作面放顶后 1～2 个月的时间内，导气裂隙带达到最大值；对于坚硬覆岩，导气裂隙带高度达到最大的时间长一些；对于软弱覆岩，导气裂隙带高度达到最大值的时间短一些。②当导气裂隙带高度达到一定值以后，发展过程出现稳定和导气裂隙带高度有所降低。导气裂隙带高度的降低及降低幅度同覆岩的岩性及力学强度有密切关系。覆岩由坚硬岩层组成时，导气裂隙带高度形成后，基本不再变化；覆岩主要由软弱岩组成时，导气裂隙带最大高度随时间的增加有所下降。

3.2　采动裂隙场动态演化规律

3.2.1　煤体裂隙的演发过程及分区

本次实验进行了两次重复性试验，观测到煤体裂隙的动态变化过程大致相同，同时与前人的研究也有类似之处。随着工作面的推进，根据实验观测，作用在煤体的支承压力从原始压力开始增大，当达到峰值后，压力开始减小，直到降为零，煤体在这种变化着的支承压力作用下开始起裂。因此，煤体裂隙、位移的发展有一个时空演变过程，对一个地点而言，裂隙是由小到大、由少到多的发展；对不同地点而言，裂隙发展随工作面的逼近而向前扩展，各地点递次向前嬗变。从工作面前方煤壁深处的始动位置到工作面，可以将煤体按裂隙位移性质及位移量的大小分为4个部分：①顶煤裂隙闭合区，由于支撑压力峰值区的作用，处于原始状态的原生裂隙在高压应力下由张开状态向闭合状态转变；②原生裂隙张开区，在始动位置附近，煤体的位移量主要来自原生裂隙的张开；③次生裂隙发育发展区，随着工作面的接近，受采空区影响程度增大，水平应力发生变化，导致煤体内次生裂隙发育，并形成贯通，此时形成的裂隙多数为垂直方向并与工作面大致平行；④大变形区，工作面附近的煤体虽然在宏观上仍保持为连续体，但实际上已经为裂隙所分割，成为具有某种联系的块体，此时测得的位移量由块体的刚体转动、位移和裂隙的张开量组成。在原生裂隙张开区，裂隙的数量增加不多，原来闭合的裂隙逐渐呈张开状；在次生裂隙发育区，裂隙数量大量增加，虽然每条裂隙的张开量不大，但由于数量众多，总张开量较大，此区域以水平位移为主，方向为采空区方向；在大变形区，裂隙数量继续增加，裂隙宽度（张开量）急剧增加，而且上部顶煤发生转动，总位移量迅速增加，此区域水平位移增加缓慢，垂直位移迅速增加，以垂直位移为主。原生裂隙张开区的远端为支撑压力的峰值点。

3.2.2　采场顶板围岩裂隙演化过程

1）开采煤层顶板环形裂隙形成的力学分析

根据顶板岩层移动与控制理论，在煤层开采过程中，顶板岩层的受力和变形是按一定规律进行的。由于煤体被采出，顶板岩层重量分别由前后方及两侧煤柱、采空区冒落矸石支撑，在一定范围内形成应力集中区和卸压区。因此，顶板岩层将承受拉伸和压缩变形，使岩层之间出现组合和离层运动，即下部刚度较小的岩层与上部刚度较大的岩层之间出现离层而分别运动，层间出现横向间隙；在卸压区岩层内部产生纵向裂隙，纵向裂隙是由于岩层受到拉伸变形，当拉应力超过岩体极限抗拉强度时，岩层将发生断裂。因而，在煤壁前上方顶板岩层将产生开口向上的裂隙，在煤壁后上方顶板岩层将产生开口向下的裂隙。因此，在开采过程中顶板岩层的冒落、裂隙分布具有其固有的特征。

煤层顶底板由若干层性质各异的煤岩层组成。当煤层被采出，顶板悬空到一定极限时，直接顶板岩层垮落。随着采面的进一步推进，顶板较坚硬的岩层或称关键层垮落，称为初次来压；以后随着采面的推进，每隔一定周期，关键层垮落一次，工作面也就形成了周期来压。根据开采沉陷学和顶板岩层控制研究的成果，采空区上覆岩层存在冒落带、裂隙带、弯曲下沉带。冒落带经历了冒落、受压、压实过程。裂隙带即离层破断带，经历裂隙发育、充分发育、压实的过程。基于关键层理论研究成果，通过相似材料模拟实验、图像分析和数值模拟计算等方法，得出从开切眼开始，随着工作面推进，采动裂隙不断发展，采空区中部裂隙最为发育，当采出面积达一定值后，位于采空区中部的顶板岩层裂隙趋于压实，而在采空区四周存在连通的离层裂隙发育区，其形状与老顶岩板破断的"O－X"形类似，钱鸣高院士称其为"O"形圈。由于"O"形圈的存在，人们对采空区卸压瓦斯抽放越来越重视，但如何寻找卸压瓦斯富集区，是高效抽放瓦斯的关键。

开采煤层顶板内瓦斯富集区除了与开采方式、通风方式有关外，还与顶板岩层移动特征有关。根据开采模拟试验和现场观测，采空区四周顶板岩层处在悬空状态，采空区顶板岩层移动是一个垮落下陷过程，在靠近煤壁处，由于顶板没有完全冒落，存在较多的空洞，顶板内的裂隙在相当长的时期内存在。对于采空区四周煤壁上覆岩层，取其一层进行受力分析，图 3－5 反映了模拟试验的回采工作面回风巷上覆顶板岩层破坏特征，取图中的 *AOB* 层进行分析，*AO* 段处在煤岩体中，*BO* 段处在悬臂位置，并且上面承受一定的荷载，主要来自上覆岩层，载荷 q 分布是不均匀的，以 O 点为中心的一定范围内的载荷接近于零，该层可看作悬臂梁受力状态。根据岩层破坏特征，该层的底面 cd 段因弯曲受本层岩石层挤压、上面 ef 受拉，同时该岩层受到剪应力的作用，岩层产生剪裂隙或上面产生张裂隙，这些裂隙大部分与岩层面斜交，自煤壁向采空区方向破断呈 55°向上延伸，沟通上、下层面。这些裂隙在相当长时间内不会压实，其诸多裂隙构成的裂隙区边界形似环形圈。很多学者也通过研究发现了煤层开采后将引起上覆岩层的移动与破断，从而在覆岩中形成一类采动裂隙，其裂隙分为离层裂隙，是随岩层下沉在层与层间出现的沿层面裂隙，它使煤层产生膨胀变形而使瓦斯卸压，并使卸压瓦斯沿离层裂隙流动；另一类是竖向破断裂隙，是随岩层下沉破断形成的穿层裂隙，它是沟通上、下岩层间瓦斯流动的通道。

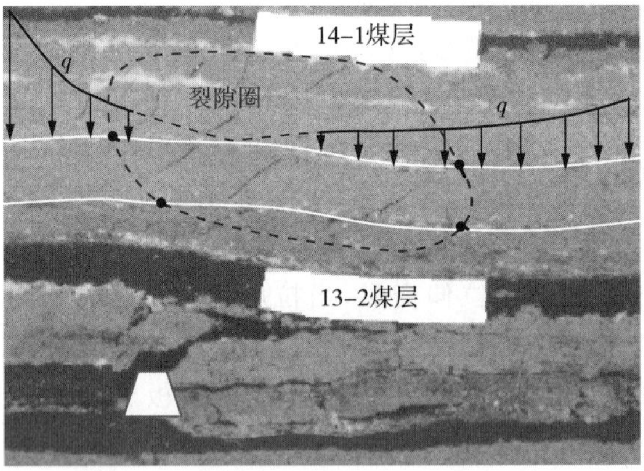

图 3－5　环形裂隙圈形成的力学原理

2)开采过程中顶板冒落裂隙演化特征

由于工作面推进，直接顶的暴露面积逐渐扩大，工作面推进 14.4 m 时，直接顶与老顶之间出现很微弱的离层现象；工作面推进 21.6 m 时，离层现象较为明显；当工作面推进 25.2 m 时，4 号顶板下沉量明显增加，并且离层现象明显，直接顶的初次垮落步距为 22 m。随工作面推进，直接顶在煤壁前、上方超前断裂，超前断裂位置距工作面煤壁 1～1.4 m，并随工作面推进而冒落。采动过程中直接顶断裂及冒落特征如图 3－6 所示。图 3－7 描述了开采煤层顶板环形裂隙圈演化过程。

煤壁前方断裂位置：
4号顶板0.8 m；6号顶板3.2 m

（a）直接顶断裂　　（b）直接顶冒落及其内裂隙分布

图 3－6　直接顶断裂及冒落特征

（a）推进22 m，直接顶垮落

（b）直接顶充分垮落

（c）继续推进，直接顶充分垮落

（d）老顶来压，继续推进

（e）推进32.4 m，老顶垮落

（f）继续推进，老顶充分垮落

（g）充分采动后，上覆层裂隙

（h）充分采动后，上覆层裂隙

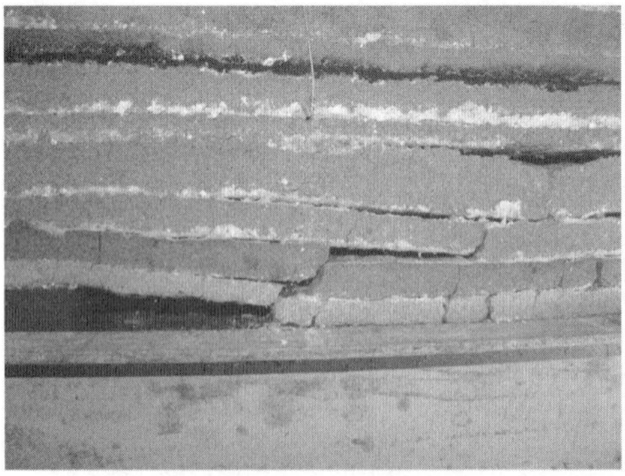

（i）充分采动后，上覆层裂隙

（j）充分采动后，上覆层裂隙

（k）充分采动后，上覆层裂隙

（l）充分采动后，上覆层裂隙

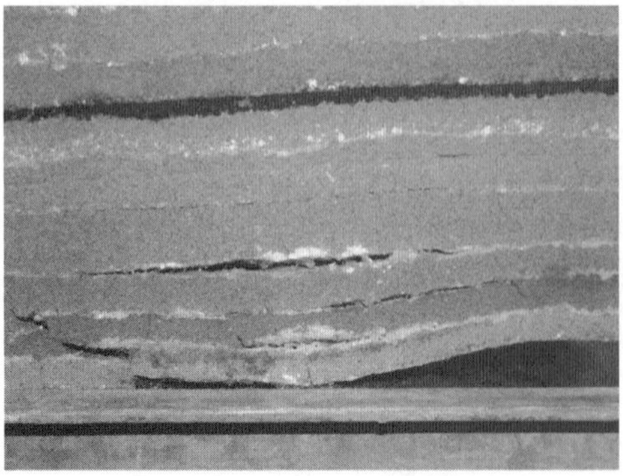

（m）充分采动后，上覆层裂隙

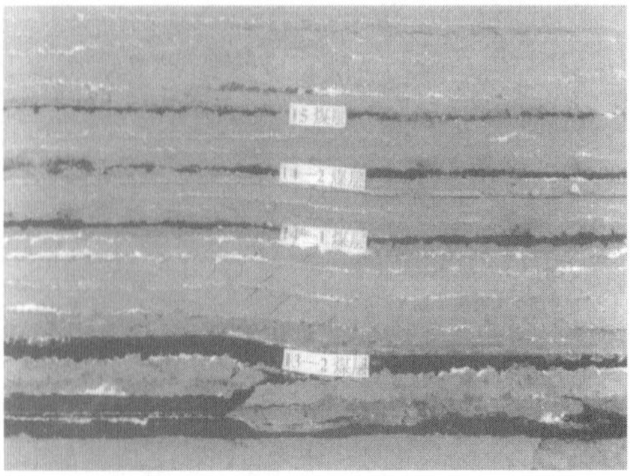

（n）停采动立即撤除护帮后，上覆层裂隙

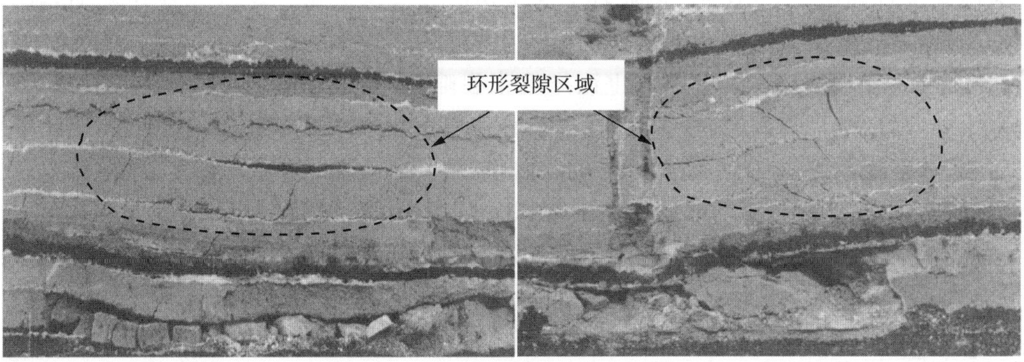

(o) 环形裂隙区域

图 3-7 开采煤层顶板“环形裂隙圈”演化过程

3)开采过程中煤壁上方顶板内裂隙分布特征

直接顶初次垮落以后，垮落的直接顶不能完全充填采空区，在其上仍有一定的空间，使得上部的岩层在覆岩重量的作用下继续垮落；当老顶垮落后，随着工作面的推进，上覆岩层不断垮落，其空间不断减小，此时抗拉强度较大的关键层在垮落前可形成临时性结构，如“半拱”“悬梁”结构。直接顶垮落后，上覆岩层不规则冒落与煤层采出厚度的关系为

$$\frac{\sum h_i}{M} = \frac{\eta \times k_p}{k_p - k} - 1 \tag{3-3}$$

式中，$\sum h_i$—— 不规则冒落岩层厚度，m；

M—— 采出煤层厚度，m；

η—— 煤炭回采率；

k—— 采空区的充填程度系数；

k_p—— 冒落岩石的碎胀系数。

由式(3-3)可知，顶板覆岩不规则垮落高度与采高、煤炭回采率、冒落岩石的碎胀系数与采空区的充填程度相关。回采空间至采空区深部，冒落岩块经重新压实后，冒落岩块的碎胀系数逐渐降低，一般靠近回采空间的为 1.30～1.35，到采空区深部 50～100 m 处为 1.2 左右。本次试验采用人工回采，采厚 3 m，回采率为 0.90，采空区充填程度系数取 0.8，冒落岩石碎胀系数取 1.35，则不规则冒高为 3.63 m。此结果和试验基本相符。

实验结果表明：直接顶初次来压后，老顶下沉量逐渐增加，工作面推进 36 m，下沉量呈明显增加，老顶的初次来压步距为 32.4 m；工作面推进 46.8 m 后，顶板急剧下沉，老顶岩层出现第一次周期来压，来压步距为 10.8 m。随工作面推进，老顶将出现周期性来压并断裂。采动过程中，煤壁上方一定范围内顶板裂隙分布如图 3-8 所示。

4)开采顶板相对永久性环形裂隙圈位置

模拟结果显示，顶板岩层所受荷载是靠层与层之间的接触传递的，当层与层之间出现离层时，作用在离层岩层上的荷载为零，采空区周边的岩层犹如悬臂梁，在岩层内形成拉、压应力区。根据试验测试结果，采动过程中，采场周边岩层移动特征与相对永久性环形裂隙圈位置如图 3－9 所示，顶板岩层的位移曲线有两个拐点。拐点 A 两侧的岩层上表面受拉，下表面受压。拐点 B 两侧的岩层上表面受压，下表面受拉。岩层在受拉、受压的过程中产生许多裂隙，即拐点 A 上面产生张裂隙、拐点 B 下面产生张裂隙。这些破断裂隙十分发育，是存集或沟通瓦斯的通道。相似模拟结果表明：淮南矿区开采 C13－1 煤层时，靠采空区一侧，在工作面上风巷倾斜向下方向 0～30 m 裂隙发育充分，即以上风巷为界，垂直煤层向上 8～25 m，倾斜向下 0～30 m 为裂隙充分发育区。

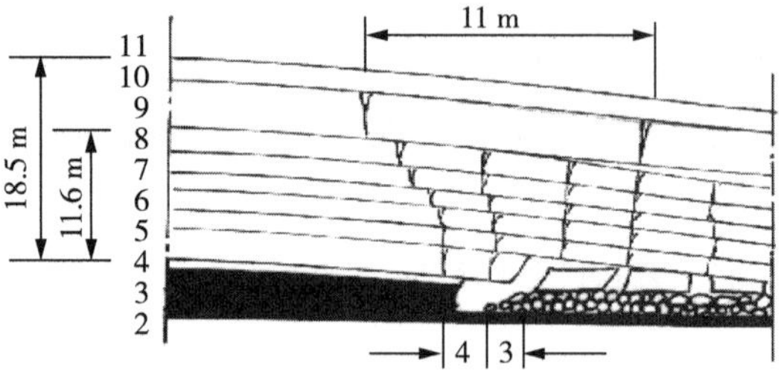

裂隙分布丰富区主要特征：煤壁上方11.6 m；
煤壁后方40 m；煤壁前方1.2 m 处断裂（4号顶板）；
煤壁前方2.5 m 处断裂（10号顶板）

（a）工作面推进61.2 m

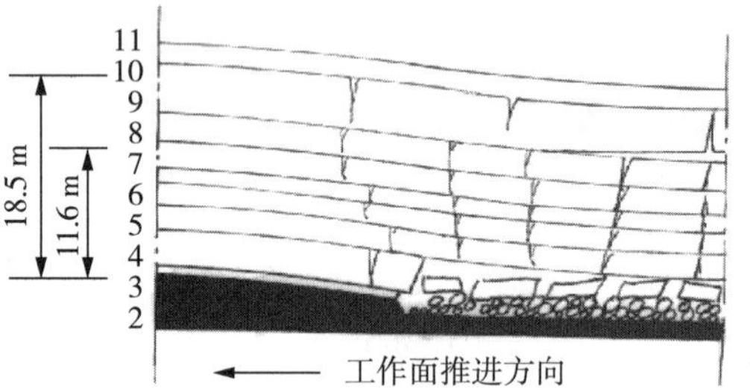

裂隙分布丰富区主要特征：煤壁上方11.6 m；
煤壁后方37 m；煤壁前方1.5 m 处断裂（4号顶板）；
煤壁前方2.3 m 处断裂（10号顶板）

（b）工作面推进93.6 m

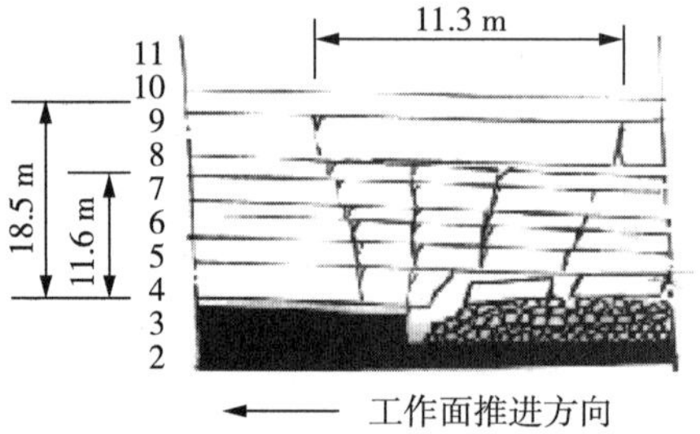

裂隙分布丰富区主要特征：煤壁上方11.6 m；
煤壁后方43 m；煤壁前方1m 处断裂（4号顶板）；
煤壁前方3.5 m 处断裂（8号顶板）；
煤壁前方3 m 处断裂（10号顶板）

（c）工作面推进151.2 m

图 3－8　煤壁上方一定范围内顶板裂隙分布

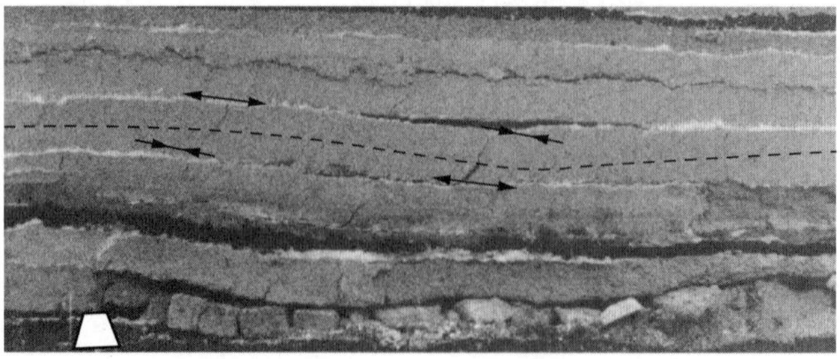

----—岩层变形曲线　—压应力　—拉应力

图 3－9　采场周边岩层移动特征与相对永久性环形裂隙圈位置

3.3　围岩采动影响的三维数值模拟

通过开展的应力变化、岩层移动、流体压力、瓦斯涌出与运移等综合监测，为研究采动引起的系列变化提供了翔实的数据。为了系统研究采动过程中围岩应力场、裂隙场及流体运移场的变化规律，本节在现场监测数据的基础上，运用 COSFLOW 模拟软件对顾桥矿 1115(1)工作面采动过程中引起的固、液、气三相介质的变化规律进行了模拟研究。研究内容包括：

(1)数值模拟和实测数据之间的校核；

(2)采动卸压和裂隙发展规律；

(3)采动过程中围岩渗透率变化规律；

(4)采动过程中瓦斯的解吸涌出规律。

3.3.1　COSFLOW 模拟软件

COSFLOW 是澳大利亚联邦科学与工业研究院(CSIRO)致力发展的集固、气、液三相耦合的大型三维有限元数值模拟软件，它特别适用于层状岩体特征下的应力、位移和流体压力变化的模拟分析。同时，该软件实现了计算机并行计算，能够更加快捷、精确地运算三维大型计算模型。

1)力学模型

对于节理岩体，可采用显式或隐式方法进行模拟。显式方法采用特殊节理单元模拟构造面，当构造面多时非常麻烦。建立在传统连续介质方法上的隐式模型通过包含介质各向异性的等效弹性模量将节理岩体以均质各向异性介质代替，前处理相当方便。但因为构造面的存在，岩体不再均匀连续，所以隐式模型当层间剪切刚数较小、节理发生滑移特别是岩层由于滑移可以弯曲的时候，可能会引起相当大的过量预计变形。这种模型不能很好地反映层状岩体弯曲变形破坏机制。

COSFLOW 的先进性和独特性是对层状岩体的力学运算引进了考虑弯曲效应的 Cosserat 介质理论。Cosserat 单元体由于具有特征尺度(如层状岩体为层状结构，结构面间距为特征尺度)，可将岩层内部的各种软弱界面(如节理、层面等)的抗弯刚度置入计算中，因而可以考虑节理岩体具有宏观构造的影响，可以更加合理地计算层状岩体的弯曲变形及节理的滑移，对于采矿引起的大范围内的岩层变形及破坏具有更好的适应性。

2)流体运移模型

COSFLOW 中耦合的流体模型与目前通用的商业软件相似。流体在裂隙系统中的流动由达西定律定义的压力梯度控制，孔隙介质中流体的流动则由菲克扩散定律定义的浓度梯度控制。COSFLOW 也可以模拟两相或单相流体的流动。

在 COSFLOW 模拟中，煤层中的吸附瓦斯被作为流体连续方程中的源相对待，其吸附体积则由朗格缪尔方程表示。

$$V_E = \frac{V_L P_g}{P_L + P_g} \tag{3-4}$$

式中，V_E——吸附体积；

V_L——朗格缪尔体积；

P_g——瓦斯压力；

P_L——朗格缪尔压力。

煤基质的甲烷解析量则可由菲克定律导出为

$$Q_g = \frac{1}{t}(V_{mat} - V_E) \tag{3-5}$$

式中，Q_g——煤基质中的气体吸附量；

V_{mat}——煤基质中包含的气体体积；

V_E——吸附体积；

t——瓦斯吸附时间。

3）固体、流体动态耦合模型

流体压力在力学模型中由有效应力原理控制，岩层有效应力与流体压力共同决定应力平衡条件：

$$\frac{\partial \sigma'_{ij}}{\partial x_j} - \alpha \frac{\partial P}{\partial x_i} = F_i \tag{3-6}$$

式中，σ'——有效应力；

α——Biot 系数；

P——孔隙压力；

F——体积应力；

x——空间坐标；

i、j——笛卡尔坐标系统中的张量分量。

采动引起地层应力变化，进而引起应变和孔隙压力变化。应力变化引起的孔隙体积的变化用来计算与之关联的流体压力及饱和度变化，计算方程为

$$\frac{\eta_0 S_m^0}{B_m^0} = \frac{\eta_1 S_m^1}{B_m^1} \tag{3-7}$$

式中，η——孔隙率；

S——流体的饱和度；

B——体积变形系数；

m——不同的相；

0 和 1——岩体变形的初始和最终状态。

COSFLOW 将原始岩体为具有裂隙系统的不连续体模型，它根据裂隙张开度和裂隙间距来计算岩体渗透率。裂隙的张开度由岩体的应变来计算。

3.3.2 三维数值模型

为准确反映现场实际，COSFLOW 建立的模型在工作面实际开采参数、覆岩结构等

参数上都尽可能地按照现场的实际条件进行设置。

1)工作面开采技术参数

基于顾桥矿实际开采条件,本次COSFLOW模拟主要考虑了1115(1)及1117(1)两工作面的开采。工作面的基本开采参数见表3-3所列。

表3-3　工作面的基本开采参数

工作面	区段宽度/m	巷道宽度/m	走向长度/m	采高/m	平均推进速度/(m/d)
1151(1)	230	5	2596	3.0	5.4
1171(1)	230	5	2620	3.0	5.6

COSFLOW模型考虑了1115(1)工作面采用的含有混凝土墙的"Y"形通风方式,混凝土墙的尺寸为3.2 m(高)×2.2 m(宽)。对于沿空留巷内的抽采钻孔,COSFLOW模型引用的钻孔布置方式为自工作面后方每隔20 m布置一组钻孔,每组2个钻孔,一个打至采空区上边缘裂隙区,一个穿过13煤层。各组钻孔的布置参数见表3-4所列。

表3-4　各组钻孔的布置参数

孔号	方位角/°	倾角/°	直径/m	长度/m	深入采空区/m	钻孔垂高/m
1	90	65	94	80	34	75
2	90	60	94	62	31	54

2)覆岩地质结构

COSFLOW可将已建立的顾桥三维地质模型直接调入。但为了更加有效地进行这种大型三维数值模拟,根据顾桥矿地质结构特征,并参考1115(1)工作面水压监测孔中取出的实际岩样结构(图3-10),对顾桥地层结构中出现岩石性质相似、厚度小、不连续的岩层进行了整合。

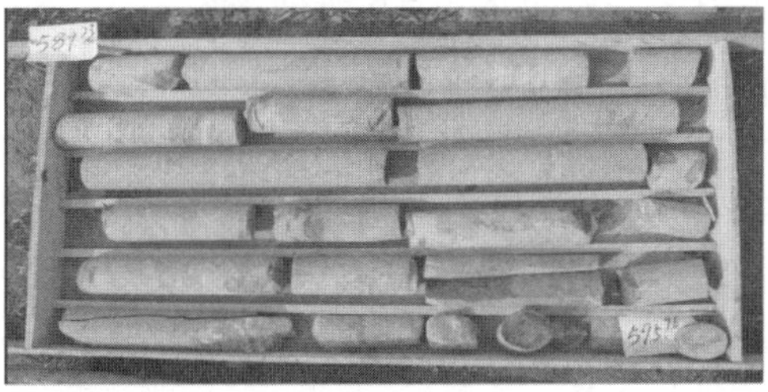

图3-10　水压监测孔所取岩样

图3-11(a)(b)分别显示了顾桥矿地质模型和COSFLOW建立的地质模型1115(1)工作面走向中心线剖面上的煤岩层走向。可见,COSFLOW地质模型较好地反映了实际地质结构。

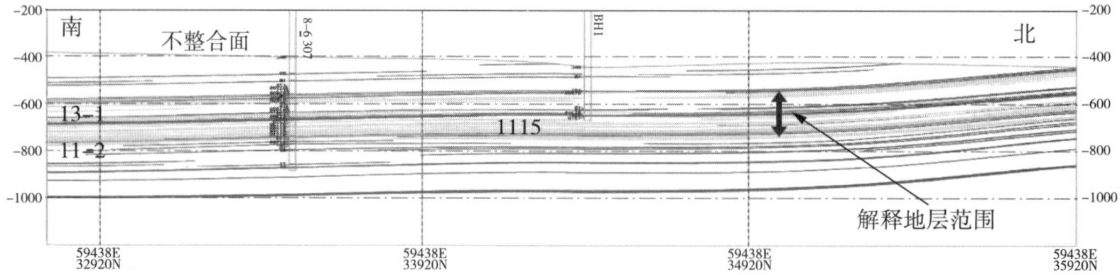

（a）地质模型

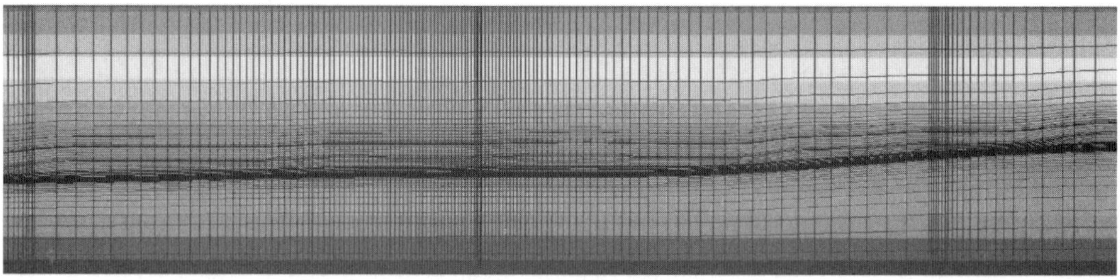

（b）COSFLOW模型

图 3-11　COSFLOW 建立的 1115(1)工作面中心南北向剖面与地质模型的对比

3)覆岩物理力学参数

COSFLOW 中应用的煤层瓦斯地质参数见表 3-5 所列。

表 3-5　COSFLOW 中应用的煤层瓦斯地质参数

煤层	瓦斯含量/(m^3/t)	瓦斯压力(800 m 深)	煤岩渗透率/mD	气体组分	郎格缪尔体积/(m^3/t)	郎格缪尔压力/MPa
11	4.6	1.7～5.6	0.001	CH_4/CO_2=89.14/10.86	17.9	1.0
13	5.7	1.4～5.9	—	CH_4/CO_2=89.14/10.86	16.45	1.14

覆岩力学参数的选择综合参考了 CSIRO 对 1115(1)工作面水压监测孔部分岩样的测试结果(见表 3-3)和中国矿业大学完成的《顾桥矿岩石力学参数测试报告》(整理结果见表 3-4),COSFLOW 模拟中采用的覆岩基本力学参数见表 3-6 所列。

表 3-6　COSFLOW 模拟中采用的覆岩基本力学参数

序号	岩层	容重/(kg/m^3)	单轴抗压强度/MPa	杨氏模量/GPa	内聚力/MPa	泊松比	摩擦角/°	抗拉强度/MPa	膨胀角/°	节理间距/m	孔隙率/%
1	土层										
2	泥岩/砂岩	2488	31.5	4.1	8.2	0.22	34.9	3.2	4.5	0.3	6.0
3	17-2 煤层	1400	10	1.2	2.3	0.25	40	1.0	4.0		4.0
4	粉砂岩和泥岩	2546	26.9	4.2	7.0	0.22	35	2.7	4.9	0.4	5.0

（续表）

序号	岩层	容重/(kg/m³)	单轴抗压强度/MPa	杨氏模量/GPa	内聚力/MPa	泊松比	摩擦角/°	抗拉强度/MPa	膨胀角/°	节理间距/m	孔隙率/%
5	细砂岩	2650	74.5	10	18.2	0.22	38	7.5	6.0	4.0	6.0
6	泥岩和砂岩	2560	41.7	5.4	10.6	0.22	36.2	4.2	4.8	0.2	6.0
7	泥岩	2500	20	2.3	5.2	0.22	35	2.0	4.0	0.2	6.0
8	粉砂岩和泥岩	2559	28.7	7.0	7.4	0.22	35.7	2.9	5.0	0.4	5.0
9	13-1 煤	1400	10	1.2	2.3	0.25	40	1.0	4.0		4.0
10	泥岩和粉砂岩	2511	21.7	2.8	5.6	0.22	35	2.2	4.2	0.3	5.4
11	细砂岩	2650	75	9.0	18.3	0.22	38	7.5	6.0	3.0	2.6
12	泥岩	2500	20	2.3	5.2	0.22	35	2.0	4.0	0.2	6.0
13	细砂岩	2592	74.5	10.0	18.2	0.22	38	7.5	6.0	3.0	5.9
14	粉砂岩	2550	27.5	6.7	7.2	0.22	35	2.8	5.0	0.5	4.0
15	中砂岩	2499	56	10	14.6	0.22	35	5.6	6.0	2.0	7.7
16	粉砂岩	2720	27.5	7.0	7.2	0.22	35	2.8	5.0	0.5	4.0
17	细砂岩	2574	57.5	11	14.0	0.22	38	5.8	5.0	1.0	4.2
18	泥岩	2500	20	2.3	5.2	0.22	35	2.0	5.0	0.2	6.0
19	11-2 煤	1400	10	1.2	2.3	0.25	40	1.0	4.0		4.0
20	泥岩	2500	20	2.3	5.2	0.22	35	2.0	5.0	0.2	6.0
21	砂岩和粉砂岩	2594	51	8.3	12.9	0.22	36.5	5.1	5.3	0.5	1.7
22	泥岩和砂岩	2541	32.6	4.3	8.4	0.22	35.6	3.3	4.6	0.3	6.0
23	底板岩层			25.80		0.22					
节理参数	内聚力/MPa		抗拉强度/MPa		摩擦角/°		膨胀角/°				
	0.5		0.0		15		3				

4)COSFLOW 模型参数

为有效模拟采动对孔隙压力变化的影响，需要考虑一个足够大的模拟范围。本次 COSFLOW 的模拟范围为 9000 m×10000 m。地层结构在竖向上共划分 63 层计算单元，每层单元含有单元数量为 19777 个，总计 1245951 个计算单元。建立的三维几何模型及平面上的网格划分如图 3-12 所示。

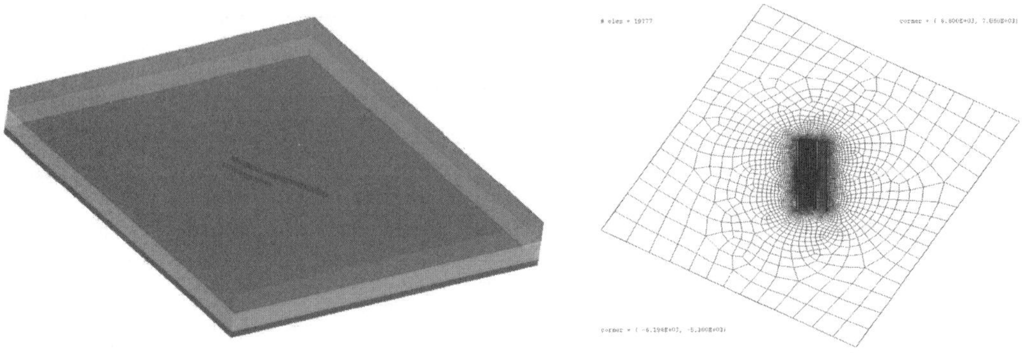

（a）三维几何模型　　（b）网格划分

图 3 - 12　建立的三维几何模型及平面上的网格划分

3.3.3　三维数值模拟流程

图 3 - 13 显示了 COSFLOW 数值模拟的工作流程。

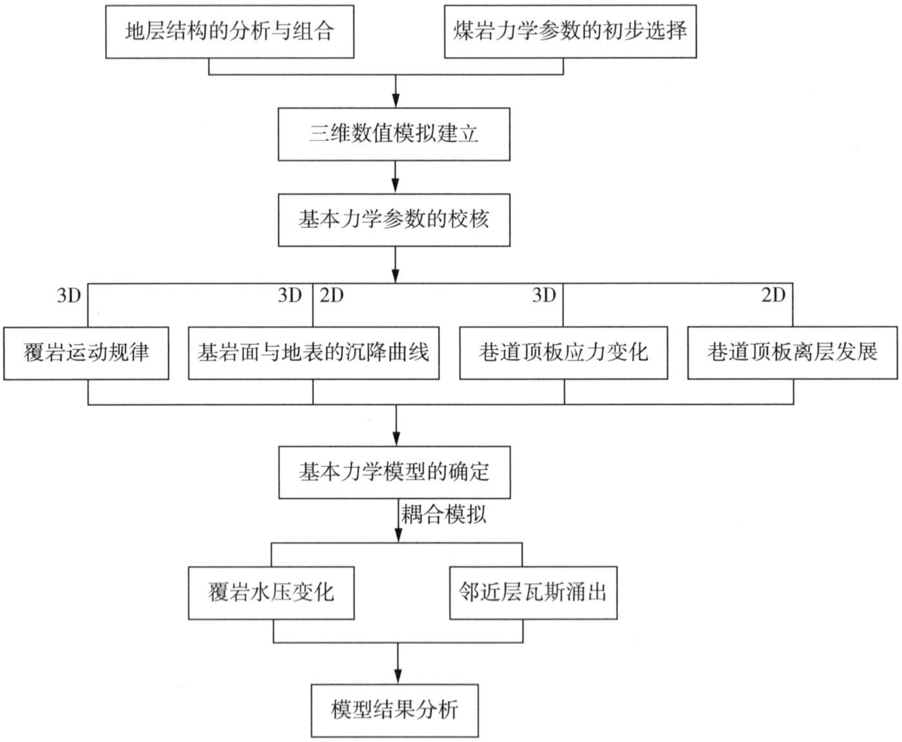

图 3 - 13　COSFLOW 数值模拟的工作流程

3.3.4　数值模拟与实测结果比较

1. 基岩面与地表沉降

在 1115(1)工作面 2 个覆岩位移监测孔中，1 号孔位于工作面正中部，地表和覆岩基本不发生水平移动，其监测数据可表明 1115(1)工作面覆岩与地表之间的相对运动。从

1 号孔的监测数据可见，1115(1)工作面推过测点 170 m 后，覆岩运动已基本达到稳定，基岩面与地表之间产生了 0.65 m 左右的相对位移。

在顾桥矿 1117(1)首采面开采地表沉降监测中，北倾向监测线覆盖了 1115(1)工作面，其该监测结果表明在 1115(1)工作面推过北倾向线约 880 m 后，1115(1)工作面地表沉降最大值为 1.8 m，其位置基本在工作面中部。

由以上两项监测内容可以分析，1115(1)工作面引起的基岩面下沉值大约为2.45 m。图 3－14 中曲线 *a* 显示了 COSFLOW 模拟的基岩面下沉曲线，基岩面最大下沉值约为 2.38 m，可以较好地对应监测数据。

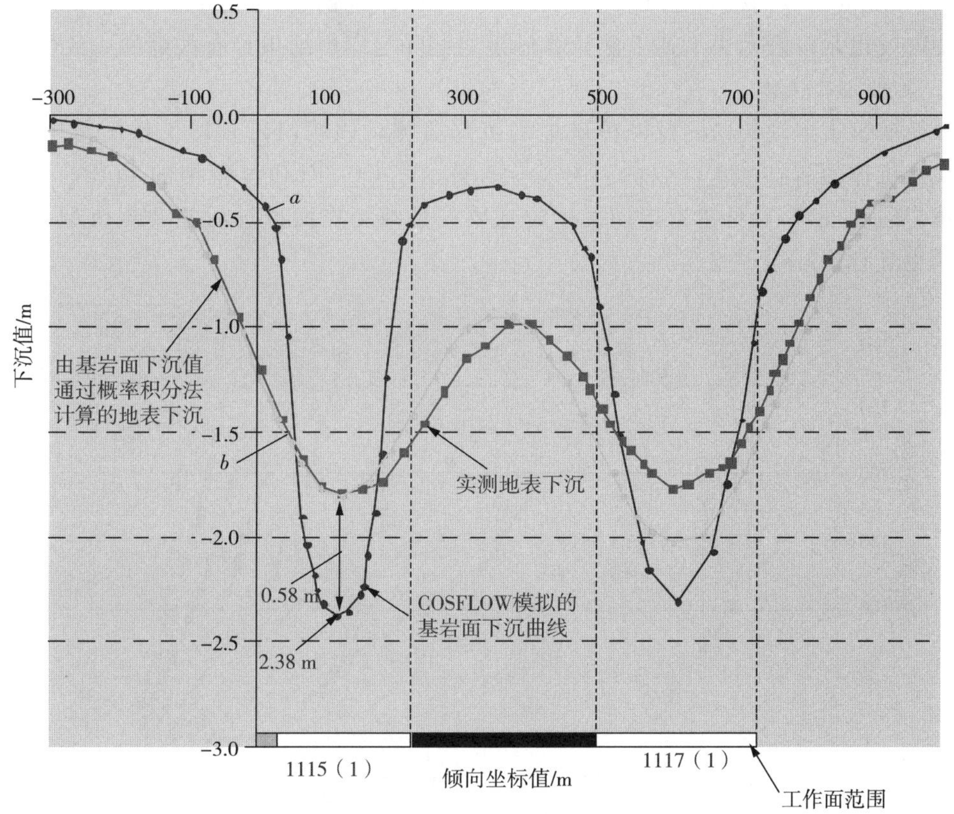

图 3－14　COSFLOW 模拟的基岩面下沉曲线及由此计算的地表沉降曲线

煤矿开采引起的地表沉降是基岩与表土两部分耦合运动作用的结果。岩层与土层是两种截然不同的介质，单纯地从覆岩运动的角度或统计的角度来研究地表沉降都是十分片面的。CSIRO 对此的处理方法是将覆岩运动与表土运动进行耦合分析，用 COSFLOW 首先对基岩面的下沉曲线进行模拟，然后将基岩面下沉值作为输入值，最后用松散土体运动的随即介质方法模拟地表沉降曲线。这种结合了岩层和土体两种不同介质的各自特性，可实现更佳的地表沉降预测。

上述方法需要用到土体下沉的预测参数。1117(1)工作面地表沉降监测给出的倾向方向上的影响角正切平均为 3.16(其中上山 3.12，下山 3.20)，影响角大约为 72°。该值是单纯用概率积分法将表土与基岩视为同等介质计算而来的。完全离散介质的影响角为 45°，由此可以推知，表土层的实际影响角为 45°～72°。1117(1)工作面地表沉降监测给出的充分采动条件下的下沉系数为 1.11～1.38。由于基岩的下沉系数一般小于 1，则表土层的下沉系数应大于 1.11。图 3－14 中曲线 b 同时显示了 CSIRO 计算的地表沉降曲线(主要影响角取 58°，表土层下沉系数 q 取 1.45)与实际下沉曲线之间的对比。由图 3－14 可见，在 1115(1)工作面远离 1117(1)一侧的地表沉降曲线与监测结果十分吻合。近 1117(1)工作面一侧的地表沉降与监测结果稍有不同。引起该情况发生的原因主要是本次 COSFLOW 模拟的主要对象为 1115(1)工作面，对于 1117(1)工作面进行了一定的简化处理，如煤层采高同样以 1115(1)工作面为基准，而未设置为其实际采高2.5 m。同时，1117(1)区域的计算网格划分较大，也引起了模拟结果的偏差。但 1115(1)未采一侧的地表沉降曲线已足以表明由上述方法计算的地表沉降与实测结果具有很好的一致性。

2. *覆岩运动规律*

顾桥矿覆岩运动的监测及顾桥矿地表沉降监测均表明，1115(1)工作面覆岩运动主要发生在工作面后方 170 m 以内。图 3－15 显示了 COSFLOW 模拟的 1115(1)工作面中部覆岩运动规律，可见覆岩运动发生的主要位置在工作面推过后的 200 m 以内，与实测结果也具有很好的一致性。

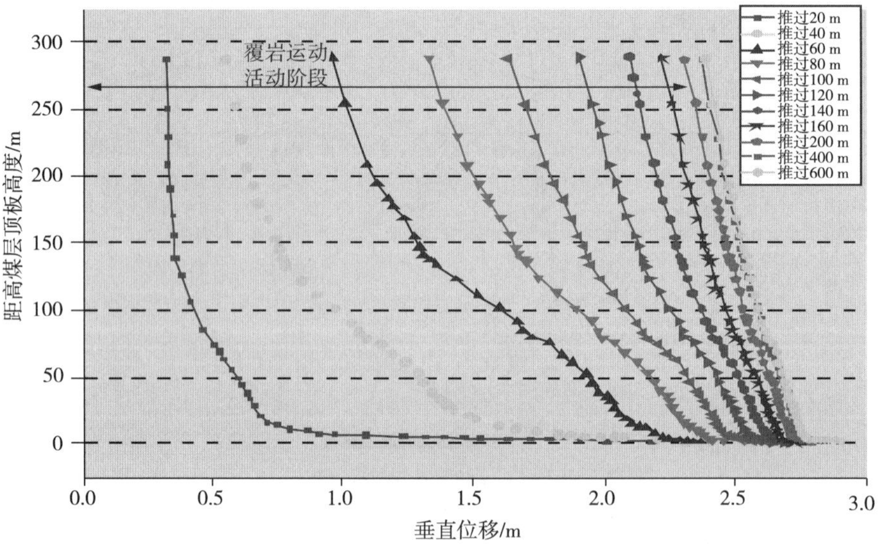

图 3－15 COSFLOW 模拟的 1115(1)工作面中部覆岩运动规律

同时，覆岩运动的监测结果还表明地表深度 473～595 m(也即 11－2 煤层顶板152 m 至基岩面)之间的覆岩运动规律是一致的。图 3－15 的覆岩运动规律也同样表明了这一运动趋势。

3. *围岩应力变化*

图 3－16 与图 3－17 显示了 COSFLOW 模拟的巷道顶板沿工作面走向和倾向上的水平应力变化及与实测结果的比较。由图可见，COSFLOW 模拟的巷道顶板水平应力具有与实测结果一致的变化趋势。

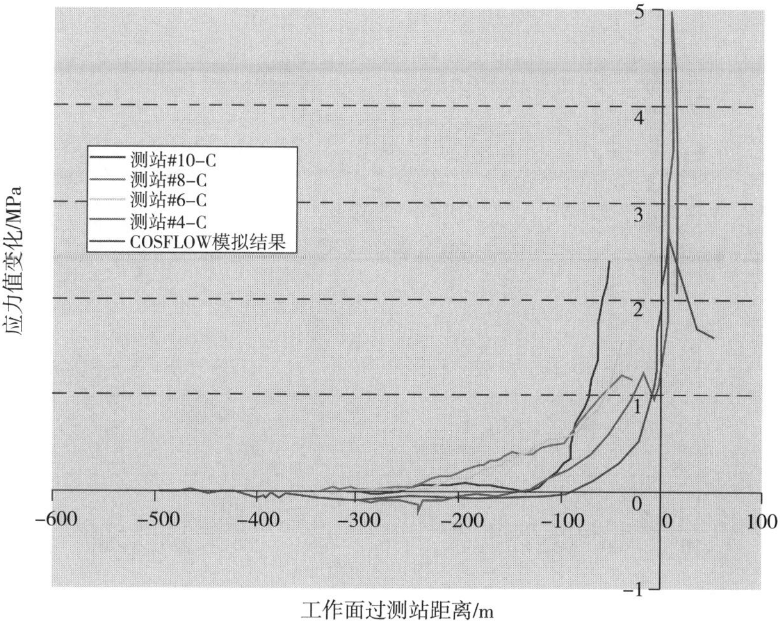

图 3－16　COSFLOW 模拟的巷道顶板沿煤层倾向水平应力与实测结果的对比

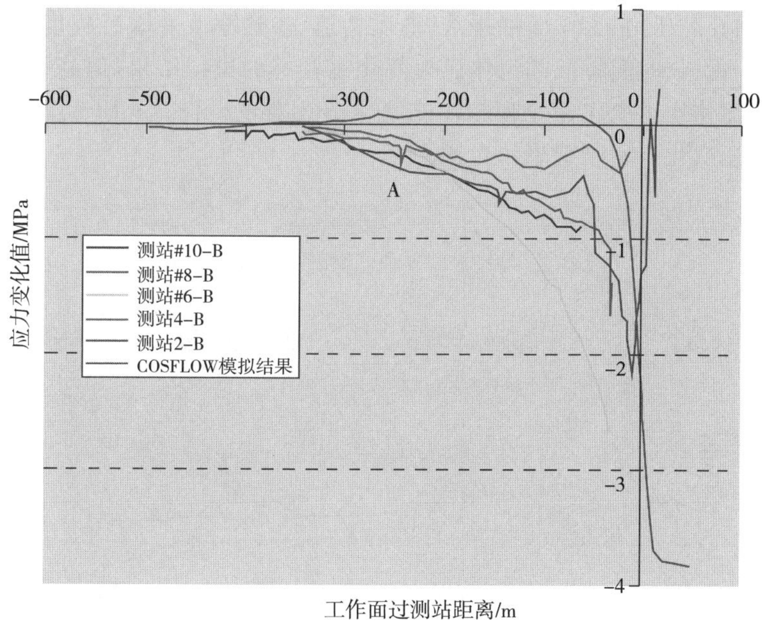

图 3－17　COSFLOW 模拟的巷道顶板沿煤层走向水平应力与实测结果的对比

4．巷道顶板离层位置

1115(1)工作面轨顺顶板相对位移的监测结果表明，巷道顶板 10 m 以内的离层位置发生在顶板 6 m 以下。图 3－18 显示了 COSFLOW 的模拟结果，表明了与实测结果同样的离层位置。

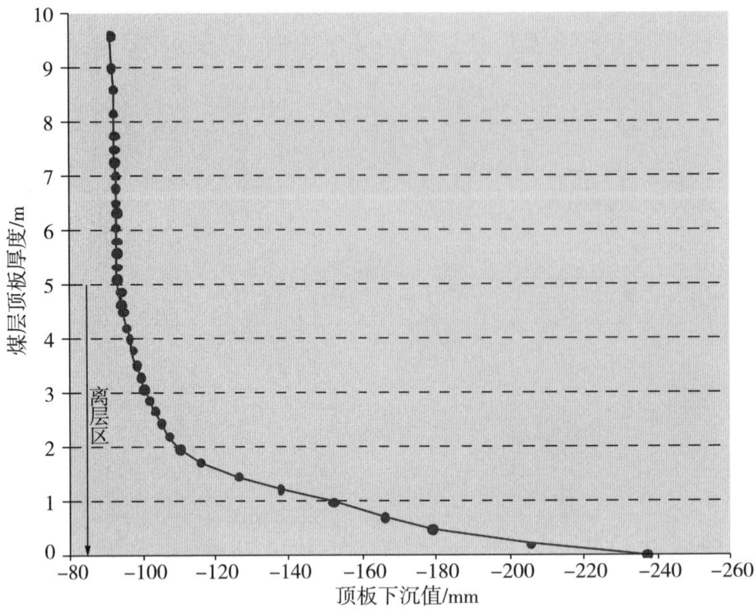

图 3-18 COSFLOW 模拟的 1115(1)沿空巷道顶板下沉值

5. *覆岩水压变化*

采动过程中,流体运移和流体压力变化是一个受众多因素影响的过程,它包括采动影响程度、原始孔隙压力、工作面抽排水、地质构造、渗透率改变敏感程度等。目前,对具有大范围、缓变化、长时间特征的流体压力变化有较好的模拟结果,但将采动突变条件下某一具体点的流体压力变化完全模拟出来是十分困难的。图 3-19 反映了 COSFLOW 模拟的覆岩水压变化与实测结果的对比。

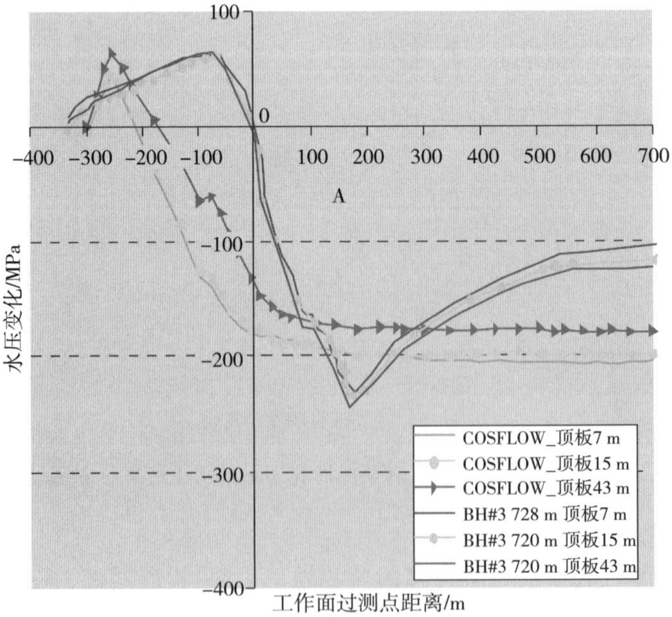

(a) 顶板7~43 m

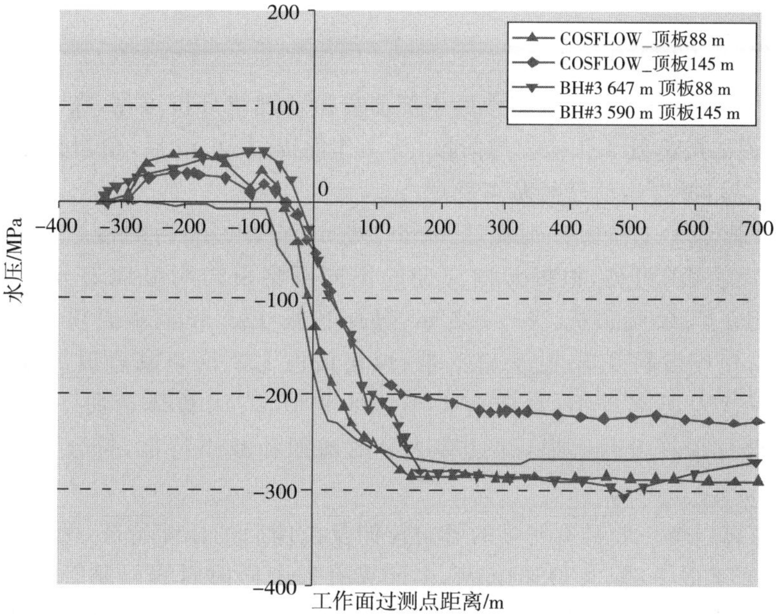

（b）顶板88 m和145 m

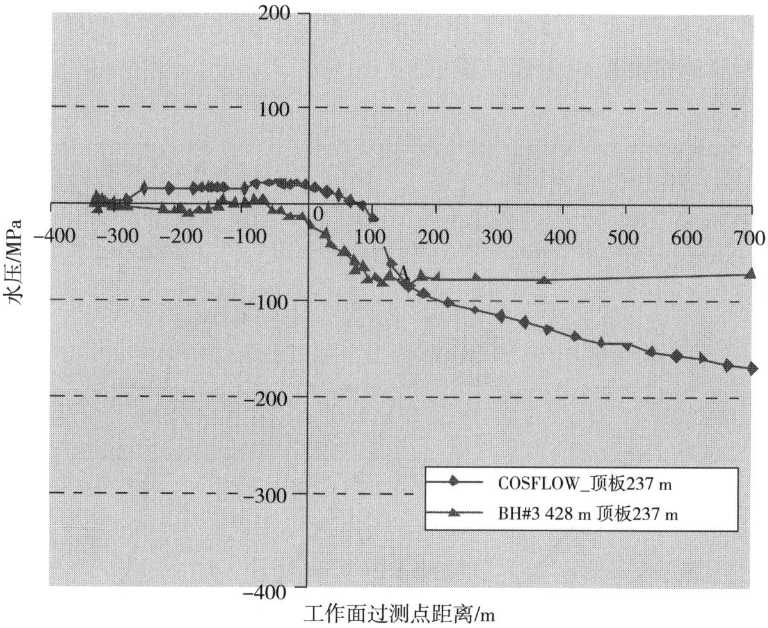

（c）顶板237 m

图 3－19　COSFLOW 模拟的覆岩水压变化与实测结果的对比

在图 3－19 显示的 COSFLOW 模拟结果中，顶板 88 m 及 145 m 处的覆岩水压与监测结果较为相似，其余部位模拟水压的变化趋势与实测结果未能完全对应，但部分水压变化的拐点位置与实测结果较为相近。

3.3.5 数值模拟结果及分析

1. *覆岩运动规律及裂隙发展*

从图 3－15 显示的 1115(1)工作面中部覆岩运动规律分析可见，在工作面推过 60 m 范围内，整个覆岩层都处于张拉扩展阶段；待工作面推过 80 m 后，覆岩开始压缩；在工作面推过 200 m 后，覆岩运动已经基本稳定。

图 3－20 显示了工作面分别推过 40 m、80 m 和 200 m 后的覆岩竖向位移及其应变变化规律。由该图可见，根据竖向应变的不同可将覆岩明显地划分成 3 个部分：煤层顶板 20 m 以下、煤层顶板 20～133 m、煤层顶板 133 m 至基岩顶部。在煤层顶板 20 m 范围内，顶板极易变形，应为冒落带；煤层顶板 133 m 至基岩顶部范围内，竖向应变相对于其下伏岩层都较小，且应变大小总体相似，应为整体弯曲下沉带；煤层顶板 20～133 m，竖向应变变化明显，并具有明显的增加和减小特征，符合裂隙带和离层带的特征。

裂隙带和离层带一般具有明显的竖向拉伸及拉伸后的压缩特征，两者竖向差别并不明显，仅靠应变难以分辨。COSFLOW 在计算过程中同时对岩层是否发生失稳进行记录，借助于此，可以对裂隙带和离层带进行区分。图 3－21 显示了工作面分别推过 40 m、80 m 和 200 m 后的沿工作面倾向切面上的覆岩破坏区域。可见，覆岩连续破坏的高度在煤层上方 53 m 左右，此高度在工作面推过 40 m 后没有继续扩展。由此可以划分 1115(1)工作面裂隙带高度应为煤层顶板 53 m 左右。

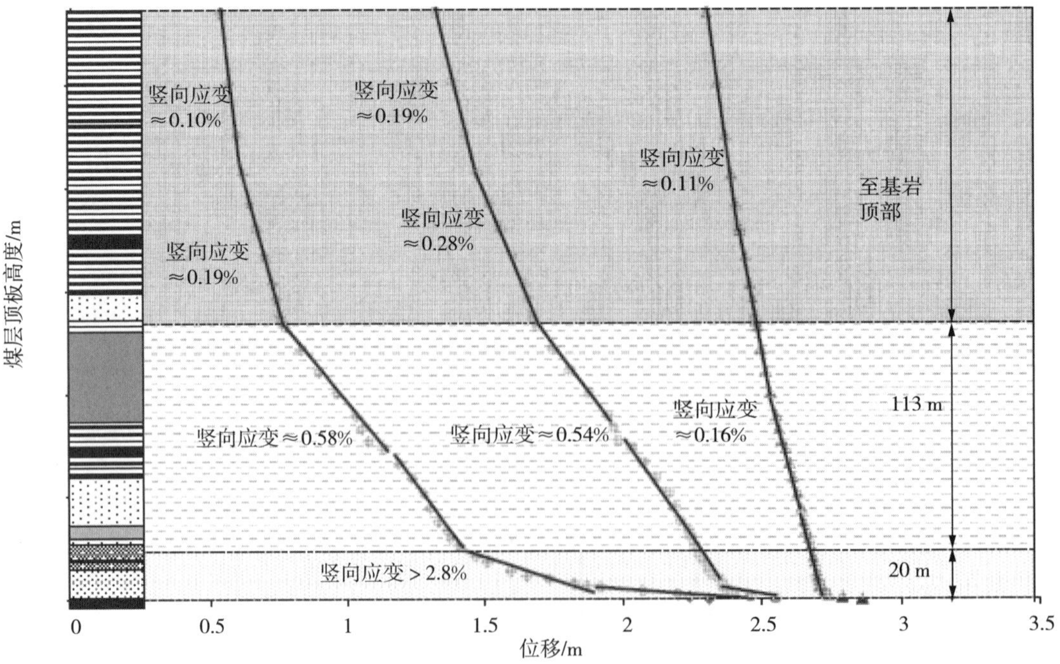

图 3－20　1115(1)工作面中部覆岩竖向位移及其应变变化规律

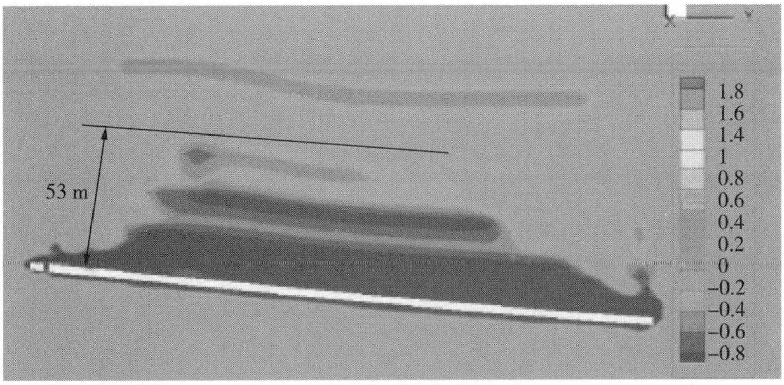

（a）工作面推过40 m 后

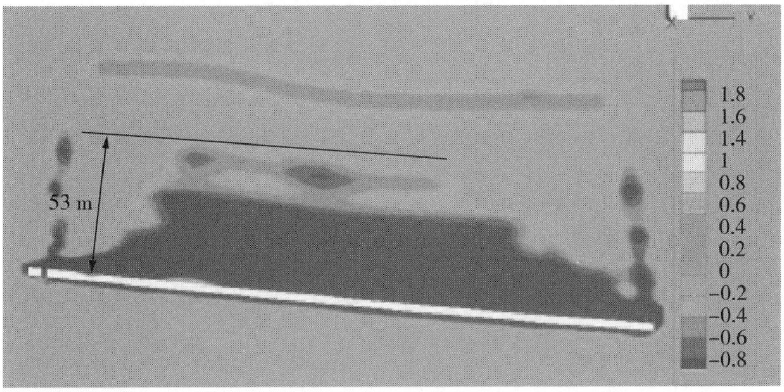

（b）工作面推过80 m 后

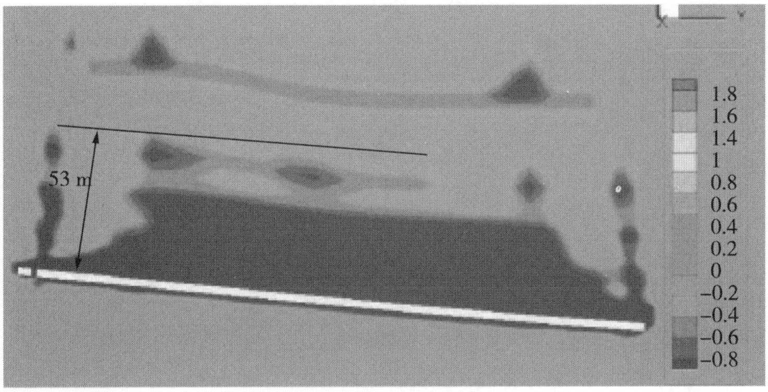

（c）工作面推过200 m 后

图 3 - 21　工作面推过不同距离后竖向切面上的覆岩破坏区域

图 3 - 22 和图 3 - 23 显示了不同分带内竖向位移与竖向应变的变化规律。由两图可见，各分带在竖向应变上具有增大、缩小和稳定 3 个阶段，这反映了覆岩不同时段内的裂隙张开、压缩和稳定的过程。其中，冒落带、裂隙带、离层带和弯曲下沉带开始压缩的距离分别在工作面后方 25 m、45 m、50 m 和 70 m，各带变化明显的部位基本上在工作面推过 160～180 m。

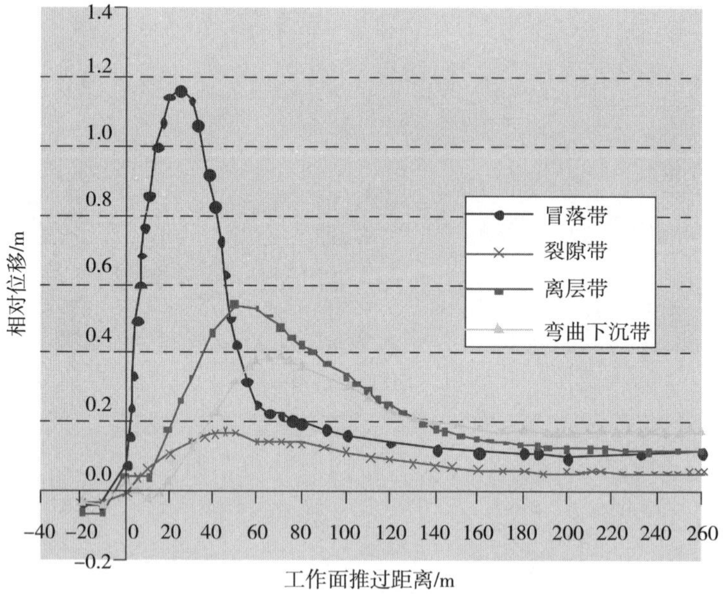

图 3-22 COSFLOW 模拟的覆岩相对位移变化规律

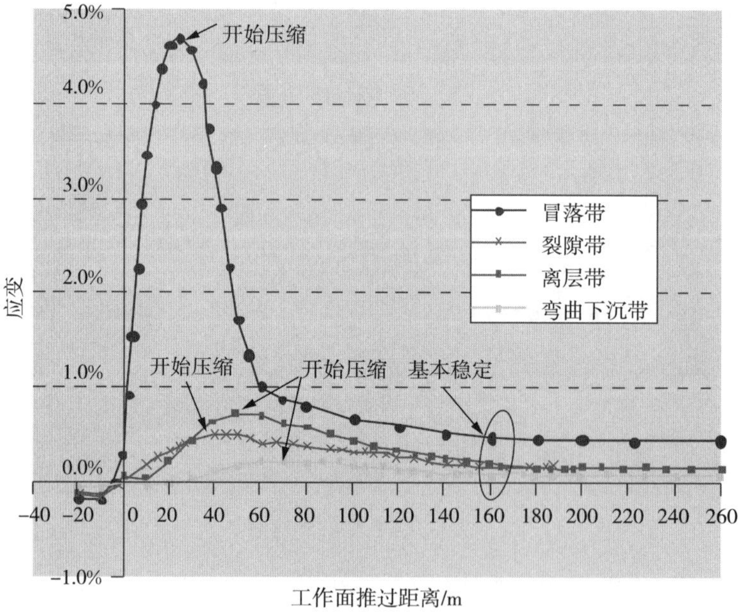

图 3-23 COSFLOW 模拟的覆岩竖向应变变化规律

2. 采动应力动态变化

图 3-24～图 3-28 显示了 COSFLOW 模拟的 1115(1)采空区周围的应力分布特征。

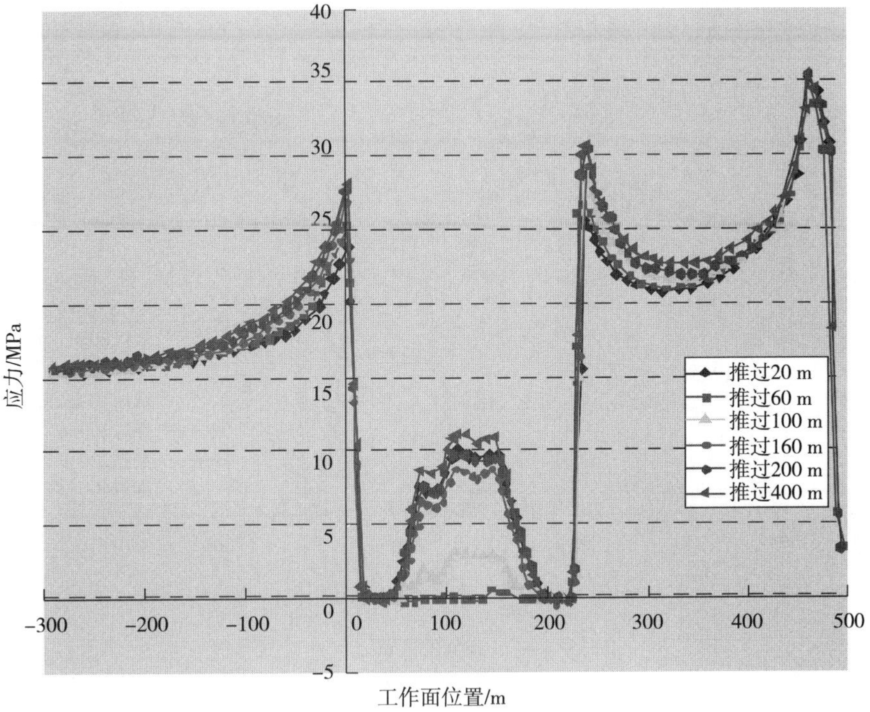

（a）开采煤层顶板上方7 m

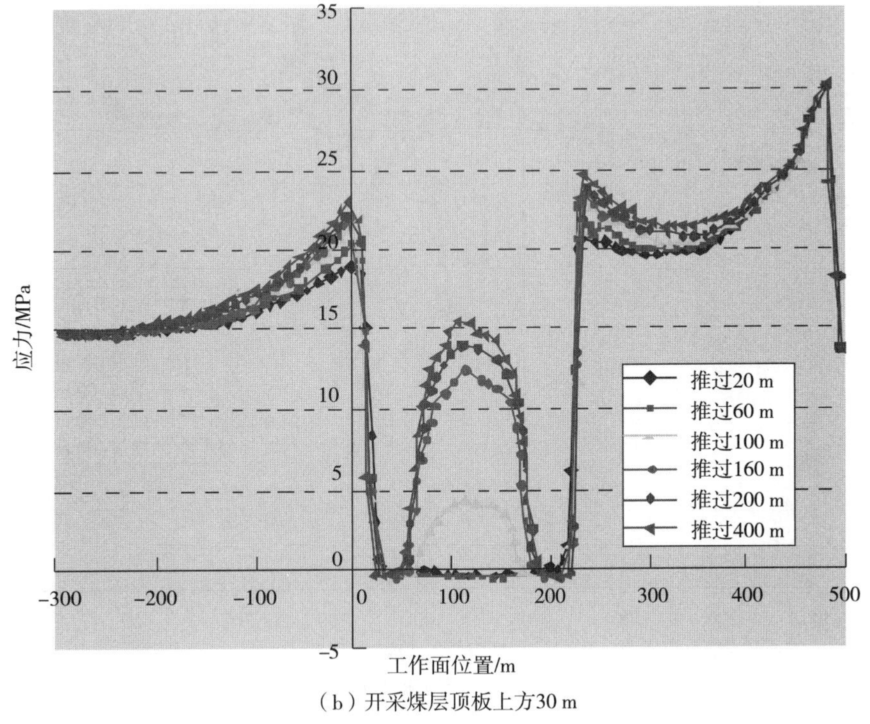

（b）开采煤层顶板上方30 m

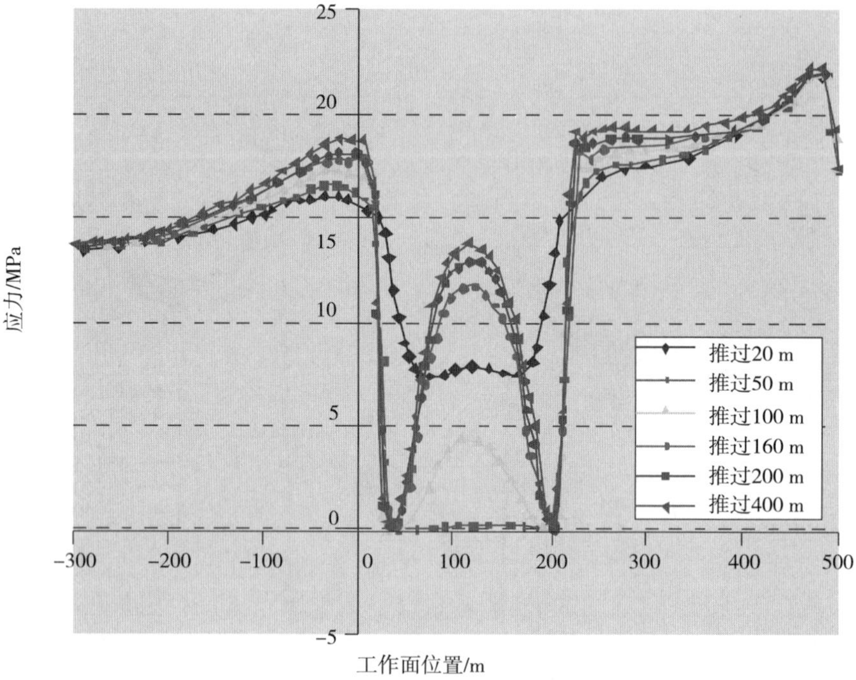

（c）开采煤层顶板上方88 m

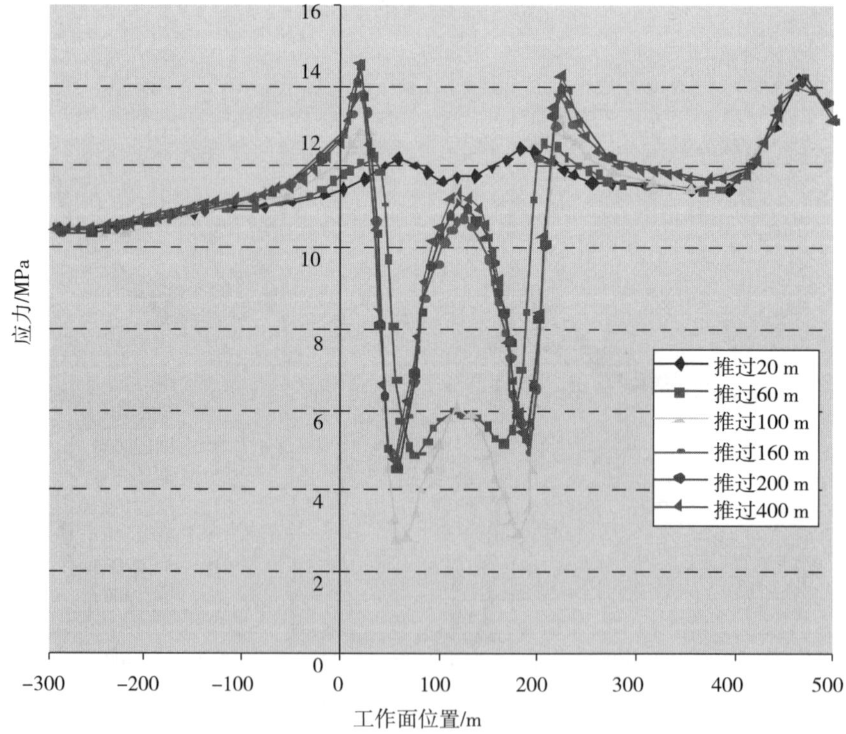

（d）开采煤层顶板上方226 m

图 3-24 采空区不同高度覆岩沿工作面倾向上的应力变化曲线

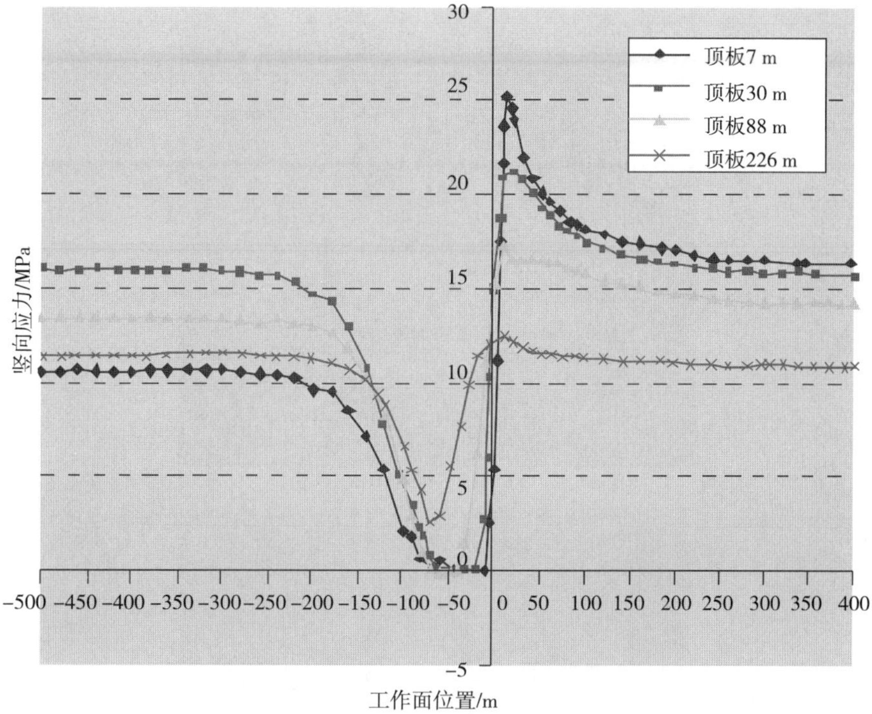

图 3-25　采空区不同高度覆岩沿工作面走向上的应力变化曲线

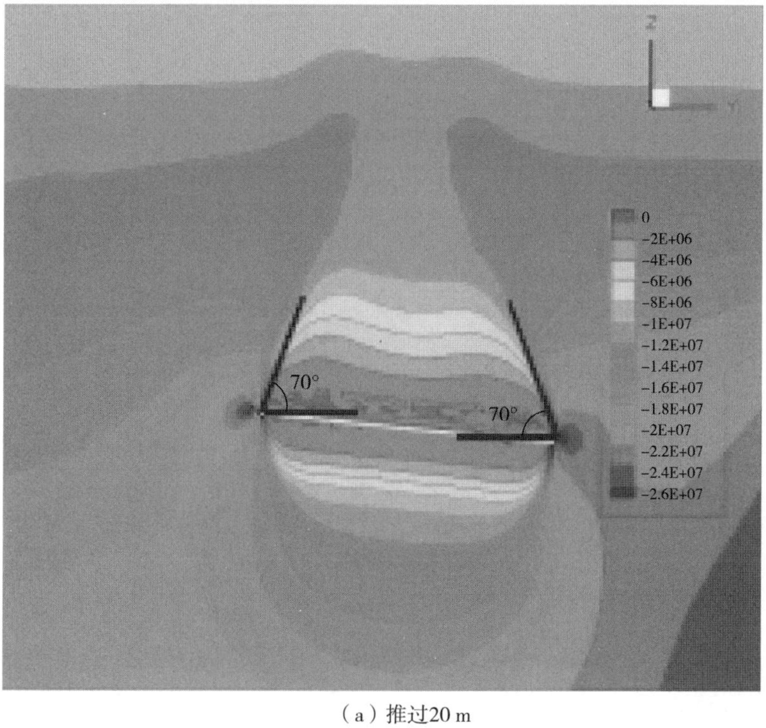

(a) 推过20 m

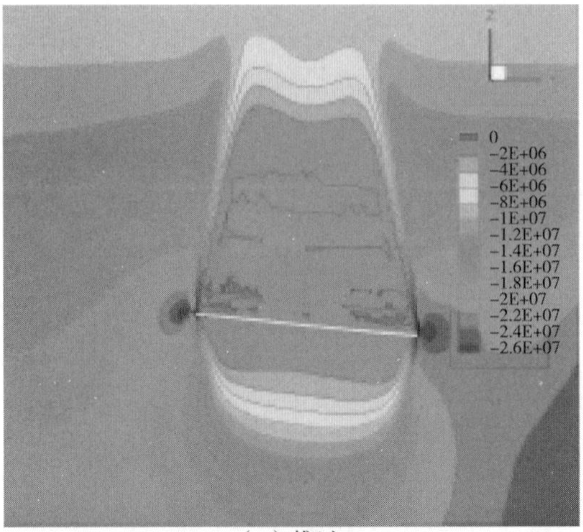

（b）推过60 m

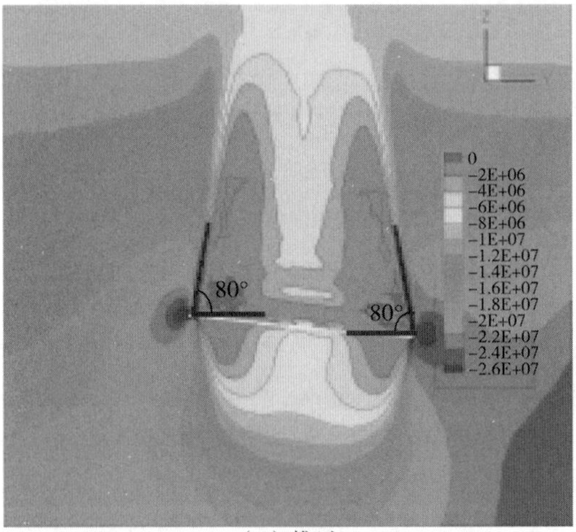

（c）推过100 m

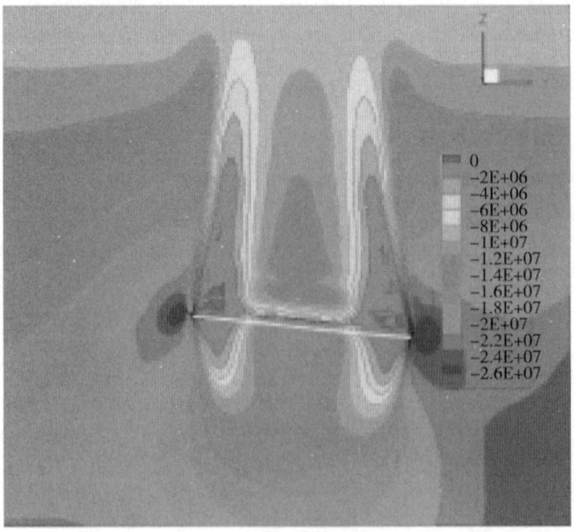

（d）推过200 m

图 3-26　随工作面推进倾向切面上的竖向应力分布图(单位:Pa)

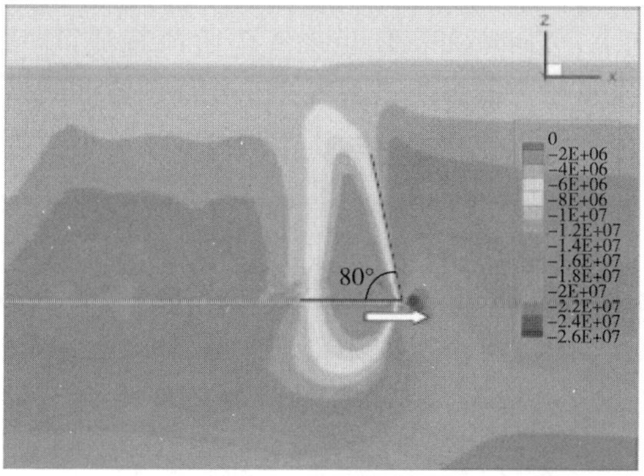

图 3 - 27　沿工作面推进方向上的竖向应力分布图(单位:Pa)

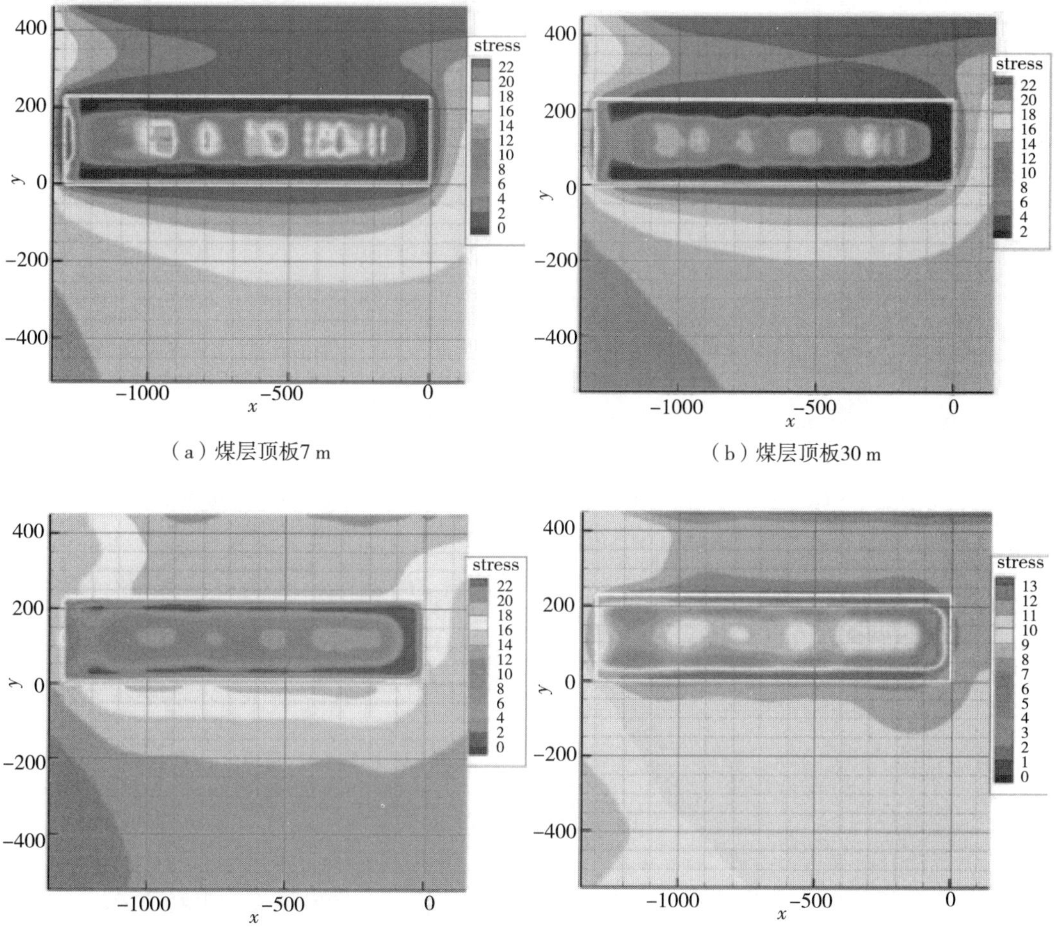

(a) 煤层顶板7 m　(b) 煤层顶板30 m

(c) 煤层顶板88 m　(d) 煤层顶板226 m

图 3 - 28　采空区顶板不同高度层面内竖向应力分布图(单位:MPa)

由图 3-24～图 3-28 可得以下结论。

在工作面推进方向上，竖向应力变化呈现 4 个阶段特征，即应力增加、降低、回复和回复稳定。其中，超前支承压力的影响范围可达工作面前方 300 m，峰值位于工作面前方 10 m 左右。卸压角约为 80°，工作面中部卸压范围可至工作面后方 200 m，之后应力基本回复稳定。

在工作面倾向上，工作面外侧同样受支承压力影响，范围至外侧 300 m 远处。应力降低边界随顶板高度增加逐渐往采空区侧移动，卸压角随工作面推进逐渐由 70°增加至 80°。随工作面推进，采空区中部应力逐渐回复并至稳定，采空区 73 m 内侧部存在一定宽度的卸压保持区，其宽度随顶板高度增加而缩小，在采空区水平可达 45 m。

在采空区平面上可清晰地看到，沿采空区边界的卸压保持区，其形状类似于“O”形圈，在一定高度后消失。

3. 围岩渗透率动态变化

图 3-29～图 3-33 显示了 COSFLOW 模拟的 1115(1)采空区周围渗透率的变化特征。

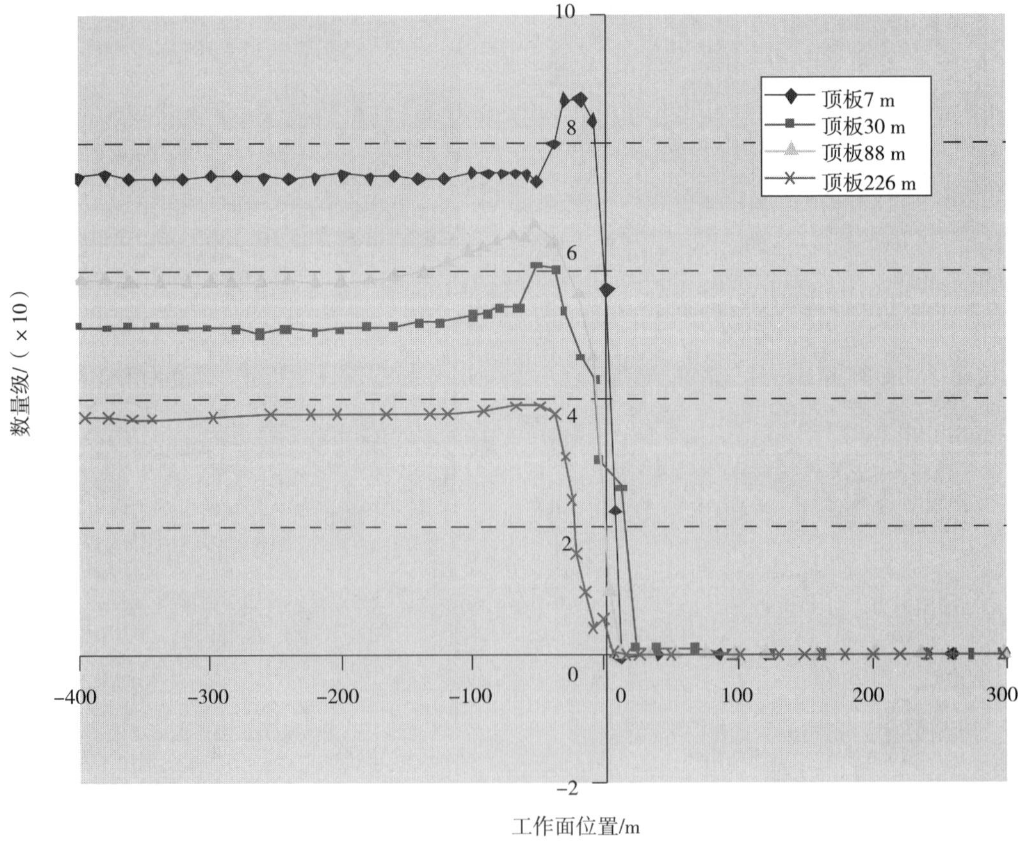

（a）水平渗透率

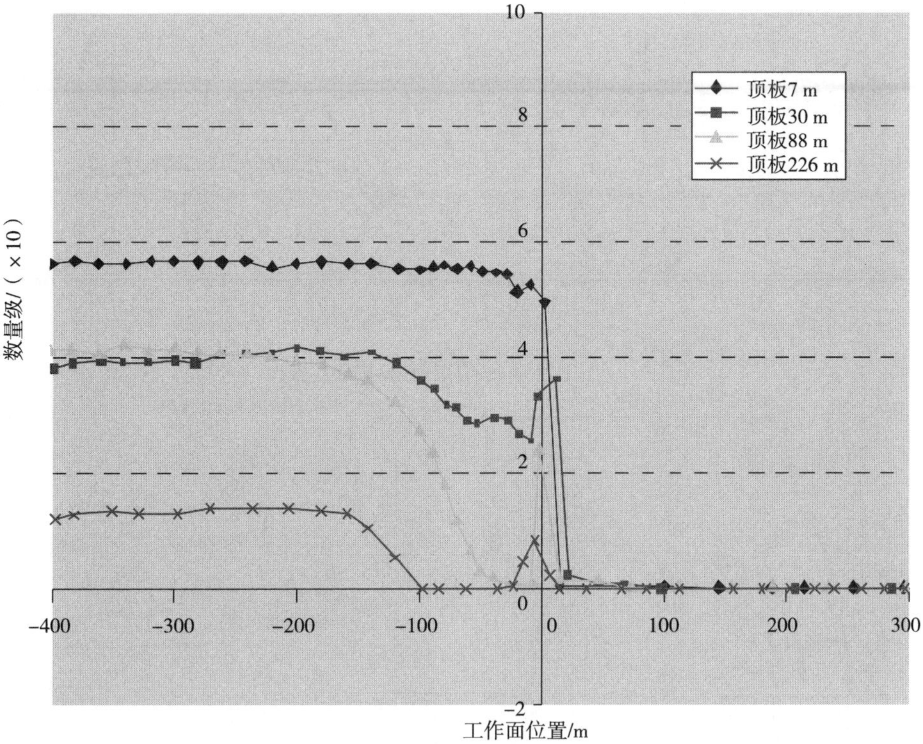

（b）竖向渗透率

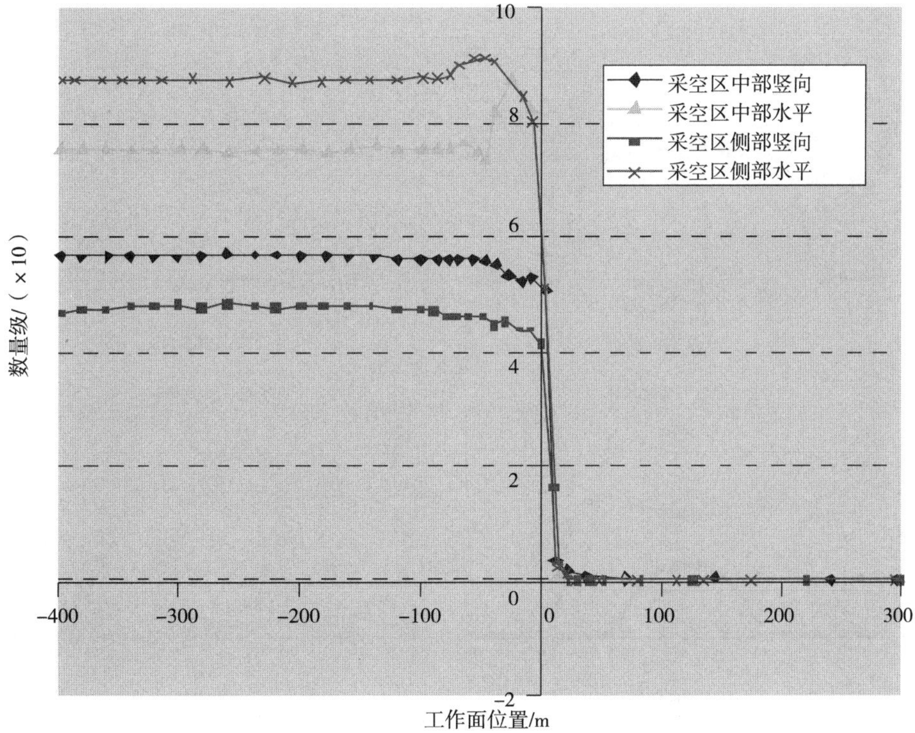

（c）采空区中部与侧部上渗透率的差异（煤层顶板7 m）

图 3 - 29　沿采空区走向上的渗透率变化

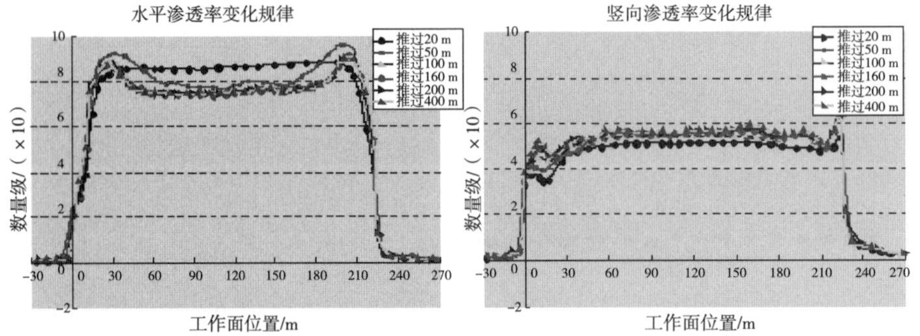

（a）煤层顶板7 m

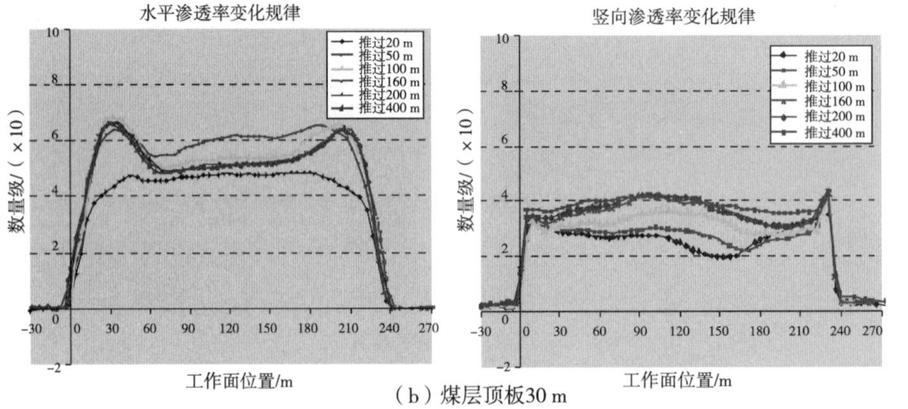

（b）煤层顶板30 m

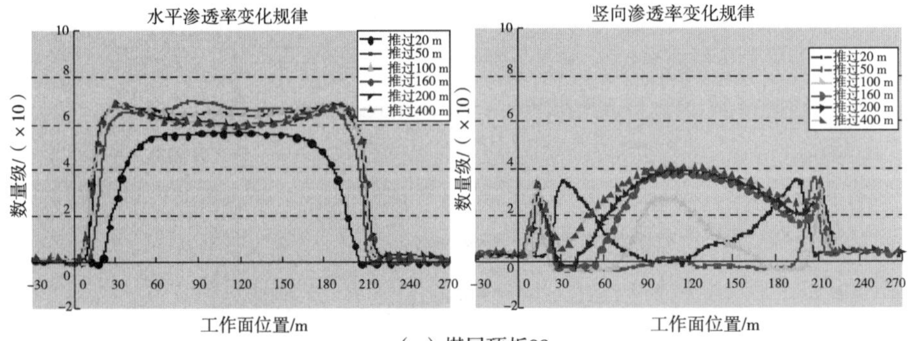

（c）煤层顶板88 m

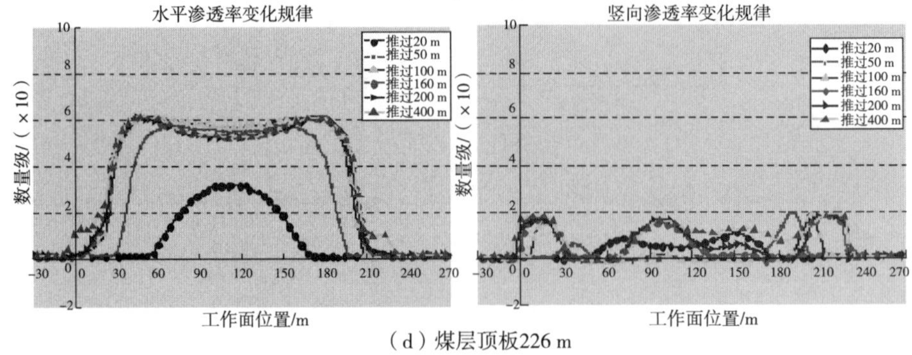

（d）煤层顶板226 m

图 3-30　沿采空区倾向上的渗透率变化

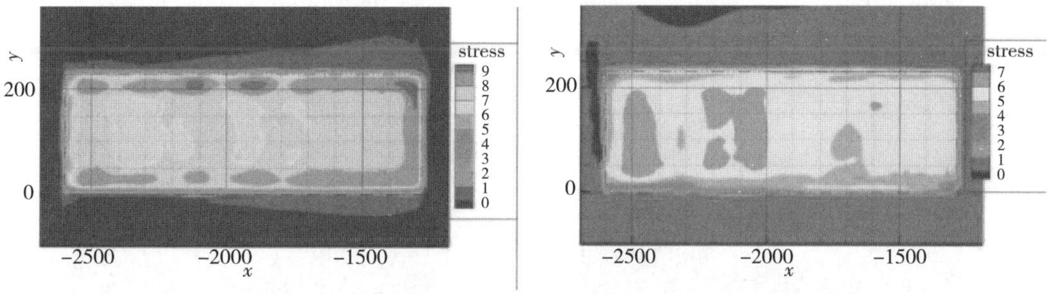

（a）煤层顶板7 m

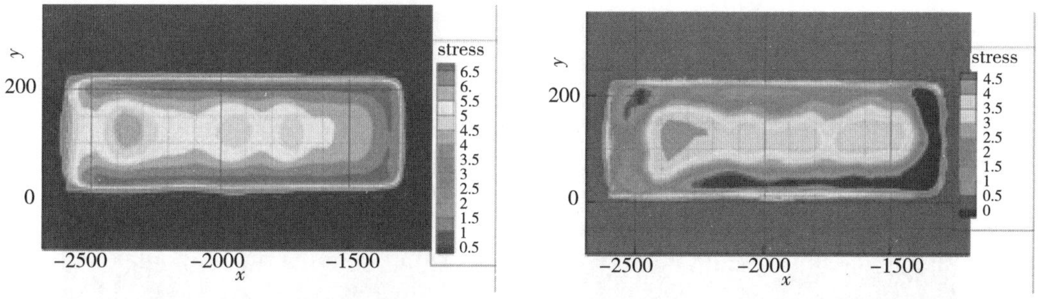

（b）煤层顶板88 m

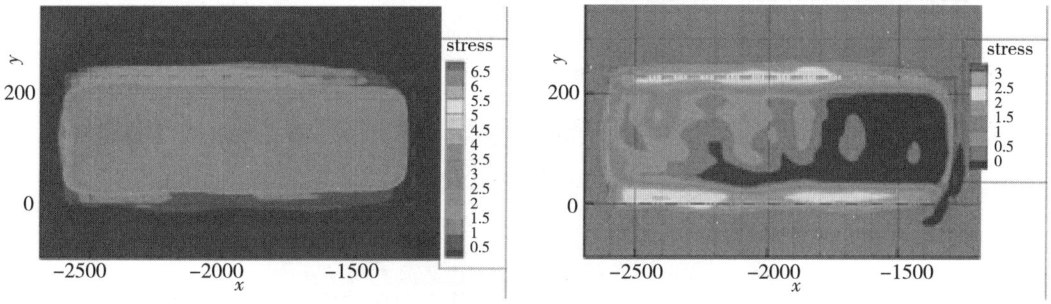

（c）煤层顶板226 m

图 3－31　覆岩不同高度水平和竖向渗透率分布

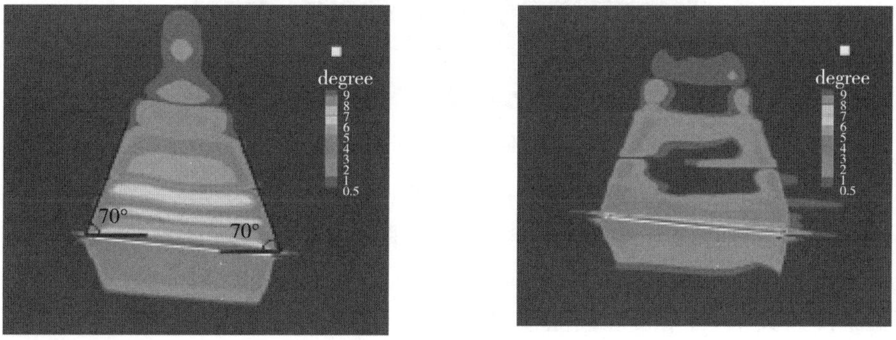

（a）推过 20 m

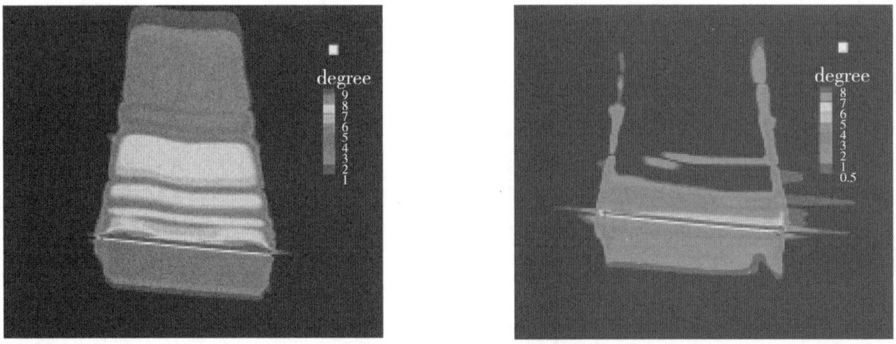

（b）推过 60 m

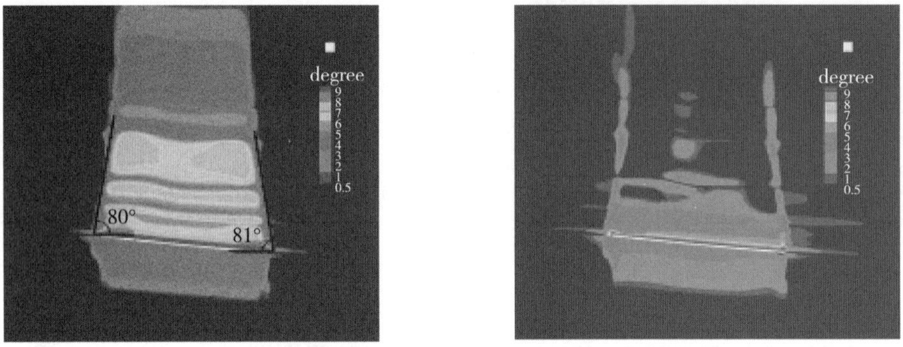

（c）推过 100 m

图 3－32　工作面推过不同距离时倾向切面上的水平和竖向渗透率改变特征

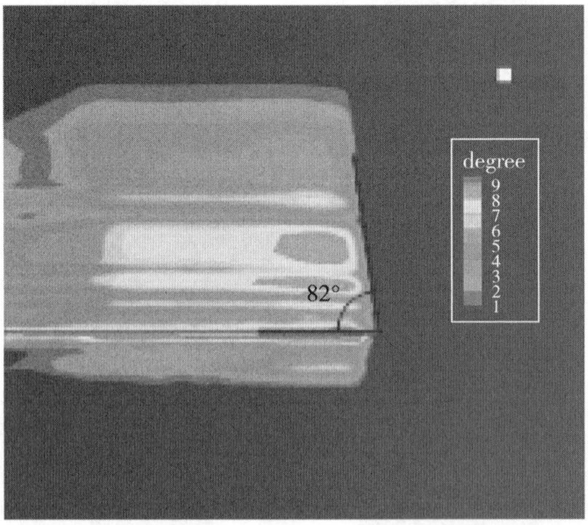

图 3－33　沿工作面推进方向上的水平渗透率改变特征

从水平渗透率的变化来看，可得出以下结论。

(1)沿工作面走向，采动冒落带至离层带的水平渗透率都存在着增加至峰值、降低、稳定等变化特征。水平渗透率持续增加的范围可至工作面后方 50 m 左右。之后水平渗透率开始下降。其中，冒落带和裂隙带渗透率的下降速度要大于离层带。在工作面推过 160～200 m 后，水平渗透率变化基本趋于稳定。

(2)采动区内侧在渗透率达到峰值后降低的程度明显小于采空区中部，在渗透率变化稳定时，采动区内侧渗透率大于中部。

(3)沿工作面倾向，水平渗透率在整个采空区倾向范围内发育，此后中部开始压缩，而侧部得以保持，形成马鞍形分布规律。从平面上看，侧部渗透率的保持在采空区平面上形成“O”形圈特征。

(4)水平渗透率往顶板高度的发展角可用增渗角来表示。倾向上的增渗角从工作面推过 20 m 时的 70°逐渐增加至 100 m 后的 80°左右，并达到稳定，走向上的增渗角大约为 82°。可见，增渗角的大小和变化特征与卸压角较为一致。

从竖向渗透率的变化来看：

(1)沿工作面走向，竖向渗透率增加后未出现如水平渗透率所示的明显降低趋势。

(2)沿工作面倾向，竖向渗透率和水平渗透率同时发育，离层带渗透率也稍有发育，但发育的时间晚于裂隙带和冒落带。离层带竖向渗透率首先在工作面侧部发育，然后侧部减小而中部增加。

(3)在竖向上可见，渗透率明显发育的位置处于裂隙带高度以下。但在裂隙带高度以上沿采动区两侧部边界也出现狭长的发育区，应是岩层的剪切裂隙引起的。

(4)竖向渗透率走向和倾向上的增渗角与水平渗透率一致。

从整体上看，水平渗透率具有明显的增加、下降和稳定的过程，并具有普遍认识的马鞍形分布特征，竖向渗透率的发育则较不规则。此外，采动影响范围内的渗透率都有所增加，只是相对而言，渗透率明显改变的区域处于离层带以下。

由以上渗透率的变化特征可见，渗透率的变化趋势与应力降低及采动裂隙的变化规律是相互联系的。

4. 邻近层瓦斯卸压涌出

数值模拟很难分析煤壁和落煤瓦斯的涌出，COSFLOW 也主要针对采动卸压煤层的瓦斯涌出进行模拟。在 COSFLOW 模拟中，1115(1)工作面开采邻近层卸压涌出的瓦斯量分成两部分，一是抽采钻孔抽出的那一部分，二是卸压瓦斯涌出至采空区的那一部分。图 3-34 显示了 COSFLOW 模拟的 1115(1)工作面推进过程中邻近层瓦斯涌入采空区的速率变化。

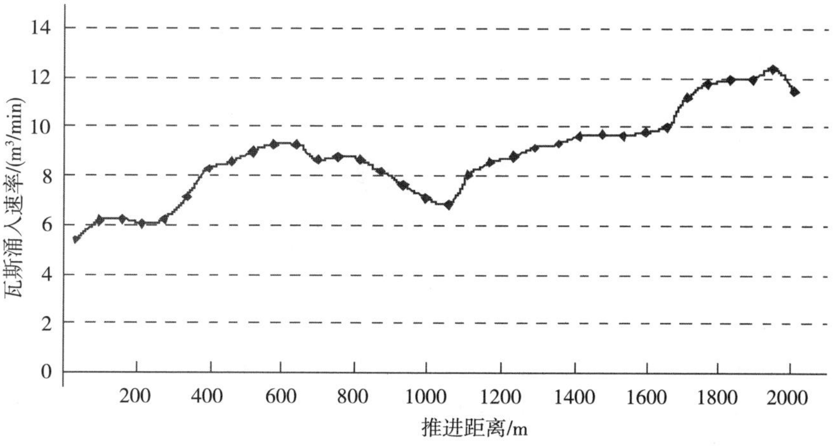

图 3-34　COSFLOW 模拟的 1115(1)工作面推进过程中邻近层瓦斯涌入采空区的速率变化

在本次模拟中，1115(1)采出 2000 m 长度范围内抽出瓦斯总量为 5883158 m^3，平均抽采瓦斯速率为 11.22 m^3/min，邻近层卸压瓦斯涌入采空区的速率为 8.97 m^3/min，也即邻近层瓦斯总涌出速率约为 20.2 m^3/min。

在 1115(1)工作面瓦斯涌出监测中，瓦斯抽采速率平均为 16.2 m^3/min，在顶板孔与穿层孔两套抽采系统抽采时，瓦斯抽采速率平均为 23.5 m^3/min，可见，COSFLOW 模拟结果与此基本相近，同时 COSFLOW 给出了涌入至采空区的瓦斯速率，这是现场监测中难以测定的部分。

图 3－35 和图 3－36 展示了 COSFLOW 模拟的 1115(1)工作面采动过程中 13－1 煤层和 17－2 煤层的瓦斯含量变化，它表明了瓦斯的卸压涌出程度，可得到以下特征。

(1)13－1 煤层在工作面推过后瓦斯逐渐解吸涌出，瓦斯最终涌出程度较高，在工作面推过 200 m 时可达可解吸瓦斯含量的 75%以上。瓦斯发生明显解吸的区域处于开采边界以内。

(2)17－2 煤层瓦斯在 1115(1)工作面采动过程中整体上不发生解吸，仅在局部区域解吸涌出，涌出程度约为 20%。

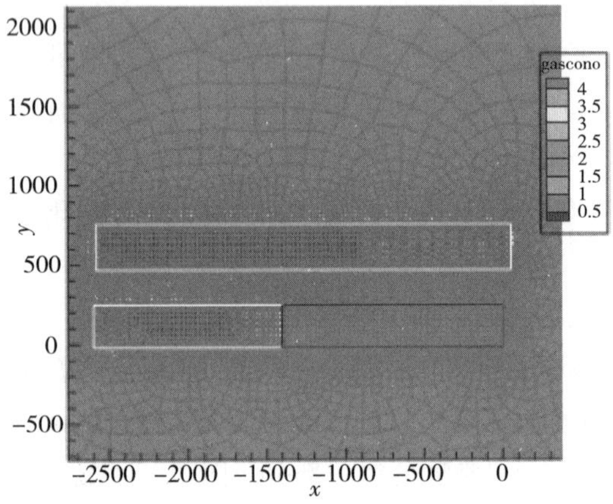

图 3－35　COSFLOW 模拟的 1115(1)工作面采动过程中 13－1 煤层瓦斯含量变化

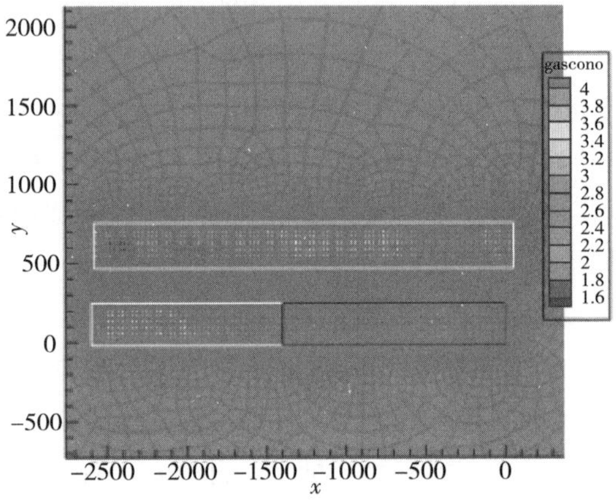

图 3－36　COSFLOW 模拟的 1115(1)工作面采动过程中 17－2 煤层瓦斯含量变化

3.4　小结

本章在现场实测数据的基础上，利用 COSFLOW 软件对顾桥矿 1115(1)工作面开采引起的应力变化、围岩运动、渗透性改变、瓦斯卸压涌出等进行了综合模拟。模拟结果具有与现场监测较为一致的变化规律，表明了本次模拟的合理性和可信性。

通过本次 COSFLOW 数值模拟，对 1115(1)工作面采动引起的卸压规律、裂隙分布、渗透率改变及瓦斯的卸压涌出规律有了更加系统的认识，这为后续卸压瓦斯运移规律的 CFD 模拟及煤与瓦斯共采理论模型的建立奠定了一定的基础。

第 4 章　采动卸压瓦斯流动规律

4.1　采动卸压瓦斯解吸规律

4.1.1　原始煤体瓦斯吸附特征

煤是一种多孔介质，其中瓦斯的赋存状态分吸附和游离两种，通常吸附瓦斯占80%～90%。在被吸附的瓦斯中，通常把将要进入煤体内部的瓦斯称为吸收瓦斯，把附着在煤体表面的瓦斯称为吸着瓦斯（占主导），吸收瓦斯和吸着瓦斯统称为吸附瓦斯。在煤体中，吸附瓦斯和游离瓦斯在外界条件不变的情况下处于动态平衡状态，吸附状态的瓦斯分子和游离状态的瓦斯分子处于不断的交换之中；当外界的瓦斯压力、环境温度、应力状态发生变化时，动态平衡被破坏，出现解吸。

煤是一种包含有机质的岩石，煤的有机物质类似海绵体，具有一个庞大的孔隙体系。煤体表面吸附瓦斯的多少，与煤体表面积的大小密切相关，而煤体表面积的大小和煤体孔隙特征有关。煤体的孔隙可分为微孔（孔径小于 0.01 μm）、小孔（孔径 0.01～0.1 μm）、中孔（孔径 0.1～1 μm）、大孔（孔径 1～100 μm）和可见孔（孔径大于 100 μm）。瓦斯分子的直径为 4.14×10^{-10} m，比微孔的孔径小得多，所以在孔隙表面吸附着大量的瓦斯（有的可达 8 cm^3/g 以上）。因此，煤体孔隙特征对吸附瓦斯有重要作用。煤的多孔程度用孔隙率 n 来表示，计算公式如下：

$$n=\frac{V_s-V_d}{V_s}\times100\% \tag{4-1}$$

式中，n——煤的孔隙率，%；

V_s——煤的总体积，包括孔隙体积，cm^3；

V_d——煤的真实体积，不包括其中的孔隙体积，cm^3。

煤体中复杂的孔隙结构，构成了复杂的吸附、扩散、渗透系统。其中，微孔构成了吸附容积，煤中其余孔隙构成了煤中复杂的渗透系统。在渗透系统中，绝大部分瓦斯处于游离状态，并符合气体状态方程。煤的吸附实际上是固体表面与气体或液体的一种表面作用，这种表面作用之所以能够发生，是因为煤体表面的分子存在剩余的自由力场，当瓦斯分子碰撞煤体表面时，其中一部分将被吸收，并释放出吸附热。在被吸附的瓦斯分子中，只有当其重新获得动能，克服煤体表面引力时，才能重新回到气相中形成游离状态的瓦斯。

原始煤体的吸附性大小主要取决于以下 3 个方面：

(1)煤结构、煤的有机组成和煤的变质程度。

(2)被吸附物质的性质,即瓦斯性质。

(3)煤体吸附所处的环境条件,如压力、温度等。

由于煤体对瓦斯的吸附是一种可逆现象,吸附瓦斯所处的环境条件就显得尤为重要。

1. 压力对瓦斯吸附的影响

当其他因素相同时,煤储层甲烷吸附量随压力的增加而增大,但不同的压力区间,其增大的幅度是不同的。低压时,吸附量随压力几乎呈线性增长,朗格缪尔方程可简化为亨利方程,即

$$V=V_{L}b_{0}P \tag{4-2}$$

式中,V——吸附量,cm^3/g;

V_L——朗格缪尔吸附常数,cm^3/g;

b_0——朗格缪尔压力常数,1/MPa;

P——气体压力,MPa。

可见,低压时吸附量与气体压力成简单的正比线性关系。在中高压时,吸附量增长率逐渐变小,至某一极限压力,吸附达到饱和状态,吸附量不再增大,如图4-1所示。在地层条件下,瓦斯压力通常是煤层埋深的函数。

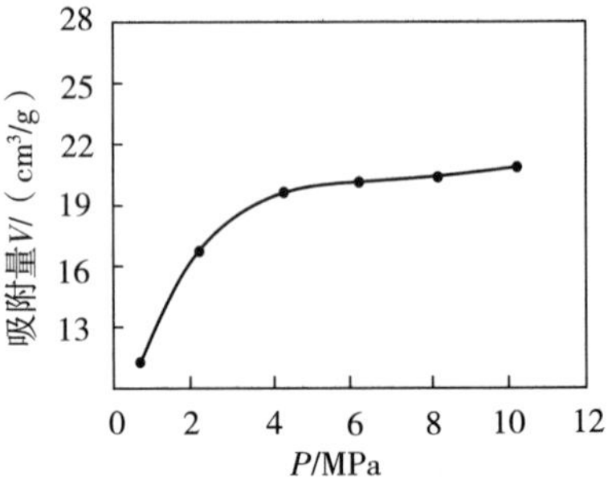

图4-1 瓦斯吸附量与压力的关系

2. 温度对瓦斯吸附的影响

大量实验证明,瓦斯在煤中的吸附是单层物理吸附,瓦斯在煤中的吸附量可用朗格缪尔方程来表示,即

$$W_{C}=\frac{abP}{1+bP\gamma_{m}}=\frac{V_{L}P}{P+P_{L}} \tag{4-3}$$

式中,W_C——单位体积煤中吸附瓦斯含量,g/cm^3;

a、b——煤的吸附常数;

P——瓦斯压力,MPa;

γ_m——煤的容重,g/cm^3;

P_L——郎格缪尔压力常数。

理论上,式(4-3)中的朗格缪尔吸附常数V_L不受温度的影响,在任何温度条件下,极限吸附量都相同。但压力常数P_L与温度关系式为

$$b=\frac{1}{P_{L}}=b_{0}e^{(-\Delta H/RT)} \tag{4-4}$$

式中,b_0——朗格缪尔压力常数,1/MPa;

ΔH——吸附能,cal/(g·mol);

R——通用气体常数,1.987 cal/(g·mol·K);

T——热力学温度,K。

在等温情况下，式(4－3)中 a、b 被视为常数。当温度变化时，a、b 值也将发生变化。a、b 值随温度的变化规律可由试验研究确定。

梁冰等通过实验研究了不同温度、不同瓦斯压力情况下，煤的瓦斯吸附性能的变化规律，得出了当温度、瓦斯压力变化时，煤的瓦斯吸附曲线及吸附常数随温度变化的数学关系式，吸附常数 a 与温度有关，通常可用二次函数表示：

$$a=c_0+c_1-c_2T^2 \tag{4-5}$$

其中，c_0、c_1、c_2 为任意常数。

随温度的升高，a 值逐渐降低，反映了煤对瓦斯的吸附能力。这是因为煤对瓦斯的吸附主要以物理吸附为主，物理吸附的速率快，在规定时间内易达到平衡，且为放热过程，所以出现平衡吸附量随温度的上升而降低的现象。b 值为吸附解吸速率之比。b 值随温度变化的规律不十分明显，可用三次方程来表示：

$$b=d_0+d_1T+d_2T^2+d_3T^3 \tag{4-6}$$

其中，d_0、d_1、d_2、d_3 为任意常数。

所以，随着温度升高，压力常数 b 减小，吸附能力减弱。

3. 水分对瓦斯吸附的影响

水分的增加会使煤的吸附能力降低。目前多采用艾琴格尔的经验公式来确定煤的天然水分对甲烷吸附量的影响，其计算公式为

$$X_{ch}=X_g\cdot\frac{1}{1+0.31W} \tag{4-7}$$

式中，X_{ch}——含有水分为 W 的湿煤的甲烷吸附量，m^3/t；

W——煤中的天然水分的含量，%；

X_g——不含水分干煤的甲烷吸附量，m^3/t。

煤内水分对瓦斯吸附的影响如图 4－2 所示。

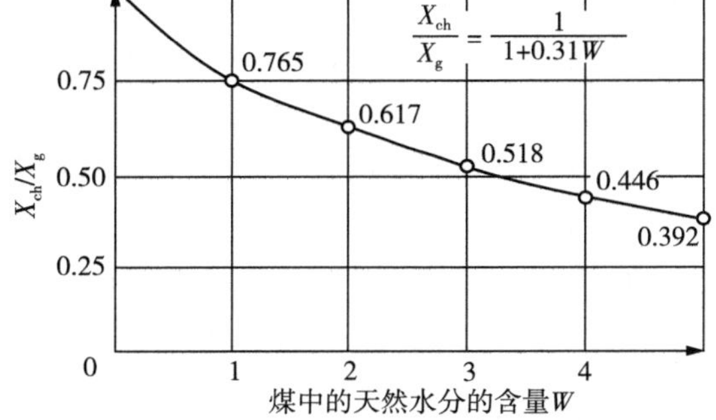

图 4－2　煤内水分对瓦斯吸附的影响

可见，水分的增加会使煤的吸附能力降低，因为水分子在煤体孔隙表面形成吸附水膜，使瓦斯气体渗透通道面积减少，因而使得瓦斯气体在煤体中渗透率降低。

4. 煤的变质程度对瓦斯吸附的影响

煤的变质程度是决定煤的瓦斯吸附的重要因素，随着煤变质程度增高，煤的微孔容

积增大，煤的瓦斯吸附量也随之增加。一般情况下，从中等变质程度的烟煤到无烟煤，相应的吸附量呈快速增加状态。

5. 瓦斯性质对瓦斯吸附的影响

1)煤对不同气体的吸附能力

在给定的温度与瓦斯压力条件下，煤体对于二氧化碳(CO_2)、甲烷(CH_4)和氮气(N_2)的吸附能力不同，其吸附能力大小关系为 $CO_2 > CH_4 > N_2$。

2)煤对混合气体的吸附作用

瓦斯实际上是一种以甲烷为主的气体混合物。周世宁等就煤体对混合气体中的不同组分(CO_2、CH_4、N_2)的吸附作用进行了实验，研究结果表明，煤对混合物的不同组分的吸附能力有强弱之分；当混合物由 CO_2、CH_4 组成时，在所研究的压力范围内，煤对 CO_2 的吸附始终大于对 CH_4 的吸附；当混合气体由 CH_4 和 N_2 组成时，CH_4 为混合气体中的强吸附气体，决定着吸附曲线的趋向动态性质。另外，混合气体各组分的百分比不同、分压不同，所得的吸附等温线也不同。可见，煤对混合气体的吸附性不仅与对混合气体中各组分的吸附性强弱有关，还与各组分的分压有关，煤对分压大的气体组分的吸附性会相应提高。由分压大的强吸附气体和分压小的弱吸附气体组成的混合气体的等温吸附曲线很接近分压大的强吸附气体在单独作为吸附质时的等温吸附曲线。各组分的分压变化与其吸附量的变化是不成比例的，在吸附过程中，游离相的成分会发生变化，使得被吸附组分数量间的关系与原始混合气体中的不同。尽管吸附混合气体时组分间会相互影响，但在等温条件下，其吸附量与压力的关系仍可用朗格缪尔等温吸附的修正方程加以表示：

$$X_A = \frac{C_{1A} \cdot X_{mA} \cdot P_A}{1 + C_{1A} \cdot P_A + C_{1B} \cdot P_B} \tag{4-8}$$

$$X_B = \frac{C_{1B} \cdot X_{mB} \cdot P_B}{1 + C_{1A} \cdot P_A + C_{1B} \cdot P_B} \tag{4-9}$$

式中，X_A、X_B——煤吸附混合气体中组分 A、组分 B 的吸附量，mL/g；

C_{1A}、C_{1B}——朗格缪尔吸附常数；

X_{mA}、X_{mB}——煤吸附 A、B 组分的最大吸附量，mL/g；

P_A、P_B——A、B 组分的分压，Pa。

研究表明，煤对混合气体中各组分的吸附量比对该组分单独作为吸附质时的吸附量要小，这说明了煤对混合气体的吸附不仅与其本身的性质有关，还与混合气体中各组分的类型有关。煤对由 CO_2 和 CH_4、CH_4 和 N_2 组成的混合气体及 CO_2、CH_4、N_2 的吸附性强弱的顺序依次为 $CO_2 > CO_2 + CH_4 > CH_4 > CH_4 + N_2 > N_2$。

4.1.2 采动卸压瓦斯解吸规律的实验研究

1. 煤样解吸速度与解吸时间的关系

研究表明，煤样在一定的压力下，达到吸附平衡后，当压力解除时(即压力降至 0.1 MPa)，吸附在煤中的瓦斯将迅速解吸。开始时瓦斯解吸速度很快，以后随着解吸时间的延长解吸速度放慢。瓦斯解吸量在卸压后最初阶段急剧增大，以后则逐渐平缓下降。瓦

斯解吸速度随时间的变化关系可用幂函数表示，即

$$V_t=V_a\left(\frac{t}{t_a}\right)^{-k_t} \tag{4-10}$$

当取解吸时间 $t_a=1\text{min}$ 时，$V_a=V_1$，则第 t 分钟瓦斯解吸速度为 $V_t=V_1t^{-k_t}$。

式中，V_a——吸附平衡压力解除后，t_a分钟时瓦斯解吸速度，mL/(g · min)；

V_1——第 1 分钟瓦斯解吸速度，mL/(g · min)；

k_t——煤样瓦斯解吸速度衰减系数。

在任一时间 T 内累积解吸瓦斯量：

$$Q=\int_0^T V_1t^{-k_t}\,\mathrm{d}t=\frac{V_1}{1-k_t}T^{(1=k_t)} \tag{4-11}$$

当 $t=0$，$t_a=1$ min 时，最初 1 min 解吸的瓦斯量：

$$q_1=\frac{V_1}{1-k_t} \tag{4-12}$$

大量试验数据表明，在煤样卸压后的 60 min 内，解吸速度的变化遵循式(4-10)的规律，k_t值基本不变，V_1 值的变化幅度也很小。

2. 煤样瓦斯解吸速度与吸附平衡压力的关系

在实验室分别对淮矿的煤样(粒度 1～3 mm，质量 9 g)进行了吸附平衡压力对瓦斯解吸速度影响的考察，得出了煤样瓦斯解吸速度与吸附平衡压力(充气压力)之间的关系曲线，如图 4-3 所示。从图 4-3(a)中看出，同一煤样，吸附瓦斯压力越大，其解吸瓦斯量也越大。煤样的瓦斯解吸速度随解吸时间的变化在对数坐标图 4-3(b)上是一组同斜率 k_t 不同截距 V_1 的平行直线，截距 V_1 随压力增加而增大。k_t 值与瓦斯解吸压力的大小无关，可作为反映煤的瓦斯解吸速度衰减的固有结构特征指数。

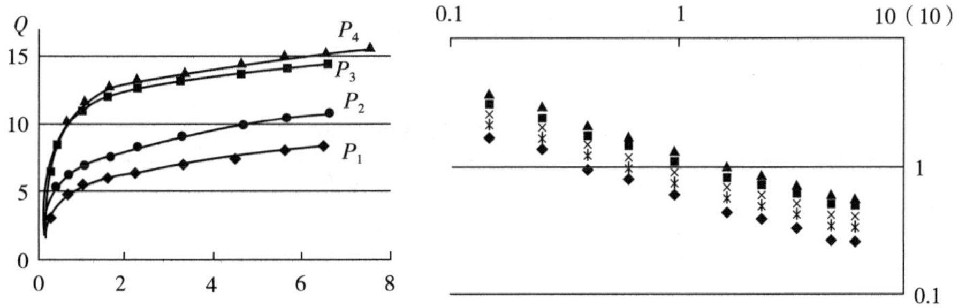

(a) 瓦斯解吸量　　(b) 瓦斯解吸速度

图 4-3　同一煤样在不同充气压力下的瓦斯解吸量和瓦斯解吸速度

这表明当试验条件不变时，在某一充气压力下的煤样，其解吸初速度 V_1 值的大小是恒定的。

3. 煤样暴露时间对解吸速度的影响

为了考察煤样暴露时间对瓦斯解吸速度的影响，把粒度为 1～3 mm 的 10 g 煤样装入煤样罐中。首先进行脱气，然后充入高浓度瓦斯气体。待吸附平衡后，打开煤样罐，暴露不同时间后，进行煤样瓦斯解吸速度的测定。测定结果如表 4-1 所示。由表 4-1 可

见，暴露时间越长，煤样的瓦斯解吸速度越小。可见，暴露时间对解吸速度 V 值的影响很大。为了减少暴露时间对 V 值的影响，确定煤样暴露时间以不超过 3 min 为宜。

表 4-1 煤样暴露时间对解吸速度的影响

暴露时间/min	瓦斯解吸初速度 V 值/[mL/(g·min)]				
	1 min	2 min	3 min	4 min	5 min
3	3.25	2.50	2.00	1.70	1.50
5	2.00	1.70	1.55	1.35	1.20
7	1.50	1.40	1.20	1.00	0.90
10	0.80	0.70	0.50	0.40	0.30

4. 煤样粒度对瓦斯解吸速度的影响

在实验室的条件下，煤样粒度的不同可能造成煤样水分的差异。因此，煤样粒度对瓦斯解吸速度的影响是以井下实测钻孔钻屑所占比例为依据的。通过实测钻孔煤钻屑表明，1～3 mm 和 0.5 mm 以下的粒度所占比例最大。

试验表明，在相同时间间隔内，随着煤样粒度减小，瓦斯解吸速度 V 值增大；反之，则减小。因为在较短时间内，选择煤钻屑解吸速度比较显著，根据煤样粒度所占比例大小，以及易于筛分等因素，选用 1～3 mm 粒度的煤样比较适宜。

5. 煤中水分对解吸速度的影响

试验表明，干、湿煤样的瓦斯解吸速度存在较大差异。试验时把同一煤样分成两份，一份为井下采集的原煤样(即保持煤的原水分)，另一份为烘干煤样。将两份煤样分别装入煤样罐，充气压力均为 0.95 MPa，待煤样吸附平衡后，同时打开煤样罐，暴露 3 min 后立即开始解吸测定，测定结果如表 4-2 所示。从表 4-2 看出，在同一时间内，干、湿煤样的瓦斯解吸速度有明显的差异。解吸 3 min 时，实测干、湿煤样的瓦斯解吸总量分别为 102 mL 和 77.5 mL，湿煤样比烘干无水的煤样瓦斯解吸量减少 24.02%。为了避免煤中水分对实验结果的影响，应用时采用井下钻孔煤屑原煤样。

表 4-2 干、湿煤样的解吸速度 V 值测定表

煤样	不同解吸时间的瓦斯解吸初速度 V 值/[mL/(g·min)]					
	1 min	2 min	3 min	4 min	5 min	6 min
干	4.20	3.30	2.70	2.40	2.00	1.70
湿	3.35	2.50	2.00	1.70	1.50	1.40

4.1.3 采动卸压瓦斯解吸特征

在采动卸压后，瓦斯处于解吸和吸附的活跃区。在瓦斯匀速层流渗流区域，这个区域可根据牛顿定律假设为受力平衡状态，瓦斯解吸和吸附也是平衡状态，那么在工作面前方一定体积煤体内所含瓦斯总量是固定不变的，并由吸附瓦斯和游离瓦斯共同组成。随着卸压范围的扩展，瓦斯的解吸和吸附平衡被打破，但单位体积的煤体的瓦斯气体符

合气体状态方程：

$$P_1=\frac{n_1RT}{V_1} \tag{4-13}$$

式中，P_1——采动前游离瓦斯气体压力，Pa；

V_1——采动前单位煤体内游离瓦斯体积，m^3；

n_1——采动前游离瓦斯物质的量；

R——通用气体常数；

T——热力学温度，K。

由于卸压影响，煤体由弹性区向塑性膨胀区转变，单位煤体的前后体积应变发生变化，体积膨胀量为 ΔV，有

$$\Delta V= V_{c2}-V_{c1} \tag{4-14}$$

式中，V_{c1}——膨胀前煤体体积，m^3；

V_{c2}——膨胀后煤体体积，m^3。

由于煤体发生膨胀变化，煤体瓦斯的解吸和吸附平衡被打破，瓦斯压力也相应发生变化，那么由吸附瓦斯解吸出的游离瓦斯物质的量为 Δn。

假设为恒温状态，那么，卸压煤体发生膨胀后的瓦斯气体符合气体状态方程：

$$P_2=\frac{n_2RT}{V_2} \tag{4-15}$$

式中，P_2——卸压后游离瓦斯气体压力，Pa；

V_2——卸压后单位煤体内游离瓦斯体积，m^3；

n_2——卸压后游离瓦斯物质的量；

R——通用气体常数；

T——热力学温度，K。

由于 $\Delta n=n_2-n_1$，那么，采动卸压后瓦斯压力为

$$P_2=\frac{(n_1+\Delta n)RT}{V_2} \tag{4-16}$$

代入 ΔV 可得：

$$P_2=\frac{(n_1+\Delta n)RT}{V_1+\Delta V} \tag{4-17}$$

假设每单位体积煤体的体积变化，称为体积应变，用 θ 表示（图 4－4），各向同性材料在三向应力状态下的体积应变为如图 4－4 所示的单元体，3 个边长为 dx、dy、dz，变形后的边长分别为 $dx(1+\varepsilon_1)$、$dy(1+\varepsilon_2)$、$dz(1+\varepsilon_3)$。

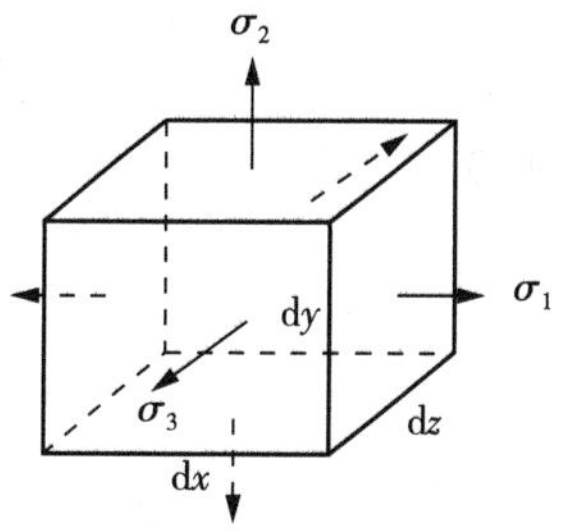

图 4－4　单位体积煤体体积应变示意图

变形后单位煤体的体积 dV_{c2} 为

$$dV_{c2}=dx(1+\varepsilon_1)\cdot dy(1+\varepsilon_2)\cdot dz(1+\varepsilon_3) \tag{4-18}$$

体积应变 θ 为

$$
\begin{aligned}
\theta &= \frac{\mathrm{d}V_{c2}-\mathrm{d}V_{c1}}{\mathrm{d}V_{c1}} \\
&= \frac{\mathrm{d}x(1+\varepsilon_1)\cdot \mathrm{d}y(1+\varepsilon_2)\cdot \mathrm{d}z(1+\varepsilon_3)-\mathrm{d}x\cdot \mathrm{d}y\cdot \mathrm{d}z}{\mathrm{d}x\cdot \mathrm{d}y\cdot \mathrm{d}z} \\
&\approx \frac{\mathrm{d}x\cdot \mathrm{d}y\cdot \mathrm{d}z(1+\varepsilon_1+\varepsilon_2+\varepsilon_3)-\mathrm{d}x\cdot \mathrm{d}y\cdot \mathrm{d}z}{\mathrm{d}x\cdot \mathrm{d}y\cdot \mathrm{d}z} \\
&= \varepsilon_1+\varepsilon_2+\varepsilon_3
\end{aligned}
\tag{4-19}
$$

其中，$\varepsilon_1=\frac{1}{E}[\sigma_1-\mu(\sigma_2+\sigma_3)]$，$\varepsilon_2=\frac{1}{E}[\sigma_2-\mu(\sigma_3+\sigma_1)]$，$\varepsilon_3=\frac{1}{E}[\sigma_3-\mu(\sigma_1+\sigma_2)]$，$\theta=\frac{1-2\mu}{E}(\sigma_1+\sigma_2+\sigma_3)$。

将 θ 代入式(4-17)中可得

$$
\mathrm{d}P_2=\frac{(n_1+\Delta n)RT}{V_1+\frac{1-2\mu}{E}(\sigma_1+\sigma_2+\sigma_3)}
\tag{4-20}
$$

一定单位体积的煤体是封闭域 Ω，则卸压膨胀后瓦斯压力 P_2 为

$$
P_2=\iiint\limits_{\Omega}\frac{(n_1+\Delta n)RT}{V_1+\frac{1-2\mu}{E}(\sigma_1+\sigma_2+\sigma_3)}\mathrm{d}x\mathrm{d}y\mathrm{d}z
\tag{4-21}
$$

所以，对应瓦斯压力梯度 P' 为

$$
P'=\mathrm{grad}\iiint\limits_{\Omega}\frac{(n_1+\Delta n)RT}{V_1+\frac{1-2\mu}{E}(\sigma_1+\sigma_2+\sigma_3)}\mathrm{d}x\mathrm{d}y\mathrm{d}z
\tag{4-22}
$$

煤体在卸压前游离瓦斯的体积 V_1 为单位煤体体积减去煤体骨架体积，煤体静力学性质确定，孔隙率确定，即 V_1 恒定，且可通过实验确定。Δn 为解吸出瓦斯物质的量，当煤体初始瓦斯压力确定，一定体积煤体内所含瓦斯总量是固定不变的，卸压膨胀后游离瓦斯量不变时瓦斯压力为最小，则最小瓦斯压力为 $P_{\min}$，Δn 为零，有

$$
P_{\min}=\iiint\limits_{\Omega}\frac{n_1RT}{V_1+\frac{1-2\mu}{E}(\sigma_1+\sigma_2+\sigma_3)}\mathrm{d}x\mathrm{d}y\mathrm{d}z
\tag{4-23}
$$

则采动卸压前和刚卸压膨胀时瓦斯还未解吸时的瓦斯压力降 ΔP_1 为

$$
\Delta P_1=\iiint\limits_{\Omega}\frac{n_1RT}{V_1}\mathrm{d}x\mathrm{d}y\mathrm{d}z-\iiint\limits_{\Omega}\frac{n_1RT}{V_1+\frac{1-2\mu}{E}(\sigma_1+\sigma_2+\sigma_3)}\mathrm{d}x\mathrm{d}y\mathrm{d}z
\tag{4-24}
$$

若全部吸附瓦斯解吸为游离瓦斯，则瓦斯压力为最大，破坏性最大，那么瓦斯总量 $n_2=n+n_1$，即 $\Delta n=n$，得到卸压膨胀后的瓦斯压力最大 $P_{\max}$ 为

$$P_{max}=\frac{(n+n_1)RT}{\Delta V+V_1} \tag{4-25}$$

式中，P_{max}——卸压后最大瓦斯压力，Pa；

n——采前煤体吸附瓦斯物质的量。

所以，可得采动卸压膨胀后的最小瓦斯压力为

$$P_{min}=\iiint\limits_{\Omega}\frac{n_1RT}{V_1+\frac{1-2\mu}{E}(\sigma_1+\sigma_2+\sigma_3)}\mathrm{d}x\mathrm{d}y\mathrm{d}z \tag{4-26}$$

最大瓦斯压力为

$$P_{max}=\iiint\limits_{\Omega}\frac{(n+n_1)RT}{V_1+\frac{1-2\mu}{E}(\sigma_1+\sigma_2+\sigma_3)}\mathrm{d}x\mathrm{d}y\mathrm{d}z \tag{4-27}$$

煤体采动卸压后产生的瓦斯压力差 ΔP 是造成煤岩瓦斯动力灾害的主要因素，由以上分析可得，采动卸压膨胀后产生的瓦斯压力下降值 ΔP_2 为

$$\begin{aligned}\Delta P_2&=\iiint\limits_{\Omega}\frac{(n+n_1)RT}{V_1+\frac{1-2\mu}{E}(\sigma_1+\sigma_2+\sigma_3)}\mathrm{d}x\mathrm{d}y\mathrm{d}z-\iiint\limits_{\Omega}\frac{n_1RT}{V_1+\frac{1-2\mu}{E}(\sigma_1+\sigma_2+\sigma_3)}\mathrm{d}x\mathrm{d}y\mathrm{d}z\\&=\iiint\limits_{\Omega}\frac{nRT}{V_1+\frac{1-2\mu}{E}(\sigma_1+\sigma_2+\sigma_3)}\mathrm{d}x\mathrm{d}y\mathrm{d}z\end{aligned} \tag{4-28}$$

4.1.4　采空区瓦斯运移规律

采空区瓦斯是采场瓦斯构成的重要组成部分。当回采工作面有风流通过时，由于存在采空区漏风，相邻的采空区陷落煤岩的孔隙与裂隙中的气体必然处于流动状态。采空区的陷落煤岩会形成孔隙和裂隙的骨架，在研究采空区气体流动规律时，应该把陷落岩石及其孔隙与裂隙视为孔隙介质。因此，“二元”体系混合气体(瓦斯和空气的混合)在采空区中的运动，实际上就是在采空区多孔介质中的渗流运动。

由于采空区内冒落岩石中孔隙和裂隙的形状、大小、连通性的不同，彼此形成的通道就表现为形状复杂、纵横交错，因而在不同孔隙中或同一孔隙的不同部位上，气体的流动状态也是各不相同的。在众多理论和实际工程研究中，我们关心的是流体的宏观结构与运动，而从宏观角度看，流体的结构和运动明显地表现出连续性、均匀性，而且遵从确定规律，可以被当成连续流研究。因此，完全可以通过研究孔隙介质内的平均运动，掌握具有平均性质的渗流规律。

采空区内瓦斯与空气混合气流速分布变化很大，层流、紊流、过渡流区同时存在。因此，瓦斯混合气在采空区内的扩散运动包括对流扩散、紊流扩散和分子扩散，最终形成了采空区内的瓦斯浓度分布规律。另外，由于采空区冒落岩石堆积方式的随机性，可将采空区视为各向同性的非均匀介质场。因此，采空区内混合气流动属于各向同性三维多孔介质内混合气非线性渗流及扩散传质问题。

1)多孔介质的三维渗流运动方程

1965 年,Bachmat 提出了在各向异性多孔介质中,流体渗流的三维运动方程。

$$E\vec{J}=\frac{\nu}{g}(1+q\beta d/n\nu)\vec{q} \tag{4-29}$$

式中,E——渗透性系数,二阶张量,m^2,$E=\nu K/g$;

K——渗流系数,二阶张量,m^2,$K=\begin{bmatrix}K_{xx} & K_{xy} & K_{xz}\\ K_{yx} & K_{yy} & K_{yz}\\ K_{zx} & K_{zy} & K_{zz}\end{bmatrix}=\vec{i}\vec{K}_x+\vec{j}\vec{K}_y+\vec{k}\vec{K}_z$;

$\vec{J}$——水力梯度;

ν——混合气体运动黏性系数,m^2/s;

g——重力加速度,m/s^2;

d——介质当量直径,m;

n——孔隙度;

β——几何形状系数;

$\vec{q}$——气体比流量,m/s。

考虑采空区多孔介质可以看作各向同性的非均匀介质,因此渗透系数 E 化为标量系数 e,其值仅随空间位置变化。

由于

$$\vec{J}=-\nabla h \tag{4-30}$$

式中,h——静水头,$h=\frac{p}{\gamma}+z\cos\theta$,m;

p——静压力,Pa;

γ——重度,$\gamma=\rho g$,N/m^3;

z——z 坐标高度,m;

θ——z 轴与铅垂方向的夹角。

将式(4-30)代入式(4-29)中,整理得到:

$$-\nabla h=\frac{\nu}{ge}\vec{q}+\frac{\beta d}{gne}q\vec{q} \tag{4-31}$$

令 $a=\frac{\nu}{ge}$,$b=\frac{\beta d}{gne}$,式(4-31)变为

$$-\nabla h=a\vec{q}+b\vec{q}q \tag{4-32}$$

得

$$\vec{q}=\frac{-1}{a+bq}\nabla h \tag{4-33}$$

$$q_x=-\frac{h}{a+bq}\frac{\partial h}{\partial x}$$

$$=\frac{p+\rho gz\cos\theta}{\rho g(a+b\sqrt{q_x^2+q_y^2+q_z^2})}(aq_x+b\sqrt{q_x^2+q_y^2+q_z^2}q_x)$$

$$q_y=-\frac{h}{a+bq}\frac{\partial h}{\partial y}$$

$$=\frac{p+\rho gz\cos\theta}{\rho g(a+b\sqrt{q_x^2+q_y^2+q_z^2})}(aq_y+b\sqrt{q_x^2+q_y^2+q_z^2}q_y)$$

$$q_z=-\frac{h}{a+bq}\frac{\partial h}{\partial z}$$

$$=\frac{p+\rho gz\cos\theta}{\rho g(a+b\sqrt{q_x^2+q_y^2+q_z^2})}(aq_z+b\sqrt{q_x^2+q_y^2+q_z^2}q_z)$$

2)三维渗流分析和流函数方程有限元解法

与采空区走向长度、倾向宽度相比，采空区煤岩垮落高度及其沿采空区走向变化量相对很小，而且由于冒落矸石的填实，层间漏风造成的垂直风速很小，因此，实际问题中可以把采空区简化为二维平面渗流场研究。

可以对式(4－32)两边作旋度运算，得到：

$$\nabla\times(-\nabla h)=\nabla\times(a\vec{q})+\nabla\times(b\vec{q}q) \tag{4-34}$$

由于梯度场旋度为零，式(4－34)左端为零。对右端进行旋度运算：

$$0=\left[\frac{\partial(aq_y)}{\partial x}-\frac{\partial(aq_x)}{\partial y}\right]\vec{k}+\left[\frac{\partial(bqq_y)}{\partial x}-\frac{\partial(bqq_x)}{\partial y}\right]\vec{k}$$

即

$$0=\frac{\partial(aq_y)}{\partial x}-\frac{\partial(aq_x)}{\partial y}+\frac{\partial(bqq_y)}{\partial x}-\frac{\partial(bqq_x)}{\partial y}$$

把 $q=\sqrt{q_x^2+q_y^2}$ 代入上式，并运算得

$$\sqrt{q_x^2+q_y^2}\left[\frac{\partial(aq_x)}{\partial y}-\frac{\partial(aq_y)}{\partial x}\right]=(q_x^2+q_y^2)\left[\frac{\partial(bq_y)}{\partial x}-\frac{\partial(bq_x)}{\partial y}\right]+bq_y\left(q_x\frac{\partial q_x}{\partial x}+q_y\frac{\partial q_y}{\partial x}\right)-bq_x\left(q_x\frac{\partial q_x}{\partial y}+q_y\frac{\partial q_y}{\partial y}\right)$$

当平面域中存在有限个源(汇)时，认为由源(汇)的边界与平面域外边界构成的多连通域内满足体积守恒方程：

$$\frac{\partial q_x}{\partial x}+\frac{\partial q_y}{\partial y}=0 \tag{4-35}$$

由式(4－35)可以推断出，必存在流函数 ψ，满足

$$\frac{\partial\psi}{\partial y}=q_x,\frac{\partial\psi}{\partial x}=-q_y,\frac{\partial\psi}{\partial s}=q_n,\frac{\partial\psi}{\partial n}=-q_s \tag{4-36}$$

式中，$\frac{\partial \psi}{\partial s}$——流函数沿曲线 s 正方向的方向导数；

q_n——沿曲线 s 的法向比流量分量。

曲线在某点的法向规定为沿此点的曲线正向顺时针旋转 90°。

将式(4-36)代入式(4-35)得

$$\frac{\partial}{\partial x}\left[\left(a+b\sqrt{\left(\frac{\partial \psi}{\partial x}\right)^2+\left(\frac{\partial \psi}{\partial y}\right)^2}\right)\frac{\partial \psi}{\partial x}\right]+\frac{\partial}{\partial y}\left[\left(a+b\sqrt{\left(\frac{\partial \psi}{\partial x}\right)^2+\left(\frac{\partial \psi}{\partial y}\right)^2}\right)\frac{\partial \psi}{\partial y}\right]=0 \quad (4-37)$$

对式(4-31)两侧点乘 ds，得

$$-\mathrm{d}h=(a+bq)q_s\mathrm{d}s \quad (4-38)$$

将式(4-36)代入式(4-38)，得：

$$\mathrm{d}h=\left[a+b\sqrt{\left(\frac{\partial \psi}{\partial x}\right)^2+\left(\frac{\partial \psi}{\partial y}\right)^2}\right]\frac{\partial \psi}{\partial n}\mathrm{d}s \quad (4-39)$$

在实际采空区渗流问题中，通常可以给出 3 种边界条件：

第一种边界条件，给出边界上的水头 h 分布；

第二种边界条件，给出边界上的速度分布；

第三种边界条件，给出边界上的 ψ 值。

对于地面钻孔抽采采空区瓦斯渗流问题，第三种边界条件则转换成给出钻孔布置位置处的水头 h 及速度。

在条件 1 下，由式(4-39)沿边界上得到：

$$\frac{\mathrm{d}h}{\mathrm{d}s}=\frac{\partial \psi}{\partial n}\left[a+b\sqrt{\left(\frac{\partial \psi}{\partial x}\right)^2+\left(\frac{\partial \psi}{\partial y}\right)^2}\right] \quad (4-40)$$

在条件 2 下，利用式(4-36)沿边界上满足：

$$\psi=\int q_n ds+c,\frac{\mathrm{d}\psi}{\mathrm{d}s}=q_n \quad (4-41)$$

在条件 3 下，通过观测可以得到钻孔位置处的压头及速度：

$$h|_z=H_z,v|_z=V_z \quad (4-42)$$

于是，二维平面非线性地面钻孔抽采采空区瓦斯渗流的求解问题可以归结为求具有下述边值条件的流函数微分方程组：

$$\begin{cases}\frac{\partial}{\partial x}\left[\left(a+b\sqrt{\left(\frac{\partial \psi}{\partial x}\right)^2+\left(\frac{\partial \psi}{\partial y}\right)^2}\right)\frac{\partial \psi}{\partial x}\right]+\frac{\partial}{\partial y}\left[\left(a+b\sqrt{\left(\frac{\partial \psi}{\partial x}\right)^2+\left(\frac{\partial \psi}{\partial y}\right)^2}\right)\frac{\partial \psi}{\partial y}\right]=0 \\ \psi=\int q_n ds+c \quad (\text{在 } \Gamma_1 \text{ 上}) \\ \frac{\mathrm{d}h}{\mathrm{d}s}=\frac{\partial \psi}{\partial n}\left[a+b\sqrt{\left(\frac{\partial \psi}{\partial x}\right)^2+\left(\frac{\partial \psi}{\partial y}\right)^2}\right] \quad (\text{在 } \Gamma_2 \text{ 上}) \\ h|_z=H_z,v|_z=V_z \quad (\text{在 } \Gamma_3 \text{ 上})\end{cases} \quad (4-43)$$

非线性渗流流函数微分方程的 Galerkin 弱解积分表达式为

$$\iint_{\Omega}\left\{\frac{\partial}{\partial x}\left[\left(a+b\sqrt{\left(\frac{\partial\psi}{\partial x}\right)^{2}+\left(\frac{\partial\psi}{\partial y}\right)^{2}}\right)\frac{\partial\psi}{\partial x}\right]+\right.$$

$$\left.\frac{\partial}{\partial y}\left[\left(a+b\sqrt{\left(\frac{\partial\psi}{\partial x}\right)^{2}+\left(\frac{\partial\psi}{\partial y}\right)^{2}}\right)\frac{\partial\psi}{\partial y}\right]\delta\psi\mathrm{d}x\mathrm{d}y=0$$

积分计算得

$$\iint_{\Omega}\left[a+b\sqrt{\left(\frac{\partial\psi}{\partial x}\right)^{2}+\left(\frac{\partial\psi}{\partial y}\right)^{2}}\right]\left(\frac{\partial\psi}{\partial x}\frac{\partial\delta\psi}{\partial x}+\frac{\partial\psi}{\partial y}\frac{\partial\delta\psi}{\partial y}\right)\mathrm{d}x\mathrm{d}y$$

$$=\int_{\Gamma_2}\left[a+b\sqrt{\left(\frac{\partial\psi}{\partial x}\right)^{2}+\left(\frac{\partial\psi}{\partial y}\right)^{2}}\right]\frac{\partial\psi}{\partial n}\delta\psi\mathrm{d}s \tag{4-44}$$

利用有限元技术，把二维平面域 Ω 划分为若干个三角形单元。在每个单元上选取插值函数，为减少计算工程量和程序的复杂性，可以选取较简单的线性插值基函数。

$$\psi^{e}=\psi_1^{e}\varphi_1^{e}+\psi_2^{e}\varphi_2^{e}+\psi_3^{e}\varphi_3^{e} \tag{4-45}$$

$$\psi_i^{e}(x,y)=\frac{1}{2\Delta e}(a_i+b_i+c_i)(i=1,2,3)$$

式中，$a_3=x_1y_2-x_2y_1$；$b_1=y_2-y_3$，$b_2=y_3-y_1$，$b_3=y_1-y_2$；$c_1=x_3-x_2$，$c_2=x_1-x_3$，$c_3=x_2-x_1$；Δe——单元面积；ψ_i^{e}——单元 e 上节点 i 上的 ψ 值，$i=1,2,3$。

代入式(4-44)并利用式(4-40)得

$$\delta\psi_n^{e}\left\{\int_{\Omega_e}\left[a+b\sqrt{\left(\frac{\partial\varphi_i^{e}}{\partial x}\psi_i^{e}\right)^{2}+\left(\frac{\partial\varphi_i^{e}}{\partial y}\psi_i^{e}\right)^{2}}\right]\left(\frac{\partial\varphi_n^{e}}{\partial x}\frac{\partial\varphi_{\mathrm{m}}^{e}}{\partial x}+\frac{\partial\varphi_n^{e}}{\partial y}\frac{\partial\varphi_{\mathrm{m}}^{e}}{\partial y}\right)\mathrm{d}x\mathrm{d}y\right\}\psi_{\mathrm{m}}^{e}$$

$$=\left[\int_{\Gamma_2}\frac{\mathrm{d}h}{\mathrm{d}s}\varphi_{\mathrm{m}}^{e}\mathrm{d}s\right]\delta\psi_n^{e}$$

令 $A_{n\mathrm{m}}^{e}=\int_{\Omega_e}\left[a+b\sqrt{\left(\frac{\partial\varphi_i^{e}}{\partial x}\psi_i^{e}\right)^{2}+\left(\frac{\partial\varphi_i^{e}}{\partial y}\psi_i^{e}\right)^{2}}\right]\left(\frac{\partial\varphi_n^{e}}{\partial x}\frac{\partial\varphi_{\mathrm{m}}^{e}}{\partial x}+\frac{\partial\varphi_n^{e}}{\partial y}\frac{\partial\varphi_{\mathrm{m}}^{e}}{\partial y}\right)\mathrm{d}x\mathrm{d}y$，得

$$F_{\mathrm{m}}^{e}=\left[\int_{\Gamma_2}\frac{\mathrm{d}h}{\mathrm{d}s}\varphi_{\mathrm{m}}^{e}\mathrm{d}s\right]$$

因为 $\delta\psi_n^{e}$ 是任意的，可得到局部有限元方程组：

$$A_{n\mathrm{m}}^{e}\psi_{\mathrm{m}}^{e}=F_{\mathrm{m}}^{e} \tag{4-46}$$

将全部有限单元合成，可以得到总体矩阵方程组：

$$[A]\{\psi\}=\{F\} \tag{4-47}$$

式中，$[A]$——$G\times G$ 阶整体矩阵，G 为节点个数；

$\{\psi\}$——节点 ψ 值构成的列向量；

$\{F\}$——整体列向量。

显然,方程(4-47)为隐含形式的非线性方程组。用迭代法解此方程组可得二维平面域上各节点的 ψ 值,并进一步求得各单元的节点水头 h,将节点上得出的相对水头加上 $\left(\frac{p}{\gamma}+z\cos\theta\right)$ 就可以得到各节点实际总水头 H。将 ψ 值相同的各点用光滑曲线连接起来,可得到二维平面非线性渗流采空区内的流线。利用公式可求得各单元上的比流量 q_x、q_y 和 q。把 q 相同的各点用光滑曲线连接起来就可以得到采空区的等速线。

将解得的各节点的水头 h 及各单元的速度 v_x、v_y、v_z、v 代入方程(4-33)中就可以解得各节点浓度 c 及各节点的 ρ。

设定初始条件和一定的边界条件后,根据数值解算,得采空区瓦斯浓度随时间变化曲线(图 4-5)。

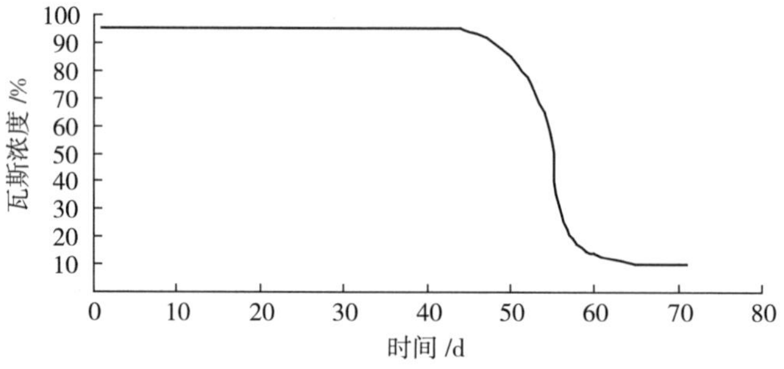

图 4-5 采空区瓦斯浓度随时间变化曲线

从图 4-5 中可以看出,在抽采初期,随着抽采的进行,采空区中游离瓦斯被抽走,吸附瓦斯不断解析,以维持瓦斯浓度和压力的平衡采空区瓦斯浓度,在一段时间之内保持不变。但随着时间的增加,解析的瓦斯量不足以平衡此状态时,瓦斯浓度开始下降,并且变化情况呈加速的趋势。当瓦斯浓度下降到一定量时,采空区内瓦斯浓度重新达到平衡,抽采所造成瓦斯浓度的变化明显减小。

4.1.5 工程现场实验分析研究

1)张集矿 17218 工作面介绍

淮南矿业集团张集矿 17218 工作面位于北一采区 8 煤层北翼皮带大巷以东,南部为已经回采结束的 17228 工作面老空区,北部为 F218-5 断层(工作面东部切眼附近距断层较近,西部距断层较远),东部为尚未开采的 8 煤实体煤。地面标高为 17.5~22.6 m,工作面标高为-470~595 m,该面倾斜长度为 1484 m,走向长度为 220 m。平均煤厚为 3.83 m,煤层倾角为 1°~7°,平均 4°。该面的回风顺槽布置在上区段采空区(17228)侧,并留设 7 m 左右的煤柱护巷,仰斜开采一次采全高。老顶为粉细砂岩,平均厚度约为 10 m,直接顶为砂质泥岩,厚度约为 3.5 m,直接底为砂质泥岩,厚度约为 4.23 m。17218 工作面的煤层综合柱状图见表 4-3 所列。

2)现场实验分析研究

为获得因采动卸压作用瓦斯解吸规律,了解 17218 工作面应力与瓦斯分布耦合情况,分别在 17218 工作面回风巷和运输巷安装 KSE—2 型钻孔应力计、瓦斯压力表及孔板流量计，对煤层应力分布、瓦斯压力分布和瓦斯流量进行实测，实测结果如图 4-6～图4-9 所示。

表 4-3　17218 工作面综合情况

地层单位	序号	煤岩层	柱状	层厚/m	累厚/m	岩性描述
下石盒子组 P_2^1	1	9-2煤层		0.70	0.70	黑色，块状，以暗型为主
	2	泥岩		1.2	1.90	灰色，泥质结构，厚度不稳定，局部含少量砂质成分
	3	9-1煤层		0.9	2.8	黑色，粉末状为主
	4	泥岩		5.0	7.8	泥质结构，局部砂质含量较高，变为砂质泥岩，甚至粉砂岩
	5	粉细砂岩		10.0	17.8	顶部粉砂岩为主，中下部细砂岩为主，局部为砂质泥岩，厚度有变化
	6	砂质泥岩		3.0	20.8	灰色，局部变为泥岩
	7	8煤层		0.5 （0.5） 2.83	24.63	黑色，粉末状为主，以泥岩为主，厚度为0.5 m左右
	8	沙质泥岩		4.23	28.86	灰色，局部变泥岩，含砂不均
	9	粉细砂岩		3.53	32.39	
	10	泥岩		1.13	33.52	灰色，泥质结构，局部含少量砂质
	11	7-2煤层		1.07	34.59	黑色，厚度较均匀，局部缺失
	12	中细砂岩		9.23	43.81	
	13	7-1煤层		1.18	44.99	黑色，煤质一般

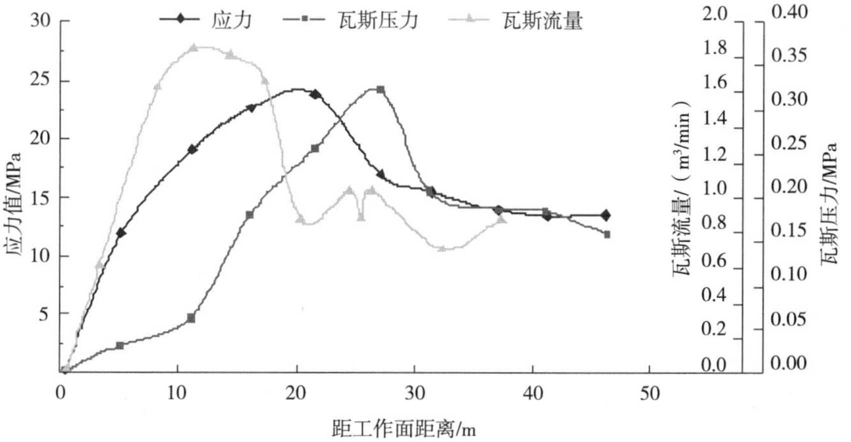

图 4-6　测站 1 回风巷应力与瓦斯压力和流量变化曲线图

由图 4-6～图 4-9 分析可知，17218 工作面瓦斯流量和瓦斯压力都与应力变化息息相关。回风巷的最大峰值应力达到 20 MPa，距工作面距离约为 18 m，且应力峰值区域在 13～25 m，此区域内，应力值普遍偏高；运输巷最大峰值应力距工作面距离约为 25 m，最大峰值应力达到 17.5 MPa。在工作面推进过程中，回风巷最大峰值应力可达到22 MPa，影响范围约有 80 m，运输巷最大峰值应力一般可达到 18 MPa 左右，影响范围有 30～35 m，回风巷的应力峰值和影响范围大于运输巷。瓦斯流量在工作面推进方向的分布趋势与应力分布基本一致，但是，峰值区域分布范围存在差异，瓦斯最大流量值一般距工作面 10 m 左右，而应力峰值区域一般距工作面 20 m 左右。

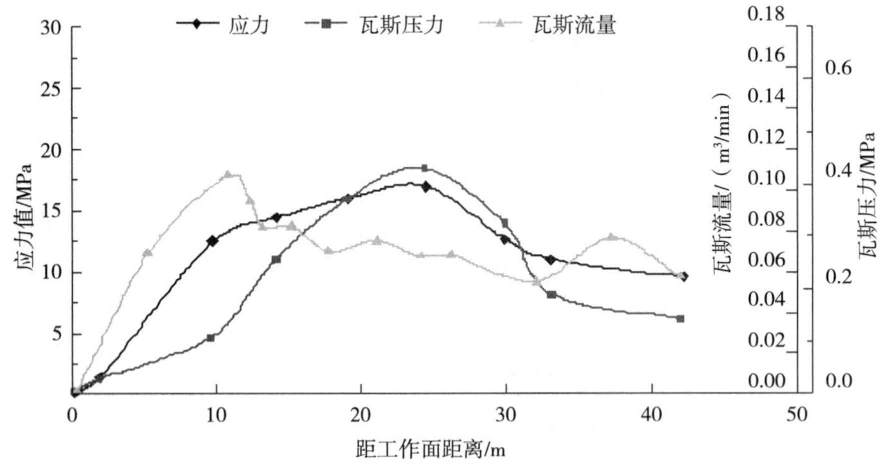

图 4－7　测站 1 运输巷应力与瓦斯压力和流量变化曲线图

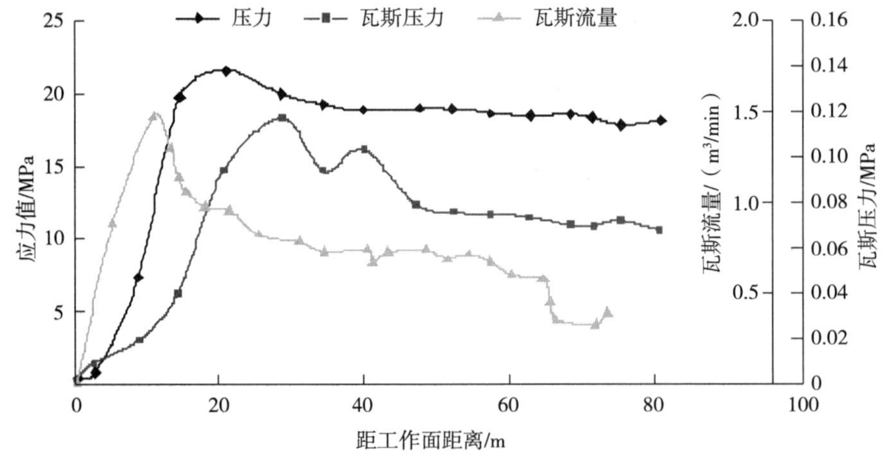

图 4－8　测站 2 回风巷应力与瓦斯压力和流量变化曲线图

综上分析，由于煤体采动卸压发生的采动应力变化是影响瓦斯流量和瓦斯压力的主要因素，瓦斯流量和瓦斯压力都受控于应力。在工作面推进方向应力增加，瓦斯压力随之增大，瓦斯流量也增大；在临近工作面受到高应力作用，煤体的孔隙和裂隙进一步发育，提供给瓦斯游离的空间增大，煤体的透气性增大，瓦斯的流量增加，此时瓦斯压力降低；由于瓦斯流量的增加，煤体裂隙受到游离瓦斯压力的进一步作用，应力状态随之变化，煤体的峰值强度随之降低。所以，受采动卸压影响，煤层的瓦斯压力、解吸和吸附特性、瓦斯压力梯度及煤层的透气性都会随之发生变化，而这些变化的发展是引起瓦斯灾害的核心原因。因此，控制煤体瓦斯的解吸和吸附平衡，增大煤体的透气性，合理地减小煤层瓦斯压力梯度，对控制瓦斯灾害事故有着重要意义。

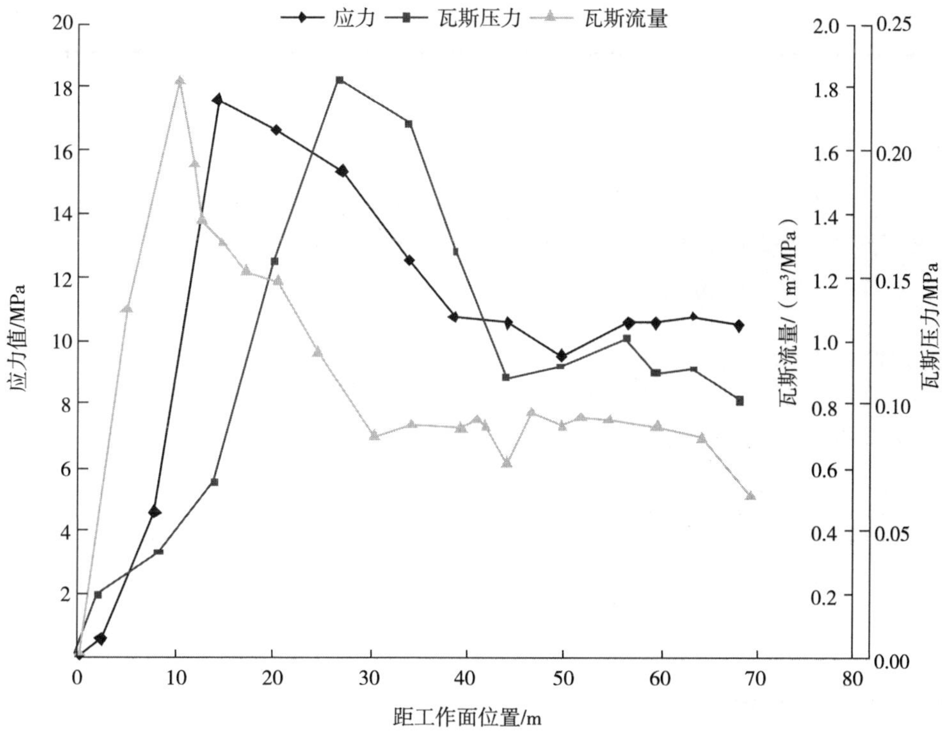

图 4-9　测站 2 运输巷应力与瓦斯压力和流量变化曲线图

4.2　采动瓦斯涌出监测及三维示踪试验

为进一步研究深部开采条件下卸压瓦斯的流动规律，对顾桥 1115(1)工作面瓦斯涌出及运移规律进行了监测，并首次开展了采动区气体运移规律的三维示踪监测。

4.2.1　瓦斯涌出监测

为全面考察卸压瓦斯的涌出规律，利用 1115(1)工作面通风、抽采系统及顾桥矿现有的束管监测系统，对此进行了监测。

1)通风、抽采与束管监测系统

(1)通风系统

1115(1)工作面采用两进一回的“Y”形上行通风系统，如图 4-10 所示。工作面两端煤巷均为进风巷，回风巷为沿采空区边缘维护并保持的轨道巷。1115(1)工作面设计的运顺配风量不小于 2205 m^3/min，工作面总风量不小于 2730 m^3/min。在实际生产中，1115(1)工作面实际配风量为 2200～2900 m^3/min。

(2)抽采系统。

1115(1)工作面瓦斯来源包括开采层煤体瓦斯、采空区遗煤瓦斯及 16-1 上邻近层卸压涌出的瓦斯。16－1煤层的卸压瓦斯采用留巷钻孔法进行抽采。抽采钻孔布置方式包括两种，一是顶板孔，位置处于16－1煤层下部的裂隙带内；二是穿层孔，终孔位置穿过16－1煤层。1115(1)工作面顶板孔和穿层孔布置示意图如图4－11所示，具体布置参数如表4－4所示。

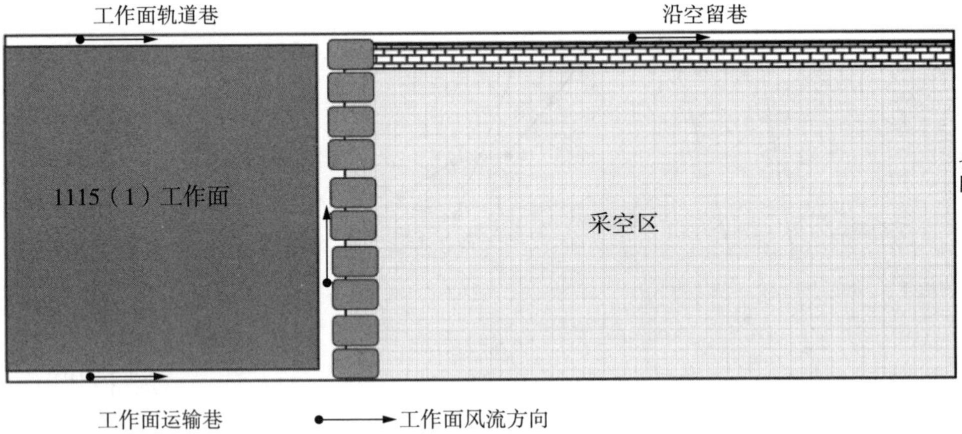

图4－10 1115(1)工作面两进一回的“Y”形通风系统

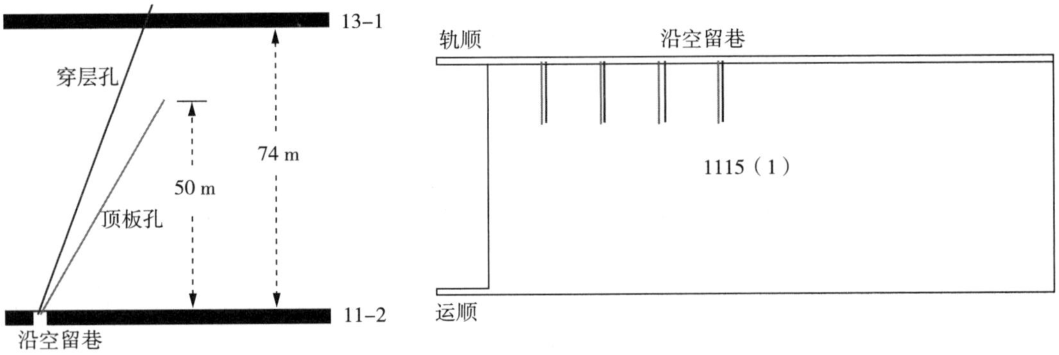

图4－11 1115(1)工作面顶板孔和穿层孔布置示意图

表4－4 1115(1)工作面瓦斯抽采钻孔布置参数

钻孔施工方法	技术参数
从1115(1)工作面沿空留巷向采空区顶板分别施工两种类型钻孔，一种钻孔打至16－1煤层下方的裂隙带内，另一种钻孔穿透16－1煤层	● 钻孔组间距10～20 m； ● 每组布置2～3个钻孔； ● 穿层孔与回风巷夹角90°，倾角65°； ● 顶板孔与回风巷夹角90°，倾角55°； ● 钻孔深度95 m左右； ● 孔径94 mm； ● 下3寸孔口管20 m； ● 聚氨酯封孔，封孔深度5 m

(3)束管监测系统。

顾桥矿配备有主干管为 12 路(可扩充至 32 路)的束管监测系统。束管主干管在轨道大巷留有 11－2 采区和 16－1 采区分线盒,并在各采区轨道上面留有到回采面的分线盒。束管监测系统可分析的气样包括一氧化碳、二氧化碳、氮气、氧气、甲烷等。

根据 1115(1)工作面的实际开采情况及后续的三维示踪试验,利用顾桥矿的束管监测系统,在 1115(1)工作面共布置了 9 根束管,包含 3 根高位钻孔束管、5 根采空区束管和 1 根回风上山束管。为保证高位孔束管能监测到采空区顶板较高距离的瓦斯浓度变化,要求高位孔束管末端到达钻孔孔底;采空区的束管孔在水平距离上应穿过巷旁充填墙 10 m。束管监测布置方案如图 4－12 所示,其布置参数如表 4－5 所示。为保证系统的可靠性,在 1115(1)工作面束管布置完毕后,又重新对整个束管系统进行了标定。

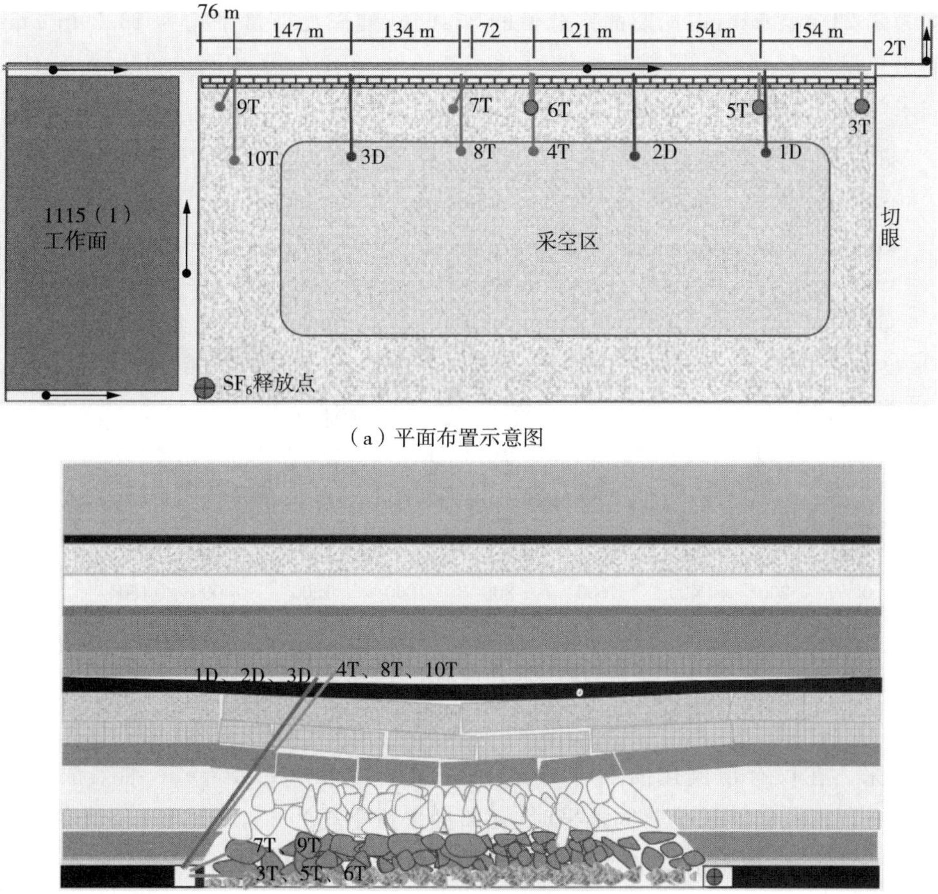

(a) 平面布置示意图

(b) 切面布置示意图

图 4－12　束管监测布置方案

表 4－5　束管测点布置参数

测点编号	2T	3T	4T	5T	6T	7T	8T	9T	10T
距工作面距离/m	853	853	438	713	438	357	357	66	76
距回风巷距离/m	0	10	36	10	10	9	38	10	27

（续表）

测点编号	2T	3T	4T	5T	6T	7T	8T	9T	10T
垂高/m	0	0	78	0	0	7.5	82	12	75
方位角/°	0	90	90	90	90	45	90	45	90
倾角/°	0	0	65	0	0	30	65	40	70

2)监测结果及分析

(1)工作面风排瓦斯和抽采瓦斯。

根据工作面回采 1650 m 左右的数据分析，1115(1)工作面回风风量为 2030～3000 m^3/min，平均为 2349 m^3/min；瓦斯涌出总量平均为 24.4 m^3/min，其中风排瓦斯量平均为 8.21 m^3/min，占瓦斯涌出总量的 33.6%；抽采瓦斯量平均为 16.2 m^3/min，占瓦斯涌出总量的 66.4%。风排瓦斯浓度为 0.1%～0.78%，平均为 0.36%。1115(1)工作面抽采与风排瓦斯量变化如图 4-13 所示。

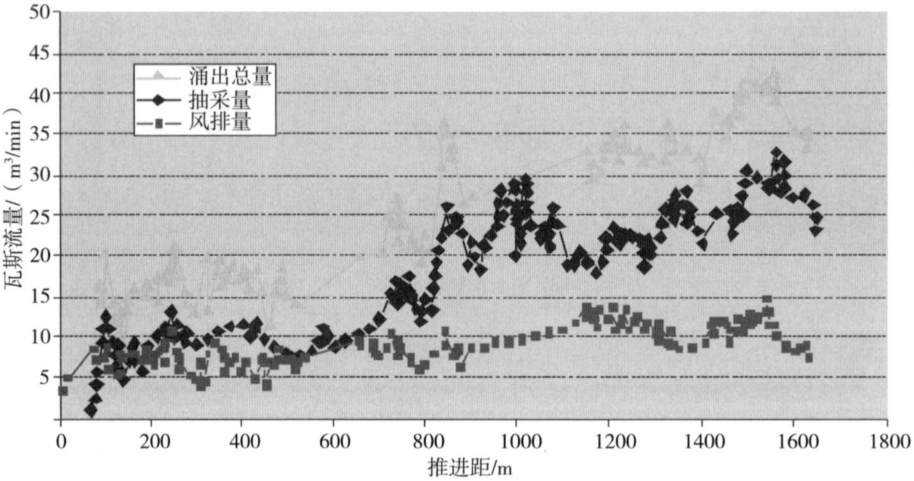

图 4-13 1115(1)工作面抽采与风排瓦斯量变化

1115(1)工作面在推进 740 m 之前时，瓦斯抽采仅为顶板孔抽采，此后顶板孔和穿层孔同时抽采。在仅有顶板孔抽采时，瓦斯抽采量平均为 9.1 m^3/min，抽采浓度平均为 17.2%。在顶板孔和穿层孔共同抽采时，瓦斯抽采量平均为 23.5 m^3/min，其中穿层孔抽采为 17.8 m^3/min，抽采浓度平均为 28.9%；顶板孔抽采为 5.7 m^3/min，抽采浓度平均为 9.2%。1115(1)工作面顶板孔和穿层孔抽采瓦斯量变化如图 4-14 所示。

由风排瓦斯和抽采瓦斯变化规律可见，1115(1)工作面采动卸压区内瓦斯抽采呈现以下规律：

① 穿层孔和顶板孔共同抽采的瓦斯量是仅有顶板孔抽采瓦斯量的 2.58 倍，增加穿层孔抽采提高了 158%的瓦斯抽采量，抽采效果十分明显。

② 增加穿层孔抽采同时提高了瓦斯抽采浓度，穿层孔抽采瓦斯浓度相对于仅有顶板孔抽采时提高了 68%。

③ 高位穿层孔的抽采效果明显优于顶板孔，在穿层孔与顶板孔同时抽采时，穿层孔抽采量和抽采浓度均为顶板孔的 3 倍以上，充分体现了顾桥 11 煤层开采条件下穿层孔抽采 13 煤卸压瓦斯的优势。

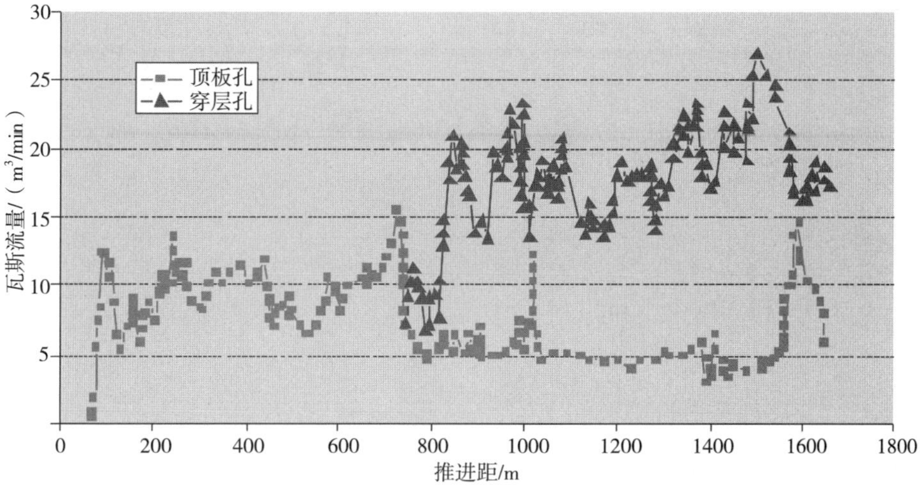

图 4－14　1115(1)工作面顶板孔与穿层孔抽采瓦斯量变化

(2)沿 1115(1)工作面支架瓦斯浓度变化。

在工作面推进到距切眼 300 m、400 m 和 500 m 左右的位置时，利用便携式瓦斯检测仪，沿工作面支架进行了瓦斯监测（连续 3 d，每班 4 次，每隔 10 个支架检测一次）。

图 4－15 给出工作面推进至 500 m 左右时沿工作面支架后立柱瓦斯浓度变化情况。可以看出，工作面瓦斯浓度沿运顺向轨顺方向逐渐增加。靠近上隅角的 127 号支架后立柱瓦斯浓度不超过 0.25％，这显示了“Y”形通风系统在控制工作面积聚和瓦斯超限方面的采空区瓦斯浓度分布规律。

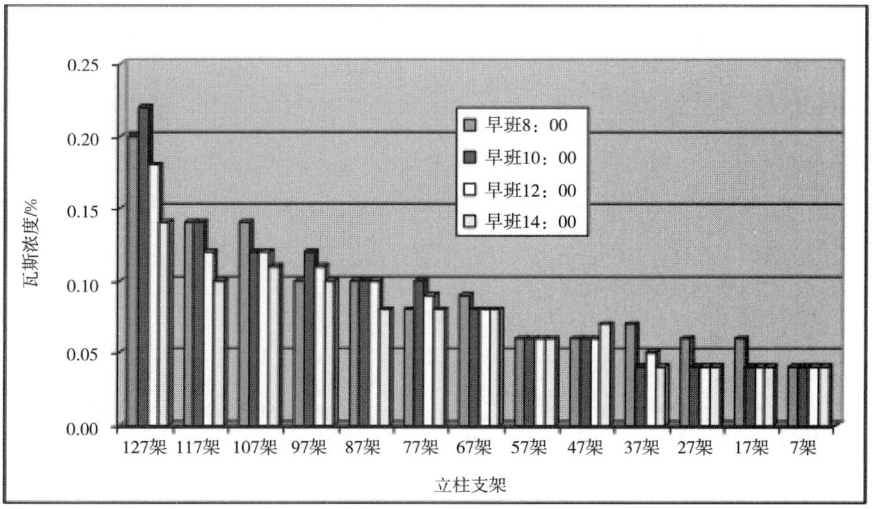

图 4－15　工作面推进 500m 左右时沿工作面支架后立柱瓦斯浓度变化情况

图 4 - 16 显示了 1115(1)工作面各束管监测点的采动区气体浓度变化。

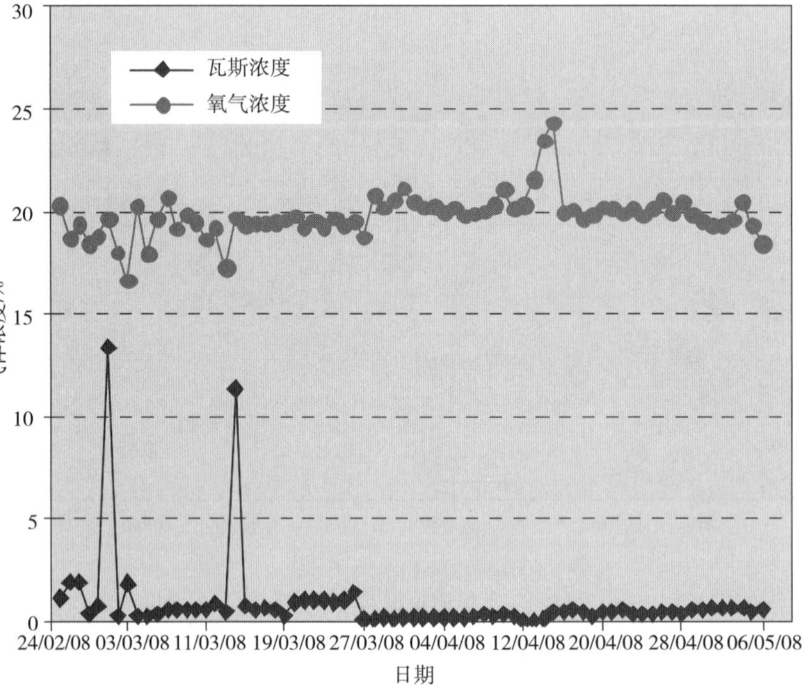

（a）采空区束管3T

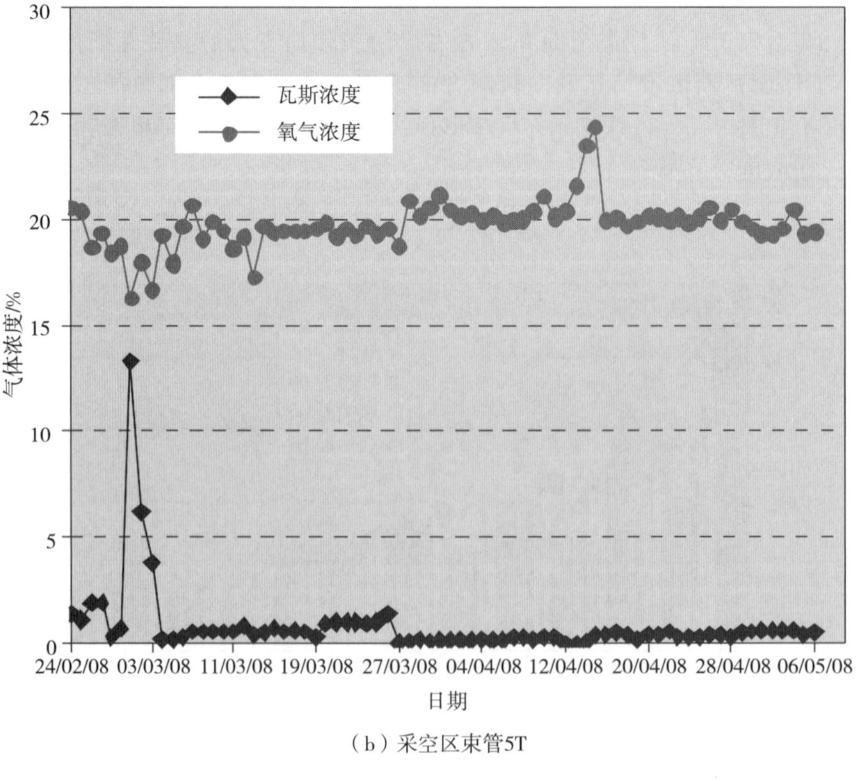

（b）采空区束管5T

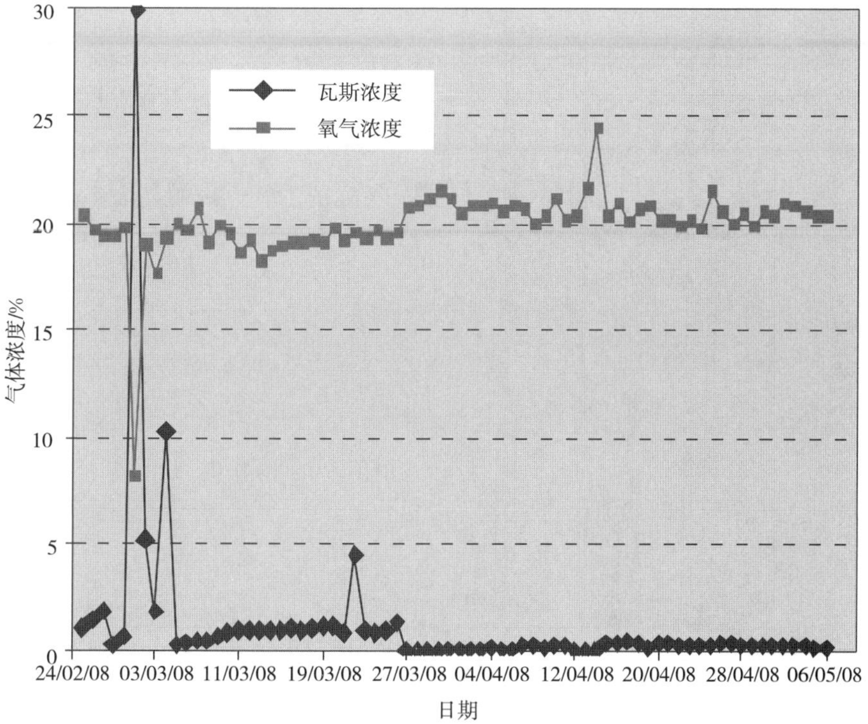

（c）采空区束管6T

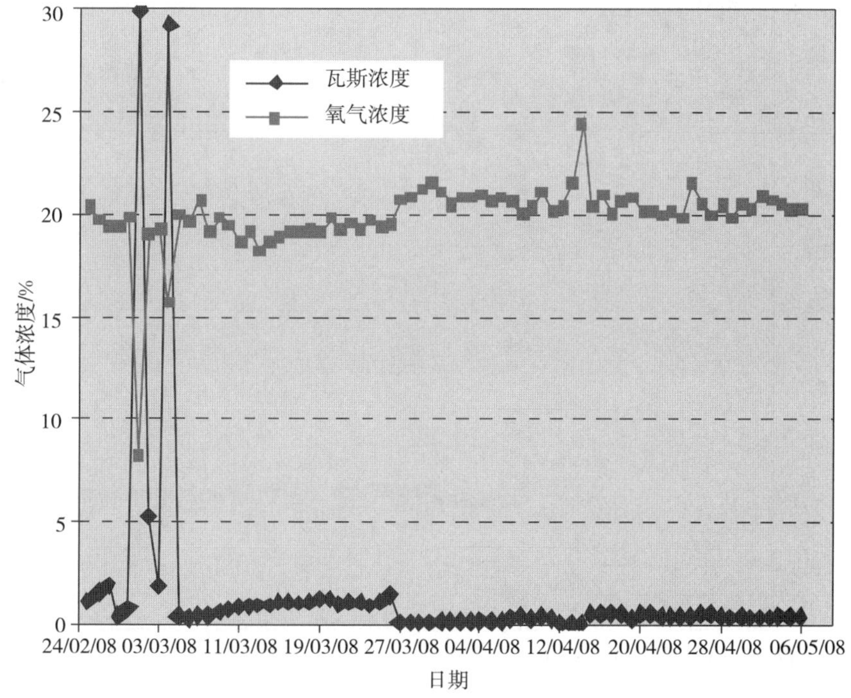

（d）采空区束管7 T

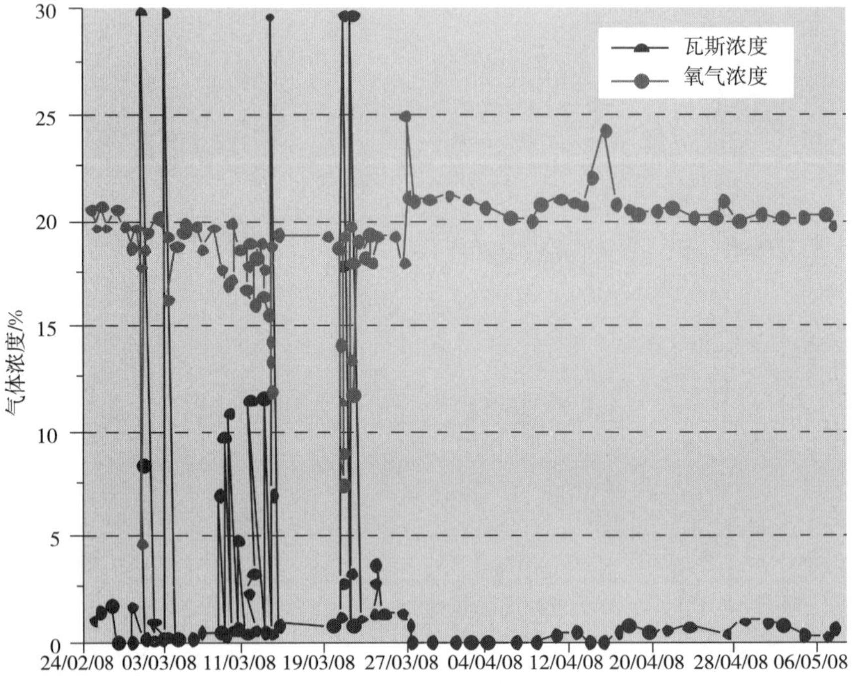

（e）采空区束管9T

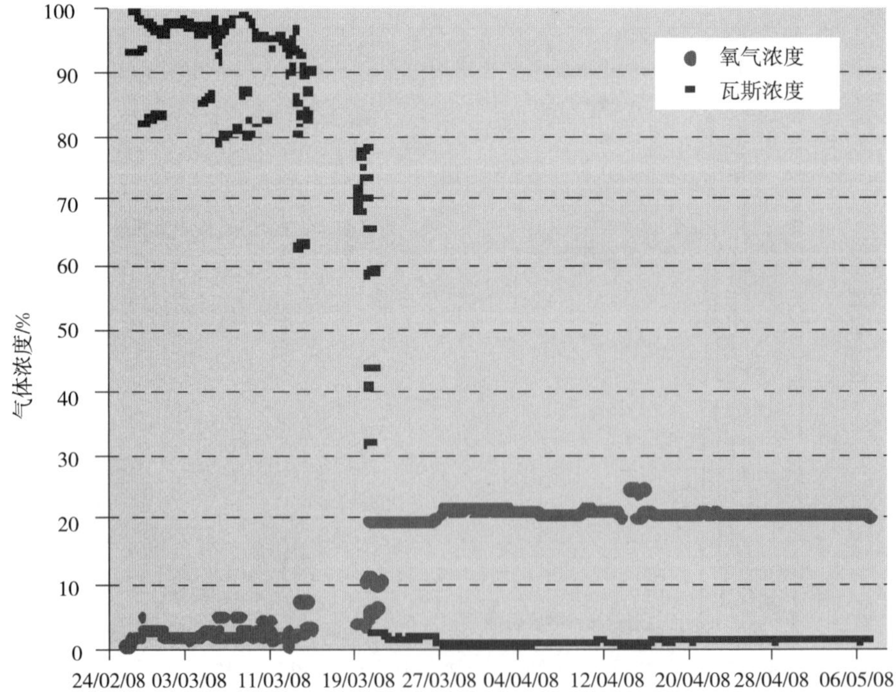

（f）采空区束管4T

图 4-16 1115(1)工作面各束管监测的采动区气体浓度变化

对监测结果分析可以得到如下认识：

① 束管 3T、5T、6T、7T、9T 监测结果显示了其监测的氧气浓度均处于 20%左右，且氧气浓度变化时间与特征均较为相近，表明了从切眼至工作面之间在沿空留巷内侧 10 m 以内、采空区以上 12 m 的大范围区域内连通性很好，均受到采空区漏风的明显影响。

② 工作面后方高位束管测得的瓦斯浓度可达 98%，这表明了高位钻孔连通 13 煤层时可抽采到很高浓度的瓦斯，体现了高位钻孔抽采瓦斯的优势。

③ 高位钻孔束管 4T 初始监测到 98%浓度的瓦斯，之后瓦斯浓度很快降低至 1%左右，表明了钻孔和束管在采空区高度附近的破坏，高浓度瓦斯的抽采应该确保钻孔的稳定性。

4.2.2　三维示踪试验

为了掌握采动区内气体的运移途径及其规律，选定利用示踪方法对此进行研究。

1)示踪气的选择

根据气体的自身特征及气样分析条件，本次试验选用 SF_6 作为示踪气体。

2)试验方法

示踪气释放地点选择在 1115(1)工作面运顺和采空区交叉点处，也即工作面下隅角位置。气样采集分别利用采空区束管监测系统和井下钻孔进行。

3)示踪气分析

利用气相色谱仪对每个气样中示踪气的浓度进行分析，要求示踪气敏感度应等于或小于十亿分之一(ppb)。

4)实施方案

(1)第一次示踪试验。本次示踪试验于 2008 年 2 月 28 日至 3 月 2 日进行。工作面进尺为 853 m。在 1115(1)运顺和工作面交叉点的下隅角风障后连续释放 50 kg SF_6。SF_6 气样捕捉点除了图 4－12(a)所示的 9 个束管测点外，还选择了 3 组高位抽采孔测点，共计 12 个测点。束管监测点在地面束管系统实验室直接取样，3 组高位抽采孔气样则在井下采取。本次试验共取得 296 个气样。

(2)第二次示踪试验。本次示踪气试验于 2008 年 3 月 2 日至 3 月 6 日进行，此时工作面进尺为 863 m。示踪气释放方法和气样采取方法与第一次试验一样。本次试验共获得 336 个气样。

5)试验结果及分析

图 4－17～图 4－24 分别给出两次示踪气试验气样分析结果。从两次示踪试验气样分析结果可见如下特征：

(1)各取样点的两次试验结果具有较好的重复性，这表明了实验的可信性。

(2)各取样点基本上具有两次峰值到达时间。

(3)各取样点第二次峰值过后示踪气浓度的衰减速度不同。

从两次示踪试验的结果可见，采空区内的 11 个测点在 3 h 内全部监测到 SF_6 气体，这表明在测试范围内(沿轨顺 853 m、深入采空区倾向内侧 38 m 的采空区边缘)裂隙贯通，导气性较好。

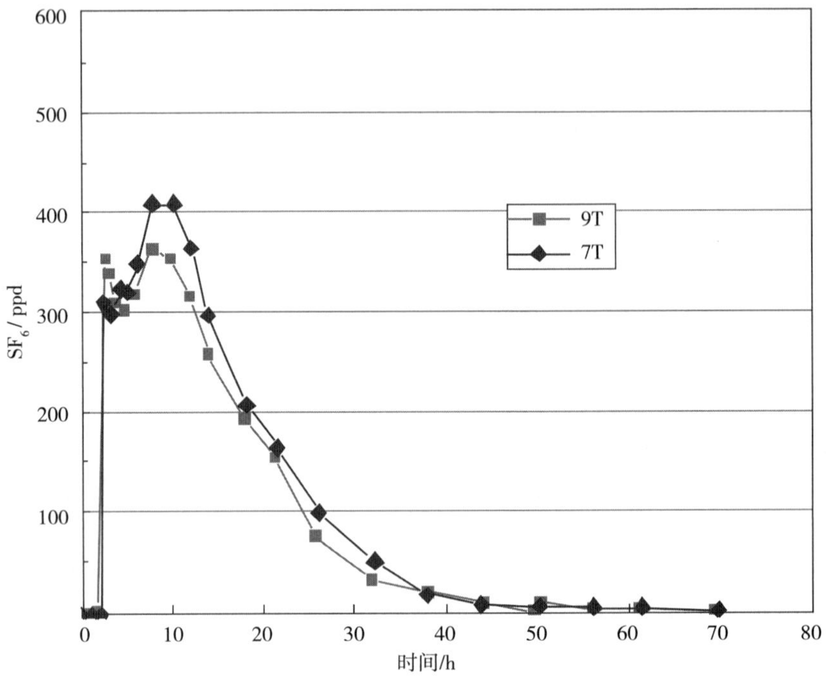

（a）第一次试验

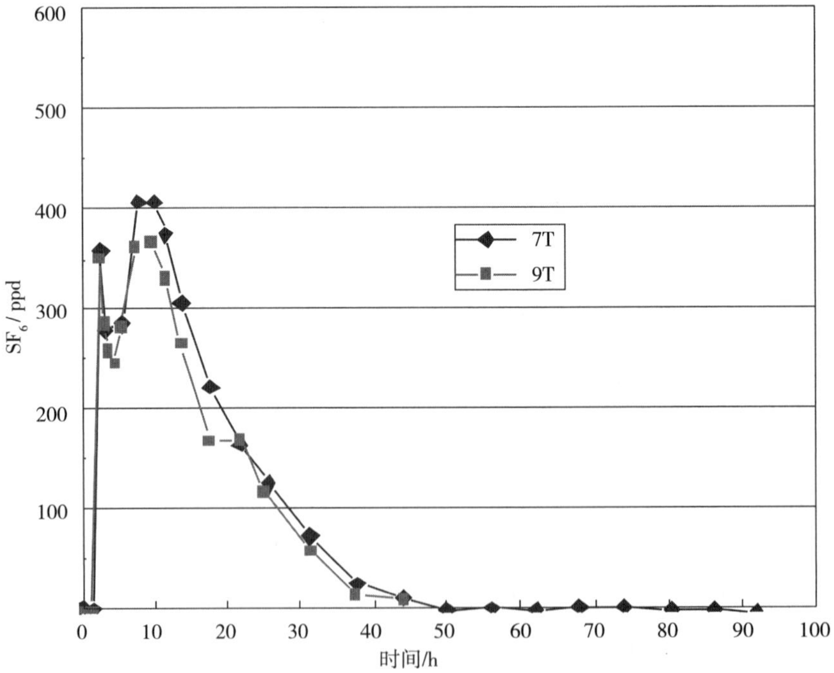

（b）第二次试验

图 4－17　束管采样点 7T 和 9T(采空区孔束)SF_6 浓度变化

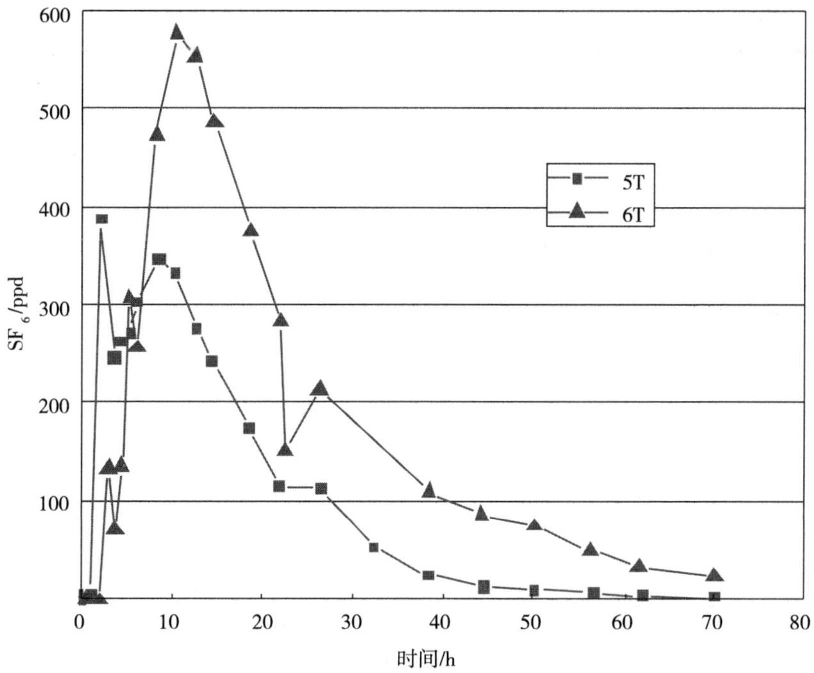

（a）第一次试验

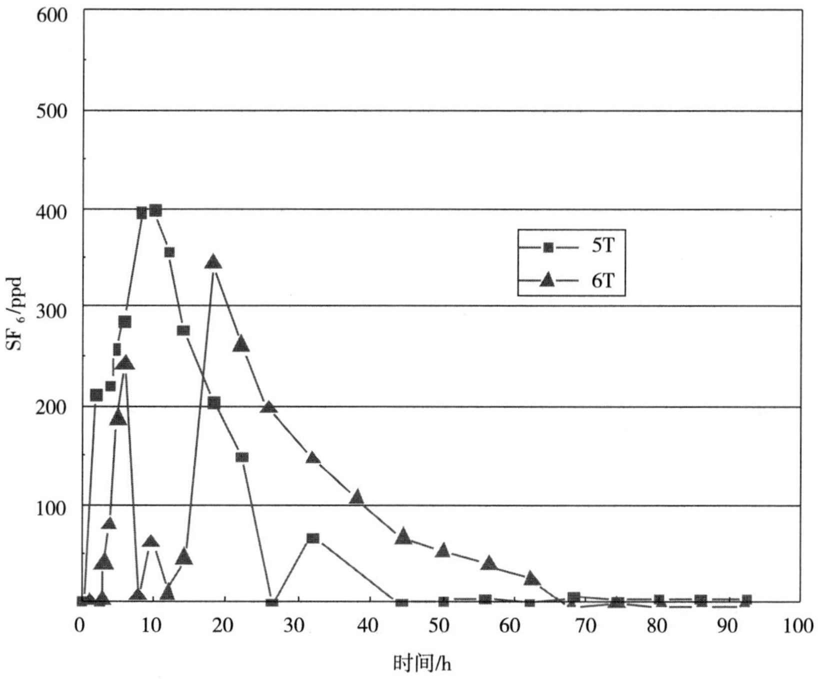

（b）第二次试验

图 4－18　束管采样点 5T 和 6T(采空区孔束)SF_6 浓度变化

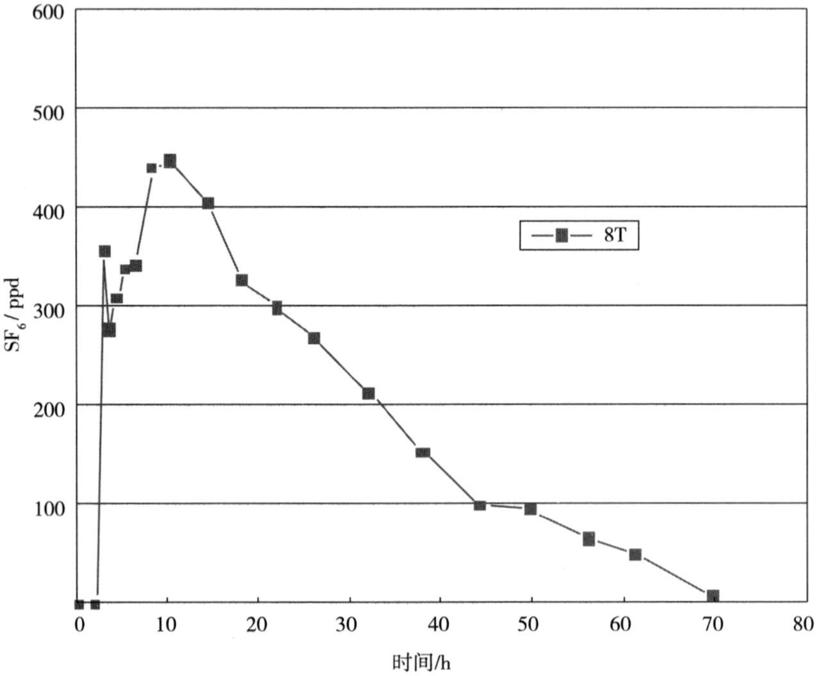

（a）第一次试验

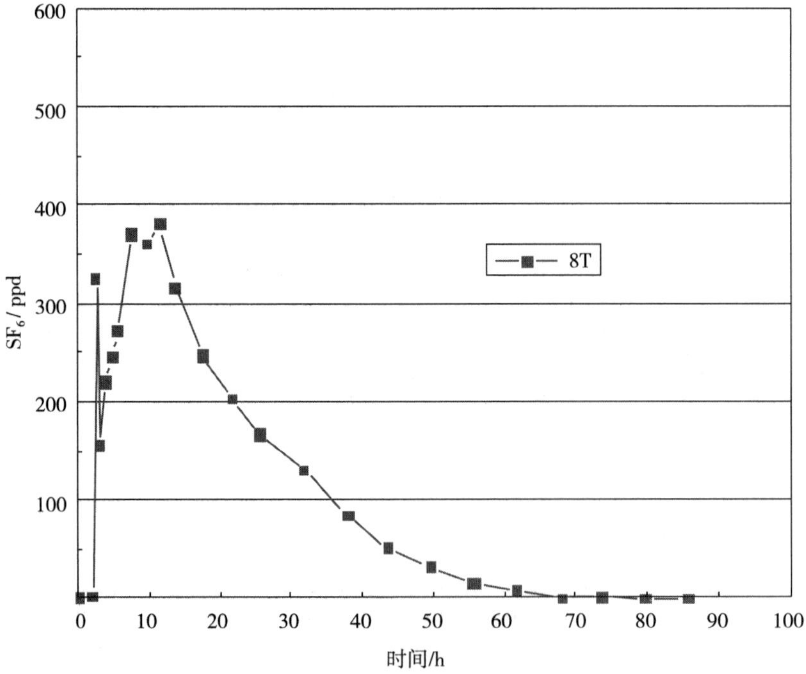

（b）第二次试验

图 4-19 束管采样点 8T(穿层孔束管)SF_6 浓度变化

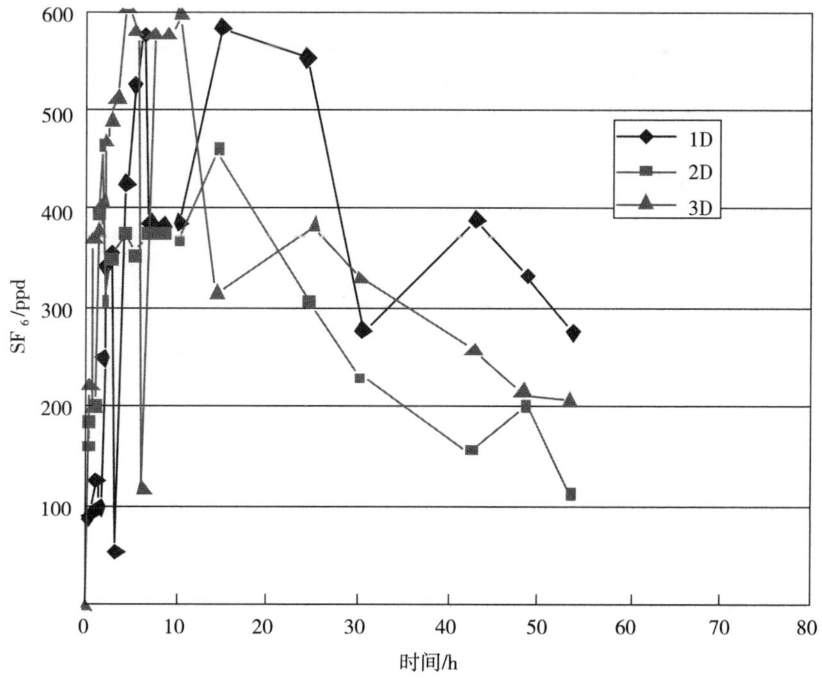

（a）第一次试验

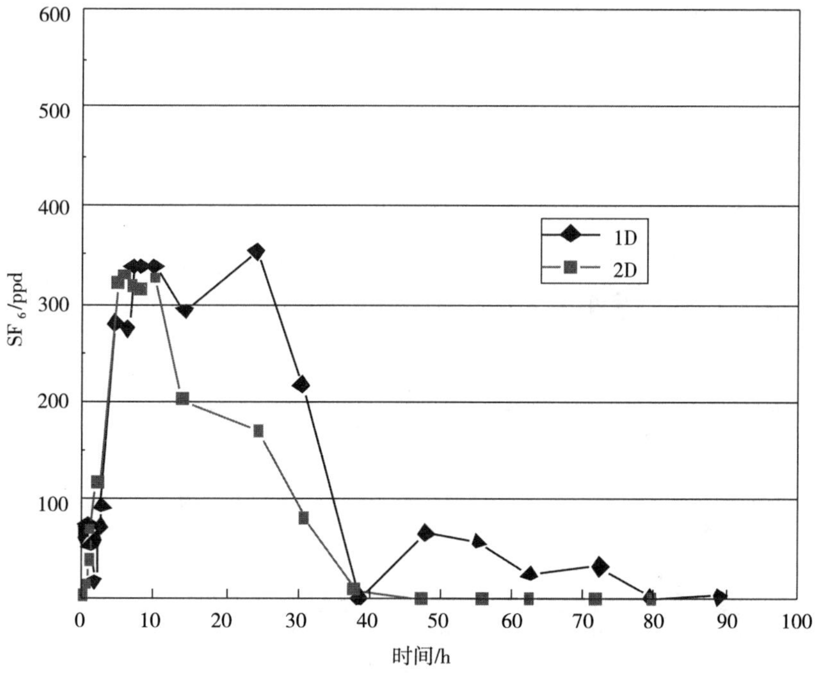

（b）第二次试验

图 4－20　抽采孔采样点 1D、2D 和 3D SF_6 浓度变化

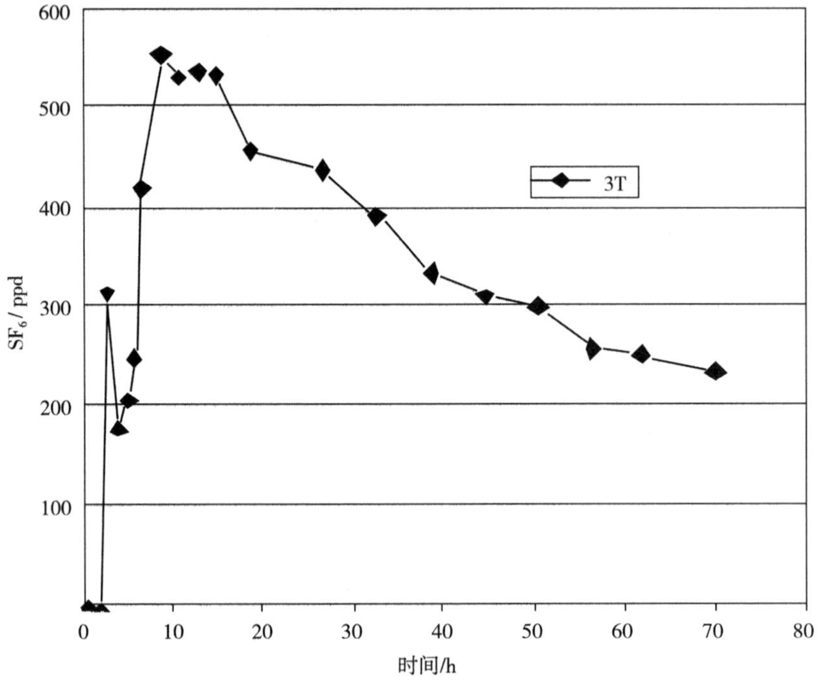

（a）第一次试验

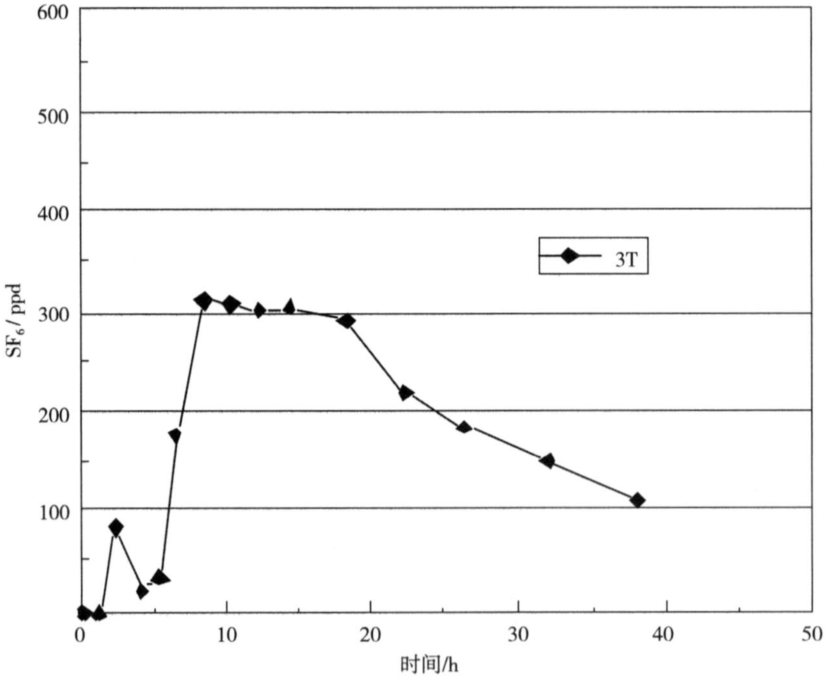

（b）第二次试验

图 4－21　束管采样点 3T(开切眼处)SF_6 浓度变化

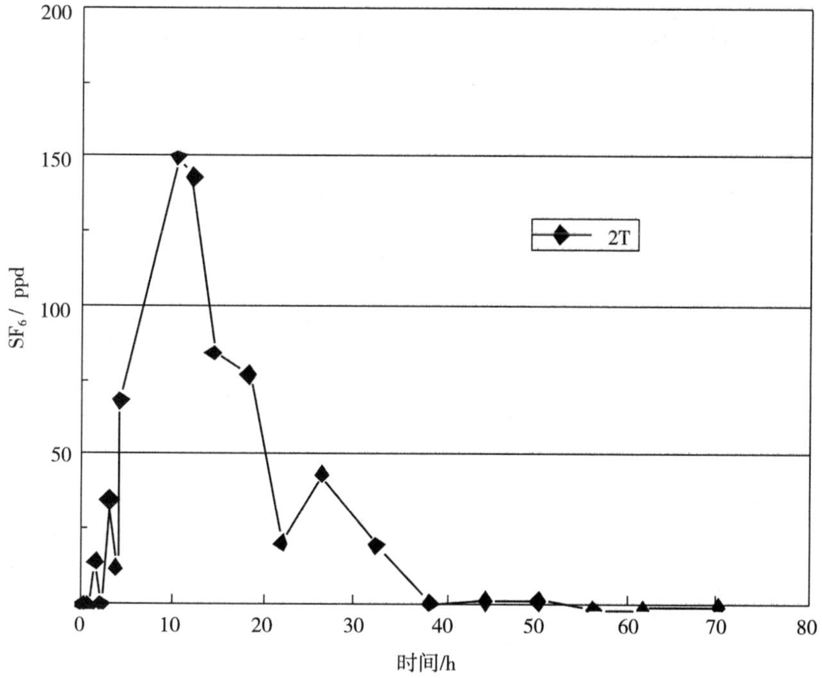

（a）第一次试验

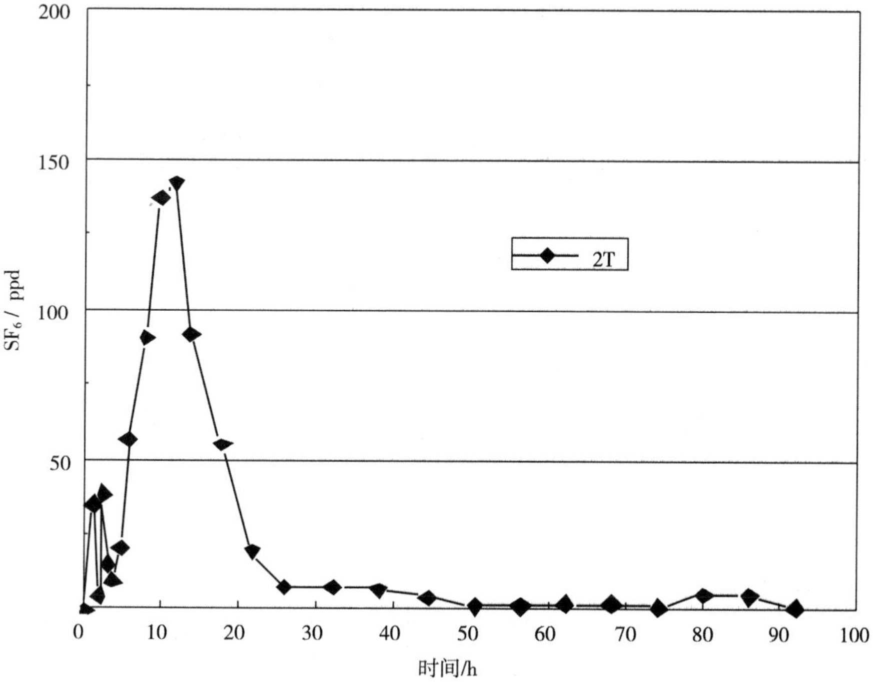

（b）第二次试验

图 4-22　束管采样点 2T(回风巷)SF_6 浓度变化

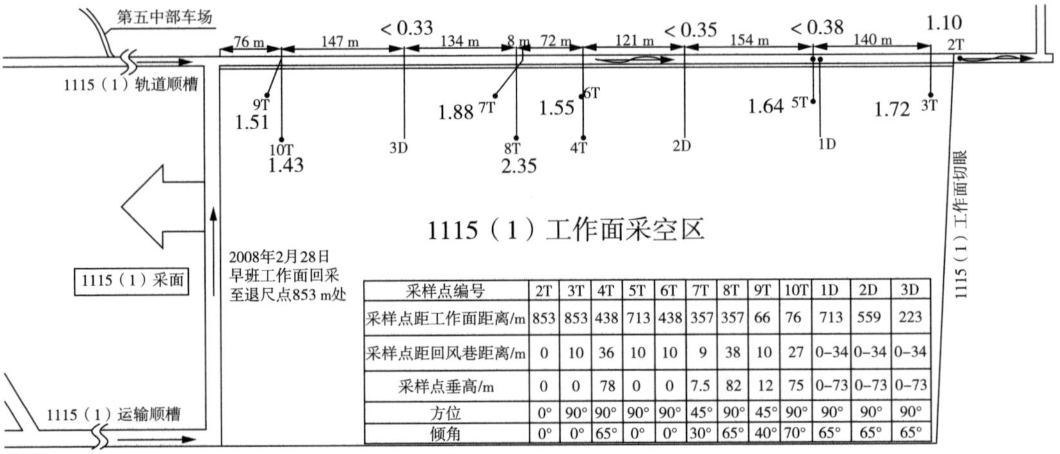

采样点编号	2T	3T	4T	5T	6T	7T	8T	9T	10T	1D	2D	3D
采样点距工作面距离/m	853	853	438	713	438	357	357	66	76	713	559	223
采样点距回风巷距离/m	0	10	36	10	10	9	38	10	27	0–34	0–34	0–34
采样点垂高/m	0	0	78	0	0	7.5	82	12	75	0–73	0–73	0–73
方位	0°	90°	90°	90°	90°	45°	90°	45°	90°	90°	90°	90°
倾角	0°	0°	65°	0°	0°	30°	65°	40°	70°	65°	65°	65°

（a）第一次试验

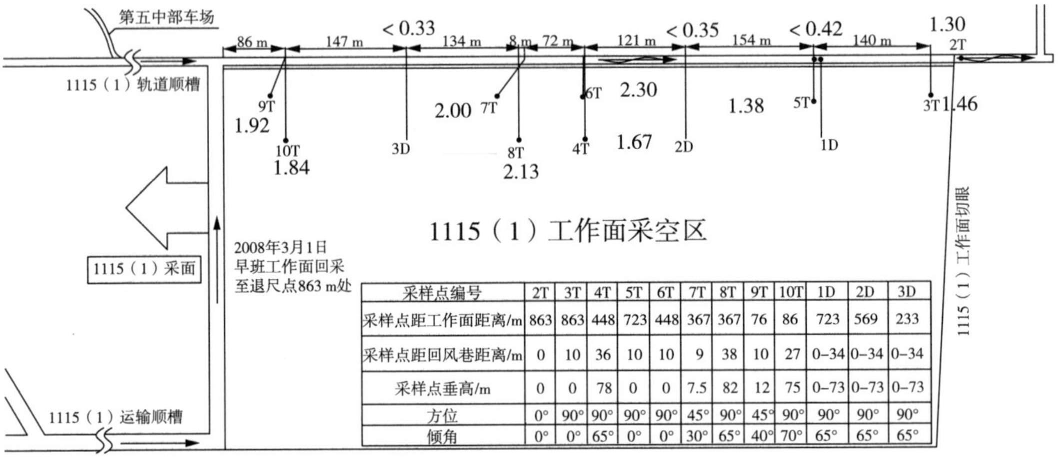

采样点编号	2T	3T	4T	5T	6T	7T	8T	9T	10T	1D	2D	3D
采样点距工作面距离/m	863	863	448	723	448	367	367	76	86	723	569	233
采样点距回风巷距离/m	0	10	36	10	10	9	38	10	27	0–34	0–34	0–34
采样点垂高/m	0	0	78	0	0	7.5	82	12	75	0–73	0–73	0–73
方位	0°	90°	90°	90°	90°	45°	90°	45°	90°	90°	90°	90°
倾角	0°	0°	65°	0°	0°	30°	65°	40°	70°	65°	65°	65°

（b）第二次试验

图 4－23 两次试验中各采样点 SF_6 首次到达时间

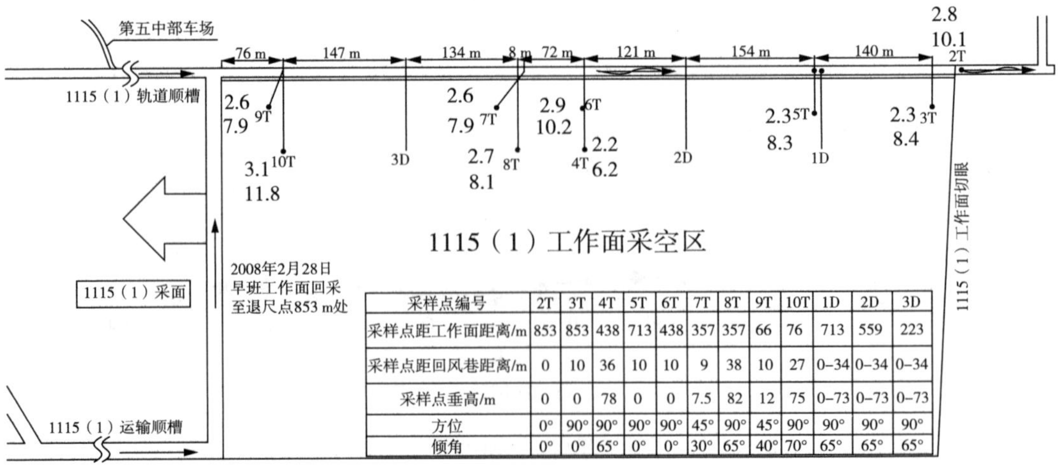

采样点编号	2T	3T	4T	5T	6T	7T	8T	9T	10T	1D	2D	3D
采样点距工作面距离/m	853	853	438	713	438	357	357	66	76	713	559	223
采样点距回风巷距离/m	0	10	36	10	10	9	38	10	27	0–34	0–34	0–34
采样点垂高/m	0	0	78	0	0	7.5	82	12	75	0–73	0–73	0–73
方位	0°	90°	90°	90°	90°	45°	90°	45°	90°	90°	90°	90°
倾角	0°	0°	65°	0°	0°	30°	65°	40°	70°	65°	65°	65°

（a）第一次试验

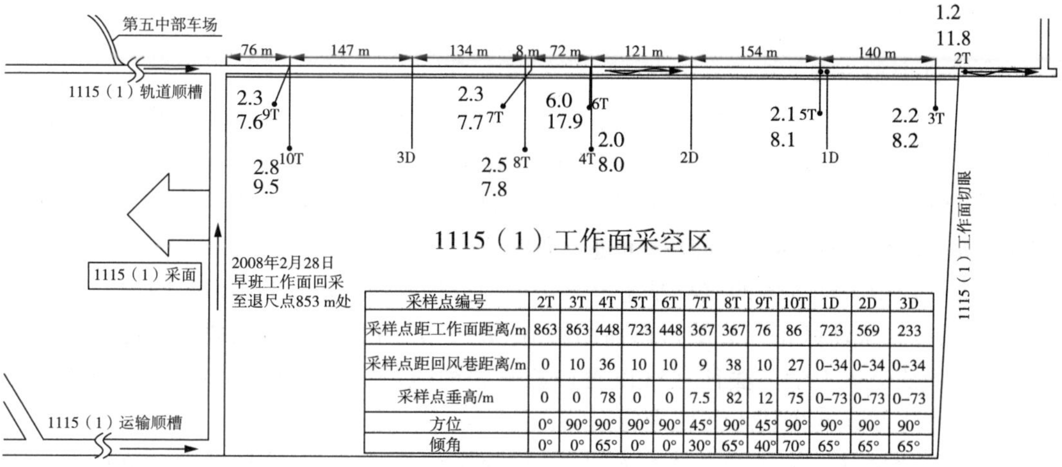

采样点编号	2T	3T	4T	5T	6T	7T	8T	9T	10T	1D	2D	3D
采样点距工作面距离/m	863	863	448	723	448	367	367	76	86	723	569	233
采样点距回风巷距离/m	0	10	36	10	10	9	38	10	27	0–34	0–34	0–34
采样点垂高/m	0	0	78	0	0	7.5	82	12	75	0–73	0–73	0–73
方位	0°	90°	90°	90°	90°	45°	90°	45°	90°	90°	90°	90°
倾角	0°	0°	65°	0°	0°	30°	65°	40°	70°	65°	65°	65°

（b）第二次试验

图 4－24　两次试验中各采样点 SF_6 两次峰值到达时间

4.2.3　小结

由顾桥矿 1115(1)工作面的瓦斯涌出监测、采空区束管监测及三维示踪试验，可得采动区瓦斯运移规律分析如下：

(1)采空区束管监测、瓦斯涌出与抽采监测，以及示踪试验均证实了采动区下部边缘(深入采空区倾向内侧 38 m、采空区以上 12 m)水平大范围内(沿轨顺 853 m)透气性较高，易受采场漏风影响，瓦斯浓度很低。这同时说明了采空区边缘裂隙发展较为充分，且能够在大范围内保持。

(2)瓦斯抽采监测结果表明了高位穿层孔的抽采瓦斯量和抽采浓度均明显优于顶板孔，反映了采动区位置越高瓦斯浓度越高的特征，也体现了高位钻孔抽采高浓度瓦斯的优势。

(3)高位束管瓦斯浓度由 98%降低至 1%左右及高位穿层钻孔瓦斯抽采浓度在 30%左右，表明了穿层钻孔易于在采动区下部出现断孔现象，使得瓦斯抽采浓度降低。

4.3　卸压瓦斯流动数值分析

采动卸压瓦斯运移是在瓦斯涌出压力、矿井通风及瓦斯抽采共同作用下的瓦斯动态流动，它也是煤与瓦斯协调开采的一个主要部分。为掌握采动卸压瓦斯运移规律，本节在 1115(1)工作面瓦斯涌出监测及 COSFLOW 模拟结果的基础上，利用计算流体动力学(CFD)技术，分别对无抽采条件下及水平孔抽采条件下的瓦斯动态运移规律进行了三维数值模拟研究。

4.3.1 CFD模型

1)CFD模拟原理

计算流体动力学(CFD)是根据 Navier - Stokes 方程来描述流体运动规律的一种研究方法,它已被广泛应用在各种复杂的流场计算中。特别是近年来计算机技术的发展,使得 CFD 在各种流体动力学工程中得到了普遍应用。矿井开采领域中的井下通风和煤尘防治等领域中,也引进了 CFD 技术进行研究。

回采过程中采动区内的流场是十分复杂的,它既包含巷道及工作面空间内气体的自由流动,又包含采动区不同裂隙形态内的渗流,如破落堆积的冒落带、裂隙贯通的裂隙带等。采用传统流体力学方法往往难以对如此复杂的流场进行解算,而 CFD 却能依靠先进的计算方法和计算机技术对此进行运算。

考虑采动区气体流动的基本特征及 CFD 流场模拟特点,对采动区内的流场做如下假设:

(1)采动区裂隙岩体假设为各向异性的多孔介质,根据裂隙分布特征在不同方向上具有不同的渗透率分布;

(2)气体在通风压力范围内不可压缩,其流动近似为稳态流动;

(3)气体流动过程为等温过程。

采空区内气体质量和动量遵循如下守恒方程:

$$\frac{\partial_\rho}{\partial_\tau}+\frac{\partial(\rho u_i)}{\partial x_i}=S_m \tag{4-48}$$

$$\frac{\partial}{\partial_\tau}(\rho u_i)+\frac{\partial}{\partial x_i}(\rho u_i u_j)=-\frac{\partial_p}{\partial x_i}+\frac{\partial \tau_{ij}}{\partial x_j}+\rho g_i+S_i \tag{4-49}$$

式中,τ_{ij}——雷诺张力;

S_m——采空区瓦斯流入单相连续流体的涌出量;

S_i——多孔介质中的动量损失源,它由黏性损失和惯性损失两部分组成,见式(4-50)。

$$S_i=-\left(\sum_{j=1}^{3}D_{ij}\mu u_j+\frac{1}{2}\sum_{j=1}^{3}C_{ij}\rho\,|u|\mu_j\right) \tag{4-50}$$

式中,$|u|$——速度大小;

μ——流体黏性系数;

D、C——渗透率和惯性阻力系数。

气体的紊流黏性采用标准的 $k-\varepsilon$ 模型来描述。湍流动能 k 及其耗散率 ε 可由式(4-51)和式(4-52)表达的输运方程获得:

$$\frac{\partial(\rho K)}{\partial_\tau}+\nabla\cdot(\rho k u)=\nabla\cdot\left[\left(\mu+\frac{\mu_\tau}{\sigma_k}\right)\nabla k\right]+G_K+G_b-\rho\varepsilon-Y_M+S_k \tag{4-51}$$

$$\frac{\partial(\rho K)}{\partial_\tau}+\nabla\cdot(\rho\varepsilon u)=\nabla\cdot\left[\left(\mu+\frac{\mu_\tau}{\sigma_z}\right)\nabla\varepsilon\right]+C_{1\varepsilon}\frac{\varepsilon}{k}(G_K+C_{3\varepsilon}G_b)-C_{2\varepsilon}\rho\frac{z^2}{k}+S_z \tag{4-52}$$

本模拟选用通用商业软件 ANSYS-Fluent 来进行。

2)CFD 模型

(1)模型平面大小的确定。

1115(1)工作面开采 11—2 煤层,平均煤厚为 3.0 m。工作面走向长 2600 m 左右,区段倾向宽为 230 m,煤层倾角为 3°～8°,平均为 5°。1115(1)工作面两侧工作面均未开采,因此采动区内气体流动可认为仅受本工作面开采影响。

模型宽度以 1115(1)工作面的实际倾向宽度为准。考虑 1115(1)工作面回采至 850 m位置时进行了瓦斯监测和三维示踪气体试验,为便于模拟结果校核,模拟区域在走向长度上选择为 850 m。

(2)模型高度的确定。

为保证模型的运算精度,并能包含对冒落带、裂隙带和离层带内气体运移的模拟,模型高度选择为 100 m,包括采场底板以下 10 m 及以上岩体 90 m。

(3)模型立体形状的确定。

COSFLOW 的模拟结果表明了 1115(1)工作面沿走向和倾向上渗透率变化的边界角均为 80°左右。因此,为使流场模拟区域与实际流场结构一致,模型底板以上的走向和倾向边界均按照 80°角度往上延展。

最终建立的 CFD 几何模型及模型网格划分如图 4-25 所示。

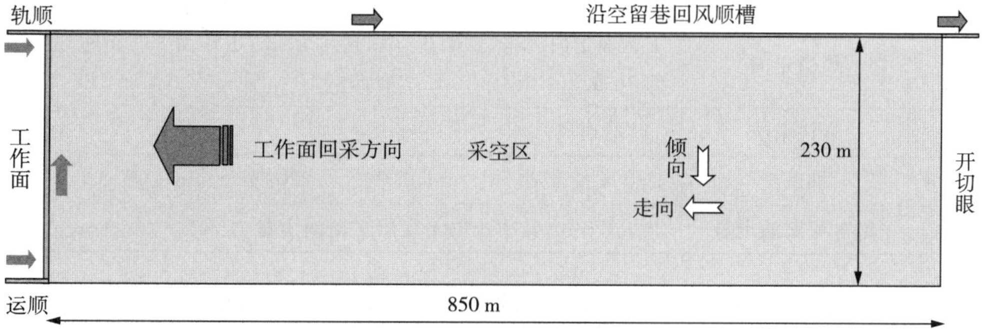

(a) CFD模型平面图

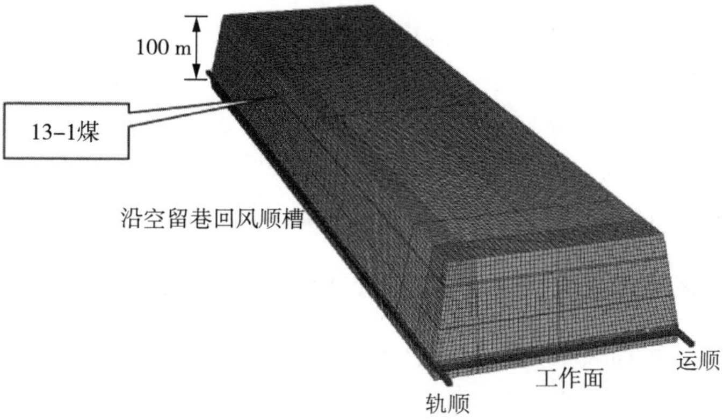

(b) CFD模型的立体结构及网格划分

图 4-25　最终建立的 CFD 几何模型及模型网格划分

(4)CFD 模型瓦斯源分布。

据现场监测，1115(1)工作面回采期间瓦斯涌出总量平均为 24.4 m^3/min，其中风排瓦斯平均为 8.2 m^3/min，抽采瓦斯平均为 16.2 m^3/min。瓦斯来源包括本煤层瓦斯和上覆 16－1 煤层卸压瓦斯。16－1 煤层与 11－2 煤层层间距为 70m 左右。据淮南矿区开采实践经验，上邻近层瓦斯涌出量约占瓦斯涌出总量的 70%。

依据上述数据，设计本模型瓦斯释放总量为 25 m^3/min，其中工作面煤壁和落煤占 25%，采空区遗煤占 5%，上邻近煤层 16－1 占 70%。

(5)CFD 模型渗透率分布。

CFD 模型中的渗透率分布参考 COSFLOW 数值模拟结果及 CSIRO 多年的研究经验进行函数设计，并写入 ANSYS Fluent 软件中的 C 子程序中调入。

表 4－6 集中给出了 CFD 模型的基本参数。

表 4－6 CFD 模型的基本参数

序号	模型参数	参数值
1	工作面尺寸	走向长 850 m，倾斜长 230 m，采高 3.0 m
2	巷道尺寸	宽 5 m，高 3.0 m
3	模型高度	100 m，包括煤层底板以上 90 m 及以下 10 m
4	煤层倾角	3°～8°
5	煤层走向	工作面走向俯采；轨顺比运顺高约 15 m；工作面 880 m 处低于切眼约 70 m
6	通风系统	“Y”形通风
7	供风量	总供风量 2720 m^3/min，其中运顺 2200 m^3/min，轨顺 520 m^3/min
8	绝对瓦斯涌出量	25 m^3/min，其中 16－1 煤层瓦斯涌出量占 70%

最终的 CFD 模型是通过与现场实施的束管监测结果、三维示踪试验结果来进行多方面修正后确定的。

3)CFD 模拟内容

为掌握采动区内瓦斯的基本运移规律及不同抽采条件与瓦斯运移之间的互动规律，CFD 的模拟内容如下：

(1)“Y”形与常规“U”形通风下的采空区瓦斯运移规律的比较。

(2)“Y”形通风采动区三维空间内的气体运移规律。

(3)顶板水平孔抽采下的采动区气体运移规律。

4.3.2 “Y”与“U”形通风方式下采空区瓦斯运移规律的比较

为清晰表明“Y”形通风下采空区内的瓦斯运移规律，并同时对模拟结果进行一定的校核，利用建立的三维模型，对“Y”形与常规的“U”形两种通风方式进行了模拟和结果比较。

1)瓦斯运移基本规律

图 4－26～图 4－28 分别显示了“Y”形与“U”形两种通风方式下开采水平上的采空

区瓦斯浓度分布、气体压力及气体流向图。

1115(1)工作面的束管监测及采空区气体运移的示踪试验结果表明了“Y”形通风沿空留巷内侧 10 m、高度 12 m 的采动区域在水平大范围内连通性较好，受漏风影响明显，瓦斯浓度分布为 1%～8%。从图 4-26(a)所示的采空区瓦斯浓度分布图可见，模拟结果具有同样的气体流动和瓦斯浓度分布特征。

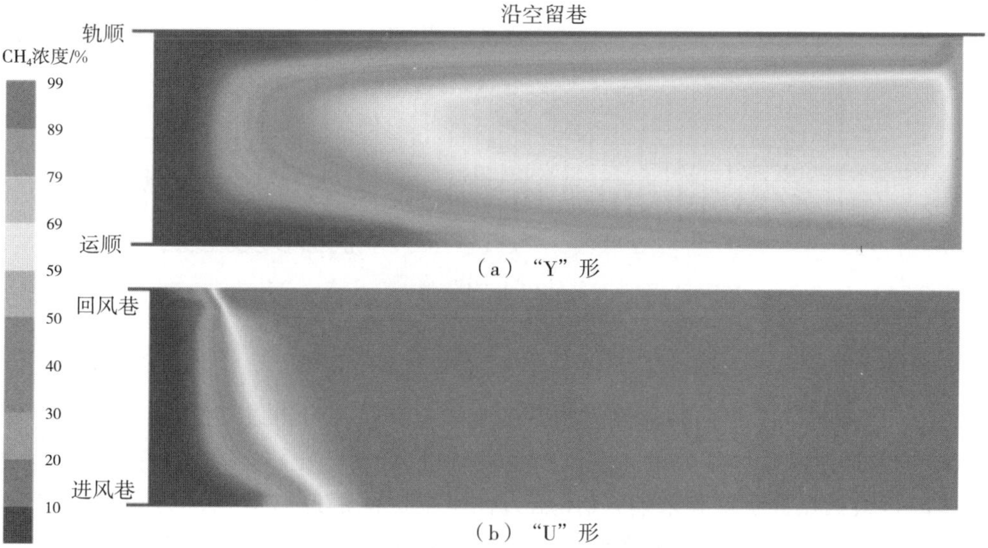

图 4-26　“Y”形与“U”形通风方式下开采水平上的采空区瓦斯浓度分布

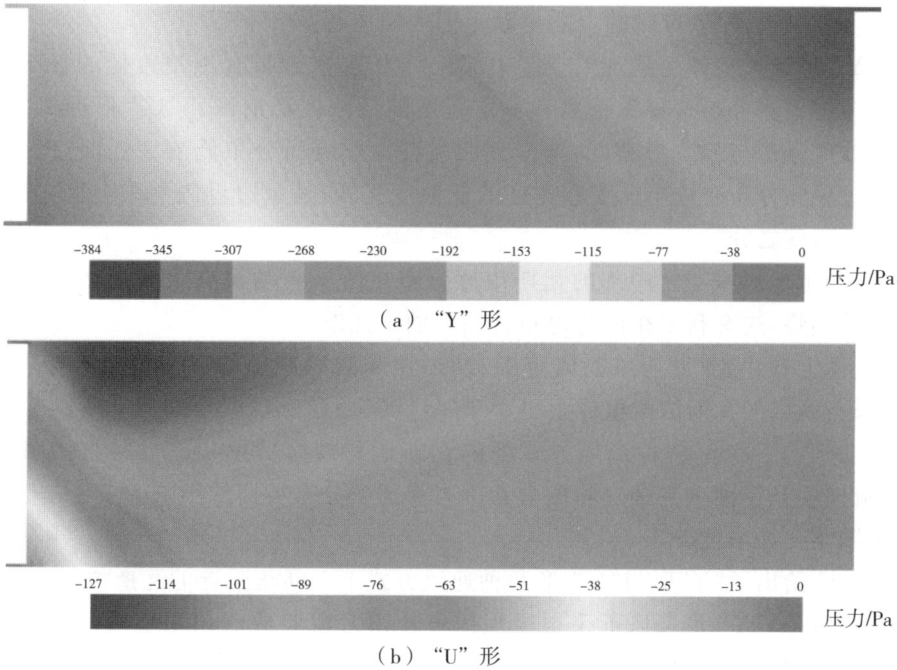

图 4-27　“Y”形与“U”形通风方式下开采水平上的采空区气体压力分布

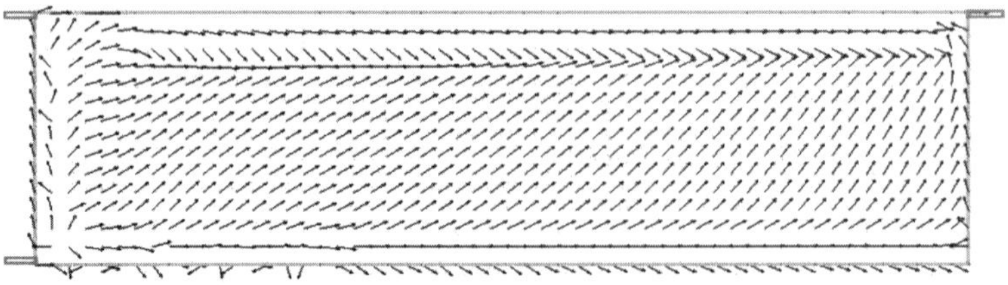

（a）“Y”形

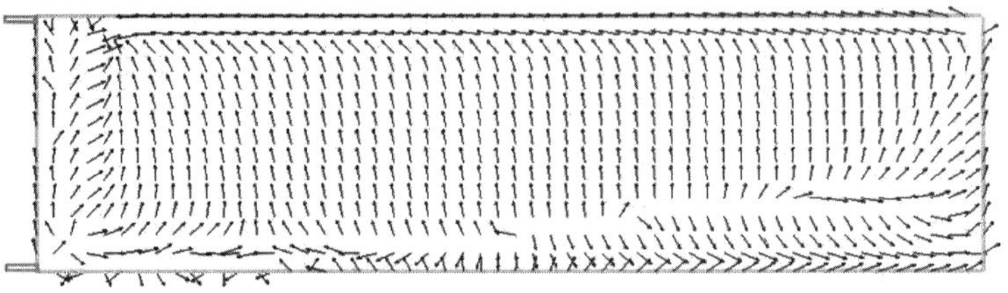

（b）“U”形

图 4－28 “Y”形与“U”形通风方式下开采水平上的采空区气体水平流向

总结“Y”形与“U”形两种通风方式下的瓦斯运移规律可得以下结论：

(1)“Y”形通风气体压力最高点位于主进风口(为便于比较，运顺口的气体压力被假设为 0 Pa)，最低点位于留巷末端，气体压力往采空区深部逐渐递减；“U”形通风气体压力与“Y”形通风明显不同，压力降低集中发生在采空区前部。

(2)从采空区气体流向来看，“Y”形通风风流在工作面整个长度上都向采空区漏入，呈现往采空区深部留巷侧流动的整体趋势；而“U”形通风风流从进风口侧开始往采空区漏入风流，最终又从回风口侧的上隅角附近汇入回风巷。

(3)“Y”形通风整体上呈现采空区中部瓦斯浓度高、四周瓦斯浓度低的分布特征，特别是两倾向边界侧分布有较深距离和一定宽度的低浓度瓦斯区。“U”形通风下工作面附近瓦斯浓度分布与“Y”形相同，均受到明显漏风影响而分布低浓度瓦斯，但两倾向边界侧仅有进风侧分布有较小深度和宽度的低浓度瓦斯，其余边界侧与采空区中部无明显的高低瓦斯浓度之分。

(4)“Y”形通风采空区中部的瓦斯浓度分布在留巷一侧偏高于另一侧，呈现瓦斯向留巷聚集的趋势，这有利于在留巷内布置钻孔抽采瓦斯。

(5)整体上看，“Y”形通风漏风范围、漏风量和漏风冲刷的深度都要大于“U”形通风，因而采空区内的瓦斯浓度整体上也小于“U”形通风。

由“Y”形与“U”形两种通风方式下的瓦斯运移规律可见，采空区内的瓦斯浓度分布、瓦斯流向明显受到采空区气体压力和围岩渗透率分布特征的影响。

2)上隅角瓦斯浓度分布

图 4－29 给出了“Y”形与“U”形两种通风方式下上隅角附近的瓦斯浓度分布和气体流向。可以看出，“Y”形通风下采空区气体直接流入留巷或流向采空区深部，上隅角附近未出现瓦斯聚集区。而“U”形通风下的采空区气体由于往回风巷方向流动，易在回风上隅角附近形成涡流和瓦斯聚集，易引起瓦斯浓度超限。由此可见，“Y”形通风方式采

空区气体向留巷或采空区深部流动的趋势，能够很好地消除上隅角附近瓦斯的积聚和超限问题。

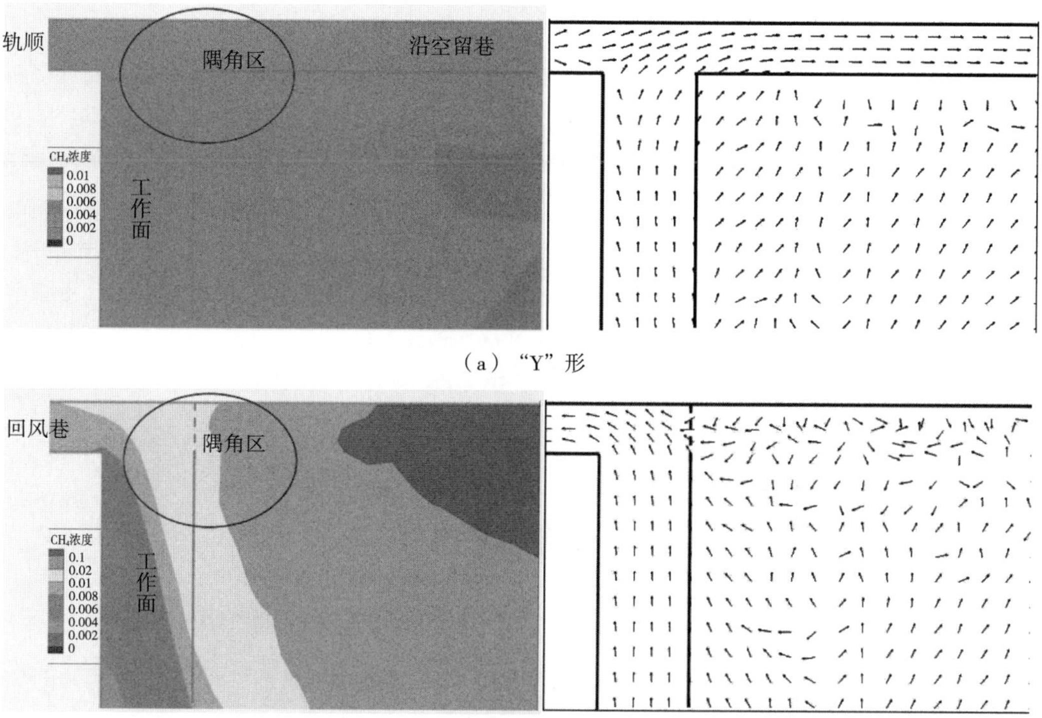

（a）“Y”形

（b）“U”形

图 4 - 29　“Y”形与“U”形通风方式下上隅角附近的瓦斯浓度分布和气体流向

4.3.3　“Y”形通风采动区三维空间内的瓦斯运移规律

图 4 - 30 显示了采空区顶板不同高度平面上的瓦斯浓度分布，可见随着采空区顶板高度的增加，采动区瓦斯浓度逐渐增加，工作面后方及两倾向边界的低浓度瓦斯范围逐渐减小。采动区瓦斯浓度随高度变化的特征也表明了采场漏风往采空区顶板的流动随高度增加逐渐减弱。

图 4 - 31 给出了工作面走向中心和留巷内侧 40 m 处走向剖面上的瓦斯浓度分布，可见高浓度瓦斯的形成高度随深入采动区距离的增加而降低，至采动区一定深度后，整个采动区内已全部为高浓度瓦斯。采动区边侧部位在走向上的低浓度瓦斯分布范围要大于中部。图 4 - 32 给出了采动区三维空间内的瓦斯浓度分布。

4.3.4　抽采下的瓦斯动态运移规律

煤与瓦斯共采既要实现瓦斯抽采的最大化，又要保证对采煤工作面瓦斯浓度的控制。实现这一目标需要对矿井通风、抽采及瓦斯运移之间的互动规律有一个清晰的掌握。为分析抽采下的瓦斯动态运移规律，寻找瓦斯抽采的最佳位置，为高效率的煤与瓦斯共采提供指导，本节以顶板水平孔抽采模式为基础，对瓦斯抽采三维范围特征、抽采瓦斯浓度、有效的钻孔区域、抽采对工作面瓦斯浓度分布的影响等进行了模拟研究。

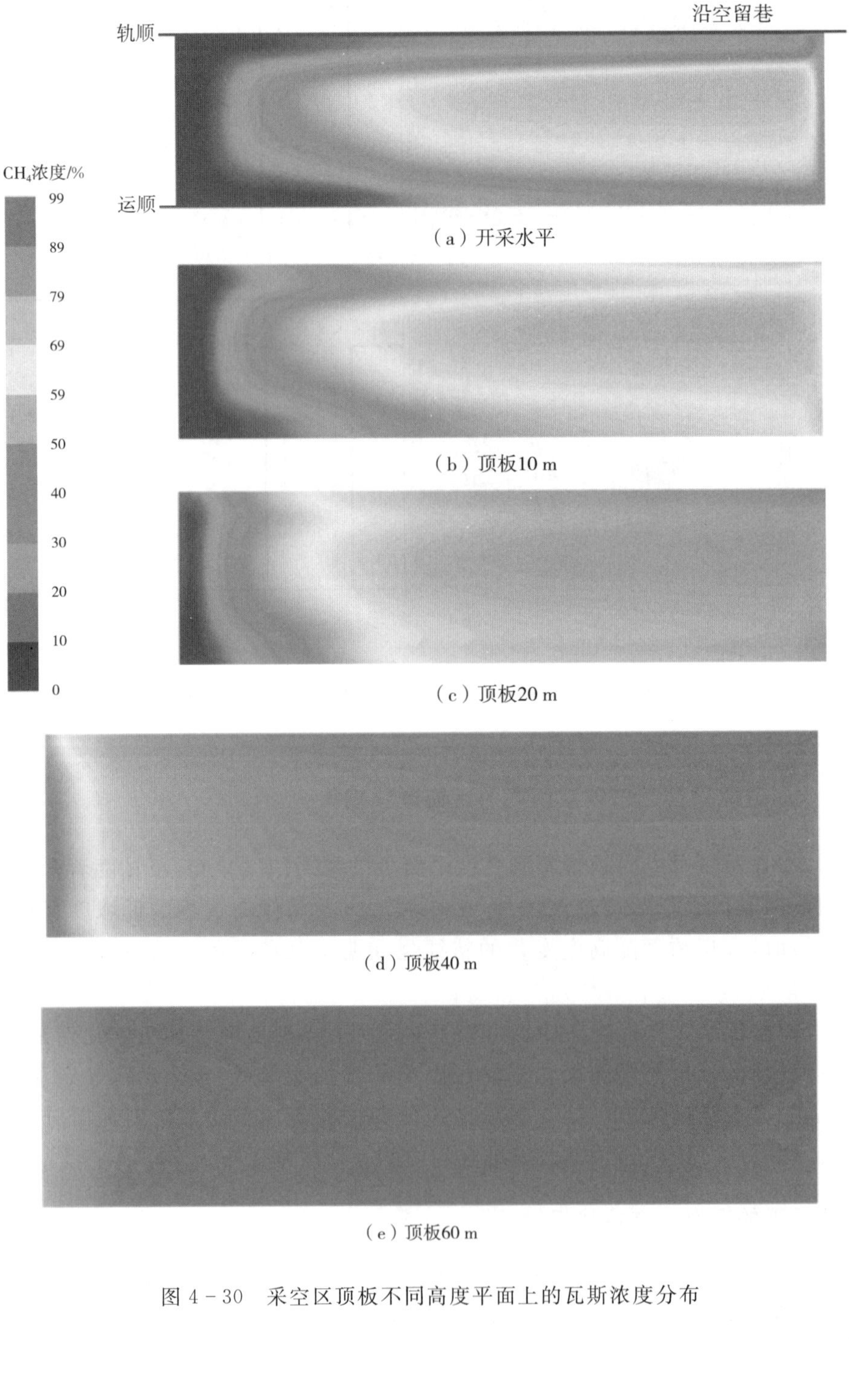

图 4－30　采空区顶板不同高度平面上的瓦斯浓度分布

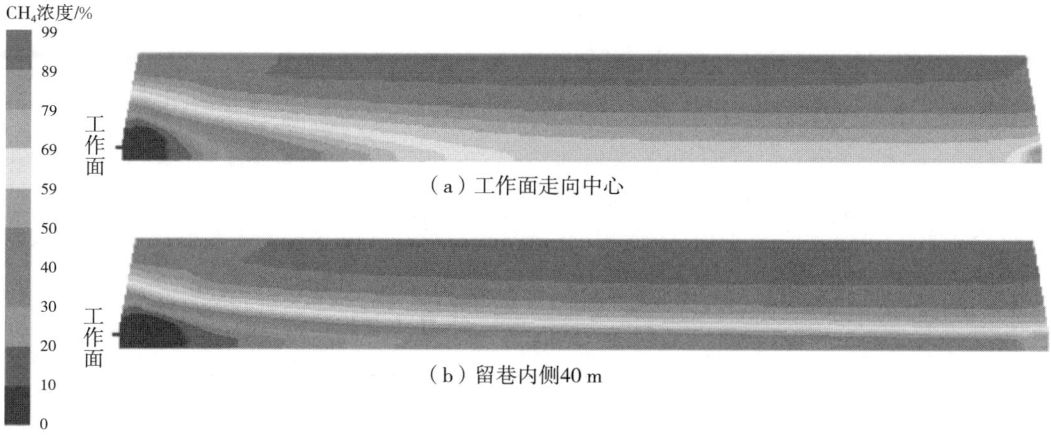

图 4－31　工作面走向中心和留巷内侧 40m 处走向剖面上的瓦斯浓度分布

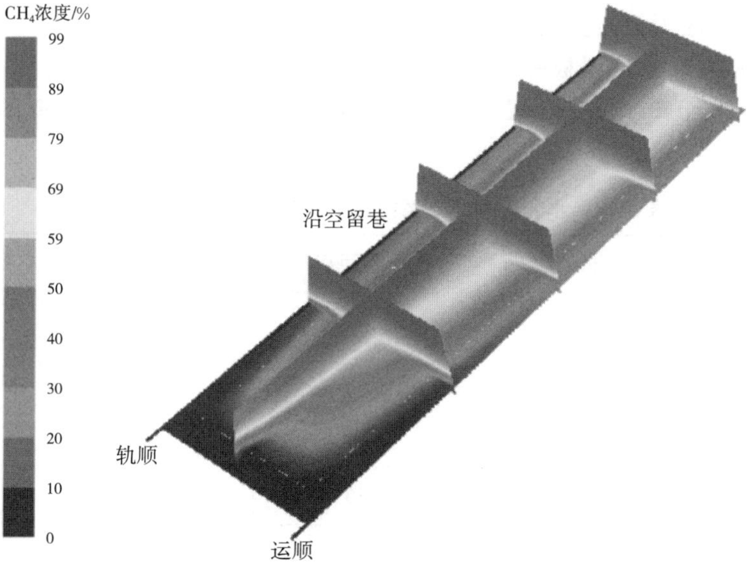

图 4－32　采动区三维空间内的瓦斯浓度分布

水平钻孔模拟方案的布置如图 4－33 所示。各钻孔名称中，H 表示水平钻孔，首位数字表示钻孔距离开采水平高度，第二位数字表示钻孔距离留巷的水平距离。

水平钻孔深入采动区内的长度均为 200 m。模型运算的边界条件设置为抽采量固定，即固定各钻孔的流量为 9.0 m^3/min(150 L/s)。

1)水平孔不同高度抽采下的瓦斯动态运移规律

表 4－7 列出了各方案的模拟结果，图 4－34 对水平孔不同高度下的瓦斯抽采浓度与瓦斯抽采负压进行了比较。分析可见具有以下特征：

(1)钻孔高度越高，抽出的瓦斯浓度越高，钻孔位置偏低，易抽出很低浓度的瓦斯，采空区上方 10 m 处的各水平钻孔，抽采浓度仅为 1%～2%。

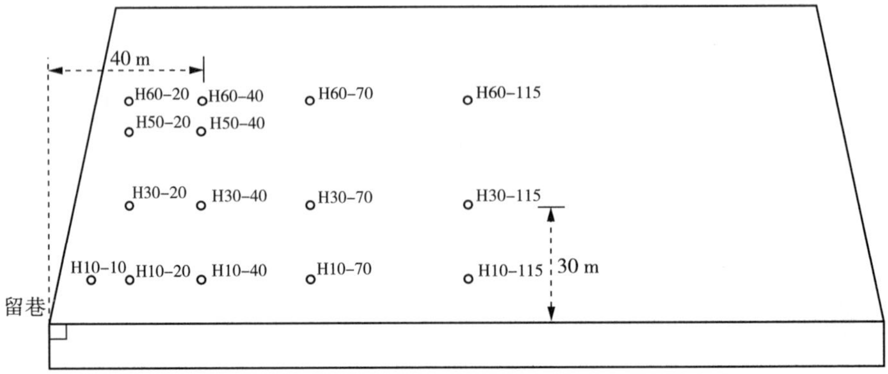

图 4-33　水平孔抽采模拟方案

(2)抽采负压反映了瓦斯抽采的难易程度,它的大小与采动区瓦斯源位置和距瓦涌出煤层的距离有很大关系。图 4-34 显示,在采动区倾向中部位置处,瓦斯抽采需要的负压随采空区顶板高度的增加而增加;而在采动区侧部距离留巷 20 m 和 0 m 位置处,抽采负压在采空区顶板一定高度上随水平钻孔高度的增加而增加,但当孔位于顶板 60 m 高度、距离 16-1 煤层 10 m 左右时,抽出同样体积气体需要的压力小于下部 40 m 高度。

表 4-7　水平孔不同方案抽采下的瓦斯浓度和抽采负压

方案	采空区顶板高度/m	距留巷距离/m	抽采浓度/%	抽采负压/Pa
H10-20	10	20	1	−125
H30-20	30	20	32	−279
H50-20	50	20	74	−545
H60-20	60	20	81	−500
H10-40	10	40	1	−118
H30-40	30	40	34	−340
H50-40	50	40	75	−613
H60-40	60	40	83	−542
H60-70	60	70	84	−706
H10-115	10	115	2	−93
H30-115	30	115	36	−466
H60-115	60	115	85	−770

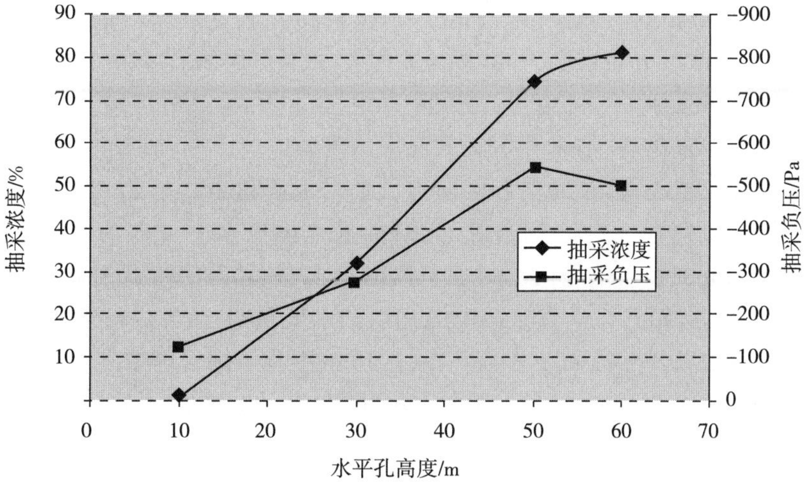

（a）距留巷20 m

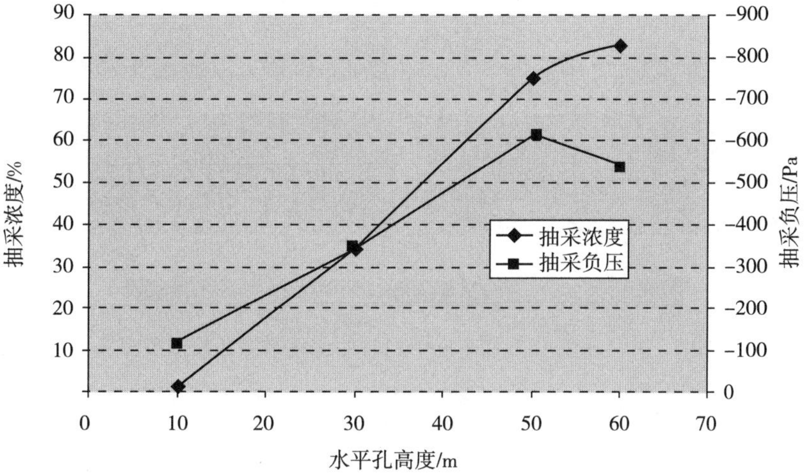

（b）距留巷40 m

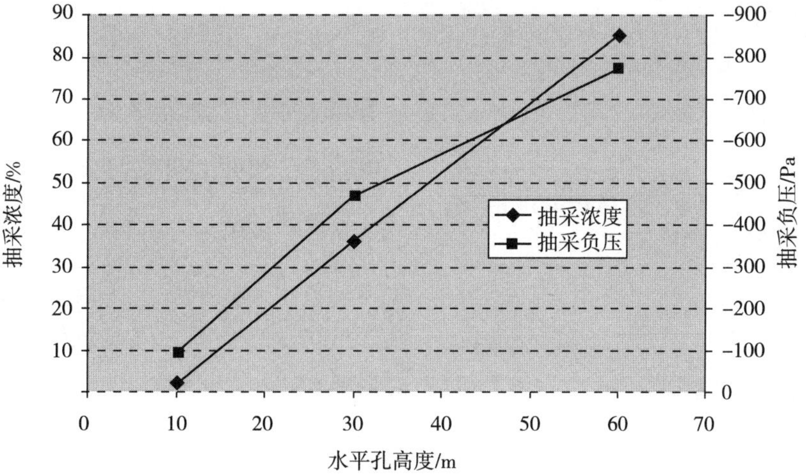

（c）距留巷115 m

图 4－34　水平孔布置高度不同时的抽采参数比较

图 4 - 35 显示了留巷内侧 40 m、采空区顶板高度分别为 10 m、30 m 及 60 m 的各水平孔抽采下的瓦斯浓度分布，图 4 - 36 则分别显示了工作面后方 140 m 倾向切面上的瓦斯压力分布，由此可见：

(1)水平钻孔位置越高，抽采孔附近的瓦斯浓度越高。

(2)水平钻孔位置越高，在倾向和竖向上的抽采范围越小。

(3)水平钻孔布置在一定高度上时，瓦斯抽采范围以水平方向为主，且钻孔位置越高，水平方向抽采范围相对于竖向上的抽采范围越大，抽采范围形状越扁；钻孔位置很低时，如 H10 - 20 钻孔，钻孔对垂直方向上的瓦斯抽采效果明显，抽采影响范围也较大。可见，采动区下部的抽采易于控制工作面瓦斯浓度，但不利于抽采高浓度瓦斯。

(4)瓦斯的抽采范围特征表明了瓦斯的运移方向。水平方向上的相对抽采范围越大，表明瓦斯在水平方向上的运移趋势越强。

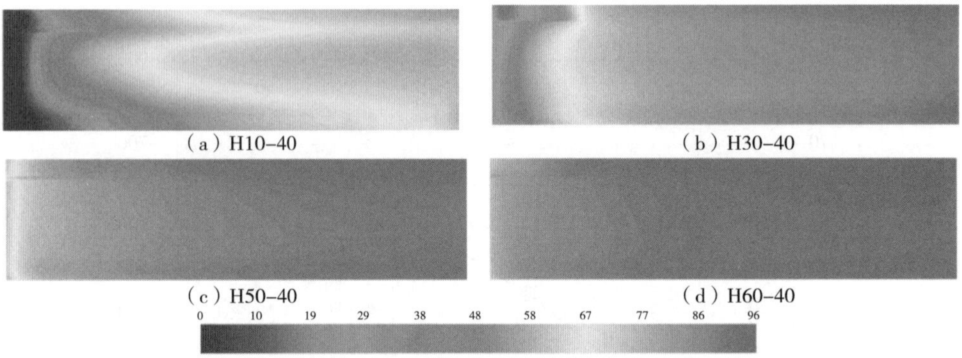

图 4 - 35　水平孔布置高度不同时的所在平面瓦斯浓度分布

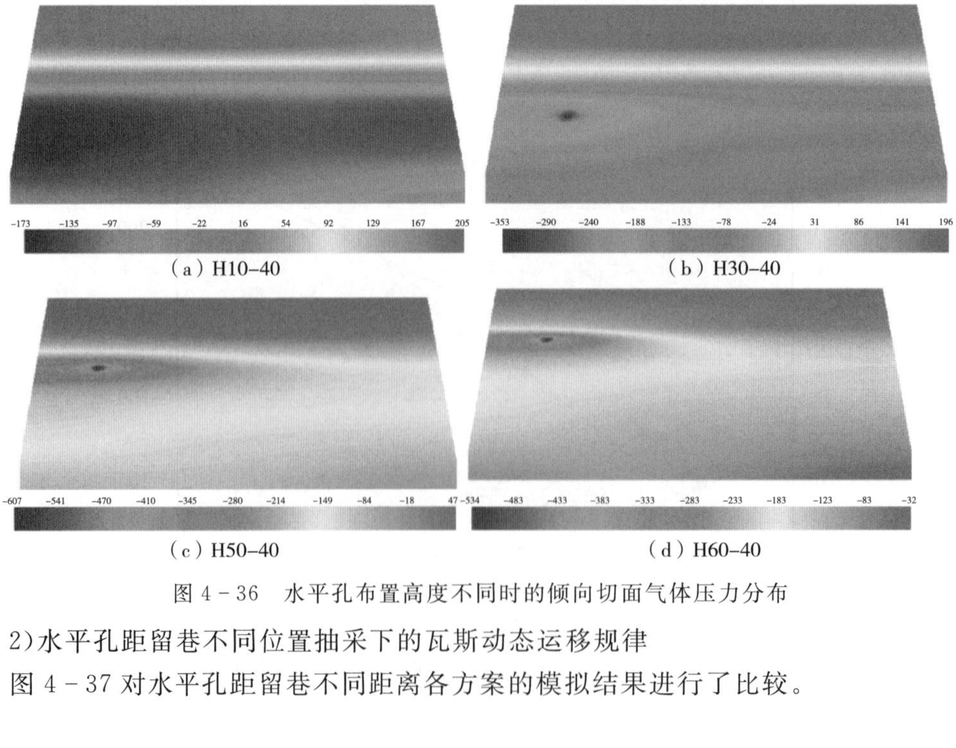

图 4 - 36　水平孔布置高度不同时的倾向切面气体压力分布

2)水平孔距留巷不同位置抽采下的瓦斯动态运移规律

图 4 - 37 对水平孔距留巷不同距离各方案的模拟结果进行了比较。

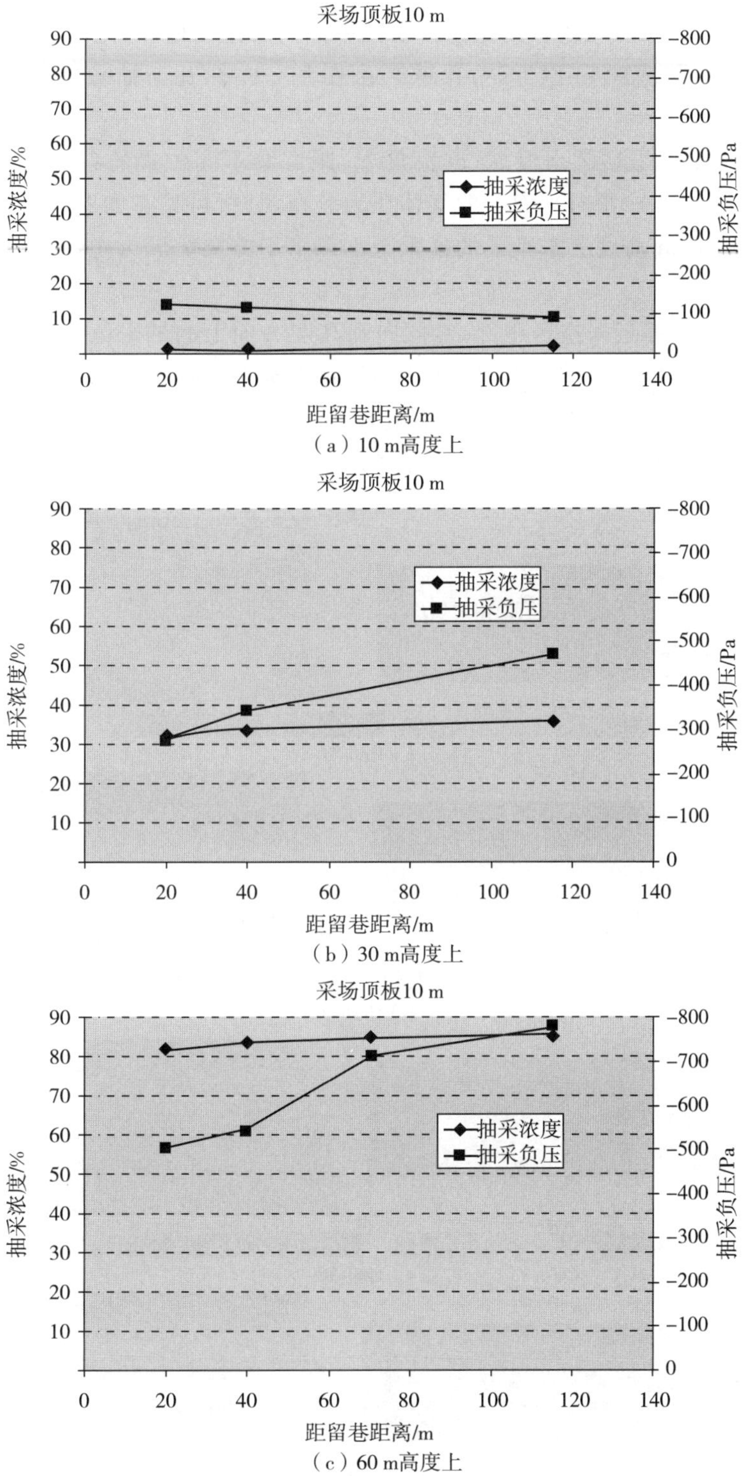

图 4-37 水平孔距留巷位置不同的抽采参数比较

从图 4－37 所示的结果可见：

(1)水平孔的抽采浓度随着钻孔往采动区中部的靠近而增加，但增加的幅度很小。

(2)在采空区顶板 10 m 以上，钻孔越靠近采动区中部，瓦斯抽采负压越高，表明了瓦斯抽采的难度越大。

图 4－38 显示了采空区顶板 60 m 高度上、距留巷不同位置的各水平孔在孔高度平面及工作面后方 140 m 倾向平面上的气体压力分布，分析可见有如下特征：

(1)采空区 60 m 高度上水平孔的抽采范围以水平方向扩展为主，对开采水平上的瓦斯运移影响不大。

(2)水平钻孔越靠近采空区中部，对倾向和高度方向上的抽采范围越小；水平孔靠近留巷边界侧时，瓦斯抽采范围可至采动区中部，而当水平孔处于采动区中部时，瓦斯的抽采范围较小，对采动区周边的瓦斯抽采影响较小。可见，水平钻孔位置布置于采动区周边，有利于提高倾向和顶板方向上的抽采范围。

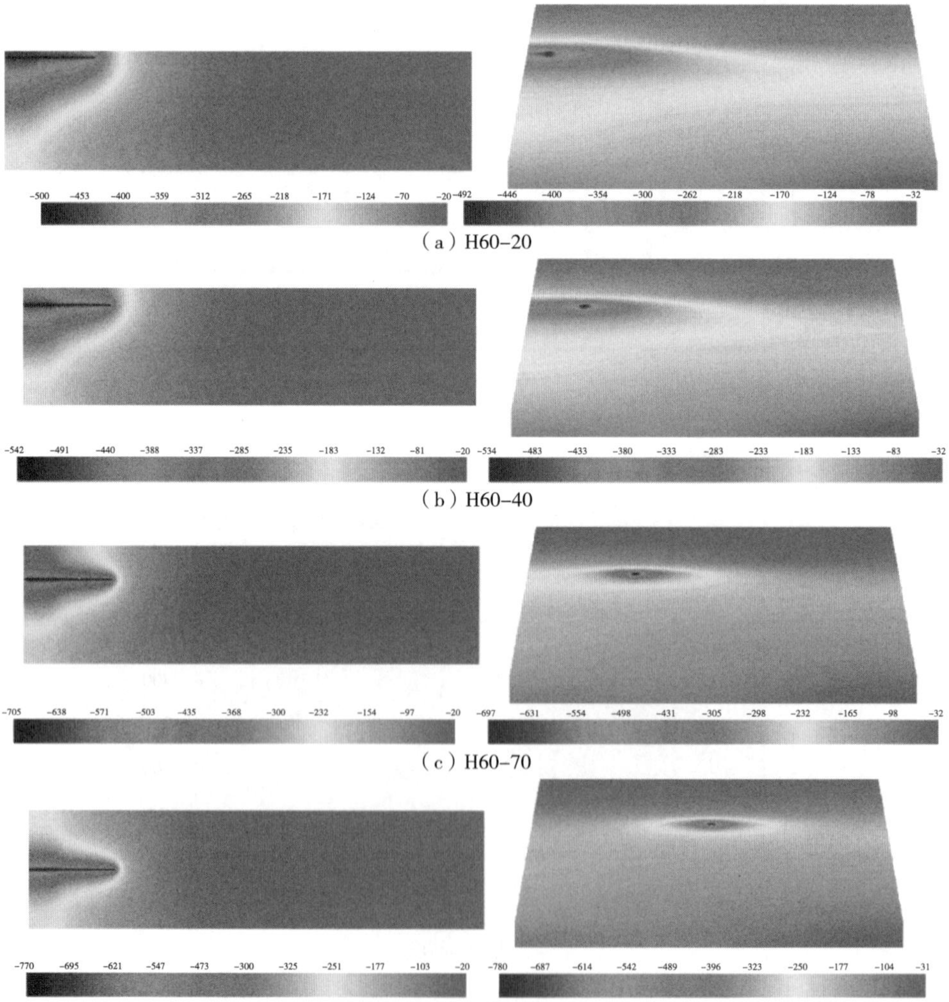

图 4－38 水平孔距留巷不同时的平面和倾向切面上的气体压力分布

3)水平孔不同抽采负压下的瓦斯动态运移规律

为分析钻孔抽采负压不同对瓦斯抽采参数及抽采范围特征的影响，以钻孔 H30-40 和 H60-115 为例，对钻孔负压变化进行了模拟，表 4-8 显示了各方案模拟下的瓦斯抽采浓度和抽采流量，图 4-39 对抽采结果进行了对比。

表 4-8　水平孔不同抽采负压下的抽采流量和瓦斯浓度

钻孔	抽采负压/Pa	抽采流量/(m^3/min)	瓦斯浓度/%
H30-40	-233	3.6	50
H30-40	-340	9	34
H30-40	-522	18	25
H60-115	-458	6	87
H60-115	-770	9	85
H60-115	-1831	18	74

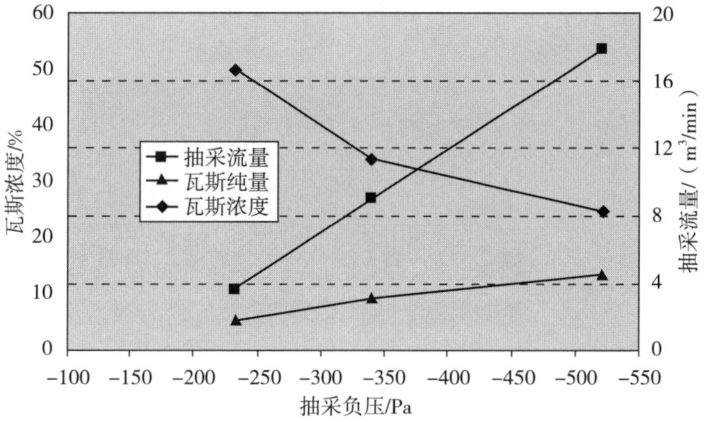

(a) 距留巷40 m水平孔

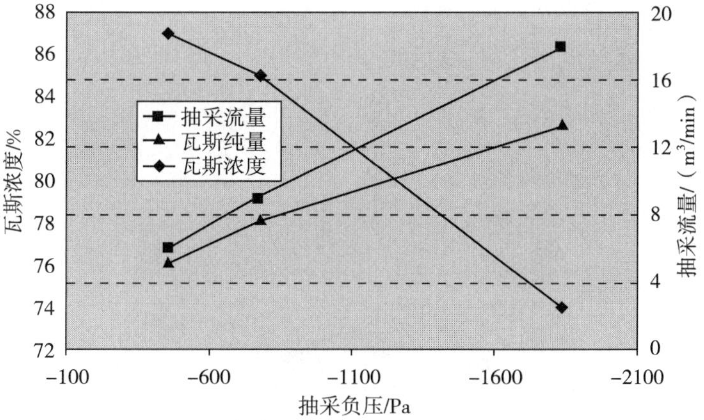

(b) 距留巷115 m水平孔

图 4-39　水平孔抽采负压不同时的抽采参数比较

从图 4-39 所示的结果可见：

(1)水平孔负压越大，抽出的瓦斯浓度越小，但抽采流量越大，抽出的瓦斯纯量也越大。

(2)距卸压煤层较近时，瓦斯抽采纯量随抽采负压增加而增加的趋势明显，如 H60-115；处于受通风影响明显的区域，如 H30-40，瓦斯抽采纯量随抽采负压增加而增加的趋势不十分明显，而对瓦斯浓度的影响较大，此时增加负压提高瓦斯抽采量需考虑瓦斯浓度的影响。

图 4-40 和图 4-41 分别显示了 H30-40 和 H60-115 两钻孔在抽采负压不同时的瓦斯压力分布，由图可见不同负压下的水平孔抽采范围特征：水平孔距离开采水平的高度越高，水平孔距离开采水平的高度越高，增加抽采负压后，水平方向的抽采范围增加越明显。

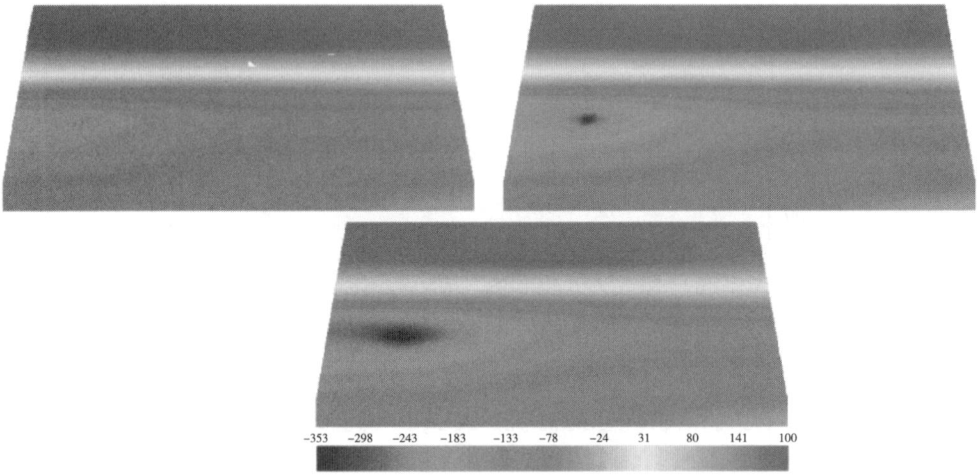

图 4-40　距留巷 40 m 处的水平孔在抽采负压不同时的瓦斯压力分布

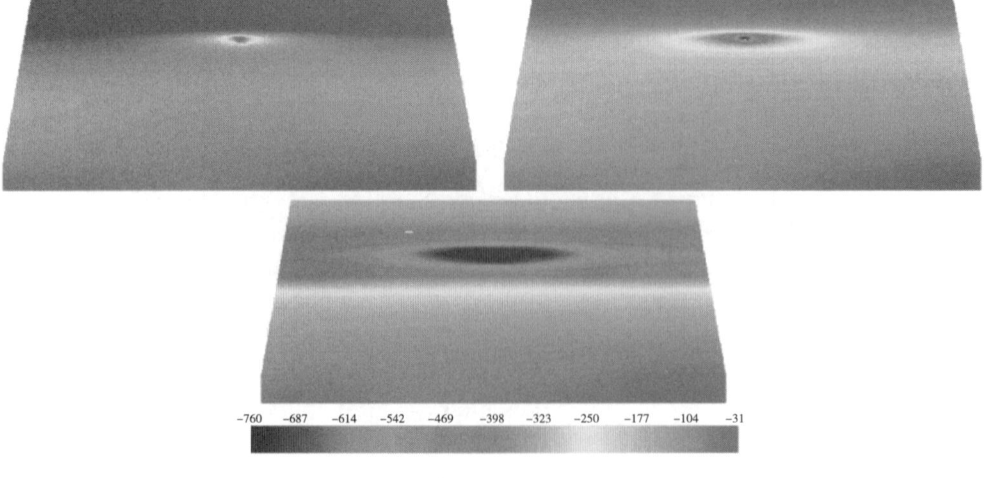

图 4-41　距留巷 115 m 处的水平孔在抽采负压不同时的瓦斯压力分布

4.3.5 小结

依据在顾桥矿开展的现场实测结果及COSFLOW模拟结果，对采动瓦斯运移规律及与抽采的互动规律进行了系统的CFD模拟研究，得出了如下主要认识：

(1)“Y”形通风下的采空区气体呈现整体向深部留巷侧流动的趋势，上隅角附近瓦斯被携带至留巷或采空区深部，从而有效避免了瓦斯积聚；而“U”形通风漏入采空区的风流经上隅角流入回风巷，易在上隅角形成瓦斯积聚。

(2)“Y”形通风采空区瓦斯浓度分布呈现中部高、四周低的分布特征，且中部高浓度瓦斯的分布偏向于留巷一侧，为留巷钻孔抽采瓦斯提供了有利条件。

(3)采动区瓦斯浓度分布与采场漏风有关。无抽采下的采动区瓦斯浓度分布呈现的一般特征为：瓦斯浓度随采动区高度的增加而增加，随距工作面走向距离的增加而增加，随距采动区两侧边界倾向距离的增加而增加；采动区两侧边缘部位可分布较大范围的低浓度瓦斯，具体范围受到通风方式的直接影响，“Y”形通风下其范围可至切眼深处。

(4)抽采下的采动区瓦斯动态运移呈现的特征有如下几点：

① 瓦斯抽采浓度受抽采点位置和抽采负压影响明显。钻孔抽采点距离采空区的高度越小，抽采浓度越低；距工作面位置越近，抽采浓度越低；距采动区边界越近，抽采浓度越低；抽采负压越大，抽采浓度越低。但当抽采点位于采空区顶板一定高度上时，由于漏风影响微弱，钻孔水平位置对瓦斯抽采浓度的影响已不明显。

② 瓦斯抽采的三维范围特征受到抽采点位置的明显影响，抽采点位置越高，水平方向上的抽采范围相对于竖向上的抽采范围越大，即瓦斯抽采范围形状越扁。

③ 瓦斯抽采范围大小受抽采位置和抽采负压的共同影响。抽采点距工作面位置越远，抽采范围越小；距采动区中部越近，抽采范围越小；抽采负压越小，抽采范围越小。抽采范围大小反映了瓦斯抽采的难易程度，抽采范围越小，表明该区域瓦斯抽采的难度越大。

④ 位于工作面后方不同距离的钻孔联合抽采，瓦斯抽采范围明显增加，钻孔抽采浓度均有所提高，抽采难易程度均有所降低，表明了多孔同时抽采具有很大的优越性。

(5)综合采动卸压、裂隙发展及渗透率分布规律可见，瓦斯抽采浓度、抽采的三维范围及其特征与采动区渗透率的分布是明显对应的。高浓度的瓦斯抽采应布置在水平渗透率高、与采空区之间竖向渗透性弱的卸压区域内，为大面积地抽采瓦斯，平面上的最佳位置应处于采动区周边区域内。

4.4 卸压瓦斯富集区

4.4.1 瓦斯富集区的确定

一般来说，开采瓦斯主要来源于本煤层(首采层)、采空区与邻近层瓦斯，通常被广泛使用的方法是瓦斯抽采法。近年来，淮南矿区创新了首采关键层卸压开采抽采瓦斯技术，变传统保护层开采、瓦斯自然释放为主动的卸压开采抽采瓦斯，即首采卸压层巷道钻孔法瓦斯抽采技术，使被卸压煤层在低瓦斯状态下安全开采，从而实现了瓦斯的区域性治理。

随着开采深度的延伸，卸压开采消突技术由于受地质条件和技术因素的影响，卸压层留设煤柱和断层岩柱造成了被保护层部分区域的应力集中；在浅部开采以巷道或巷道穿层钻孔抽采卸压瓦斯的成功经验及突出煤层巷道开掘前先布置两条岩巷预抽瓦斯消突的有效措施，均需要提前准备大量的岩巷和钻孔工程，巷道掘进成本高，掘进速度低，且维护困难，不能很好地满足抽采瓦斯的需求。可见，上述技术在实际生产过程中均存在很多难以回避的难题，都不能充分地实现安全高效地抽采开采过程中首采层、采空区与邻近层产生的瓦斯。

特别是近些年，淮南矿区在无煤柱煤与瓦斯共采理论及技术研究方面取得了重大突破，即首采卸压层沿空留巷钻孔法瓦斯抽采技术，通过沿空留巷并在留巷内布置钻孔，连续高效抽采采空区及邻近层瓦斯，实现了煤与瓦斯安全高效共采。首先，选瓦斯含量低、突出危险性小的煤层作为关键保护层（首采卸压层）开采，在顶底板岩层移动条件下，使上下邻近煤层卸压，瓦斯解吸，透气性增加。根据煤矿覆岩岩层移动理论，在开采过程中，煤层顶底板不断发生冒落、移动，产生大量的采动裂隙，并引起首采卸压层与被卸压层煤层内的瓦斯卸压及解吸，大量的卸压瓦斯将沿着裂隙导通通道汇集形成瓦斯富集区。然后，通过预先布置的首采卸压层留巷抽采邻近层卸压瓦斯，如图4－42中所示的向瓦斯富集区布置瓦斯抽采钻孔，高效抽采瓦斯。

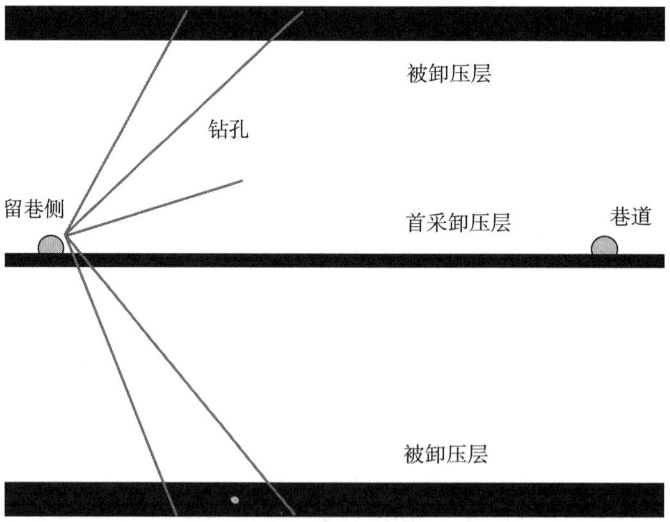

图4－42　采动卸压瓦斯富集区瓦斯抽采示意图

通常，采动效应下煤岩体内部的应力场将会重新分布，导致煤岩体出现了高应力区或高应力差区域，因为微破裂就是高应力的显现，随之煤岩体将发生微破坏，能量以弹性波的形式向周围煤岩内释放，致使微破裂扩展。随着微破裂的不断发育，逐渐在覆岩内形成采动裂隙场，而当微破裂急剧增多，裂隙场充分发育并完全贯通后，即可确定采动裂隙场分布参数。此时，由于瓦斯解吸、运移特性，瓦斯不断解吸与积聚，最终在裂隙场的顶部形成瓦斯富集区。所以，借助采动卸压裂隙形成的参数确定，有效布置抽采钻孔，就可以在富集区内进行瓦斯抽采。

4.4.2　首采关键卸压煤层瓦斯运移规律

采空侧围岩结构运动及裂隙发育规律研究表明，煤层群首采关键卸压层开采后，在采空侧顶板存在"竖向裂隙发育区"，采空侧采动影响区内顶板岩层裂隙呈现动态演化。竖向裂隙区外侧为增压区、内侧为卸压膨胀稳定区。冒落带岩体呈不规则堆积，由于采动应力影响，沿工作面推进方向，采空侧空隙分布呈"O"形，由于瓦斯密度小，气体上浮，采空区瓦斯易于富集在上部沿空留巷采动冒落空隙区(如图 4 - 43 中的 1 区)。规则冒落带和裂隙带中竖向裂隙区(如图 4 - 43 中的 2 区)顶板岩层产生卸压膨胀，该位置区域离层裂隙和竖向破断裂隙发育，横向和竖向裂隙贯通，并和不规则冒落带相连通，为围岩卸压瓦斯和采空区积聚的瓦斯提供良好的储集场所。由于煤体发生膨胀变形，弯曲下沉带内煤体以离层裂隙为主，煤层的透气性显著增加，如淮南潘一矿 B11 煤层开采后，远程弯曲下沉带内 C13 煤层的透气性增加约 2800 倍，处于弯曲下沉带竖向裂隙区中的煤层(如图 4 - 43 中的 3 区)为远程卸压抽采瓦斯提供了良好的通道。底板远程卸压膨胀区的卸压煤层，如新庄孜 B8 煤层下部 41.9 m 的 B4 煤层，B8 煤层开采后，B4 煤层的透气性增加 600 倍，远程底板卸压煤层离层裂隙发育，煤层中富含大量的卸压瓦斯(如图 4 - 43 中的 3 区)。

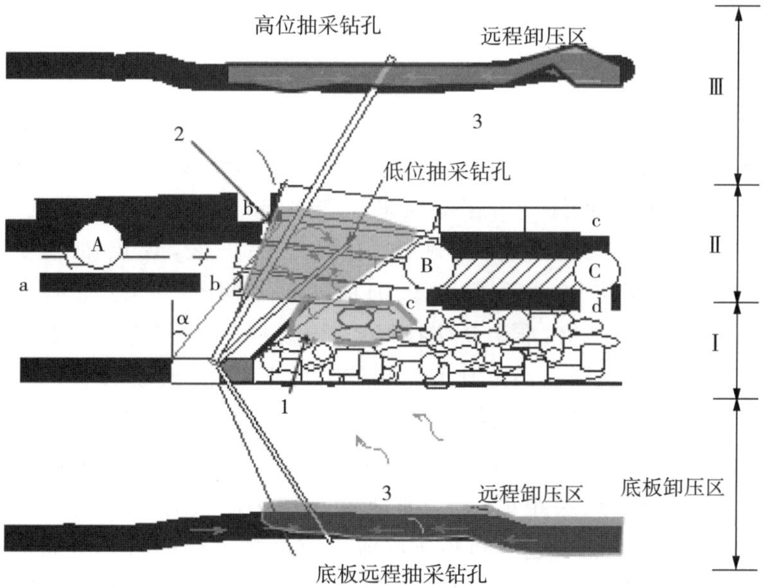

图 4 - 43　采动覆岩移动"竖三带"、"横三区"和"裂隙三发育区"模型

Ⅰ—冒落带；Ⅱ—裂隙带；Ⅲ—弯曲下沉带；

A—煤壁支撑影响区；B—离层区；C—重新压实区；

1—上部采空区顶区空隙区；2—裂隙带内的楔形裂隙发育区；3—远程卸压煤层离层发育区

从图4-43看出，由于煤层开采后上覆岩体形成承重岩层，承受的重量将转移到工作面前后方和两侧的煤体上，从而在采空区下方形成卸压区。开采煤层顶底板经历了采前压力升高、采后压力降低、压力逐渐恢复几个阶段。在留巷边界处向小于原始应力的垂直等应力曲线作切线，便可得到上部煤层开采以后，在采空区上下方形成的卸压区范围。卸压开采瓦斯下向抽采钻孔应布置在该区，该区域左边界角为采动卸压角。

卸压开采沿空留巷采场裂隙演化特征为卸压瓦斯抽采钻孔的布置提供了理论依据。

4.4.3 卸压瓦斯富集区分布规律

首采关键卸压煤层工作面的瓦斯主要来源于本煤层、采空区和邻近层的卸压解吸瓦斯。由于煤层松软，透气性低，穿层、顺层钻孔施工困难，抽采效果极差。"U"形通风全冒落采煤法开采的工作面若对采空区实施大面积抽采，工程难度大，而且抽不出高浓度瓦斯。沿空留巷"Y"形通风方式开采的工作面，留巷处于采空侧，为首采关键卸压层抽采覆岩卸压瓦斯提供了必要和有利的条件。因此，寻找卸压瓦斯运移的裂隙通道和瓦斯富集区是实施有效煤与瓦斯共采的技术关键。

根据矿山岩层移动理论，煤层在开采过程中，顶底板岩层冒落、移动，产生裂隙，远程煤层卸压，煤层透气性显著增加，为卸压煤与瓦斯共采创造良好的条件；首采关键卸压煤层和相邻卸压煤层内的瓦斯卸压、解吸，由于瓦斯具有升浮移动和渗流特性，来自大面积的卸压煤层的瓦斯沿裂隙通道汇集到顶板竖向裂隙充分发育区，即汇集到顶板竖向裂隙区，在顶板竖向裂隙槽内形成卸压瓦斯积存库。基于沿空留巷条件，把抽采钻孔布置在顶板竖向裂隙槽，能够获得理想的抽采低位高浓度瓦斯效果，从而避免采空区瓦斯大量涌入回采空间。

1)远程高瓦斯煤层卸压增透抽采区的确定

淮南矿区煤层的赋存特征是高瓦斯、低透气性松软煤层，新区多为远距离煤层群，如B11煤层和C13煤层间距为70～90 m。潘一矿远程下卸压层开采工程实践表明：在层间距近70 m，相对层间距(层间距与开采煤层采高之比)35倍条件下，通过现场考察得出的卸压煤层远程卸压相关参数的变化规律：在卸压保护区，煤层膨胀变形最大达到2.633%，上部卸压煤层透气性系数由0.01135 $m^2/(MPa^2 \cdot d)$增加到32.687 $m^2/(MPa^2 \cdot d)$，增加了约2880倍；淮南新庄孜煤矿B8煤层与B4煤层层间距为41.92 m，相对层间距(层间距与开采煤层采高之比)20.9倍条件下，通过现场考察，上保护层卸压开采后B4煤层膨胀变形此时达到了最大值27.1×10^{-3}，远远超过了6‰，下部卸压煤层透气性能大大增加到了22.2 $m^2/(MPa^2 \cdot d)$，即原始透气性系数的约600倍。由于远程卸压煤层距离首采关键卸压煤层距离远，与首采卸压层中间具有致密隔气性较好的泥岩，远程煤层中的高压瓦斯不能通过中间卸压层流入首采关键层的采动空间。因此，远程卸压煤层中的高压瓦斯储集在煤层中，而煤层的透气性由于受采动卸压大幅度增加，煤层的瓦斯可抽性好，在留巷内向远程卸压煤层施工穿层瓦斯抽采钻孔，把钻孔布置在远程煤层卸压区内，能够获得理想的抽采高浓度大流量瓦斯效果。

淮南矿区首采卸压层试验研究得到的卸压范围如下：

(1)开采上卸压层时沿煤层倾向的卸压范围向深度方向收敛，淮南矿区老区开采上卸压层倾向卸压角为 75.0°～82.0°；新区开采上卸压层倾向卸压角为 83.0°～85.0°。

(2)开采下卸压层时，沿煤层倾向的卸压范围向高度方向发散，淮南矿区老区开采下卸压层倾向卸压角为 110.2°～118.9°；新区开采下卸压层倾向卸压角为 102.0°～110.0°。

(3)淮南矿区老区开采上卸压层倾向卸压范围(K<1.0 区域)向底板方向发展的深度超过 100 m，新区开采上卸压层倾向卸压范围向底板方向发展的深度超过 80 m。

(4)淮南矿区老区开采下卸压层倾向卸压范围(K<0.9 区域)向顶板方向发展高度超过 130 m，新区开采下卸压层倾向卸压范围向顶板方向发展的高度达到 150 m。

2)采场顶板瓦斯富集区的确定

根据淮南 C13 煤层的赋存特征、工作面的布置参数，应用 FLAC 数值计算，采用弹性物理模型和 Mohr - Coulomb 强度准则，模拟采场空间顶板冒落带及裂隙发育特征，并利用数值模拟结果找出竖向裂隙区存在的位置。模拟的条件为工作面倾向长度 180 m，采高 3 m，煤层顶板模拟高度 45 m，底板厚 10 m，倾角 10°。岩石力学主要参数取自开采试验资料、钻孔岩芯取样试验及顶板岩性分类资料。其数值模拟结果如图 4 - 44 所示，表明淮南 C13 开采时，复合顶板的采场顶板竖向裂隙区的位置：以留巷上风巷为界，右边角 60°，左边角 95°；垂直煤层顶板向上 2.7～8.3 倍采高(8～25 m)，倾斜方向 0～30 m，为裂隙充分发育区。数值模拟结果与实验室相似材料模拟试验结果十分吻合。

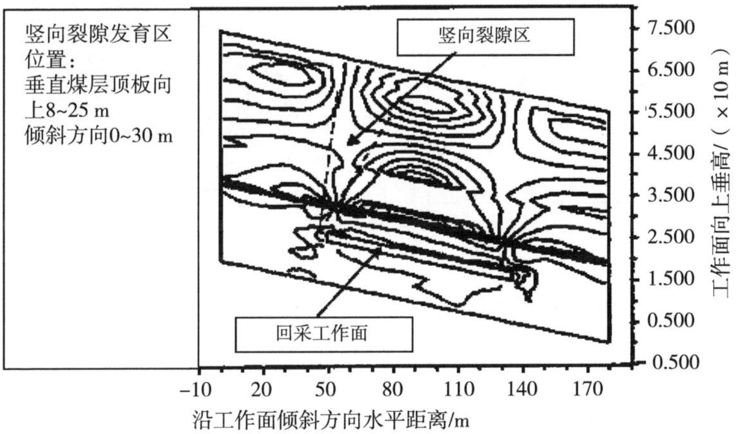

图 4 - 44　首采层开采后顶板裂隙发育状态的数值模拟结果

3)“Y”形通风采空区瓦斯富集区确定

根据“Y”形通风工作面布置条件，数值计算采空区瓦斯浓度场分布规律，模拟工作面倾向长度 150 m，采空区走向长 350 m，煤层为近水平，采空区空隙 n=0.13～0.33，冒落碎胀系数 k_p=1.15～1.50；采空区瓦斯涌出强度为 W_{CH_4}=0.50mol/(m^2 · h)，采空区连续漏风总量 100 m^3/min，图 4 - 45 为“Y”形通风采空区瓦斯浓度场分布图。

“Y”形通风采空区瓦斯浓度场模拟结果表明，在采空区瓦斯涌出强度一定和有效控制采空区漏风的条件下，“Y”形通风易于在采空区积存高浓度瓦斯，在工作面上部留巷采空区后部 50 m 瓦斯浓度超过 10%，100 m 位置瓦斯浓度超过 20%，300 m 位置采空区瓦斯浓度达到 40%。因此，对于两进一回“Y”形通风系统，在留巷后部一定位置区向采空区施工抽采瓦斯钻孔，可以抽采采空区高浓度的瓦斯资源。同时，“Y”形通风采空区与采场顶板竖向裂隙区连通，为采场顶板富集瓦斯区连续提供高浓度瓦斯，利于采场顶板瓦斯富集区瓦斯抽采，为首采关键卸压层煤与瓦斯共采创造良好的安全保障。

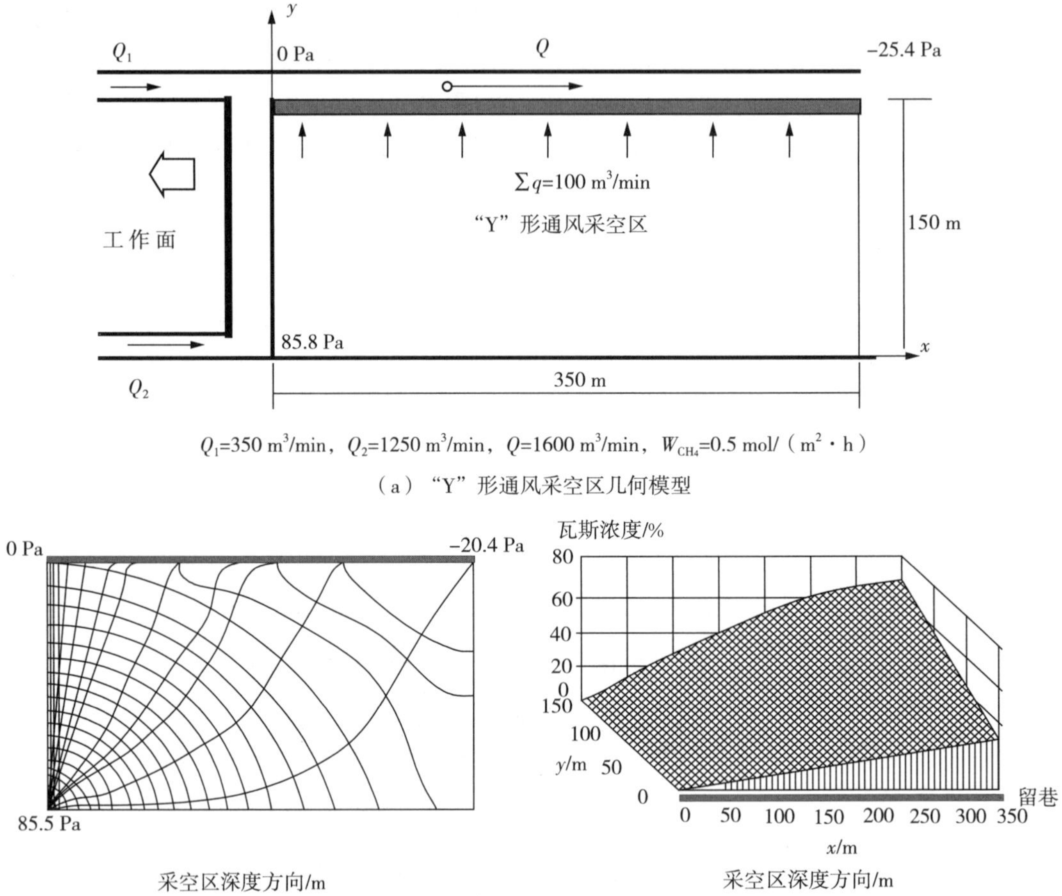

Q_1=350 m³/min，Q_2=1250 m³/min，Q=1600 m³/min，W_{CH_4}=0.5 mol/（m²·h）

（a）“Y”形通风采空区几何模型

（b）流线及风压等值线

（c）采空区瓦斯浓度分布

图 4－45 “Y”形通风采空区瓦斯浓度场分布图

4)采场底板瓦斯富集区

新庄孜煤矿首采卸压煤层开采后，采空区底板发生膨胀变形，左侧底板卸压膨胀区发育范围以偏 55°向采空区内，右侧底板卸压膨胀区发育范围偏以 60°向采空区内，裂隙发育深度到 B11－2 煤底板 28～31 m。

由于瓦斯密度小，底板裂隙发育区有竖向裂隙与采空区贯通，因此，底板卸压瓦斯上浮运移至采空区，在底板裂隙发育区没有显著的瓦斯富集区。但在底板 28～31 m 以下具有致密隔气性较好泥岩的远程卸压煤层中，存在高压富瓦斯煤层，煤层具有一定的采动层间离层裂隙，煤层透气性大大增加，在该卸压煤层卸压区上部布置抽采瓦斯钻孔，卸压煤层底部的瓦斯解吸并通过层间裂隙运移到上部抽采钻孔周围而被抽采。在下向钻孔密封性保证条件下，下部远程卸压煤层能抽采较高浓度的瓦斯。

第 5 章　卸压开采煤与瓦斯共采理论体系

5.1　卸压开采覆岩移动规律

1. 采场顶板破断规律

无煤柱开采技术是将工作面运输平巷或回风平巷靠采空区一侧进行充填形成充填条带，整个充填带在采空区里面，从而将所留巷道与采空区隔离开的技术，无煤柱开采沿空留巷矿压模型如图 5－1 所示。

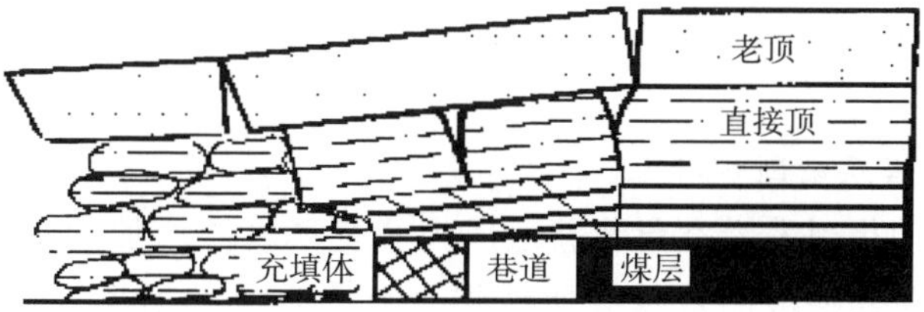

图 5－1　沿空留巷矿压模型

随着工作面的推进，悬臂梁急剧转动，悬臂梁的沉降量与一次开采厚度呈正比关系。沿空巷道煤帮作为悬臂梁的一个支承点承受较为集中的支承压力，所以沿空留巷煤帮会产生严重破裂。这不仅导致煤帮强烈位移，而且随悬臂梁的回转角增加，会引起巷道顶板急剧沉降。因此，制止煤帮强烈位移是控制整个巷道围岩大变形的关键之一。

充填体上方的直接顶板在工作面前方超前支承压力的作用下，一般已比较破碎，刚度和强度都比较低。如果顶板比较破碎，漏冒严重，充填体不能将支撑阻力传递给直接顶，导致老顶回转下沉量加大，进而造成巷道顶板和巷道煤帮严重破坏，沿空留巷难以成功。因此，充填体上方顶板完整性的控制是沿空留巷成功的又一关键。

板的塑性极限分析、板破断的相似材料模拟试验及现场观测均已证明：长壁工作面自开切眼向前推进一段距离后，首先在悬露老顶的中央及两个长边形成平行的断裂线 I_1、I_2，再在短边形成断裂线Ⅱ，并与断裂线 I_1、I_2 贯通，最后老顶岩层沿断裂线Ⅰ和Ⅱ回转且形成分块断裂线Ⅲ，进而形成结构块 1、2。老顶在采空区中部接触矸石后，运动较平缓。老顶初次破断后的平面图形近似呈椭圆状，如图 5－2 所示。沿空留巷的直接顶板除采空区自然冒落外，必然由于 2、3 结构块的运动而被迫下沉。因此，结构块 2、3 的稳定状况直接影响沿空留巷的稳定状况。一般来说，充填体很难阻止结构块 3 的旋转下沉。可见，当老顶破断下沉时，要求巷旁充填体具有一定的可缩量，使其适应结构块 3 的旋转下沉。为了保持巷道顶板的完整，以及减少顶板下沉量，要求充填体具有一定的支护阻力，将结构块 3 在采空区侧沿充填体边缘切断，即切顶。

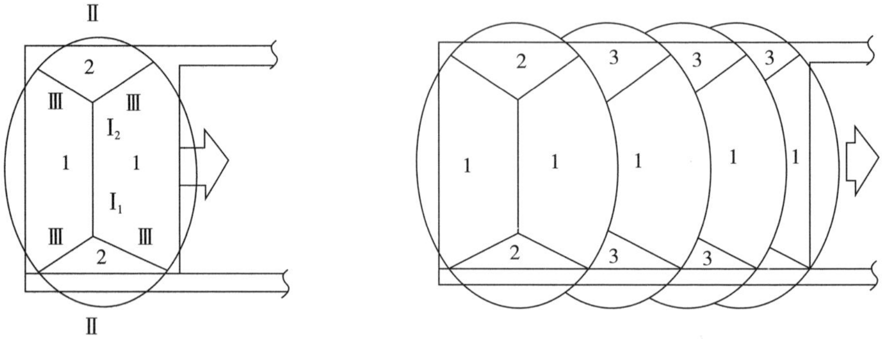

（a）老顶初次破断结构平面　　（b）老顶切顶断裂结构平面

图 5－2　沿空留巷老顶破断的基本形态

根据图 5－2 所示的沿空留巷老顶断裂结构图，结构块 2 和 3 在其中部悬顶距达到最大，此时充填体既要适应结构块的运动，又要控制顶板旋转下沉量，所承担的载荷达到最大。此时，充填体外侧顶板最可能发生切顶断裂，因而充填体的支护阻力必须满足这种切顶要求。

2. *留巷侧上覆岩层破断规律*

上覆岩层的活动是引发沿空留巷巷道压力和变形剧烈增加的主要原因。所以，研究留巷首先应该对上覆岩层破断规律有所认识。上覆岩层的活动规律特别是侧向板块的结构及活动规律，对留巷巷道的围岩变形影响最为显著。

研究结果表明，在留巷顶板岩层发生离层前，及时进行支护，使顶板岩层首先沿巷旁支护外侧采空区侧切断，垮落时对所架设的巷道支护的冲击较小，支护的变形也较小。若顶板离层后再架设同样大小的支护，顶板岩层就会首先沿煤帮折断，垮落时对支护的冲击较大，支护变形也较大。合理的留巷支护对上覆岩层垮落具有明显的主动控制作用，并且及早进行巷内支护，保证支护具有较大的初撑力，及时控制围岩活动是十分重要的。

上覆岩层垮落所产生的动压，对移动边界（即工作面空间）的影响比对固定边界（沿空留巷）的影响严重得多。研究结果表明，沿空留巷的矿压显现的剧烈程度明显小于采场中的矿压显现程度，这也说明了为什么工作面前方动压影响范围明显大于工作面两侧煤体中的影响范围，即沿空留巷支护阻力必然小于工作面采场支架的支护阻力。

总之，工作面周期来压是不均衡的，周期来压步距不相同，相邻的两次周期来压步距、来压强度往往都不相同。此特点对研究沿空留巷及采场支护与围岩相互作用机理，寻找合理控制留巷岩层活动的方式和设计支护参数都是十分重要的。

通过改变沿空留巷侧的支护方式能够改变下位岩层（尤其初次垮落岩层）的垮落边界位置，进而改变整个垮落线的位置。这种特点是研究沿空留巷支护对围岩作用的重要依据。根据顾桥矿 11-2 煤层工作面的工程地质条件，沿空留巷侧上覆岩层破断的模拟结果如图 5-3 所示。

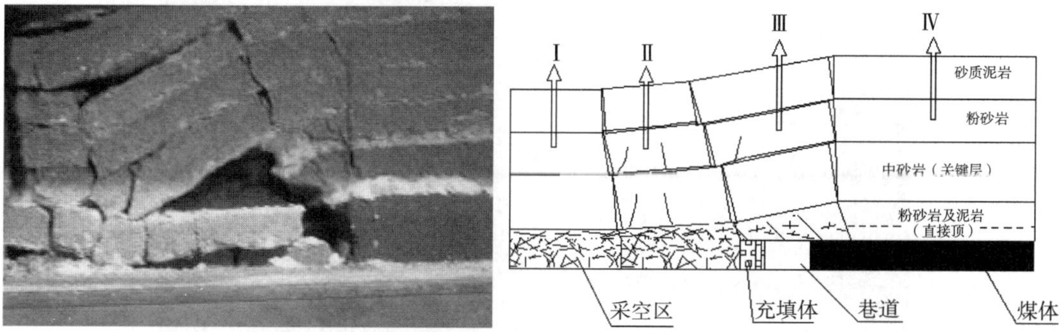

（a）模拟　　（b）素描

图 5-3 沿空留巷侧上覆岩层破断的模拟结果

Ⅰ—垮落区；Ⅱ—错动离层带；Ⅲ—二次破断区；Ⅳ—煤壁支撑区

随着垮落层位的向上发展，固定边界已垮岩层残留边界由承载状态转入了加载状态。当加载达到一定程度，即达到下位岩层整个残留边界的总极限承载能力时，残留边界就会产生二期破断。二期破断不同于前期破断，除下位冒落带所对应的岩层之外，其余岩层都受到前期破断岩层结构和未垮岩层的“夹持”作用，下沉受到制约。由于前期垮落的岩层已受到一定程度的压实，并在边界处形成了稳定结构，这种边界结构构成了二期破断岩层的支座。当这种支座的刚度等于或大于煤体的刚度时，上覆岩层将以“平移”甚至“反转”的形式下沉。上覆岩层的这种下沉会加剧煤帮的挤出，增大底鼓量。随着二期破断的发展，已经稳定的岩层上方平衡的未垮岩层还会失去平衡，产生下沉。上覆岩层的这种活动会加剧沿空留巷上覆岩层的平移下沉及巷道煤帮的挤出，使巷道煤帮内的支承压力范围加大。

分析表明，设计沿空留巷最大支护载荷主要以上覆岩层的前期规律为依据，设计沿空留巷最大支护变形主要以上覆岩层后期活动规律为依据。

5.2 卸压开采煤岩体中应力分布规律

5.2.1 首采关键卸压保护层开采卸压范围

卸压开采后，周围的煤岩层向采空区移动，采空区上方岩体冒落并形成自然冒落拱，采空区下方岩体向采空区膨胀形成裂隙，使得采空区上下方煤岩体产生应力、透气性、瓦斯压力、位移等变化。研究卸压开采后应力重新分布规律，对确定卸压范围具有十分重要的意义。上下保护层卸压开采沿走向和倾向卸压范围的模拟结果如图 5-4 所示。

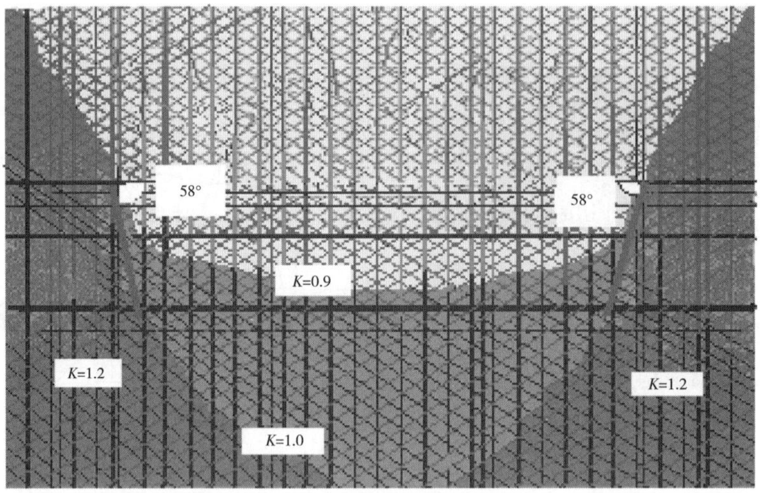

（a）走向卸压范围1

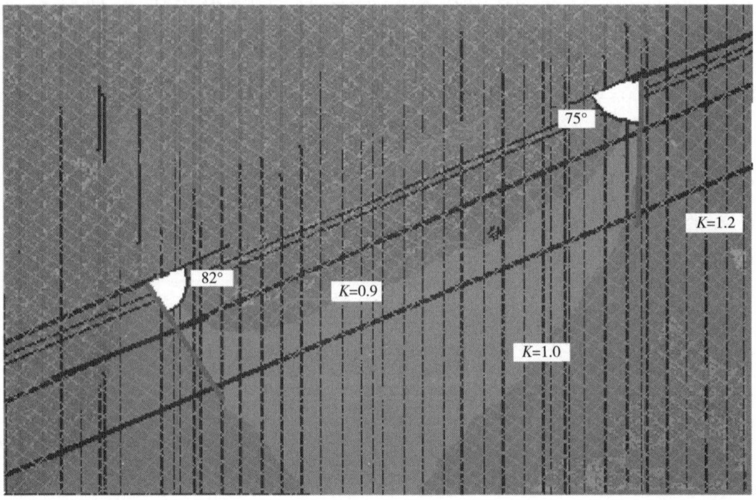

（b）倾向卸压范围1

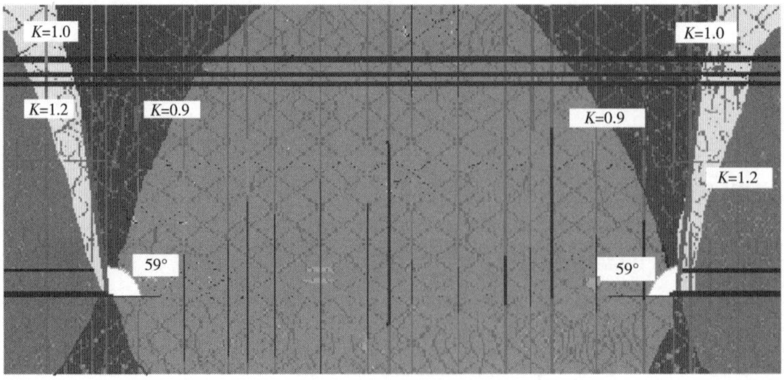

（c）走向卸压范围2

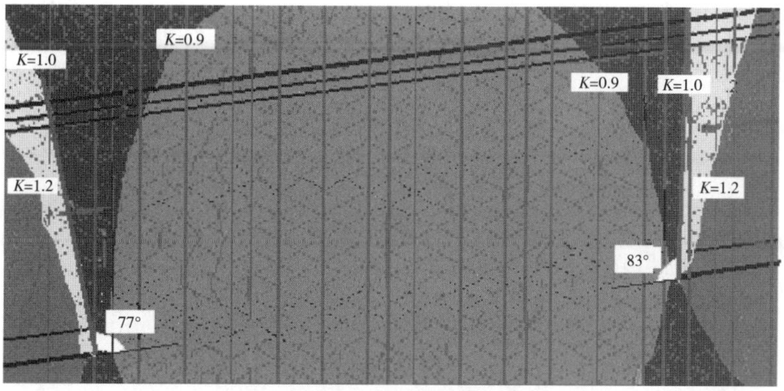

(d) 倾向卸压范围2

图 5－4　上下保护层开采沿走向和倾向卸压范围的模拟结果

从图 5－4 看出，由于煤层开采后上覆岩体形成承重岩层，在煤柱边界处向小于原始应力的垂直等应力曲线作切线，谢桥煤矿 12418 工作面开采后，对下部 6 煤层走向方向和倾向方向卸压范围的模拟结果如图 5－4(a)(b)所示；丁集煤矿 1311(1)工作面开采后，对上部煤层 13 煤层走向方向和倾向方向的卸压范围的模拟结果如图 5－4(c)(d)所示。

(1)沿走向顶、底板煤岩体中卸压范围分布特性：开采谢桥煤矿上卸压层 12418 工作面和开采丁集煤矿下卸压层 1311(1)工作面，其沿走向卸压方向应力状态基本呈对称形态；开采上卸压层时沿煤层走向的卸压范围向深度方向收敛，开采上卸压层走向卸压角在 58°，开采下卸压层走向卸压角为 59°；开采上卸压层走向卸压范围($K<1.0$ 区域)向底板方向发展的深度超过了 100 m；开采下卸压层走向卸压范围($K<0.9$ 区域)向顶板方向发展的高度超过了 130 m。

(2)沿倾向顶、底板煤岩体中卸压范围分布特性：开采上卸压层，倾向卸压方向应力分布均呈不对称状态，且下山侧的倾向卸压角大于上山侧的倾向卸压角；开采下卸压层，倾向卸压方向应力分布均同样呈不对称状态，且下山侧的倾向卸压角小于上山侧的倾向卸压角；开采上卸压层时沿煤层倾向的卸压范围向深度方向收敛，开采上卸压层 12418 工作面倾向卸压角为 75.0°～82.0°，开采下卸压层 1311(1)工作面倾向卸压角为 77°～83°；开采上卸压层倾向卸压范围($K<1.0$ 区域)向底板方向发展的深度超过了 100 m；开采下卸压层倾向卸压范围($K<0.9$ 区域)向顶板方向发展的高度超过了 130 m。

5.2.2　卸压煤层采空侧顶底板卸压区分布

为了进一步研究卸压煤层开采后，采空侧顶底板岩层卸压膨胀区的发育状况，依照丁集煤矿 1311(1)工作面的柱状建立模型，模型划分 17100 个单元，模拟工作面宽度 200 m，工作面两侧边界各留 80 m，模型总宽度 360 m。11－2 煤层顶板高度为 140.4 m，底板高度 75 m。模拟埋深 750 m。计算模型如图 5－5 所示。

图 5-5 计算模型

1)卸压膨胀区分布特征

当 11-2 煤层开采后，采空侧顶底板卸压区分布如图 5-6 所示。分析计算结果可知：

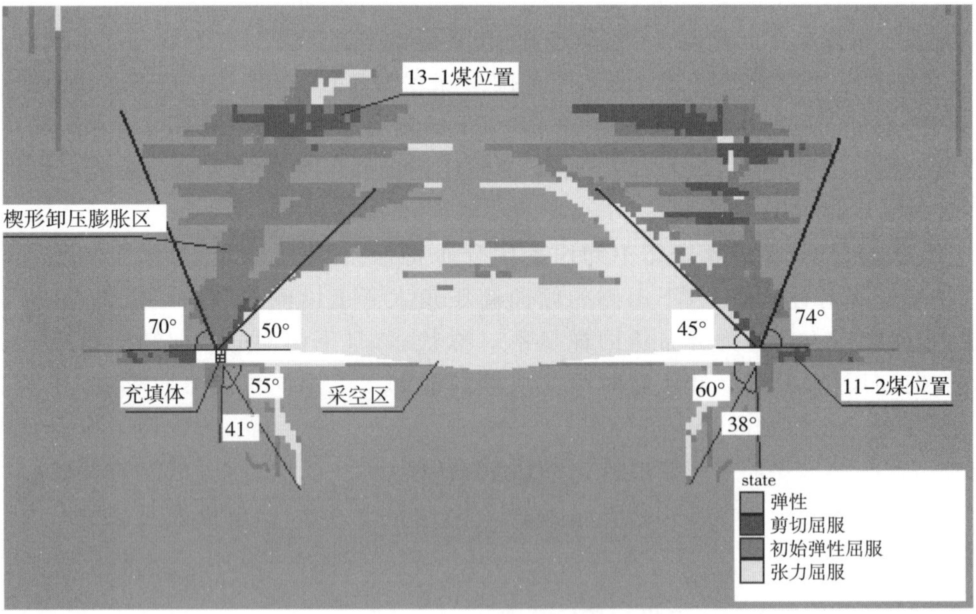

图 5-6 采空侧卸压区分布

(1)左侧顶板破断角为 50°，边界采动影响角为 110°。竖向裂隙区内顶板岩层产生卸压膨胀变形。

(2)右侧顶板破断角为 45°，边界采动影响角为 106°。竖向裂隙区内顶板岩层产生卸压膨胀变形。

(3)左侧底板卸压膨胀区发育范围以偏 55°向采空区内,发育深度到 11－2 煤底板 31 m。

(4)右侧底板卸压膨胀区发育范围以偏 60°向采空区内,发育深度到 11－2 煤底板 28 m。

2)应力分布

当 11－2 煤层开采后,采空侧顶底板岩层应力分布如图 5－7 所示。

(1)由图 5－7(a)可知,煤层开采后,两采空侧上、下以一定角度范围形成剪应力升高区。其中,靠近工作面两巷剪应力最大,为 15～20 MPa,随着与工作面距离的增加,剪应力从 10 MPa、5 MPa 下降为 0。结合图 5－7(b),该范围内剪应力是造成竖向区内岩石卸压膨胀变形的主要原因。而两个剪应力升高范围中间所形成的接近 0 剪应力范围,是由于拉、剪应力破坏使该范围内岩体屈服无法承受太大剪切应力。

(2)图 5－7(b)为两采空侧最大主应力与最小主应力差的应力分布云图。由该图可知采空侧顶、底板中主应力差值变化分为 3 个区。

① 稳定卸压区:位于采空区上、下岩体的应力变化区,应力值在 5～10 MPa 变化,岩体受拉、剪破坏,承载的最大、最小主应力均不高,主应力差值也不高。

② 卸压膨胀区:位于采空侧上方岩体的应力值变化区,应力差值变化较大,在 10～40 MPa区间变化,说明该范围内岩体具备承载能力,结合图 5－7(b),尽管出现膨胀变形,应力趋于平衡,围岩结构自稳。

③ 增压区:采空侧两端头外侧,应力值在 5～10 MPa,该范围岩体受超前压力影响,岩体内应力没有得到卸压,最大、最小主应力值均较大,所以差值不高。

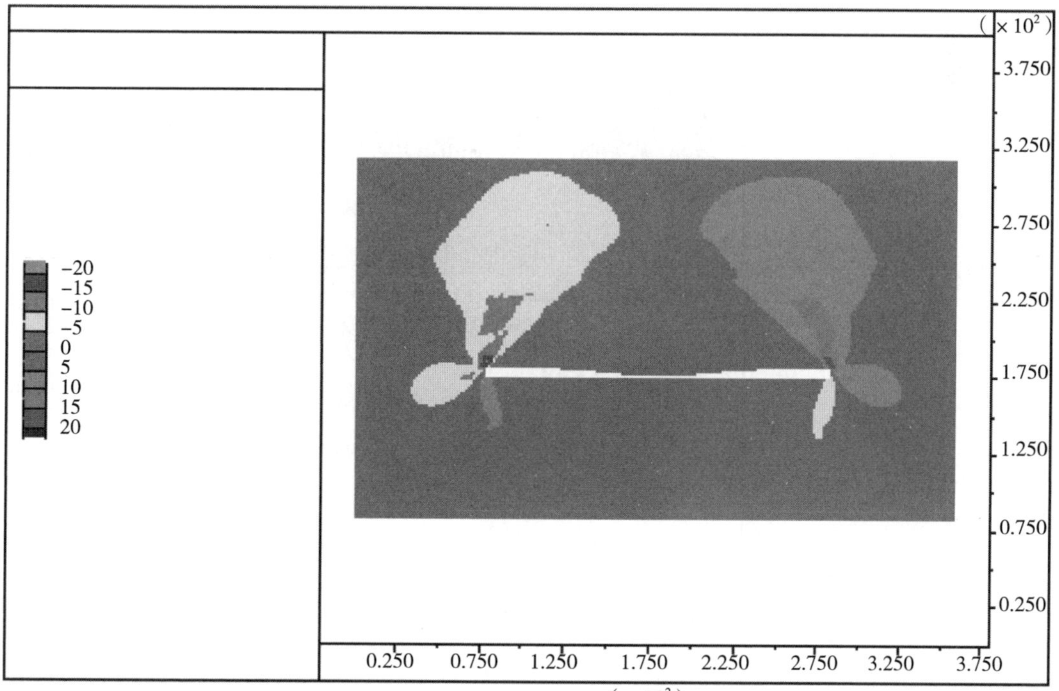

(a) 剪应力云图

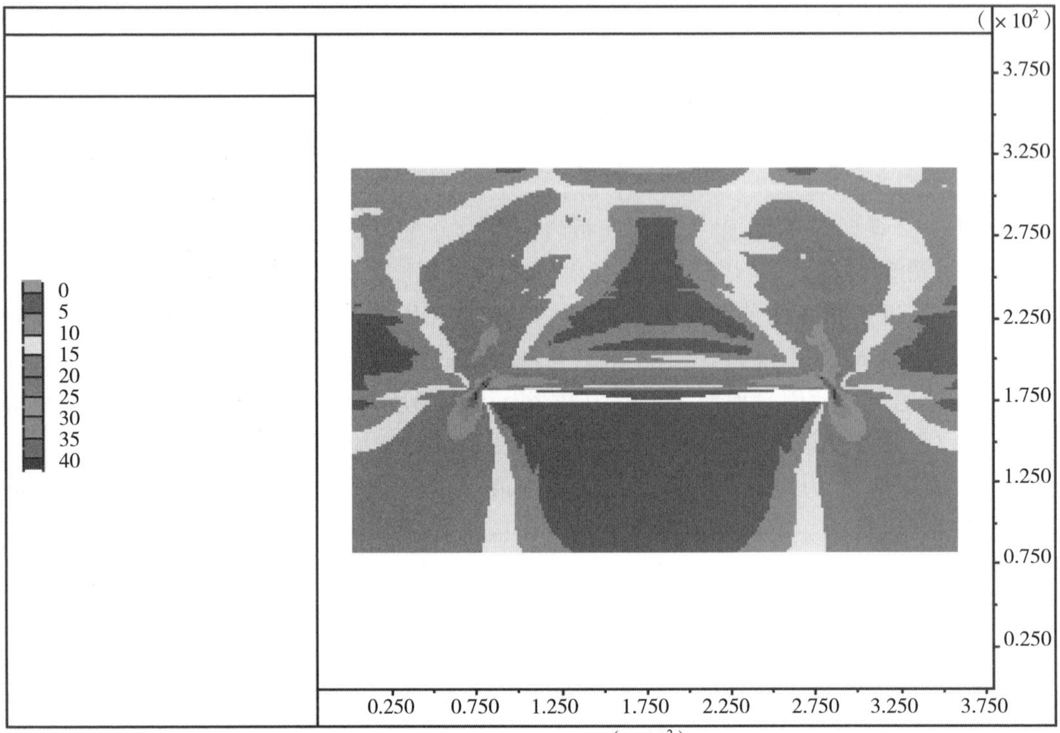

（b）最大、最小主应力差值应力云图

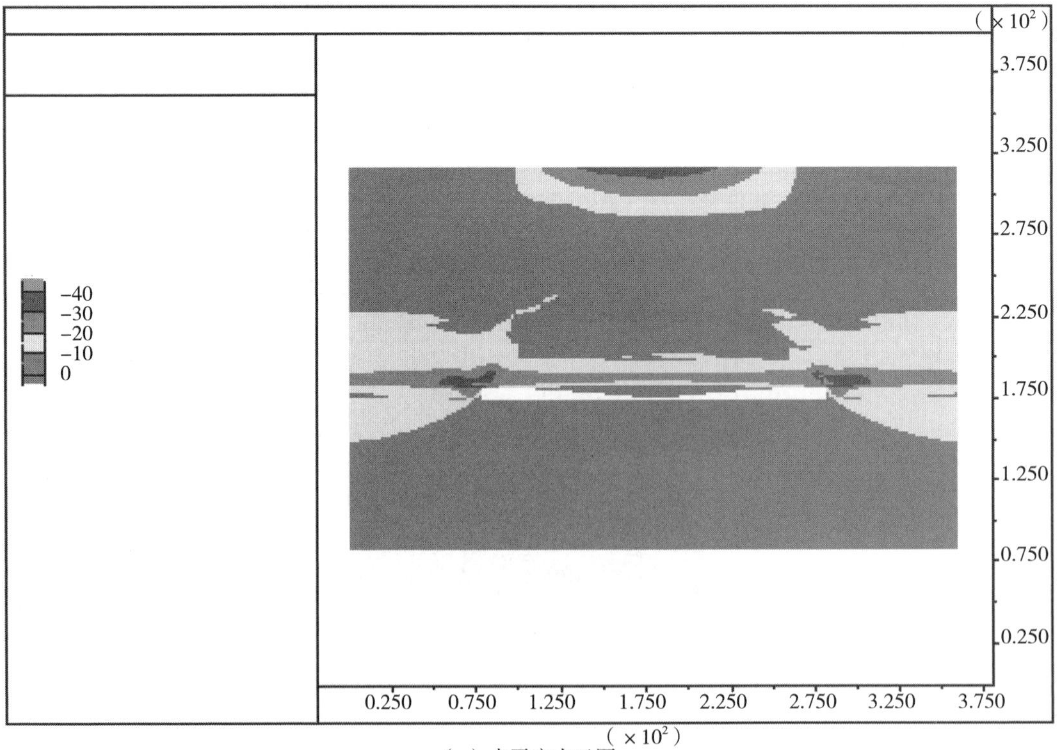

（c）水平应力云图

图 5－7　采空侧顶底板应力分布

(3)图 5-7(c)是水平应力云图,应力值在 0～10 MPa,说明煤层开采后,顶、底板岩层抗水平错动能力减弱,尤其是底板下部,出现零应力区,说明该区域内各岩层由于自身力学性能不同,造成水平方向相互错动,失去抵制外载能力。

5.2.3　被卸压煤层采动应力分布

下保护层开采后不但会引起垂直方向应力的改变,而且水平应力、水平位移都将会发生相应的变化。

1)水平应力

由数值模拟结果得出了采高 2 m 时不同位置处的水平应力分布,如图 5-8 所示。由此图可以看出,尽管 13-1 煤层底板、12 煤层和 13-1 煤层与下保护层的距离不同,但是由下保护层的开采而引起它们中的水平应力的重新分布规律是相同的。在采空区上方的大部分区域,开采后的水平应力大于未开采前的原始水平应力,产生应力集中。而在工作面前方水平应力的变化较大,由原始的水平压应力变为拉应力,这种变化从工作面内大约 10 m 即开始,其影响范围达工作面前方 80 m 以外。

2)水平位移

岩层内水平拉应力的出现必然导致岩层水平位移的产生,使岩体或煤体向采空区方向移动。采高 2 m 时不同位置处的水平位移分布如图 5-9 所示。由该图可知,由于同一岩(煤)层不同位置处的水平位移不同,因而将形成竖向破断裂隙。尤其是在开切眼及停采线附近水平位移较大,从而导致裂隙较其他位置进一步发育。

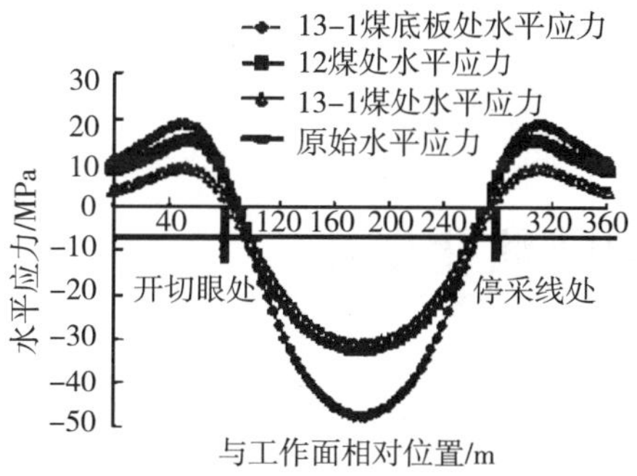

图 5-8　卸压煤层附近水平应力分布

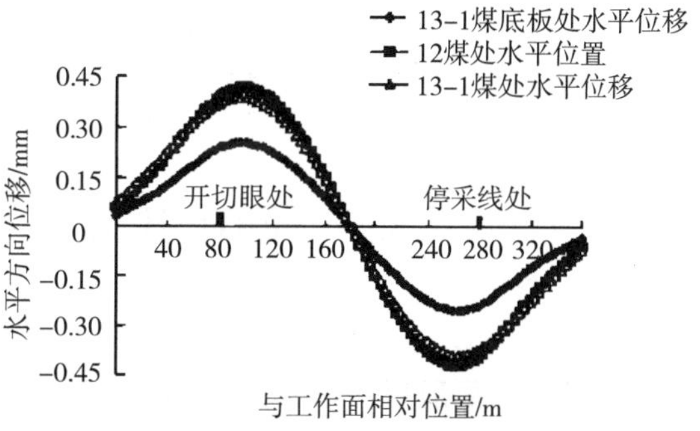

图 5-9　采高 2m 时不同位置处的水平位移分布

下保护层的开采改变了上覆岩(煤)层的水平应力分布,尤其在开切眼和停采线附近,原始的水平压应力变为拉应力,导致了岩层水平位移的产生。同一岩(煤)层不同位置处的水平位移不同,使得上覆岩(煤)层产生不同程度的卸压,在卸压带内,煤体产生膨胀变形,生成大量次生裂隙,增加了煤体的透气性,所以在覆岩中将形成丰富的竖向裂隙,为卸压瓦斯的运移提供了通道。

3)垂直方向应力分析

采用数值模拟对 11-2 煤层开采(采高 2.0 m)之后,处在其上方远程卸压区域内的 13-1 煤层及其附近岩体的垂直应力变化进行了模拟。图 5-10 为 13-1 煤层卸压垂直应力变化模拟结果(注:工作面始采及终采位置对应坐标为 80 m、280 m)。

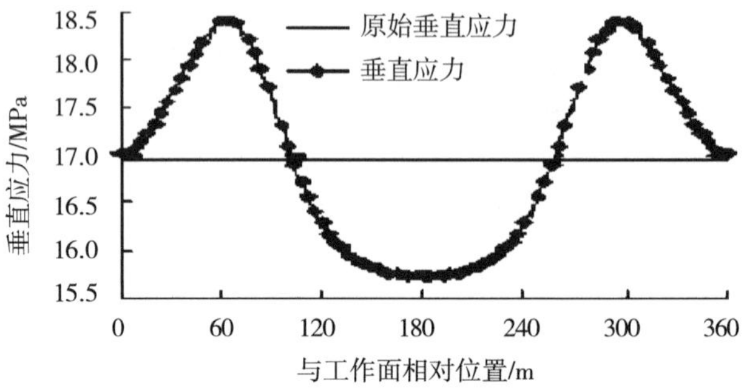

图 5-10 13-1 卸压煤层垂直应力变化模拟结果

可见,11-2 煤层开采之后,13-1 煤层开始卸压,当 11-2 煤层采过 40 m 后,13-1 煤层垂直应力已降为原始应力的 91%,说明 13-1 煤层已经充分卸压。

另外,由相似材料模拟及数值模拟结果分析可以看出,下保护层的开采将破坏上覆岩(煤)层的原岩应力场,使得距离下保护层一定距离的上覆岩(煤)层产生不同程度的卸压,岩(煤)体产生膨胀变形,从而使岩(煤)体内产生大量的顺层及穿层裂隙。

研究结果表明,11-2 煤层开采后,其裂隙带的高度为 40~58.7 m,说明 13-1 煤层处在弯曲下沉带内。在弯曲下沉带内形成的裂隙主要为岩(煤)层离层后形成的顺层张裂隙和少部分岩(煤)层破断后形成的穿层裂隙,卸压瓦斯解吸后具有沿顺层张裂隙流动的较好条件,极少有沿穿层张裂隙流动的条件。因此,13-1 煤层中的瓦斯将在瓦斯压力和抽采负压的作用下沿顺层张裂隙向钻孔(井)位置产生径向流动,并通过地面钻井瓦斯抽采管路排至地面,从而达到消除煤与瓦斯突出,实现煤与卸压瓦斯安全共采的目的。

5.3 卸压开采采动裂隙演化规律

5.3.1 卸压煤层顶板垮落特征及卸压范围

1)卸压煤层顶板垮落特征

11-2 煤层开采过程中,直接顶暴露面积逐渐增大,工作面推进 12 m 时,直接顶出现很微弱的层间离层裂隙,之后,离层现象逐渐明显;当工作面推进 36 m 时,11-2 煤层上方的顶板产生第 1 次垮落,随着煤层的不断采出,垮落的岩块大部分排列规则,垮落岩块的长度为 4~6 m,岩块内部裂隙丰富。随着工作面的继续推进,上方岩层呈现微弱弯曲下沉趋势,岩层内伴有微纵向裂隙产生,当工作面推进 42 m 时,11-2 煤层上方的顶板产生较大面积垮落,如图 5-11(a)所示。

工作面继续推进 15 m 后,采空区后方直接顶板出现第 2 次垮落,垮落长度为 15 m,随着工作面的不断向前推进,采空区正上方的裂隙不断发育,出现了离层现象;当工作面推进到 72 m 时,采空区上方老顶出现大面积的垮落,冒落高度为 11.5 m,同时在冒落高度上方 10 m 处出现一条长度为 50 m 的离层缝隙，如图 5－11(b)所示。

随着 11－2 煤层的不断采出，在工作面上方出现了明显的断裂线，其角度大约为 50°向上发育。其随着工作面不断推进而逐渐发育增大；工作面推进到 104 m 时顶板又一次出现了垮落现象，垮落长度在 16 m 左右，如图 5－11(c)所示。因此，可以得出老顶周期垮落步距为 15～16 m。随着工作面的不断向前推进，裂隙不断向上发展，老顶的破断线也不断地成周期性向前发育，其顶板破断角度为 50°左右。

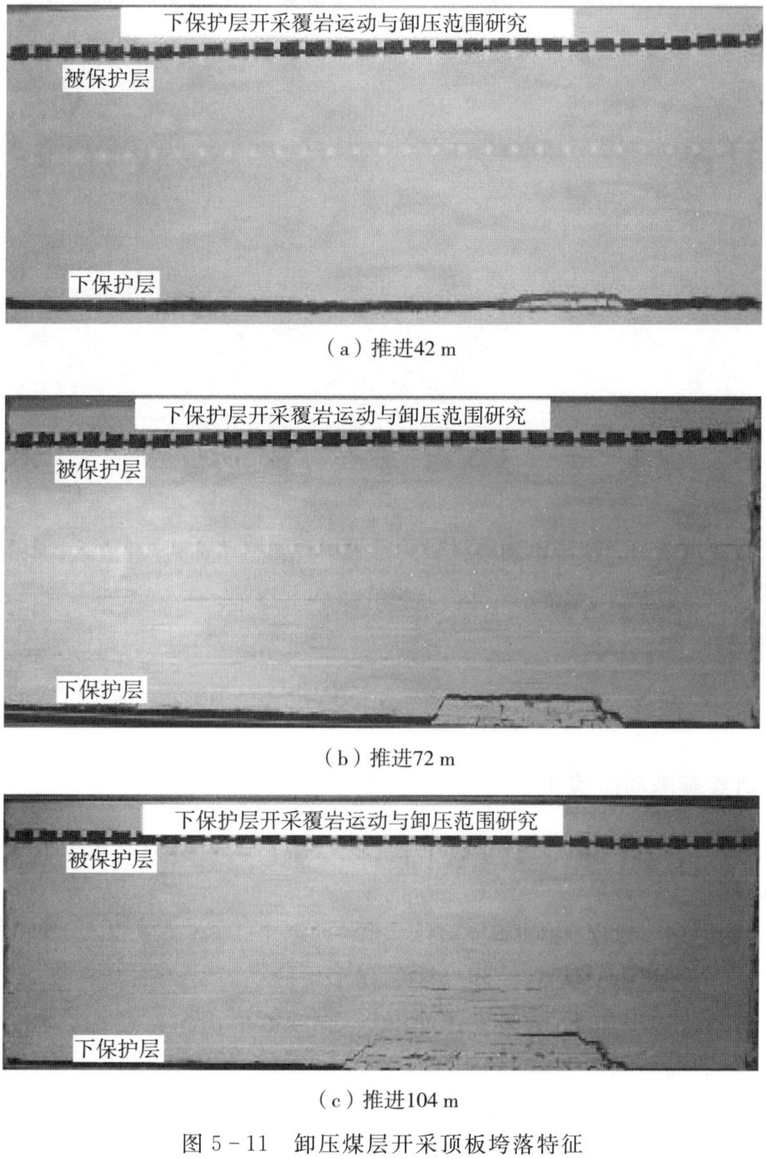

图 5－11　卸压煤层开采顶板垮落特征

2)卸压范围

综合考察 11－2 煤层采动过程中 13－1 煤层应力分布及煤层膨胀变形之后，11－2 煤层开采后的整体卸压效果如下：

(1)采空侧顶板应力分布被分为 3 个区，即增压区、卸压区、卸压稳定区。相应地卸压煤层变形可分为压缩变形区、卸压膨胀变形区（卸压竖向裂隙发育区）和卸压膨胀变形稳定区，采空侧压缩变形区长度为 40 m 左右、卸压竖向裂隙发育区 80 m、向采空区方向则为卸压膨胀变形稳定区。

(2)两采空侧的顶板破断基本对称，顶板破断角为 50°左右。

(3)图 5－12 为开采稳定后采空侧上覆卸压煤层变形破坏照片，从图中可清晰地看出采空侧顶板裂隙发育呈竖向向偏采空区发展，竖向裂隙发育区的右边界以偏 50°左右向采空区发展，左边界为采动影响边界线，与煤层底板夹角为 110°左右。

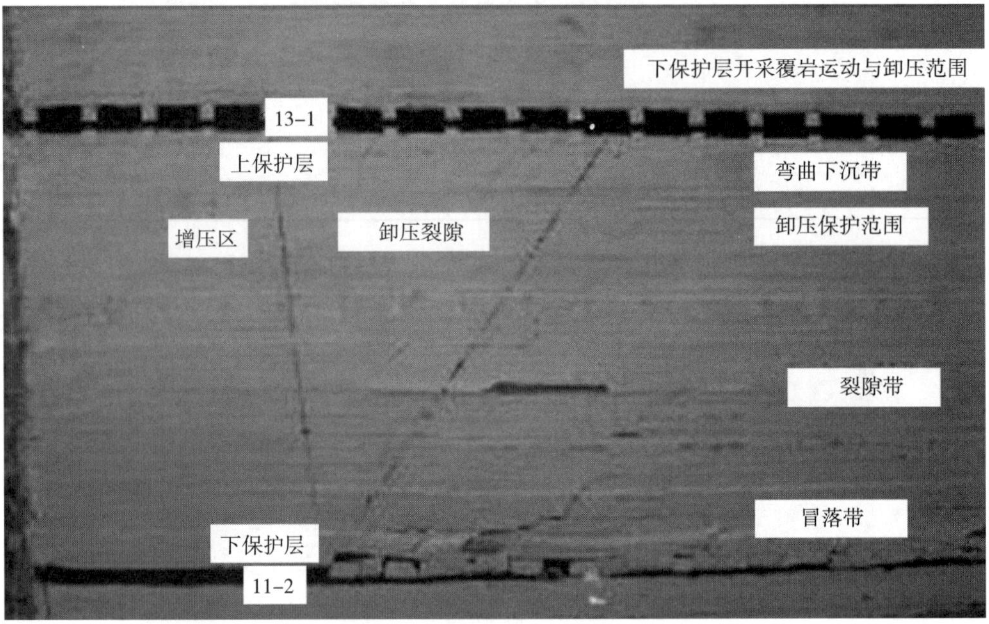

图 5－12 开采稳定后采空侧上覆卸压煤层变形破坏照片

5.3.2 顶板离层裂隙动态演化

煤层开采后将引起岩层移动与破断，并在覆岩中形成离层与裂隙。覆岩移动过程中的离层与裂隙分布规律的研究与卸压瓦斯抽采等工程问题紧密相关。

由相似材料模拟实验结果可知，在模拟开挖过程中，可以看出顶板离层裂隙的发生、发展、密合受控于关键层的运动，可分为以下 3 个阶段：

第一阶段，从开切眼开始，随着工作面推进，顶板岩层由初次开挖的弹性变形向塑性变形、破坏发展，两端出现破断裂隙，中间出现离层裂隙，且裂隙密度不断增加，至工作面初次来压时，离层裂隙密度达到最大，但发育高度低，如图 5－13(a)所示。

第二阶段，为顶板初次来压后周期性矿压显现的正常回采期，此阶段内覆岩破断和离层裂隙向较高层位发展，尤其是离层裂隙发育，但顶板来压后采空区中部垮落矸石被重新压实，裂隙密度逐渐减小。在工作面侧和开切眼附近覆岩采动裂隙分布的密度仍然很大，特别是在远离切眼的工作面附近，覆岩离层裂隙发育丰富，离层率较大，如图 5－13(b)所示。

第三阶段，随着开采范围的扩大，离层裂隙继续逐渐向高层位方向呈跳跃式由下往上发展。由于关键层运动对覆岩离层的产生、发展与时空分布起控制作用,离层裂隙止于主关键层下方。在顶板任意高度水平内,位于采空区中下部的离层裂隙基本被压实,而在采空区上部走向方向上存在一连通的离层裂隙发育区。该离层裂隙发育区的存在,为采空区积存的高浓度瓦斯和上覆卸压煤岩层的卸压瓦斯流动提供了流动通道和空间,是采空区高浓度瓦斯富集区域,如图 5-13(c)所示。

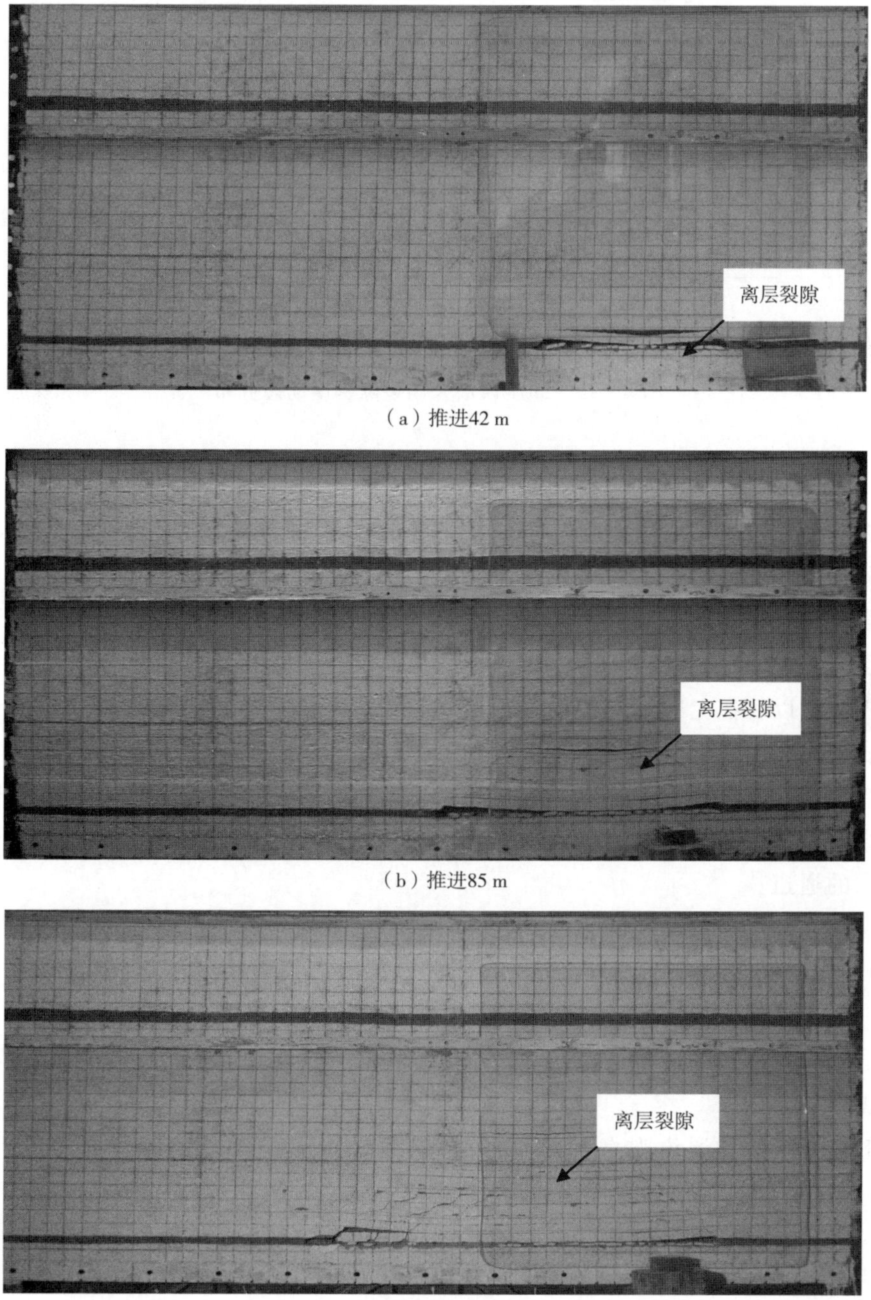

(a) 推进42 m

(b) 推进85 m

(c) 推进120 m

图 5-13　离层裂隙动态演化过程

从图 5－13 可以观察到，保护层正常开采经过几个周期来压步距后，工作面煤壁上方覆岩破断裂隙密度明显大于切眼处覆岩采动裂隙密度。通过实验测出，工作面侧裂隙发育区宽度 A_1 相当于 3～4 个周期来压步距，而切眼附近裂隙区宽度 A_2 变化在 2～3 个周期来压步距之间，保护层卸压开采过程中，卸压煤层采动裂隙密度动态分布如图 5－14 所示。

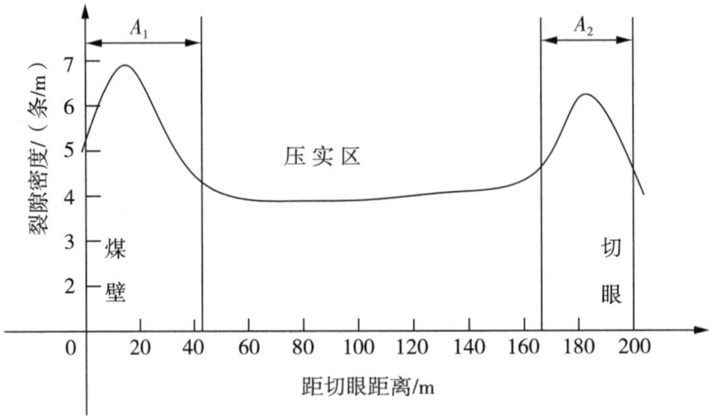

图 5－14 卸压煤层采动裂隙密度动态分布

5.3.3 采动裂隙分区

保护层开采破坏了采场上覆煤岩层的原始应力平衡状态，引起岩体应力重新分布。当重新分布后的应力超过了煤岩极限强度时，必须引起上覆煤岩层的产生变形与破坏。上覆煤岩层的竖向离层变形及纵向剪切变形产生大量采动裂隙，但随着时间的延长，采动影响逐渐消失，采动裂隙会重新闭合压实，从而在整个上覆煤岩层形成大面积的卸压；下煤层先开采以后在上覆岩层中形成两类裂隙：一类是离层裂隙，是指随岩层下沉在不同岩性岩层之间出现的沿层面裂隙，它可以使上覆煤层产生膨胀变形进而使瓦斯卸压，并且使卸压瓦斯沿离层裂隙移动，有利于卸压瓦斯抽采，由此形成保护层卸压开采。另一类是纵向剪切破断裂隙，是指随岩层下沉破断形成的穿层裂隙，它可沟通上、下岩层间瓦斯和水的通道。

煤层的采动会引起其周围岩层产生“卸压增透”效应，即引起周围岩层地应力封闭的破坏（地应力降低、卸压、孔隙与裂缝增生张开）、层间岩层封闭的破坏（上覆煤岩层垮落、破裂、下沉，下伏煤岩层破裂、上鼓）及地质构造封闭的破坏（封闭的地质构造因采动而开放、松弛），三者综合导致围岩及其煤层的透气性系数大幅度增加，为卸压瓦斯高效抽采创造前提条件。

从卸压瓦斯流动通道观点看，采动破坏的造缝作用在采空区上方垂向方向上形成“三带”：垮落带（形成贯通采场的空洞与裂缝网络通道）、裂隙带（形成层向与垂向裂缝网络通道）和弯曲下沉带（形成层内层向裂缝网络通道）。煤层开采在上覆岩层中形成的采动裂缝垂向分带模型如图 5－15 所示。

卸压层开采后，在采空侧顶板存在竖向裂隙发育区，采空侧采动影响区内顶板岩层裂隙呈现动态演化。冒落带岩体呈不规则堆积，由于采动应力影响，沿工作面推进方向，采空区顶板裂隙区分布呈环形分布，由于瓦斯密度小，气体上浮，采空区瓦斯易于富集在采空区顶板环形裂隙区(如图5-15中的1区)。

规则冒落带和裂隙带中竖向裂隙区(如图5-15中的2区)顶板岩层产生卸压，该位置区域离层裂隙和竖向破断裂隙发育，横向和竖向裂隙贯通，并和下部不规则冒落带相连通，为围岩卸压瓦斯和采空区积聚的瓦斯提供良好的储集场所。

从图5-15看出，由于煤层开采后上覆岩体形成承重岩层，承受的重量将转移到工作面前后方和两侧的煤体上，从而在采空区下方形成卸压区。开采煤层顶底板经历了采前压力升高、采后压力降低、压力逐渐恢复几个阶段。在留巷边界处向小于原始应力的垂直等应力曲线作切线，便可得到上部煤层开采以后，在采空区上下方形成的卸压区范围。卸压开采瓦斯下向抽采钻孔应布置在该区，该区域左边界角为采动卸压角。

卸压开采采场裂隙演化特征为卸压瓦斯抽采钻孔的布置提供了理论依据。

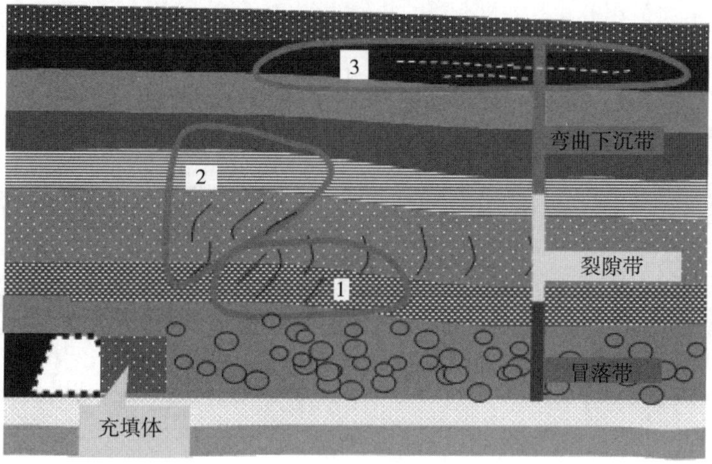

图5-15 煤层开采在上覆岩中形成的采动裂缝垂向分带模型

1—采空区顶板环形裂隙区；2—裂隙带内竖向裂隙发育区；3—远程卸压煤层裂隙发育区

5.4 留巷钻孔法抽采卸压瓦斯机理

1. 抽采卸压瓦斯机理

长期理论研究和突出危险煤层的开采实践证明，对于低透高瓦斯煤层群条件，开采首采关键卸压层和预抽被保护区卸压煤层瓦斯是有效地防治煤与瓦斯突出和实现安全本质型生产的区域性措施，该方法可以避免长期与突出危险煤层处于“短兵相接”的状态，提高了防治煤与瓦斯突出措施的安全性和可靠性。

高瓦斯突出危险煤层透气性通常比较低，直接进行原始煤体瓦斯抽采、瓦斯消突，需钻孔布置密集、抽放时间长、效果差。利用首采关键卸压开采形成的卸压作用，可几十倍、几百倍甚至数千倍地提高被保护煤层的透气性。根据首采关键卸压层开采的具体情况，配合各种形式的卸压瓦斯抽采技术，能够抽出大量的卸压瓦斯，不但能消除被保护卸压区域煤体的突出危险性，而且能够减小首采关键层和被保护卸压煤层工作面回采的瓦斯涌出，保障回采过程的安全、高效。另外，抽出的大量高浓度瓦斯可以开发利用，如发电和民用，减少了大量温室气体的排放，不但促进了高效洁净能源的利用，而且保护了人类的生存环境。

首采关键卸压层开采后，岩体中形成自由空间，破坏了原岩应力平衡，岩体向采空区方向移动，发生顶板冒落与下沉、底板鼓起等现象，如图 5－16 所示。

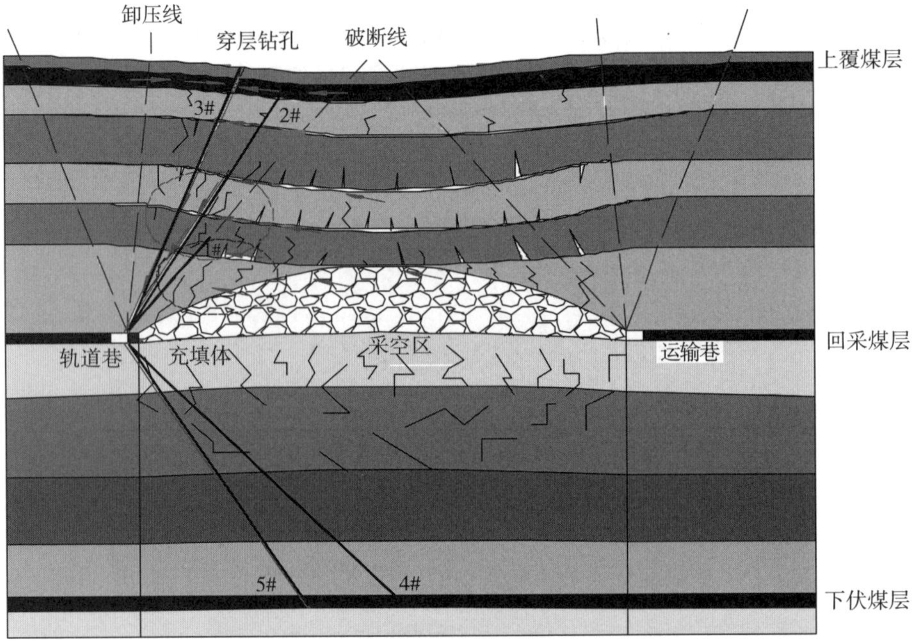

图 5－16　沿空留巷钻孔法抽采卸压煤层煤与瓦斯共采原理图

煤层与岩体发生卸压、膨胀，同时产生大小不同的裂缝，透气性增大，卸压瓦斯得以排放，瓦斯压力和瓦斯含量下降，煤体变硬，进而达到消除煤层突出危险性的目的。传统保护层开采技术的核心是被保护层的卸压作用和卸压瓦斯通过开采形成层间裂隙的自然排放，目的是消除被保护层的煤与瓦斯突出危险性。随着首采关键卸压层开采技术的发展，其技术核心已经转化为被保护卸压煤层的卸压作用和卸压瓦斯的强化抽采。这样既可以降低保护层工作面回采过程中的瓦斯涌出，实现保护层工作面的安全回采；又可以降低被保护卸压煤层的瓦斯压力和瓦斯含量，变高瓦斯突出危险煤层为低瓦斯无突出危险煤层，实现被保护层煤和瓦斯资源的安全高效开采。

2. 沿空留巷无煤柱留巷“Y”形通风煤与瓦斯共采瓦斯抽采

卸压开采沿空留巷无煤柱留巷“Y”形通风煤与瓦斯共采试验发现，卸压瓦斯分布规律为：首采层采空区顶板瓦斯富集区，现场钻孔（1 号）验证，抽采瓦斯浓度为 10%～30%，单孔抽采流量为 0.2～1.3 m^3/min，钻孔有效抽采区域为垂直煤层顶板向上 4.0～12.2 倍采高（8.0～36.6 m），倾斜方向 0～40 m，留巷内钻孔有效抽采长度为 500～600 m；远程上向卸压煤层有效抽采瓦斯区，现场钻孔（2 号，3 号）验证，抽采瓦斯浓度为

60%～95%，单孔抽采流量为 0.25～1.50 m^3/min；钻场有效抽采卸压瓦斯的走向长度超过 200 m(约 40 d)，相当于 3 倍的层间距，钻孔有效抽采区域为左边角小于 75°，顶板方向发展高度超过 130 m。远程下向卸压煤层有效抽采瓦斯区，现场钻孔(4 号，5 号)验证，抽采瓦斯浓度为 85%～100%，单孔抽采流量为 0.12～0.98 m^3/min；留巷下向钻孔有效抽采卸压瓦斯的走向长度为 120～150 m(40～50 d)，钻孔有效抽采区域为左边角小于 85°，底板方向发展深度达到100 m，抽采率达 72%。

第6章 首采层瓦斯抽采与突出防治技术

6.1 淮南矿区煤与瓦斯突出特征

6.1.1 矿区瓦斯地质特点

淮南矿区走向长 100 km，倾斜宽 20～30 km，面积近 3000 km^2。矿区现有 15 对矿井均为煤与瓦斯突出矿井，平均采深为 750 m。煤层赋存属高瓦斯煤层群(9～18 层可采煤层)，其地质条件极为复杂，矿区瓦斯涌出总量达 1200 m^3/min。矿区生产矿井原始煤体透气性低[0.001135 $m^2/(MPa^2 \cdot d)$]，煤层瓦斯含量大(12～26 m^3/t)，瓦斯压力高(6 MPa)，煤质松软($f=0.2～0.8$)。高瓦斯采煤工作面瓦斯涌出量最大为 60 m^3/min，掘进工作面瓦斯涌出量一般为 2～4 m^3/min，最大达 8 m^3/min。

淮南煤田位于华北板块，属华北石炭二叠系含煤区，煤层厚度稳定，煤质优良，煤田盆地由南北翼对冲推覆运动构造，盆地内形成一系列褶皱，斜切煤层走向的正断层亦发育，构造复杂，形成很多不同块段，煤系地层构造应力复杂。井田内各煤层瓦斯含量沿走向分布变化很大；井田内小型构造也相当发育，如层滑构造、小型褶曲、小型断裂等，使得煤层局部增厚或者变薄，改造着煤体结构，使之松软、破碎，增加了煤层吸附与储存瓦斯的能力。

淮南老区(淮河以南)受舜耕山、阜凤等逆冲断层影响，地质条件较为复杂，区内的中小型波状褶皱与斜切断层均较发育，更次一级的附生断层在煤田中也很发育，且大多数发育在褶曲的翼部和核部，含煤岩系被切割成断块状赋存，造成多处地垒或地堑，有些褶曲已支离破碎，形态不完整。

淮南新区(淮河以北)主要受明龙山长丰、陈桥、阜阳等逆冲断层和横切正断层影响，矿井之间以大断层为界，矿井内大断层分布较少，新区地质条件相对老区简单，主要有潘集背斜、谢桥背斜、尚塘—耿村向斜等；区内有少量岩浆入侵，主要分布在明龙山北侧、上窑山东南角及潘集区深部。

矿区煤系地层被第三纪和第四纪松散层所覆盖，新生界松散层厚 20～600 m，由东向西、由南向北逐渐增厚；淮南老区松散层较薄(厚度为 20～62 m)，而新区松散层较厚(厚度为 148～600 m)。新区由于部分煤层缺失煤层赋存较深，矿井第一水平(－492～－826 m)开采深度远大于老区第一水平开采深度(－47～－200 m)，新区开采深度大，矿井一般布置两个水平；老区矿井第一水平较浅，开采水平较多，部分矿井多达 6 个开采水平。同一开采标高，老区地质条件较新区复杂，老区构造复杂程度为中等—复杂，而新区构造复杂程度为简单—中等，老区煤层瓦斯具有良好的"生""储""盖"条件，煤层瓦斯压力及含量较高，且各种断层发育较多，因此老区瓦斯灾害较新区更为严重。

6.1.2　矿区煤层瓦斯基本参数

在实验室对煤的瓦斯放散初速度 ΔP、坚固性系数 f、瓦斯解吸特性 K_1-p 关系进行测定，了解煤层突出倾向性特征。淮南矿区部分煤层瓦斯基本参数统计情况如表 6　1 所示，瓦斯解吸特性 K_1-p 曲线如图 6－1 和图 6－2 所示。

表 6－1　淮南矿区部分煤层瓦斯基本参数统计情况

矿井名称	煤层	ΔP	f	压力 p/MPa	含量/(m^3/t)
李嘴孜	A1	6～18	0.19～0.58	1.8	7.46
李一矿	B4b	11～19	0.10～0.26	1.05	7.80
谢一矿	C15	4～5	0.33～0.58	0.70	6.10
	B11b	18～19	0.17～0.19	3.40	18.00
新庄孜	C13	11～16	0.28～0.49	4.80	15.00
	B8	7～10	0.24～0.49	3.40	19.00
	B6	8～14	0.27～0.32	2.90	11.30
	B4	4～11	0.20～0.34	3.40	11.10
	A1	8～12	0.29～0.50	1.80	8.90
张集矿	B11－2	3～5	0.40～0.95	1.40	2.05～6.0
	B8	5～7	0.58～1.06	1.41	2.00～8.00
谢桥矿	C13－1	4～8	0.38～1.02	1.64	4.38～6.67
丁集矿	C13－1	7～8	0.32～1.07	1.30	5.20～6.90
	B11－2	3～5	0.39～1.15	0.75	5.20～6.60

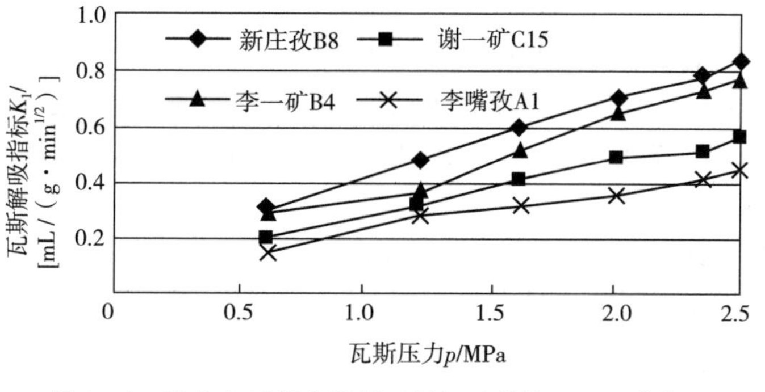

图 6－1　淮南老区部分煤层瓦斯解吸特性 K_1-p 曲线 1

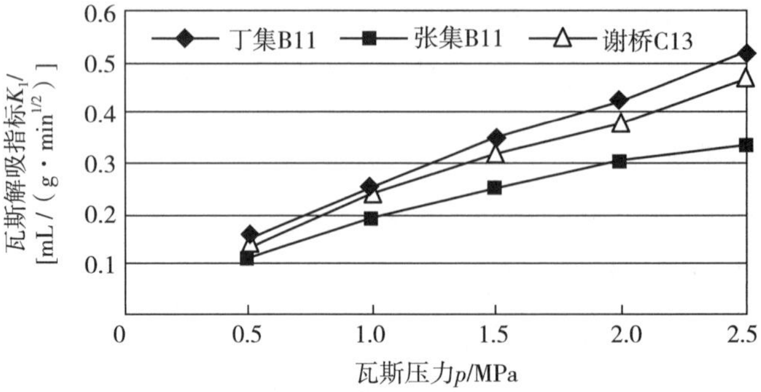

图 6－2 淮南老区部分煤层瓦斯解吸特性 K_1-p 曲线 2

由表 6－1 及图 6－1 和图 6－2 可知，淮南矿区不同区域煤层具有以下特征。

(1)在目前开采水平条件下，新区煤层瓦斯压力和瓦斯含量低于老区，新区试验煤层瓦斯压力一般为 0.75～1.64 MPa，瓦斯含量为 2.00～8.00 m^3/t，而老区试验煤层瓦斯压力为 1.80～4.80 MPa，瓦斯含量为 7.80～19.00 m^3/t。

(2)新区试验煤层较硬，坚固性系数 $f=0.33\sim1.05$，软分层一般发育不连续且厚度较小，一般不超过 300 mm，瓦斯放散能力为较差—中等，$\Delta P=3\sim8$；老区煤层相对较软，$f=0.10\sim0.49$，软分层沿煤层方向发育明显且厚度较大，最厚达 600 mm，瓦斯放散能力为中等—较强，$\Delta P=7\sim19$，软分层煤样放散能力更强。

(3)通过煤层解吸特性 K_1-p 模型曲线知，新区煤层瓦斯解吸能力较差，随瓦斯压力增加，解吸指标 K_1 增加不明显，瓦斯压力 $p=0.74$ MPa，$K_1=0.14\sim0.28$ mL/(g·min$^{1/2}$)，指标值较小；老区煤层瓦斯解吸能力较强，随瓦斯压力增加，解吸指标 K_1 显著增加，$p=0.74$ MPa，$K_1=0.35\sim0.56$ mL/(g·min$^{1/2}$)，经实验室分析，K_1 指标在预测老区工作面突出危险性时具有敏感性，预测新区时敏感性较差。

6.1.3 矿区煤与瓦斯动力灾害特征及规律

淮南矿区瓦斯动力灾害严重，至今共发生 146 次动力现象(分类统计见表 6－2)，灾害种类齐全，采用传统灾害分析特征难以满足需求，矿区深部矿井出现了含瓦斯硬脆煤层的冲击地压。其特征及规律如下。

(1)矿井各煤层的始突深度差别较大，其深度范围为 155～822 m。

(2)突出次数和突出强度往往随着煤层厚度增大而增加，特别是随软分层厚度增大而增加；此外，突出煤层随倾角增大有突出危险性增大的趋势；矿区深部矿井含瓦斯硬脆煤层发生了冲击地压。

(3)同一煤层中瓦斯压力越大，突出危险性越大。

(4)突出大多发生在瓦斯含量高于 10 m^3/t、瓦斯压力在 0.6 MPa 以上的煤层中，但在瓦斯含量低于 8 m^3/t、瓦斯压力在 0.6 MPa 以下的煤层中出现了以应力为主导作用的冲击现象。

(5)突出危险区域呈带状分布，大多数发生在 C13、B11 和 B4 煤层；突出煤层特点是煤的力学强度低或软、硬层相间，煤层透气性差，瓦斯放散初速度指标 ΔP 较大；煤层原生结构遭到地质构造应力严重破坏，出现层理紊乱的“构造煤”，煤层节理裂隙发育；突出与地质条件有密切关系，大部分突出发生在地质构造区。

(6)突出多数发生在落煤工序，爆破和震动放炮更容易引起突出。落煤工序突出占突出总数的 78.8%，其他工序占 21.2%。

(7)少数突出有延期性，延期几分钟到几小时不等，钻孔也出现了延期喷孔的现象。

(8)矿区突出发生的地点以煤巷掘进突出为主，石门揭煤突出频率高，强度大，危害严重。其中煤巷突出次数占 64.4%，最大突出强度达 1114 t，涌出瓦斯达 60684 m^3；石门突出次数占 32.2%，最大突出强度达 2831 t，涌出瓦斯达 292683 m^3；采煤工作面突出次数占 3.4%。

(9)矿区突出类型以煤的突然压出和倾出为主，其中煤的压出、倾出比例分别为 43.2%、35.6%，突出占 21.2%。

(10)大多数煤与瓦斯动力现象伴有预兆，钻孔打钻过程中出现了应力、瓦斯因素及打钻工艺引起的喷孔。

表 6-2　淮南矿区矿井动力灾害分类统计

类别		矿区	新庄孜	谢一	谢二	谢三	潘一	潘二	潘三	九龙岗	孔李	谢李	丁集
全矿区	突出总次数	146	26	15	26	21	17	14	14	3	3	4	3
	所占比例/%		27.8	10.3	17.8	14.3	11.6	9.6	9.6	2.1	2.1	2.7	2.1
	平均突出强度/(t/次)	115.2	124.2	231.6	140.8	38.0	49.2	207.2	68.3	14.3	74.0	106.4	16.8
	最大突出强度/(t/次)	2831	1114	2831	1012	150	226	1433	150	34	170	281	35
灾害类型	煤与瓦斯突出	31	9	6	7		3	4		1		1	
	倾出	52	4	2	8	18	7	2	3	2	3	3	
	压出	63	13	7	11	3	7	8	11				2
	冲击地压												1

淮南老区突出次数占 67.2%，新区占 32.8%，且主要集中在潘一、潘二、潘三 3 个矿井，张集、谢桥、顾桥、顾北矿井无突出事故发生。统计所有突出事故可知，淮南矿区 85% 以上的突出均与以断层为主的构造有关，且断层附近突出强度变大，这主要是因为部分断层附近煤层原生结构遭到地质构造应力的严重破坏，出现层理紊乱的“构造煤”，煤层节理裂隙发育，煤层之间出现层滑构造等，增加了突出的危险性。一般情况下，压性或压扭性断层为封闭性构造，瓦斯含量较高、瓦斯压力大，因而突出危险性也大；在封闭的边界条件下，小断层密集发育的地带特别是低级别压扭性断裂发育地段、压性或压扭性结构面间所夹的块段、地堑式构造的中间块断等，均易发生突出。而张性断层属开放性构造，突出危险性小或者不突出。对褶曲构造来说，褶皱强烈或紧密褶曲部位，不协调褶皱、层间滑动或层间揉皱发育地带、煤层产状变化大的块段、中小型向斜轴部、背斜倾伏段及背斜中和面以下部位，牵引褶曲部位等，均是突出多发部位。

淮南老区由于中小型波状褶皱与斜切断层均较发育，含煤岩系被切割成断块状赋存，造成多处地垒或地堑，部分褶曲已支离破碎，且区内松散层较薄，地质构造复杂，构造应力发育。新区大断层较少且位于矿井井田边界，主要有潘集背斜、谢桥背斜等，区内部分井田深部有少量岩浆入侵，松散层较厚，地质条件相对老区简单。因此，淮南矿区高地应力危害严重，尤其是以新庄孜、谢一矿为代表的老区矿井突出危险性次数和突出强度远高于新区矿井。

6.2 突出煤层石门揭煤围岩力学特性及防突理论

自法国 1834 年发生世界上第一次煤和瓦斯突出以来的 180 多年间，发生过煤和瓦斯突出的国家已增加到近 20 个，有法国、苏联、波兰、日本、匈牙利、比利时、英国、捷克、保加利亚、澳大利亚、荷兰、加拿大、罗马尼亚、南斯拉夫及联邦德国等，比较严重的是前 8 个国家。世界上发生突出的总次数在 20000 次左右，其中突出较多的是法国 6000 多次，苏联 4000 多次，突出强度超过 1000 t 煤炭的有 8 个国家。我国煤和瓦斯突出也十分严重，据不完全统计，截至 1986 年我国已发生过突出[不包括县乡（镇）办的小矿]的煤矿在 150 个左右，突出次数约为 12000 次，其中突出强度在 1000 t 以上的特大型突出 69 次。突出最为严重的有四川南桐、天府、中梁山及松藻矿务局，湖南的红卫煤矿，贵州的六枝矿务局，江西的乐平、丰城矿务局，辽宁的北票矿务局和河南的平顶山矿务局等。

目前，世界上许多产煤国的矿井已进入深部开采，我国亦然，如淮南、新汶、徐州等矿区的部分矿井。深部煤炭资源具有地应力高、孔隙压力高、温度高而煤岩抗扰动性能低等特点，煤与瓦斯突出及冲击地压等灾害已经成为深部煤炭资源开采所面临的挑战性难题。2010 年以来发生的特大型突出统计表如表 6－3 所示。

表 6－3 2010 年以来发生的特大型突出统计表

突出时间	矿井名称	施工方式	突出煤（岩）量/t	突出瓦斯量/万 m^3	死亡人数/人
2010.03.31	国民煤业	煤巷掘进	—	—	44
2010.08.02	三元动煤矿	煤巷掘进	—	—	9
2010.10.16	平禹四矿	综采	2500	18	37
2011.11.10	曲靖私庄煤矿	煤巷掘进	1813	25.8	43
2013.01.18	金佳矿金	运输石门	1571	33.11	13
2013.03.12	马场煤矿	采巷掘进	—	—	25
2014.03.21	长虹矿业	煤巷掘进	970	3.14	13
2014.06.11	新华煤矿	石门揭煤	1010	12	10
2015.08.11	政忠煤矿	煤巷掘进	—	—	13
2016.03.06	松树镇煤矿	运输巷掘进	—	—	12
2018.08.06	梓木戛煤矿	煤巷掘进	—	—	13
2019.12.16	广隆煤矿	运输巷掘进	—	—	16

我国 2000—2009 年共发生重、特大型突出事故 10 次以上，大强度的突出基本发生在井巷揭煤或巷道掘进过程中。随着我国煤矿采深的增加，煤与瓦斯突出的危险性逐步升级，原本没有威胁的煤层现也转变为具有突出危险的煤层，揭煤突出的概率随之增加。鉴于石门揭煤突出的高危害性和成因的复杂性，在煤与瓦斯突出机理研究和防突技术研发方面，学者们付出了极大的努力，也取得了一定的成果。学者们已经认识到，复杂的地质构造是发生煤与瓦斯突出的重要原因之一，但关于地质构造影响下石门揭煤突出的系统性研究很少，很多仍停留在现场观察和理论推理阶段，因此，有必要增大对该课题的研究深度和广度。

6.2.1　石门揭煤防突研究现状

石门揭穿煤层的地点通常是新矿井、新水平、新采区还未被揭露的地点，其瓦斯压力、应力都处于原始状态。揭穿煤层时，工作面由坚硬的煤岩层突然进入较松软的煤层，工作面前方的集中应力容易发生突变，这些都为突出发生提供了必需的条件。据统计，在煤矿井下的各类煤与瓦斯突出中，石门揭煤突出是强度最高和危险性最大的一种矿井动力现象，许多典型突出事故都和石门揭煤有关。1969 年 7 月 13 日，苏联顿巴斯矿区加加林煤矿在 710 m 主石门揭穿厚度仅 1.3 m 的煤层时发生了世界上最大的一次煤与瓦斯突出，突出煤量 14200 t，涌出瓦斯量 25 万 m^3。1975 年 8 月 8 日，四川天府矿务局三汇坝一矿在＋280 m 主平硐震动放炮揭穿 6 号煤层时发生了我国最大的一次煤与瓦斯突出，突出煤量 12780 t，涌出瓦斯量近 140 万 m^3。2004 年 10 月 20 日，郑煤集团大平煤矿特大瓦斯爆炸事故造成了 148 人死亡，这次事故的根源为误揭煤层造成的类石门揭煤突出的继发事故。分析国内外众多突出的相关资料可知，石门揭煤突出的平均强度为煤层平巷的 7～14 倍，有的甚至高达 40 倍以上，我国重、特大型突出中，有 80％发生在石门揭煤施工过程中。

人们早就对矿井石门揭煤突出过程有所认识和研究，20 世纪 70 年代，由于石门揭煤中突出灾害的破坏性极强，更是引起人们对该问题的重视和深入的探索。苏联矿业研究所提出的“能量”假说认为，在石门揭煤时，煤层突然暴露造成了煤体应力状态的突然改变，在煤的暴露面附近形成了很大的瓦斯压力梯度，致使煤中的潜能或瓦斯能的突然释放而引起了石门揭煤突出。苏联的 B. B. Ходот 在实验室试验的基础上，从能量的观点用数学分析计算了巷道围岩的功能、煤层的变形潜能、瓦斯的内能及造成突出所需的动能。霍多特从试验中得出，工作面附近的煤体因煤层变形破坏而处于极限应力状态，其集中应力的数值为常压的 1.5～2.0 倍。他认为向巷道方向压出变形破碎煤体的主要动力是地应力，而瓦斯压力所占的比例不大；但将煤体抛到巷道，并粉碎煤体的则是瓦斯的能量。

重庆大学的鲜学福、吴泽源等在分析矿井石门揭煤等煤与瓦斯突出现象时指出：构造应力、地应力和瓦压力等都有可能在突出中起到主导作用，若不考虑具体条件，认为仅是某种因素起主导作用的观点是不符合辩证唯物主义认识论的。

煤炭科学研究总院重庆研究院的渝岩、于不凡提出，在石门揭煤时，发动突出的能量主要包含在坚硬的弹性岩石之中，因此，当石门自坚硬岩石方向揭开煤层时，一般即在揭开时发生突出，或突出随着放炮或稍晚一会儿发生。反之，当石门不是从坚硬岩石一方揭开煤层时，煤层水平厚度较大，揭开时的放炮根本没有触动坚硬岩石，没有形成弹性潜能的释放条件，所以当揭开煤层时没有强大的煤与瓦斯突出；石门揭开煤层后继续掘进煤门，当工作面进入坚硬岩石时，在外力作用下即可引起坚硬岩石中弹性潜能的释放，从而发生煤与瓦斯突出（大多数突出发生在放门坎炮时）。他们的观点和苏联的"能量"假说观点有所不同，但这个观点可对自行揭开煤层的突出做出解释。

煤炭科学研究总院重庆研究院的宋士钊对石门揭煤突出的机制进行了翔实的阐述。他认为，矿井石门揭煤的地点一般为受采动影响较小的原始煤体，周围没有或较少有巷道以供排放瓦斯，而岩柱的透气性一般比煤层的透气性低，所以该区域煤体中的瓦斯基本没有得到排放，瓦斯压力相对较高。岩柱后面的煤体处于高瓦斯压力区，其中储存的瓦斯内能是比较多的。同时，因为石门揭煤处一般为受采动影响较小的区域，所以该区域煤层及围岩中的应力基本上未能卸除，当石门巷道接近煤层时，集中应力的峰值就逐渐进入石门巷道前方的煤体之中，使煤体内的应力异常增大，超过了本身承受能力。但在石门巷道未揭开煤层时，石门巷道工作面前方充当保护作用的岩柱承受着比煤体内更大的应力，而岩柱前方的煤体又处在相对稳定的三向应力状态，所以这样的应力虽然使煤体产生损伤破坏，却不会使煤体失稳和崩解。但在石门揭开煤层的瞬间，瓦斯压力梯度陡增，最大的应力峰值转移在煤体上，导致煤体的失稳破坏和瞬间崩解（突出发生）。宋士钊提到，以上所述的这种情况在煤巷掘进时比较难遇到，因为煤巷工作面前方一般会有卸压带存在。而巷道的一次进尺，很难进入集中应力区，形成很陡的应力梯度，同样也很难达到高瓦斯压力区，形成十分陡峭的瓦斯压力梯度。因此，在煤巷掘进施工中，即使是异常释放的瓦斯内能和弹性潜能一般也比石门揭煤时释放的能量小，发生突出的强度也相对较小。由于在石门揭开具有突出危险煤层的地点，不但可能存在较大的瓦斯内能和煤岩的弹比潜能，而且具有这些能量高速释放条件，就极易发生高强度和高危害性的煤与瓦斯突出。

湖南煤炭科学研究所根据生产现场的考察研究得出以下颇有助益的结论。①该省煤层围岩地质构造是控制煤与瓦斯突出及突出区域分布的极为主要的因素，对突出起着主要的区域控制作用，瓦斯的保存与煤层围岩本身的性质关系不大。②在瓦斯封闭或半封闭型区域，煤和瓦斯突出的发生及分布还受煤的物理力学性质的控制，煤既是瓦斯的聚集地，又是突出发生的阻挡体。煤的变质程度、微观结构，煤岩类型和破坏型的不同对于保存瓦斯和阻挡发生突出的作用有明显的差异。③在瓦斯封闭型或半封闭型区，煤层的构造情况对煤和瓦斯突出有比较大的影响，如较多的突出发生在煤层结构比较复杂的煤层分岔处和煤厚变化处，特别是进入煤包部位易发生突出。④构造对突出有较大的影响，但在煤层瓦斯封闭条件不同的情况下，影响程度也不相同。⑤煤和瓦斯突出的主要能源是"承压瓦斯"。瓦斯内能是发生煤与瓦斯突出的内在能量，赋存于煤岩之中的"承压瓦斯"是突出的先决条件。煤层突出的危险性及严重性主要取决于瓦斯内能的大小。

谭学术、鲜学福以石门揭煤巷道作为试验模型，进行了变弹模光弹性试验，研究了石门巷道迎头端面前方煤岩体中的应力分布情况，得出以下结论。①石门揭煤巷道轴向的水平正应力(σ_x)除大部分指向石门揭煤巷道后方外，还有部分指向巷道的前方，表现为拉应力。σ_x 数值一般小于垂直正应力(σ_y)，但在集中应力区也可以大于 σ_y。可见，水平法向应力 σ_x 应当考虑作为石门揭煤巷道前方煤岩体中弹性能等迅速释放的一个因素。②垂直正应力 σ_y 在数值上一般大于其他应力分量，在石门揭煤巷道前方的煤岩体中也存在拉应力，随模型的模拟条件或构造影响的不同，最大垂直正应力分布的地点和规律也不一样。③石门巷道两侧和前方位置的正应力 σ_z，同样可以表现为压性和拉性，但它的数值相对较小，不是导致石门揭煤突出的主要因素。需要注意的是，σ_z 对石门揭煤巷道支护有重要影响，且在巷道前端附近的拉性 σ_z 非常有利于煤岩体破坏。④石门揭煤巷道迎头端面附近的剪应力 τ_{xy}、τ_{zx} 一般均大于 τ_{yz}，但也有反常情况，各剪应力的数值一般要小于各法向应力的数值，在石门揭煤巷道前方煤层与顶板岩石交界层面处，各剪应力也会和正应力一样出现突变，这种突变会使煤岩体发生剪切性破坏，造成能量的突然释放。关于石门巷道迎头端面前方煤岩体中的弹性潜能，他们得出结论：①最大弹性潜能值 W_{max} 分别位于石门揭煤巷道迎头端面前方煤层中，或煤层与顶板岩石的交界面处，因此对于石门揭煤巷道，保护岩柱的厚度应该考虑应力和最大弹性潜能的位置；②石门揭煤巷道两侧的弹性潜能要比石门揭煤巷道前方的弹性潜能小得多，它不是导致石门揭煤突出的主要因素；③不但在石门揭煤巷道迎头端面附近的煤层和底板岩石中储存有极大的弹性潜能，而且在距石门揭煤巷道迎头端面较远处的顶板岩石中也存在一定数量的弹性潜能，有的顶板岩石中弹性潜能比较大。因此，在石门揭煤过程中，应适时采取释放巷道迎头端面围岩弹性潜能的有力措施，防止其突然释放造成危害。

谭学术等人的研究成果对于解释石门揭煤围岩的力学特性及突出动力现象具有极其重要的意义。但是，由于当时试验条件的限制，没有考虑瓦斯和地质因素的影响，仅根据实践经验对这两个因素进行了分析。他们认为：大型石门揭煤的过程中，煤与瓦斯突出总是伴随着大量瓦斯内能释放，地质构造应力集中及构造发育区，特别是次级地质构造发育的地带是突出事故的发源地，一般构造应力的大小、累积程度和构造级别控制着煤与瓦斯突出的强度。

总之，在煤矿的现场，在可控条件下用一种科学的方法诱发煤与瓦斯突出不是不可能完成的，但是十分困难和危险，基本上不具有可行性。因而，要在现场确定煤与瓦斯突出发生的条件，研究其发生的机理基本是无法实现的。所以，在煤与瓦斯突出的研究初期，对煤与瓦斯突出相关资料的搜集、整合与分析是学者们的主要研究方式。20世纪50年代，苏联一些研究人员曾单纯靠增加瓦斯压力来诱发煤体破碎或突出，这个时期的研究为在实验室内成功诱导突出和探索煤与瓦斯突出机理奠定了一定的基础。此后，日本等国家的众多业内研究人员通过各种手段，考虑煤本身的性质(如强度、孔隙率、脆性)，以及瓦斯的组分和含量及煤体应力，对实验室内诱导突出试验进行了进一步的深入研究。但由于受到各种客观条件的限制，也都多少存在一定的不足之处，不足之处如下。

(1)国外的 Kravchenko、Botham、Yartsev、Kuroiwa、Ujihira、Bodziony 和 Nelicki 等人在突出试验中诱导突出的方法是单纯依靠增加瓦斯压力或瓦斯压力梯度；尽管 Botham 在试验中考虑到了应力因素，但他采用的加载方式为液压活塞轴向加载，试验期间没有持续地向煤体内充入瓦斯气体。国外的 Famin、Paterson 等人与我国的邓全封、蒋承林、孟祥跃及郭立稳等人在试验中考虑了地应力或温度，试验成果对认识煤与瓦斯突出机理和实验室试验具有重要的理论指导意义，但所使用的试验装置本身在一定程度上限制了应力、位移等参数测点的多点布置和丰富信息的获取。

(2)Alekseev 较早地运用三轴试验台进行了实验室突出试验，但他主要研究的是应力释放对煤与瓦斯突出的影响，没有考察突出过程中瓦斯压力等参数的变化。W. Miller 在试验中主要研究了应力加载下的冲击地压现象，没有对煤与瓦斯突出做深入的探讨。蔡成功、尹光志改装和构建了尺寸较大的试验台，并得到了较为满意的试验结果。

目前，有不少学者针对大尺寸、复杂地质构造条件下的石门揭煤试验做出研究，模拟不同尺寸、不同地质条件下的煤与瓦斯突出过程、煤体在地应力与瓦斯作用下的破坏规律、突出前后构造破坏区围岩应力的变化规律等实验研究，具体内容如下。2013 年王刚以山东科技大学灾害预防与控制实验室的大型三维相似材料模拟实验台为依托，笔者等研制了模拟石门揭煤突出的三维实验台，该试验系统采用顶部加载模拟地应力，模型尺寸为 3000 mm×2600 mm×1800 mm，该系统采用快速开启装置进行卸压诱发煤与瓦斯突出。2013 年刘东研制了多场耦合煤矿动力灾害大型模拟试验系统，实验箱体内密封能力强，最大密封气压达 6 MPa，可加载较复杂的地应力，可模拟不同地质构造下的煤与瓦斯突出过程。2013 年袁瑞甫研制了含瓦斯煤动态破坏模拟实验设备，该装置承载能力强，密封效果好，最大能提供 40 MPa 应力和 4 MPa 气体压力，通过实验得到了煤体在地应力与瓦斯压力作用下的破坏规律。2013 年张春华等学者利用自行研发的大型三维煤与瓦斯突出模拟试验装置，以石门揭开煤层内封闭型地质构造破坏区为物理模型，模型尺寸为 2500 mm×1000 mm×1500 mm，研究石门巷道推进过程中围岩应力和突出前后地质构造破坏区围岩应力的变化规律。2015 年高魁搭建了大型石门揭煤的煤与瓦斯突出试验平台，模型尺寸 2500 mm×1000 mm×1500 mm，用顶部加载，人工开挖模拟采掘扰动诱发突出，进行了石门揭构造软煤的相似模拟试验，对突出过程中瓦斯压力、应力、位移及突出孔洞进行了分析。2015 年王汉鹏研制了煤与瓦斯突出模拟试验系统，可提供高地应力以及高气体压力，该系统配置快速揭露装置模拟含瓦斯煤快速揭露，试验系统操作简单且试验周期较短。2018 年唐巨鹏等学者以前人煤与瓦斯突出理论及模拟试验为基础，引入有效应力这一参数，以石门揭煤突出为研究对象，推导有效应力与揭煤面面积关系表达式，给出适用于深部开采的临界有效应力公式，利用自主研制的突出模拟试验装置，对埋深 1100 m 的石门揭煤突出进行了试验模拟，分析了揭煤面面积与临界有效应力、突出强度、煤粉分布的关系。2020 年卢义玉等学者通过深部煤岩工程多功能物理模拟实验系统，制作有效模型尺寸为 2060 mm×1200 mm×1200 mm，利用该实验系统成功开展了石门揭煤诱发煤与瓦斯突出模拟实验，监测了实验过程中温度、气体压力、煤岩体应力和声发射数据的实时变化情况，为研究煤与瓦斯突出发生机理、预测方法、控制技术等方面问题提供科学的实验数据。

6.2.2 石门揭含“构造包体”煤层的突出模型

1. 国内外含能包体的研究现状

从 20 世纪七八十年代开始，苏联、美国及中国等国的学者就在对岩爆和矿震等岩石破裂和失稳的研究过程中，提出过有关地震前兆的包体模型。然而，至今还没有文献对“构造包体”与煤及瓦斯突出之间的关系进行阐述。

在国外，1974—1976 年，Brady 提出了包体理论，从理论角度论述了软包体在地震发生与前兆机制中的作用。1979 年，Rice 提出了“包体弱化模型”，强调了应变软化对破裂失稳和破裂前兆的影响，并将破裂类型分为 3 种，即原先均匀形变的局部化(条带)、非均匀带的局部失稳(包体弱化)和准静态断层滑动的失稳，并应用这个模型解释了破裂失稳与部分地震前兆之间的关系。

在国内，我国学者陈颙在 1988 年也提出了相应的理论模式——包体理论。他认为包体是岩石变形局部化形成和发展的前提条件，其力学模型：在一无限的弹性地质体中镶嵌了一个椭球形的包体。当包体的等效刚度等于其周围弹性体的(卸载)刚度时，包体变形发生失稳，这就相当于地震的发生。

梅世蓉提出了坚固体孕震模式，认为地壳中存在一个硬包体，它必然成为高应力集中区，当应力积累到一定程度时，岩层内发生膨胀及裂隙孕育、发展、串通等过程，逐渐形成裂隙集中区，介质强度减弱，由此形成震源的“胚胎”。随着应力的加强和裂隙的进一步发展，震源区介质的性质随着时间不断变化，成为一个软包体，它的存在和变化必然会引起周围介质中应力场的变化。该模型地震的孕育和发生需要满足两个条件：①具有积累大量弹性应变能的条件；②具有能量突然降低的条件。

许昭永等人对含硬包体试样破裂特征进行了试验研究，提出可把硬包体和围岩分别看成岩样和压力机系统，岩样受力为 $f(u)$，压力机刚度为 K_s，该系统的失稳条件是

$$f'(u)+K_s\leqslant 0 \tag{6-1}$$

因为 $K_s>0$，所以只有当 $f'(u)<0$ 时，式(6－1)才满足，即在岩样压力位移曲线达到极值应力后[$f'(u)<0$]才有可能发生失稳破裂。

唐春安利用 $RFPA^{2D}$ 软件对包体孕震模式进行了数值模拟，研究了挤压边界条件下断层的形成过程和地震活动特征。

张春华通过构建石门揭含“构造包体”突出煤层的物理模型，构建试验台进行了石门揭煤相似模拟试验，然后利用固-气耦合数值模拟软件——$RFPA^{2D}$－Flow 进行了相关的数值模拟研究。通过理论、相似试验和数值模拟的研究，探明了石门揭含“构造包体”煤层突出的关键因素及其影响规律：高地应力、高瓦斯条件下，含“构造包体”煤层突出的危险性高、强度大；低地应力、高瓦斯条件下，含“构造包体”煤层突出的危险性降低，强度减弱；在高地应力、高瓦斯压力条件下，增加煤体强度，煤体仅产生一定程度的破裂，煤与瓦斯突出危险性小。

于不凡中心扩张学说认为，煤和瓦斯突出是从离工作面某一距离处的中心开始的，而后向周围扩展，由发动中心周围的煤-岩石-瓦斯体系提供能量并参与活动。在煤和瓦斯突出地点地应力、瓦斯压力、煤体结构和煤质是不均匀的，突出发动中心就处在应力集中点，煤体的低透气性有助于形成大的瓦斯压力梯度。于不凡的中心扩张学说实际上承认了煤体中存在构造破坏区，这个区域具有很高的弹性能和瓦斯潜能，在工作面突然进

入这个构造破坏区时容易发生突出。

张红日等将回采工作面煤壁前方煤体内存在的破坏较为严重的局部煤体称为“瓦斯包”，分别就工作面离“瓦斯包”的距离和“瓦斯包”的瓦斯压力不同进行了数值模拟。他认为，回采工作面煤壁前方煤体内存在“瓦斯包”，则“瓦斯包”周围的煤体容易出现失稳破裂，导致煤与瓦斯突出，突出形成的空洞会出现口小肚大的现象。

法国的鲁夫、苏联的贝可夫和英国的果耶等人提出了煤与瓦斯突出的“瓦斯包”说。“瓦斯包”说认为煤层内存在高压“瓦斯包”，其周围的煤体致密，当工作面接近这种“瓦斯包”时，煤壁会发生破坏并抛出煤炭。

裴常心也提出了类似的观点，他根据“鼓胀气球一旦碰到尖锐的物体破坏即产生爆炸，但如果在针扎的地方贴上一块透明胶布的话，即使把针插入气球，气球也不会爆炸，只会慢慢地泄气”这种现象，提出了煤与瓦斯突出的气球模型。他认为，在石门揭开突出煤层之前，煤层内的瓦斯压力梯度和含量都异常增高，“瓦斯包”围岩处于一种临界的稳定状态，当石门或巷道掘进到一定深度时，临界状态被打破，大量的瓦斯携带碎煤抛向巷道，就像一根针刺破气球一样。

张春华利用 $RFPA^{2D}$-Flow 对深部开采条件下瓦斯地质异常区域的突出特性进行了数值模拟。他指出，随着煤层埋深增加，地应力增加，特别是构造影响下水平应力增加，容易形成导致煤与瓦斯突出发生的“构造包体”。不仅如此，张春华在矿井现场曾亲眼看见，在掘进工作面迎头端面施工 30 m 左右的测压钻孔时，瓦斯涌出量不大，但当钻杆钻过一段较硬的煤体后进入易钻进的软煤区时，大量瓦斯从钻孔喷出，瓦斯中携带的水喷出的距离在 6 m 以上。

2.“构造包体”的描述

如图 6-3 所示，在地质构造运动的过程中，在煤田内可能形成褶皱、断层、煤层变厚或分叉、大型裂隙等各种构造形态。上述各种构造附近的煤体在构造应力的剪切、挤压、拉伸和揉搓等作用下形成一个破坏区，如孔洞、裂隙、松软体等。当煤层为高瓦斯突出煤层时，煤层内的瓦斯在瓦斯压力梯度作用下向破坏区流动，破坏区内充满游离态的瓦斯。

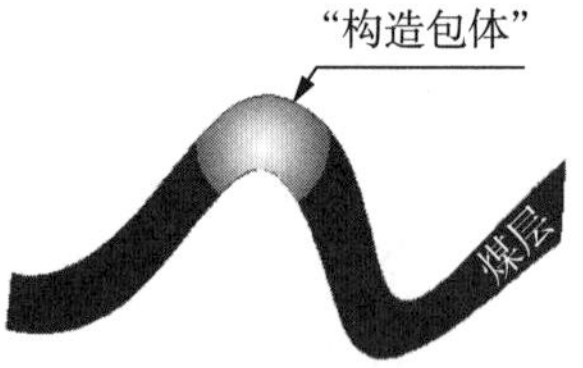

(a) 褶皱构造

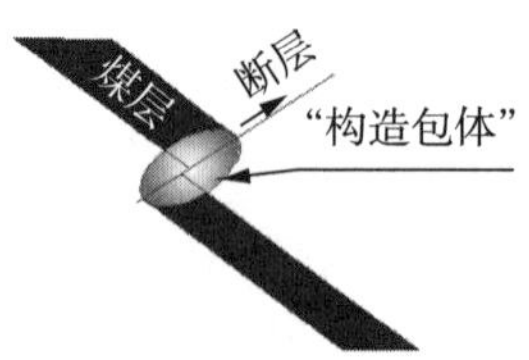

(b) 断层构造

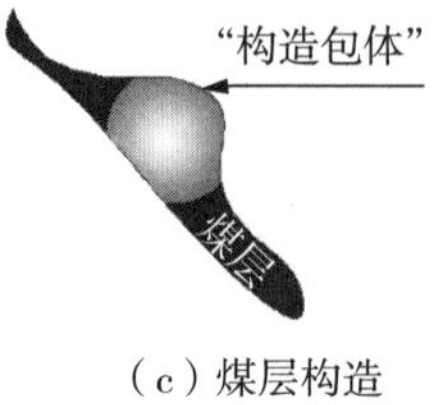

(c) 煤层构造

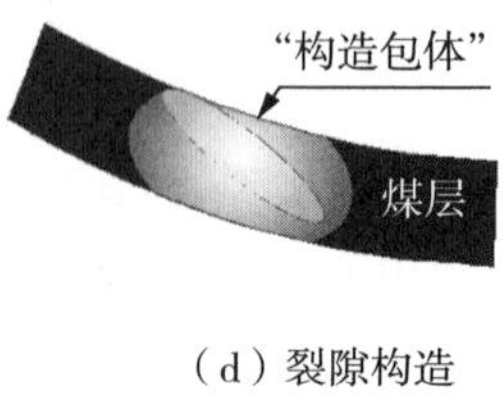

(d) 裂隙构造

图 6-3 不同地质构造形成的“构造包体”示意图

如果煤层破坏区周围边界是封闭性的，游离瓦斯就得以封存，经过一定时间的渗流，其瓦斯压力达到煤层原始瓦斯压力值。从高压瓦斯封存角度讲，上述构造应力作用下的“煤层破坏区”应该是一个封闭型的多裂隙空间，称为“构造包体”。这里的“包体”并非严格意义上的小型封闭空间，虽然目前还不能准确地定义它的形状和边界，但可以归纳出其基本特征，基本特征如下。

（1）“构造包体”内的煤（岩）体破碎程度极高。“构造包体”煤岩曾处在构造运动活动带，内部煤岩体被高度剪切和揉搓，是构造煤的发育区。

（2）“构造包体”内部游离瓦斯富集。在瓦斯压力梯度作用下，煤层瓦斯向“构造包体”裂隙空间扩散、渗流及流动，“构造包体”内部是瓦斯富集区。

（3）“构造包体”边界煤岩所受应力以压性应力为主。“构造包体”边界煤岩的硬度较高，承受着较大的压性应力，透气性很低，是高压瓦斯的封闭圈。

3. 含“构造包体”煤层突出模型

1）“构造包体”受力分析

借鉴 Anderson（1942 年）运用库伦-纳维耶破坏准则讨论的由剪切破坏所产生的逆断层与地应力关系的结论，对试逆断层条件下“构造包体”的受力场进行分析（图 6－4）。

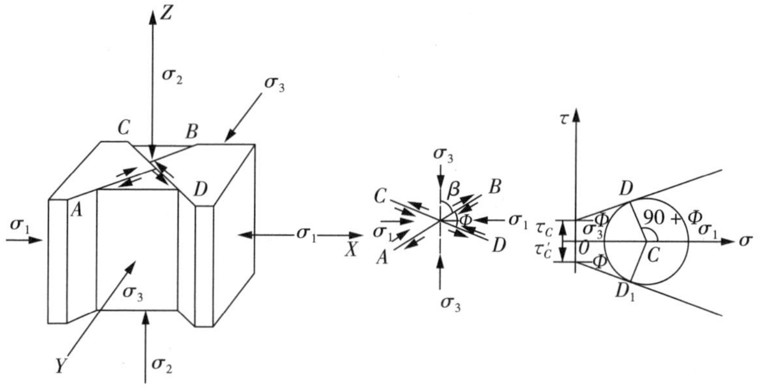

（a）煤体受力示意图　（b）剪裂面受力分析图　（c）极限应力圆分析图

图 6－4　逆断层条件下地应力分析

假设煤（岩）层所在的地应力场由原煤（岩）的自重应力和构造应力两部分组成，并假设岩体深处为岩石静压力，则自重应力为 $\sigma_x^o=\sigma_y^o=\sigma_z^o=\gamma H$（式中 γ、H 分别表示岩体的容重和计算处岩体所处的深度）。假设构造应力由水平应力 σ_x'、σ_y' 组成。

若地壳中构造应力 σ_x'、σ_y' 均为压性的，且 $|\sigma_x'|>|\sigma_y'|$，则

水平方向：

$$\sigma_1=\sigma_x'+\gamma H,\sigma_2=\sigma_y'+\gamma H \tag{6-2}$$

铅垂方向：

$$\sigma_3=\gamma H \tag{6-3}$$

当用 σ_1 与 σ_3 画出来的摩尔圆与岩体抗剪强度曲线相切时[图 6－4(a)]，按库伦-纳维耶准则，岩体处于临界剪破坏状态。其破裂面的走向平行于中间主应力 σ_2 的方向。剪

裂面与水平方向最大压应力 σ_1 的夹角为 45°～Φ/2（Φ 表示内摩擦角），即断层倾角小于 45°[图 6-4(b)]。根据岩石力学，一般内摩擦角为 30°～50°。因此，断层倾角的理论值为 20°～30°。图 6-4(b)中的剪破裂面 AB 对应于图 6-4(c)中抗剪强度曲线与极限应力圆相切的 D 点，故断层剖面上受到压应力及正剪应力（压扭）作用，产生逆断层，按地质力学平面应力场分析原则定为压性断层。

2)“构造包体”聚能分析

在高瓦斯煤层内形成的“构造包体”内蕴含着巨大的能量，如煤的弹性潜能、瓦斯内能等。在突出过程中，这些能量中的一部分会消耗在煤的破裂、搬运与碾碎做功上。

(1)“构造包体”的弹性能。

突出发生以前可以把“构造包体”围岩的变形看成是线弹性的，“构造包体”的弹性潜能是包体在弹性应变时（图 6-5），在单位体积的煤炭内所储存的弹性潜能，为主应力与应变之积的和的二分之一，即

$$e=\frac{\sigma_1\varepsilon_1+\sigma_2\varepsilon_2+\sigma_3\varepsilon_3}{2} \qquad (6-4)$$

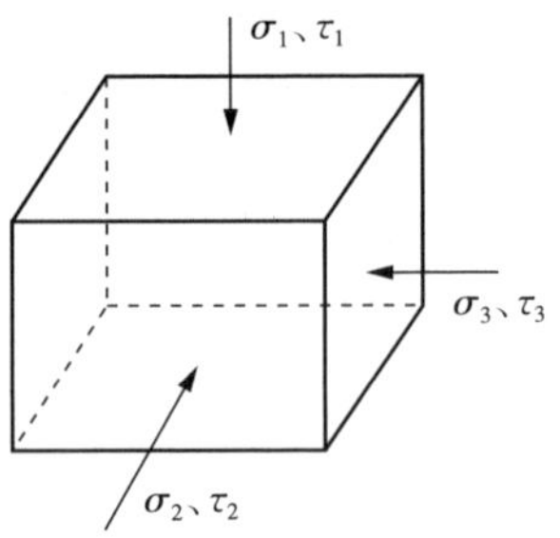

图 6-5　煤（岩）内主应力和应变

根据胡克定律：

$$e=\frac{1}{2E}[\sigma_1^2+\sigma_2^2+\sigma_3^2-2\upsilon(\sigma_1\sigma_2+\sigma_2\sigma_3+\sigma_3\sigma_1)] \qquad (6-5)$$

式中，e——煤（岩）弹性潜能，kg/cm^2；

σ_1、σ_2、σ_3——3 个方向的主应力，10^5 Pa；

ε_1、ε_2、ε_3——3 个方向的应变；

E——煤（岩）的弹性模量，10^5 Pa；

υ——煤（岩）的泊松比。

(2)“构造包体”的瓦斯膨胀能。

“构造包体”内瓦斯以承压状态存在，它对“构造包体”围岩起膨胀作用，使得“构造包体”含有较高的瓦斯膨胀能。膨胀内能可按等温过程计算，当破碎煤从煤体脱离后，膨胀瓦斯的内能的变化过程属于多变过程，而最后接近于绝热过程。根据热力学，可以运用以下公式计算每吨煤的膨胀瓦斯内能：

$$W_P=\frac{P_1V_1}{n-1}\left[\left(\frac{p_0}{p_1}\right)^n-1\right] \qquad (6-6)$$

式中，W_P——参与突出过程做功的吨煤瓦斯内能（从突出时实测统计资料中得出），kg·m/t；

V_1——参与做功的瓦斯体积，m^3/t；

p_1——煤抛出后的瓦斯压力（按一般大气压力计算），1 atm；

p_0——突出煤层的瓦斯压力，10^5 Pa；

n——过程指数（对于突出多变过程，n=1～1.31）。

另外，瓦斯膨胀作用减小了围岩有效压力，在降低煤体强度的同时，又因为抵消了部分围岩压力从而降低了“包体”本身的稳定性，使得接近临界稳定状态的“构造包体”抵抗外界工程扰动的能力(抗剪、抗压、抗拉能力)大大降低。

3)“构造包体”突出模型的构建

我们知道，如果用两个手指捏鸡蛋，压力集中在一个点上，鸡蛋自然容易碎，但是若用一只手把鸡蛋放在手心单手握，鸡蛋却不容易碎。这是因为鸡蛋是椭圆形的，这种特殊的结构能把外界的作用力平均分散于其表面，从而使蛋壳上的压强较小，不易变形破坏。由此可将“构造包体”的边界围岩的形状设定为相对稳定的椭圆形或拱形空间结构。

在各类地质构造中，压扭性的地质构造最有利于形成封闭型的煤层破坏区(“构造包体”)。因此，就以压扭性逆断层构造为典型，建立含“构造包体”煤层的石门揭煤突出模型。如图6-6(a)所示，在逆断层构造作用下，在突出煤层内形成一个破坏区——“构造包体”，在“构造包体”内，本来松软的煤层完全发育成构造煤，“构造包体”的边界围岩(暂称为控制壳)承受着较大的地应力，透气性很低，控制着瓦斯的流动，控制壳之外的煤层瓦斯压力高，瓦斯含量大，煤层瓦斯的吸附和解吸能力强，煤层透气性低。

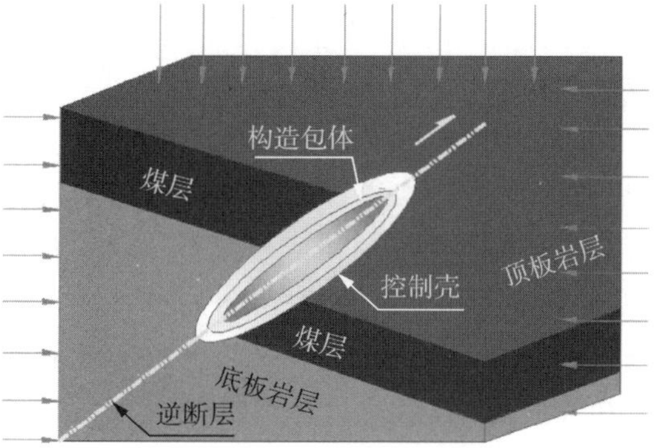

(a)“构造包体”模型

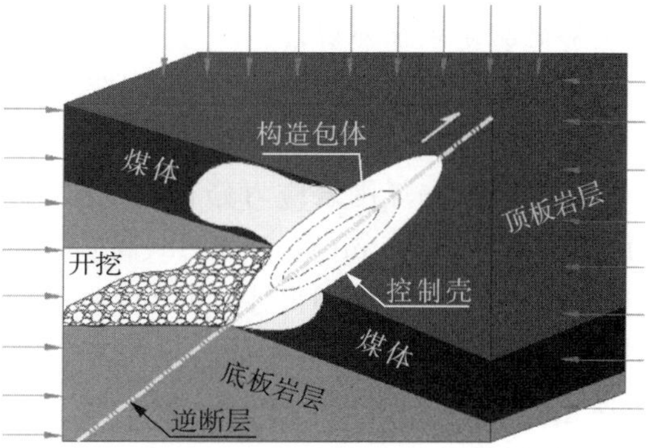

(b)石门揭含“构造包体”煤层突出模型

图6-6 含“构造包体”煤层突出模型

如图6-6(b)所示，在石门揭煤过程中，若在没有采取安全防护措施的情况下，突然揭开突出煤层内的“构造包体”，在高弹性能和高瓦斯潜能的作用下，“构造包体”内破碎程度极高的松软煤体会瞬间喷出，进入巷道，突出发生。

4)“构造包体”模型的突出机理分析

如前所述，“构造包体”内部构造煤发育，孕育着较高的弹性潜能和瓦斯膨胀能，为突出的发生创造了有利条件。在石门巷道推进的过程中，前方围岩一般存在卸压区和应力升高区。但是，当石门巷道端面推进至“构造包体”附近时，由于“构造包体”边界围岩的硬度高，可以承受采动后应力重新分布造成的集中高应力，围岩的卸压特性不明显，应力梯度异常增加。围岩的应力“闸门”处于关闭状态，“构造包体”内富集的瓦斯很难及时通过缓慢释放的安全方式排出，瓦斯压力梯度也异常增加。此时，“构造包体”围岩已处于临界崩解状态，当“构造包体”边界硬质包裹体被瞬间打开(如放震动炮或快速掘进)，“构造包体”内的能量就会疾速向巷道释放，也即突出发生。

首先是“构造包体”内部的含瓦斯构造软煤突出，裸露面附近的瓦斯压力值降低至大气压力，“构造包体”围岩应力也在一定程度上得以释放。待“构造包体”突出后，形成新的瓦斯压力梯度场和应力梯度场，“构造包体”以深煤体在地应力剪切作用、吸附瓦斯解吸力和游离瓦斯冲击作用下进一步破裂、碎解，在高压瓦斯抛射作用下进入石门巷道，当“构造包体”和附近煤层内的能量释放殆尽，不再具备突出条件时，煤与瓦斯突出停止。

6.2.3 石门揭煤相似模拟试验

1. 石门揭煤相似模拟试验系统的构建

在模拟试验中，材料的相关参数主要参照的是淮南矿区的C 13－1煤层，该煤层属于C组煤层，平均厚度为4.5 m，煤质优良。然而，煤层的地质构造条件极为复杂，瓦斯含量（12～26 m^3/t）大，瓦斯压力高，煤体极其松软且透气性低，突出危险性极大。

模拟试验的目的：分析“构造包体”影响下石门揭煤巷道开挖过程中围岩的应力、位移、瓦斯压力及温度变化规律，探析石门揭含“构造包体”突出煤层过程中围岩力学特性和突出发生原因及过程。

1）试验系统整体设计

试验系统包括材料封装系统、力学加载系统、充气系统和参数测试系统四大部分。

（1）材料封装系统。

根据石门揭煤围岩应力分布的范围，本次相似模拟试验拟模拟的原型煤岩体的尺寸为100 m（长）×40 m（宽）×60 m（高）。一般情况下，岩体工程的相似模拟所选用的几何相似比（原型尺寸/模型尺寸）为10～100。在现场模型尺寸确定的情况下，所选择试验模型的尺寸越大，与现场的相似程度越高，试验条件就越接近现场，试验结果的科学性和实用性也就越高，但可能会受到试验室场地与人力、物力的限制。所选择的试验模型尺寸越小，与现场的相似程度低，不仅会出现铺设材料的层数过少和测试点个数过少的问题，所铺设的测试探头还可能对材料的力学特性产生一定的影响。综合考虑各方面因素，本试验选择的几何相似比为40，相应的试验模型的尺寸为2.5 m（长）×1.0 m（宽）×1.5 m（高）。

试验中选用的试验箱体的四壁和底板用厚8 mm的钢板，焊接成一个整体，外壁再用宽20 mm的槽钢加固。箱体的上盖是一个活动盖板，在此盖板上放置液压缸，用于试验中的力学加载，液压缸上为反力架钢结构。石门巷道的断面为梯形，尺寸为8 cm（顶）×12 cm（底）×10 cm（高），相当于现场3.2 m（顶）×4.8 m（底）×4.0 m（高）的巷道断面。

（2）力学加载系统。

力学加载系统主要包括液压泵、油压管路、液压缸和反力架。液压泵的量程为0～60 MPa，液压缸的最大顶出力为100 t，反力架能够承受15 MPa的力，而不发生明显的变形（变形率<1%）。

（3）充气系统。

充气系统由充气气瓶、控制阀和充气管路构成。试验选用的气体介质为CO_2，瓶内气体压力为5.0 MPa，控制阀由主阀（量程0～25 MPa）和减压阀（量程0～5.0 MPa）组成，主阀控制气瓶内气体压力，减压阀控制充气过程中气体压力。用两个气瓶同时充气，一路通向“构造包体”内，另一路通向两侧煤层。充气管路由内径 6 mm 的铜管焊接而成。

(4)数据采集系统。

参数采集系统主要由测试探头、应变测试仪、位移测试仪、温度测试仪及计算机构成。应变测试仪选用的是 YE2539 型高速静态应变仪，最小采样时间 1 s(全部测点)，最大测点数 60 点，量程为 0～±20000 $\mu\varepsilon$，分辨率为 1 $\mu\varepsilon$，精度为 0.2%FS±2 $\mu\varepsilon$，可以采用全桥、半桥及 1/4 桥桥路形式。位移和温度的数据采集选用的是 TDS－303 数据采集仪，测量精度为±0.05%，最高分辨率为 0.1 $\mu\varepsilon$(0.001 mV，0.1 ℃)，采样速度为 0.06 s/点，打印速度为 0.065 s/点。

2)试验箱体密封设计

在封装各层材料前，为了避免箱体焊接缝处漏气，同时为了使材料表面均匀受力和产生一定的水平应力，在试验箱体内壁表面涂一定厚度的密封胶。试验所选用的密封胶，在凝固后，既要具有较强的密封性，又要具有较高的弹性。为此，经过比较，在各类密封胶中先选定两种(图 6－7)：中性玻璃胶和中性硅酮结构胶。中性玻璃胶凝固时间短(4 h)，但弹性和强度不如中性硅酮结构胶；中性硅酮结构胶虽然凝固时间(12 h)较长，但弹性和强度都远远大于前者，所以，最终选择了中性硅酮结构胶。试验箱体内壁表面所涂胶体的厚度为 10 mm(图 6－8)，待箱内材料铺设完成并试载后，在其材料上方涂厚度为 30 mm(图 6－9)的密封胶。

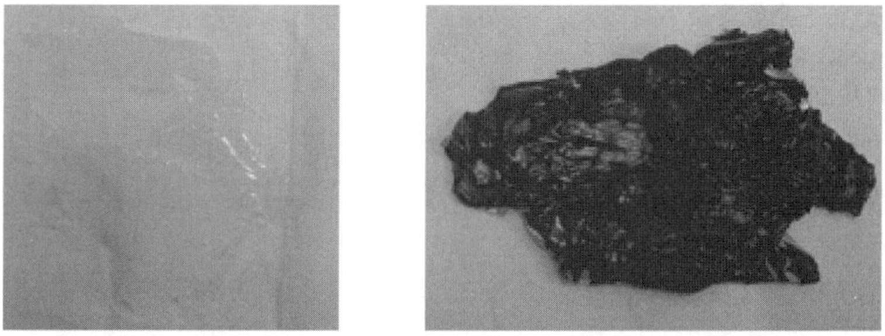

(a) 中性玻璃胶　　(b) 中性硅酮结构胶

图 6－7　中性密封胶(凝固态)照片

图 6－8　装置内壁密封

图 6－9　材料上部密封

3)瓦斯充气管路设计

如图 6-10 所示,充气点有 3 个,一个位于"构造包体"内部,其他两个分别位于断层两侧的煤层内。充气管路用内径为 6 mm 的耐高压铜质细管(图 6-11),充气管路采用铜焊焊接。试验前,设计充气 24 h,使得瓦斯对试验材料的吸附达到饱和。为确保试验安全,高压瓦斯用吸附能力强但无爆炸危险性的 CO_2 气体代替。

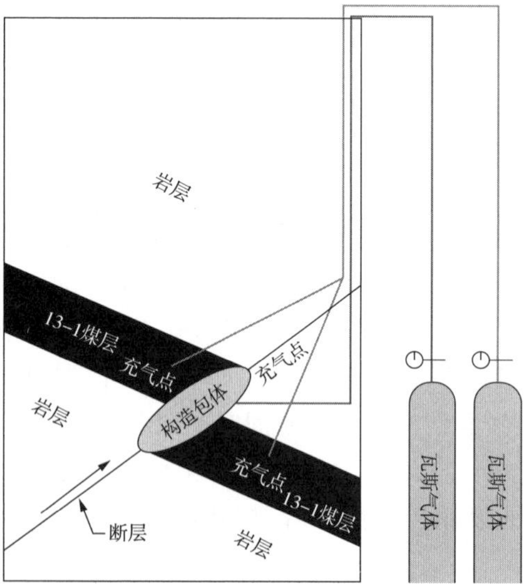

图 6-10 充气管路示意图

图 6-11 高压瓦斯气瓶

4)应力测点位置设计

如图 6-12 所示,在石门开挖巷道底板和顶板岩层内布置三层应力测点,以研究开挖过程中围岩内应力分布规律及突出前后"构造包体"周围应力变化情况。这三层应力测点的布置方案如下。

第一层:该层测点位于开挖巷道底板轴线正下方 10 cm 处,共 6 个测点,仅布置一排,标号为 A1~A6。

第二层:该层测点位于巷道顶板上方 10 cm 处,顺着石门巷道轴线方向布置三排(B_1、B_2和 B_3),共 24 个测点。B_1排在巷道轴线正上方,布置 8 个测点($B_1$7~$B_1$14)。B_2排($B_2$1、$B_2$3、$B_2$5、$B_2$7、$B_2$9、$B_2$11、$B_2$13、$B_2$15)与 B_3排($B_3$2、$B_3$4、$B_3$6、$B_3$8、$B_3$10、$B_3$12、$B_3$14、$B_3$16)分别位于 B_1南北两侧的 15 cm 处。

第三层:位于巷道顶板上方 20 cm 处,顺着巷道轴线方向布置三排应力测点,每排 8 个测点,共布置 24 个测点。第一排在巷道轴线正上方,测点编号自西向东依次为 C18、C21、C24、C27、C30、C33、C36、C39;第二排布置于第一排北侧 15 cm 处,测点编号自西向东依次为 C17、C20、C23、C26、C29、C32、C35、C38;第三排布置于第一排南侧 15cm 处,测点编号自西向东依次为 C19、C22、C25、C28、C31、C34、C37、C40。

在图 6-12 中,"+"形圆圈测点布置压力盒,"×"形圆圈测点布置应变片。

5)位移测点位置设计

如图 6-13 所示,在巷道顶板上方 10 cm 处布置一层测点,其中 1~15 号测点顺着巷

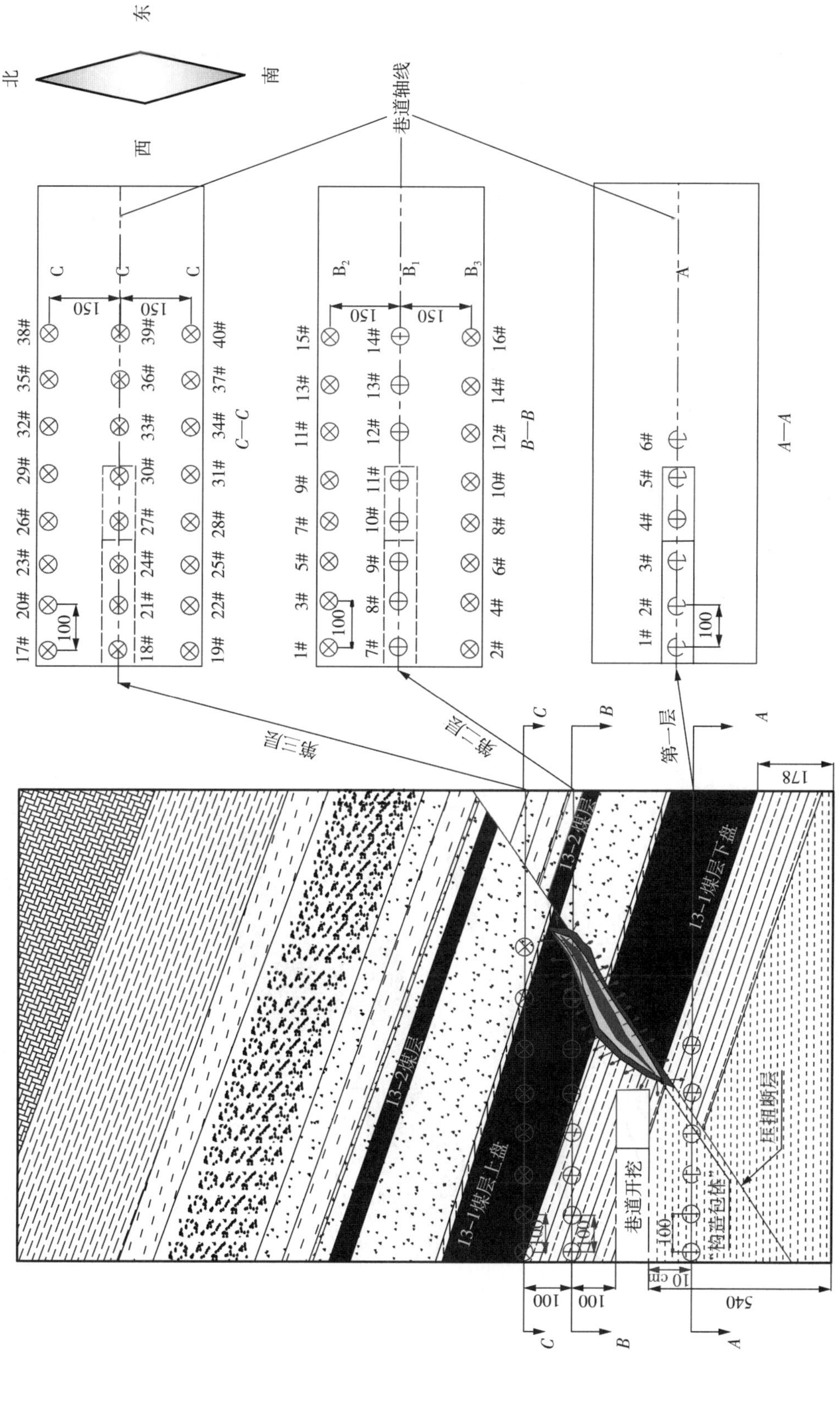

⊕—压力盒；⊗—应变片。

图6-12　应力测点布置示意图

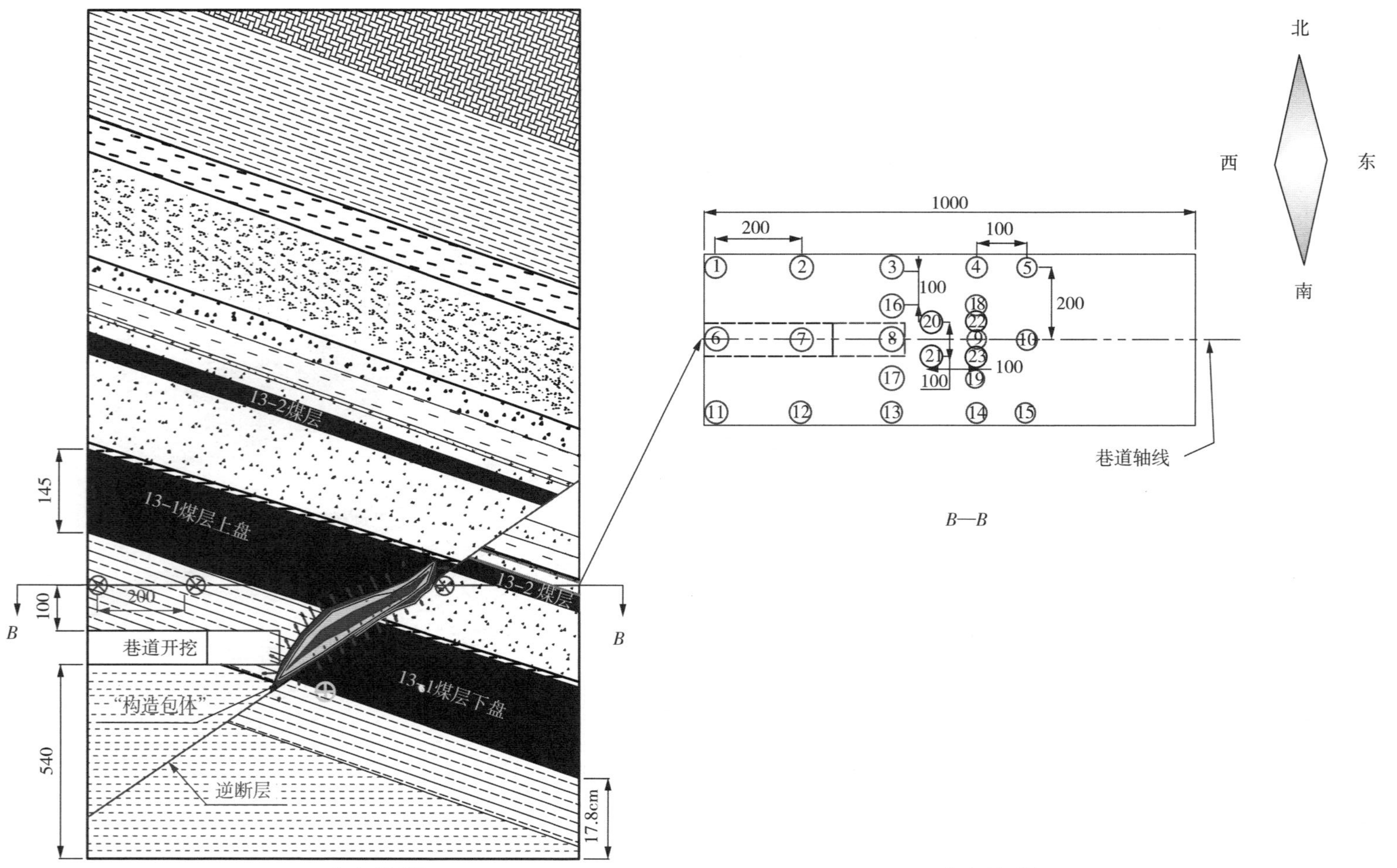

（a）剖面图　　（b）平面图

图6-13　位移计位置设计示意图

注：顺着断层倾向方向，间距100 mm，在包体的右下方和右方布置2排位移计，每排2个。20#、21#为一排，位于构造包体的右下方，其在煤层走向上的水平间距为100 mm；22#、23#为一排，位于包体的右方正对巷道断面位置，其在煤层走向上的水平间距也为100 mm。

道轴线方向分成三排：一排在巷道轴线正上方位置(6～10 号)，其余两排(1～5 号与 11～15 号)分布在第一排的两侧 20 cm 处。在每排位移计中，自西向东两测点的距离分别为 20 cm、20 cm、20 cm、10 cm。此外，在 3 号与 8 号测点之间、8 号与 13 号测点之间、4 号与 9 号测点之间、9 号与 14 号测点之间再布置 4 个位移测点(16 号、17 号、18 号、19 号)。为了获取更充足的包体突出过程中的位移数据，平行于断层倾向方向，在“构造包体”的右下方和右方布置两排测点，两排间距为 10 cm，每排 2 个测点。其中，20 号和 21 号为一排，位于“构造包体”的右下方，间距为 10 cm；22 号和 23 号为一排，位于“构造包体”的右方，间距也为 10 cm。

6)温度测点位置设计

在煤与瓦斯突出过程中，煤体内的温度变化是一个重要表征参数。为了测定充气前后和突出前后煤体和包体内的温度变化，在“构造包体”和附近煤层内布置了 3 个测温探头(图 6－14)：第 1 个位于上盘煤层内，第 2 个位于“构造包体”内，第 3 个位于下盘煤层内。这 3 个测温探头在 TDS－303 数据采集仪上的连接方式如图 6－15 所示。

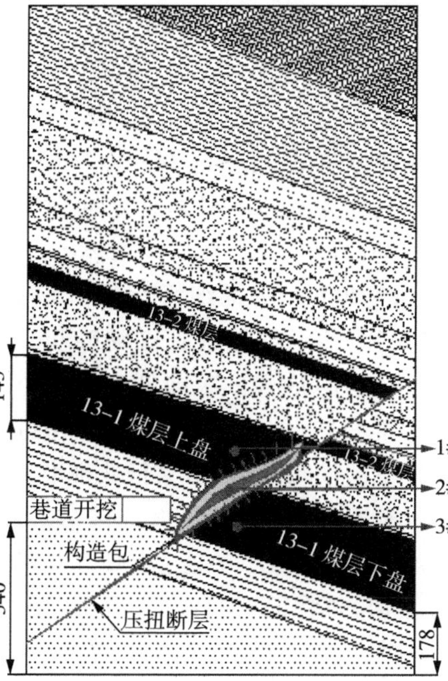

图 6－14　温度传感器布置示意图

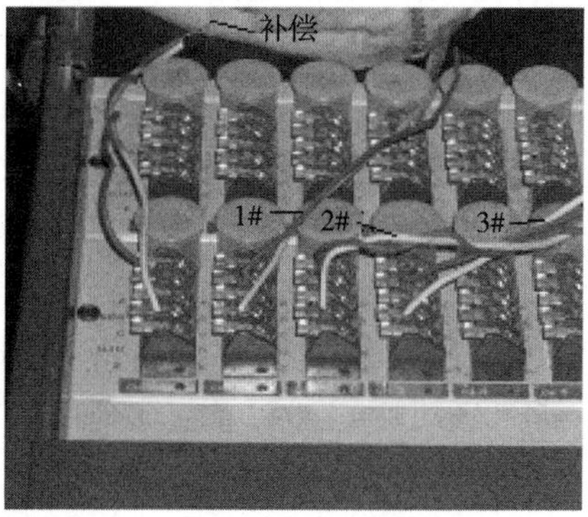

图 6－15　温度探头连接方式

2. 测试元件标定

1)应变片和压力盒标定

(1)标定目的。

供试验用的应变片 50 个，由浙江黄石测试仪器厂生产的应变片(图 6－16)的片芯自行焊接制作而成。供试验用的压力盒 25 个，由厂家定做。标定应变片和压力盒的目的是考察试验元件的线性、重复性等参数，绘出应力-应变对应关系曲线，进而计算出试验模型中测试点处的应力值。

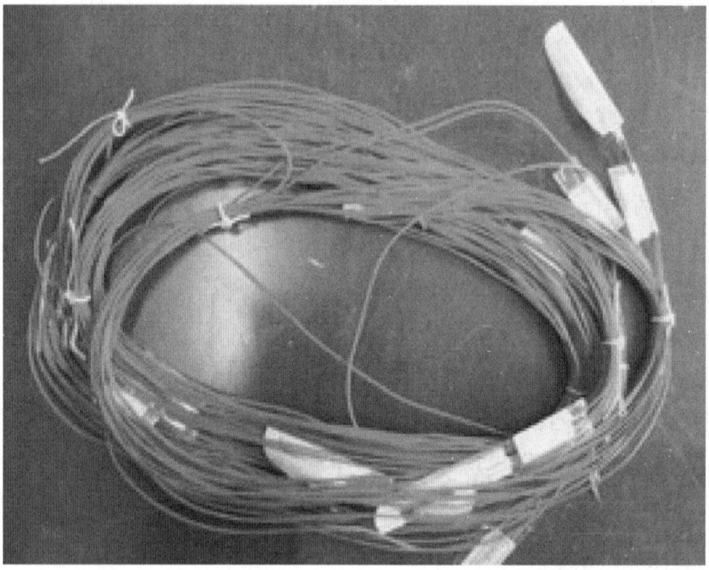

图 6－16　应变片

(2)标定过程及结果。

因为标定过程可能会造成应变片的损坏，所以在待标定的 50 个应变片中随机抽取 8 个，分成 2 组，每组 4 个，每组标定 3 次。标定的应力范围为 0～2 MPa，标定的环境温度为室内温度 9 ℃，标定所用材料是与试验材料相同的细河砂。

首先，在标定容器(图 6－17，尺寸：20 cm×20 cm×20 cm)内铺细河砂至 5 cm 处，将砂抹平，在此细河砂平面上相距 10cm 平放 2 个应变片；然后继续铺设细河砂至 15 cm 处，将砂抹平，在此平面上按同样的距离再平放 2 个应变片，这样一次即可标定 4 个应变片；最后，将装有应变片的标定容器放置在 600 kN 万能材料试验机(图 6－18)上，进行标定。该试验机已经厂家标定合格，实验前又进行了严格的校正，符合国家行业标准。试验机从 0 kN 开始每次加载 10 kN[相当于施加应力载荷 10000 N/(0.2 m×0.2 m)＝0.25 MPa]，逐次加载，直至 80 kN(相当于施加应力载荷 2 MPa)，并通过 YE2538 程控静态应变仪(图 6－19)记录每次加载稳定后输出的应变值，再将记录的数据进行计算处理，得到应力载荷和应变之间的关系曲线(图 6－20)。

此外，还要对标定后的应变片进行试水实验(图 6－21)，目的：其一，检查应变片是否在加载中被损坏；其二，检测应变片薄膜的封闭性是否良好，能否适应潮湿环境。实验结果表明：应变片的线性和重复性良好，没有破损和开裂漏水现象。

对厂家生产的 25 个压力盒随机抽取 6 个，分 3 组，每组 2 个，每组也是标定 3 次。首先，在标定容器铺细河砂至 5 cm 处，将砂抹平，在此细河砂平面上平放 1 个压力盒；然后，继续铺设细河砂至 15 cm 处，将砂抹平，在此平面上再平放 1 个压力盒，将标定容器用细砂填平；最后，将装有压力盒的标定容器放置在 600 kN 万能材料试验机上，进行标定。标定结果显示线性和重复性良好(和厂家的标定曲线一致)，将记录的数据进行计算处理后，得到的标定曲线如图 6－22 所示。

图 6-17　应变元件标定容器

图 6-18　600 kN 万能材料试验机

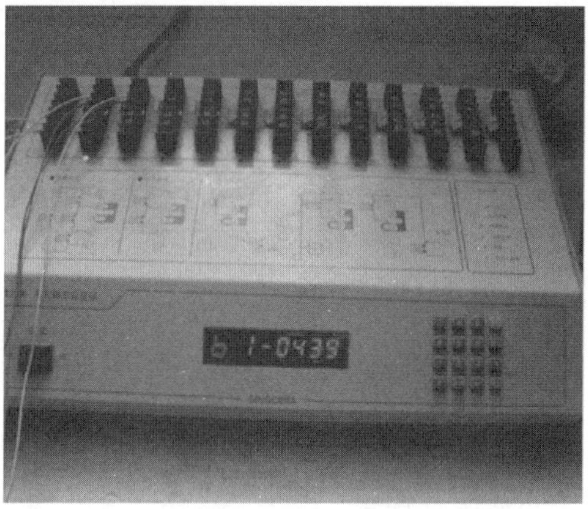

图 6-19　YE2538 程控静态应变仪

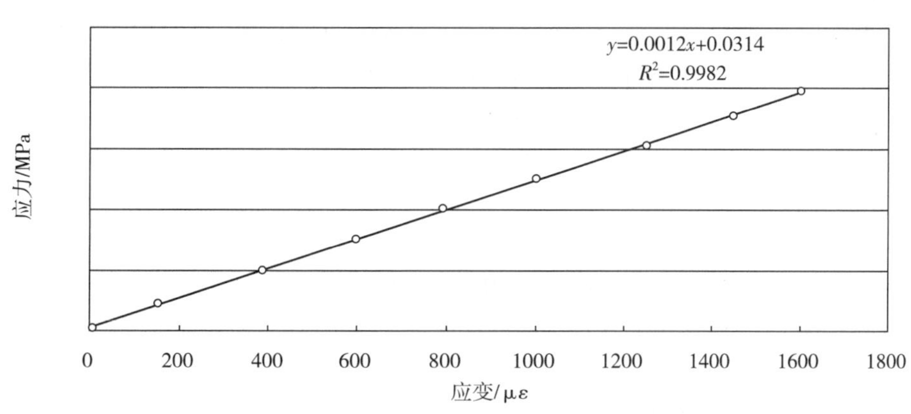

图 6-20　应变片标定曲线

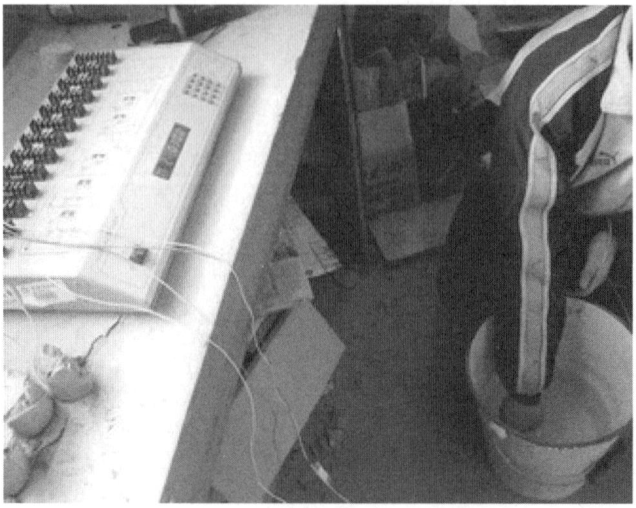

图 6-21 应变片试水实验

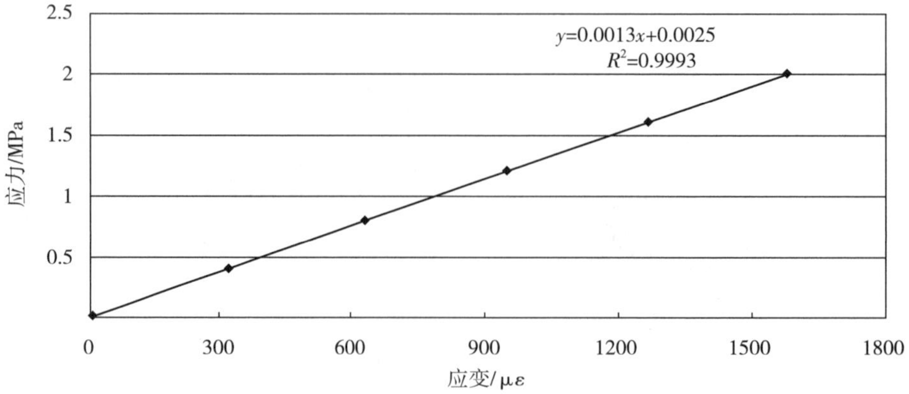

图 6-22 压力盒标定曲线

2)液压缸标定

(1)标定目的。

把将要在试验中使用的液压缸(100 t 量程)逐一进行标定,目的:其一,通过标定结果,绘出液压缸顶出力和液压泵油压之间的关系曲线,从而确定与模型应力载荷相对应的液压泵油压值;其二,检验液压缸的密封性和蓄能稳定性,液压缸标定设备如图 6-23 所示。

(2)标定过程及标定结果。

首先,将试验中要使用的液压缸逐一放在 2000 kN 的压力机上(图 6-23),该压力机已经厂家标定,符合国家行业标准。然后,使用经厂家标定合格的液压泵逐级加压,同时记录相应的液压缸顶出力,将记录的数据进行计算处理后,得到标定曲线如图 6-24 所示。

3)位移和温度测试元件标定

(1)位移计结构及工作原理。

测试过程中采用的是 CW-YB-50 型应变位移传感器,其结构示意图如图 6-25 所示。该位移传感器应变片阻值为 350 Ω,精度为 0.1%FS,灵敏度为 2.08 (mV)/V,传感器桥路形式为全桥,应变片供桥电压为±1 V,耐压范围大于 10 MPa。使用时,先将位移计固定,再将测杆与被测材料刚性连接(非回弹式),也可依靠位移传感器内置的复位弹簧顶在被测材料上(回弹式)。位移传感器的测头部分为半圆形硬质合金。当围岩巷道产生变形时,位移传感器测杆产生位移,传感器内部的感应元件会因外力作用产生变形,引起电阻值的变化,电桥随即产生相应的信号传输到数据采集仪上。

图 6-23　液压缸标定设备

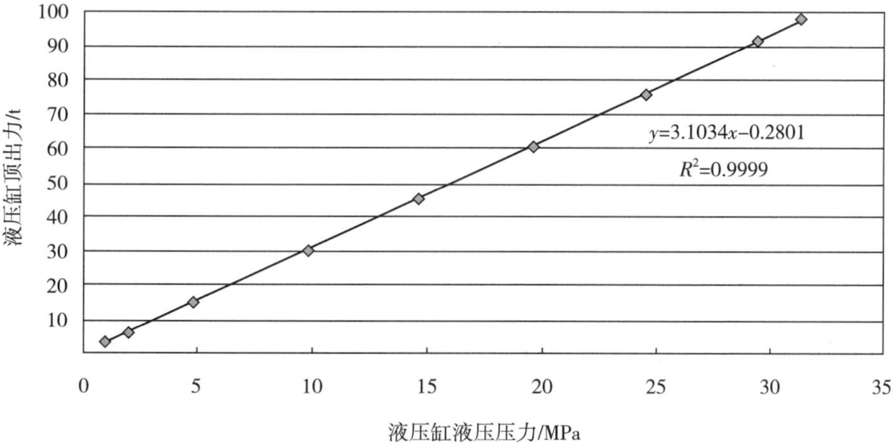

图 6-24　液压缸液压值和顶出力关系曲线

(2)位移计标定结果。

使用高精度的游标卡尺记录拉杆发生的位移量,同时通过数据采集仪记录相应的应变值,最后根据记录结果,绘出位移计应变-位移关系曲线(图 6-26)。

(3)温度测试元件。

温度的测量采用热电偶,所选用的 3 个热电偶也已经在实验室中进行了标定。

将标定好的位移传感器和温度探头在试验模型中铺设完毕后,连接到 TDS-303 数据采集仪上。试验前,需要对 TDS-303 数据采集仪进行调零和纠偏。

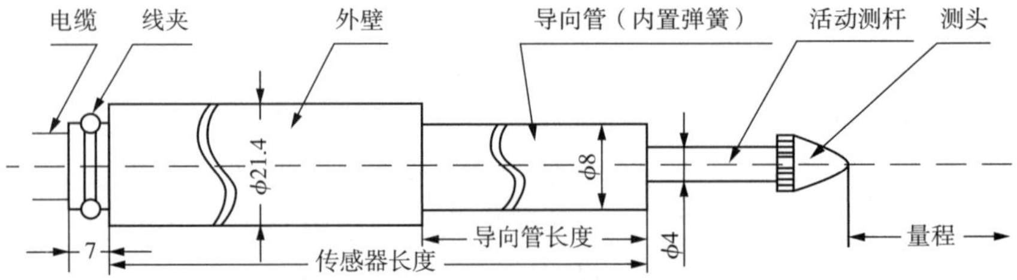

（a）应变位移传感器外形尺寸

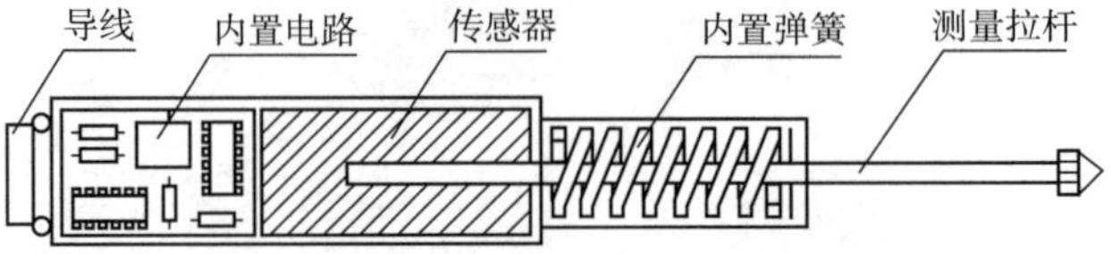

（b）应变位移传感器（回弹式）内部结构示意图

图 6－25　位移传感器结构示意图

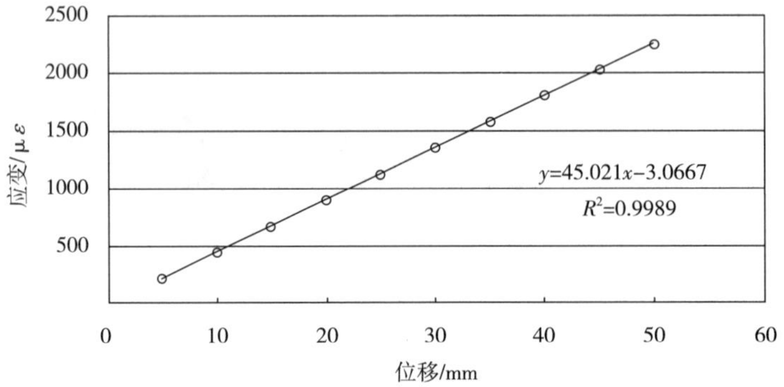

图 6－26　CW－YB－50 型应变位移传感器标定曲线

3. 模型相似分析及材料配比

1)相似准则及模型受力分析

(1)模拟试验相似准则。

相似模拟试验一般应满足两个条件：第一，试验中的几何、运动、边界条件与现场相似；第二，试验与现场的对应物理量成比例。试验中所采用的相似准则如下。

几何相似：

$$\alpha_l = \frac{L_p}{L_m} \tag{6-7}$$

式中，α_l——原型与模型长度比，一般 $\alpha_l = 10 \sim 100$，本实验中取 $\alpha_l = 40$；

L_p——原型广义长度；

L_m——模型广义长度。

容重比：

$$\alpha_\gamma = \frac{\gamma_p}{\gamma_m} \tag{6-8}$$

式中，α_γ——原型与模型容重之比；

γ_p——原岩层的平均容重，取 2.5 g/cm³；

γ_m——模型材料容重，一般为 1.5～1.8 g/cm³ 较合适，过大成型击实困难，过小则使模型材料松散不易成型，本模型中取 1.5 g/cm³。

则 $\alpha_\gamma=\dfrac{\gamma_p}{\gamma_m}=2.5/1.5=\dfrac{5}{3}$。

运动相似：

$$\alpha_t=\frac{t_p}{t_m}=\sqrt{\alpha_l} \tag{6-9}$$

式中，α_t——时间比；

t_p——原型运动所需时间；

t_m——模型运动所需时间。

$\alpha_t=\sqrt{40}\approx6.325$，即大约 4 h 相当于现场 1 d，4 h 开挖一次，一次 10 cm，相当于现场进尺 4 m。

动力相似：

$$\alpha_\sigma=\frac{\gamma_p}{\gamma_m}\cdot a_l=a_\gamma\cdot a_l \tag{6-10}$$

式中，α_σ——应力比。

由于 $\alpha_\gamma=\dfrac{5}{3}$，$\alpha_l=40$，因此 $\alpha_\sigma=\dfrac{5}{3}\times40\approx66.67$。

(2)相似模型力学加载分析。

用模型材料自重来克服材料与容器壁之间的摩擦力，试验条件为采深 1000 m，则 $\sigma_p=\rho gh=2.5\times10^3\times9.8\times1000=24.5(\text{MPa})$，则 $\sigma_m=\sigma_p/\sigma_\sigma=24.5/(200/3)\approx0.3675$ MPa，换算成试验中千斤顶施加的力为 $F=\sigma_m S=(0.3675\times10^6\ \text{Pa})\times(2.5\times1.0\ \text{m}^2)=918.75$ kN的力。若按 6 个液压千斤顶计算，每个液压缸的顶出力最低为 153.125 kN，考虑液压缸蓄能稳定性及其与加载钢板的摩擦等因素，在此基础上再增加 5%，故每个液压缸的顶出力为 161 kN，根据液压缸的顶出力和液压泵油压值之间的关系曲线进行计算，此时，液压泵的液压值为 5.3 MPa。

2)相似模型材料配比

参照现场岩层分布，试验模型的岩层分布[1.0 m(宽)×1.5 m(高)]，如图 6-27 所示，现场煤岩层物理力学参数如表 6-4 所示。试验巷道顶、底板岩层主要呈脆性，故以粒径小于 1.5 mm 的河砂为骨料，以石灰、石膏为胶结材料，试验中的煤层则是在上述材料中加一定比例的粉煤灰制成的(或直接使用突出煤层中的原煤)，节理与断层采用云母铺设而成。

因顶板煤岩体破坏多由拉应力超过其单向抗拉强度所致，故顶板岩层以单向抗拉强度为主要指标，并以抗压强度、弹性模量等作为辅助指标，而开采煤层及底板岩层以单向抗压强度为主要指标。

通过大量实验室有关煤岩力学特性的材料配比数据，得出各分层的物理力学参数及材料配比，如表6-5所示。

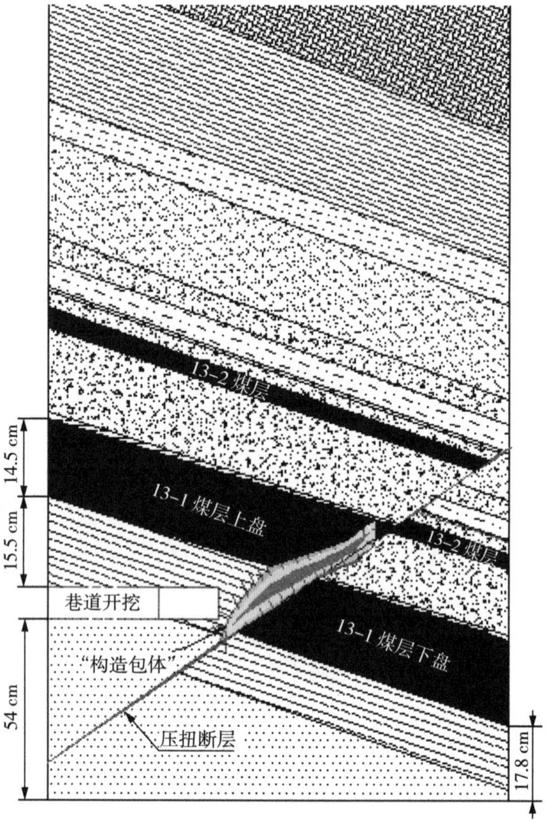

图 6-27 试验模型的岩层分布[1.0 m(宽)×1.5 m(高)]

表 6-4 现场煤岩层物理力学参数

序号	岩性	厚度/m	累计厚度/m	抗拉强度/MPa	抗压强度/MPa	容重/(g/cm^3)
14	泥岩	4.50	56.77	1.015	25.589	2.400
13	砂质泥岩	8.50	48.27	1.896	37.469	2.570
12	砂质黏土岩	2.60	45.67	2.066	48.759	2.647
11	细砂岩	6.88	38.79	3.105	69.592	2.58
10	粉砂质黏土岩	1.52	37.27	1.492	45.483	2.579
9	泥质砂岩	1.54	35.73	1.961	38.341	2.513
8	粉砂岩	0.36	35.37	1.789	34.626	2.511
7	粉砂质黏土岩	1.05	34.32	1.107	43.355	2.579
6	C13-2 煤层	1.23	33.09	—	7.320	1.4
5	粉砂质黏土岩	5.79	27.30	2.066	48.759	2.647
4	炭质页岩	0.10	27.20	—	7.320	1.4
3	C13-1 煤层	5.60	21.60	—	7.320	1.4
2	黏土岩	6.00	15.60	1.146	43.355	2.579
1	细砂岩	15.60	0.00	2.851	60.358	2.580

表 6－5　试验模型煤岩层的物理力学参数及材料配比

序号	岩性	模型分层厚度/cm	模型累计厚度/cm	模型抗压强度/MPa	原岩分层厚度/m	原岩累计厚度/m	原岩抗压强度/MPa	原岩容重/(kg/m^3)	相似材料配比(型号)(砂：石灰：石膏：水)	材料总重/kg	砂重/kg	石灰/kg	石膏/kg	水/kg
14	泥岩	11.25	141.94	0.384	4.50	56.77	25.589	2.400	10：0.3：0.7：1.1	436.77	397.06	11.91	27.79	43.68
13	砂质泥岩	21.25	120.69	0.562	8.50	48.27	37.469	2.570	8：0.7：0.3：0.9	825.01	733.34	64.17	27.50	82.50
12	砂质黏土岩	6.50	114.19	0.731	2.60	45.67	48.759	2.647	9：0.5：0.5：1	252.36	227.12	12.62	12.62	25.24
11	细砂岩	17.20	96.99	1.044	6.88	38.79	69.592	2.58	6：0.6：0.4：0.7	667.77	572.38	57.24	38.16	66.78
10	粉砂质黏土岩	3.80	93.19	0.682	1.52	37.27	45.483	2.579	7：0.7：0.3：0.8	147.53	129.09	12.91	5.53	14.75
9	泥质砂岩	3.85	89.34	0.575	1.54	35.73	38.341	2.513	8：0.7：0.3：0.9	149.47	132.86	11.63	4.98	14.95
8	粉砂岩	0.90	88.44	0.519	0.36	35.37	34.626	2.511	9：0.7：0.3：1.0	34.94	31.45	2.45	1.05	3.49
7	粉砂质黏土岩	2.63	85.81	0.650	1.05	34.32	43.355	2.579	7：0.7：0.3：0.8	102.11	89.34	8.93	3.83	10.21
6	C13－2 煤层	3.08	82.73	0.110	1.23	33.09	7.320	1.4	13：0.3：0.7：1.4	119.58	111.04	2.56	5.98	11.96
5	粉砂质黏土岩	14.48	68.25	0.731	5.79	27.30	48.759	2.647	9：0.5：0.5：1	562.17	505.95	28.11	28.11	56.22
4	炭质页岩	0.25	68.00	0.110	0.1	27.20	7.320	1.4	13：0.3：0.7：1.4	9.71	9.01	0.21	0.49	0.97
3	C13－1 煤层	14.00	54.00	0.110	5.6	21.60	7.320	1.4	13：0.3：0.7：1.4	543.53	504.71	11.65	27.18	54.35
2	黏土岩	15.00	39.00	0.650	6.0	15.60	43.355	2.579	7：0.7：0.3：0.8	582.36	509.56	50.96	21.84	58.24
1	细砂岩	39.00	0	0.905	15.6	0.00	60.358	2.580	5：0.7：0.3：0.6	1514.13	1261.78	176.65	75.71	151.41
合计										5947.44	5214.70	452	280.77	594.75

4. 试验系统安装

根据试验材料的岩层分布(图6-27)和材料配比(表6-5),将试验材料分层配比(图6-28),进行厚度控制(图6-29)、倾角控制(图6-30)和铺设(图6-31)。

图6-28 试验模型材料配比

图6-29 各层材料厚度控制

图6-30 各层材料倾角控制

图6-31 层理的铺设

在铺设材料的过程中,在所设计的各测点位置铺设相应的测试元件(图6-32～图6-35)。模型中"构造包体"的边界用细河砂和黏结材料夯实而成,强度大,透气性极低;"构造包体"材料采用细河砂与泡沫材料混合制成,孔隙多而强度低,"构造包体"位于巷道开挖口前方50 cm处,方位与断层产状一致,铺设为椭球体形状,三轴长分别为30 cm、20 cm和10 cm。

图6-32 应变片和压力盒铺设

图6-33 "构造包体"铺设

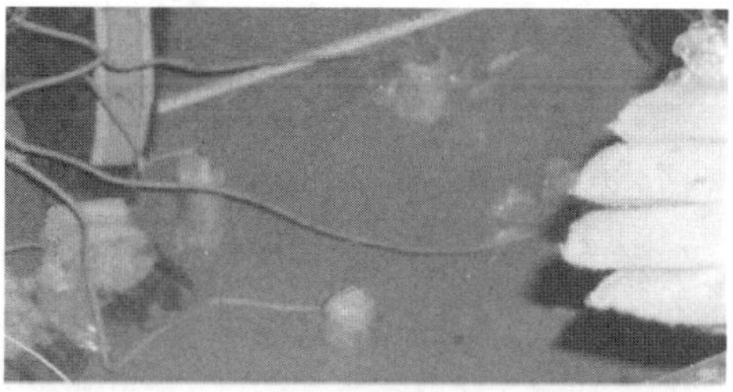

图 6-34　位移传感器布置

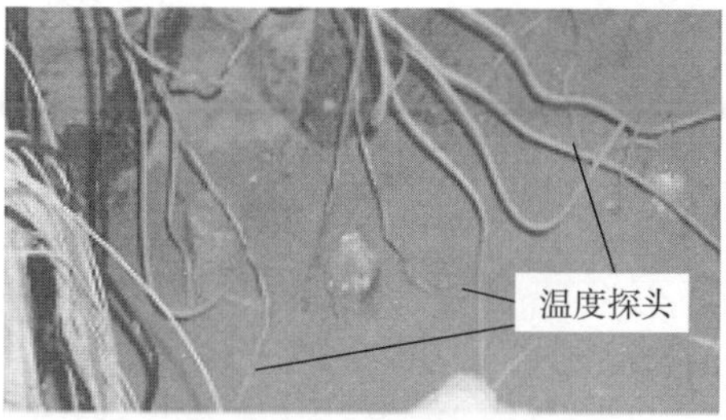

图 6-35　温度探头布置

为了保证整体模型的密封性，在试验箱内材料铺设完成并击实成型后在材料上方加涂一层厚 30 mm 的密封胶，将实验模型整体密封(图 6-36)。待密封胶完全凝固后，首先放置加载盖板，在盖板上布置标定过的 6 个液压缸并安装反力架；其次连接液压管路、液压加载控制系统和数据采集系统，并进行仪器调试；再次进行试加载，同时充气，并再次对仪器进行调试；最后保持设计载荷进行正式加载(图 6-37～图 6-46)。

图 6-36　试验模型的整体密封

图 6-37　液压缸位置设计

图 6-38　液压缸放置

图 6-39　液压管路连接

图 6-40　反力架安装

图 6-41　应力测试元件连接

图 6-42　温度和位移探头连接

图 6-43　模型试加载

图 6-44　试验模型充气

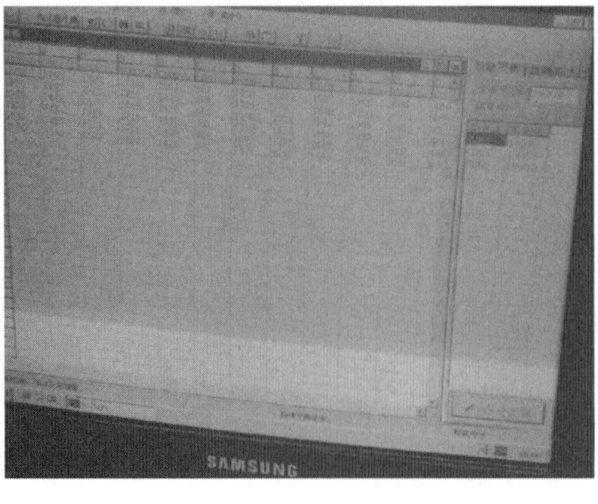

图 6-45　测试元件调试

图 6-46　保持预定载荷进行加载

在以上所有步骤完成后，包括材料封装系统、力学加载系统、充气系统和数据采集系统四大部分的整体试验系统（图 6－47）即安装完成。

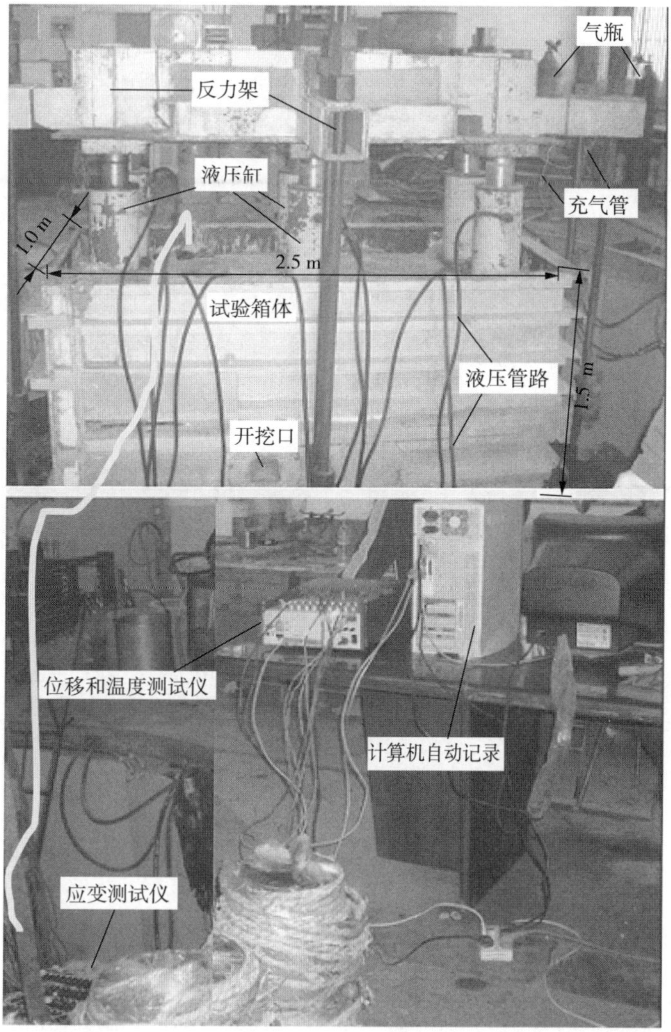

图 6－47　试验系统

5. *石门揭煤过程及突出现象*

待瓦斯吸附 24 h 后，在保持预定载荷的情况下，按照设计进尺进行开挖（图 6－48 和图6－49）。当开挖到 35 cm 时，前方围岩硬度增加；开挖 40 cm 后再继续开挖，前上方围岩开始膨胀鼓出，于是迅速撤出开挖工具，开始拍照、摄像，相机捕捉到了 3 s 左右的突出现象（图 6－50 和图 6－51）。为了拍摄突出时的巷道情况（图 6－52），相机镜头伸入巷道，以致镜头的伸缩旋钮处被疾速抛射的细小砂粒阻塞，造成相机镜头无法缩回。在突出后 50 cm 长的巷道内，突出的材料平均厚度为 3 cm，突出材料的表层布满细小的河砂，具有分选性。突出形成空洞（图 6－53）的高度高于巷道的高度，空洞的宽度也明显比巷道的宽度大。通过突出视频分析，在突出发生时，瓦斯携带包体材料喷出的速度约为 15 m/s，喷射的距离最远为 4 m 左右。

图 6-48 开挖巷道形状

图 6-49 巷道开挖

图 6-50 突出开始情形

图 6-51 突出后情形

图 6-52 突出时巷道内情况

图 6-53 突出形成的空洞

6. 石门巷道开挖过程中围岩力学参数分析

1)巷道开挖过程中围岩的应力变化及分析

(1)第一层内各测点应力分析。

在巷道底板下方 10 cm 处,顺着巷道轴线方向,自西向东布置了 A1～A6 共 6 个应力测点。在石门揭煤巷道开挖过程中，各测点的应力如图 6-54 所示，各测点应力的变化及分析如下。

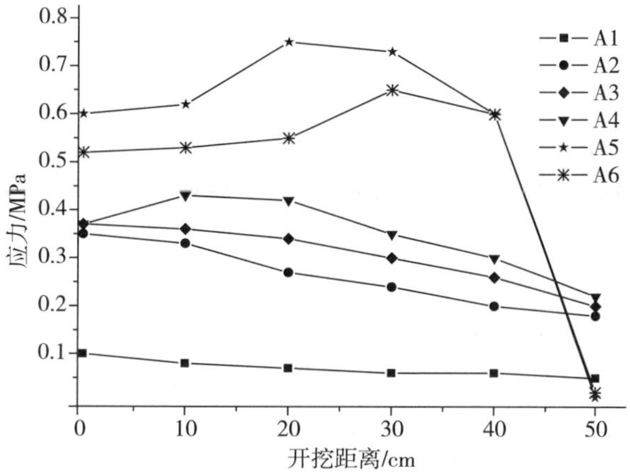

图 6-54　开挖过程中第一层内各应力测点的应力

① A1 测点。

紧靠试验箱体内壁的 A1 测点，初始应力值远低于模型上所施加的载荷，仅为 0.1 MPa，原因是该测点紧靠试验箱体内壁，材料和内壁壁面间存在较大的摩擦力。随着巷道的开挖，围岩卸压，应力值逐渐降低，最终值为 0.05 MPa。

② A2 测点。

距离开挖口内壁 10 cm 处的 A2 测点，初始应力值为 0.35 MPa，随着巷道的开挖，应力值逐渐降低，直至 0.18 MPa，该测点没有出现应力集中现象。

③ A3 测点。

距离开挖口内壁 20 cm 处的 A3 测点，初始应力值为 0.37 MPa，随着巷道的开挖，应力值逐渐降低，直至 0.21 MPa，该测点也没有出现应力集中现象。

④ A4 测点。

距离开挖口内壁 30 cm 处的 A4 测点，初始应力值为 0.37 MPa。巷道开挖至 10 cm 时，该点应力上升至 0.43 MPa；而开挖至 20 cm 时，该点应力值降至 0.42 MPa，此后，随着开挖的继续，该点应力值继续下降，最终值为 0.23 MPa。该点应力值的上升是巷道开挖造成的应力集中的结果；应力值的下降是巷道围岩卸压的结果。

⑤ A5 测点。

距离开挖口内壁 40 cm 处的 A5 测点，初始应力值为 0.60 MPa。巷道开挖至 10 cm 时，该点应力值升至 0.62 MPa；开挖至 20 cm 时，该点应力值升至 0.75 MPa；但开挖至 30 cm 时，该点应力值降至 0.73 MPa；开挖至 40 cm 时，该点应力值降至 0.60 MPa；继续开挖至突出发生，最终该点应力值降至 0.01 MPa。由于该测点位于“构造包体”应力壳影响范围内，并处在“构造包体”边界尖端位置，初始应力值明显大于对模型施加的应力载荷，即使在该点上方进行开挖时，该点的应力值虽有所下降，却仍然保持在较高水平，这就为突出的发生创造了有利条件。

⑥ A6 测点。

距离开挖口内壁 50 cm 处的 A6 测点，初始应力值为 0.52 MPa。巷道开挖至 10 cm 时，该点应力值升高至 0.53 MPa；开挖至 20 cm 时，该点应力值升至 0.55 MPa；开挖至 30 cm 时，该点应力值升至 0.65 MPa；而开挖至 40 cm 时，该点应力值降至 0.60 MPa；继续开挖至突出发生，最终该点应力值降至 0.02 MPa。该测点也位于“构造包体”应力壳影响范围内，应力的变化规律基本同 A5 测点。

在该层内的测点仅布置一排，因此无法利用数学软件进行三维表面处理和等值线绘制方面的数值分析。

(2)第二层内各测点应力分析。

① 该层内各测点的应力变化及分析。

在设计的石门巷道顶板上方 10 cm 处，顺着巷道轴线方向布置三排(B_1、B_2、B_3)应力测点，每排 8 个测点。第一排布置于巷道轴线正上方，自西向东为 $B_1 7$～$B_1 14$；第二排布置于第一排北侧 15 cm 处，自西向东依次为 $B_2 1$、$B_2 3$、$B_2 5$、$B_2 7$、$B_2 9$、$B_2 11$、$B_2 13$、$B_2 15$；第三排布置于第一排南侧 15 cm 处，自西向东依次为 $B_3 2$、$B_3 4$、$B_3 6$、$B_3 8$、$B_3 10$、$B_3 12$、$B_3 14$、$B_3 16$。

A. 第一排各测点应力分析。

在石门揭煤巷道开挖过程中，各测点的应力如图 6－55 所示，各测点应力的变化及分析如下。

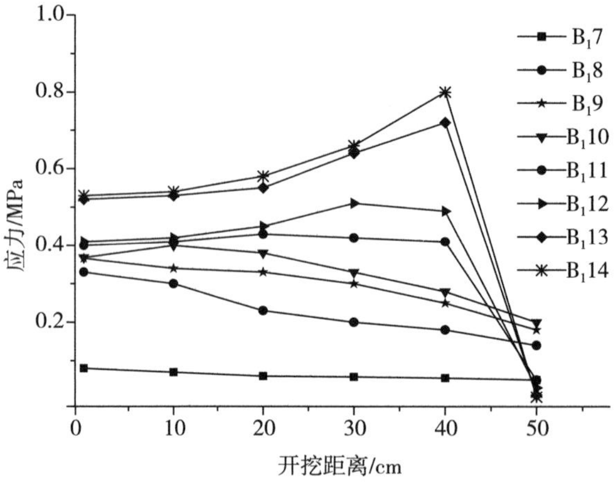

图 6－55 开挖过程中第二层第一排内各应力测点的应力

a. $B_1 7$ 测点。$B_1 7$ 测点由于紧靠试验箱体内壁，材料和内壁壁面间存在较大的摩擦力，测得的初始应力值很小，仅为 0.08 MPa。随着巷道的开挖，围岩卸压，最终值为 0.06 MPa，下降的幅度较小。

b. $B_1 8$ 测点。距离开挖口内壁 10 cm 处的 $B_1 8$ 测点，初始应力值为 0.33 MPa，随着巷道的开挖，该点应力值逐渐降低，直至 0.14 MPa，该测点没有出现应力集中现象。

c. $B_1 9$ 测点。距离开挖口内壁 20 cm 处的 $B_1 9$ 测点，初始应力值为 0.366 MPa，随着巷道的开挖，该点应力值逐渐降低，直至 0.18 MPa，该测点也没有出现应力集中现象。

d. $B_1 10$ 测点。距离开挖口内壁 30 cm 处的 $B_1 10$ 测点，初始应力值为 0.368 MPa，巷

道开挖至 10 cm 时，该点应力值升至 0.40 MPa；而开挖至 20 cm 时，该点应力值降至 0.38 MPa，随着开挖的继续，应力值继续降低，最终值为 0.20 MPa。该点应力值的上升是巷道开挖造成的应力集中的结果，应力值的下降是巷道围岩卸压的结果。

e. $B_1$11 测点。距离开挖口内壁 40 cm 处的 $B_1$11 测点，初始应力值为 0.40 MPa，巷道开挖至 10 cm 时，该点应力值上升至 0.41 MPa；开挖至 20 cm 时，该点应力值升至 0.43 MPa；而开挖至 30 cm 时，该点应力值却降至 0.42 MPa；开挖至 40 cm 时，该点应力值降至 0.41 MPa；继续开挖至突出发生，最终该点应力值降至 0.05 MPa。该测点位于"构造包体"应力壳影响范围内，因此初始应力值明显大于对模型施加的应力载荷，即使在该点下方进行开挖时，该点的应力值虽有所下降，但仍然保持在一个较高的水平上，这就为突出的发生创造了有利条件。

f. $B_1$12 测点。距离开挖口内壁 50 cm 处的 $B_1$12 测点，初始应力值为 0.41 MPa，巷道开挖至 10 cm 时，该点应力值上升至 0.42 MPa；开挖至 20 cm 时，该点应力值升至 0.45 MPa；开挖至 30 cm 时，该点应力值升至 0.51 MPa；而开挖至 40 cm 时，该点应力值降至 0.49 MPa；继续开挖即发生突出，最终该点应力值降至 0.03 MPa。该测点位于"构造包体"应力壳影响范围内，在巷道开挖的过程中，应力值一直保持在一个较高的水平上，这就为突出的发生创造了有利条件。

g. $B_1$13 测点。距离开挖口内壁 60 cm 处的 $B_1$13 测点，初始应力值为 0.52 MPa，巷道开挖至 10 cm 时，该点应力值上升至 0.53 MPa；开挖至 20 cm 时，该点应力值升至 0.55 MPa；开挖至 30 cm 时，该点应力值升至 0.60 MPa；开挖至 40 cm 时，该点应力值升至 0.72 MPa；继续开挖至突出发生，最终该点应力值降至 0.01 MPa。该测点位于"构造包体"应力壳影响范围内，在巷道开挖的过程中，应力值一直保持在一个较高的水平上，这就为突出的发生创造了有利条件。

h. $B_1$14 测点。距离开挖口内壁 70 cm 处的 $B_1$14 测点，初始应力值为 0.53 MPa，巷道开挖至 10 cm 时，该点应力值升至 0.54 MPa；开挖至 20 cm 时，该点应力值升至 0.58 MPa；开挖至 30 cm 时，该点应力值升至 0.66 MPa；开挖至 40 cm 时，该点应力值升至 0.80 MPa；继续开挖至突出发生，最终该点应力值降至 0.005 MPa。该测点位于"构造包体"边界尖端位置，在巷道开挖的过程中，应力值一直保持在一个较高的水平上，这就为突出的发生创造了有利条件。

B. 第二排各测点应力分析。

在石门揭煤巷道开挖过程中，各测点的应力如图 6－56 所示，各测点应力的变化及分析如下。

a. $B_2$1 测点。$B_2$1 测点由于紧靠试验箱体内壁，材料和内壁壁面间存在较大的摩擦力，测得的初始应力值非常小，仅为 0.07 MPa。随着巷道的开挖，应力值虽有所降低，但最终值为 0.05 MPa，下降的幅度较小。

b. $B_2$3 测点。距离开挖口内壁 10 cm 处的 $B_2$3 测点，初始应力值为 0.36 MPa，随着巷道的开挖，该点应力值逐渐降低，直至 0.13 MPa，可见该测点没有出现应力集中现象。

c. $B_2$5 测点。距离开挖口内壁 20 cm 处的 $B_2$5 测点，初始应力值为 0.37 MPa，随着巷道的开挖，该点应力值逐渐降低，直至 0.16 MPa，该测点也没有出现应力集中现象。

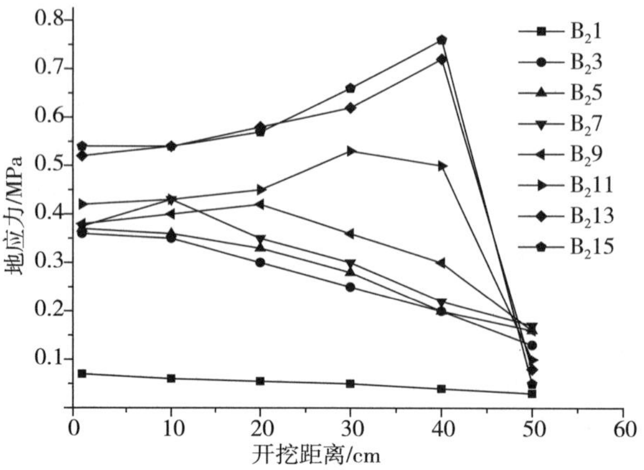

图 6－56 开挖过程中第二层第二排内各应力测点应力

d. $B_2$7 测点。距离开挖口内壁 30 cm 处的 $B_2$7 测点，初始应力值为 0.375 MPa，巷道开挖至 10 cm 时，该点应力值升至 0.40 MPa；开挖至 20 cm 时，该点应力值降至 0.35 MPa；随着开挖的继续，应力值继续降低，最终值为 0.17 MPa。该点应力值的上升是巷道开挖造成的应力集中的结果，应力值的下降是巷道围岩卸压的结果。

e. $B_2$9 测点。距离开挖口内壁 40 cm 处的 $B_2$9 测点，初始应力值为 0.38 MPa，巷道开挖至 10 cm 时，该点应力值上升至 0.40 MPa；开挖至 20 cm 时，该点应力值升至 0.42 MPa；而开挖至 30 cm 时，该点应力值降至 0.36 MPa；开挖至 40 cm 时，该点应力值降至 0.30 MPa；继续开挖至突出发生，最终该点应力值降至 0.16 MPa。该点应力值的上升是巷道开挖造成的应力集中的结果，应力值的下降是巷道围岩卸压的结果。

f. $B_2$11 测点。距离开挖口内壁 50 cm 处的 $B_2$11 测点，初始应力值为 0.42 MPa，巷道开挖至 10 cm 时，该点应力值上升至 0.43 MPa；开挖至 20 cm 时，该点应力值升至 0.45 MPa；开挖至 30 cm 时，该点应力值升至 0.53 MPa；开挖至 40 cm 时，该点应力值降至 0.50 MPa；继续开挖至突出发生，最终该点应力值降至 0.10 MPa。该测点位于“构造包体”应力壳影响范围内，在巷道开挖的过程中，应力值一直保持在一个较高的水平上，这就为突出的发生创造了有利条件。

g. $B_2$13 测点。距离开挖口内壁 60 cm 处的 $B_2$13 测点，初始应力值为 0.52 MPa，巷道开挖至 10 cm 时，该点应力值上升至 0.54 MPa；开挖至 20 cm 时，该点应力值升至 0.58 MPa；开挖至 30 cm 时，该点应力值升至 0.62 MPa；开挖至 40 cm 时，该点应力值升至 0.72 MPa；继续开挖至突出发生，最终该点应力值降至 0.10 MPa。该测点位于“构造包体”应力壳影响范围内，在巷道开挖的过程中，应力值一直保持在一个较高的水平上，这就为突出的发生创造了有利条件。

h. $B_2$15 测点。距离开挖口内壁 70 cm 处的 $B_2$15 测点，初始应力值为 0.54 MPa，巷道开挖至 10 cm 时，该点应力值没有变化，仍为 0.54 MPa；开挖至 20 cm 时，该点应力值升至 0.57 MPa；开挖至 30 cm 时，该点应力值升至 0.66 MPa；开挖至 40 cm 时，该点应力值升至 0.76 MPa；继续开挖至突出发生，最终该点应力值降至 0.05 MPa。该测点处在“构造包体”应力壳影响范围内，在巷道开挖的过程中，应力值一直保持在一个较高的水平上，这就为突出的发生创造了有利条件。

C. 第三排各测点的位置与第二排呈南北对称排列，在开挖的过程中，第三排各测点应力与第二排基本一致。

② 该层内各点应力分布数值分析。

利用 surfer 8.0 对该层内各测点应力进行插值处理，得到开挖过程中巷道上方10 cm处（第二层）围岩各点的三维应力分布云图及相应的等值线图，如图 6－57 所示。

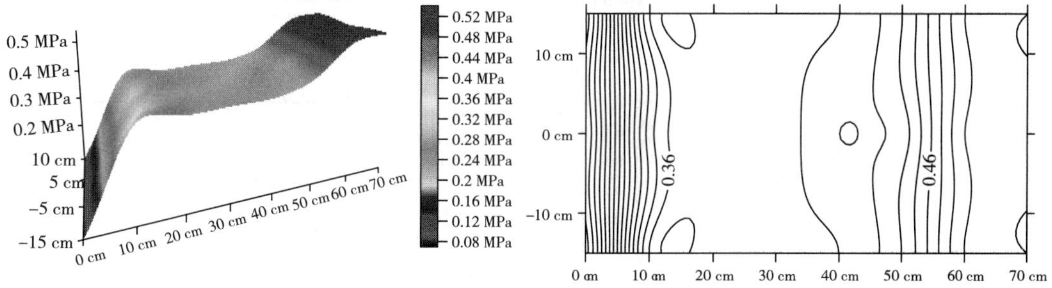

（a）开挖前各点应力分布云图及等值线图

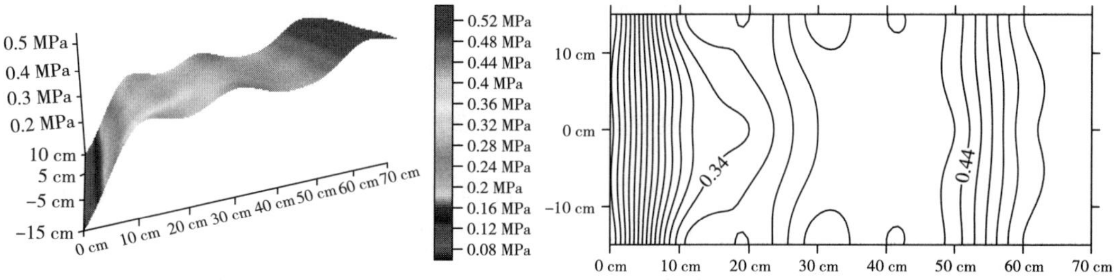

（b）开挖10 cm时各点应力分布云图及等值线图

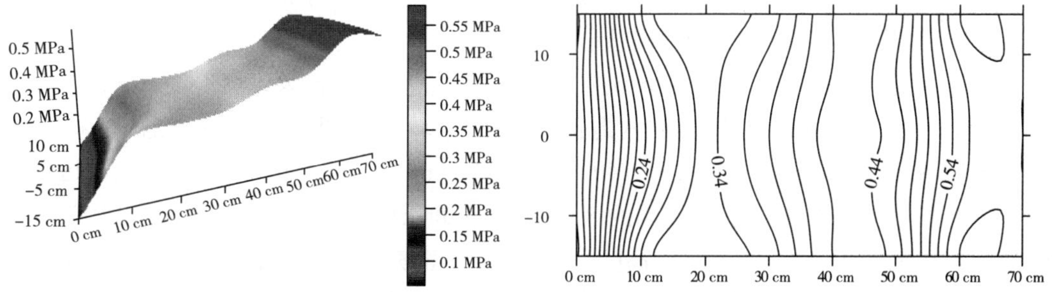

（c）开挖20 cm时各点应力分布云图及等值线图

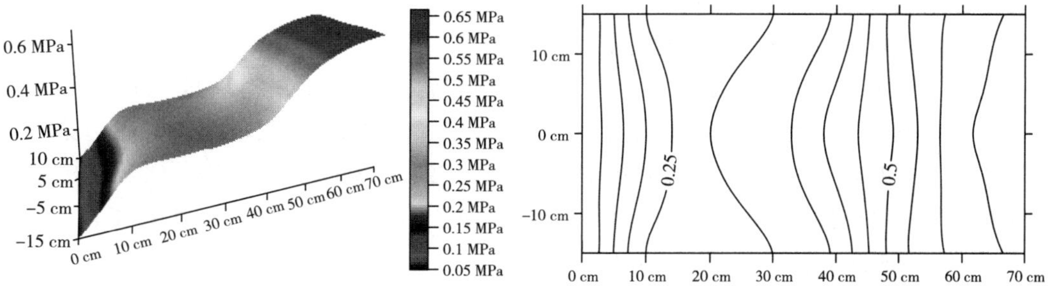

（d）开挖30 cm时各点应力分布云图及等值线图

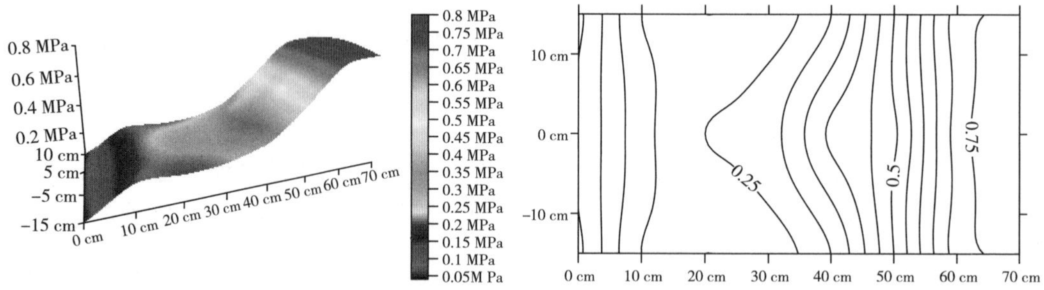

（e）开挖40 cm时各点应力分布云图及等值线图

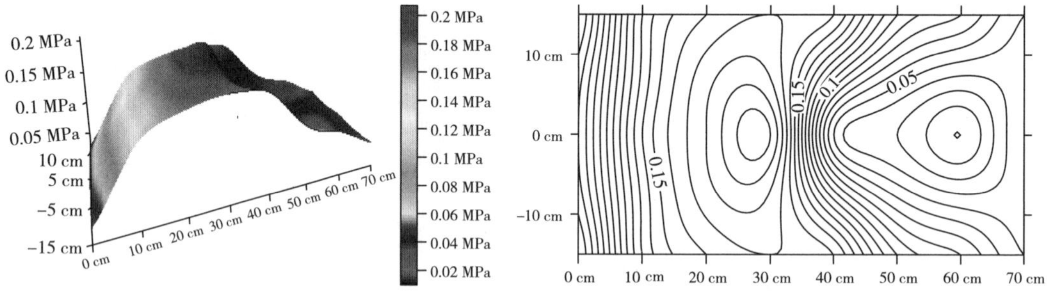

（f）突出后各点应力分布云图及等值线图

图 6－57　开挖过程中围岩应力分布云图及等值线图

由图 6－57 可以看出，在石门揭煤巷道开挖过程中，该层内的围岩应力呈波浪地貌分布。在开挖以前，在未受“构造包体”影响的区域内，围岩应力分布比较平坦（不考虑试验箱体壁面摩擦带来的影响），而在“构造包体”影响的区域出现应力峰[图 6－57(a)]；开挖 10 cm 时，在未受“构造包体”影响的区域内，由于应力的重新分布（降低和升高），也出现了应力峰，但其“海拔”明显低于“构造包体”影响区域内的应力峰[图 6－57(b)]；开挖 20 cm时，未受“构造包体”影响的小型应力峰向“构造包体”方向移动[图 6－57(c)]；开挖 30 cm 时，小型应力峰已经转移到“构造包体”影响区域以内，出现应力峰叠加，而未受“构造包体”影响的应力峰消失[图 6－57(d)]；开挖 40 cm 时，未受“构造包体”影响的区域应力进一步降低，而在“构造包体”影响的区域内，处在卸压带内的围岩应力降低幅度较小，处在应力集中带内的围岩应力异常升高[图 6－57(e)]；继续开挖至突出发生，“构造包体”影响区域内的应力大幅度降低，出现应力谷，围岩应力峰向深部转移[图 6－57(f)]。

(3)第三层内各测点应力分析。

① 该层内各测点的应力变化及分析。

在石门巷道上方 20 cm 处，顺着巷道轴线方向布置三排应力测点，每排 8 个测点，第一排布置于巷道轴线正上方，自西向东依次为 C18、C21、C24、C27、C30、C33、C36、C39；第二排布置于第一排北侧 15 cm 处，自西向东依次为 C17、C20、C23、C26、C29、C32、C35、C38；第三排布置于第一排南侧 15 cm 处，自西向东依次 C19、C22、C25、C28、C31、C34、C37、C40。

A. 第一排各测点应力变化及分析。

在石门揭煤巷道开挖过程中，各测点的应力如图 6－58 所示，各测点应力的变化及分析如下。

a. C18测点。C18测点由于紧靠试验箱体内壁，材料和内壁壁面间存在较大的摩擦力，测得的初始应力值非常小，仅为0.07 MPa。随着巷道的开挖，围岩卸压，应力值有所降低，最终值为0.05 MPa，下降的幅度很小。

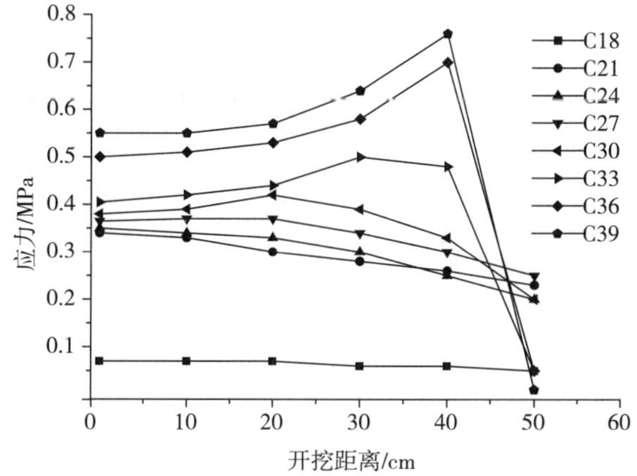

图6-58 开挖过程中第三层第一排内各应力测点应力

b. C21测点。距离开挖口内壁10 cm处的C21测点，初始应力值为0.34 MPa，随着巷道的开挖，该点应力值逐渐降低，直至0.23 MPa，该测点没有出现应力集中现象。

c. C24测点。距离开挖口内壁20 cm处的C24测点，初始应力值为0.35 MPa，随着巷道的开挖，该点应力值逐渐降低，直至0.20 MPa，该测点也没有出现应力集中现象。

d. C27测点。距离开挖口内壁30 cm处的C27测点，初始应力值为0.365 MPa，巷道开挖至10 cm时，该点应力值升至0.37 MPa；而开挖至20 cm时，该点应力值没有变化，仍为0.37 MPa；开挖至30 cm时，该点应力值降至0.34 MPa；而开挖至40 cm时，该点应力值降至0.30 MPa；随着开挖的继续，应力值继续降低，最终值为0.25 MPa。该点应力值的上升是巷道开挖造成的应力集中的结果，应力值的下降是巷道围岩卸压的结果。

e. C30测点。距离开挖口内壁40 cm处的C30测点，初始应力值为0.38 MPa，巷道开挖至10 cm时，该点应力值上升至0.39 MPa；开挖至20 cm时，该点应力值升至0.42 MPa；而开挖至30 cm时，该点应力值降至0.39 MPa；开挖至40 cm时，该点应力值降至0.33 MPa；继续开挖至突出发生，最终该点应力值降至0.20 MPa。该点应力值的上升是巷道开挖造成的应力集中的结果，应力值的下降是巷道围岩卸压的结果。

f. C33测点。距离开挖口内壁50 cm处的C33测点，初始应力值为0.405 MPa，巷道开挖至10 cm时，该点应力值上升至0.42 MPa；开挖至20 cm时，该点应力值升至0.44 MPa；开挖至30 cm时，该点应力值升至0.50 MPa；开挖至40 cm时，该点应力值降至0.48 MPa；继续开挖至突出发生，最终该点应力值降至0.05 MPa。该测点位于构造包体应力壳影响范围内，在巷道开挖的过程中，应力值一直保持在一个较高的水平上，这就为突出的发生创造了有利条件。

g. C36测点。距离开挖口内壁60 cm处的C36测点，初始应力值为0.50 MPa，巷道开挖至 10 cm 时，该点应力值上升至 0.51 MPa；开挖至 20 cm 时，该点应力值升至 0.53 MPa；开挖至 30 cm 时，该点应力值升至 0.58 MPa；开挖至 40 cm 时，该点应力值升至 0.70 MPa；继续开挖至突出发生，最终该点应力值降至 0.05 MPa。该测点位于“构造包体”应力壳影响范围内，在巷道开挖的过程中，应力值一直保持在一个较高的水平上，这就为突出的发生创造了有利条件。

h. C39 测点。距离开挖口内壁 70 cm 处的 C39 测点，初始应力值为 0.55 MPa，巷道开挖至 10 cm 时，该点应力值没有变化，仍为 0.55 MPa；开挖至 20 cm 时，该点应力值升至 0.57 MPa；开挖至 30 cm 时，该点应力值升至 0.64 MPa；开挖至 40 cm 时，该点应力值升至 0.76 MPa；继续开挖至突出发生，最终该点应力值降至 0.01 MPa。该测点位于“构造包体”尖端附近，在巷道开挖的过程中，应力值一直保持在一个较高的水平上，这就为突出的发生创造了有利条件。

B. 第二排各测点应力。

在石门揭煤巷道开挖过程中，各测点的应力如图 6－59 所示，各测点应力的变化及分析如下。

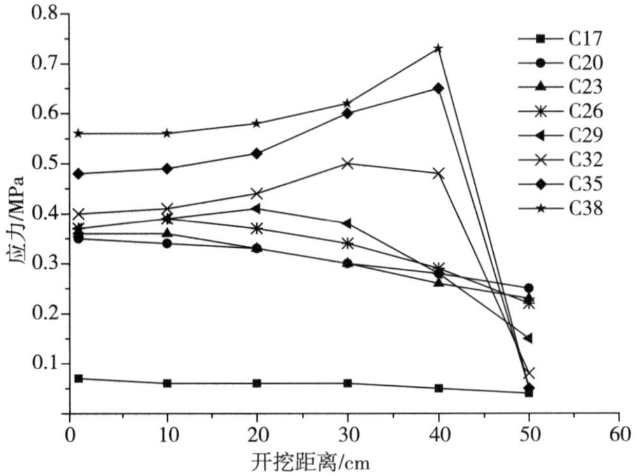

图 6－59 开挖过程中第三层第二排内各应力测点应力

a. C17 测点。C17 测点由于紧靠试验箱体内壁，材料和内壁壁面间存在较大的摩擦力，测得的初始应力值非常小，仅为 0.07 MPa。随着巷道的开挖，围岩卸压，应力值有所降低，最终值为 0.05 MPa，下降的幅度很小。

b. C20 测点。距离开挖口内壁 10 cm 处的 C20 测点，初始应力值为 0.35 MPa，随着巷道的开挖，该点应力值逐渐降低，直至 0.25 MPa，该测点没有出现应力集中现象。

c. C23 测点。距离开挖口内壁 20 cm 处的 C23 测点，初始应力值为 0.36 MPa，随着巷道的开挖，该点应力值逐渐降低，直至 0.23 MPa，该测点也没有出现应力集中现象。

d. C26 测点。距离开挖口内壁 30 cm 处的 C26 测点，初始应力值为 0.37 MPa，巷道开挖至 10 cm 时，该点应力值升至 0.39 MPa；开挖至 20 cm 时，该点应力值下降至 0.37 MPa；开挖至 30 cm 时，该点应力值降至 0.34 MPa；开挖至 40 cm 时，该点应力值降至 0.29 MPa；随着开挖的继续，应力值继续降低，最终值为 0.22 MPa。该点应力值的上升是巷道开挖造成的应力集中的结果，应力值的下降是巷道围岩卸压的结果。

e. C29 测点。距离开挖口内壁 40 cm 处的 C29 测点，初始应力值为 0.37 MPa，巷道开挖至 10 cm 时，该点应力值上升至 0.39 MPa；开挖至 20 cm 时，该点应力值升至 0.41 MPa；开挖至 30 cm 时，该点应力值降至 0.38 MPa；开挖至 40 cm 时，该点应力值降至 0.28 MPa；继续开挖至突出发生，最终该点应力值降至 0.15 MPa。该点应力值的上升是巷道开挖造成的应力集中的结果，应力值的下降是巷道围岩卸压的结果。

f. C32 测点。距离开挖口内壁 50 cm 处的 C32 测点，初始应力值为 0.40 MPa，巷道开挖至 10 cm 时，该点应力值上升至 0.41 MPa；开挖至 20 cm 时，该点应力值升至 0.44 MPa；开挖至 30 cm 时，该点应力值升至 0.50 MPa；开挖至 40 cm 时，该点应力值降至 0.48 MPa；继续开挖至突出发生，最终该点应力值降至 0.08 MPa。该测点位于"构造包体"应力壳影响范围内，在巷道开挖的过程中，应力值一直保持在一个较高的水平，这就为突出的发生创造了有利条件。

g. C35 测点。距离开挖口内壁 60 cm 处的 C35 测点，初始应力值为 0.48 MPa，巷道开挖至 10 cm 时，该点应力值上升至 0.49 MPa；开挖至 20 cm 时，该点应力值升至 0.52 MPa；开挖至 30 cm 时，该点应力值升至 0.60 MPa；开挖至 40 cm 时，该点应力值降至 0.65 MPa；继续开挖至突出发生，最终该点应力值降至 0.05 MPa。该测点位于"构造包体"应力壳影响范围内，在巷道开挖的过程中，应力值一直保持在一个较高的水平，这就为突出的发生创造了有利条件。

h. C38 测点。距离开挖口内壁 70 cm 处的 C38 测点，初始应力值为 0.56 MPa，巷道开挖至 10 cm 时，该点应力值没有变化，仍为 0.56 MPa；开挖至 20 cm 时，该点应力值升至 0.58 MPa；开挖至 30 cm 时，该点应力值升至 0.62 MPa；开挖至 40 cm 时，该点应力值升至 0.73 MPa；继续开挖至突出发生，最终该点应力值降至 0.05 MPa。该测点处在"构造包体"应力壳影响范围内，在巷道开挖的过程中，应力值一直保持在一个较高的水平，这就为突出的发生创造了有利条件。

C. 第三排各测点的位置与第二排呈南北对称排列，在开挖的过程中，第三排各应力测点的数据与第二排基本一致。

② 该层各点的应力分布数值分析如下。

利用 surfer 8.0 对该层内各测点应力进行插值处理，得出开挖过程中巷道上方20 cm 处(第三层)围岩各点的三维应力分布云图及相应的等值线图，如图 6－60 所示。

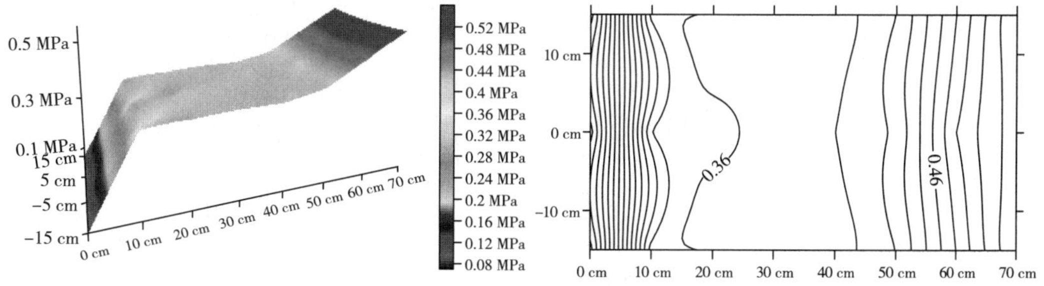

(a) 开挖前各点应力分布云图及等值线图

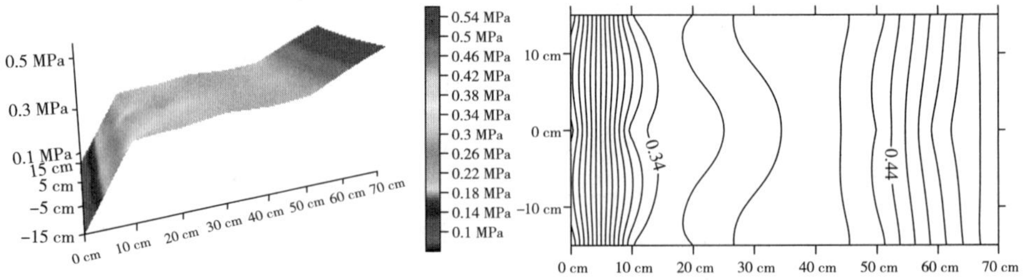

（b）开挖10 cm时各点应力分布云图及等值线图

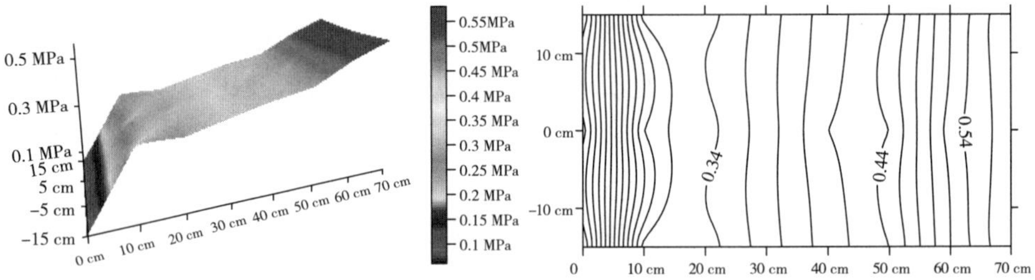

（c）开挖20 cm时各点应力分布云图及等值线图

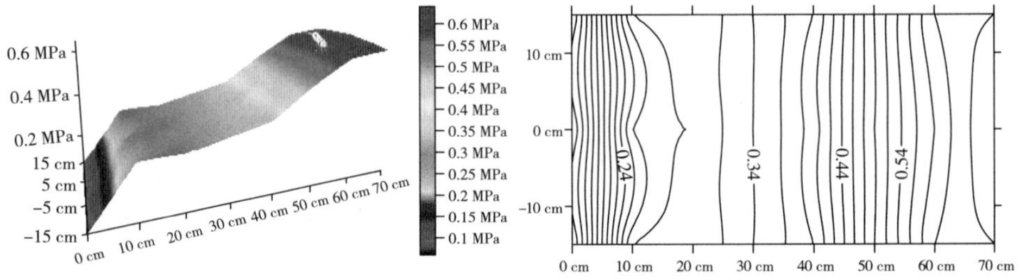

（d）开挖30 cm时各点应力分布云图及等值线图

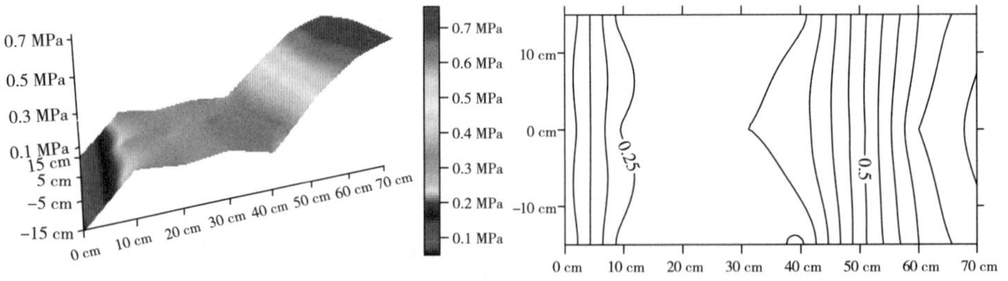

（e）开挖40 cm时各点应力分布云图及等值线图

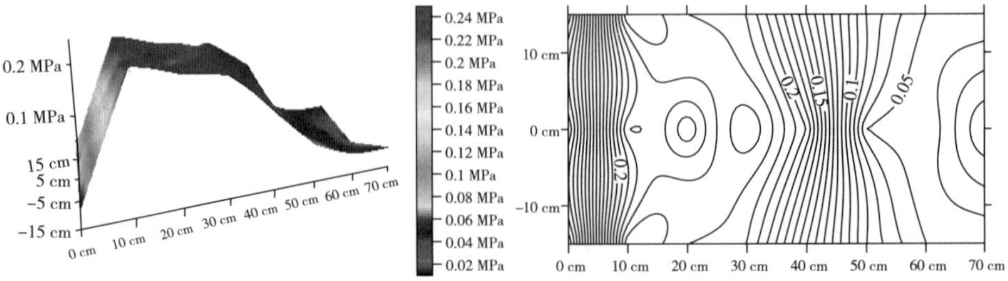

（f）突出后各点应力分布云图及等值线图

图 6－60　开挖过程中围岩应力分布云图及等值线图

由图6-60可以看出，在石门揭煤巷道开挖过程中，该层内的围岩应力呈波浪地貌分布，这一点和第二层围岩内各点应力分布规律相似。不同的是，在石门巷道开挖过程中，该层内未受“构造包体”影响的区域围岩的应力峰现象不明显，说明该层内围岩应力分布受到开挖影响的程度较小[图6-60(b)(c)]。

2)巷道开挖过程中围岩应力分布规律

综合以上试验数据分析，可以得出石门巷道开挖过程中围岩的应力分布规律如下。

(1)在未受“构造包体”影响的区域，开挖端面前方的巷道围岩存在卸压区和应力升高区，开挖端面前方0～10 cm范围为卸压区，前方10～30 cm范围为应力升高区，在前方20～30 cm的范围内应力达到最大值。在该区域内，应力集中系数相对较小，一般不大于1.17。该区域内围岩的应力变化仅与巷道开挖后应力的重新分布有关。

(2)在受到“构造包体”影响的区域，围岩的应力异常增加，开挖至“构造包体”应力壳附近时，局部应力集中系数可达到2.18。开挖端面附近，围岩仍保持比较高的应力值，这是“构造包体”影响下石门巷道围岩应力的一个重要特性，也是石门揭开含“构造包体”突出煤层时煤与瓦斯突出发生的一个重要原因。

(3)在巷道开挖的过程中，未受“构造包体”影响区域，围岩应力会因为开挖卸压效应而有所下降。值得注意的是，布置在巷道顶板上方和两侧的测点所测得的数据显示，巷道顶板两侧围岩的卸压程度要大于顶板上方围岩的卸压程度。用于巷道支护的白铁皮发生的变形也可以证明上述结论，支护两侧的横向变形量大于垂向变形量(图6-61)。

图6-61　石门巷道支护变形情况

(4)当巷道开挖深度达到40 cm时，若继续开挖，在“构造包体”围岩未及时释放的大量应力潜能作用下，前方围岩开始失稳鼓出，随即突出发生，围岩的应力急剧下降。突出发生时，开挖端面与“构造包体”的法距约为10 cm，这个厚度即为试验中的保护岩柱厚度，相当于现场的4 m。在深部进行石门揭煤时，若取一个安全系数1.5，安全岩柱的厚度宜大于6 m。

(5)通过对应力数据分析可知,受到"构造包体"影响的测点包括:

第一层的 A4、A5 和 A6 测点;第二层的 $B_1$11、$B_1$12、$B_1$13 和 $B_1$14 测点,$B_2$11、$B_2$13 和 $B_2$15 测点,$B_3$12、$B_3$14 和 $B_3$16 测点;第三层的 C33、C36 和 C39 测点,C32、C35 和 C38 测点,C34、C37 和 C40 测点。由此推断在倾向方向上,"构造包体"附近上盘至少约20 cm 范围内的煤体和下盘至少约 10 cm 范围内的煤体均受到了"构造包体"的影响。

3)巷道开挖过程中围岩的位移变化及分析

考虑材料内布置位移传感器(图 6-62)过多,会对开挖围岩力学特性造成一定的影响,故本次试验中仅选用了设计图中的 12 个测点(1 号、2 号、6 号、7 号、16 号、17 号、18 号、19 号、20 号、21 号,22 号、23 号)。

(1)巷道围岩各测点位移分析。

① 远离"构造包体"围岩的位移变化。

1 号、2 号、6 号与 7 号测点的位移在开挖过程中的变化情况,如图 6-63 所示,各测点位移变化分别如下。

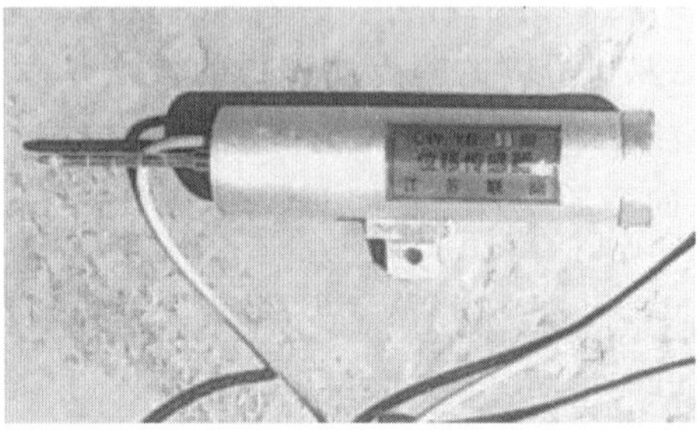

图 6-62 CW-YB-50 型应变位移传感器

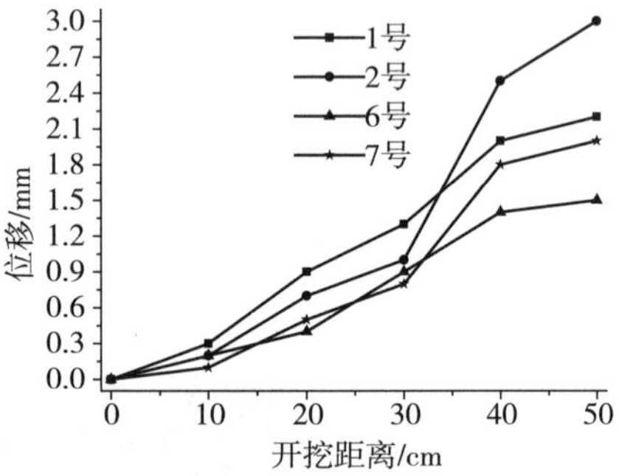

图 6-63 远离"构造包体"的围岩位移变化

A. 1 号测点。

该测点紧靠试验箱体开挖口所在壁面,位于巷道轴线北 20 cm 处。巷道开挖至 10 cm时,该点位移为 0.3 mm;开挖至 20 cm 时,该点位移升至 0.9 mm;开挖至 30 cm 时,该点位移升至 1.3 mm;开挖至 40 cm 时,该点位移升至 2.0 mm;继续开挖至突出发生,该点位移继续上升,最终值为 2.2 mm。

B. 2 号测点。

该测点位于试验箱体开挖口所在壁面东 20 cm、巷道轴线北 20 cm 处。巷道开挖至 10 cm 时,该点位移为 0.2 mm;开挖至 20 cm 时,该点位移升至 0.7 mm;开挖至 30 cm 时,该点位移升至 1.0 mm;开挖至 40 cm 时,该点位移升至 2.5 mm;继续开挖至突出发生,该点位移继续上升,最终值为 3.0 mm。

C. 6 号测点。

该测点紧靠试验箱体开挖口所在壁面,位于巷道轴线正上方 15 cm 处。巷道开挖至 10 cm 时,该点位移为 0.2 mm;开挖至 20 cm 时,该点位移升至 0.4 mm;开挖至 30 cm 时,该点位移升至 0.9 mm;开挖至 40 cm 时,该点位移升至 1.4 mm;继续开挖至突出发生,该点位移上升幅度较小,最终值为 1.5 mm。

D. 7 号测点。

该测点位于试验箱体开挖口所在壁面东 20 cm、巷道轴线正上方 15 cm 处。巷道开挖至 10 cm 时，该点位移为 0.1 mm；开挖至 20 cm 时，该点位移升至 0.5 mm；开挖至 30 cm时，该点位移升至 0.8 mm；开挖至 40 cm 时，该点位移升至 1.8 mm；继续开挖至突出发生，该点位移上升幅度较小，最终值为 2.0 mm。

② 靠近“构造包体”围岩的位移变化。

16 号、18 号、20 号与 22 号测点的位移在开挖过程中的变化情况，如图 6－64 所示，各测点的位移变化分别如下。

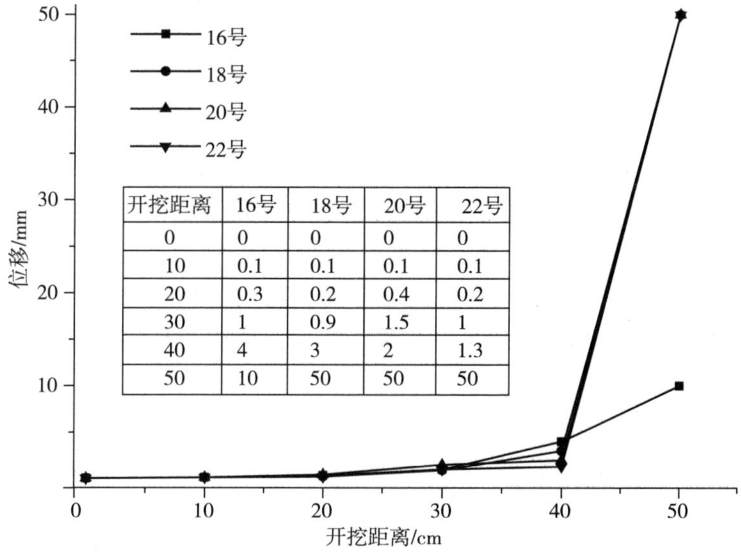

开挖距离	16号	18号	20号	22号
0	0	0	0	0
10	0.1	0.1	0.1	0.1
20	0.3	0.2	0.4	0.2
30	1	0.9	1.5	1
40	4	3	2	1.3
50	10	50	50	50

图 6－64 开挖过程中测点的位移变化

A. 16 号测点。

该测点位于试验箱体开挖口所在壁面东 40 cm、巷道轴线北 10 cm 处。巷道开挖至 10 cm 时，该点位移为 0.1 mm；开挖至 20 cm 时，该点位移升至 0.3 mm；开挖至 30 cm 时，该点位移升至 1.0 mm；开挖至 40 cm 时，该点位移升至 4.0 mm；继续开挖至突出发生，该点位移上升幅度较大，为 10.0 mm。

B. 18 号测点。

该测点位于试验箱体开挖口所在壁面东 60 cm，巷道轴线北 10 cm 处。巷道开挖至 10 cm 时，该点位移为 0.1 mm；开挖至 20 cm 时，该点位移升至 0.2 mm；开挖至 30 cm 时，该点位移升至 0.9 mm；开挖至 40 cm 时，该点位移升至 3.0 mm；继续开挖至突出发生，该点位移上升幅度极大，显示为 50.0 mm。

C. 20 号测点。

该测点布置在巷道下方 10 cm 的煤层中，位于试验箱体开挖口所在壁面东 50 cm、巷道轴线北 5 cm 处，处在“构造包体”的右下方。巷道开挖至 10 cm 时，该点位移为 0.1 mm；开挖至 20 cm 时，该点位移升至 0.4 mm；开挖至 30 cm 时，该点位移升至 1.5 mm；开挖至 40 cm 时，该点位移升至 2.0 mm；继续开挖至突出发生，该点位移上升幅度极大，为 50.0 mm。

D. 22 号测点。

该测点布置在巷道下方 10 cm 的煤层中，位于试验箱体开挖口所在壁面东 60 cm、巷道轴线北 5 cm 处，处在“构造包体”的下方。巷道开挖至 10 cm 时，该点位移为 0.1 mm；开挖至 20 cm 时，该点位移升至 0.2 mm；开挖至 30 cm 时，该点位移升至 1.0 mm；开挖至 40 cm 时，该点位移升至 1.3 mm；继续开挖至突出发生，该点位移上升幅度极大，为 50.0 mm。

(2)巷道围岩位移的规律。

① 随着石门揭煤巷道的推进，由于围岩的变形，巷道围岩的位移具有上升的趋势。

② 在石门巷道支护的范围内，巷道上覆围岩位移量较小(最大值仅为 3.0 mm)。位于巷道顶板两侧围岩(如 1 号、2 号测点)的位移量大于巷道上方围岩(如 6 号、7 号测点)的位移量。

③ 在石门揭煤巷道开挖的过程中，靠近“构造包体”围岩的位移量(一般也只是在 2.0 mm 以下)较小，但在突出发生后，该区域围岩位移量急剧上升，甚至超过了位移传感器的量程 50 mm。

④ 突出结束以后，“构造包体”附近围岩个别测点的位移量又有所下降，下降幅度为最大位移量的 20%左右，这说明突出形成的空洞在上覆应力作用下变形，体积又缩小了约 20%。

7. 瓦斯压力的变化及分析

分别用两个二氧化碳气瓶向“构造包体”和断层两侧的煤层内充气，充气压力为 1 MPa(图 6 - 65)。虽然开挖的巷道距离试验箱体加载盖板较远(相当于现场间距 40 m)，但箱体内的材料在巷道开挖的过程中无法保证绝对的密封性，因而，“构造包体”和煤层内都需要经过一定时间(2～3 h)进行补充气体，以保证达到试验所需的瓦斯压力。

试验发现，在突出发生之前，“构造包体”和煤层内一直保持着较高的瓦斯压力。但在突出发生后，“构造包体”内的瓦斯压力迅速降低，仅 1.5 s 便下降到 0 MPa。随即，两侧煤层内的瓦斯压力也开始下降，但下降的速率明显小于“构造包体”(图 6 - 66)，这说明，突出是从“构造包体”开始，然后发展到两侧煤层的。附近煤层中的瓦斯压力约在突出 3 s 之后也下降为 0 MPa，说明突出的持续时间约为 3 s。

图 6 - 65　充气时表盘显示的瓦斯压力图

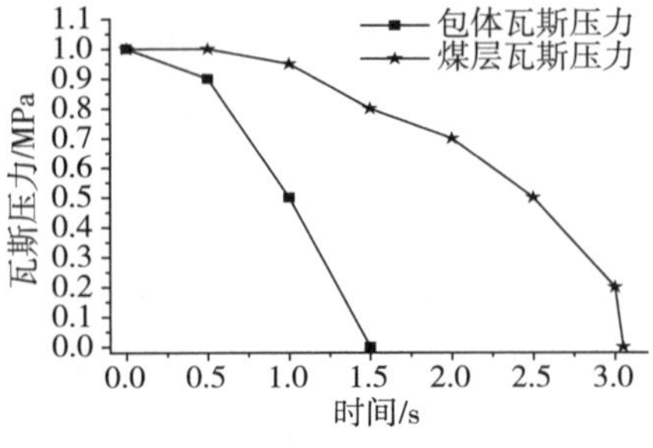

图 6 - 66　突出过程中瓦斯压力变化

1)充气机突出过程中温度变化及分析

试验结果表明,在充入瓦斯气体前后及突出前后,“构造包体”及两侧煤层内的温度出现了明显的变化(图 6-67 和图 6-68)。

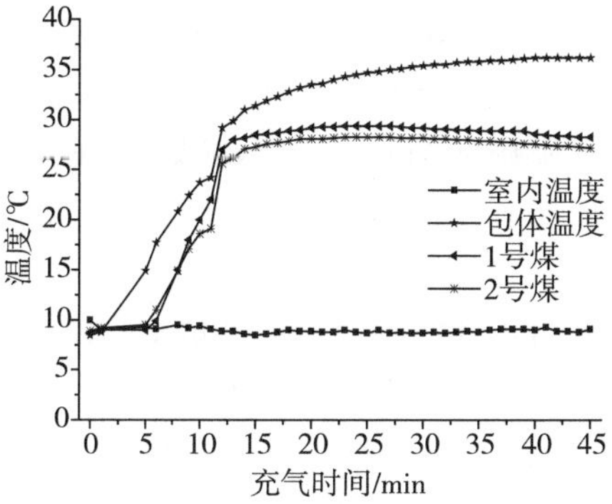

图 6-67　充气过程中温度的变化

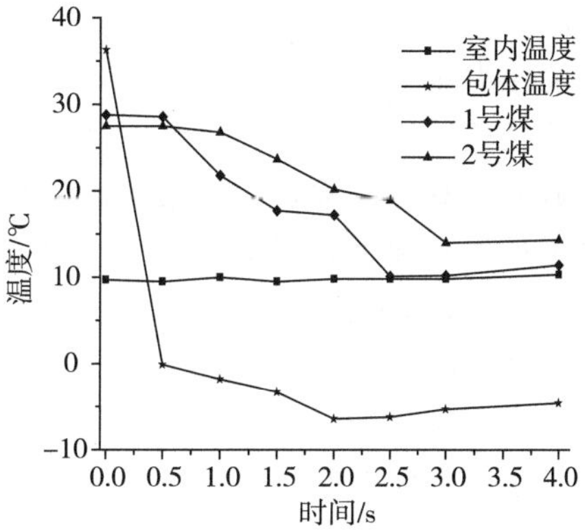

图 6-68　突出过程中温度变化

(1)充气过程中温度变化及分析。

如图 6-67 所示,在充气之前,室温为 10 ℃,而箱体内由于潮湿温度较低,“构造包体”的温度为 8.5 ℃,断层两侧煤层内的温度分别为 8.7 ℃和 8.9 ℃。在充气过程中,“构造包体”内与煤层内的温度迅速升高,在充气前 10 min 内,温度升高速率最大,且“构造包体”上升的速率大于煤层。随后,两侧煤层的温度上升的速率明显变缓,“构造包体”温度的上升速率也在减小。在充气 45 min 后,“构造包体”和两侧煤层的温度趋于稳定,此时,“构造包体”的温度高达 36.3 ℃(可闻到烧焦味),而两侧煤层的温度分别为28.3 ℃和 27.2 ℃,室内温度为 9.1 ℃。

在充气过程中温度升高的原因是,高压钢瓶中的液态 CO_2 在体积膨胀过程中吸热,并在密封性能良好的“构造包体”和煤层内被压缩、吸附,所含热量部分释放。“构造包体”的热传导性能较差,故温度偏高,而煤层热传导性能较好,温度相对较低。在充气过程的前 10 min 内,瓦斯在“构造包体”和煤层中处于强烈渗透和吸附阶段,温度上升速度快;之后,处于缓慢渗透和吸附阶段,温度上升速率变缓;充气 45 min 后,瓦斯对煤体的渗透和吸附趋于饱和,温度也趋于稳定。

(2)突出过程中温度变化及分析。

如图 6-68 所示,在突出发生瞬间,由于瓦斯的膨胀和解吸,“构造包体”的温度迅速下降,突出发生 2 s 时温度下降到-6.4 ℃。突出发生后,两侧煤层内的温度也随之下降,但温度开始下降的时间迟于“构造包体”,温度下降的幅度也小于“构造包体”(最低温度仍在室温以上),随后温度又缓慢回升。试验数据显示,突出终止数小时后,“构造包体”和两侧煤层内的温度明显高于环境温度(图 6-68 未能全部显示),这和材料破坏过程中的摩擦力和地应力做功有关。

在试验中,突出发生时温度明显下降的现象与现场突出前煤壁发冷的情形是相符的。目前,煤矿井下也已经把采煤工作面附近煤壁温度的异常降低现象视为突出发生的征兆之一。

6.2.4 石门揭煤数值模拟试验

随着计算机计算能力的大幅度提高，计算机数值模拟已在岩石工程的研究中得到了广泛的应用，且已经成为岩石工程问题分析的得力助手。实验室煤与瓦斯突出相似模拟试验要消耗大量的人力和物力，试验代价十分昂贵。而数值模拟试验除具有方便、快捷、节省试验经费等优势外，更重要的是它可以实现实验室试验不易操作的步骤和现象，如再现煤岩体细观单元损伤的过程、应力场和瓦斯流畅的演化等。不仅如此，相似模拟试验一般很难做到和现场很接近的几何相似比，而数值模拟就可以弥补这个不足，它的几何相似比甚至可以取到 1∶1。

根据第 3 章中所定义的"构造包体"模型，结合第 4 章的相似材料模拟试验模型，利用唐春安教授开发的 $RFPA^{2D}$ Flow，考虑煤岩介质材料力学性质的非均匀性特点及变形破裂过程中透气性的非线性变化特性，建立石门揭含"构造包体"突出煤层的数值模型，对石门巷道开挖过程中围岩的地应力场、声发射、瓦斯流场及瓦斯压力等演化规律进行研究。

1. 软件本构方程

$RFPA^{2D}$-Flow 含瓦斯煤岩破裂固-气耦合力学模型的本构方程矩阵主要包括瓦斯渗流场、煤岩体固体变形场和煤岩破裂过程中的应力－透气系数耦合作用场 3 个部分。

根据质量守恒定律，煤岩体中的气态瓦斯渗流方程为

$$\alpha_P \cdot (\nabla^2 \cdot P) = \frac{\partial P}{\partial t} \tag{6-11}$$

式中，α_P——储气系数，$\alpha_P = 4\lambda A^{-1} P^{0.75}$，$A$ 为煤层瓦斯含量系数，$m^3/(m^3 \cdot MPa^{1/2})$；

P——煤层瓦斯压力 p 的平方，$P = p^2$；

λ——透气系数，$m^2/(MPa^2 \cdot d)$。

考虑煤层孔隙瓦斯压力，煤岩体变形场方程可以用位移表示：

$$(k+G)u_{j,ji} + Gu_{i,jj} + f_i + (\alpha \cdot \sqrt{P})_{,i} = 0 \tag{6-12}$$

式中，G，k——剪切模量和拉梅常数，G，k 中涉及的材料力学参数，如强度、弹性模量等均服从韦伯统计分布；

u——煤岩体的变形位移；

f_i——煤岩体的体积力，MPa；

α——煤层孔隙瓦斯压力系数，$0<\alpha<1$。

考虑瓦斯渗流-煤岩体变形的相互作用，引入应力-透气系数耦合关系方程以反映煤岩体变形过程中透气系数的变化情况。

$$\lambda = \begin{cases} \lambda_0 e^{-\beta(\sigma_1 - \alpha p)} & D=0 \\ \xi\lambda_0 e^{-\beta(\sigma_1 - \alpha p)} & D>0 \end{cases} \quad \text{(单轴压缩)}$$

$$\lambda = \begin{cases} \lambda_0 e^{-\beta(\sigma_3 - \alpha p)} & D=0 \\ \xi\lambda_0 e^{-\beta(\sigma_3 - \alpha p)} & 0<D<1 \\ \xi'\lambda_0 e^{-\beta(\sigma_3 - \alpha p)} & D=1 \end{cases} \quad \text{(单轴拉伸)} \tag{6-13}$$

式中，λ——初始透气系数；

ξ——透气系数增大倍率，由试验确定；

p——孔隙瓦斯压力；

β——耦合系数，根据试验确定。

2. 数值模拟模型

1)数值模型及其边界条件

本次数值模拟试验主要考察的对象是巷道-"构造包体"纵剖面内各种参数的变化情况，故采用二维平面应力分析，模型尺寸为 40 m(宽)×60 m(高)，划分为 200×300 个单元。模型的四周设定为不透气边界；模型上边界加载，下边界固定，载荷大小按 γH 计算，模型左、右边界为固定约束，和试验模型对应。相关数值模型如图 6－69 所示，模型中 C13－2 煤层厚 1.23 m，直接顶为 1.05 m 粉砂质黏土岩，直接底为 5.79 m 黏土岩；C13－1 煤层厚 5.6 m，直接顶为 0.1 m 炭质页岩，直接底为 6.0 m 粉砂质黏土岩。模型开挖在 C13－1 煤层底板岩层中进行，前 4 步每步开挖 20 个单元，相当于现场为 4 m 的日进尺，第 5 步开挖距离较小，为 5 个单元。开挖过程中，在前方 24 m 处遇到一个落差高度接近煤层厚度的逆断层，在断层剪切、挤压和揉搓作用下，在断处煤层内存在一个富含瓦斯的近椭球形"构造包体"。为了和现场情况相似，断层和"构造包体"的边界为不规则形状。

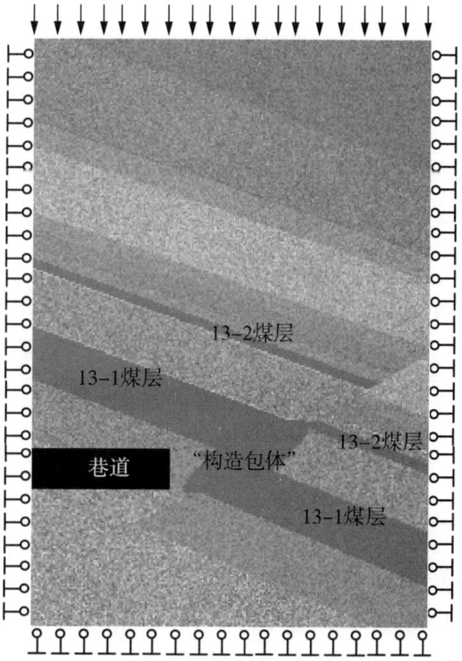

图 6－69　石门揭含"构造包体"突出煤层数值模型

2)数值模型力学和渗流参数

在数值模拟中，模型上边界垂向载荷取埋深为 1000 m 情况下的自重应力值为 $\sigma_1=\gamma H=24.5$ MPa，煤层瓦斯压力为 3.8 MPa，为反映"构造包体"富含瓦斯，取"构造包体"内的瓦斯压力为 4 MPa。数值模型的力学及渗流参数如表 6－6 所示。需要指出的是，C13－1 和 C13－2 煤层的抗压强度取值比实际煤层的强度大，抗压但不抗拉，目的是避免较大载荷应力下，计算一开始就在煤层破坏上迭代循环，冗余工作量增加。数值模拟结果中第($m-n$)表示计算第 m 大步第 n 小步，n 是第 m 开挖步中的迭代次数。

表 6－6　数值模型力学及渗流参数

力学参数	C13－2		C13－1		包体	节理
	C13－2	直接顶/底	C13－1	直接顶/底		
均质度/m	3	3/4	3	2/4	5	5
弹性模量均值 E_0/GPa	3	9/9	3	3/9	2	2

（续表）

力学参数	C13－2		C13－1		包体	节理
	C13－2	直接顶/底	C13－1	直接顶/底		
抗压强度均值 σ_0/ MPa	30	43/49	30	30/43	5	20
摩擦角 φ/°	30	32/34	30	30/34	28	25
泊松比 μ	0.3	0.26/0.26	0.3	0.27/0.26	0.5	0.4
容重/($\times10^3$kg/m^3)	1.4	2.6/2.6	1.4	1.4/2.6	1.4	2
透气系数 λ/[m^2/(MPa^2·d)]	0.01	0.001/0.005	0.01	0.005/0.001	5	1
瓦斯含量系数 A/[m^3/(m^3·MPa$^{1/2}$)]	3	0.01/0.01	19	0.05/0.01	20	0.1
孔隙压力系数 α	0.1	0.001/0.001	0.2	0.05/0.0018	0.2	0.01
耦合系数 β	0.2	0.1/0.1	0.2	0.1/0.1	0.2	0.2

3. 数值模拟结果及分析

1)地应力模拟分析

图 6－70 是数值模拟的主应力云图，选取模型中 1 号点(x=2，y=190)、2 号点(x=80，y=250)和 3 号点(x=140，y=190)来分析开挖过程中围岩局部应力变化(图 6－71)。

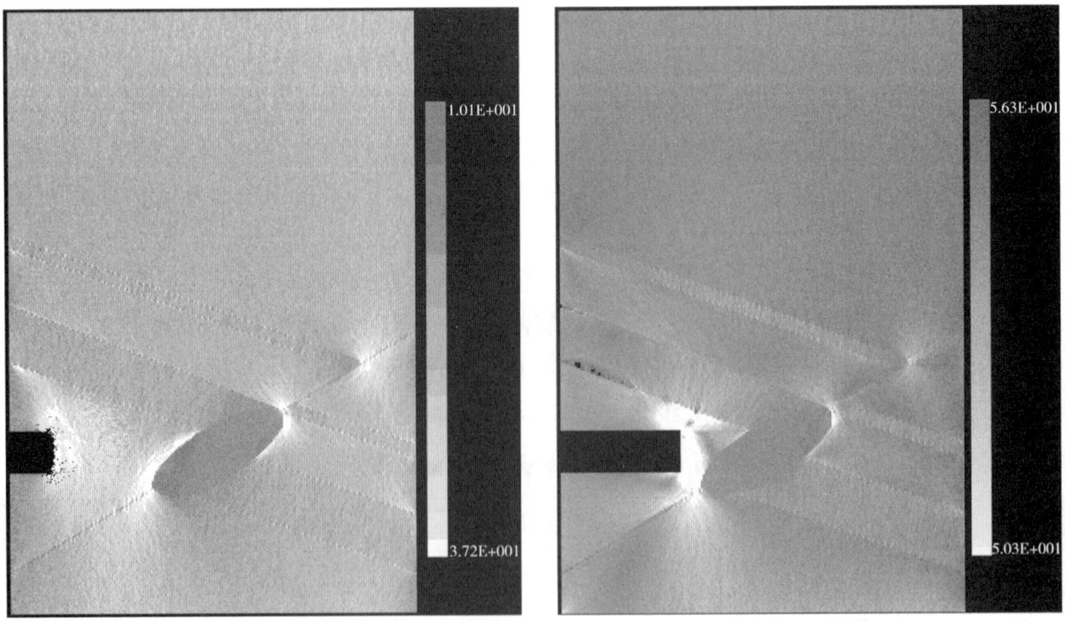

(a) 第1步开挖　　(b) 第2、3步开挖

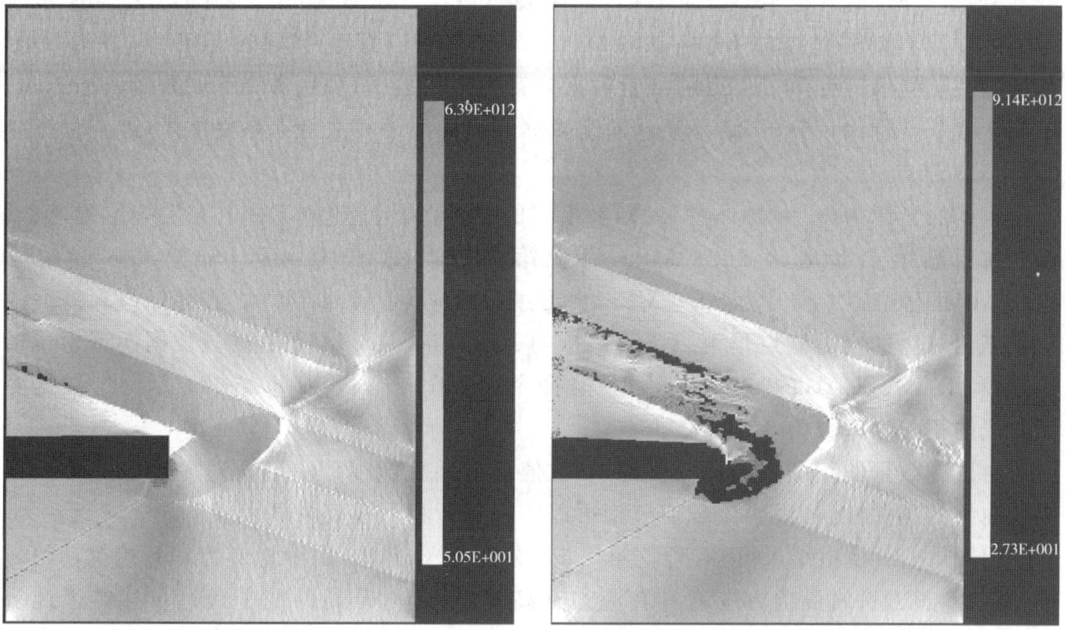

(c) 第4步开挖　　(d) 第5步开挖

图 6－70　数值模拟的主应力云图

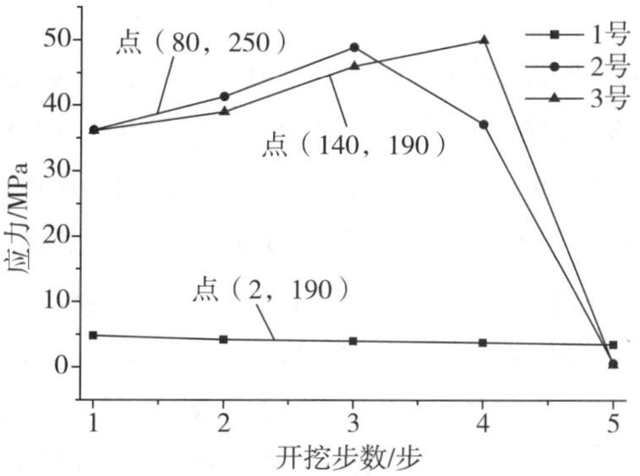

图 6－71　数值模拟的局部点的应力变化

(1)1 号点。

该点的坐标为($x=2$，$y=190$)，在巷道开挖巷道顶板上方 4 m 处，紧靠模型边界，该点应力在开挖第 1 步时为 4.8 MPa，开挖第 2 步时为 4.2 MPa，开挖第 3 步时为 4 MPa，开挖第 4 步时为 3.8 MPa，突出过后的应力为 3.5 MPa。在相似材料模型中与该点相对应的测点是应力测点第二层第一排的 $B_1 7$ 点，将 $B_1 7$ 点的试验数据换算成现场数据，利用 MATLAB 的"corrcoef"相关性命令进行比较分析，结果显示两组数据变化曲线的相关性系数为 0.9963。

(2)2 号点。

该点的坐标为($x=80$，$y=250$)，在模型包体左下方尖端位置，该点应力在开挖第 1

步时为36.2 MPa，开挖第2步时为41.3 MPa，开挖第3步时为48.9 MPa，开挖第4步时为37.1 MPa，突出过后的应力为0.6 MPa。在相似材料模型中与该点相对应的应力测点是第一层的A5点，将A5点的试验数据换算为现场数据，利用MATLAB的“corrcoef”相关性命令进行比较分析，结果显示两组数据变化曲线的相关性系数为0.9851。

(3)3号点。

该点的坐标为($x=140$，$y=190$)，在模型的位置在“构造包体”右上方尖端位置，该点应力在开挖第1步时为36.1 MPa，开挖第2步时为39.0 MPa，开挖第3步时为46.0 MPa，开挖第4步时为50.0 MPa，突出过后的应力为0.4 MPa。在相似材料模型中与该点相对应的应力测点是第二层第一排的$B_1$14点，将$B_1$14点的试验数据换算为现场数据，利用MATLAB的“corrcoef”相关性命令进行比较分析，计算结果显示两组数据变化曲线的相关性系数为0.9956。

由以上数据曲线的相关性分析可知，数值模型和相似模型中随机对应点的应力数据变化曲线的相关性好，说明该数值模型可以用来分析相似模型中的相关问题。

由图6-70模拟结果可知，开挖第1步[图6-70(a)]时，由于地应力和开挖扰动的影响，石门巷道迎头端面前方围岩具有应力升高现象，应力升高的范围最远可达巷道迎头端面前方15 m，同时在煤岩层交界面及煤岩层与断层面附近也存在明显的应力集中现象。在石门巷道开挖初期，由于孔隙率、强度等力学特性明显异于周围环境围岩，在“构造包体”附近的围岩内均出现了明显的应力增加现象，应力异常增加的立体空间即“构造包体”应力壳。

经过第2步、第3步的开挖，巷道迎头端面逐渐接近“构造包体”及煤层，巷道端面前方围岩的集中应力和“构造包体”的应力壳相互叠加[图6-70(b)]，煤层和“构造包体”的透气性进一步降低，这一阶段可称为突出的准备阶段；继续开挖，巷道迎头端面前方具有保护作用的相对坚硬的围岩逐渐变薄，应力梯度陡增，围岩的抗拉及抗压能力变弱，此时“构造包体”已经处于崩解的临界状态[图6-70(c)]，这一阶段可称为突出的激发阶段。

若在没有卸“压”(地应力、瓦斯压力)的情况下继续快速掘进或放炮揭煤，“构造包体”瞬间暴露，所孕育的能量疾速释放，突出发生。首先是质地松软和高聚能的“构造包体”突出，突出口附近“构造包体”应力壳消失，破坏性的应力场向煤岩深部发展[图6-70(d)]，突出阵面也随之深移，这一阶段可称为突出的发展阶段。当松软煤体内集聚的巨大能量(主要是“构造包体”内的瓦斯压能和地应力弹性能)大量释放后，破坏无法继续，煤与瓦斯突出终止。突出空洞大致以控制壳为界面，同时向煤层内部延伸，空洞形状一般为“口小腹大”的椭圆形状，其中心线与巷道呈一定夹角而倾斜向上发育。

2)声发射模拟分析

在第1步开挖[图6-72(a)]时，石门巷道迎头端面前方围岩内出现了局部单元的微观损伤，且以压破坏为主(破坏点为白色)。第2步和第3步开挖时，在高应力和高瓦斯压力的作用下，巷道迎头端面附近的围岩内压破坏和拉破坏(破坏点为红色)增加，并在煤层内出现微裂隙[图6-72(b)(c)]。开挖过程中，压破坏主要是在地应力作用下发生的，而拉破坏的能量主要来自高压瓦斯的膨胀做功。继续开挖时突出发生，“构造包体”和煤层相继突出，煤体内部出现了大规模的破坏[图6-72(d)]。

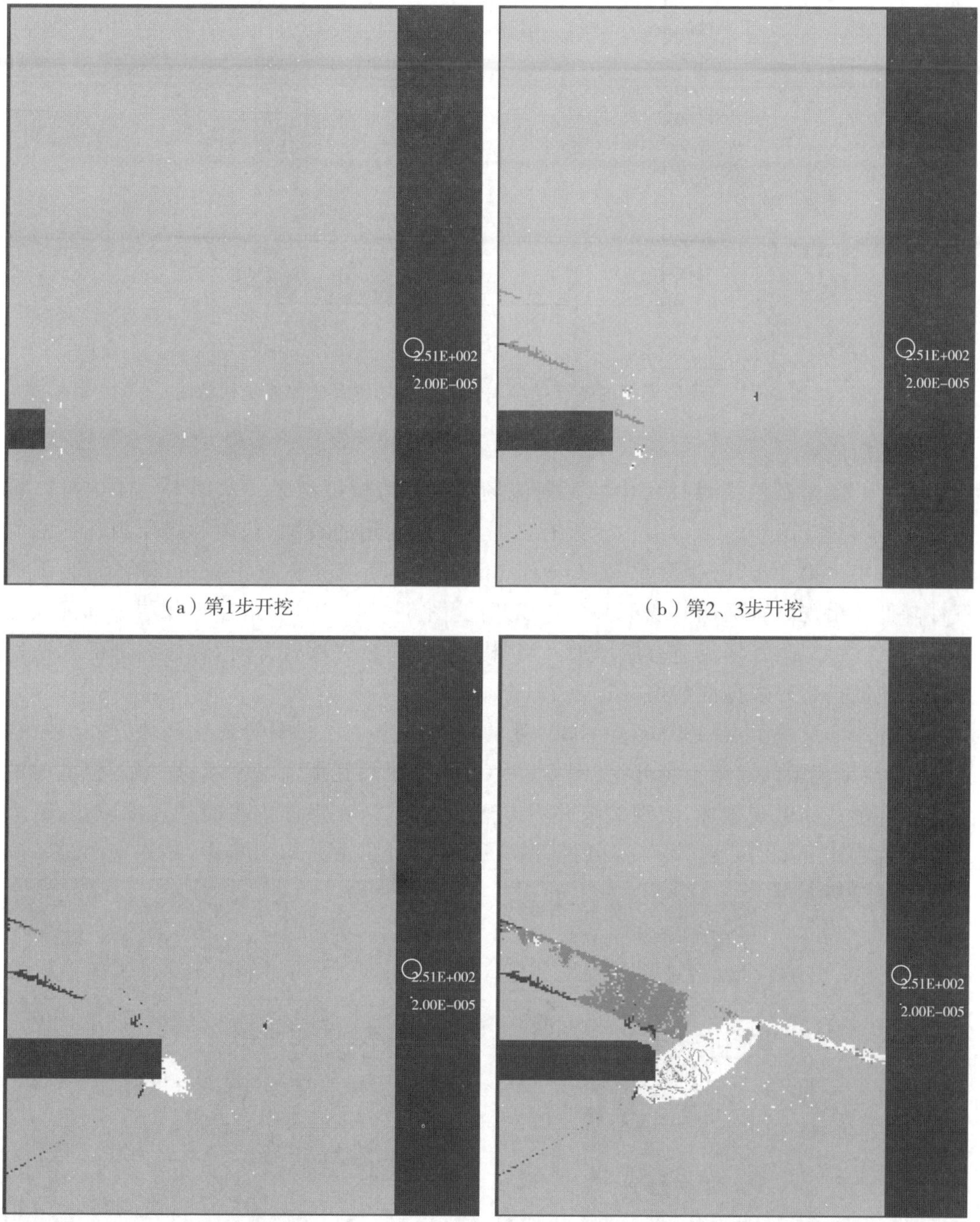

(a) 第1步开挖　(b) 第2、3步开挖

(c) 第4步开挖　(d) 第5步开挖

图 6-72　数值模拟的声发射

图 6-73 为数值模拟的各开挖步中煤岩体破坏所释放的能量柱状图。模拟结果表明，在开挖第 1 步至第 3 步过程中，各开挖步声发射都比较小，第 4 步开挖中的声发射开始增加，继续开挖，突出发生，煤岩体中所释放的能量陡增，数据显示突出过程中所释放的能量为前 4 步开挖过程中围岩破坏所释放能量总和的 5 倍左右。

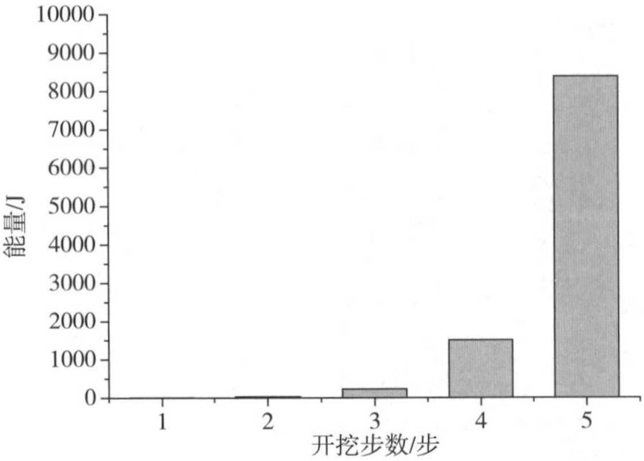

图 6－73　数值模拟的各开挖步中煤岩体破坏所释放的能量柱状图

3)瓦斯流场

图 6－74 是石门揭煤过程中的瓦斯流场演化数值模拟结果。从图 6－74 中可以看出，第 1 步开挖[图 6－74(a)]，由于没有贯通煤层和巷道的裂隙，包体和煤层内瓦斯的流动速度很小。第 2 步开挖[图 6－74(b)]，局部煤层瓦斯流速在集中应力影响下，会因透气性降低而出现略有降低的现象。第 3 步开挖[图 6－74(c)]，巷道顶板煤层中局部地区卸压，透气性增加，瓦斯流速有所增加。当“构造包体”被突然打开时，包体内部的瓦斯以很高的速度携带碎煤抛向巷道[图 6－74(d)]。

图 6－75 反映了点($x=82$，$y=230$)处的瓦斯流速在开挖中的变化趋势，该点在“构造包体”控制范围内。第 1 步开挖[图 6－74(a)]时，虽然瓦斯流场平衡被打破，但此时的围岩破坏形式为微观破坏，宏观裂隙并不丰富，因此瓦斯在煤体内渗流的速度较小，最大渗流速度小于 0.23 m/s。第 2 步开挖[图 6－74(b)]时，由于应力集中，该点应力进一步

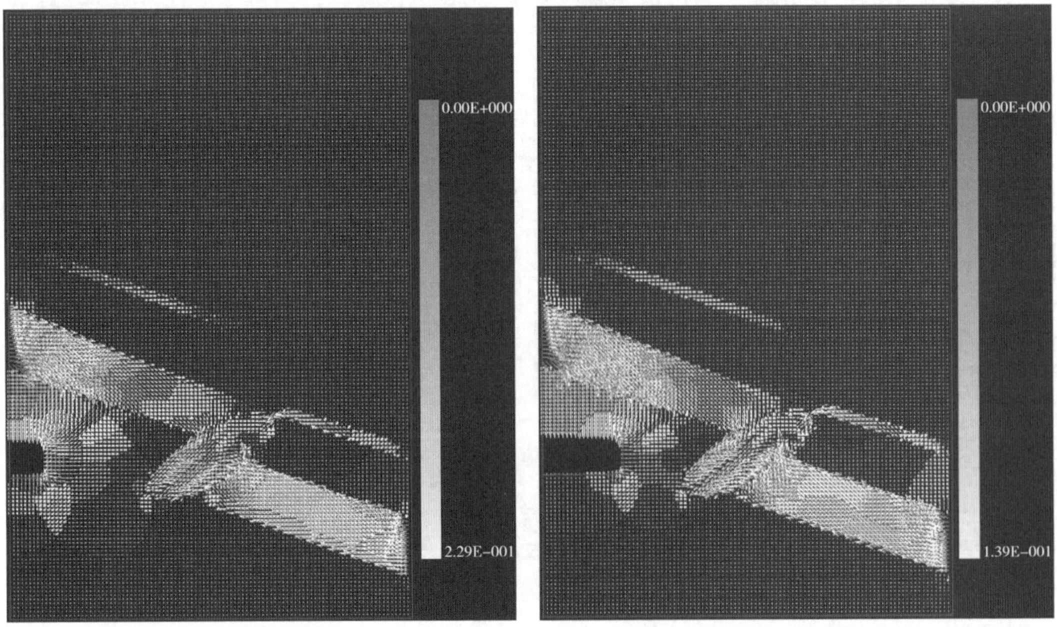

(a) 第1步开挖　　(b) 第2步开挖

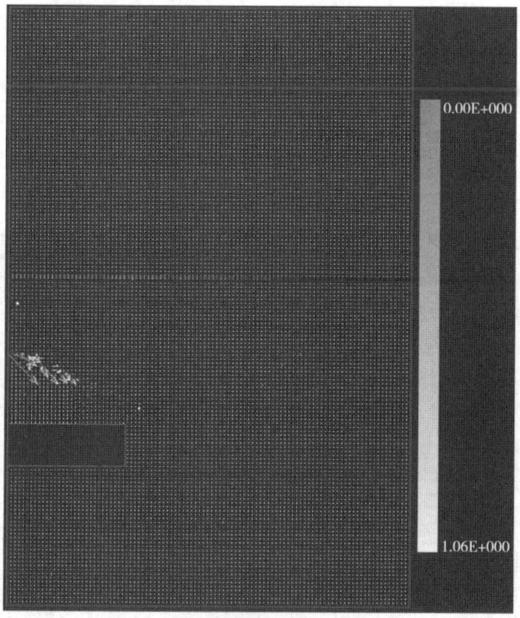

(c) 第3步开挖

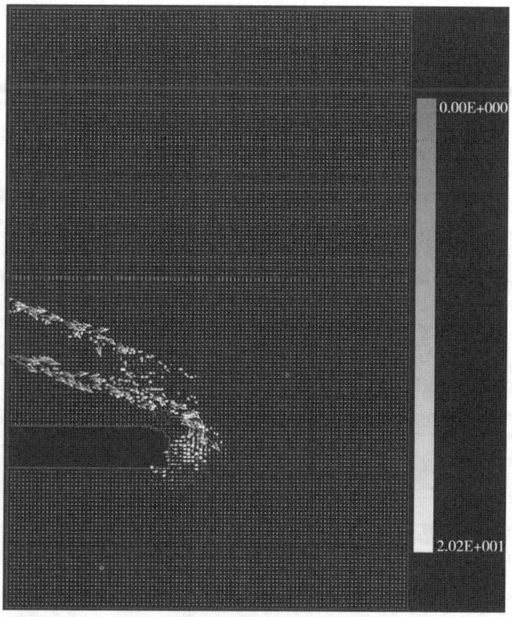

(d) 第4步开挖

图 6-74 石门揭煤过程中的瓦斯流场演化数值模拟结果

增加，透气性有所降低，煤体内瓦斯渗流速度也随之降低，为 0.14 m/s。第 3 步开挖[图 6-74(c)]时，巷道上覆围岩的微观破坏增加，围岩透气性增加，瓦斯流场速度升至 1.06 m/s。待开挖到第 4 步初期，瓦斯流速缓慢增加至 1.15 m/s，继续开挖，“构造包体”发生突出，瓦斯流速最大达到 20.2 m/s，这和相似模拟中的瓦斯携带煤岩喷出速度相近[图 6-74(d)]。这种巨大的瓦斯能量在瞬间以如此快的速度释放，所造成的破坏力是极大的。

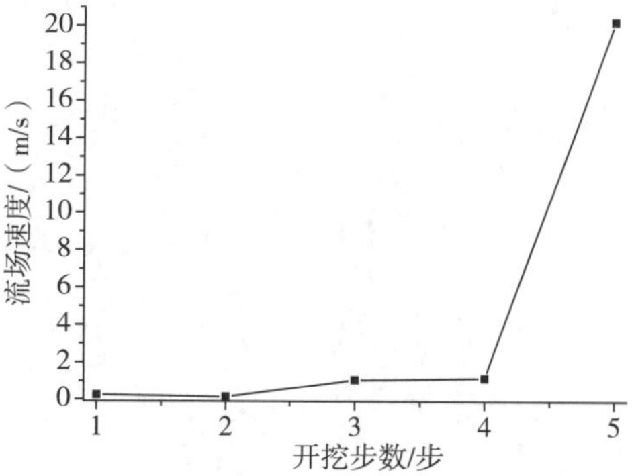

图 6-75 点($x=82$，$y=230$)处的瓦斯流速在开挖中的变化趋势

4)瓦斯压力场

图 6-76 是数值模拟的石门开挖过程中，“构造包体”及两侧煤层瓦斯压力的变化情况。第 1 步开挖[图 6-76(a)]时，“构造包体”的颜色比周围环境明亮，内部瓦斯压力略大，为 4.0 MPa。第 2 步开挖[图 6-76(b)]时，由于应力局部集中，“构造包体”和两侧煤层局部瓦斯压力有所升高，最大值为 4.31 MPa。第 3 步开挖[图 6-76(c)]时，模型整体

的透气性增加，煤层与“构造包体”内的瓦斯压力降低，但由于此时还没有大型裂隙将“构造包体”与巷道贯通，“构造包体”和煤层中的瓦斯压力仍然保持着比较高的值，最大值为 2.69 MPa。突出发生[图 6－76(d)]时，“构造包体”瓦斯压力急剧降低，颜色变暗，但此时稍远煤层中的瓦斯压力仍高达 2.67 MPa，形成高瓦斯压力梯度，这是突出向煤层深部扩展的重要原因。

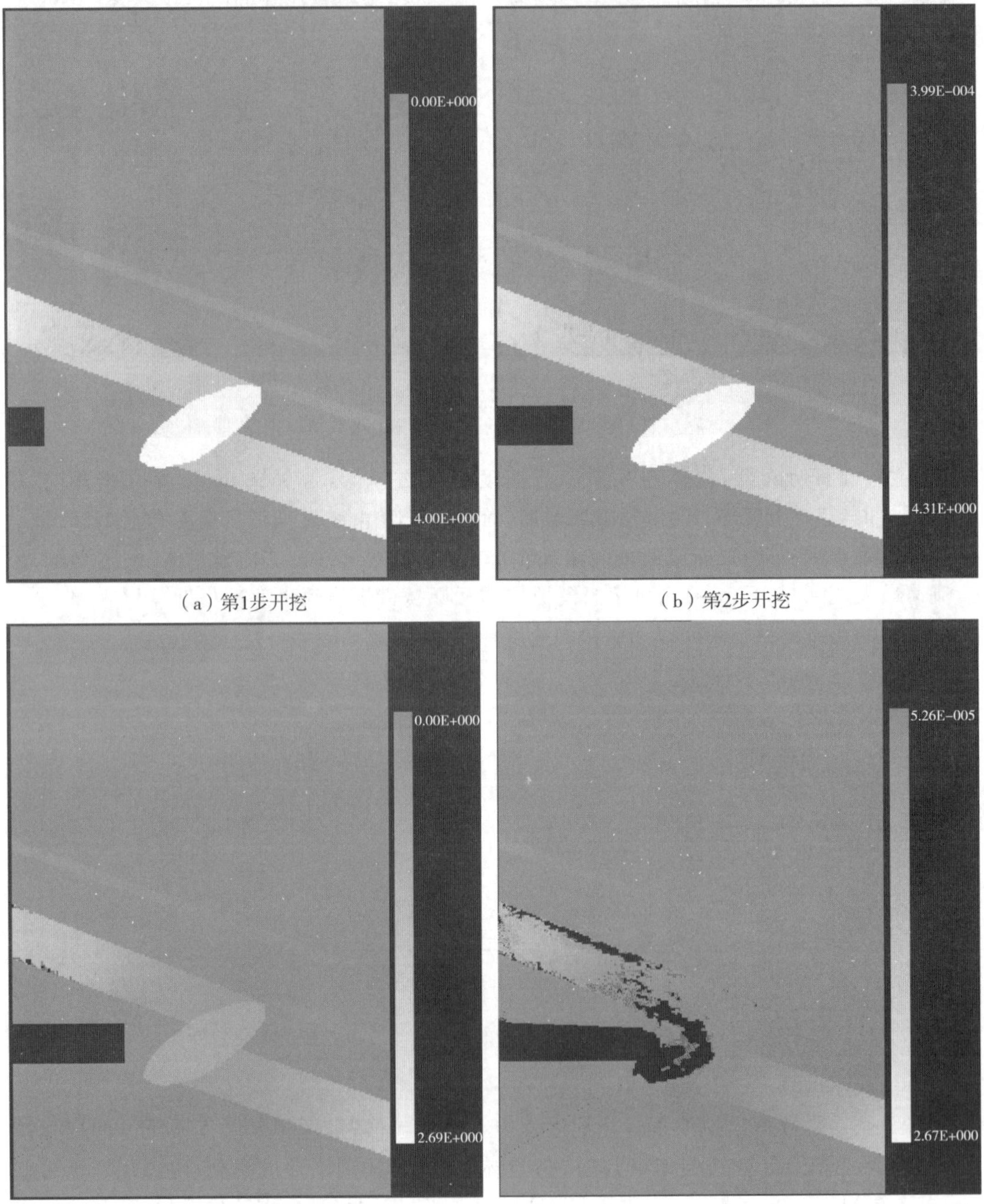

(a) 第1步开挖　(b) 第2步开挖

(c) 第3步开挖　(d) 第4步开挖

图 6－76　数值模拟的瓦斯压力

4. 地应力和煤体强度对突出的影响

相似模拟重复性试验所耗费的人力、物力巨大，周期较长，因此用数值模拟的方法，通过改变边界条件来考察地应力和煤体强度对煤与瓦斯突出的影响。

1)其他参数不变，仅降低模型的载荷

如表 6－7 所示，力学和渗流参数和表 6－6 一致，而地应力载荷取 350 m 埋深的自重应力值，即 $\sigma_1=\gamma H\approx 9$ MPa。模拟结果显示如图 6－77 所示，低地应力、高瓦斯压力情况下，突出的强度会有所降低，往往被限制在"构造包体"边界范围内。可见，地应力在瓦斯突出中也起着非常重要的作用，如果瓦斯压力是直接起作用的，那么地应力是间接起作用的。地应力(包括构造应力)造成了煤体的整体破碎，有利于吸附瓦斯解吸和游离瓦斯做功，它往往控制着突出发生的范围和突出的强度，高地应力控制下的突出往往不是一点，而是成片成带发生的。

表 6－7　数值模型力学及渗流参数

力学参数	C13－2		C13－1		包体	节理
	C13－2	直接顶/底	C13－1	直接顶/底		
均质度/m	3	3/4	3	2/4	5	5
弹性模量均值 E_0/GPa	3	9/9	3	3/9	2	2
抗压强度均值 σ_0/ MPa	30	43/49	30	30/43	5	20
摩擦角 φ/°	30	32/34	30	30/34	28	25
泊松比 μ	0.3	0.26/0.26	0.3	0.27/0.26	0.5	0.4
容重/($\times 10^3$ kg/m^3)	1.4	2.6/2.6	1.4	1.4/2.6	1.4	2
透气系数 λ/[m^2/(MPa^2. d)]	0.1	0.001/0.01	0.1	0.05/0.01	5	1
瓦斯含量系数 A/[m^3/(m^3 · MPa$^{1/2}$)]	3	0.01/0.01	19	0.05/0.01	20	0.1
孔隙压力系数 α	0.1	0.001/0.001	0.2	0.05/0.0018	0.2	0.01
耦合系数	0.2	0.1/0.1	0.2	0.1/0.1	0.2	0.2

2)保持高地应力和高瓦斯压力，仅增加"构造包体"的强度

利用表 6－8 所示的力学和渗流参数进行模拟，结果显示，"构造包体"的强度提高以后，由于围岩的结构相对均衡，围岩应力集中系数明显减小，同时也很难产生流变。此时，围岩中的"构造包体"已不能再称为"构造包体"了(已经不具有"构造包体"的特性)。在这种条件下，突出往往难以发生，煤体仅表现为一定程度的破裂(图 6－78)。

表 6－8　数值模型力学及渗流参数

力学参数	C13－2		C13－1		包体	节理
	C13－2	直接顶/底	C13－1	直接顶/底		
均质度/m	3	3/4	3	2/4	5	5
弹性模量均值 E_0/GPa	3	9/9	3	3/9	2	2
抗压强度均值 σ_0/ MPa	30	43/49	30	30/43	10	20
摩擦角 φ/°	30	32/34	30	30/34	28	25
泊松比 μ	0.3	0.26/0.26	0.3	0.27/0.26	0.5	0.4
容重/($\times 10^3$ kg/m^3)	1.4	2.6/2.6	1.4	1.4/2.6	1.4	2

（续表）

力学参数	C13－2		C13－1		包体	节理
	C13－2	直接顶/底	C13－1	直接顶/底		
透气系数 $\lambda/[m^2/(MPa^2.d)]$	0.1	0.001/0.01	0.1	0.05/0.01	5	1
瓦斯含量系数 $A/[m^3/(m^3 \cdot MPa^{1/2})]$	3	0.01/0.01	19	0.05/0.01	20	1
孔隙压力系数 α	0.1	0.001/0.001	0.2	0.05/0.0018	0.2	0.01
耦合系数 β	0.2	0.1/0.1	0.2	0.1/0.1	0.2	0.2

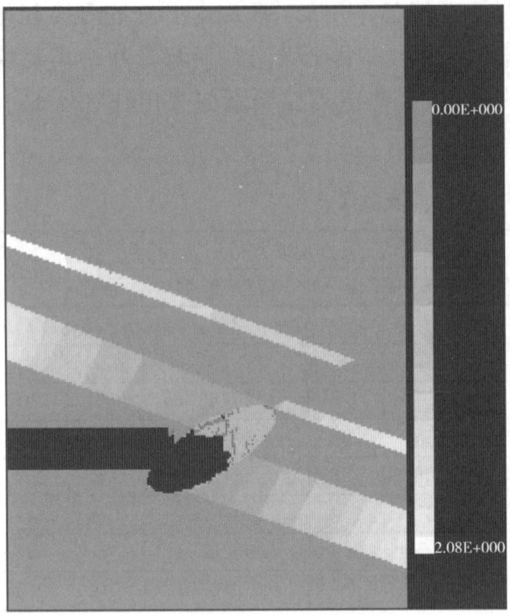

图 6－77　低地应力条件下突出情况模拟结果显示

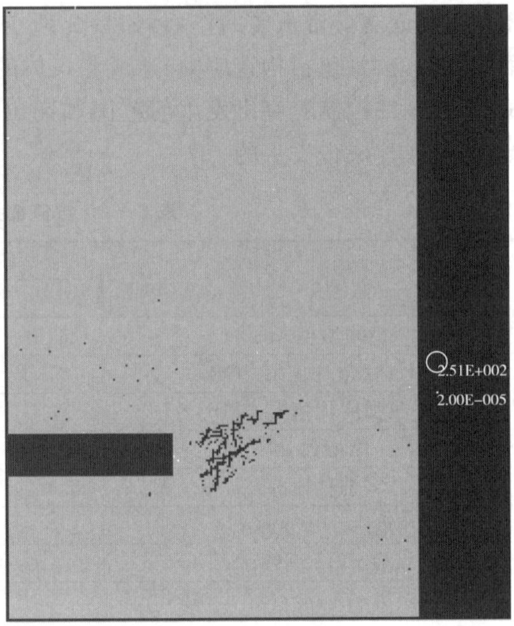

图 6－78　增加包体强度时突出情况

6.3　首采层煤巷掘进顺层钻孔瓦斯抽采与防突技术

6.3.1　大孔径顺层长钻孔设计的理论分析

1. 钻孔孔径的确定

取孔直径为 108 mm、133 mm、153 mm 和 253 mm，分别对钻孔周围的瓦斯流动情况，横向、纵向破坏半径，声发射及集中应力分布情况进行模拟。

1）不同孔径钻孔周围瓦斯流动模拟

如图 6－79 所示，模拟结果表明，打钻开始后，前方煤体受到强烈扰动，破碎、煤层卸压，吸附瓦斯迅速解吸、释放，且随着钻孔孔径的增大，钻孔周围瓦斯流动明显增强。因此，井下打钻条件允许时，在保证安全的前提下，尽量选用较大直径的钻头，以增大瓦斯抽放量，使煤层更充分卸压。

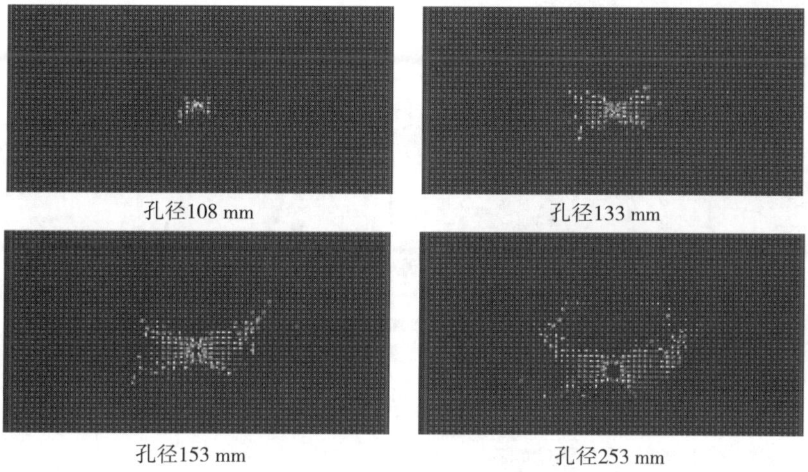

图 6－79　不同孔径时钻孔周围瓦斯流动情况

2)不同孔径条件下的钻孔周围破坏及应力模拟

通过模型数值模拟,选取剖面提取单元不同力学参数信息,剖面位于钻孔断面上平剖,得到了钻孔周围的应力分布情况(图 6－80 和图 6－81)。

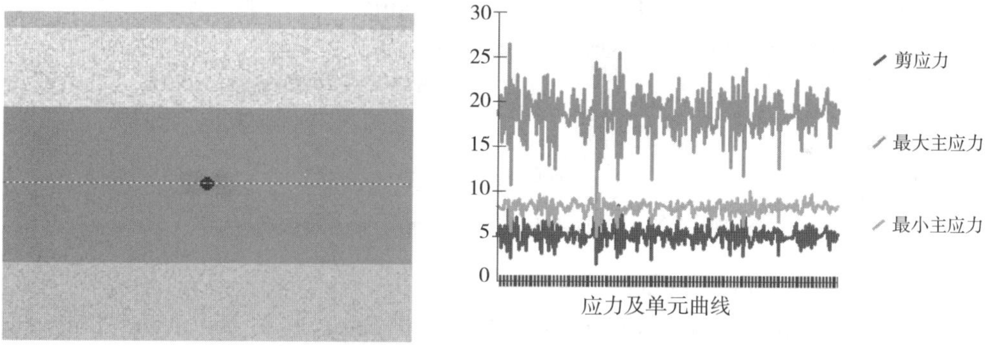

图 6－80　钻孔断面剖面图及打钻前主应力分布图

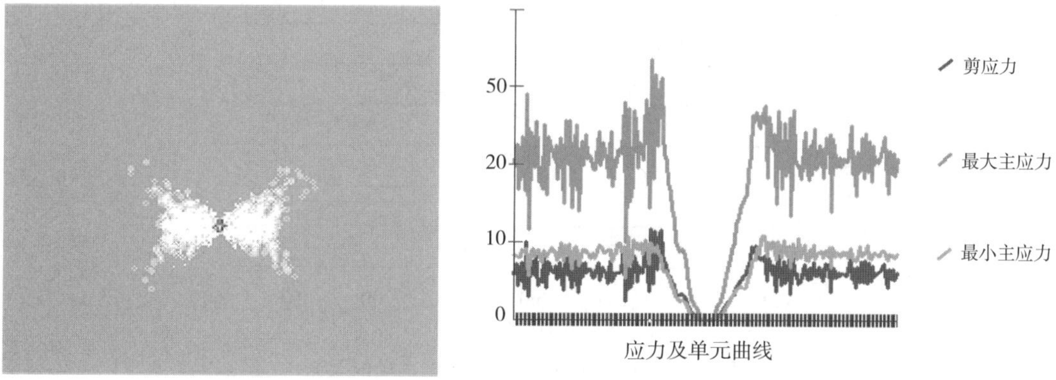

(a) 孔径133 mm

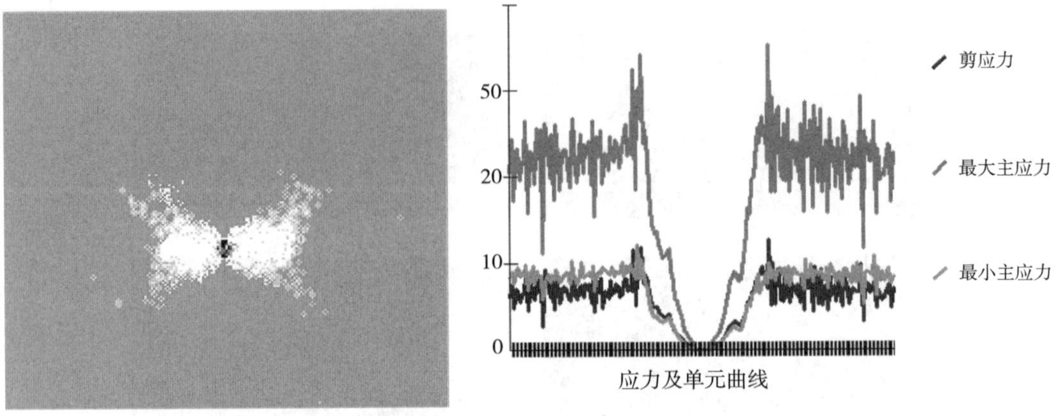

（b）孔径153 mm

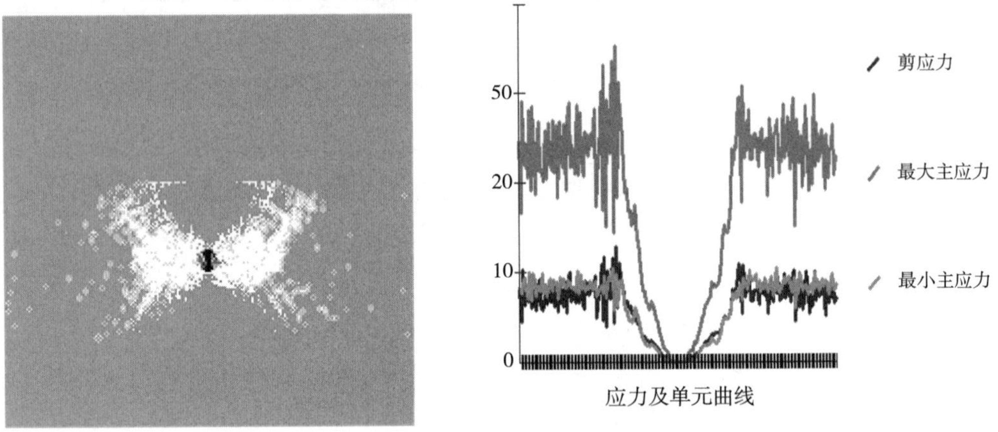

（c）孔径253 mm

图 6-81　不同孔径下声发射和主应力模拟图

通过模拟，可得到以下结论。

(1)随着钻孔孔径的增大，横向破坏半径逐渐增大，其关系：$y=0.6124\ln(x)-2.5378$，如图 6-82 所示。由此计算，108 mm 孔径的横向破坏半径约为 0.33 m，133 mm 孔径的破坏半径约为 0.46 m。

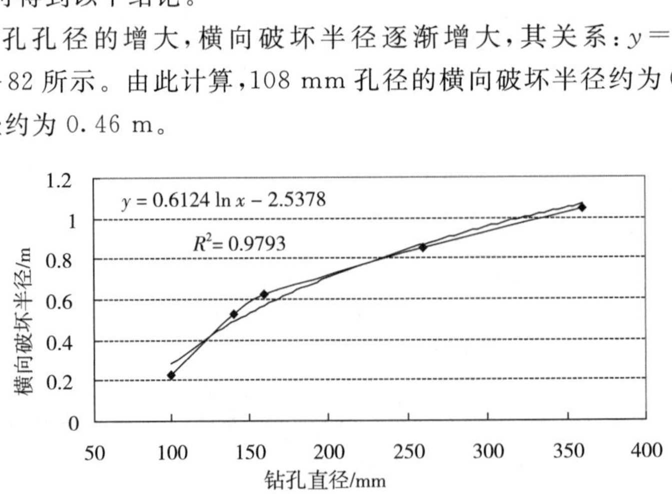

图 6-82　横向破坏半径与钻孔直径的关系

(2)随着钻孔孔径的增大,纵向破坏半径逐渐增大,其关系:$y=0.5178\ln(x)-2.197$,如图 6-83 所示。由此计算,108 mm 孔径的横向破坏半径约为 0.23 m,133 mm 孔径的横向破坏半径约为 0.36 m。

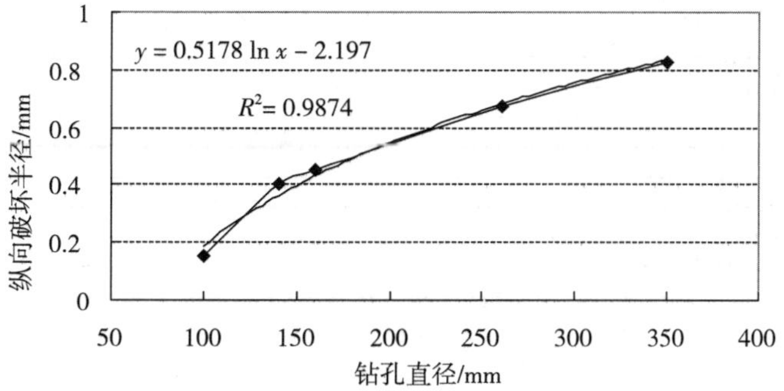

图 6-83　纵向破坏半径与钻孔直径的关系

2. 钻孔间距的确定

1)抽放半径现场考察

压力观测孔压力稳定后,于 2008 年 8 月 1 日早班在距该观测孔 2.5 m 处施工 ϕ133 mm抽放孔 A,并于中班开始合茬抽放。连续抽放 8 d,在 A 抽放钻孔抽放期间,压力观测孔读数变化如图 6-84 所示。

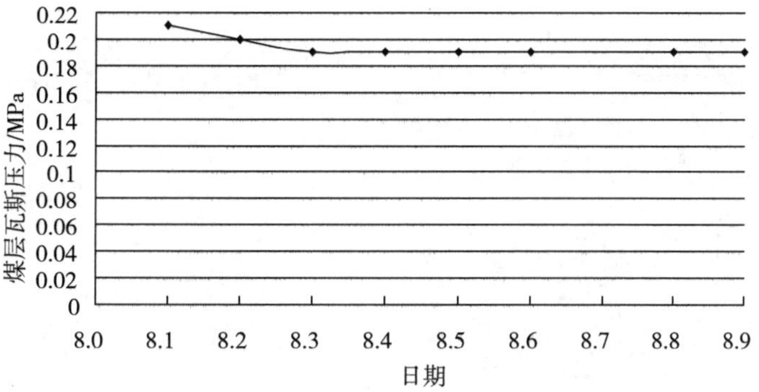

图 6-84　A 钻孔抽放期间压力观测孔读数变化

通过图 6-84 可以看出,距压力观测孔 2.5 m 处 ϕ133 mm 抽放孔 A 连续抽放 8 d,压力观测钻孔压力读数变化不明显。因此,可以判定该抽放钻孔 A 7 d 的抽放时间影响半径不到 2.5 m。

2008 年 8 月 9 日,A 抽放钻孔停止抽放,8 月 11 日早班在 A 抽放孔的另一侧距观测孔 2.3 m 处施工抽放钻孔 B,并于 11 日 19∶30 开始抽放,在 B 抽放钻孔连续抽放期间,压力变化曲线如图 6-85 所示。

通过图 6-85 可以看出,距压力观测孔 2.3 m 处 ϕ133 mm 抽放孔 B 连续抽放 7 d,压力观测钻孔压力读数变化明显,变化幅度达 50%。因此,可以判定该抽放钻孔 B 7 d 的抽放时间影响半径为 2.3 m。

因此，综合以上分析可以得出，丁集煤矿 11－2 煤层执行的 ϕ133 mm 顺层抽放钻孔的有效影响半径为 2.5 m$>R\geqslant$2.3 m。

同样方法，测定了抽放 3 d 时间的抽放半径为 1.4 m。

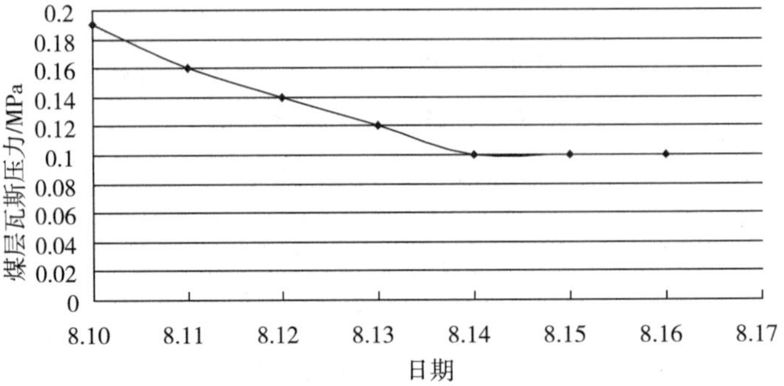

图 6－85　B 钻孔抽放期间压力观测读数变化

2）抽放半径数值模拟

针对丁集矿目前顺层长钻孔设计方案（控制巷帮外 10 m 范围），孔底间距为 2.5～3.0 m 即可满足抽放和防突要求，只需模拟钻孔间距为 2 m 和 3 m 两种情况。

（1）钻孔周围应力场、位移场及瓦斯流场数值模拟。

通过以上钻孔周围应力场、位移场及瓦斯流场数值模拟，不同钻孔间距时应力场、位移场和瓦斯流场如图 6－86、图 6－87 和图 6－88 所示。

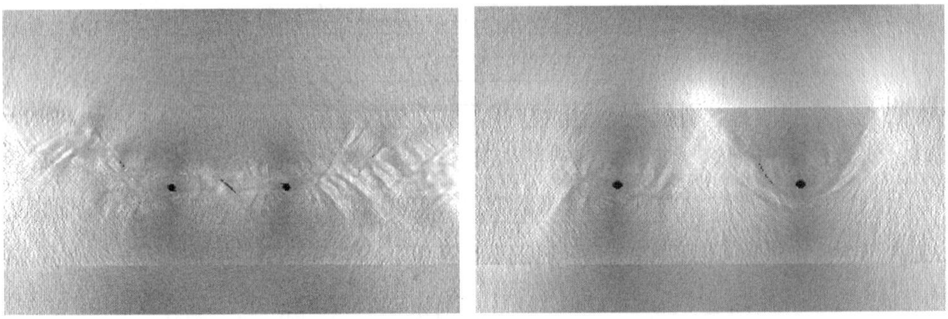

（a）间距为2 m应力场　　（b）间距为3 m应力场

图 6－86　不同钻孔间距时应力场

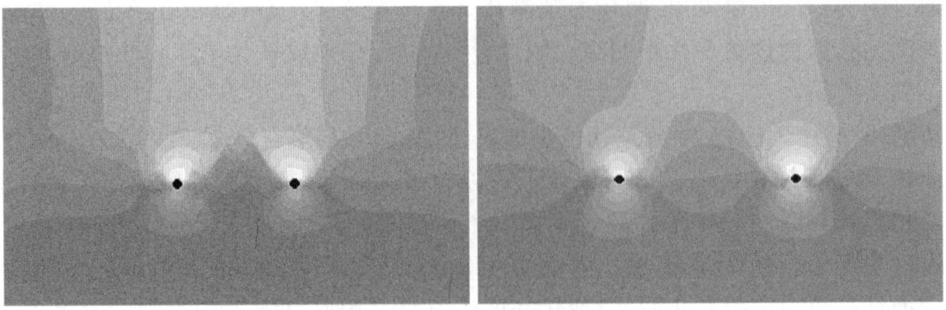

（a）间距为2 m位移场　　（b）间距为3 m位移场

图 6－87　不同钻孔间距时位移场

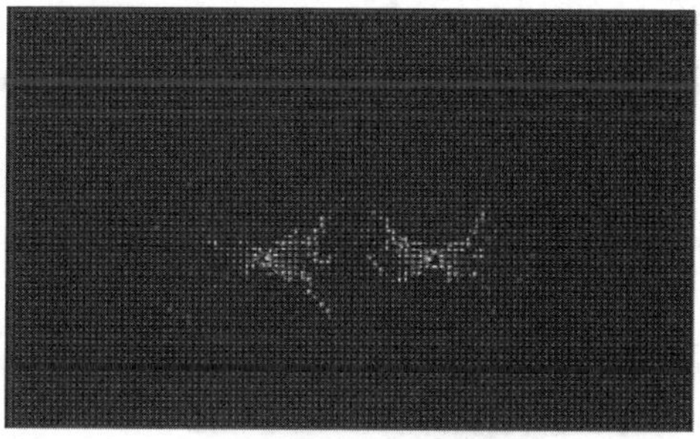

（a）间距为2 m瓦斯流场

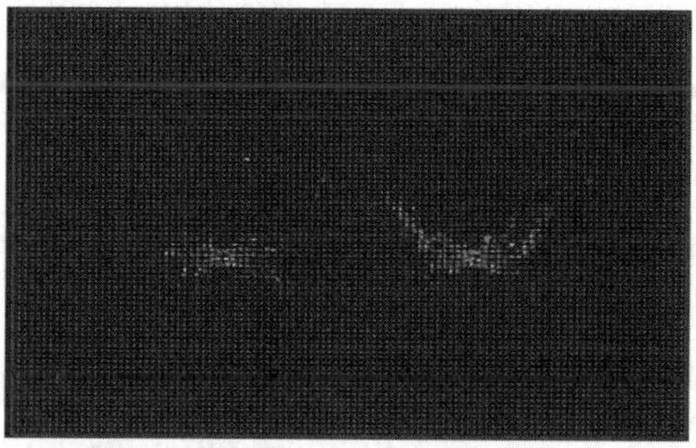

（b）间距为3 m瓦斯流场

图 6-88　不同钻孔间距时瓦斯流场

① 随着钻孔间距的增大，应力集中现象出现在了两钻孔中间点之前，对钻孔中间处附近煤体破坏减小，使孔间裂隙不能充分贯通，卸压效果降低。

② 随着钻孔间距的增大，孔间煤体位移量减小，破坏减小，卸压效果降低。

③ 随着钻孔间距的增大，孔间瓦斯流动减弱，逐渐形成在钻孔周围的流动。

(2)钻孔周围声发射及主应力分布数值模拟。

模拟结果如图 6-89 和图 6-90 所示。①从声发射图来看，在钻孔间距为 2 m 时，钻孔间煤体破坏，在钻进剖面上形成了贯通的破坏区，煤体得到充分卸压；在钻孔间距为 3 m时，仅在钻孔周围形成范围较小的破碎区，在两个钻孔中间不能形成贯通的破碎区，卸压效果较钻孔间距为 2 m 时稍差。②从主应力分布图来看，在钻孔间距为 2 m 时，两钻孔应力在钻孔中间同时出现并得到加强，钻孔之间煤体强烈破坏，使煤体中形成的裂隙充分贯通，卸压效果好；在钻孔间距为 3 m 时，两钻孔的应力集中没有重叠，使钻孔中间部分煤体不能充分被破坏，不能使两钻孔周围形成的裂隙充分贯通，卸压效果较钻孔间距为 2 m 时稍差。

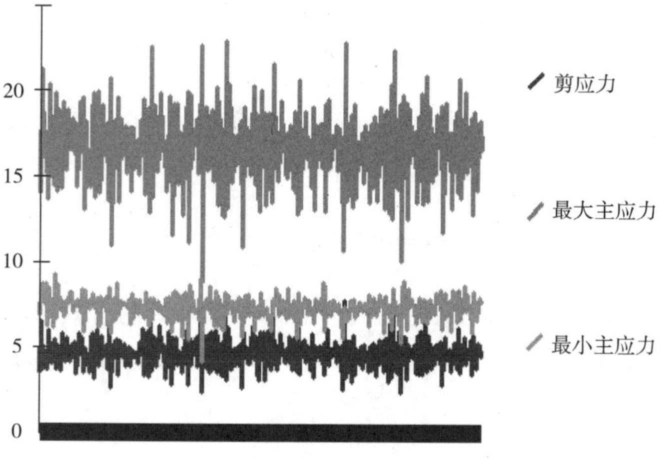

图 6-89　打钻前主应力分布情况

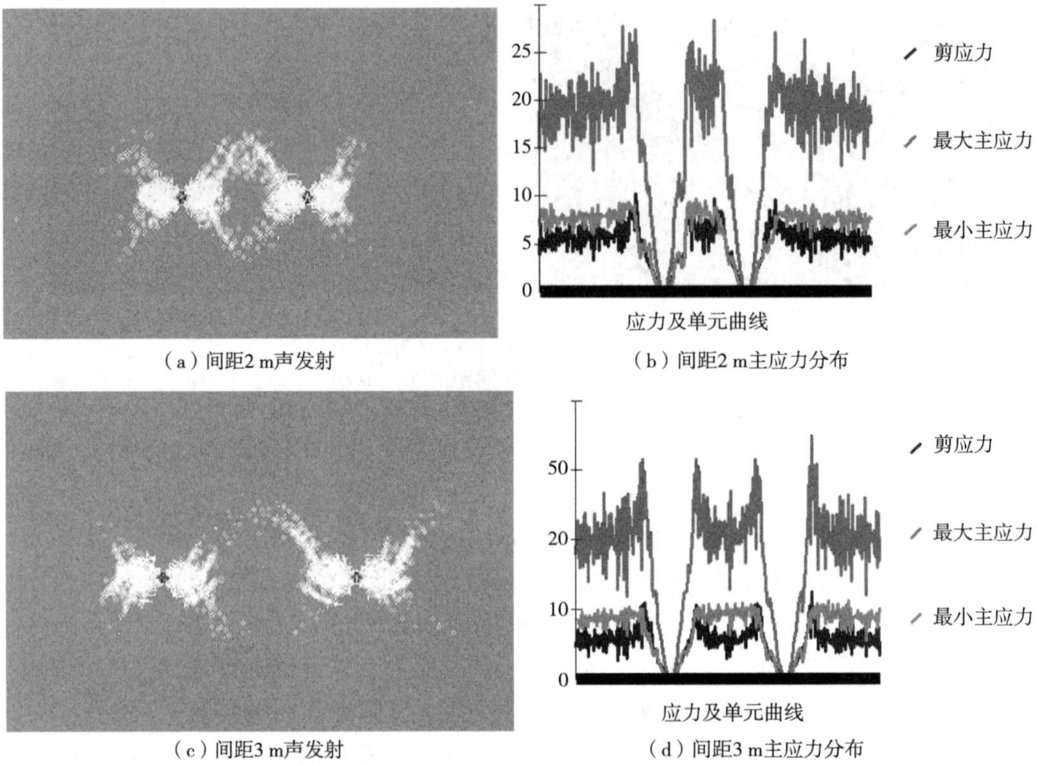

(a) 间距2 m声发射　(b) 间距2 m主应力分布

(c) 间距3 m声发射　(d) 间距3 m主应力分布

图 6-90　不同钻孔间距时声发射和主应力分布

(3)抽放半径综合分析。

在赋存条件一定的情况下,钻孔周围煤层透气性变化与预抽量成正比。对瓦斯流动的相关分析结果是钻孔抽放瓦斯有效抽放半径 r(m)与抽放时间 t(d)之间符合幂函数关系,即

$$r=At^{B} \tag{6-14}$$

将以上抽放 3 d 和抽放 7 d 的有效影响半径分别代入式(6-14),得丁集矿 11-2 煤层的抽放时间与抽放半径的关系式:

$$r=0.7675t^{0.58905} \tag{6-15}$$

抽放半径与抽放时间的关系如图 6-91 所示,抽放 1 d 的有效影响半径为 0.77 m,抽放 1 个月的有效影响半径为 5.71 m,抽放 3 个月的有效影响半径为 10.72 m,抽放 1 年的有效影响半径为 24.15 m。

3. 钻孔深度的确定

钻孔深度主要从两方面确定,首先是成孔和抽放效果,其次是打钻时间和掘进时间的配置。

根据钻机的能力及打钻技术,钻孔深度可打 200 m 以上,但考虑钻进和掘进的效益,并不是越深越好。丁集矿的钻进和掘进实践表明，钻孔深度为 90 m 时的效率最高，既能较好地完成预定的钻孔深度，保证钻孔的成孔效果和抽放的均匀性，又使打钻时间和掘进时间得到最好的配置。

不同钻孔深度的掘进速度表明，孔深 90 m 时，掘进速度在 200 m/月左右；孔深 70～80 m 时，掘进速度在 170 m/月左右；孔深 50～60 m 时，掘进速度在 130 m/月左右。

从消突效果看，孔深 90 m 的布置方式使钻孔布置更均匀；效果检验表明，其相对其他两种深度的超标率更小，在 3%左右，而其他两种深度的超标率在 4%左右。

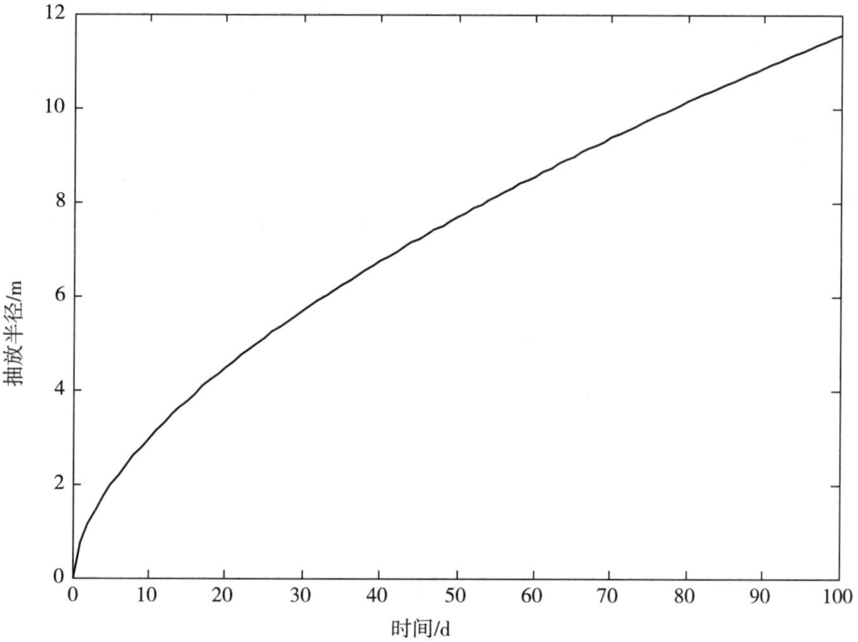

图 6 - 91　抽放半径与抽放时间的关系

6.3.2　大孔径顺层长钻孔设计方案与评价

丁集煤矿 11 - 2 煤层具有突出危险性，根据《防治煤与瓦斯突出规定》的规定和集团公司的要求，11 - 2 煤层现有的 1422、1252、1311、1321 这 4 个工作面的 6 条煤巷，在掘进期间采取大直径顺层长钻孔专项防突安全技术措施。

截至目前，丁集矿主要执行了 3 种设计方案：2008 年 6 月中旬执行了“2×5 模式”设计方案，6 月中旬到 10 月下旬均执行了“4+1 模式”设计方案，10 月下旬执行了“4+2 模式”设计方案。总体上看，设计方案逐渐趋于合理，现场应用表明，3 种设计方案均取得一定的防突效果。

1. 设计方案及评价

采用大直径顺层长钻孔专项防突安全技术措施，即在工作面和巷帮钻场施工抽采钻孔。

1)“2×5 模式”顺层长钻孔设计与评价

(1)钻场布置：分别沿煤巷工作面两侧每 70～80 m 布置一组(两个)钻场，同一组钻场间距为 5 m(钻场、抽采钻孔设计及详细布置参数见图 6－92)。

(2)钻孔布置。

① 每组巷帮钻场抽采钻孔共 10 个，每侧钻场内各 5 个孔，孔深 80～90 m，终孔控制巷道两帮各 15 m。

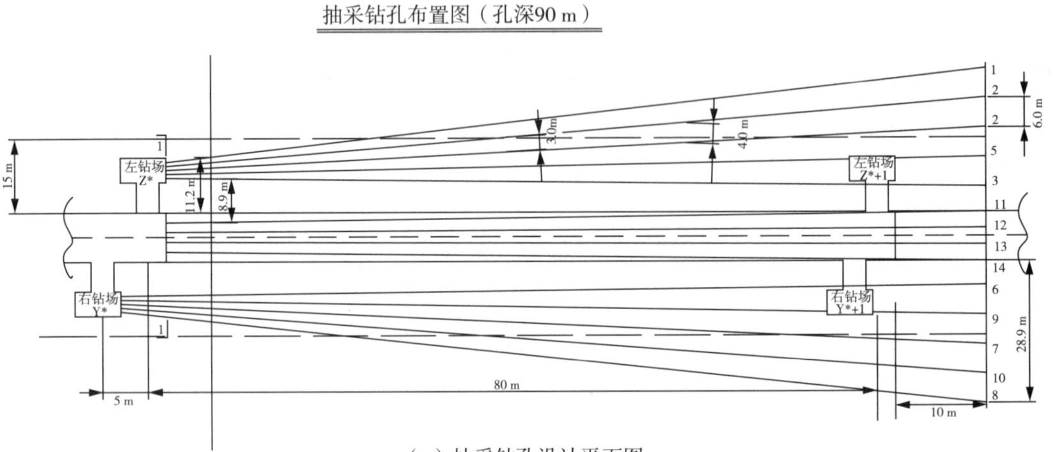

(a) 抽采钻孔设计平面图

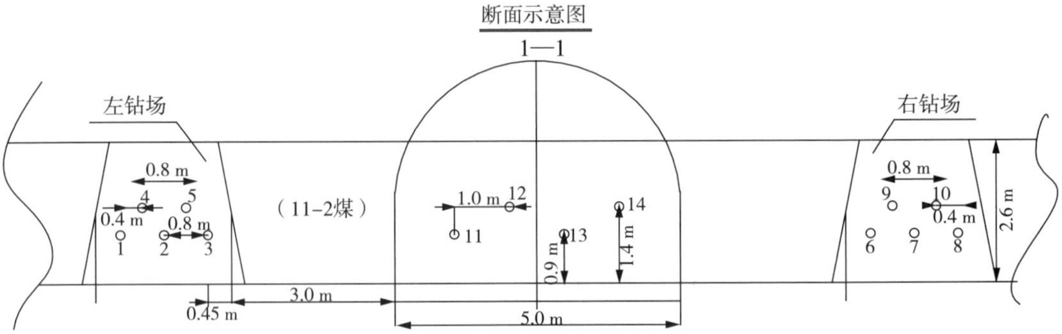

(b) 抽采钻孔设计断面图

钻孔设计参数（孔深90 m）

钻孔编号	1	2	3	4	5	6	7	8	9	10	11	12	13	14	1#	2#	3#
开孔距巷中线/m	7.65	6.85	6.05	7.25	6.45	6.05	6.85	7.65	6.45	7.25	1.5	0.5	0.5	1.5	1.5	0.0	1.5
开孔距煤底板/m	0.9	0.9	0.9	1.4	1.4	0.9	0.9	0.9	1.4	1.4	0.9	1.4	0.9	1.4	0.8	0.8	0.8
与巷中线偏角/°	左6.0	左2.8	右0.6	左4.4	左1.1	左0.6	右2.5	右5.6	右1.0	右4.1	左0.7	左0.2	右0.2	右0.7	左28	0.0	右28
钻孔倾角/°	2	2	2	1	1	2	2	2	1	1	2	1	2	1	1	1	1
孔深/m	91	90.5	90.4	90.7	90.4	95.4	95.5	96	95.5	95.7	90.4	90.4	90.4	90.4	10.0	10.0	10.0
钻孔类型	左侧钻场抽采孔					右侧钻场抽采孔					工作面迎头抽采孔				防突预测孔		

(c) 抽采钻孔设计参数

图 6－92 钻场、抽采钻孔设计及详细布置参数

② 迎头施工 4 个长 80～90 m 的抽采钻孔，终孔间距为 1.7 m，迎头抽采孔和巷帮抽采孔间距为 2.5 m，巷帮抽采孔间距为 3 m。

③ 迎头抽采钻孔和巷帮抽采钻孔孔径均不小于 108 mm。

④ 采取防治突出措施后，在措施孔有效控制范围内留有不小于 10 m 的措施孔超前距循环检验进尺。

⑤ 若在实际施工过程中，因煤层变化或地质构造钻孔施工长度达不到 80～90 m 时，则改用施工 60～65 m 深的抽采钻孔。钻场沿煤巷工作面两侧 50 m 布置一组（两个）钻场，同一组钻场间距为 5 m。

(3)方案评价。该设计方案在巷道两帮控制范围较宽，呈梯形，最宽处达 28.9 m，最窄处为 11.2 m，但控制范围内钻孔布置不均匀，存在终孔间距过大和空白带问题：①终孔间距为 6.0 m，大于 7 d 的抽放半径 2.3 m 的两倍；②巷道两帮附近存在空白带，在迎头向前 10 m 处的 3 与 11 孔和 6 与 14 钻孔之间的间距为 8.9 m。

2)“4+1 模式”顺层长钻孔设计与评价

“4+1 模式”专项措施设计方案如图 6-93 所示，具体设计参数如下。

(1)钻场布置：分别沿煤巷工作面两侧每 70 m 布置一组（两个）钻场，同一组钻场间距为 7 m。

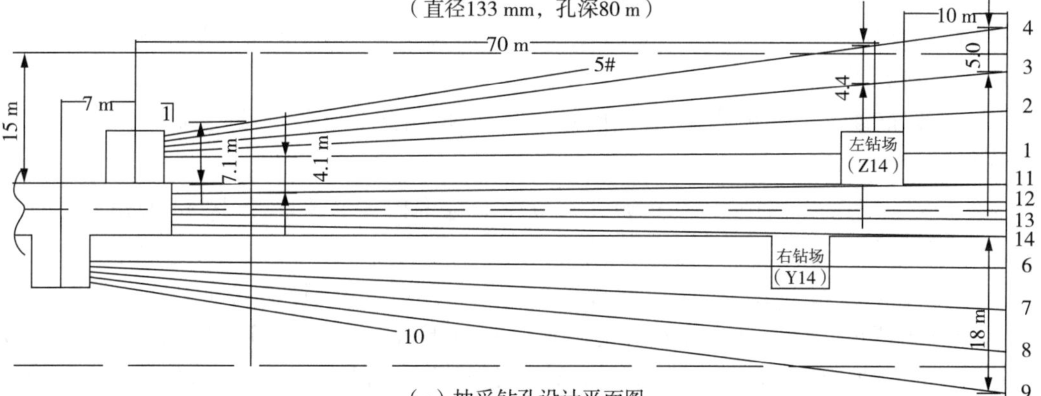

(a) 抽采钻孔设计平面图

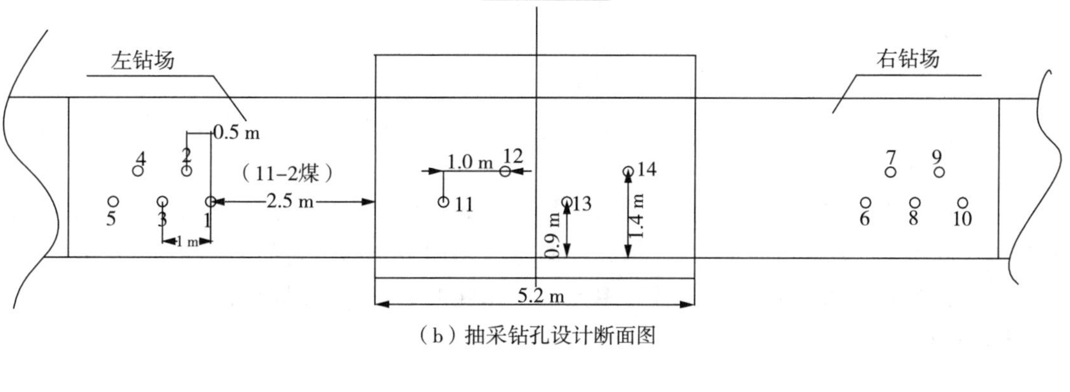

(b) 抽采钻孔设计断面图

钻孔编号	1	2	3	4	5	6	7	8	9	10	11	12	13	14
开孔距巷中线/m	5.1	5.6	6.1	6.6	7.1	5.1	5.6	6.1	6.6	7.1	1.5	0.5	0.5	
开孔距煤底板/m	0.9	1.4	0.9	1.4	0.9	0.9	1.4	0.9	1.4	0.9	0.9	1.4	0.9	1.4
与巷中线偏角/(°)	左0.4	左2.9	左5.2	左7.9	左9.2	右0.3	右2.7	右4.9	右7.2	右9.1	左0.7	左0.2	右0.2	右0.7
钻孔倾角/(°)	1	2	1	2	1	1	2	1	2	1	1	2	1	2
孔深/m	80.1	80.2	80.4	80.8	41.0	87.1	87.2	87.4	87.7	30.0	80.1	80.1	80.1	80.1
钻孔类型	左侧钻场抽采孔					右侧钻场抽采孔					工作面迎头抽采孔			

(c) 抽采钻孔设计参数

图 6-93 专项措施设计方案

(2)钻孔布置。

① 巷道两帮钻场布置 5 个钻孔,其中 4 个钻孔控制到巷道两侧各 15 m 范围,巷道两帮钻场钻孔直径采用 133 mm,巷道掘进方向投影孔深 80 m。另外,两侧各施工 1 个短钻孔,控制到巷道两侧 8 m 外。

② 迎头布置 4 个抽采钻孔,终孔间距 1.7 m,控制到巷道轮廓线范围内,迎头抽采孔直径采用 108 mm。

③ 采取防治突出措施后,在措施孔有效控制范围内留有不小于 10 m 的措施孔超前距循环检验进尺。

④ 先按照"4+1"模式施工,如预测超标,则立即改用"5+1"模式施工抽采钻孔。

(3)方案评价。该设计方案在巷道两帮控制范围较宽,呈近距形,最宽处达 18 m,最窄处为 7.1 m,加上 3 d 的抽放半径 1.4 m,两帮最小控制范围为 8.5 m,依据相关法规和卸压带理论计算,达到防突要求,但存在钻孔间距偏大的问题:①终孔间距为 5.0 m,大于 7 d 抽放半径 2.3 m 的两倍,除去压茬带,钻孔最大间距为 4.4 m,也略微偏大;②巷道两帮附近存在空白带,在迎头向前 10 m 处 1 与 11 和 6 与 14 钻孔的间距为 4.1 m。

3)"4+2 模式"顺层长钻孔设计与评价

巷帮钻场钻孔采用 ZDY-4000S 钻机、ϕ133 mm 钻头施工,迎头钻孔采用 SGZ-ⅢA 钻机、ϕ108 mm 钻头施工。

(1)施工方案:如图 6-94 所示,钻场同侧 80 m,钻孔深度为 90~97 m,左右钻场各布置 6 个钻孔,迎头布置 5 个钻孔,钻孔控制巷道两侧各 10 m,巷道轴线方向 90 m。

(2)评价方案:按矩形计算本抽采单元内煤体瓦斯含量,当瓦斯抽排率达到 30%以上时,方可进行循环效检施工。

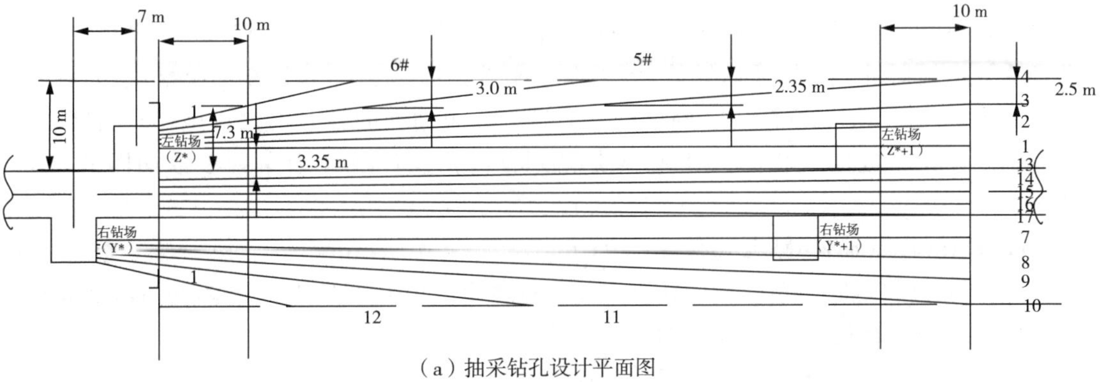

(a) 抽采钻孔设计平面图

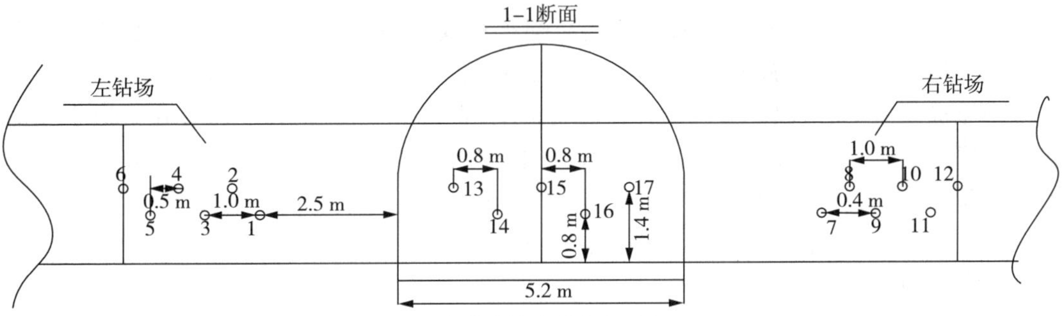

(b) 抽采钻孔设计断面图

钻孔编号	1	2	3	4	5	6	7	8	9	10	11	12	13	14	15	16	17
开孔距巷中线 /m	5.1	5.6	6.1	6.6	7.1	7.6	5.1	5.6	6.1	6.6	7.1	7.6	1.6	0.8	0	0.8	1.6
开孔距煤底板 /m	0.8	1.6	0.8	1.6	0.8	1.6	0.8	1.6	0.8	1.6	0.8	1.6	1.6	0.8	1.6	0.8	1.6
与巷中线偏角 /°	0	左1.2	左2.3	左3.8	左6.4	左12.8	0	右1.1	右2.2	右3.5	右6.5	右12.9	左0.7	左0.4	0	右0.4	右0.7
钻孔倾角 /°	1.0	1.5	1.0	1.5	1.0	1.5	1.0	1.5	1.0	1.5	1.0	1.5	1.5	1.0	1.5	1.0	1.5
孔深 /m	90.3	90.4	90.5	90.7	49.6	22.9	97.3	97.4	97.5	97.7	49.1	22.8	90.4	90.3	90.2	90.3	90.4
钻孔类型	左侧钻场抽采孔						右侧钻场抽采孔						工作面迎头抽采孔				

(c) 抽采钻孔设计

图 6-94　“4＋2”钻场及抽采钻孔设计及详细布置参数(巷外 10 m)

(3)方案评价。“4＋2 模式”控制范围近似矩形，距巷帮宽度为 7.3～10 m，加上抽放半径为 8.7～12.3 m，满足《煤矿瓦斯抽采基本要求》和理论计算要求；孔底间距为 2.5～3.0 m，考察的 ϕ133 mm 钻孔在 8 d 范围内抽放半径为 2.3 m，即钻孔间距在 4 m 范围内均满足抽放要求。但在工作面前方 10 m 处(即刚过压带处)，1 号与 13 号钻孔和 7 号与 17 号钻孔之间距略微偏大，为 3.35 m 左右，大于 3 d 抽放半径的 2 倍。

4)补充排放(抽采)钻孔设计

掘进工作面在执行完顺层长钻孔措施后，在巷帮钻场留有不少于 10 m 的措施孔超前距，采用钻孔瓦斯涌出初速度(q_m)法和测定钻屑量(S_{max})值相结合的方法进行防突措施的效果检验。

如效检指标超临界值，遇效检时出现夹钻、顶钻、喷孔等动力现象或遇瓦斯、地质构造异常现象时，必须立即停止掘进，将迎头抽采孔或排放钻孔作为补充防治突出措施。若迎头效检钻屑量 S_{max} 超过临界值，则采取迎头施工排放钻孔的补充消突措施；若钻孔瓦斯涌出初速度 q_m 超过临界值，则采取迎头施工抽采钻孔的补充消突措施，迎头排放钻孔和抽采钻孔布置模式相同。补充排放（抽采）钻孔设计及详细布置参数如图 6－95 所示。

① 补充排放（抽采）钻孔孔径 $\phi \geqslant 108$ mm。

② 补充排放（抽采）钻孔走向长度 15 m，巷道施工留有不少于 5 m 的巷道轴向投影超前距，钻孔必须控制巷道轮廓线外不少于 5 m。

③ 钻孔孔底间距为 2 m，迎头钻孔的压茬距不小于 5 m。

④ 补充防突排放（抽采）钻孔实施后必须进行效果检验，如效果检验有效，必须采取安全防护措施进行掘进施工，每效检循环施工留有不小于 2 m 的巷道轴向投影超前距。若效果检验无效，则采取针对性的补充防突措施，直至效果检验有效，方可在采取安全防护措施的情况下进尺，且必须在巷道轴线方向留有不少于 5 m 超前距的措施孔和不小于 2 m 超前距的检验孔。

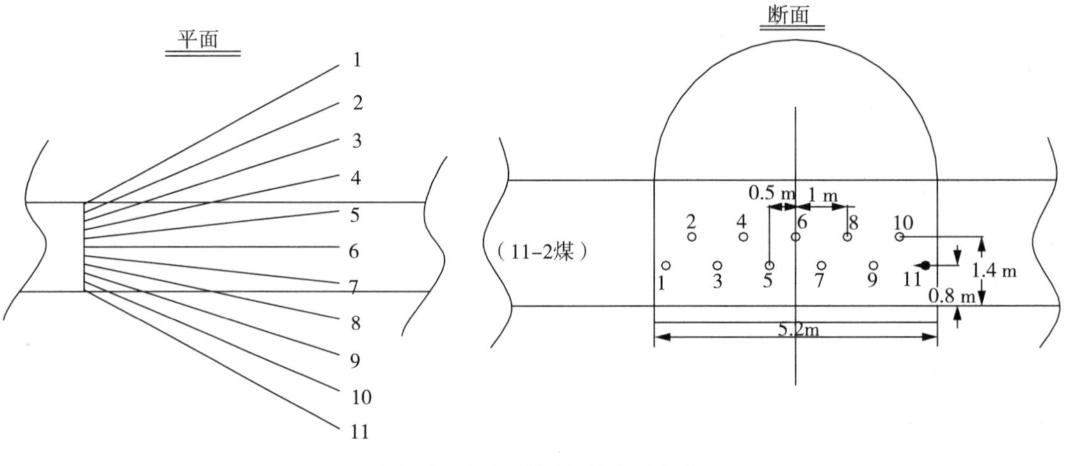

(a) 补充排放（抽采）钻孔设计图

补充排放（抽采）钻孔设计参数

钻孔编号	1	2	3	4	5	6	7	8	9	10	11
开孔距煤底板/m	0.8	1.4	0.8	1.4	0.8	1.4	0.8	1.4	0.8	1.4	0.8
开孔距巷道中线/m	2.5	2.0	1.5	1.0	0.5	0.0	0.5	1.0	1.5	2.0	2.5
钻孔偏角/°	左28.4	左23	左17.8	左12	左6.1	0.0	右6.1	右12	右17.8	左23	左28.4
钻孔倾角/°	1	2	1	2	1	2	1	2	1	2	1
孔深/m	17	16.5	16	15.5	15.3	15	15.3	15.5	16	16.5	17
钻孔类型	排放（抽采）孔										

(b) 补充排放（抽采）钻孔设计参数

图 6－95 补充排放（抽采）钻孔设计及详细布置参数

2. 构造异常带消突措施

在地质构造破坏带、断层或煤层赋存条件急剧变化处，必须施工前探钻孔查明煤层赋存条件，另行编制针对性消突设计方案，措施采取后并经效果检验证实有效后，在采取安全防护措施的前提下进行掘进。

6.3.3　丁集矿 11－2 煤层大孔径长钻孔区域预抽措施消突效果考察

《煤矿安全规程》第一百八十八条规定，在突出危险区内作业时，必须采取“四位一体”的综合防治突出措施，其中工作面突出危险性预测（又称日常预测或点预测）和效检是综合防治突出措施的关键技术环节，其目的是保障突出煤层安全开采。在进行突出危险性区域预测时，可以利用这些资料，结合构造、构造软煤分布和瓦斯赋存研究突出危险的区域分布特征，也可以利用措施后效检指标的特征来评价消突措施的效果。

1. 顺层长钻孔措施后效检参数的分布特征

11－2 煤层 6 条煤巷拨门开始进尺以来，均执行顺层长钻孔瓦斯抽采循环效检进尺的措施，效检孔布置方式同预测孔，采用的效检指标是钻孔瓦斯涌出初速度（q_{max}）和最大钻屑量（S_{max}）。

丁集煤矿 11－2 煤层 6 条煤巷截止到 2008 年 12 月 25 日共掘进进尺 8832 m，据不完全统计，共执行大尺度顺层长钻孔大循环 127 个左右，进行小循环措施后效果检验 2544 次左右，其中超标点 114 个，措施后效检指标超标率仅为 4.48%，数据统计至 2008 年如表 6－9 所示。其中，采用控制巷帮外 10 m 措施后，1321(1)运顺、1422(1)轨顺和 1252(1)运顺 3 条巷道共掘进 566 m，循环效果检验 150 次，仅超标 3 次，超标率为 2%，明显低于总体效果检验超标率。效检参数变化如图 6－96 和图 6－97 所示。

表 6－9　丁集煤矿 11－2 煤层顺层长钻孔措施后效检指标参数表

巷道名称	大循环数	指标	最小值	最大值	平均值	效检循环数	单指标超标次数	超标点数
1311(1)轨顺	20	q_{max}(1/min)	0.4	17.7	1.51	401	3	22
		S_{max}(kg/m)	1.2	18.4	4.74		22	
1311(1)运顺	21	q_{max}(1/min)	0.7	14.5	1.69	496	14	24
		S_{max}(kg/m)	1.7	16	4.57		14	
1321(1)运顺	15	q_{max}(1/min)	0.9	8.5	1.70	306	7	17
		S_{max}(kg/m)	3.6	10.8	4.77		15	
1422(1)轨顺	26	q_{max}(1/min)	0.6	15.2	1.62	503	11	18
		S_{max}(kg/m)	1.3	14.0	4.56		12	
1422(1)运顺	28	q_{max}(1/min)	0.8	5.8	1.50	506	6	18
		S_{max}(kg/m)	3.4	14.0	4.72		15	
1252(1)运顺	17	q_{max}(1/min)	0.6	10.4	1.54	332	6	15
		S_{max}(kg/m)	3.6	20	4.60		10	
合计	127	—	—	—	—	2544	—	114

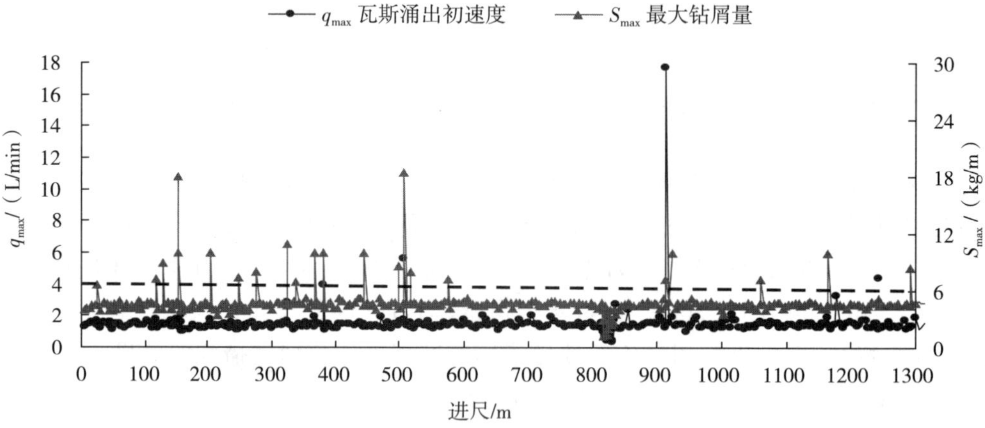

图 6-96　1311(1)轨道顺槽效检参数变化

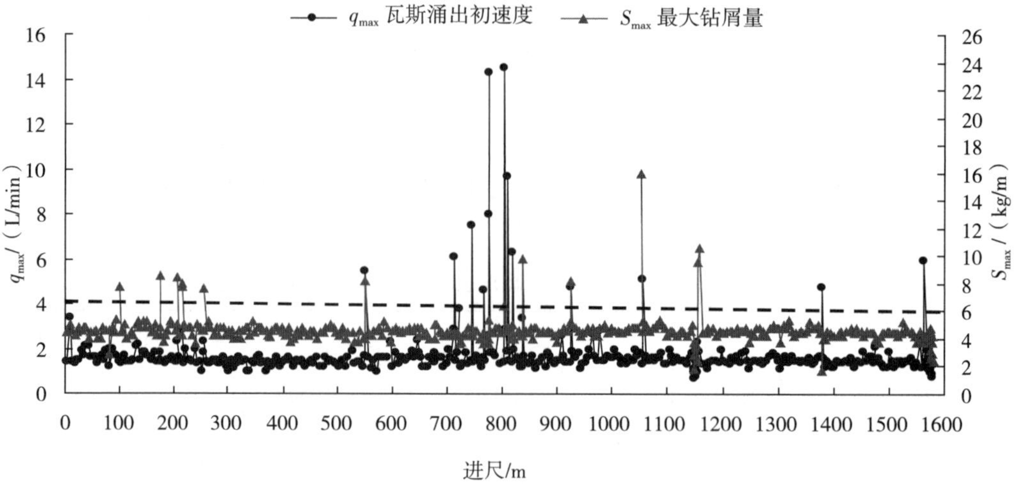

图 6-97　1311(1)运输顺槽效检参数变化

11-2 煤层西部：1422(1)轨道顺槽共进行效检 503 个循环，有 18 个超标点，其中有 4 个点的两个指标都出现超标，其余超标点有 9 个点的最大钻屑量 S_{max} 超标，5 个点的瓦斯涌出初速度超标(图 6-98)，所有超标点中有 3 个位于构造破坏带、断层和煤层变化区域；1422(1)运输顺槽共进行效检 506 个循环，有 18 个超标点，其中有 4 个点的两个指标都出现超标，其余超标点有 12 个点的最大钻屑量 S_{max} 超标，2 个点的瓦斯涌出初速度超标(图 6-99)，所有超标点中有 5 个位于构造破坏带、断层和煤层变化区域；1 个超标点位于构造破坏带、断层和煤层变化区域附近。

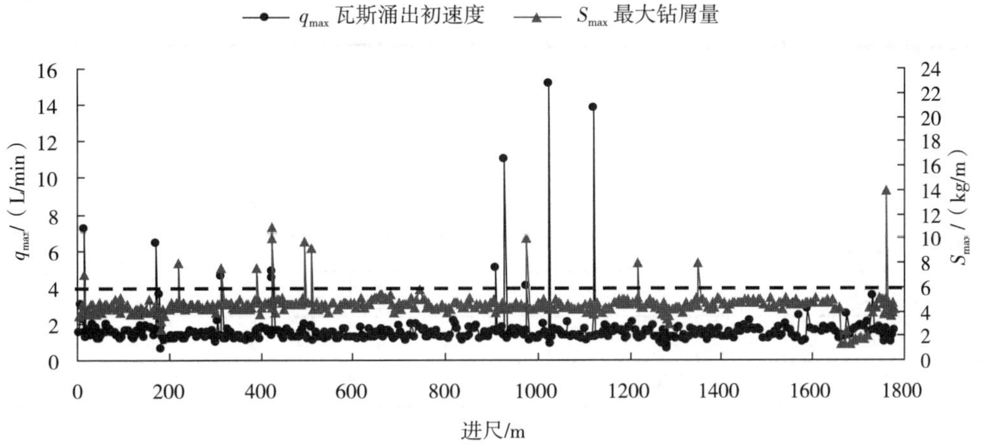

图 6-98　1422(1)轨道顺槽效检参数变化

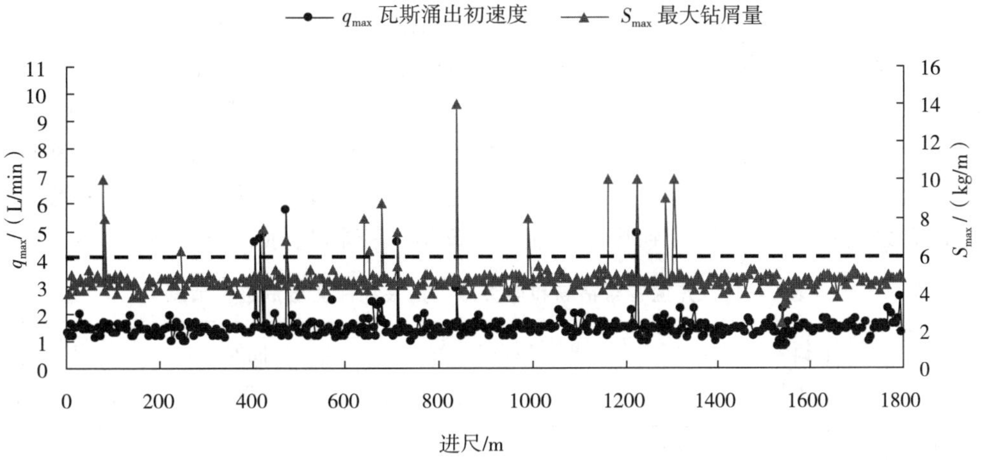

图 6-99　1422(1)运输顺槽效检参数变化

通过以上分析，在 114 个超标点里，正常带内有 78 个超标点，超标率为 3.07%，反映了采用顺层长钻孔作为区带防突措施取得了较好的效果。

2. 效检参数超标点在顺层孔大循环的分布特征

已经统计分析了超标点在巷道进尺的具体位置，为了考察顺层长钻孔抽放消突的效果，统计分析了 78（除去构造异常带超标点，即正常带超标点）个效检参数超标点在顺层长钻孔大循环的分布特征（见表 6-10），由于钻孔在不同孔深抽放效果的不同，将其分为 3 个区段，即 0～30 m、30～60 m、60～90 m。

由表 6-10 可看出，超标点主要分布在 30～60 m 段，78 个超标点有 40 个分布在 30～60 m 段，约占 51.3%，反映了该段卸压不够充分，需加强顺层长钻孔措施在该段的卸压程度。

表 6－10 效检参数超标点在顺层长钻孔大循环的分布特征

巷道名称	超标点总数	效检参数超标点的分布		
		0～30 m	30～60 m	60～90 m
1311(1)轨顺	14	5	6	3
1311(1)运顺	11	4	5	2
1321(1)运顺	11	2	8	1
1422(1)轨顺	15	3	7	5
1422(1)运顺	13	3	7	3
1252(1)运顺	14	5	7	2
合计	78	22	40	16

3. 措施前钻场开掘和迎头抽采孔钻前预测参数的分布特征

顺层长钻孔大循环到位后，在开掘巷帮钻场和迎头施工抽采孔前，均进行了突出危险性预测，我们对预测指标进行了统计分析，如表 6－11 所示。在大循环到位后，巷帮钻场和迎头均在上一茬顺层长钻孔的控制范围内，为防治在开掘钻场和采取措施过程中突出，进行了 127 次突出危险性预测。从预测结果上看，有 1311(1)轨顺、1311(1)运顺、1321(1)运顺、1422(1)轨顺、1422(1)运顺、1252(1)运顺出现了 10 次预测结果超指标现象，仅占到了总预测次数的 7.9%左右，并且多为迎头钻屑量超标。由于大循环到位后，首先预测的是迎头方向，虽然措施孔压茬控制10 m，但此时应力集中区尚未推移到煤层深处，导致钻屑指标超标。

表 6－11 开掘巷帮钻场和迎头施工抽采孔前突出危险性预测

巷道名称	预测次数	超标点总数	单项指标超标数		两指标同时超标点数	超标点位置		
			S_{max}/(kg/m)	q_{max}/(1/min)		迎头	左钻场	右钻场
1311(1)轨顺	20	1	0	1	0	0	1	0
1311(1)运顺	21	4	4	0	0	1	0	3
1321(1)运顺	15	2	2	1	1	1	0	1
1422(1)轨顺	26	0	0	0	0	0	0	0
1422(1)运顺	28	2	2	2	2	1	0	1
1252(1)运顺	17	1	0	1	0	0	1	0
合计	127	10	8	5	3	3	2	5

4. 煤层卸压效果的考察

煤与瓦斯突出是一种复杂的动力现象，是地应力、瓦斯压力、地质构造和煤体物理性质共同作用的结果。而针对丁集煤矿 11－2 煤层而言，煤与瓦斯突出为典型的以地应力为主在瓦斯参与下的压出，所以地应力成为控制煤与瓦斯突出的主要因素。

现场实测应力是一项技术难度高、费用大、费时又费工的工作，作为实验研究还可以，不能在生产中推广应用，现场所需要的方法要求快速简便，不需要应力绝对值，只需知道其应力的相对情况。根据这个要求，所有的采煤国家都采用了钻屑量这一指标来判断相对应力的大小。同样，依据我国煤层卸压相关标准或经验数据，同时考察打钻期间排出的煤屑量和掘进前的钻孔收缩量与突出危险性预测指标钻屑量(S)的关系，确定钻孔达到卸压要求的指标及临界值，评价煤层的卸压情况。

在突出煤层中通过施工抽采(排放)钻孔，一方面可以部分卸除煤层或采掘工作面前方煤体的应力，将集中应力区推延至煤体深处；另一方面可以部分排除煤层或采掘工作面前方煤体中的瓦斯，降低瓦斯压力，减少工作面前方瓦斯压力梯度。

在高地应力的突出煤层中施工抽采(排放)钻孔时，钻孔的排屑量由 3 个部分组成：

(1)钻头切削所产生的钻屑量；

(2)钻头在煤体中，由于打钻时钻头在钻孔内跳动所产生的超切削钻屑量；

(3)由于应力使钻孔变形、缩孔，被钻头附加切削出来的钻屑量。

在考察期间，我们对钻孔排屑量进行了装袋称量，跟踪考察了顺层长钻孔措施中不同位置的单孔排屑量，如表 6－12 所示，总结分析了一茬顺层长钻孔(14 个孔)的排屑量。

表 6－12 顺层长钻孔单孔排屑量考察表

钻孔位置及编号	钻孔施工顺序	排屑量/t				备注
		0～30 m	30～60 m	60～90 m	总量	
1422 运顺 28 号钻场 10 号孔	钻场第 1 个孔	4.95	2.1	3.0	10.05	18 m 喷孔
1422 运顺 28 号钻场 8 号孔	钻场第 2 个孔	1.2	1.0	2.3	4.5	
1422 轨顺 15(16)号钻场迎头 13 号孔	迎头第 1 个孔	3.2	3.5	4.8	11.5	
1311 运顺 32 号钻场 10 号孔	钻场第 2 个孔	1.15	1.2	2.45	4.8	
1311 运顺 31(32)号钻场迎头 14 号孔	迎头第 4 个孔	0.9	1.2	2.0	4.1	
1311 轨顺 28 号钻场 9 号孔	钻场第 3 个孔	1.6	1.5	2.4	5.5	
1252 运顺 28 号钻场 11 号孔	钻场第 3 个孔	0.8	1.2	2.1	4.0	
1252 运顺 10 号钻场 4 号孔	钻场第 2 个孔	2.1	3.4	3.3	8.8	

从表 6－12 可以看出，一般在钻场和迎头施工的第 1 个钻孔，总排屑量较大，一般在 10 t 以上，第 1 个孔施工完毕合茬抽放后，其他钻孔在施工中总排屑量明显减小；单孔施工过程中，在 0～30 m 排屑量较大，尤其在 8～20 m 应力集中区，排屑量很大，甚至出现轻微的喷孔现象；过应力集中区后 30～60 m 区域，排屑量比较平稳；60～90 m 范围由于孔深较大，受钻孔孔壁破坏区垮孔等原因影响，排屑量大。

通过以上统计分析，可以大致估算出施工 1 茬顺层长钻孔的排屑量，迎头(钻场)施工的第 1 个孔排屑量按 10.5 t 计，其他孔平均按 4.5 t 计，1 茬顺层长钻孔的总排屑量约为 81 t。在 90 m 顺层长钻孔控制的消突单元内，根据煤层赋存情况储量一般为 6000～7500 t，按照最大储量 7500 t 计算，每茬顺层长钻孔排屑量占到了消突单元储量的 1.1%。

依据保护层煤体膨胀变形率经验临界值 1‰～3‰，3 个顺层长钻孔设计方案均达到了对煤体卸压要求，考虑到第三种方案钻孔控制范围内的钻孔更密集，消突效果更好。

5. 残存瓦斯含量考察

根据丁集矿 11－2 煤层巷道跟踪测定的原煤瓦斯含量为 3.63～7.13 m^3/t，多数为 5.5～6.5 m^3/t，考察大孔径顺层长钻孔措施 127 个循环，抽放时间一般为 7 d 左右，抽放率基本达到 30%以上(减去 1.5 m^3/t 的不可解吸瓦斯量之后)，经计算残存瓦斯含量为 2.35～4.70 m^3/t，如表 6－13 所示。其中，2008 年 10 月下旬至 2009 年 4 月中旬，采用控制巷帮外 10 m 范围内专项措施的有 8 个循环进行抽放效果评价(见表 6－13)，分别抽放 4～13 d，多为 1 周左右，瓦斯预抽率为 27.1%～59.2%，残存瓦斯含量为 2.52～4.70 m^3/t。

表 6－13 顺层长钻孔抽放效果考察表

施工地点	单元测点参数				抽放时间/d	原预抽率/%	残存瓦斯含量/(m^3/t)
	煤厚/m	瓦斯含量/(m^3/t)	长度/m	巷道外控制范围/m			
1422(1)轨顺	2.5	5.72	80	10	4	30.50	4.46
1331(1)运顺	2.2	5.60	90	10	6	39.19	3.56
1321(1)运顺	2.2	5.60	82	10	4	59.20	2.52
1252(1)运顺	2.2	5.72	80	10	4	40.87	4.03
1411(3)运顺	2.8	5.75	80	10	9	30.30	4.46
1432(1)轨顺	2.4	5.72	80	10	7	35.50	3.72
东部 13－1 南部回风大巷	2.6	5.72	80	10	13	27.10	4.70
西部 11－2 回风大巷	2.4	5.62	75	10	5	30.50	4.36

另外，在正常带的 4 个措施循环瓦斯预抽效果评价后，工作面掘进前，实际测定了残存瓦斯含量在 1.94～3.78 m^3/t，如表 6－14 所示，与利用预抽率计算的残存瓦斯含量相近，均小于 4 m^3/t，并且距离工作面越近瓦斯含量越低，如距迎头 15 m 和 12 m 处的瓦斯含量分别为 2.04 m^3/t 和 1.94 m^3/t。另外，实测残存瓦斯含量由于都位于距工作面 30 m 范围内，均小于推算值，反映了工作面顺层长钻孔措施确保了工作面附近煤体不会发生煤与瓦斯突出。

表 6－14 预抽后残存瓦斯含量实测表

施工地点	原煤含量/(m^3/t)	预抽率/%	计算残存含量/(m^3/t)	自然组分/%			实测残存含量/(m^3/t)
				N_2	CH_4	CO_2	
1422(1)轨顺 16 号钻场停头处 16 m	5.72	32.5	3.86	47.04	52.96	0.00	2.81
1422(1)轨道顺槽孔深 15 m	5.72	36.4	3.64	72.54	25.53	1.93	2.04

（续表）

施工地点	原煤含量/(m^3/t)	预抽率/%	计算残存含量/(m^3/t)	自然组分/%			实测残存含量/(m^3/t)
				N_2	CH_4	CO_2	
1422(1)运顺 30 号钻场 10#孔 15 m	5.72	33.2	3.82	74.83	25.17	0.00	2.65
1321(1)运顺迎头，孔深 30 m	5.60	36.4	3.56	32.26	67.74	—	3.63
1311(1)运顺切眼 1 号钻场，孔深 20 m	5.74	26.4	4.22	37.27	57.06	5.67	3.78
丁集矿西二 11－2 辅助运输大巷距 K59 点 7.5 m，孔深 12 m	5.62	22.4	4.36	89.75	10.25	—	1.94

6. 回采工作面顺层孔消突效果考察

1)1422(1)工作面概况

1422(1)工作面位于西二 11－2 采区，为矿井西部第二个回采工作面。该面位于主井西北 850～2780 m 处，北为 1412(1)工作面（未回采），南为 1432(1)工作面（暂未施工），西为西三采区（未开拓），东为西二采区大巷。工作面走向长度为 1735 m，倾斜长度为 240 m，开采面积为 41.64 万 m^3，工作面标高为－870～－897 m。

该面煤层稳定，小构造发育程度一般，煤层有增厚变薄现象，受地质构造及沉积环境影响，煤层最薄 0.2 m，最厚达 3.5 m，平均煤厚 2.6 m。煤层底板起伏不大，自东向西煤层底板逐渐上升，煤层产状，倾向 45°～155°，倾角 0～6°，平均 3°。煤层结构简单，下部一般含一层泥岩夹矸，厚 0～0.2 m；煤呈黑色，粉末状至块状，属半暗型至半亮型煤，直接顶、直接底均为砂质泥岩或泥岩。轨道顺槽 B3～B4 测点之间受层滑构造影响 11－2 煤变薄为 0.2～1.7 m，B7 测点附近 11－2 煤变薄为 1.05～2.0 m，B33 测点附近 11－2 煤变薄为 0.8～1.7 m。

煤层瓦斯含量 5.80 m^3/t，现日产 10000 t/d，计算绝对瓦斯涌出量为 40.28 m^3/min（不含 13－1 煤瓦斯涌出量），每天回采平均 5 m 左右，根据实际风排瓦斯量和抽排瓦斯量计算，工作面实际绝对瓦斯涌出量在 65 m^3/min 左右。

2)顺层钻孔消突措施与消突效果考察

在轨道、运输顺槽沿巷道方向间距 10 m 施工一个顺层钻孔预抽煤层瓦斯，孔深 120 m左右，钻孔布置方式及回采工作面防突预测如图 6－100 及相关二维码所示。在工作面空白带施工孔径 73 mm 排放钻孔进行消突，回采留有 5 m 的钻孔超前距。利用地面永久抽采系统和井下临时抽采系统进行抽采，抽采量进行单独计量考核。

工作面按 3 个单元，对大孔径顺层长钻孔区域预抽消突效果进行了评价，工作面单元内的瓦斯储量计算公式：煤层瓦斯储量＝面长×评价单元长度×煤厚×容重×原始瓦斯含量。工作面瓦斯储量为 891.67 万 m^3，3 个单元，工作面施工 246 个大孔径顺层长钻孔，预抽 6 个月时间左右，预抽瓦斯量为 283.10 万 m^3，总体预抽率达到 31.7%，残存瓦斯含量在 4.0 m^3/t 左右，达到了消突效果。工作面目前已回采完毕，回采期间基本没有超标，也没有出现煤与瓦斯动力现象。

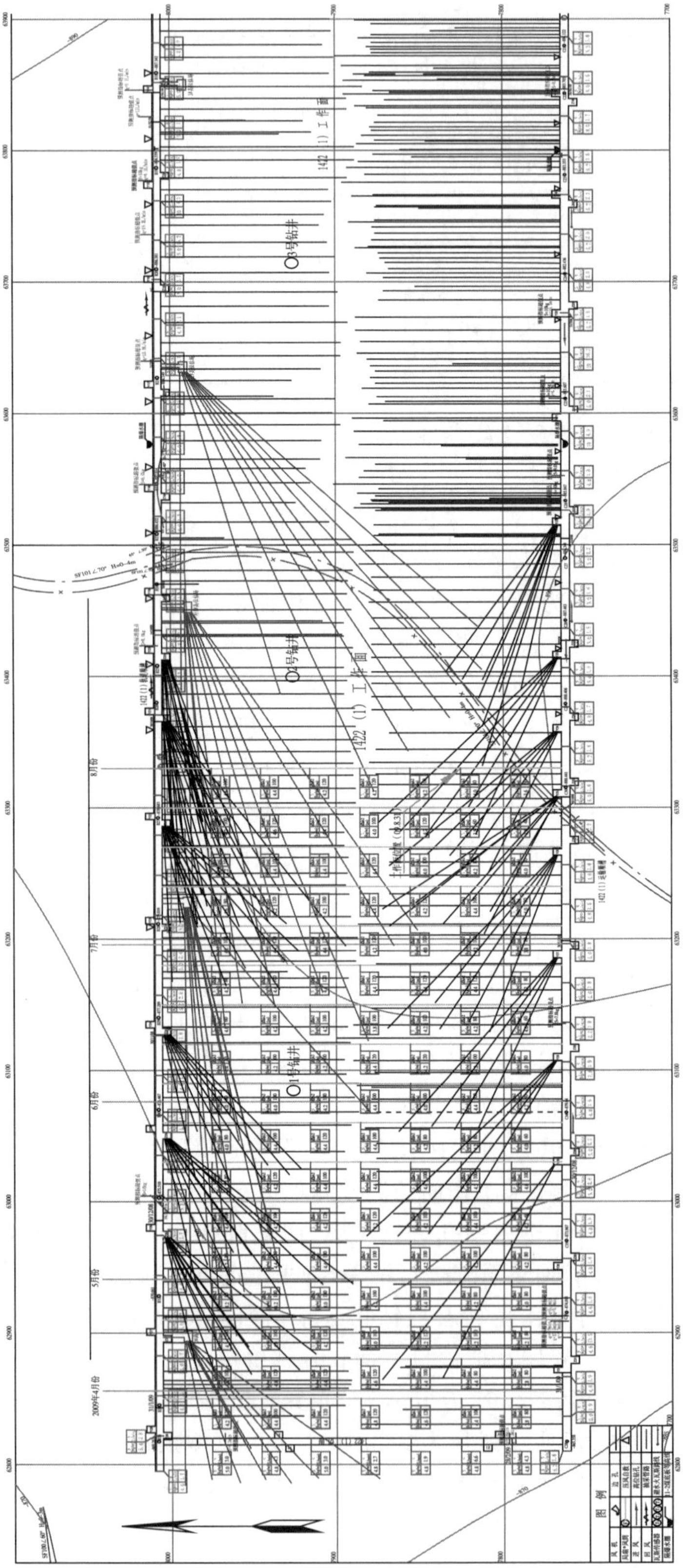

图6-100 1422（1）回采工作面防突预测图

6.3.4　潘一矿大孔径顺层长钻孔措施消突效果考察

1. 潘一矿抽放半径考察

在距抽放孔 1.5 m 和 3 m 处分别施工一个 ϕ108 mm 测压钻孔，顺利封孔。封孔后，在距抽放孔 1.5 m 处，煤层瓦斯压力恢复情况如图 6－101 所示；在距抽放孔 3 m 处，煤层瓦斯压力恢复情况如图 6－102 所示。

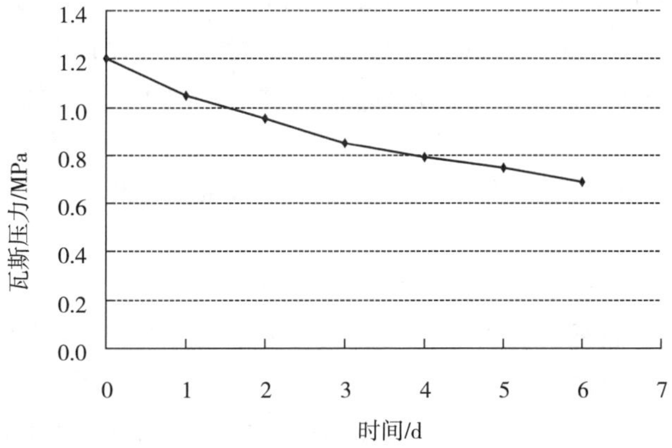

图 6－101　1.5 m 处测压孔抽放期间瓦斯压力变化

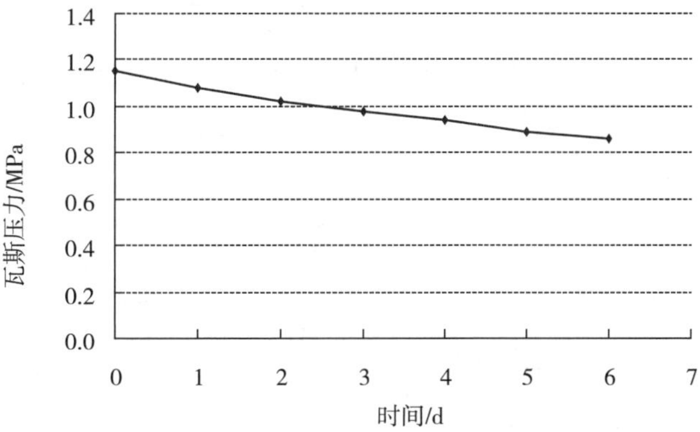

图 6－102　3 m 处测压孔抽放期间瓦斯压力变化

经过一周的抽放，在距抽放孔 1.5 m 处的瓦斯压力由 1.20 MPa 下降到 0.69 MPa，瓦斯压力降低了 42.5%，在距抽放孔 3 m 处的瓦斯压力由 1.15 MPa 下降到 0.86 MPa，瓦斯压力降低了 25.2%。通过两组数据对比可以看到，在距抽放孔 1.5 m 处测压孔的压力数据符合抽放要求。所以，2371(1)下顺槽内 11－2 煤的瓦斯有效抽放半径定为 R＝1.5 m。

2. 顺层长钻孔消突技术效果考察

项目研究期间，考察了上述措施从 2008 年 8 月中旬开始执行到 2008 年 11 月底的效果。进尺 432 m，共执行 23 个长钻孔预抽循环，依据实测瓦斯含量，2371(1)工作面下顺槽的瓦斯含量为 6.73 m^3/t，煤层瓦斯压力为 2.6～2.8 MPa，采用预抽率作为评价指标，预抽率均在 30%以上。若不去除不可解吸瓦斯，预抽率为 24.9%～35.3%，如表 6－15 所示，残存瓦斯含量为 1.72～2.38 m^3/t，取得了较好的消突效果，日常预测和效果检验 80 多个循环，均无超标。月进尺为 94～120 m。

2371(1)工作面已安全回采完毕，回采前残存瓦斯含量在 4.3 m^3/t 左右，回采期间突出危险性预测指标无超标。

根据瓦斯赋存规律推算，煤与瓦斯突出点附近原煤瓦斯含量应为 5 m^3/t 左右。大孔径顺层长钻孔预抽后残存瓦斯含量如表 6－15 所示，最大残存瓦斯含量为 2.38 m^3/t，掘进期间没有发生煤与瓦斯突出和预测指标超标情况，反映了采用预抽率作为评价指标的可靠性。

采用残余瓦斯含量对预抽评价单元进行评价后，采用工作面日常预测指标进行消突效果检验。

3. 工作面突出危险性消突效果验证

在大循环到位后，巷帮钻场和迎头均在上一茬顺层长钻孔的控制范围内，为防治在开掘钻场和采取措施过程中突出，统计了在 2371(1)下顺槽掘进期间的 160 次突出危险性预测，钻屑量和钻孔瓦斯涌出初速度均无超标现象。各月防突预测指标最大值统计表如表 6－16 所示。

表 6－15 大孔径顺层长钻孔预抽后残存瓦斯含量表

时间	位置	预抽率/%	瓦斯含量/(m^3/t)	残存瓦斯含量/(m^3/t)
2008.08.22	"G62"测点前 6～36 m	31.5	6.73	2.12
2008.08.26	"G62"测点前 26～56 m	30.7	6.73	2.07
2008.09.03	"G62"测点前 46～76 m	30.7	6.73	2.07
2008.09.09	"G62"测点前 66～96 m	33.9	6.73	2.28
2008.09.14	"G62"测点前 86～116 m	32.3	6.73	2.17
2008.09.19	"G62"测点前 106～136 m	35.3	6.73	2.38
2008.09.24	"G62"测点前 125.8～155.8 m	29.7	6.73	2.00
2008.09.28	"G62"测点前 145.8～175.8 m	25.6	6.73	1.72
2008.10.06	"G64"测点前 13.5～43.5 m	26.8	6.73	1.80
2008.10.10	"G64"测点前 33.5～63.5 m	26.9	6.73	1.81
2008.10.14	"G64"测点前 53.5～83.5 m	26.2	6.73	1.76
2008.10.18	"G64"测点前 73.5～103.5 m	26.9	6.73	1.81
2008.10.22	"G64"测点前 93.5～113.5 m	34.4	6.73	2.32

（续表）

时间	位置	预抽率/%	瓦斯含量/(m^3/t)	残存瓦斯含量/(m^3/t)
2008.10.25	“G64”测点前 103.5～130.5 m	25.3	6.73	1.70
2008.10.29	“G64”测点前 120.5～150.5 m	24.9	6.73	1.68
2008.11.02	“G64”测点前 140.5～170.5 m	26.2	6.73	1.76
2008.11.11	“G65”测点前 40.2～70.2 m	26.4	6.73	1.78
2008.11.15	“G65”测点前 58.2～88.2 m	31.6	6.73	2.13
2008.11.18	“G65”测点前 78.2～108.2 m	28.8	6.73	1.94
2008.11.22	“G65”测点前 94.6～110.6 m	34.4	6.73	2.32
2008.11.24	“G65”测点前 100.2～120.2 m	26.4	6.73	1.78
2008.11.30	“G66”测点前 29.8～59.8 m	26.7	6.73	1.80

表 6-16　各月防突预测指标最大值统计表

年月	S_{max}/(kg/m)	q_{max}/(1/min)	S 平均值	q 平均值
2008.08	5.2	1.4	4.25	1.04
2008.09	5.0	2.0	4.40	1.20
2008.10	5.4	1.6	4.41	0.97
2008.11	5.2	3.6	4.10	0.97
合计	5.4	3.6	4.29	1.05

如表 6-16 所示，2371(1)顺槽掘进工作面采用了顺层长钻孔消突试验，效果十分显著，消除了掘进工作面范围内煤层的突出危险性，回采期间没有发生煤与瓦斯突出现象，也没有预测指标超标。

6.3.5　潘三矿“一孔两用”技术措施消突效果考察

1. 试验工作面概况

17171(1)工作面位于潘三矿东四采区东翼 17 阶段，是一水平东四 11 槽下山开采的最下面的一个工作面，也是下保护层开采工作面，被保护层是 17101(3)工作面。设计走向长 1100 m，面长 220 m，该面 11-2 煤厚 0～2.4 m，均厚 1.8 m，断层、构造发育，工作面标高－690～－755 m。煤层瓦斯压力为 2.8 MPa，瓦斯含量为 9.5 m^3/t，属突出危险工作面，上阶段在掘进的进程中特别是在构造带附近多次发生瓦斯异常涌出。

从 11－2 煤层煤体结构参数可以看出，煤的坚固性系数普遍在 0.5 以上，个别小于 0.5；煤瓦斯放散初速度普遍较小，绝大多数小于 10。因此，可以看出，11－2 煤层煤体普遍较硬，偶有软煤发育，煤变质程度较低，瓦斯放散能力较差。

2. 大直径长钻孔消突技术参数

1)抽放钻孔有效影响半径考察

(1)试验地点。

煤层钻孔有效抽放半径考察的试验地点应达到以下条件：①试验地点具有突出危险性；②避开地质构造，煤层赋存稳定；③没有采取抽放等区域性防突措施。根据以上原则，钻孔位置选在煤岩回风联巷与煤层法线距离 10 m 处附近。

(2)考察方法。

根据《煤矿安全规程》《防治煤与瓦斯突出规定》等法律、法规、规范的要求，结合潘三矿 11－2 煤层在掘进过程中的实际情况，确定抽放钻孔的有效影响半径，采用煤层瓦斯压力法进行考察。压力法是通过设计施工压力观测孔，待观测孔压力稳定后，在距压力观测孔的不同距离施工抽放钻孔，在规定的时间内连续观测压力孔读数的变化情况，确定该孔径的抽放钻孔在规定时间内抽放的有效影响半径。

有效影响半径与抽放时间关系密切，考察时间可根据允许抽放时间确定，巷帮抽放时间一般在 1 周左右。

(3)考察工艺及施工顺序。

打钻测压→压力稳定后→按设计位置打抽放孔→观察压力表读数的变化。测压封孔后保证每小班读 1 次数，待压力稳定后，记录测定压力值，打抽放孔，并封孔并入抽放系统，每小班读 1 次压力表数据，持续 1 周左右。

(4)钻孔瓦斯有效抽放半径的确定。

经过一周的抽放，在距抽放孔 2.5 m 处的瓦斯压力由 1.25 MPa 下降到 0.67 MPa，瓦斯压力降低了 46.4%；在距抽放孔 5 m 处的瓦斯压力由 1.30 MPa 下降到 0.95 MPa，瓦斯压力降低了 26.9%。通过两组数据对比可以看到，在距抽放孔 2.5 m 处测压孔的压力数据符合抽放要求。所以，17171(1)下顺槽内 11－2 煤的瓦斯有效抽放半径定为 $R=2.5$ m。

2)顺层长钻孔消突措施设计方案

采用大直径顺层长钻孔专项防突安全技术措施，即在工作面和巷帮钻场施工抽采钻孔。

在 11－2 煤层采用大直径长钻孔区域预抽。具体设计参数现叙述如下。

钻孔施工分 4 期进行。

一期：利用现有的煤层回风上山向工作面打钻，共 50 个。钻孔深度 300 m，孔径 ϕ133 mm，倾角＋2°。其钻孔布置图如图 6－103 及相关二维码所示。

钻孔间距：掩护轨顺、运顺掘进的钻孔开孔间距为 1 m，终孔控制范围为巷道轮廓线外 8～20 m；其他钻孔开孔、终孔间距均为 10 m。

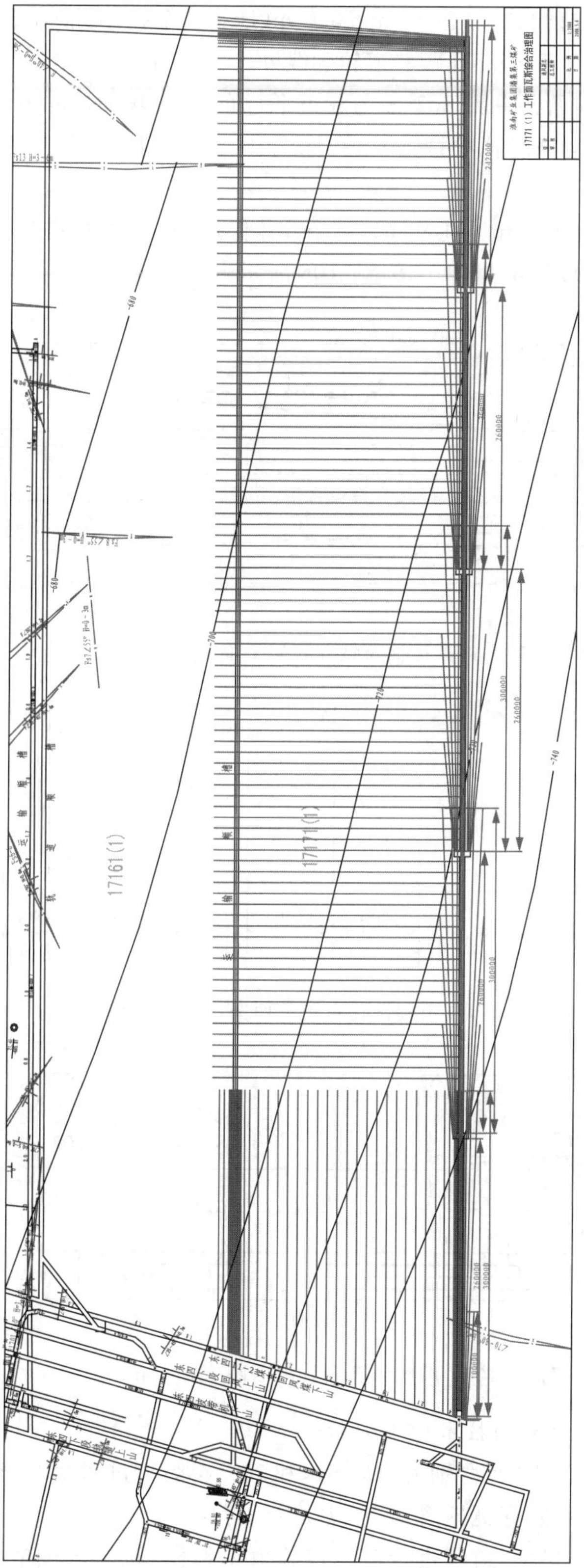

图6-103　17171（1）工作面顺层长钻孔布置图

二期:运顺掘进期间打长孔、每茬 13 m×300 m(迎头 3 个孔,两帮钻场各 5 个孔),开孔孔间距迎头 1.5 m、两帮 0.8 m,终孔距巷道轮廓线外 8~20 m。迎头孔和巷道方向平行,两帮钻场第一个孔的开孔位置距巷帮 2.5 m 与巷道平行布置,钻场的尺寸为 5.5 m×2.8 m。

三期:一孔两用,从运顺向轨顺打钻,钻孔深度 240 m 以上,钻孔开孔、终孔间距均为 10 m。

四期:轨顺在掘进期间打卸压孔 6 m×60 m,并保持 10 m 的掘进超前距。

各钻孔布置平面图如图 6-104~图 6-106 所示。

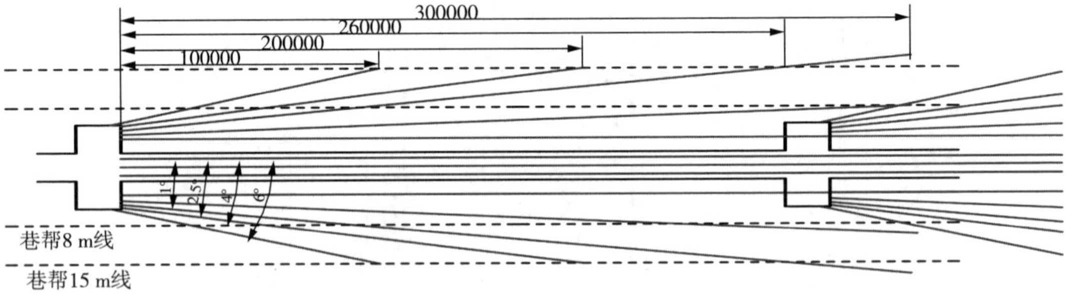

图 6-104 边掘边抽长钻孔布置平面图(单位:mm)

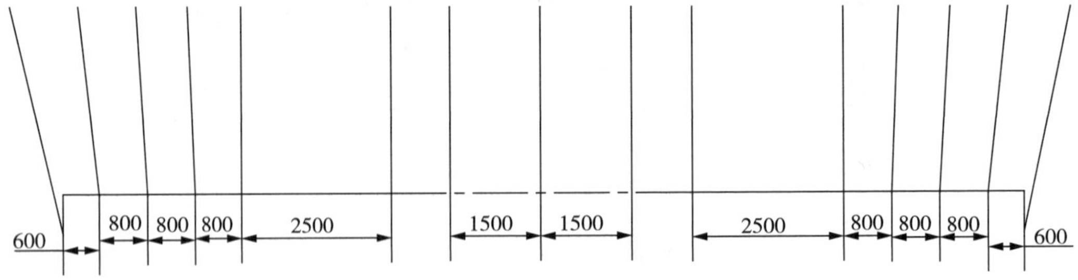

图 6-105 顺槽钻孔布置平面图(单位:mm)

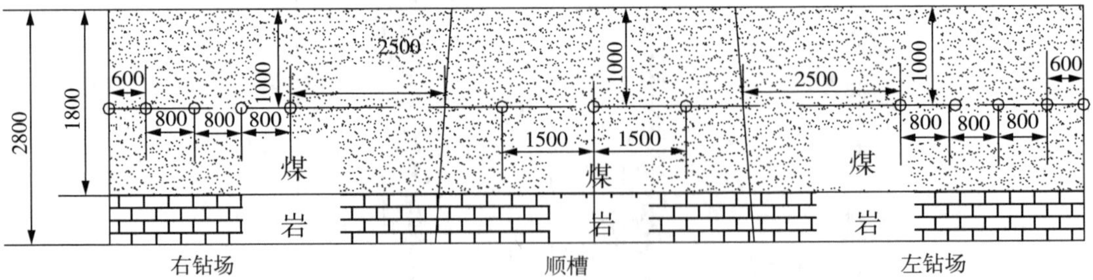

图 6-106 顺槽钻孔布置断面图(单位:mm)

3. 顺层长钻孔快速消突的技术效果分析

17171(1)轨、运顺槽已掘进尺分别为 500 多米和 300 多米,掘进速度为 91.2~280 m/月。

1)瓦斯预抽率指标和残存瓦斯含量(压力)指标考察

17171(1)轨、运顺进尺前,对其进行区域措施效果检验,轨顺区域措施效果检验预抽率为 39.9%，实测残余瓦斯含量最大值为 4.17 m^3/t，实测残余瓦斯压力最大值为 0.32 MPa。运顺区域措施效果检验预抽率为 38.2%，实测残余瓦斯含量最大值为 4.19 m^3/t，实测残余瓦斯压力最大值为 0.30 MPa。

2）工作面突出危险性消突效果验证

在大循环到位后，巷帮钻场和迎头均在上一茬顺层长钻孔的控制范围内，为防止在开掘钻场和采掘过程中发生突出，在 17171(1)运顺、17171(1)轨顺端头巷、17171(1)轨顺共计进行了 55 次突出危险性预测。从预测结果上看，S 值、q 值无一次超标，S_{max} 在 4.0～5.4 kg/m 内，q_{max} 在 0.9～2.7 L/min 内。通过采用顺层长钻孔消突措施，有效地消除了掘进工作面的危险。

6.3.6　顺层长钻孔抽采消突措施评价指标与方法的建立

1. 评价方法和指标的确定

根据《煤矿安全规程》、《防治煤与瓦斯突出规定》、《煤矿瓦斯抽采基本指标》(AQ 1026—2006)和《预抽回采工作面煤层瓦斯防治煤与瓦斯突出措施效果评价方法》(MT/T 1037—2007)规定，主要依据以下方法和指标进行评价，选用残余瓦斯压力与预抽率或选用残存瓦斯含量与预抽率或同时选用 3 个指标作为评价指标，其中预抽率作为辅助指标。

(1)残余瓦斯压力。

评价单元煤层的残余瓦斯压力小于该煤层始突深度的原始煤层瓦斯压力。若没有煤层始突深度的瓦斯压力数据，则煤层残余瓦斯压力小于 0.74 MPa，所用数据必须为井下实测数据。

(2)残余瓦斯含量。

评价单元煤层的残余瓦斯含量小于该煤层始突深度的原始煤层瓦斯含量，所用数据必须为井下实测数据，可分阶段或分单元评价。

(3)瓦斯预抽率。

《煤矿安全规程》规定，采用煤层瓦斯预抽率作为有效性指标的突出煤层，在采掘作业时，必须采用工作面预测方法经常对预抽效果进行复验。

2. 煤层始突瓦斯参数临界值的确定

始突煤层瓦斯含量(压力)采用井下突出点附近瓦斯含量实测、现场跟踪考察和煤层瓦斯含量与突出解吸指标关系实验室物理模拟等方法综合确定。

1)实验室物理模拟

(1)实验系统。

煤层瓦斯含量与突出解吸指标关系实验室物理模拟实验系统主要分为充气单元、恒温单元、真空单元和解吸单元 4 个部分(图 6－107 和图 6－108)。整个实验过程可以简单地概括为先对煤样进行抽真空，连续抽真空 12 h 以上；然后进行充气，煤样对瓦斯吸附 12 h 以上，达到吸附平衡压力后，开始瓦斯解吸规律的模拟实验。

① 充气单元：实验所用的瓦斯气源是高纯甲烷气体，甲烷气体浓度为 99.9%，压力大于 10 MPa，满足实验需求。充气时 3 号甲烷钢瓶先向 4 号充气，4 号起到缓冲作用，然

后通过 4 号向 3 个 5 号大煤样罐充气，完成充气过程。

② 恒温单元：设计加工了 10 号恒温水槽，将充气罐和煤样罐及大部分管路都放置在恒温水槽中，通过恒温水器对水槽进行恒温控制，实验后得出误差±1°，温度控制效果良好，达到实验要求。

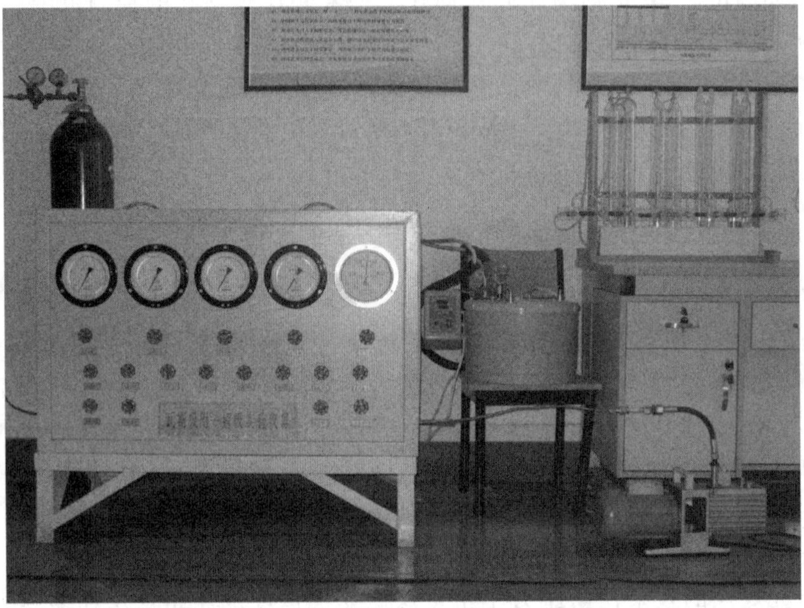

图 6－107 瓦斯解吸规律模拟实验装置实物

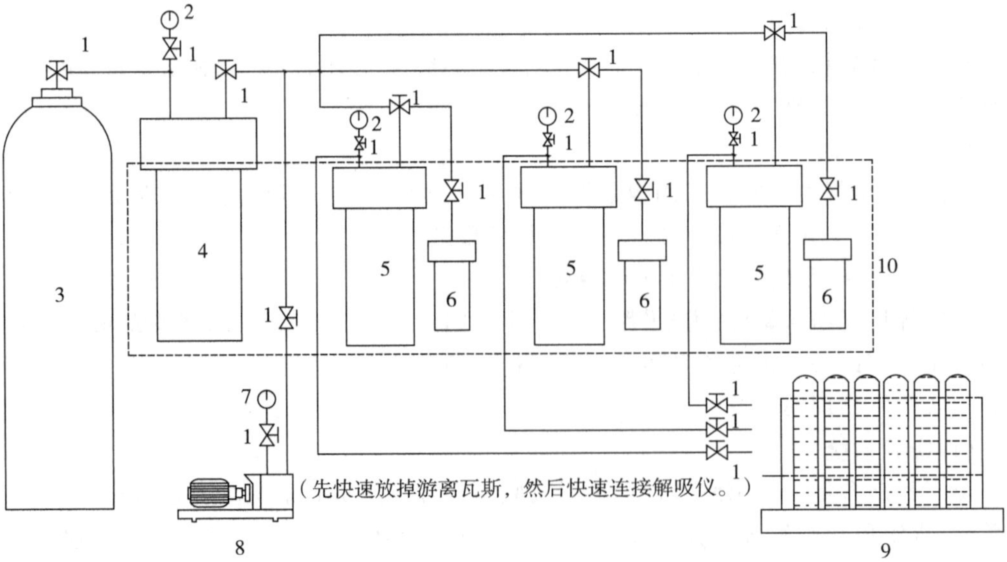

1—卡套针阀；2—压力表；3—高压甲烷气瓶；4—充气管；5—大煤样罐；
6—小煤样罐；7—真空表；8—真空泵；9—解吸仪；10—恒温水槽。

图 6－108 瓦斯解吸规律研究实验系统示意图

③ 真空单元：实验采用上海真空泵厂生产的 2XZ 型直联旋片真空泵，它具有体积小、质量小、噪声小、启动方便等优点。其主要技术参数为抽气速率 2 L/s，极限压力 0.06 Pa，电动机功率 0.37 kW，进气口直径 KF25，适应长时间连续工作，可以满足实验要求。

④ 解吸单元：先快速放掉大罐中的游离瓦斯，然后连接解吸仪进行解吸。该系统所有的管路采用的是外径为 6 mm、内径为 4 mm 的紫铜管，原因是它内径比较细，不但减少了管道内的死空间体积，而且可以根据实验系统的管路需要随意弯曲变形，并且气密性也有保障；管路接口所用的阀门都是高压卡套式针阀，公称压力为 0～16 MPa，适用介质有油、蒸气、水、天然气等，通过实验气密性检查，其气密性良好。

(2)实验系统死空间的标定。

在正式测定前，进行严格的校准仪器密闭空间是十分必要的。为了保证实验结果的准确性，需要对充气罐、煤样罐及所属的管路进行体积标定。

标定的体积包括罐体积和压力表、接头、阀门、连通管的通径体积之和。标定方法如下：首先，将被测罐及其所含管路与真空脱气单元连通，将其内部抽成真空，压力至 10Pa，关闭阀门；其次，将其与标准量管接通，读取量管初始液面高度值 h_1；最后，打开阀门让空气进入被测罐及其所含管路中，此时量管液面上升至 h_2，h_2-h_1 所对应的量管体积即被测罐及所含管路的体积。如此重复测试 3 次，取其平均值。

各罐及所含管线体积测试标定最终结果如下。

① 大煤样罐Ⅰ：1132.3 cm^3。

② 大煤样罐Ⅱ：1145.5 cm^3。

③ 大煤样罐Ⅲ：1105 cm^3。

④ 充气罐：3858.4 cm^3。

(3)煤样的采集及相关参数的测定。

在丁集矿 1442(1)下顺槽取了软、硬煤样各一份，采样后立即对煤样预处理：筛分出实验要求的合格煤样，煤样粒度为 3 mm，装入密闭容器中密封，防止氧化；并测定煤样的坚固性系数、瓦斯放散初速度和煤质工业分析等基本特性参数。测定结果如表 6－17 所示。

表 6－17　煤样相关信息表

采样地点	比容/(cm^3/g)	压缩系数/(1/MPa)	坚固性系数	瓦斯放散初速度	水分/%	灰分/%	挥发分/%
丁集软煤	20.152	1.124	0.22	9.5	2.59	21.22	40.24
丁集硬煤	14.504	0.273	0.79	3.5	2.00	14.66	37.52

(4)构造煤的解吸特征。

图 6－109 所示为丁集矿不同破坏类型的煤样瓦斯解吸规律对比，通过对比解吸速度大小，反映不同煤体在瓦斯解吸方面对突出危险性的贡献大小。

如图 6－109 所示，构造软煤比相应的原生结构煤在相同时间段的累积瓦斯气体解吸量大而且解吸速度快；尤其是初始段的 10 min 构造软煤的累积瓦斯气体解吸总量和解吸速度都达到了硬煤的 2～3 倍；10 min 以后随着时间的延长，构造软煤和原生结构硬煤的瓦斯解吸速度都趋于平缓，但是软煤和硬煤的累计解吸总量仍然增加，而且软煤瓦斯解吸总量总是大于硬煤的瓦斯解吸总量；改变吸附平衡压力，保持其他实验条件不变的情况下，也得到相似的结果，因此，构造软煤的解吸速度比硬煤解吸速度要快，相对更容易发生突出。

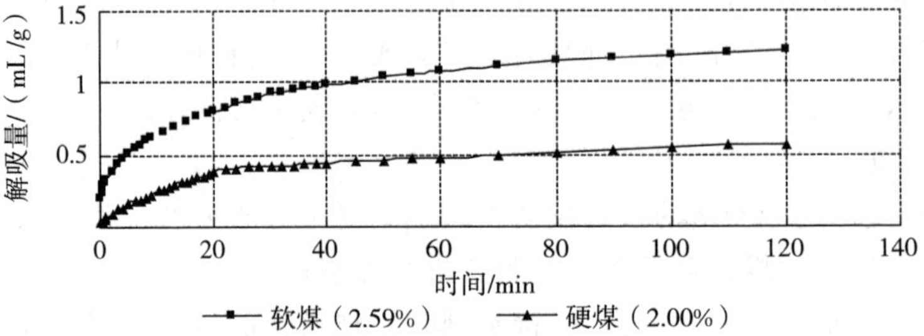

图 6－109　丁集矿不同破坏类型的煤样瓦斯解吸规律对比(0.5 MPa)

(5)煤层瓦斯含量(压力)与突出解吸指标的关系。

为了确定煤层始突瓦斯含量和始突瓦斯压力，利用上述系统测定了煤层瓦斯解吸指标 Δh_2 和煤的瓦斯含量、煤的瓦斯压力，比拟两者的关系，当 Δh_2 接近临界值时，认为瓦斯含量和压力也接近突出临界值。由于构造软煤相对更容易发生突出，选择构造软煤作为实验煤样，瓦斯压力为实验煤样吸附平衡时的瓦斯压力，含量为吸附平衡时的煤层瓦斯含量。按照以上方法，共计测试了 4 组不同平衡瓦斯压力时的瓦斯解吸指标，实验结果如表 6－18 所示。

如表 6－18 所示，随着瓦斯压力和瓦斯含量的增大，解吸指标也呈增大趋势，瓦斯压力和瓦斯含量的关系与现场实测的瓦斯压力和瓦斯含量的关系基本一致，反映了测定数据相对可靠。当煤样吸附平衡瓦斯压力为 0.74 MPa 时，煤的瓦斯解吸指标 Δh_2 为 190 mmH_2O，比较接近临界值，因此，丁集矿 11－2 煤层始突瓦斯压力和始突瓦斯含量分别在 0.74 MPa 和 4.74 m^3/t 左右。

表 6－18　瓦斯参数与突出解吸指标的关系表

瓦斯压力 P/ MPa	$\Delta h_2/mmH_2O$	瓦斯含量/(m^3/t)
0.50	170	3.72
0.74	190	4.74
1.50	220	6.71
2.50	270	8.14

2)始突瓦斯参数的确定

(1)始突瓦斯压力的确定。

根据实验室物理模拟和《防治煤与瓦斯突出规定》等相关法规的规定，瓦斯压力临界值确定为 0.74 MPa。

(2)始突瓦斯含量的确定。

如前所述，实验室物理模拟，始突瓦斯含量在 4.74 m^3/t 左右；根据实测，丁集矿 2 个煤与瓦斯突出点附近瓦斯含量分别为 6.51 m^3/t 和 4.50 m^3/t，根据前述的现场跟踪考察，实测残存瓦斯含量最大值为 4.70 m^3/t 时，没有发生煤与瓦斯突出和预测指标超标，因此，采用 3 种方法确定的始突瓦斯含量比较接近，从安全角度考虑，确定残存瓦斯含量抽采指标临界值为 4.50 m^3/t。

(3)瓦斯预抽率临界值的确定。

丁集矿 11－2 煤层采掘范围内煤层瓦斯含量为 3.63～7.13 m^3/t，多数为 5.50～6.50 m^3/t，按照残存瓦斯含量指标临界值 4.50 m^3/t 计算，预抽率范围为 18.2%～30.8%，根据《煤矿安全规程》规定，预抽率达到 30%以上，突出煤层预抽瓦斯才有效，但需要工作面预测指标复验。从安全角度考虑，确定预抽率指标临界值为 30%。

6.3.7　顺层长钻孔消突机理研究

为考察顺层长钻孔卸压效果和卸压半径，采用 ANSYS 软件和 $RFPA^{2D}$ 软件建立了丁集矿 11－2 煤层的数学模型，并进行了顺层长钻孔模拟考察。

1. 模型的建立

根据淮南煤业集团丁集煤矿煤层赋存条件，使用 RFPA－Gasflow 模拟顺层长钻孔预抽瓦斯消突措施后煤体的变形破坏特征及瓦斯运移和压力变化过程。主要模拟钻孔垂直方向的应力场、位移场、裂隙变化过程、破坏区及特征、煤层瓦斯压力变化特征和瓦斯运移规律。各岩层的部分力学参数如表 6－19 所示。

表 6－19　丁集矿煤岩力学参数

岩性描述	密度/(kg/m^3)	厚度/m	弹性模量/MPa	泊松比	抗压强度/MPa	摩擦角/°	压拉比
中细砂岩	2600	5	19000	0.25	100	36	9
泥岩	2670	0.5	25000	0.28	65	28	10
煤层	1420	3	1800	0.30	4.5	30	11
砂质泥岩	2300	2	20000	0.26	80	32	9
细砂岩	3000	5.5	12000	0.23	110	35	10

在钻孔垂直方向建立 5 m×5 m 数值模型(图 6－110)，煤层位于第 3 层，钻孔开孔位置在煤层中部，考虑到岩层和煤层介质的非均匀性，模拟通过其材料参数均质度和韦伯分布来实现。为了强化计算精度，每个单元代表 25 mm×25 mm 区域，模拟范围是 200×200 共 40000 个单元，对于进行煤岩介质计算，该精度相当高。图 6－110 中各岩层的灰度代表岩层弹性模量的大小，灰度越小，表示该岩层的弹性模量越大。为了真实反映顺层长钻孔措施后煤体变形和瓦斯压力涌出规律，首先进行自重和初始应力场计算，模拟地应力情况。

2. 孔径为 133 mm 钻孔周围应力场、位移场及破坏情况数值模拟

模拟数值模型如图 6－110 所示，计算模型第 1 步是岩体加载围压过程，开挖从第 2 步开始。模型边界条件是垂直方向自重加载，大小为 18 MPa，水平方向是侧压加载，大小为 7.5 MPa。模型底部为全约束。

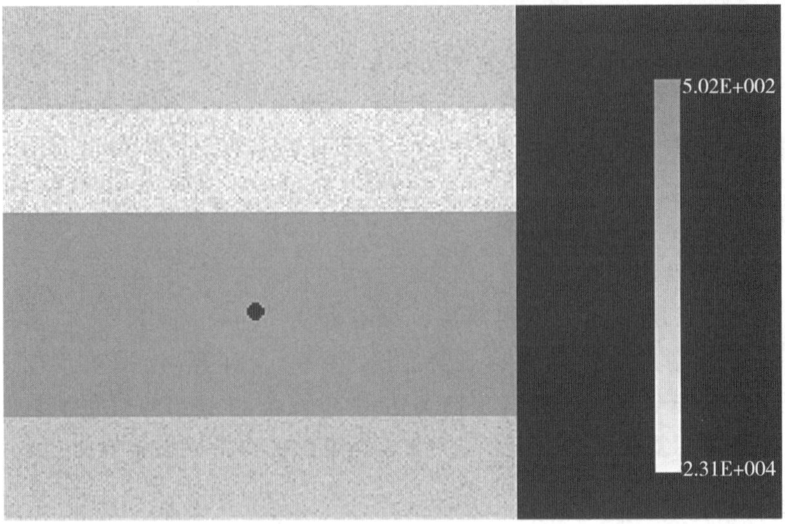

图 6－110　模拟数值模型

1)钻孔周围应力变化过程模拟结果

模拟结果(图 6－111)显示:顺层长钻孔开孔后,钻孔周围煤体受到强烈扰动,顶板泥

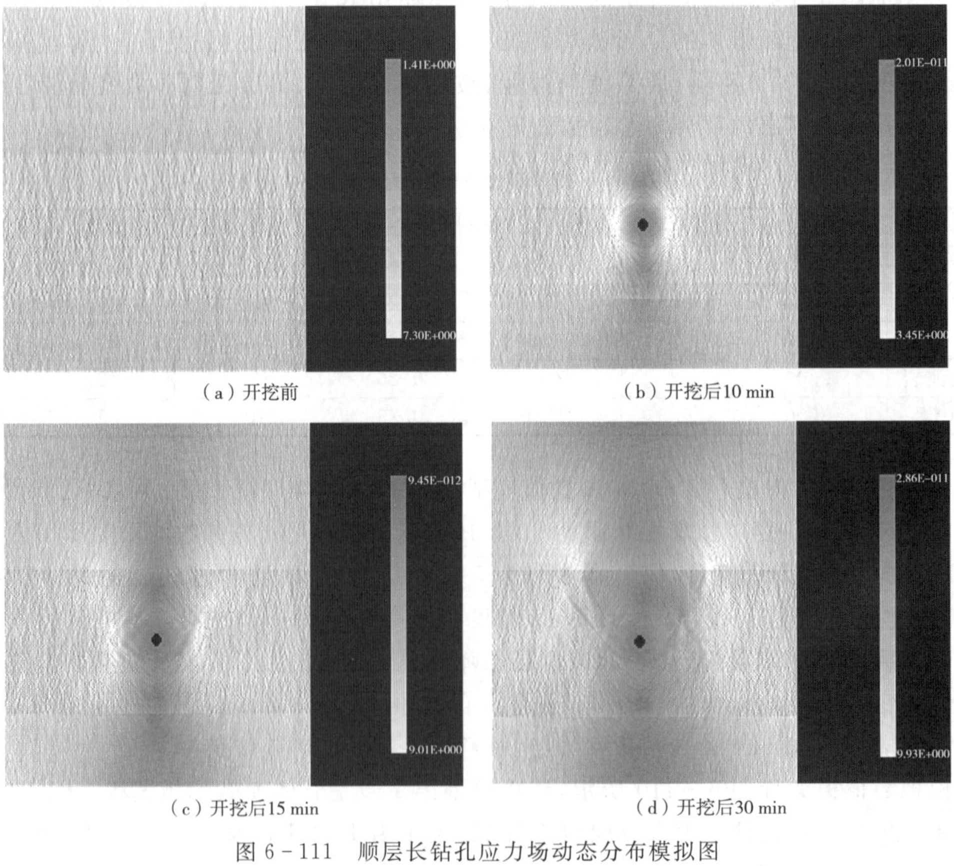

(a) 开挖前　(b) 开挖后10 min　(c) 开挖后15 min　(d) 开挖后30 min

图 6－111　顺层长钻孔应力场动态分布模拟图

岩产生强烈剪应力和大的位移运动。顺层长钻孔措施过程中，在钻孔中心 0.75 m 处出现剪应力集中现象，最大为 13.47 MPa。随着时间推移，集中应力也不断向钻孔周围深部推移(图 6－112)，最终塑性区范围扩大到钻孔周围 1 m 左右，钻孔周围煤体在集中应力作用下遭到破坏，使煤层得到充分的卸压。

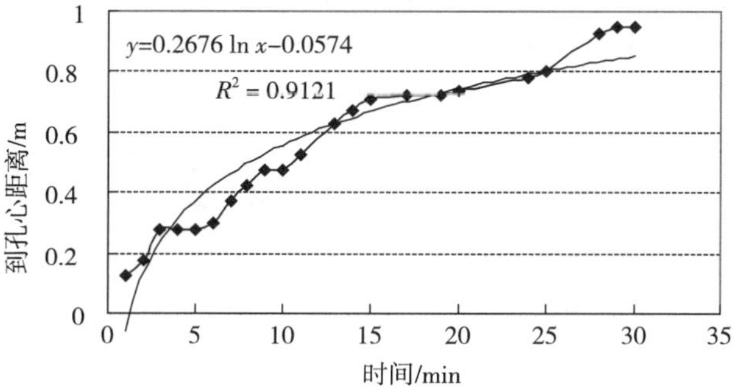

图 6－112　集中应力随时间向钻孔周围深部煤体的推移

2)钻孔周围位移情况模拟结果

模拟结果(图 6－113)显示：钻孔开挖后一段时间，煤体内呈现出拉断剪断面，顶板位移量达到 12.4 mm，两帮位移量达到 6.3 mm。随着开挖的继续，最终煤体内达到新的应力平衡状态，顶板位移量达到 21.6 mm，局部出现断裂，两帮位移量达到 10.5 mm，使得煤体充分卸压。

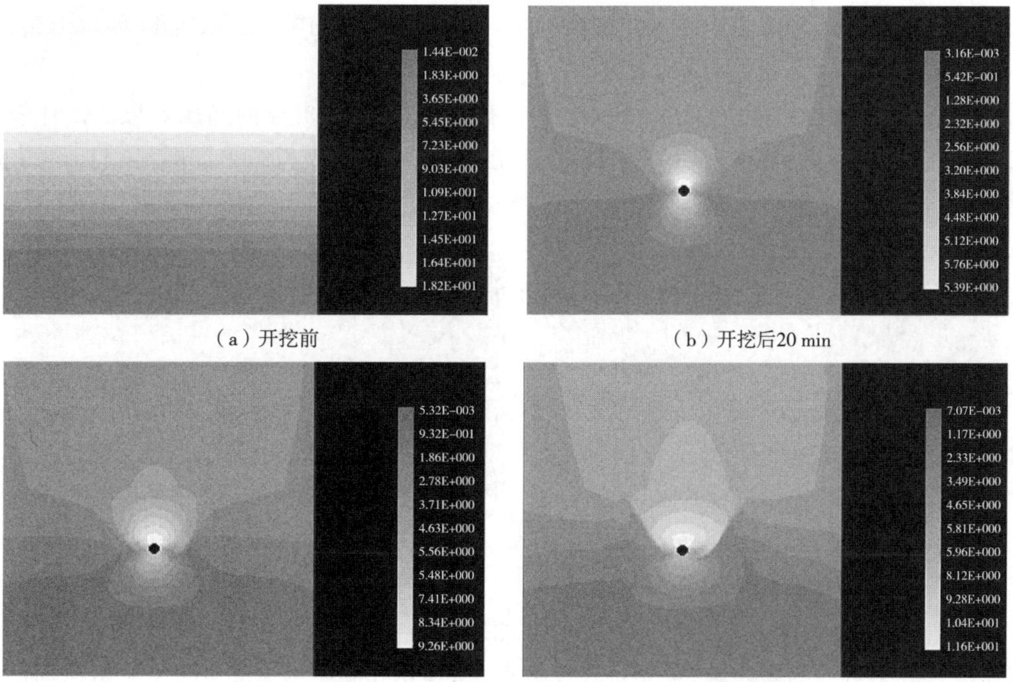

(a) 开挖前　(b) 开挖后20 min

(c) 开挖后40 min　(d) 开挖后60 min

图 6－113　顺层长钻孔位移场动态分布模拟图

3)钻孔周围声发射情况模拟结果

从图 6-114 的打钻过程声发射序列图可以看出,打钻后,钻孔周围出现大量的声发射现象,意味着这些部位出现了破坏,与图 6-111 及图 6-113 的剪应力和位移表示的破坏在时间和空间上是一致的。出现声发射与煤体的破坏、跨落有密切关系,在产生声发射聚集的地区,破坏更加强烈,待形成一定规模后,局部破坏,应力重新分布。随着时间推移,钻孔周围较大范围出现一定的破坏,这会导致煤层孔隙率增加,透气性系数增大,从而使煤层充分的卸压。

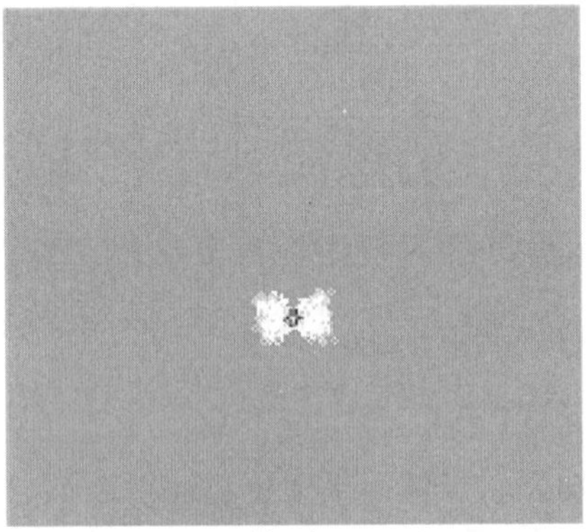

第5步

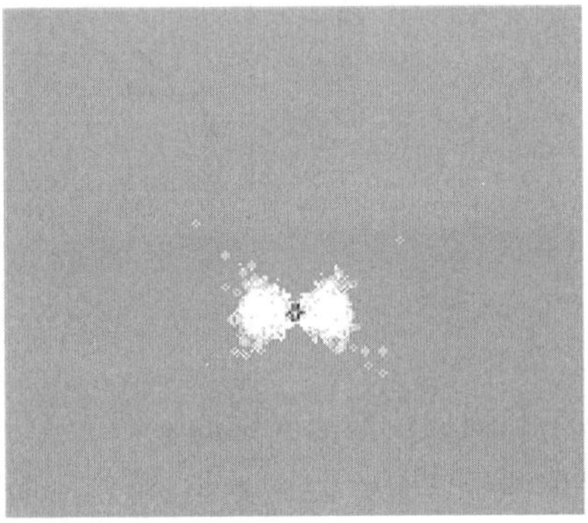

第10步

图 6-114　顺层长钻孔产生声发射情况模拟图

根据丁集煤矿的实际情况,现在所采煤层在垂深 900 m 左右,煤层上覆岩层自重应力为 20～30 MPa,考虑以后开采深度的继续加大,选取 20 MPa、30 MPa 两种应力条件,对钻孔间距 2 m 和 3 m 进行模拟。

此时,设计煤体高度为 3 m,分别计算钻孔间距为 2 m、3 m 的卸压效果。设计模型在加载到 20 MPa 时,在 4～6 m 宽的模型上施工卸压钻孔,模拟结果如图 6-115～图 6-117 所示。

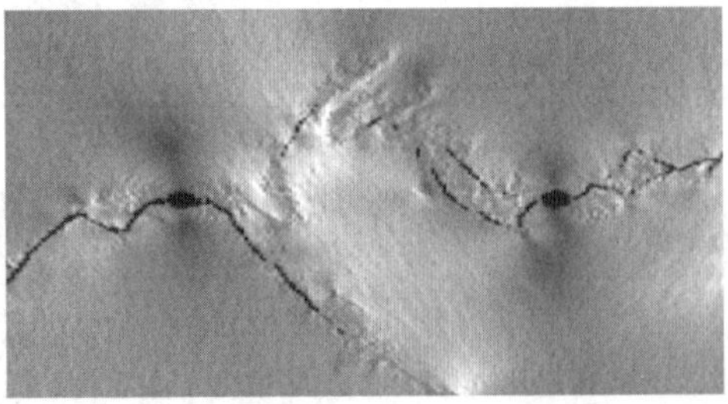

图 6-115　钻孔间距为 2 m 应力为 20 MPa 时钻孔后煤体中的破坏情况

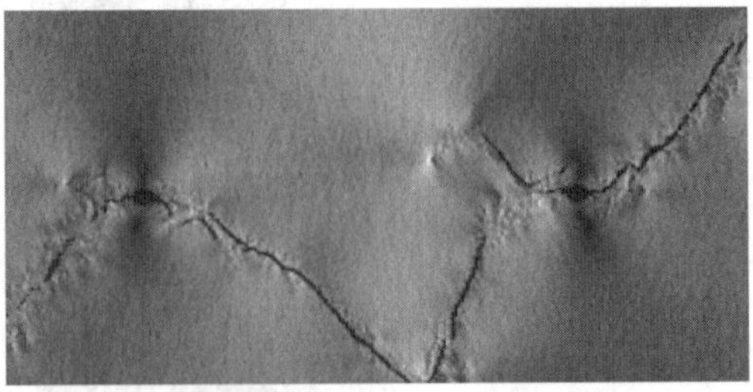

图 6-116　钻孔间距为 3 m 应力为 20 MPa 时钻孔后煤体中的破坏情况

由图 6-115 和图 6-116 可以得出:从破坏形态上来看,钻孔间距为 3 m 时,在钻进剖面上形成了贯通的破碎区,可满足卸压的要求;在钻孔间距为 2 m 时,仅在钻孔周围形成范围较小的破碎区,在两个钻孔中间不能形成贯通的破碎区,卸压效果较钻孔间距为 3 m时差。

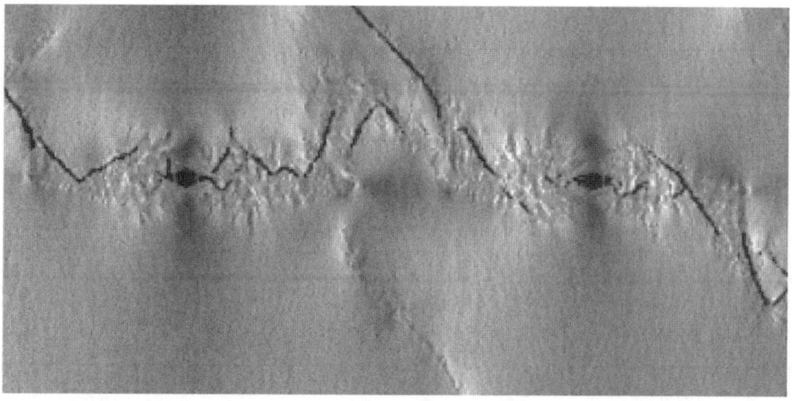

图 6-117　钻孔间距为 3 m、垂直应力为 30 MPa 时钻孔后煤体中的破坏情况

从破坏形态可看出：每一个钻孔周围形成一个比钻孔直径大得多的破碎区，破碎区互相连通后，全部破裂起到了卸压作用。

6.4　首采层顶板巷道/钻孔法煤与瓦斯共采技术

6.4.1　工程实践地点概况

新庄孜矿 52210 工作面位于五二采区，上限标高为 −556 m，下限标高为 −612 m。该块段所对应的上覆 B11b 煤及下伏的 B8 煤均为强突煤层，该煤层回采后上可以保护 B11b 煤层，下可以保护 B8 煤层，可保护煤量 45 万 t。

1. 地质条件

1）工作面位置及井上下关系

新庄孜矿 52210 工作面位置及井上下位置关系如表 6-20 所示。

表 6-20　新庄孜矿 52210 工作面位置及井上下位置关系

<table>
<tr><td>水平名称</td><td colspan="2">五</td><td>采区名称</td><td colspan="2">二</td></tr>
<tr><td>地面标高</td><td colspan="2">+21 m</td><td>井下标高</td><td colspan="2">−556～−612 m</td></tr>
<tr><td>地面相对位置</td><td colspan="5">对应地表为淮河南河堤、河漫滩及淮河河床</td></tr>
<tr><td>回采对地面设施的影响</td><td colspan="5">回采后对应地表有所下沉</td></tr>
<tr><td>井下位置及与四邻关系</td><td colspan="5">工作面位于五二采区 F10-5 断层以北，F10-5(8)断层以南，
对应上阶段已回采</td></tr>
<tr><td rowspan="2">走向长度</td><td rowspan="2">600 m</td><td rowspan="2">倾斜长度</td><td>122～128 m</td><td rowspan="2">面积</td><td rowspan="2">75000 m^2</td></tr>
<tr><td>125 m</td></tr>
</table>

2）工作面煤层

新庄孜矿 52210 工作面煤层情况如表 6-21 所示。

表 6-21 新庄孜矿 52210 工作面煤层情况

煤层厚度	1.0～1.7 m 1.2 m	煤层结构	0.3(0.5)0.9 m	煤层倾角	21°～25° 23°
开采煤层	B10	煤种	半暗型	稳定程度	不稳定
煤层情况描述	B10 煤为结构复杂的薄煤层，半暗型煤，煤层赋存状态不稳定，煤厚变异系数大，B10 煤层在该块段倾角南小北大，煤层结构为 0.3(0.5)0.9 m，煤体中夹矸厚 0.2～0.7 m，平均厚 0.5 m，顶部煤质较差，局部有底鼓变薄带				

3)工作面煤层顶底板

新庄孜矿 52210 工作面煤层顶底板情况如表 6-22 所示。

表 6-22 新庄孜矿 52210 工作面煤层顶底板情况

顶、底板名称	岩石名称	厚度/m	特征
老顶	细、中粒砂岩	3.0～5.0	灰白色中厚层状，较硬
直接顶	灰色砂质泥岩、局部为细砂岩	2.0～3.0	灰色薄层状泥质粉砂岩，含植物化石碎片
伪顶			
直接底	灰褐色泥岩	2.0～3.0	
老底			

4)地质构造

新庄孜矿 52210 工作面断层情况及其对回采的影响如表 6-23 所示。

表 6-23 新庄孜矿 52210 工作面断层情况及其对回采的影响

构造名称	走向/°	倾向/°	倾角/°	性质	落差/m	对回采的影响程度
Fa	240	150	55	正	2.0	影响较大
Fb	295	25	50	正	2.0	影响较大
Fc	205	115	47	正	1.0	有一定影响
Fd	270	360	45	正	2.0	影响较大
Fe	300	30	65	正	1.0	有一定影响
Ff	235	145	55	正	0.6	有一定影响
Fg	250	15	45	正	1.5	有一定影响
Fh	270	360	70	正	1.8～5.0	影响较大
Fi	265	355	50	正	1.1	有一定影响
Fj	360	90	55	正	>2.5	有一定影响
Fk	248	338	50	正	1.2	有一定影响

（续表）

构造名称	走向/°	倾向/°	倾角/°	性质	落差/m	对回采的影响程度
F1	250	340	65	正	0.9	有一定影响
Fm	270	360	40	正	3.0	影响较大
Fx	245	335	50	正	1.2	有一定影响
工作面位于 F10－5 断层 F10－5(8)断层之间，受其影响，次生断层较发育，工作面由掘进揭露的情况看，发育 14 条断层，对回采影响较大。						

5）水文地质条件

本次回采范围内主要充水因素为构造裂隙水。正常涌水量为 0.02 m^3/min，最大涌水量为 0.1 m^3/min。

6）影响回采的其他因素

新庄孜矿 52210 工作面影响回采的其他地质情况如表 6－24 所示。

表 6－24　新庄孜矿 52210 工作面影响回采的其他地质情况

项目	说明
瓦斯	工作面绝对瓦斯涌出量：58.3 m^3/min
CO_2	
煤尘爆炸指数	具有爆炸危险性
煤的自燃倾向性	自然发火期 3～6 个月
地温危害	地温＋25 ℃，无地温危害
冲击地压危害	无

7）储量及服务年限

新庄孜矿 52210 工作面工业储量为 207206 t，本工作面可采储量为工作面工业储量的 98％，计算可得采储量为 203062 t。

工作面的服务年限＝可采推进长度/（设计月推进长度）＝600/（3.6×30）月≈5.6 月

2．采煤方法

本工作面采用走向长壁后退式综合机械化采煤。

1）巷道布置

（1）采区设计、采区巷道布置概况。

新庄孜矿 52210 工作面属五二采区，该采区共分 3 个区段，本面为二区段，上提阶段已采，二区段上段 52110 已回采完毕，工作面采用走向长壁布置。本面走向长 600 m，平均倾斜长度为 125 m。

（2）采煤工作面上风巷。

① 支护形式：采用“U”形棚支护，棚距 0.5 m，型号为 V2P。

② 巷道断面：中高 3300 mm，宽 4400 mm。

③ 巷道用途：工作面进风及“Y”形通风回风、材料供应、行人等。

(3)采煤工作面下顺槽。

① 支护形式:采用较大间排距等强预拉力钢带锚网(索)支护。

② 巷道断面:锚网支护巷道采用倒梯形,中高 2900 mm,巷道净宽 4400 mm。

③ 巷道用途:主要用于工作面的进风、行人和运煤。

(4)工作面开切眼。

工作面切眼位于新庄孜矿 52110 工作面下段,沿 B10 煤层顶板施工,开切眼断面:初期采用较大间排距等强预拉力钢带网支护,设计断面为矩形,净宽×巷高=3.6 m×2.2 m,后期刷宽至 5.8 m,在切眼中间顺山挑一排挑棚后,开切眼煤帮至老塘主要形成两个宽度为2.8 m、3.0 m 的通道。老塘 2.8 m 通道用于工作面上综采支架,煤帮 3.0 m 通道用于工作面上刮板机,如图 6-118 所示。

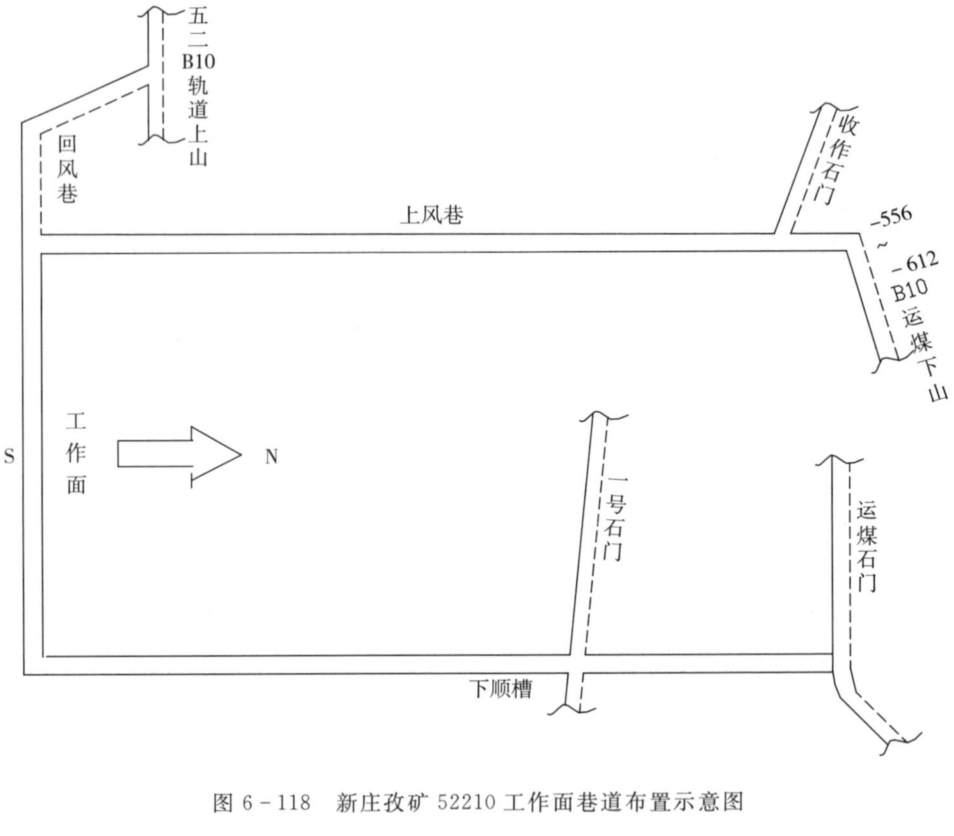

图 6-118 新庄孜矿 52210 工作面巷道布置示意图

2)工艺

(1)采煤工艺。

本工作面依据采区设计,采用走向长壁后退式采煤法,全部垮落法管理顶板,综合机械化采煤,采用 MG250/591-QWD 型采煤机落煤、装煤,SGZ764/630 型刮板输送机运煤,ZZ4000/12/24 型支撑掩护式支架支护顶板。

(2)采高。

根据地质资料,该面煤层倾角为 21°~25°,平均 23°;煤层厚度为 1.0~1.7 m,平均 1.2 m;决定采高在初采期间为 1.8 m,正常回采时为 1.8~2.0 m。

(3)采煤方法。

本面采用双滚筒采煤机双向割煤，往返一次进两刀。新庄孜矿52210工作面采煤机进刀及割煤示意图如图6-119所示。

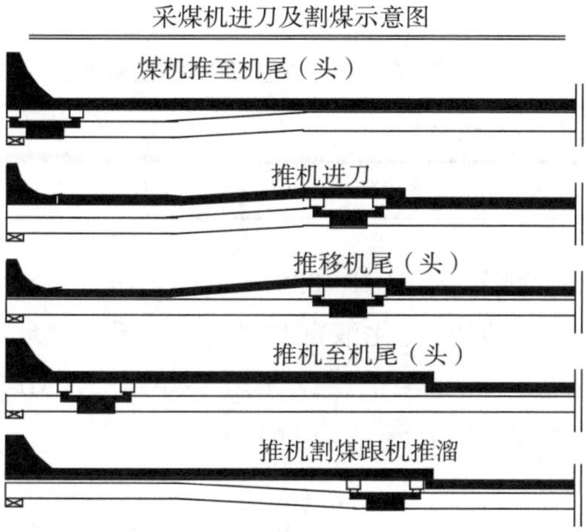

图6-119 新庄孜矿52210工作面采煤机进刀及割煤示意图

3)设备配置

新庄孜矿52210综采工作面设备布置示意图如图6-120所示。

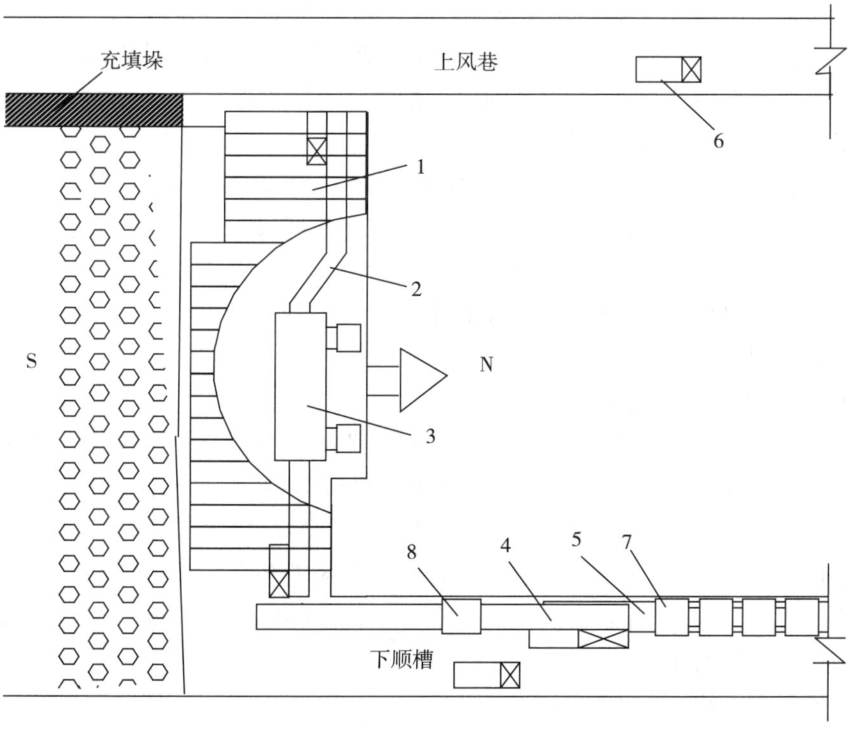

1—ZZ4000/12/24型支撑掩护式支架；2—SGZ-764/630型刮板输送机；3—MG250/591-QWD型采煤机；4—SZZ-764/160转载机；5—SSJ-1000/2×75带式输送机；6—18.5 kW回绞；7—移动式开关列车；8—PCM110破矸机。

图6-120 新庄孜矿52210综采工作面设备布置示意图

3. 顶板控制

1)工作面支护设计

本工作面采用四柱支撑掩护式液压支架支护工作面顶板，支护设备型号及其参数如表 6－25 所示。

表 6－25 新庄孜矿 52210 工作面支护设备选择情况表

设备名称	规格型号	数量/架	备注
液压支架	ZZ4000/12/24	80	

选用乳化液泵两台，型号为 DRB 200/31.5，流量为 200 L/min，输出压力为 31.5 MPa，电动机功率为 125 kW，乳化液配比为 3%～5%。泵站安设在移动电站以北 50 m 处，－612 B10 北运道内。要保证泵站压力不小于 30 MPa，乳化液浓度为 3%～5%，必须加强支架与泵站的维修，杜绝系统的窜漏液。

2)工作面顶板管理

工作面初采时，开切眼安装 80 架 ZZ4000/12/24 型支撑掩护式液压支架，如图 6－121 所示。

(1)正常工作时期顶板支护方式。

工作面正常工作时期采用全部垮落法管理顶板，采空区顶板随支架前移自行垮落充填。控顶距为 4100 mm(下出口端头支护控顶距为 4700 mm)，移架步距为 0.6 m。工作面内采用及时移架支护，即采煤机割过后及时移架支护，移架在采煤机割过后 3～5 架进行，超过此距离或发生片帮冒顶时，必须停止割煤。

(2)正常工作时期的特殊支护形式。

① 如果顶板破碎，必须采用立即支护，即采煤机后滚筒割过后，带压及时移架。

② 如果工作面片帮达宽 340 mm，必须超前支护，即移架在割煤之前进行。

(3)移架放顶与其他工序平行作业的安全距离。

移架滞后采煤机后滚筒 3～5 架，移溜滞后移架距离 5～10 m。

3)运输巷、回风巷及端头顶板控制

(1)上、下风巷的超前支护。

上、下风巷超前及上风巷滞后煤壁 20 m 内必须加强支护，挑双排挑棚加强支护；20～50 m 视顶板具体情况，挑 1～3 排挑棚或用单体、木料打点柱，挑棚梁子为 HDJA－1200 型铰接顶梁，腿子为 DZ25 型、DZ28 型或 DZ32 型单体，高度不低于 1.8 m，有不小于 6 m^2 的通风断面和 0.7 m 宽的人行通道。上、下风巷超前支护时，铰接梁子必须相互铰接，软底处支柱穿铁鞋，并随支随拴防倒绳，初撑力不得小于 50 kN。两巷超前支护支柱应支成直线，支柱行程为 0.2～0.7 m。

(2)工作面安全出口的支护形式。

上端头支护形式：工作面机尾采用 2 架 ZZ4000/12/24 型支撑掩护式支架支护顶板。下端头支护形式：工作面机头采用 2 架 ZZ4000/12/24 型支撑掩护式支架支护顶板。上、下端头顶板破碎时，上端头 3～5 架综采支架用大笆子配合塘材棍过顶，并且机头每峒在架头上护一棵 2.4 m×ϕ20 cm 的半圆木，要求半圆木出架边 1.0 m，跨机头处挑双排 5.0 m长的工字钢棚，一梁三柱，交替迈步式前移。

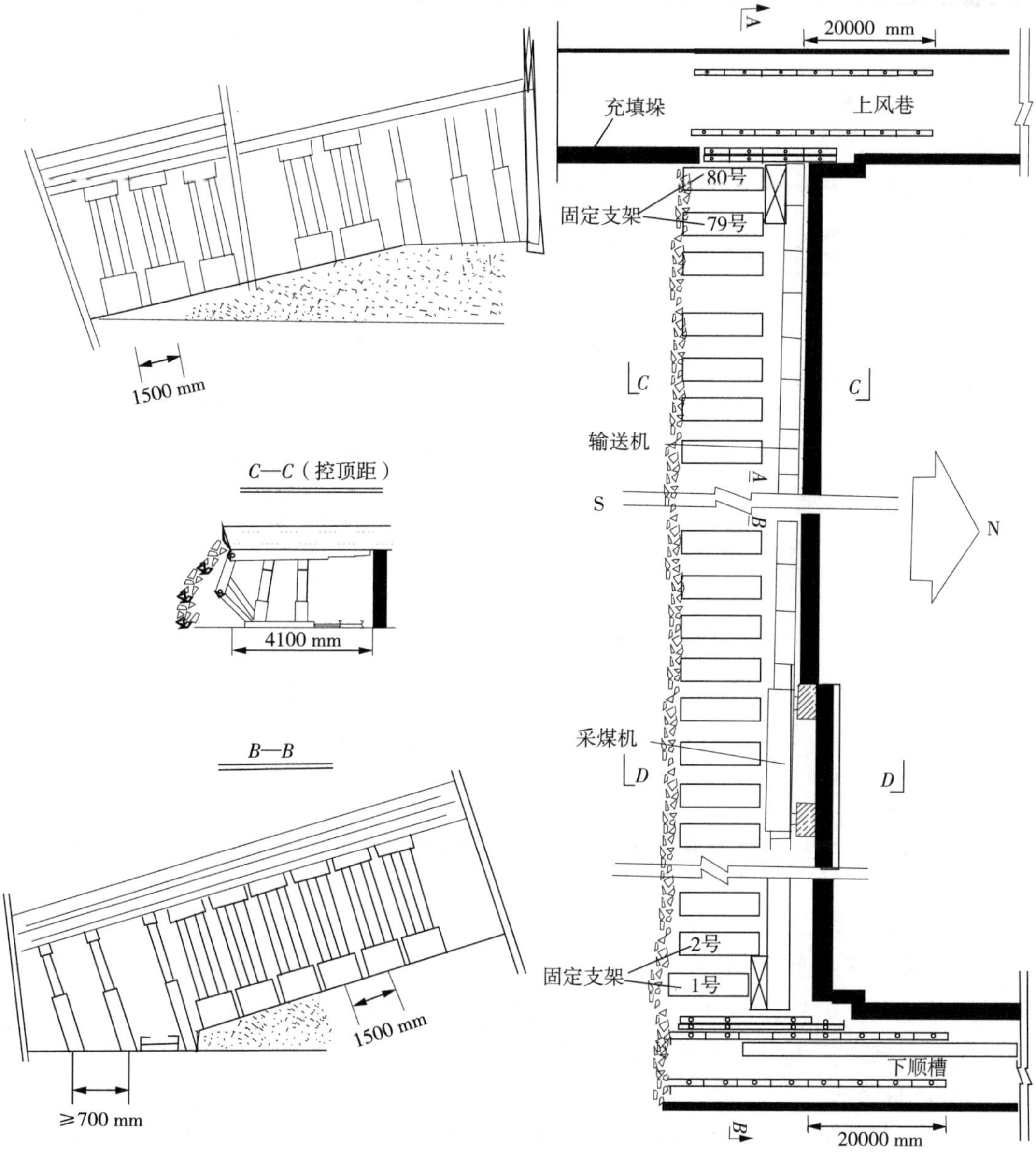

图 6－121　新庄孜矿 52210 工作面布置示意图

4. 生产系统

1)运输系统

(1)运输设备及运输方式。

采煤机割出的煤经工作面 SGZ－764/630 型刮板输送机、52210 下顺槽转载机、52210 下顺槽带式输送机、－612 m 52210 运煤石门至 612 m B10 底板运道，再经－612 m B4及－412 m B4 底板带式输送机道至三号井，然后拉运至地面。辅助运输设备采用绞车、叉车等运输，如图 6－122 所示。

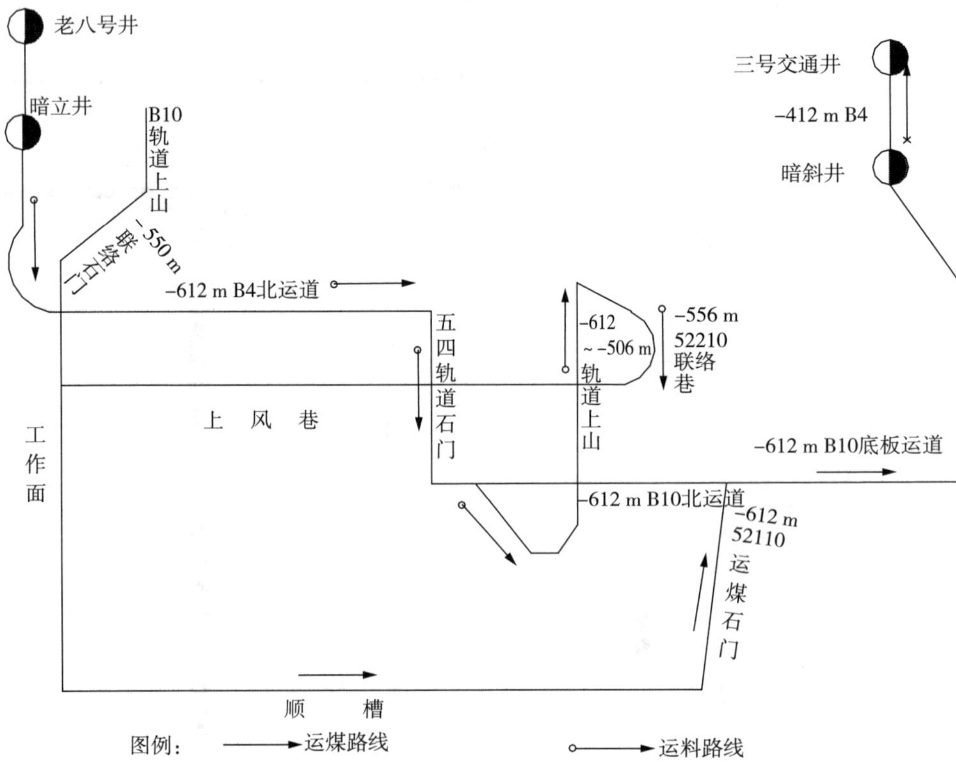

图 6－122 新庄孜矿 52210 工作面运输系统示意图

(2)移溜。

工作面 SGZ－764/630 型刮板输送机前移时，利用液压支架的推移千斤顶与支架交替前移。

(3)运煤路线。

工作面→下顺槽→－612 m 52210 运煤石门→－612 m B10 带式输送机道→IV 线集运石门→－592 m 大眼→－612～－412 m 北部暗主斜井→－412 m B4 底板带式输送机道→主转载输送带→三号井输送带→地面。

(4)运料路线

老八号井→暗副立井→－612 m B4 北运道→五四轨道石门→－612 m B10 底板轨道巷→52210 轨道上山→－556 m B10 联络巷→52210 上风巷→工作面。

2)“一通三防”

(1)通风系统。

① 进风系统。

为保证采面独立供风，设计风巷采取一路进风：－612 m B4 北运道→－612 m 五四轨道石门→－612 m B10 底板运道→－612～－506 m 轨道上山→－556 m 52210 联络巷→52210 风巷。顺槽及工作面采取一路进风：－612 m B4 北运道→－612 m 五四轨道石门→－612 m B10 北运道→－612 m 52210 运煤石门→52210 顺槽→52210 采面。

② 回风系统。

工作面可以采用以下回风系统。

a. 52210 采面→－550 m S 联络石门→五二 B10S 底板轨道上山→五二－506 m B10 底板巷→－506～－456 m B10 轨道上山→－456 m B10 回风道→钱湖回风系统。

b. 52210 采面→－550 m S 联络石门→五二 B10S 底板轨道上山→五二－506 m B10 底板巷→B10～C13 联络巷→－456 m B10 回风道→钱湖回风系统。

(2)供水灭尘系统。

新庄孜矿 52210 工作面供水灭尘系统包括供水路线、洒水三通、喷雾头等，如图 6－123 所示。

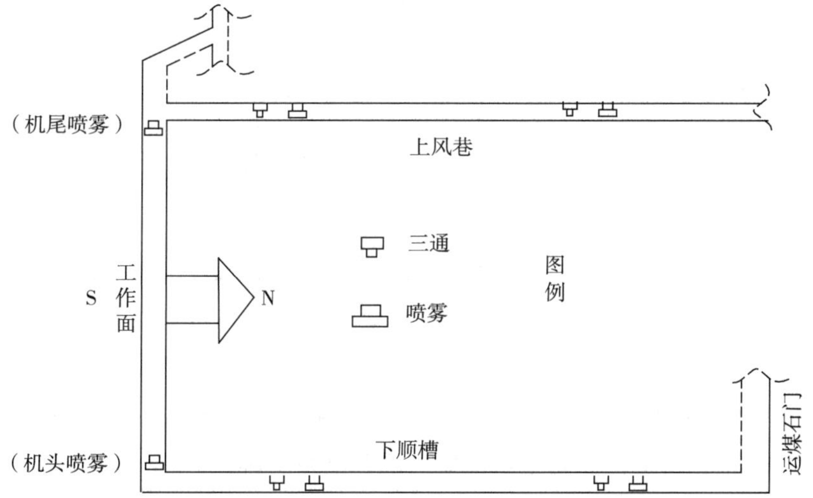

图 6－123 新庄孜矿 52210 工作面供水灭尘系统示意图

3)瓦斯监控系统

新庄孜矿 52210 工作面通风系统及瓦斯监测传感器安装位置示意图如图 6－124 所示。其技术要求如下：

(1)T_3为上风巷进风流中瓦斯探头，T_1为工作面回风流中瓦斯探头，T_2为工作面回风道中瓦斯探头；

(2)瓦斯报警点：T_1、T_3≥0.8%，T_2≥1.0%；

(3)瓦斯断电点：T_1、T_3≥0.8%，T_2≥1.0%；

(4)断电范围：T_1、T_2、T_3均为工作面及其进、回风巷中全部非本质安全型电气设备；

(5)复电点：T_1、T_3<0.8%，T_2<1.0%，T_1、T_2、T_3具有故障闭锁功能，T_1、T_2、T_3均为人工复电。

4)排水系统

(1)排水路线：工作面→顺槽→－－612 m B10 底板运道→五四轨道石门→－612 m B4 底板北运道→－612 m 水平水仓→暗立井→－412 m 水平水仓→地面。(巷道低洼处设置探水钻孔、摆泵、接排水管排水，其他顺水沟流水)

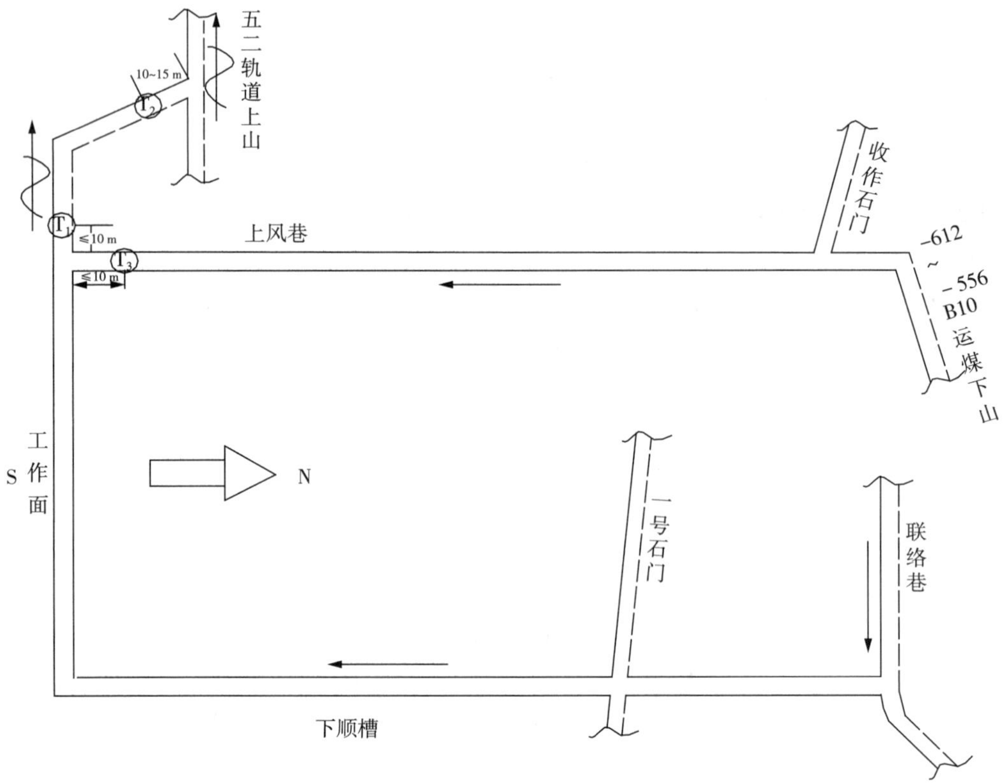

图 6-124　新庄孜矿 52210 工作面通风系统及瓦斯监测传感器安装位置示意图

(2)排水方法:在巷道低洼处挖水窝用风泵和电泵引排。

(3)排水工具:风泵、电泵(潜水泵)、管道、阀件等。

5)抽采系统

(1)穿层钻孔采前预抽瓦斯。

① 上向穿层钻孔采前预抽 B11 煤层瓦斯。采前在下风巷下帮每间隔 20 m 布置一个钻场,每个钻场内布置 7 个穿层钻孔,钻孔穿过 B11 煤层顶板,预抽 B11b 煤层下段原始瓦斯和回采期间抽采采动卸压瓦斯。同时,利用 52210 工作面上风巷(原 52110 工作面进风巷)原施工的穿层抽放瓦斯钻孔继续抽采 B11 煤层瓦斯。

② 下向穿层钻孔采前预抽 B8 煤层瓦斯。采前在上风巷下帮每间隔 10 m 布置一个钻场,每个钻场内布置 5 个穿层钻孔,钻孔穿过 B8 煤层底板,采前预抽 B8 煤层原始瓦斯和回采期间抽采采动卸压瓦斯。

(2)采空区埋管抽采瓦斯。

留巷施工过程中,在充填体内每间隔 20 m 布置一趟ϕ300 mm抽放管道,在每一分支管道上设置一个三通和闸阀,通过三通和闸阀连接到留巷抽采瓦斯管道上。在留巷内保持 2～3 个采空区抽采管道与埋管抽采主管道连通,抽采口与工作面上出口的距离为30～90 m;当工作面瓦斯涌出量大或瓦斯涌出异常时,将其他采空区抽采管道的闸阀关闭。

(3)采后倾向钻孔抽采邻近煤层卸压解吸瓦斯和采空区积聚的瓦斯。

52110 工作面回采前在上风巷沿工作面倾向偏工作面方向每间隔 20 m 施工一组(3

个)穿透 B11 煤层的倾向钻孔，保证倾向抽采瓦斯钻孔的完整性，使其不因顶板周期来压覆岩冒落而破坏。

(4)抽采系统如下：

52210 顺槽穿层钻孔和 52210 风巷穿层钻孔或顶板倾向钻孔利用新淮工广抽采系统；老塘埋管安装两路 12 寸(1 寸≈3.33 cm)瓦斯管和一路 10 寸瓦斯管，与井下移动系统合茬；52010 瓦斯抽采泵站两台 2BE1－353，单泵标定混合抽气量为 100 m^3/min；三台 2BE1－303，单泵标定混合抽气量为 60 m^3/min，每台瓦斯泵必须安装单独的计量装置和停水断电保护装置，抽采泵的出气端设置在－506 m B10 回风上山和－495 m 集运石门。

6)供电系统

综采工作面、顺槽设备由 5410 移动变电所供电，移动变压器为 KBSGZY－630/6.9 型和 KBSGZY－1250/1.2 型。

7)通信、照明系统

(1)通信系统。

① 地面调度所→新八号→南部主斜井→－612 m B4 北运道→五二石门→52210(－612 m)变电所→－556 收作石门→52210 风巷。

② 地面调度所→新八号→南部主斜井→－612 m B4 北运道→五四石门(－612 m)移动变电站→52210 顺槽。

(2)照明系统。

工作面每隔 10 架安装照明灯一盏，下顺槽各部运输机头及转载机头设置照明灯一盏，其余巷道每隔 50 m 安装照明灯一盏。

5. *劳动组织*

采用“三采一准”的作业方式，即三班出煤，早班为检修并出煤。

工艺过程：采煤机割煤→刮板输送机运煤→移架→推移刮板输送机，如图 6－125 所示。

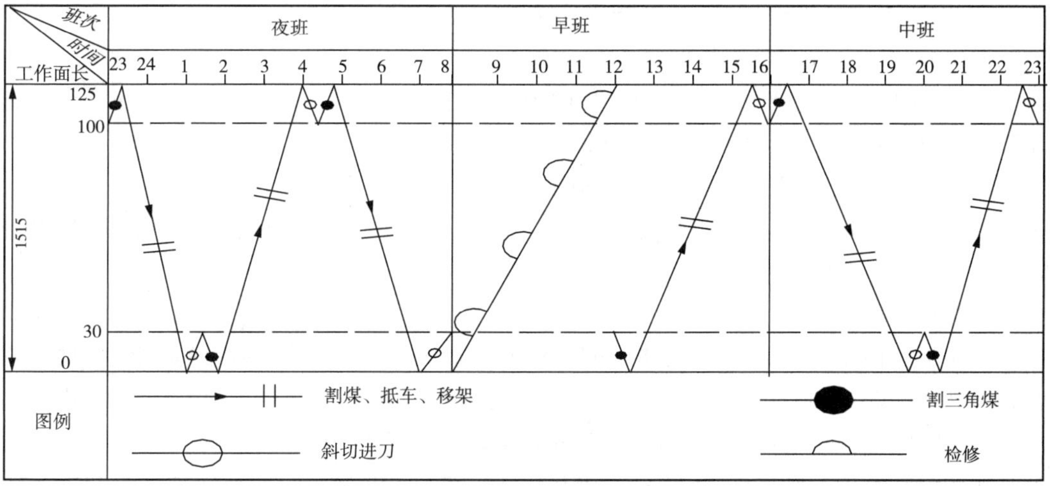

图 6－125　新庄孜矿 52210 工作面正规循环作业图

每班至少有一名跟班队长、班长负责组织安全生产，配有采煤机司机、控制台司机、机电维护工、支架工等相关工种的操作人员若干名，全队共计 131 人，如表 6-26 所示。

表 6-26　新庄孜矿 52210 工作面劳动组织图表

工种	早班	中班	夜班	合计
队长	1	1	1	3
班长	2	2	2	6
采煤机司机	2	2	2	6
支架工	12	12	12	36
机电检修工	26	0	0	26
机电维护工	2	2	2	6
带式输送机司机	1	1	1	3
端头维护工	24	0	0	24
控制台司机	1	1	1	3
看电缆工	1	1	1	3
充填工	15	0	0	15
合计	87	22	22	131

6. 灾害预防及避灾线路

1)避瓦斯、煤尘、火灾等事故路线

工作面发生火灾时，在火势太猛、扑救无效的情况下，每个井下人员必须戴上自救器，迅速迎新鲜风流撤退，并通知可能受火灾威胁的人员。

避瓦斯、煤尘、火灾等事故路线：

(1)工作面→下顺槽→－612 m 52210 运煤石门→－612 m B10 北运道→五四轨道石门→－612 m B4 北运道→暗立井→新八号井→地面；

(2)工作面→上风巷→－556 m 52210 收作石门→－612～－506 m NB10 轨道上山→－612 m B10 北运道→五四轨道石门→－612 m B4 北运道→暗立井→新八号井→地面。

2)避水灾路线

如果工作面出现下列透水预兆，如顶板淋水加大、顶板来压、底板鼓起出水、底板渗水加大等情况时，必须立即停止作业，按避水灾路线撤出所有人员，再向调度所汇报。

避水灾路线：工作面→上风巷→－556 m B10 收作石门→－612～－506 m B10 轨道上山→－506 m B10 底板回风道→－506 m B4～B10 底板巷→四四交通井→－412 m B4 北运道→毕三号交通井→地面，如图 6-126 所示。

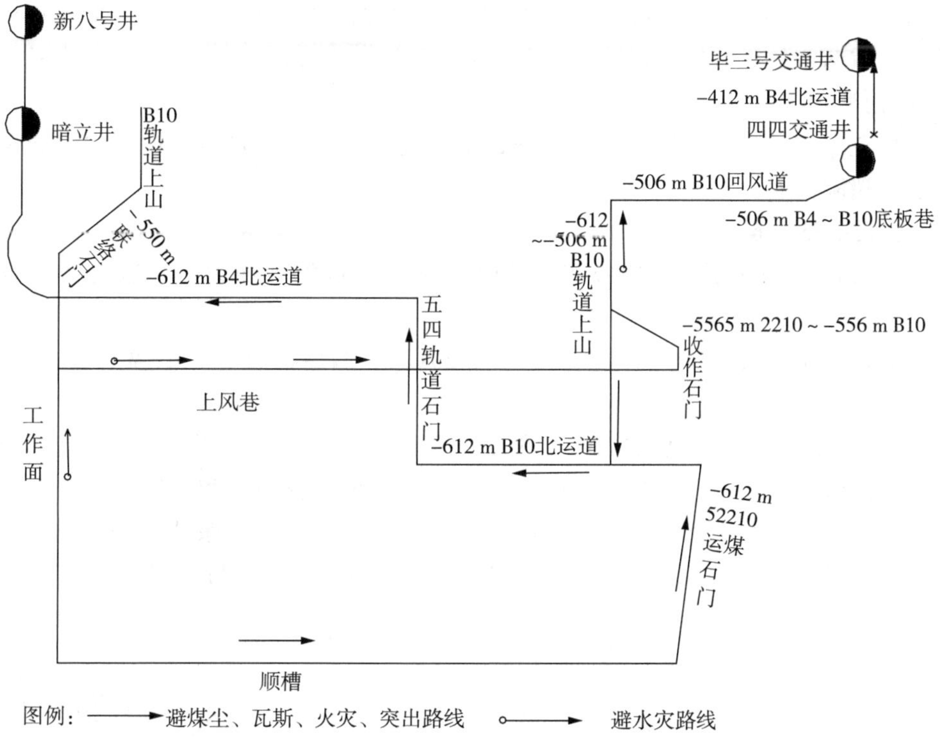

图 6-126　新庄孜矿 52210 工作面避灾路线示意图

6.4.2　52210 风巷沿空留巷巷道支护设计

1. 设计依据

由于 52210 风巷为原 52110 的机巷，因此在 52210 切眼以里 130 m 左右的沿空留巷采用高水材料。高水材料强度较低，在 52110 工作面回采时受压损坏较为严重。为保证巷道在最终变形后能满足通风、行人等安全生产需要，必须对巷道进行维修加固。

由于该段巷道与以往的巷道不同，根据研究的岩层移动理论和矿压显现规律，在沿空巷道维修时应遵循以下思路。

(1)适应工作面矿压特征，减少松散变形。沿空巷道上覆岩层的活动规律是不可控制的，由其决定的沿空巷道矿压显现规律也无法改变，所以绝对控制巷道变形量是不可能的。若能保证巷道两帮岩体在动压影响下不松散垮落，保持完整的整体移动，就能为安全控制沿空巷道创造基本条件。

(2)控制巷道的形状，保持顶、帮的完整。提高巷道顶板及两帮的承载能力和完整性，支护形式应具有大范围全封闭防冒漏、及时主动承载、整体性强的特点，使巷道两帮及顶底板产生均匀的变形，使巷道在最大限度上满足生产需要。

(3)重视实体帮的加固。因本工作面采动而产生的力在实体帮的集中程度明显较大，重视实体帮的支护问题将对沿空巷道围岩的稳定起到很大的作用。通过合理加固巷道帮角，既可以强化帮角的围岩强度，又可以减弱帮角的应力集中程度，使帮角的应力集中向围岩较深部转移，从而减缓顶板的倾斜下沉和底板的严重鼓起，控制巷道两帮的位移，提高巷道两帮的承载能力，保证上覆岩层结构有一个相对稳定的支撑点，减缓上覆岩层活动的剧烈程度。

(4)保证厚层顶板的稳定性。采用全封闭的大范围主动承载的支护形式才能控制变形，减缓和消除离层。

2. 巷道维修方案

考虑巷道二次采动影响，顶板离层、断裂、下沉的可能性加大。巷道具体维修方案如下：

(1)巷道刷帮卧底后架设 4.4 m×3.4 m 29U 钢棚，棚距 800 mm；喷射混凝土，喷层厚度一般不少于 150 mm。

(2)对巷道围岩进行注浆加固。注浆锚杆每隔 2.5 m 布置一排，每排布置 4 个。注浆锚杆采用 ϕ22 mm 无缝钢管加工而成，L=2200 mm，具体布置和构造如图 6-127～图 6-129 所示；注浆材料采用 P.O 42.5 普通硅酸盐水泥，单液浆水灰比为 0.8∶1～0.75∶1，双液浆水玻璃浓度为 45Be，掺量为水泥质量的 3%～5%，注浆压力控制为 1～2 MPa。

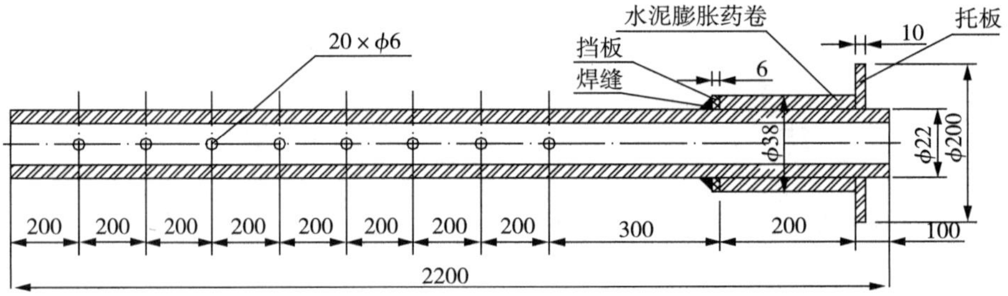

图 6-127 注浆锚杆结构示意图(单位：mm)

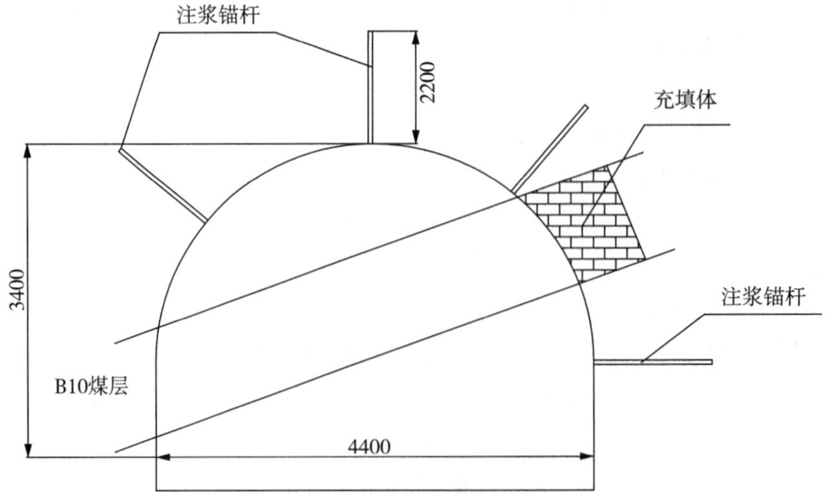

图 6-128 注浆管布置图(单位：mm)

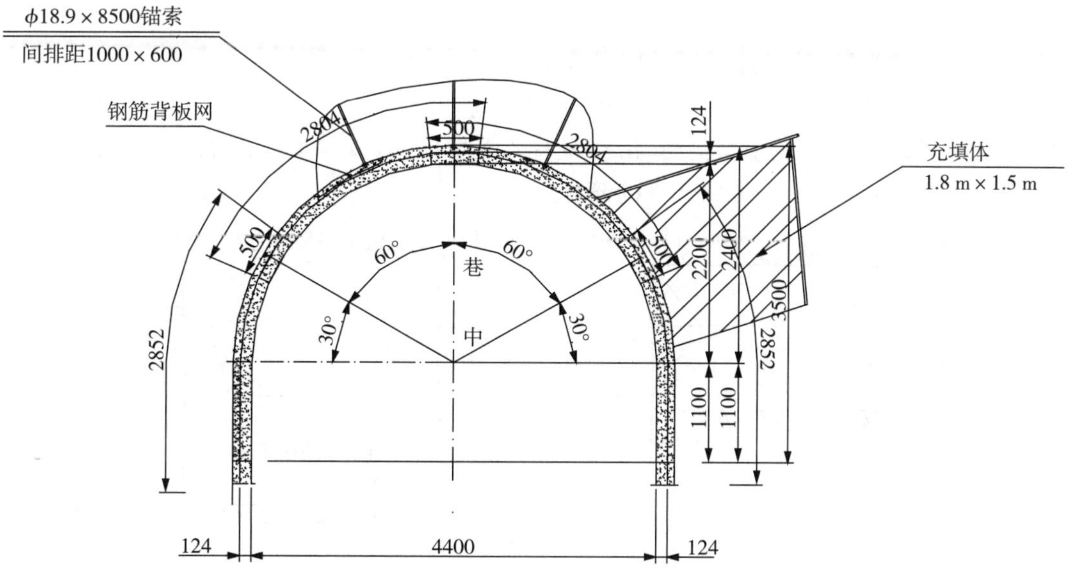

图 6-129　新庄孜矿 52210 风巷一次留巷维修断面示意图(单位:mm)

(3)在巷道顶板加补锚(索)网,采用长 8.5 m 直径 ϕ18.9 mm 锚索,布置方式为 2—1—2,规格为 1200 mm×800 mm,采用 400 mm×400 mm 的大托盘增大护帮面积,加强对松散层裂破碎岩体的维护效果。

(4)巷道维修的迎头距离采煤工作面不少于 100 m。

3. 留用巷道支护设计方案

1)留巷的充填体参数设计

(1)充填体支护强度。

根据煤层顶板特征和弹塑性力学的有关理论,将长壁工作面沿空留巷的煤层顶板简化成了层间结合力忽略不计的矩形“叠加层板”。这种“叠加层板”分为四边支承[图 6-130(a)]和三边支承[图 6-130(b)]两种,各边分担的“叠加层板”自重载荷的大小按图 6-130(a)(b)所分割的形式分配,图中阴影部分的载荷由短支承边界分担,其余部分的载荷由长支承边界分担。可见,沿空留巷支护载荷只与短支承边界的载荷有关。

为了设计充填体支护阻力,从矩形板中选取了单位宽度的长条带作为计算模型。为使设计的结果安全可靠,所选取的条带是分布载荷占有面积最大的条带,即图 6-130(a)(b)中 $A—B—C—D$ 线附近的条带[图 6-130(c)(d)]。由图 6-130(c)(d)可以看出,两种情况所取的条带形式一样,从而简化成了一种计算模型[图 6-130(e)]。

根据图 6-130 所示的计算模型,依次可求得当第 m 层岩层破断时,巷旁支护的支护阻力(前期支护阻力或切顶力)与图中有关参数的关系式为

$$F_m a = \sum_{i=1}^{m} \rho_i \delta_i \left(a + \sum_{j=0}^{i-1} \delta_j \tan\alpha_j\right)^2 / 2 + \sum_{i=1}^{m} F'_{Ai} \left(a + \sum_{j=0}^{i-1} \delta_j \tan\alpha_j\right) + M_{F_m} - \sum_{i=1}^{m} M_{Ai} \quad (6-16)$$

式中,F_m—— 巷旁支护前期支护阻力,kN/m;

ρ_i—— 第 i 层岩层的密度，kg/m^3；

δ_i—— 第 i 层岩层的层厚，m；

α_j—— 第 j 层岩层的破断角的余角，°；

M_{F_m}—— 第 m 层岩层极限破断弯矩，kN · m。

式(6 - 16) 即顶板主动垮落时，沿空留巷旁支护前期(或切顶) 阻力的计算公式。在一定的条件下，式(6 - 16) 可做适当的简化。

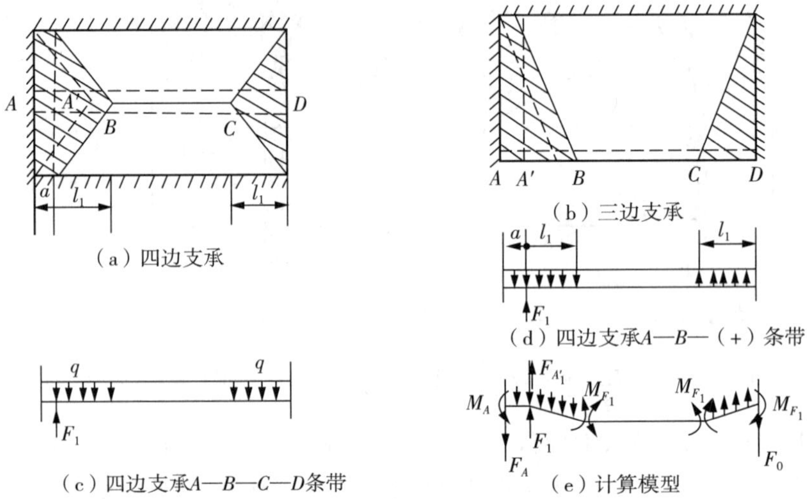

(a) 四边支承　(b) 三边支承　(c) 四边支承A—B—C—D条带　(d) 四边支承A—B—(+) 条带　(e) 计算模型

图 6 - 130　计算模型图

① 假定分层厚度、垮落角、密度相同，即 $\delta_i=\delta, \alpha_j=\alpha, \rho_i=\rho$，则式(6 - 16) 可简化为

$$F_m a=\frac{1}{2}\rho\,\delta m\left[a^2+a\,\delta\tan\alpha_m(m-1)+\delta^2\tan^2\alpha_m(m-1)(2m-1)/6\right]$$

$$+a\sum_{i=1}^{m}F'_{Ai}+\delta\tan\alpha_m\sum_{i=1}^{m}F'_{Ai}(i-1)+M_{F_m}-mM_A \qquad (6-17)$$

式中，M_A—— 顶板岩层一层在 A 点的抗弯弯矩。

② 当第 $m-1$ 以内各层岩层被切断后与残留边界已失去力的联系时，即 $F'_{Ai}=0$，则式(6 - 17) 可简化为

$$F_m a=\rho\,\delta m\left[a^2+a\,\delta\tan\alpha_m(m-1)+\delta^2\tan^2\alpha_m(m-1)(2m-1)/6\right]$$

$$+aF'_{Ai}+\delta\tan\alpha_m F'_{Am}(m-1)+M_{F_m}-mM_A \qquad (6-18)$$

将式(6 - 18) 改写成

$$F_m a=M'_{AA}+M_m+M_{F_m}-mM_A$$

式中，M'_{AA}—— 残留边界自重载荷弯矩，$M'_{AA}=\rho\,\delta m\left[a^2+a\,\delta\tan\alpha_m(m-1)+\delta^2\tan^2\alpha(m-1)(2m-1)/6\right]$；

M_m——第 m 层一层垮落时 A' 处剪力所产生的弯矩，$M_m=\rho\delta l_m[a+a\delta\tan\alpha(m-1)]$；

M_{F_m}——第 m 层极限弯矩，$M_{F_m}=\rho\delta l_m^2/4=p_t\delta/6$，其中 p_t 为巷旁支护抗压强度，MPa；

M_A——各层 A 点处的抗弯弯矩（mM_A 为点总的抗弯弯矩）。

③ 固支时，在极限情况下，$M_A=M_F$，则

$$F_m a=M'_{AA}+M_m-(m-1)M_{F_m}$$

简支时，在极限情况下，$M_A=0$，则

$$F_m a=M'_{AA}+M_m+M_F \tag{6-19}$$

52210 工作面走向长 600 m，斜长 130 m，倾角平均为 24°。煤层平均厚度 1.2 m，采高 1.8 m。直接顶为平均 2.5 m 厚的砂质泥岩，老顶为平均 4 m 厚的细中粒砂岩。底板为 2.5 m 厚的砂质泥岩。工作面顶板参数表如表 6-27 所示。

表 6-27　工作面顶板参数表

切顶高度/m	δ/m	m	a/m	l_m/m	ρ/(kg/m³)	p_t/MPa	α/°
10.2	2.55	4	4.8	8	2500	15	45

把表 6-27 中数值带入式(6-19)，可以得到合理的支护阻力为 15.4 MPa。

从安全的角度考虑，设计前期（切顶）支护阻力远大于后期支护阻力，因此沿空留巷的支护强度能满足前期支护阻力的要求，自然也就能满足后期支护阻力的需要。

(2)充填体宽度。

确定了沿空留巷的巷旁支护强度后，就可根据所需的巷旁支护强度和巷旁支护材料的力学性能，由式(6-20)设计巷旁支护宽度，并结合具体的地质、生产条件等确定巷旁支护体的具体形式。

$$b=\frac{K\cdot F}{p} \tag{6-20}$$

式中，b——巷旁支护平均宽度，m；

F——沿空留巷所需的充填体支护强度，mN/ m²；

p——巷旁支护体成型后 1 d 的抗压强度，MPa；

K——安全系数，由于是二次沿空留巷的初次来压，取 $K=1.2$。

取充填体 1 d 的抗压强度为 7 MPa，将以上求出的支护阻力(15.4 MPa)带入式(6-20)，可得

$$b=\frac{K\cdot F}{p}=\frac{1.2\times15.4}{7}=2.64(\text{m})$$

考虑初次来压的影响，因此取充填体的宽度为 3 m。

2)保留留巷的支护设计

随着 52210 工作面的回采，风巷将再次进行巷旁支护材料充填，形成支护的墙体，具体方案如下。

(1)在工作面上风巷煤壁前后 20 m 架设走向挑棚加固巷道。

(2)在工作面前方沿风巷边侧向前掘进超前硐室,硐室宽 4 m。

(3)掘进硐室时,在上方顶板加补金属网,并补打长 6.0 m、ϕ17.96 mm 的锚索,规格为 1600 mm×1600 mm。

(4)充填采用混凝土膏体材料,并加补钢筋金属网。

(5)充填体的尺寸:宽度×高=3 m×1.8 m。

(6)对于 52210 工作面后方保留的巷道在二次充填支护体表面应喷射一层混凝土封闭巷道,以防漏风。施工距离保持在工作面后方 10 m 左右。

(7)对于后方损坏的巷道,一般采用加补棚支护;若因巷道变形而使得巷道的断面面积小于 8 m^2,一般采用卧底方式;其他特殊情况可另行编制施工方案实行。

新庄孜矿 52210 风巷二次留巷断面示意图如图 6-131 所示。

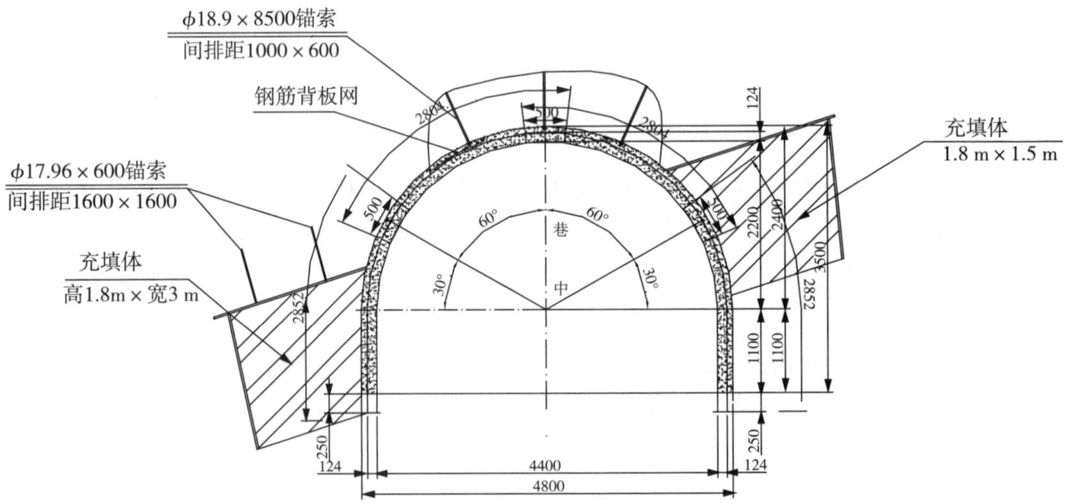

图 6-131 新庄孜矿 52210 风巷二次留巷断面示意图(单位:mm)

4. 沿空留巷的支护效果

煤炭采出后,巷道两侧均为采空区,通过受力分析可以确定沿空巷道处于应力较为集中的地带。由于回采,顶板岩层原有的应力平衡被打破,为了形成新的平衡,顶板岩层的运动对巷道支护产生较大的影响,不断受到周期来压(初期来压)作用,因此巷道必须具有一定的强度,保证巷道有足够的断面满足安全生产的要求。

巷道必须刷帮、扩大,保留巷道有一定的预变形量,然后对巷道架棚、喷浆等临时支护;由于巷道受采动影响,围岩有很多的裂隙,围岩对压力的支撑作用差,为了提高围岩的支撑效果,对巷道围岩注浆;最后施工锚(索)网支护,使得围岩和顶板连接一起,形成一个完整的支护体系。在支护体系中,锚索网和金属"U"形棚均为柔性支护,可以满足巷道的变形要求。同时,不限制巷道底板的变形,这样可以释放一部分应力,如果巷道高度不够,可以进行卧底,如图 6-132～图 6-135 所示。

鉴于工作面采动影响较大,必须加强工作面前后支护,以保证巷道的支护强度,尤其针对工作面后方的支护。因为进行巷旁支护的充填材料凝结时，会产生体积收缩，加强支护强度、控制顶板缓慢下沉，将有利于充填材料强度的增加。

图6-132　新庄孜矿52210风巷二次留巷的支护效果图

图6-133　新庄孜矿52210风巷工作面后方加固支护图

图 6－134　新庄孜矿 52210 风巷工作面前方加固支护图

图 6－135　新庄孜矿 52210 风巷巷旁充填支护图

6.4.3　巷道监测

为了掌握沿空留巷时支架与围岩相互作用关系及充填体与顶板的相互作用关系，为选择合理支护方式、护巷参数及改进巷道支护提供科学依据，初步对工作面的巷道支护体压力与巷道变形进行监测。

监测内容主要有巷道围岩表面位移、充填体顶部压力和内部应力、围岩深部位移、锚索受力等。

1. 巷道围岩表面位移

巷道围岩表面位移是巷道最重要的必测项目，其目的是掌握工作期间围岩表面变形及断面收缩情况，检验支护形式和参数是否合理及支护结构的可靠程度。

支护结构体的收敛变形又称表面位移，它是指测量顶部、底板和巷道两帮之间的相对位移(收敛量)。对于新庄孜矿 52210 工作面的上风巷，全断面布置 4 个测点，如图 6 - 136 所示，其中 1 点与 3 点、2 点与 4 点应水平。测量仪器采用收敛计，为此需在周边安设 4 个测桩。测桩安设时，先用钻机打眼，然后用树脂药卷固定，待测桩牢固后，定时进行测读。

为了能分别求得顶板和两帮的单一位移量，除测量 1 点与 3 点的距离和 2 点与 4 点的距离外，还需测量 1 点与 2 点的距离和 2 点与 3 点的距离，然后按三角关系求得两帮收敛和顶板下沉量。

本次位移量测采用测枪。具体测量方法：到达测量断面后，将测枪从仪器箱中拿出，在空气中放置 30 min 即可测量。在测量每两点距离时，每次应读数 3 次，取 3 次读数的平均值作为一次测量数据，当 3 次测量读数相差大于 0.05 mm 时，就应重新测试或检查仪器后重测。

测枪中的钢带尺受温度影响会发生一定的伸长或缩短，故每次测量时应用温度计测量当时的温度，以便对测量值进行温度修正。

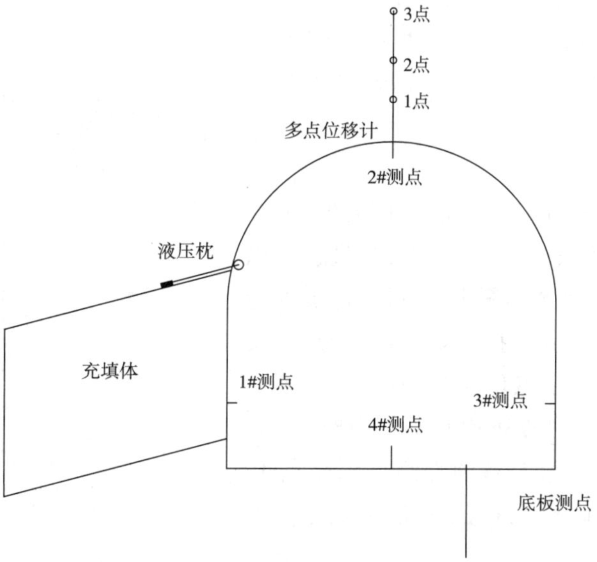

图 6 - 136　新庄孜矿 52210 工作面风巷测点布置图

2. 充填体顶部压力和内部应力

充填体在沿空留巷的支护体系中起着重要的作用，如果充填体的强度太低，将无法实现支承作用。通过对充填体顶部压力和内部应力的监测，了解充填体顶部受到的压力及内部应力变化，从而更为安全、经济、合理地对支护结构进行调整。

充填体顶部压力监测采用压力盒，埋设在充填体顶部，上下分别用两块铁板盖住。充填体内部应力监测采用应变块进行，通过仪表测出充填体上的压力。

3. 围岩深部位移

采用深基点位移计测定巷道顶板、底板与两帮不同深度的岩层相对位移量。顶板采用多点位移计，其包括孔内固定装置、孔中连接钢丝绳和孔口测读装置。每套位移计内有 3 个测点，深基点布置如图 6－136 所示。底板采用深基点位移计，共有两组。具体安装方法如下。

(1)在巷道两帮及顶板各钻出 7 m 深 ϕ28 mm 的钻孔。

(2)将带有 7 m 连接钢丝绳的孔内固定装置，由安装圆管将其推至所要求的深度。

(3)抽出安装圆管，再依次将其余的孔内固定装置送到预定位置。

(4)将孔口测读装置，用水泥药卷或木条固定在孔口。

(5)拉紧每个测点的钢丝绳，将孔口测读装置上的测尺推至 100 mm 左右的位置后，用螺丝钉将钢丝绳与测尺固定在一起。

4. 锚索受力

锚索支护施工工艺具有一定的隐蔽性，围岩条件变化频繁，破坏失稳一般没有明显的预兆，因此所有锚索支护的煤巷都应该进行日常巷道矿压与支护质量监测。

锚索的受力状况是监测的重点内容，首先可以直观掌握预拉力的大小，进一步根据锚索的工作状态判断其参数是否合理，目前锚索受力监测多使用测力计。

5. 测点的布置

由于新庄孜矿 52210 工作面在开始的 150 m 内有可能矿压显现比较严重，应重点加强监测，以便采取相应的措施来实施。故第一测点初步确定在距离工作面切眼 20 m 支护完好处，在测点处安装收敛变形测点一组，多点位移计一组、锚索测力计一组、压力盒一组。测点布置如图 6－137 所示。

测量说明：顶底位移是指顶部测点到测点 1、测点 2 直线的水平距离，两帮位移是指测点 1、测点 2 间的距离。

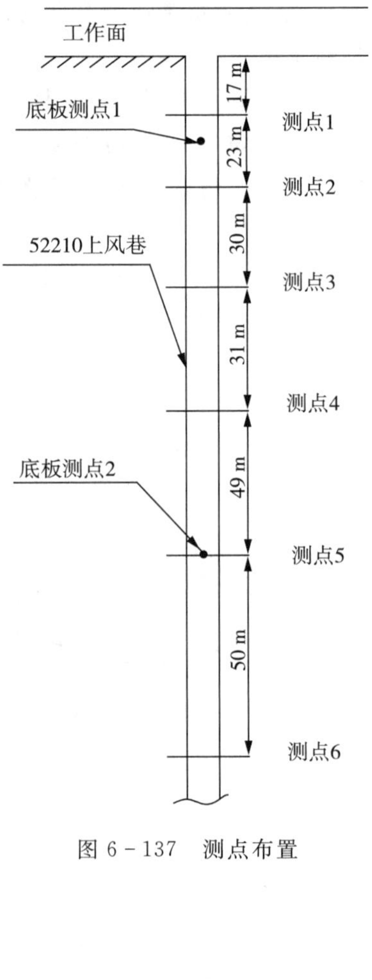

图 6－137　测点布置

6. 测试结果分析

1)测点 1

测点 1 的巷道两帮的变形总量为 291 mm,约为两帮的 6.93%;顶底变形量为 464 mm,约为高度的 17.22%;由于初次来压影响的两帮和顶底变形量分别为60 mm、133 mm,分别占到总变形量的 20.6%和 28.6%;周期来压影响的两帮和顶底变形量分别为 72 mm、97 mm,分别占到总变形量的 24.7%和 20.9%。由此可见,初次来压与周期来压是造成巷道变形的主要原因。由图 6-138 可见,随着工作面的不断向前推进,工作面来压对后方巷道的影响越来越弱。

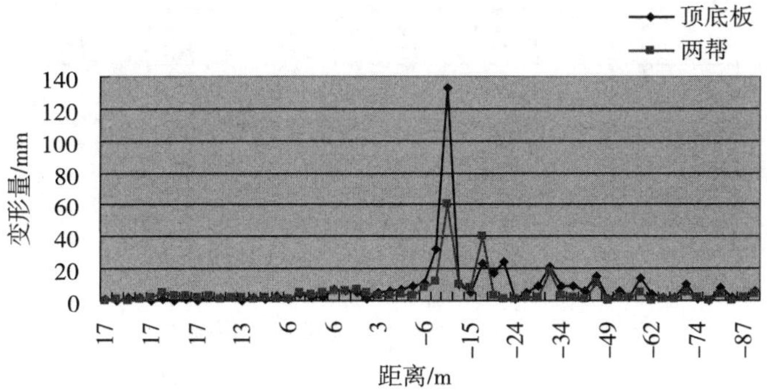

图 6-138　测点 1 巷道变形情况

2)测点 2

测点 2 的巷道两帮的变形总量为 406 mm,约为两帮的 9.86%;顶底变形量为 654 mm,约为高度的 20.86%;由于初次来压影响的两帮和顶底变形量分别为226 mm、250 mm,分别占到总变形量的 55.66%和 38.22%。由此可见,初次来压与周期来压是造成巷道变形的主要原因。由图 6-139 可见,压力最大是位于第一次周期来压时,测点位于工作面前方大约 1 m 处。

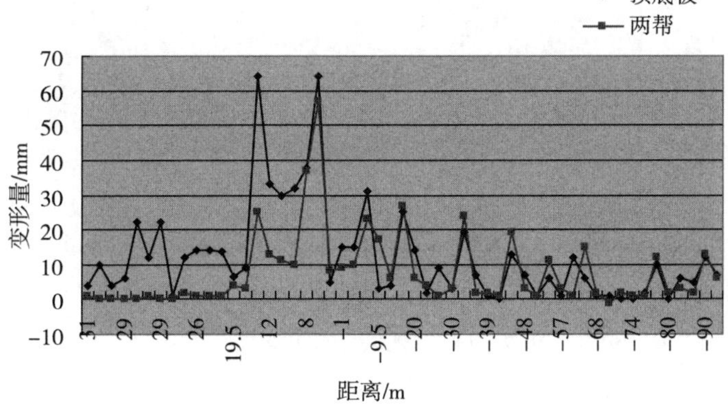

图 6-139　测点 2 巷道变形情况

3)测点 3

测点 3 的巷道两帮的变形总量为 601 mm,约为两帮的 15.04%;顶底变形量为

863 mm，约为高度的 26.8%；由于初次来压影响的两帮和顶底变形量分别为 226 mm、250 mm，分别占到总变形量的 49.01%和 56.9%。由此可见，初次来压是造成巷道变形的主要原因。由图 6-140 可见，压力最大是位于第一次周期来压时，测点位于工作面前方大约 6 m 处。

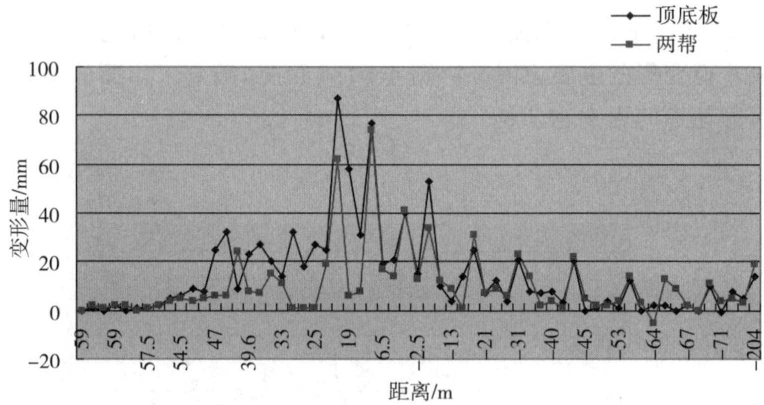

图 6-140　测点 3 巷道变形情况

4）测点 4

测点 4 的巷道两帮的变形总量为 575 mm，约为两帮的 15.1%；顶底变形量为 586 mm，约为高度的 21.2%；由于初次来压影响的两帮和顶底变形量分别为 277 mm、320 mm，分别占到总变形量的 48.1%和 54.6%。由此可见，初次来压是造成巷道变形的主要原因。由图 6-141 可见，压力最大是位于第一次周期来压时，测点位于工作面前方大约 6 m 处。

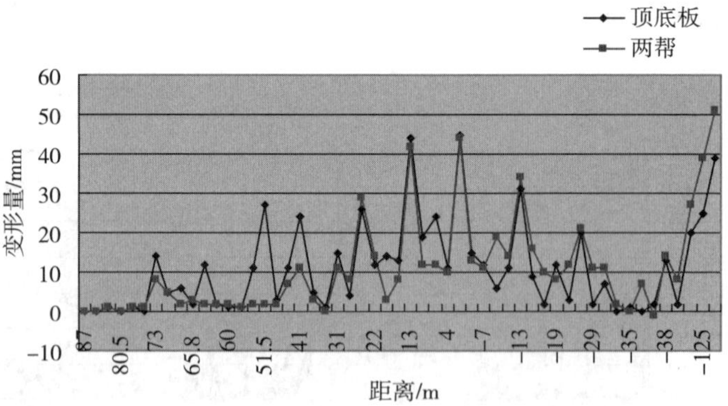

图 6-141　测点 4 巷道变形情况

5）测点 5

测点 5 的巷道两帮的变形总量为 834 mm；顶底变形量为 1251 mm；由于初次来压影响的两帮和顶底变形量分别为 278 mm、503 mm，分别占到总变形量的 33.3%和 40.2%。由图 6-142 可见，该处的矿压显现比较大。根据现场情况，该处位于小断层附近，属于地质破坏比较严重的地区。

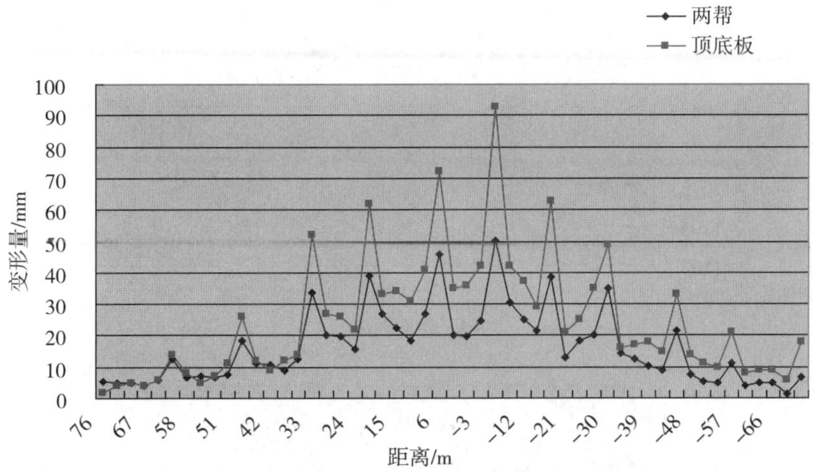

图 6－142　测点 5 巷道变形情况

6)测点 6

测点 6 的巷道两帮的变形总量为 608 mm；顶底变形量为 814 mm；由于初次来压影响的两帮和顶底变形量分别为 246 mm、345 mm，分别占到总变形量的 43.4％和 42.3％。测点 6 巷道变形情况如图 6－143 所示。

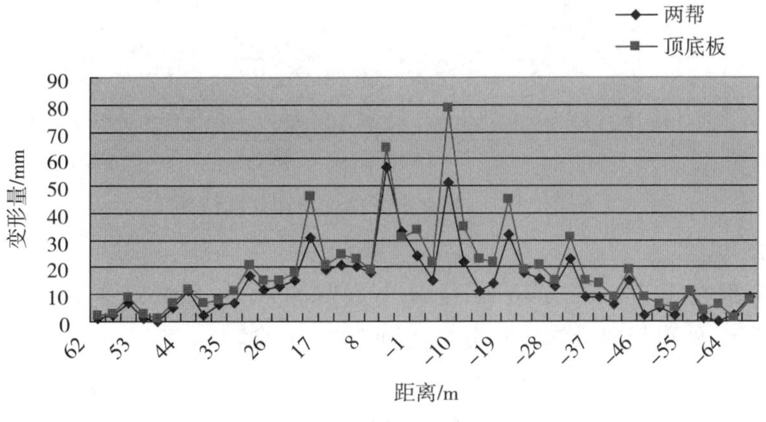

图 6－143　测点 6 巷道变形情况

7. 巷道顶板运动规律监测

巷道顶板运动规律的监测采用多点位移计进行，根据巷道顶板的地质条件，在一个测点处分别设 3 个点监测直接顶、老顶随着采动而变化的运动状态。

1)测点 1

测点 1 分别在 2.5 m、5 m、6 m 设 3 个点监测顶板，监测结果如图 6－144 所示。2.5 m、5 m、6 m 处顶板的最大位移分别达到 36 mm、14 mm、13 mm。

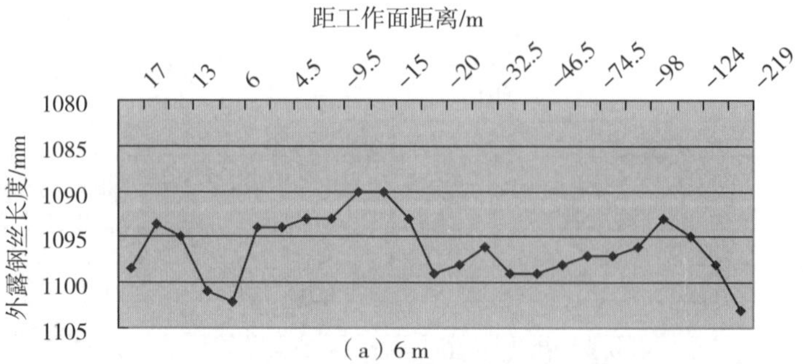

(a) 6 m

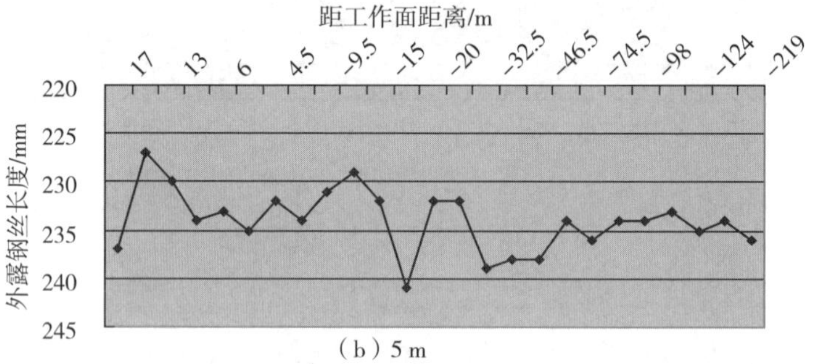

(b) 5 m

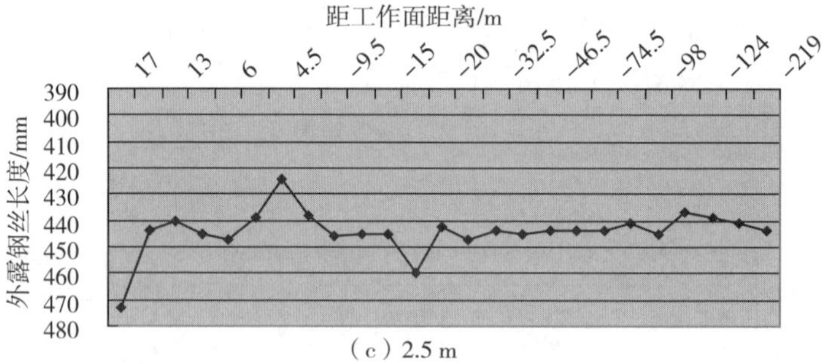

(c) 2.5 m

图 6-144 测点 1 多点位移计监测情况

2)测点 2

测点 2 分别在 1.5 m、3 m、5 m 设 3 个点监测顶板,监测结果如图 6-145 所示。1.5 m、3 m、5 m 处顶板的最大位移分别达到 11 mm、20 mm、41 mm。

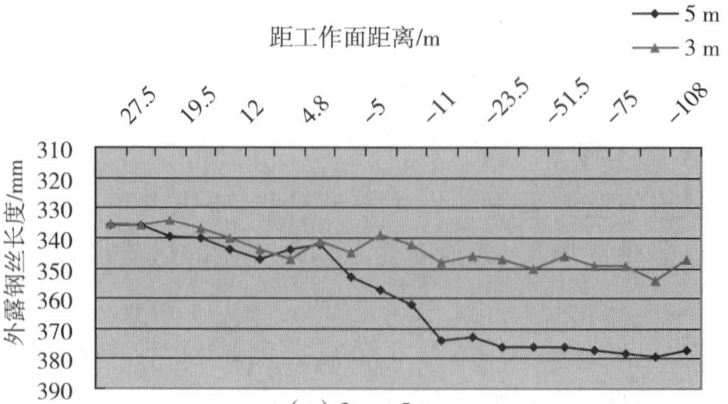

(a) 3 m、5 m

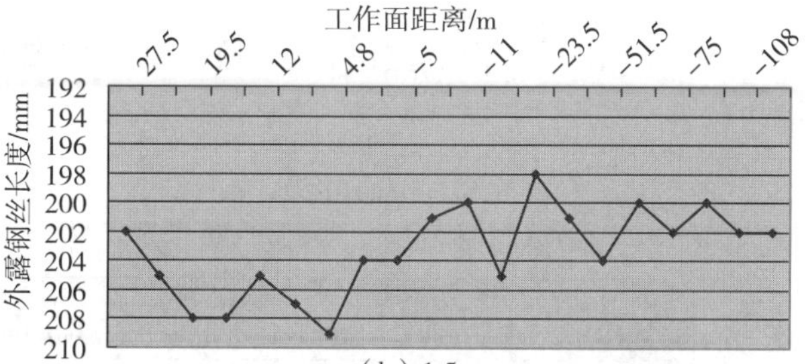

（b）1.5 m

图 6－145　测点 2 多点位移计监测情况

3）测点 3

测点 3 分别在 1.5 m、3 m、6 m 设 3 个点监测顶板，监测结果如图 6－146 所示。1.5 m、3 m、6 m 处顶板的最大位移分别达到 21 mm、28 mm、15 mm。

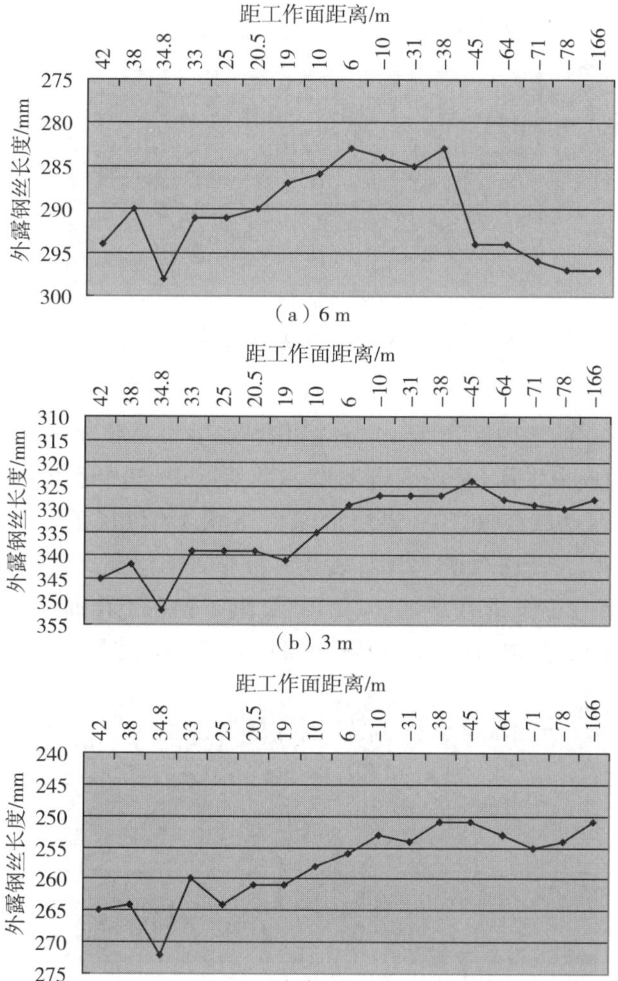

（c）1.5 m

图 6－146　测点 3 多点位移计监测情况

4)测点 4

测点 4 分别在 2 m、5 m、7 m 设 3 个点监测顶板,监测结果如图 6－147 所示。7 m、5 m、2 m 处顶板的最大位移分别达到 39 mm、26 mm、32 mm。

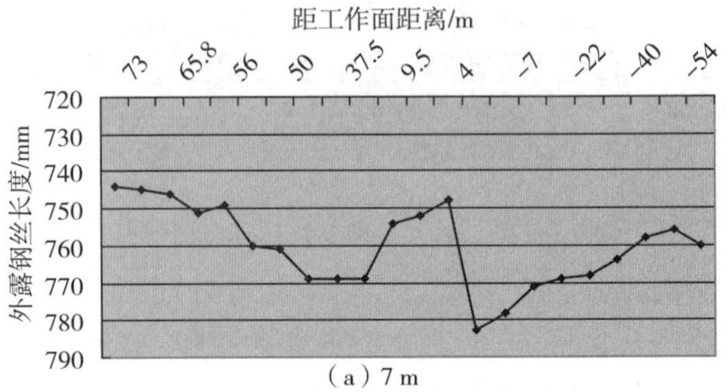

(a) 7 m

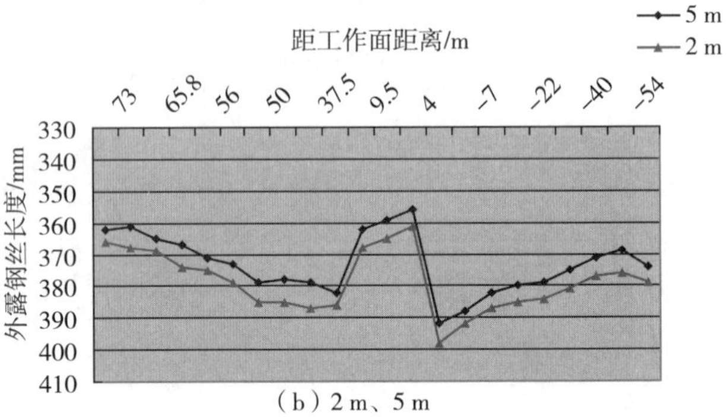

(b) 2 m、5 m

图 6－147　测点 4 多点位移计监测情况

8. 底板位移量监测

B8 煤层距离 B10 的法向距离为 40 m,在 B10 煤层回采后,由于采场原有应力状态被破坏,为了形成新的应力平衡,采场围岩发生一系列运动,其中也包括底板。为了了解底板围岩在采场中的运动状态和 B10 煤层回采对下伏 B8 煤层的影响,以及对底板瓦斯 B10 煤层的抽采效果,在新庄孜矿 52210 风巷底板布置两组测点监测底板位移情况。

第一组测点布置在工作面前方 30 m 处,第二组布置在工作面前方 150 m 处。每组测点钻孔内布置 4 道测点,分别为深 11 m、19 m、29 m、37 m,如图 6－148 和图 6－149 所示。

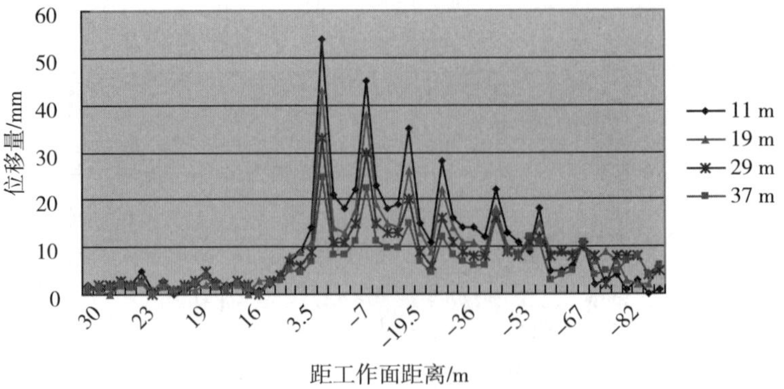

图 6－148　工作面前方 30 m 底板位移测点

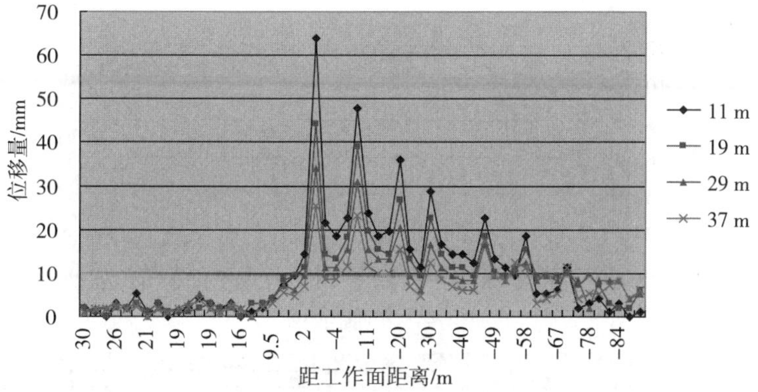

图 6 - 149　工作面前方 150 m 底板位移测点

从以上两组底板位移测点测试结果可以看出：

(1)测点位于工作面前方时，采动对底板的影响较小；

(2)随着巷道的周期来压，底板位移量也增加，但是略微滞后工作面来压；

(3)底板各岩层的位移量随着深度的增加而减小，11 m 测点的位移大约为550 mm，19 m 和 29 m 的测点位移在 500 mm 左右，位于 B8 煤层顶板的 37 m 测点位移大约为 400 mm 左右；

(4)底板受到采动的影响范围大约为工作面后方 80 m。

9. 充填体受力情况

为了了解充填体上受到的压力变化情况，特在测点 1 与测点 3 处充填体上方埋设液压枕一个，通过液压枕上表的度数，观测出充填体上受到力的大小。具体数值如图 6 - 150 和图 6 - 151 所示。

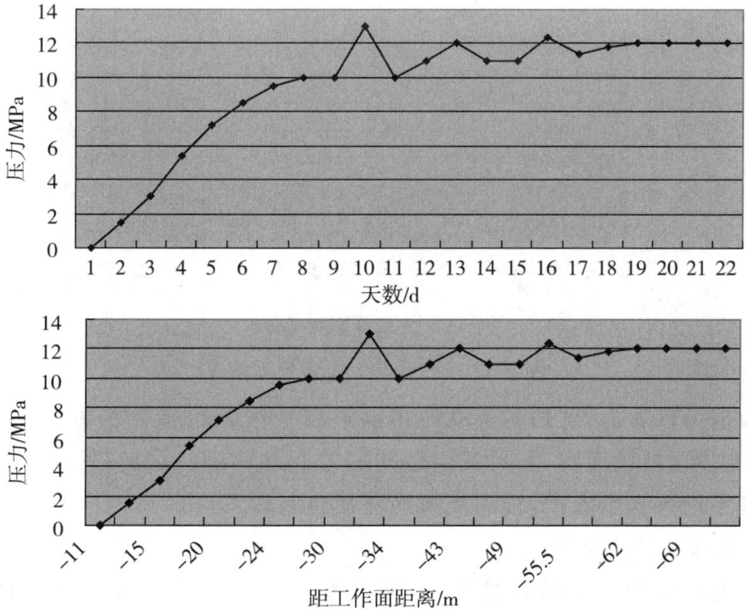

图 6 - 150　测点 1 充填体受力情况

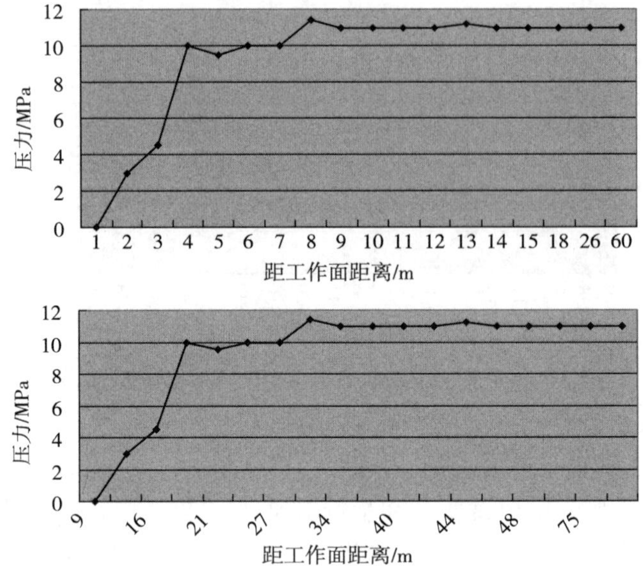

图 6－151　测点 3 充填体受力情况

10. 锚索应力的监测

为了了解顶板受力支护的规律，在测点处对锚索的应力进行监测。采动中顶板的运动，使得锚索没有起到对顶板的支护作用，绝大部分锚索出现下沉，挡板下沉距岩石表面距离为 10～50 mm。当距工作面大约 100 m 时，锚索的挡板才开始与岩石表面贴实，锚索逐渐增加应力。由于部分锚索测力计损坏，只有测点 1 的数据完整，具体如图 6－152 所示。

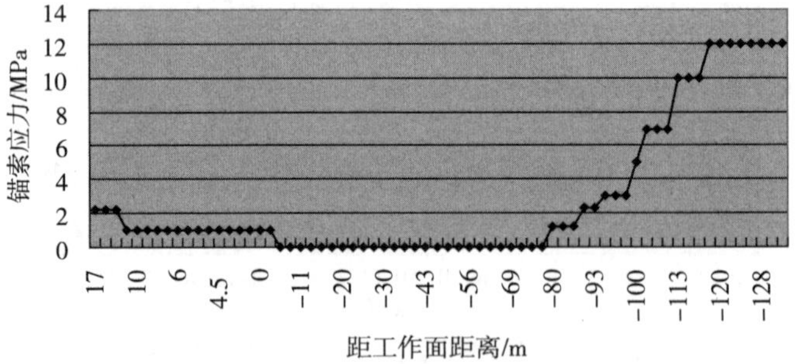

图 6－152　测点 1 锚索受力情况

从以上数据可以看出，老顶的运动使得锚索在工作面的前后方基本对巷道没有起到支护的作用，支护顶板被压实，不再发生运动后才起到作用。因此，针对二次留巷时巷道在维修加固可不进行锚索支护，锚索支护应滞后进行。

11. 充填体强度情况监测

为了了解充填体的强度增长情况，在新庄孜矿 52210 工作面对充填体进行强度监测，具体如图 6－153 所示。

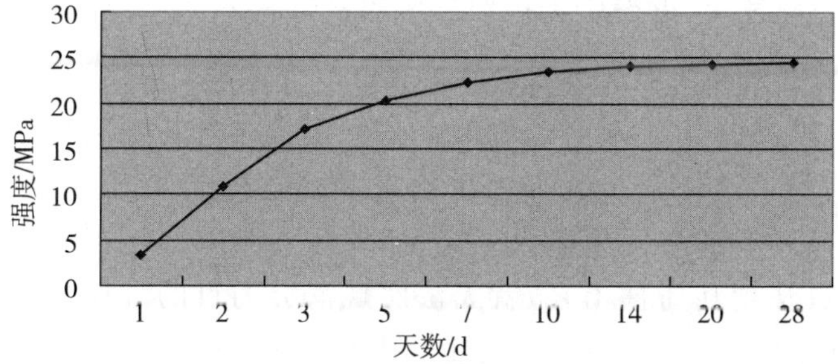

图 6－153　充填体强度监测情况

从图 6－153 可以看出，充填体的强度最终可达 25 MPa 左右，能够满足现场要求。

12. 监测小结

新庄孜矿 52210 风巷作为经历两次工作面采动影响的巷道，其巷道来压和变形规律对以后巷道的支护有借鉴作用。通过对 52210 风巷的监测，从图 6－138～6－153 可以看出有以下规律。

(1)在工作面前后 50 m 的范围内，来压对顶板的影响较大，超过 50 m 影响明显减小；到工作面后方 120 m 附近左右，顶板运动基本停止。

(2)工作面的初次来压和周期来压是造成巷道发生变形的主要原因，对该巷道的变形产生很大影响，其对巷道的变形影响达到 50%左右。

(3)从巷道的变形分析来看，初次来压强度较大，其强度是周期来压强度的 3～4 倍。

(4)通过监测的巷道变形分析来看，52210 工作面的初次来压步距为 28 m，平均周期来压步距为 12.4 m。

(5)巷道的顶底变形量一般大于两帮的变形量，说明二次留巷承受的矿山压力以竖向压力为主。

(6)巷道的最大变形处位于工作面前方 1～5 m，这是周期来压与超前压力共同作用的结果。

(7)通过对巷道顶板运动情况进行监测发现，顶板的运动受周期来压和初次来压的影响较大，每一次来压的强度大小都反映到顶板的运动上。

(8)在工作面来压前，数值基本下降，说明在来压前，由于顶板岩层受到采动压力的作用、顶板受到集中压力的作用，处于下沉状态；而当来压后，数值基本上升，说明顶板发生破断，巷道受到压力较小，巷道上方顶岩层发生转动，使得岩层上移。

(9)同样测点位于工作面前方，该处的顶板出现下沉趋势，而位于工作面后方出现上升趋势。

(10)通过监测分析发现，直接顶运动明显较老顶强烈。

(11)通过对巷旁充填支护体受力监测发现，顶板作用在充填体上的压力为 11～12 MPa，且充填体在充填后到初次来压与周期来压作用时，压力增大。

(12)充填体距工作面 44～53 m 时，充填体上的压力基本稳定。

6.4.4 52210沿空留巷“Y”形通风工作面瓦斯综合治理技术

1. 基于留巷的多向钻孔布置方案与参数设计

B10保护层开采关键是对B11b、B8两个强突出煤层进行瓦斯抽采消突。如果B10煤层开采之后没有把B11b、B8的瓦斯抽采出来，没有把B11b、B8两个强突出煤层消突问题解决掉，那么B10保护层开采毫无意义；如果开采保护层之后没有向被保护层施工穿层钻孔，也没有办法把瓦斯抽出来，就无法实现消突的目的。根据52210工作面系统周围巷道布置情况，研究并实施多向钻孔抽采技术。图6-154为52210沿空留巷“Y”形通风工作面多向钻孔抽采卸压瓦斯布置图。

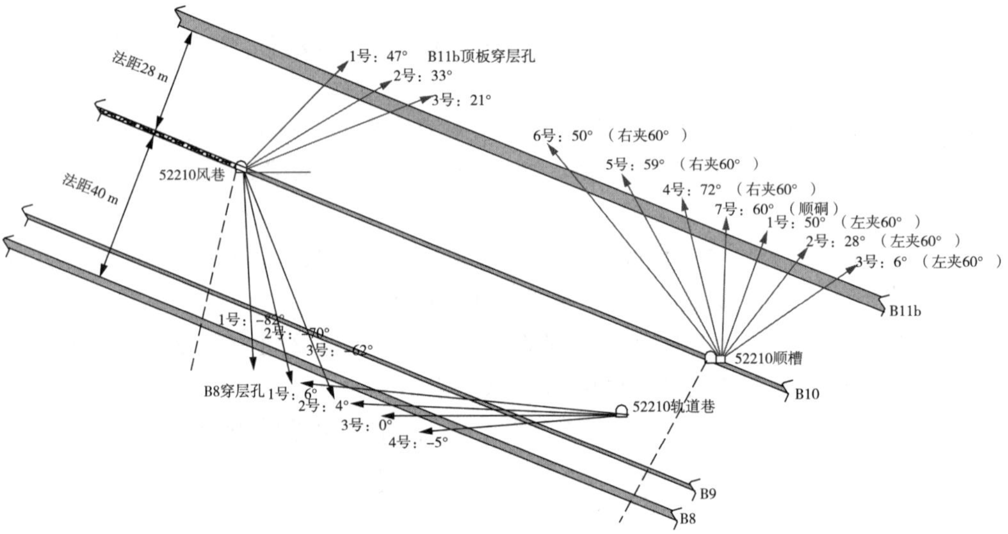

图6-154　52210沿空留巷“Y”形通风工作面多向钻孔抽采卸压瓦斯布置图

1)机巷上向穿层钻孔预抽B11煤层瓦斯

采前在运输巷下帮每间隔20 m布置一个钻场，每个钻场内布置7个穿层钻孔，钻孔施工参数如表6-28所示；钻孔孔底间距为15～20 m。钻孔穿过B11煤层顶板，预抽B11b煤层下段原始瓦斯和回采期间抽采采动卸压瓦斯。

表6-28　52210顺槽穿层钻孔施工参数

孔号	方位(与顺槽中线夹角)/°	仰角/°	预计孔深/m	孔底位置
1	90(左夹60)	50	30	穿过B11b煤层并进入顶板1 m
2	90(左夹60)	6	58	
3	210(右夹60)	72	45	
4	210(右夹60)	59	58	
5	210(右夹60)	50	77	
6	150(顺峒)	60	38	
7	90(左夹60)	28	45	

2)风巷留巷内倾向上向穿层钻孔采后抽采 B11 煤层卸压瓦斯

如图 6－154 所示，在 52210 工作面回采后沿空留巷内，沿采空区侧滞后一个周期来压步距(20～30 m)施工倾向上向穿层抽采瓦斯钻孔，保证倾向抽采瓦斯钻孔的完整性不因顶板周期来压覆岩冒落而破坏。其钻孔施工参数如表 6－29 所示；钻孔孔底间距为 15～20 m。钻孔穿过 B11 煤层顶板，抽采 B11b 煤层采动卸压瓦斯和 B10 煤层顶板裂隙圈积聚的游离瓦斯。

表 6　29　52210 风巷 B11b 穿层钻孔施工参数

孔号	方位(与风巷中线夹角)/°	仰角/°	预计孔深/m	孔底位置
1	117(左夹 33)	47	38	穿过 B11b 煤层并进入顶板 1 m
2	95(左夹 55)	33	43	
3	86(左夹 64)	21	49	

3)风巷留巷内倾向下向穿层钻孔采后抽采 B8 煤层卸压瓦斯

如图 6－154 所示，在 52210 工作面回采后沿空留巷内，沿采空区侧滞后 40～50 m 施工倾向下向穿层抽采瓦斯钻孔，使用浅孔锤配大功率压风机施工，每隔 10 m 布置一个钻场，每个钻场布置 3 个钻孔，向 B8 煤层施工抽采钻孔。其钻孔施工参数如表 6－30 所示；钻孔孔底间距 10～12 m，孔深 50～70 m。下向钻孔穿过 B8 煤层底板，抽采 B8 煤层采动卸压瓦斯和 B8 煤层底板裂隙圈积聚的游离瓦斯。

表 6－30　52210 风巷 B8 下向穿层钻孔施工参数

孔号	方位/°	仰角/°	预计孔深/m	孔底位置
1	60	－62	66	穿过 B8 煤层并进入底板 1 m
2	60	－70	56	
3	60	－82	49	

4)52210 轨道巷近水平穿层钻孔抽采 B8 煤层下段卸压瓦斯

如图 6－154 所示，根据已有的巷道系统，利用－612 m 52210 轨道巷从顶板向 B8 煤层卸压带施工钻孔，每隔 10 m 布置一个钻场，每个钻场布置 4 个钻孔。其钻孔施工参数如表 6－31 所示；钻孔孔底间距 10～12 m，孔深 50～82 m。抽采瓦斯钻孔均布置在采动卸压区内。

表 6－31　－612 m 52210 轨道巷 B8 穿层钻孔施工参数

孔号	方位(与巷道中线夹角)	仰角/°	预计孔深/m	孔底位置
1	垂直巷道	6	82	穿过 B8 煤层并进入底板 1 m
2	垂直巷道	4	67	
3	垂直巷道	0	58	
4	垂直巷道	－5	50	

2. 基于留巷的多向钻孔抽采效果分析

新庄孜矿开采 B10 煤层保护上部的 B11b 煤层，层间距为 28 m，采高为 1.9 m，相对层间距为 14.4。保护层工作面回采前，在机巷每隔 20 m 施工一组(7 个)穿层钻孔，钻孔在 B11b 煤层中厚线上的间距为 20 m，预抽保护层工作面对应 B11b 煤层区域倾斜下部的瓦斯。工作面推进过程中，材料巷充填护巷，在留巷施工上向(3 个)和下向(3 个)穿层钻孔，分别拦截抽采上部和下部邻近高瓦斯突出煤层的卸压瓦斯，同时在 52210 底板轨道巷施工穿层钻孔抽采下部 B8 邻近煤层的采动卸压瓦斯巷料。

52210 工作面回采过程中，材料巷倾向瓦斯抽采钻孔的抽采量为 8.5～34.0 m^3/min，平均为 15.0 m^3/min；机巷上向穿层钻孔抽采量为 3.5～6.0 m^3/min，平均为 4.5 m^3/min；52210 轨道巷穿层钻孔抽采量为 2.5～6.5 m^3/min，平均为 5.0 m^3/min；控制范围内煤体的瓦斯抽放率超过 70%。

3. 基于留巷"Y"形通风工作面采空区埋管抽采瓦斯技术

52210 沿空留巷"两进一回""Y"形通风方式(图 6－155)，工作面机巷和材料巷均进风，机巷和工作面的过风量较"U"形通风工作面风量小，工作面两端压差小，采空区漏风滤流场影响范围小；材料巷进风改变了工作面系统的能位分配和采空区流场结构，上隅角处于进风流中，消除了上隅角瓦斯积聚问题。虽然采空区遗煤解吸瓦斯和上、下邻近煤层卸压瓦斯通过采动裂隙流向采空区，并在采空区及其顶板裂隙区内聚集，但由于沿空留巷充填体形成的留巷密实性好，易于在工作面采空区形成高浓度瓦斯库。由于瓦斯密度小，采空区瓦斯积聚在工作面采空区上部及其上覆岩层卸压裂隙区。若未布置倾向穿层抽采瓦斯钻孔或抽采量不足，采空区积存的高浓度瓦斯在压力差和浓度差的作用下可能向工作面开采空间运移和扩散，仍有可能造成回风隅角等局部地点瓦斯浓度超限。因此，从安全生产角度来看，应在沿空留巷段实施埋管抽采瓦斯技术(图 6－156)，通过调节采空区埋管抽采位置和抽采量，改变采空区瓦斯流场和瓦斯浓度场分布，控制采空区瓦斯涌出，实现工作面的安全生产。

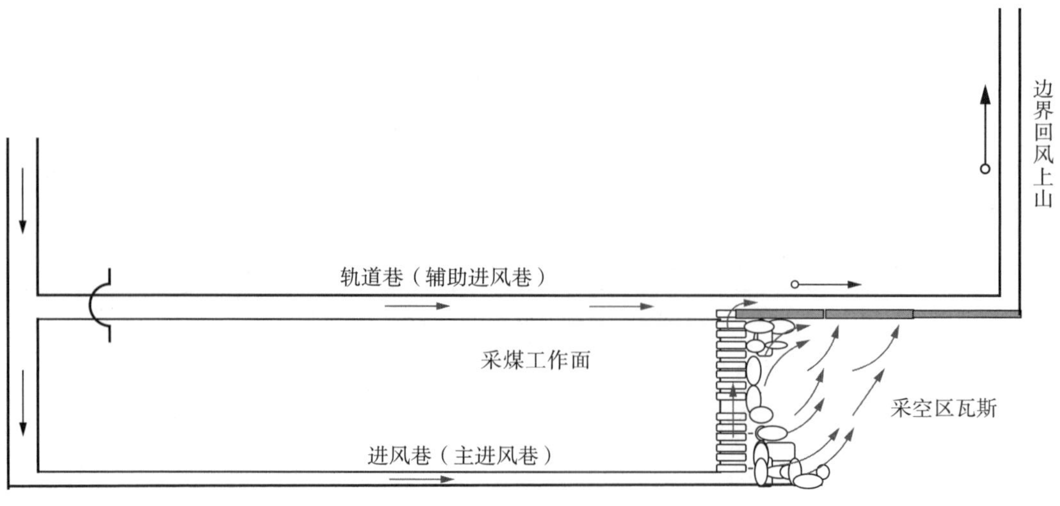

图 6－155 52210 沿空留巷"Y"形工作面通风系统示意图

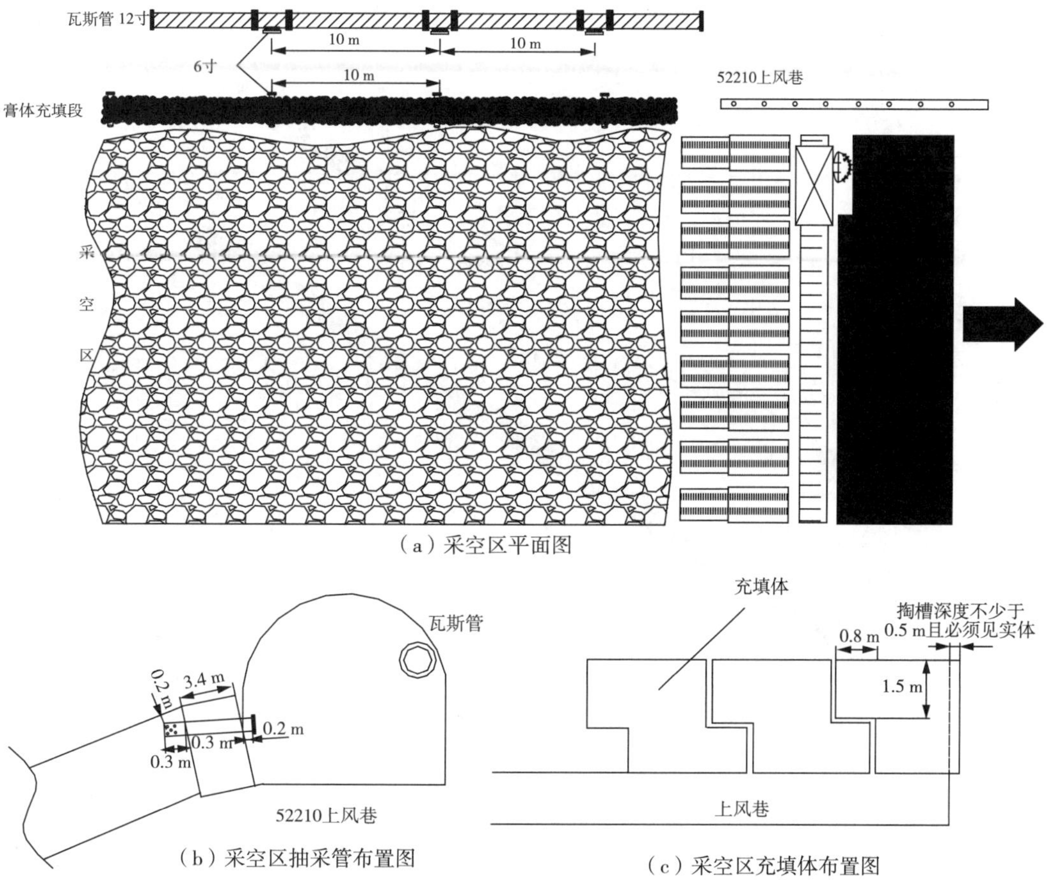

(a) 采空区平面图

(b) 采空区抽采管布置图

(c) 采空区充填体布置图

图 6-156 采空区埋管抽采瓦斯示意图

设计在工作面材料巷沿空留巷段，充填体施工过程中，充填体内每间隔 10 m 预留一直径不小于 150 mm 的抽采管道。抽采管道穿过留巷充填体，伸入采空区的长度不少于 1.5 m，前端 1 m 管壁布置 ϕ10 mm 进气花孔。通过三通和连接管接入风巷一趟 ϕ300 mm抽放管道上，在每一分支管道上设置一个闸阀，通过闸阀控制同时埋管抽放的数量。实际操作过程中，为提高采空区埋管抽采瓦斯效果，在留巷内保持 6～10 个采空区抽采管道与埋管抽采主管道连通，抽放口与工作面上口的距离为 20～80 m；其他的采空区抽采管道的闸阀关闭，当工作面瓦斯涌出量大或瓦斯涌出异常时，通过控制采空区埋管抽采管道口的数量和开启程度控制采空区瓦斯抽采量和抽采瓦斯浓度。

沿空留巷"Y"形通风采空区半开放式抽采瓦斯，如果充填体漏风较大，抽采的瓦斯浓度不会太高，为达到有效的抽采治理瓦斯效果，抽采的混合流量不应太小。具体的抽采混合流量可根据工作面的实际条件确定。

4. *大直径下向穿层抽采钻孔的施工与封孔技术*

使用风动钻机，施工地点需再专门安装一台移动式空气压缩机和充足的压风供给，压风风压不得低于 0.7 MPa，待钻机及管路安装稳固后即可施工。首先使用大直径复合片钻头(ϕ153 mm)进行扩孔下套管进行护孔，套管材质为高强度无缝钢管，下套管深度不小于 20 m。具体施工步骤如图 6－157 和图 6－158 所示。

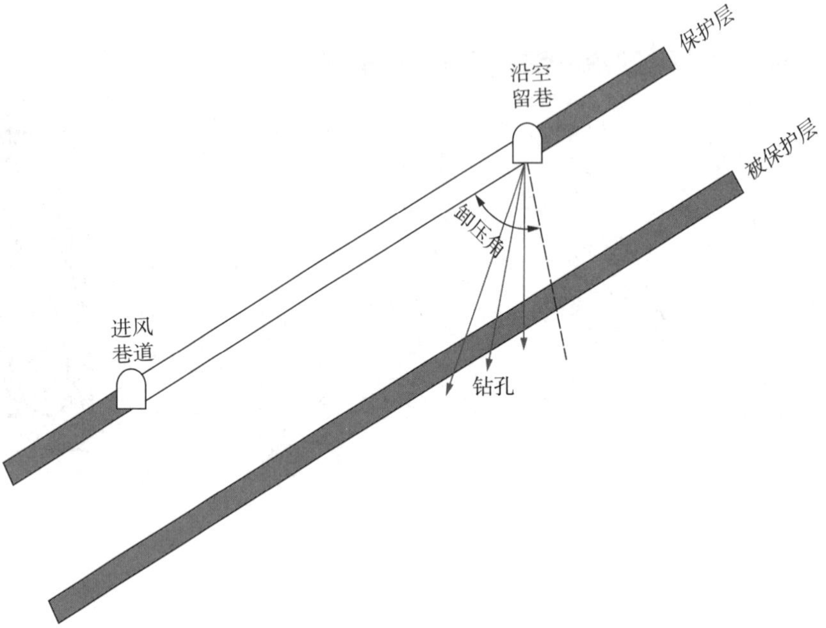

图 6－157 下向穿层抽采瓦斯钻孔布置示意图

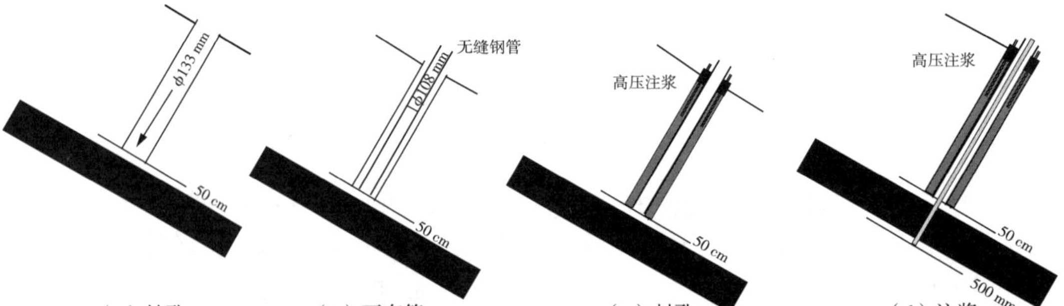

图 6－158 封孔示意图

(1)利用 ϕ133 mm 钻头向下施工下部卸压煤层的抽采瓦斯钻孔。当钻孔施工至目标煤层顶板 50 cm 位置时，停止施工取出钻杆，如图 6－158(a)所示。

(2)在钻孔内送入 ϕ108 mm(钢管口焊接好法兰盘)无缝钢管(套管)至孔底，长度根据钻孔施工的深度确定(不小于 20 m)。同时在孔口送入两根 ϕ1 寸(1 寸≈33 mm)的无缝注浆钢管(外口加工成外丝扣)，注浆管长 2 m 左右，一根作为备用或两根同时进行双液注浆，外口均带有阀门和高压胶管快速接头，以便和注浆泵相连。在孔口段(500～1000 mm)利用快干水泥砂浆进行封堵，如图 6－158(b)(c)所示。

抽采钻孔封孔，煤孔一直采用聚氨酯封孔，岩孔采用风动注浆泵封孔。但通过调研发现，基层单位认为：计资以钻孔进尺多少为标准，封孔好坏不影响工资收入。为此，淮南矿区采取对策，明确要求封孔最好采用 ZBL 型高压注浆泵封孔，并首先对高压注浆封孔工艺进行了试验研究，强制性推行高压注浆泵封孔，取得了较好效果。

首先将施工好的钻孔扩孔至 ϕ153 mm，下入 ϕ108 mm 孔口管，在套壁外侧焊上 ϕ15 mm 注浆管，长 2 m，外口使用聚氨酯预封孔，并用水泥或锚固剂固定。然后把注浆管与注浆泵的出浆口用胶管连接，在 DLB 型注浆泵漏斗中注入 1/2 体积的清水，将 100 kg 425 号水泥过筛，滤出颗粒杂质，再将过滤好的水泥倒入漏斗中，泥水比为 1∶0.8～1∶1。最后加入 10 kg 膨胀剂，人工搅拌均匀，呈糊状，开动注浆泵，待孔口管返浆后封孔完成。

(3)待水泥砂浆凝固后，接好 QZB－50/6 注浆泵(工作压力为 0～6 MPa)，并与 ϕ1 寸注浆管连接好，搅拌一定量的速凝发泡水泥浆液，用注浆泵向钻孔内注浆(如果只用一根注浆管注浆，要将另一根 ϕ1 寸的无缝注浆钢管闷上)，待浆液从 ϕ108 mm 无缝钢管口流出时，停注 1 min 左右，再次进行注浆，待浆液再次从 ϕ108 mm 无缝钢管口流出时，用准备好的法兰盘盖板将 ϕ108 mm 无缝钢管口闷上，再向钻孔内注浆直至不能再注为止，说明浆液将钻孔周围的裂隙注实，如图 6－158(d)所示。

(4)上述抽采瓦斯钻孔注浆 1～2 d 后，打开 ϕ108 mm 无缝钢管口的法兰盘盖板，钻机在套管中按原施工钻孔的位置和角度，用 ϕ73～90 mm 钻头施工抽采瓦斯钻孔直至穿过煤层进入煤层顶板(或煤层底板)500 mm。

(5)取出钻杆，用准备好的带有连接抽采系统接头的法兰盘接头安装在 ϕ108 mm 无缝钢管上，接入抽采系统即可进行下邻近煤层卸压瓦斯抽采。

6.4.5　三维瓦斯抽采的实时监测监控保障技术

1. 瓦斯抽采量实时监测

高瓦斯煤层群首采保护层工作面采用沿空留巷“Y”形通风无煤柱开采技术，试验采用倾向穿层钻孔取代高抽巷意义重大，为淮南矿业集团新一轮瓦斯治理技术创新提供了基础试验数据。同时，在进行留巷无煤柱开采技术创新的同时，必须保证采煤工作面的安全生产。为总结沿空留巷“Y”形通风抽采瓦斯的成果，同时为今后高瓦斯煤层群首采保护层沿空留巷“Y”形通风工作面瓦斯抽采提供可靠的技术经验，在新庄孜矿 52110 工作面和顾桥矿 1115(1)工作面进行了细致的瓦斯抽采量的计量考察工作。设计每一个抽采钻场均需设置孔板流量计，初采的 150 m 倾向顶、底穿层抽采瓦斯钻孔和采空区埋管抽采均需进行单孔抽瓦斯计量，以考察单孔抽采瓦斯流量、浓度、抽放参数与钻孔和采面相对空间位置的变化关系。单一倾向抽采钻场瓦斯抽采计量示意图如图 6－159 所示，在集气装置与每个抽采钻孔的连接管上预留一个采样口(ϕ8 mm)，便于测量各孔的抽采瓦斯浓度。

采空区埋管抽采瓦斯计量：工作面初采 300 m 内，在每一个埋管支路上均设置孔板流量计，单独考察各埋管抽采瓦斯流量和瓦斯浓度，在埋管抽采的主管路中设置孔板流量计，计量总的埋管抽采瓦斯流量和浓度。

顺层钻孔和下向穿层抽采瓦斯计量同图 6－159。主抽采管道设置管道瓦斯四参数流量计，并直接接入矿井监测监控系统，便于实测掌握卸压瓦斯情况。

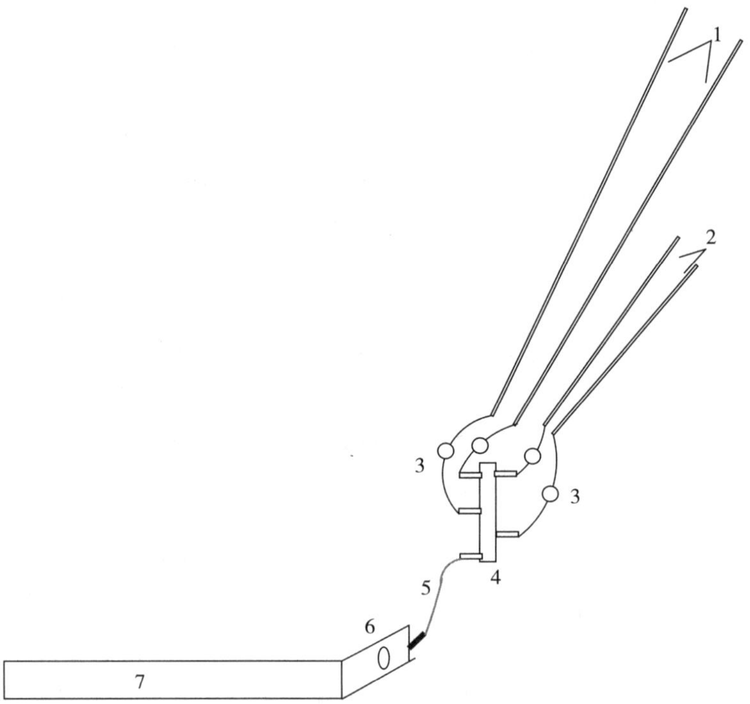

1—B11 煤层穿层钻孔；2—短倾向钻孔；3—计量装置；4—集气装置；5—连接软管；6—孔板流量计；7—主抽采管道。

图 6-159　单一倾向抽采钻场瓦斯抽采计量示意图

2. 安全监测系统设计

在工作面上隅角安设瓦斯传感器 T0，在“Y”形通风工作面风巷留巷段距工作面后方 5～10 m 处安设瓦斯传感器 T1，在“Y”形通风工作面回风巷出口安设瓦斯传感器 T2，在采区总回石门安设瓦斯传感器 T3。(具体可根据实际工作面绘制通风、监控系统图)

(1)T0 报警点≥1.0%CH_4，断电点≥1.5%CH_4，复电点<1.5%CH_4。

(2)T1 报警点≥0.8%CH_4，断电点≥0.8%CH_4，复电点<0.8%CH_4。

(3)T2 报警点≥1.0%CH_4，断电点≥1.0%CH_4，复电点<1.0%CH_4。

(4)T3 报警点≥0.8%CH_4，断电点≥0.8%CH_4，复电点<0.8%CH_4。

断电范围为试验“Y”形通风工作面上、下两条进风巷、回风巷及回风流中全部非本质安全型电器。

在试验工作面留巷回风巷内分别安设温度传感器和一氧化碳(CO)传感器，对工作面及回风流的温度、CO 气体进行监测。

3. 52210“Y”形通风工作面采空区束管监测设计

1)束管布置

随着工作面的推进，在工作面上、下隅角采空区均布置采样束管，通过气体成分分析确定采空区不同位置处 CO、O_2、CH_4 等气体浓度，判断采空区煤自燃状态，根据 O_2 浓度的变化规律，确定采空区氧化带、自燃带和窒息带的范围。具体设计布置如下。

采空区上部：采用 12 芯的束管，随着工作面推进，上巷充填留巷时，每间隔 20 m

预埋一铁管(保护管)，长 11 m，分别在 1 m 和 11 m 处设三通布置采样头和束管，内置 2 根束管，共设 6 组，同时监测范围为 100 m。上巷束管总长度为 500 m，采用移动式采样泵逐点采样，根据地面气相色谱分析采样气体成分。可监测的采空区范围为 0～500 m，6 组同时监测的范围为 0～400 m。整体束管可悬挂在留巷巷帮上，如图 6-160 所示。

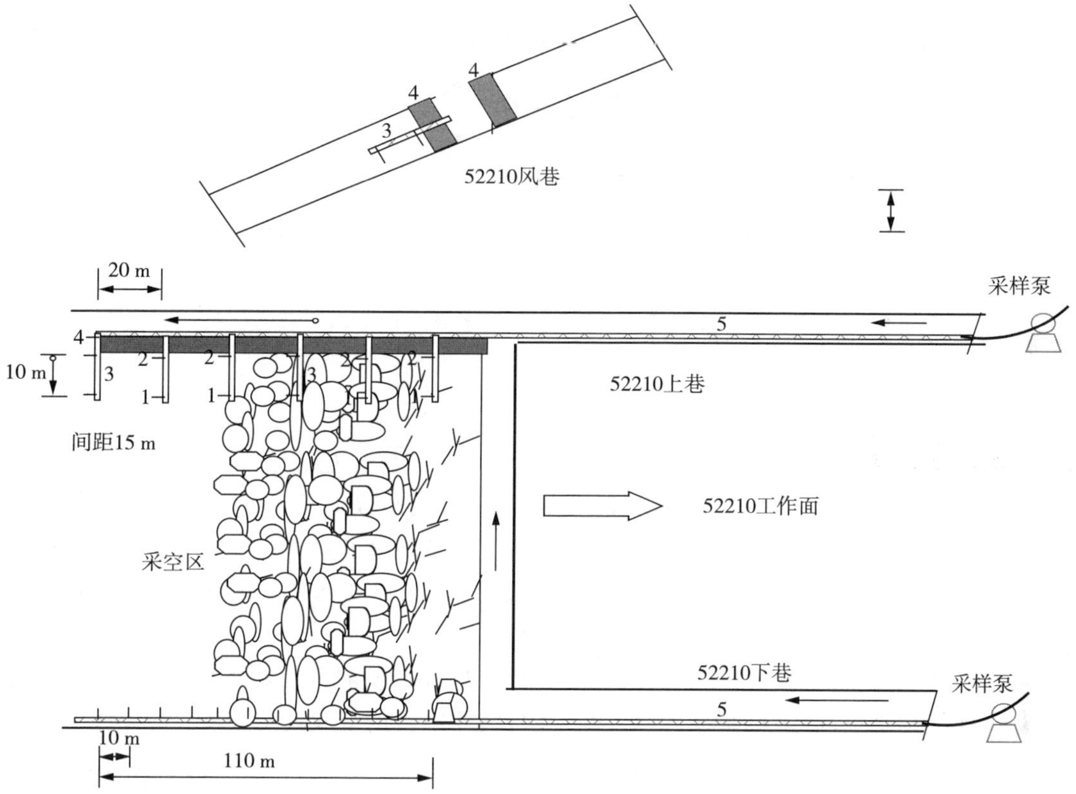

1、2—束管口；3—保护铁管；4—充填体；5—束管。

图 6-160　采空区束管监测测点布置示意图

采空区下部：采用 12 芯的束管，随着工作面推进，在工作面下巷采空区侧埋设束管，束管放在 $\phi 2$ 寸铁管(保护管)中，每间隔 10 m 设有三通布置采样头和束管，共设 12 个点，同时监测范围为 110 m。下巷束管总长度为 500 m，采用移动式采样泵逐点采样，根据地面气相色谱分析采样气体成分。可监测的采空区范围为 0～500 m，12 个点同时监测的范围为 0～390 m。整体束管放在 $\phi 2$ 寸铁管(保护管)置下巷地板上。

2)观测实施方案

(1)束管采样口布置。

随着工作面的推进，当工作面推进至 50 m 时，在工作面上、下隅角采空区预埋布置采样束管，上巷每间隔 20 m 布置一组束管，整体束管长 500 m，吊挂在上巷中；下巷每间隔 10 m 布置一根束管，整体束管长 500 m，放置在 $\phi 2$ 寸铁管(保护管)中，铁管沿底一侧放置；三通保护及气体取样管的设置如图 6-161 所示。

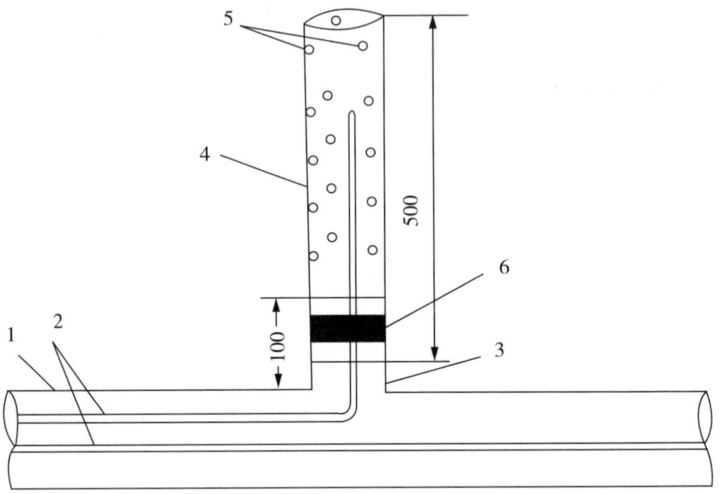

1—ϕ2 寸保护套管；2—预设取样束管；3—连接三通；4—ϕ1 寸保护套管；5—进气孔；6—隔离密封。

图 6-161 三通保护及气体取样管的设置

(2)观测方案。

随着工作面推进，上、下巷均匀布置束管，当第一个束管进入工作面 10 m 时，各测点应抽气一次，并用气袋盛装各测点的气样。抽气的同时应及时通知化验室将分析仪准备好，以减少气样在气袋内盛装的时间，降低分析值与实际值的误差。

采样采用移动式采样泵(BCY-1000 型)逐点采样，各测点的气样及时送化验室进行组分分析，测试 O_2、CO、CH_4 等气体的浓度值。

绘制专用表格，记录各测点、各组分的分析结果及分析时间。将各测点、各组分的分析结果在坐标纸上标注，以掌握各测点、各组分气体浓度的变化趋势。

整个采样工作可从第一点开始直至工作面回采至束管另一口终点位置(500 m)。当初始某一测点气样中的 O_2 浓度值低于 8%时，可停止该点的观测工作。

4. 52210 工作面采空区防灭火技术

1)留巷墙体防漏风设计

工作面回采后顶板冒落、破坏，加之顶板原有裂隙，采空区部分气体会沿着沿空留巷墙体顶底板裂隙漏向回风巷。沿空留巷墙体采用高强度膏体材料，砌筑密封性能好，主要防治顶底板和充填体接通缝处漏风。留巷墙体防漏风设计具体如下。

(1)留巷墙体稳定牢固后在留巷顶部喷水泥浆封闭，喷浆时要均匀，平均厚度为 50 mm。

(2)过断层等地质构造带施工钻孔时向构造带内注水泥浆封堵裂隙，空隙较大注水泥浆难以密封时注入罗克休进行充填。

(3)巷道底板漏风时通过灌浆系统在采空区留巷处灌黄泥浆进行封堵。

2)采空区束管监测

在 52210 工作面采空区侧埋设束管，束管放在 ϕ2 寸铁管(保护管)中，每间隔 10 m 设有三通布置采样头和束管。

采样采用移动式采样泵(BCY-1000 型)对埋设各点逐点进行采空区气体采样，取得各测点的气样及时送化验室进行组分分析，测试 O_2、CO、CH_4 等气体的浓度值，并绘制专用表格，记录各测点、各组分的分析结果及分析时间。将各测点、各组分的分析结果在坐标纸上标注，以掌握各测点、各组分气体浓度的变化趋势。如果发现出现煤炭自燃预兆，及时进行处理。

5. 52210 工作面瓦斯综合治理效果

1）建立了稳定可靠的“Y”形通风系统

新庄孜矿 52210 工作面瓦斯涌出构成的实际情况如图 6－162～图 6－164 所示，二进风巷进风量调节实践结果表明，风巷进风量与顺槽进风量之比为 1∶1.0～1∶1.2，顺槽进风量为 1000～1100 m^3/min，风巷进风量为 800～900 m^3/min。进一步配合综合抽采瓦斯技术，能够控制上隅角瓦斯浓度在 1％以下，留巷回风流的瓦斯在 0.8％以下，保证工作面回采安全，该面的瓦斯综合治理效果较好。

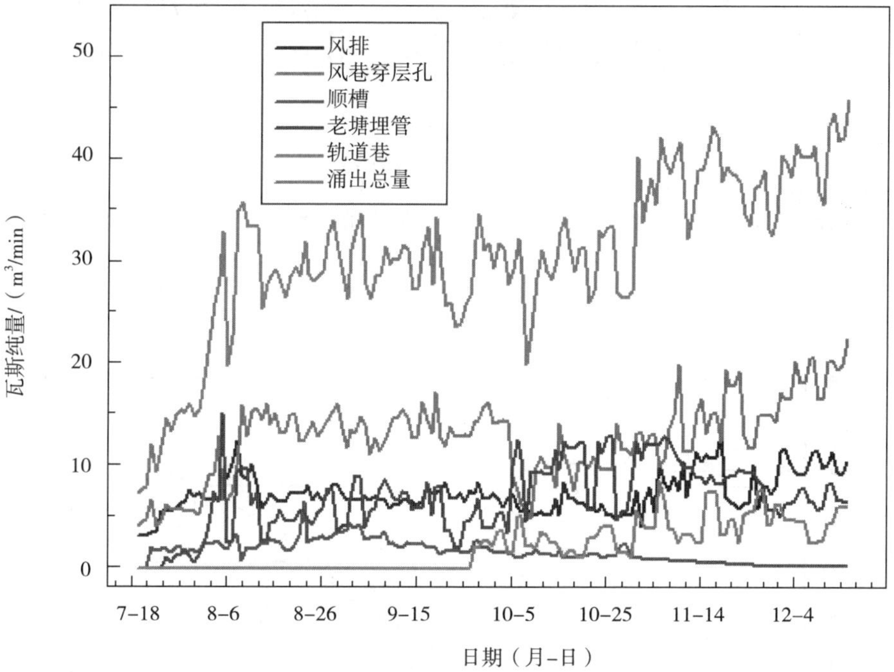

图 6－162　新庄孜矿 52210 工作面瓦斯涌出变化情况（2007.7.18～2007.12.15）

2）采用平面布置立体式方法对 52210 上覆 B11b 和下伏 B8 煤层瓦斯进行抽取

在风巷中布置倾向钻孔，分布预抽 B11b 和 B8 煤层瓦斯，由于钻孔设计合理，11 月后倾向抽采钻孔抽采瓦斯量基本稳定在 15 m^3/min，下向穿层钻孔稳定的高浓度瓦斯量基本稳定在 5～7 m^3/min，抽采时间约 20 d，完全可以替代顶板高抽巷，取得了较好的瓦斯治理效果。

虽然埋管抽采瓦斯的浓度在 10％左右，但是埋管抽采瓦斯的混合量（120～150 m^3/min）改变了采空区流场结构，有效解决了工作面上隅角瓦斯积聚问题，成为保证工作面安全生产的重要技术措施之一。新庄孜矿 52210 工作面抽采率随时间变化情况如图 6－165 所示。

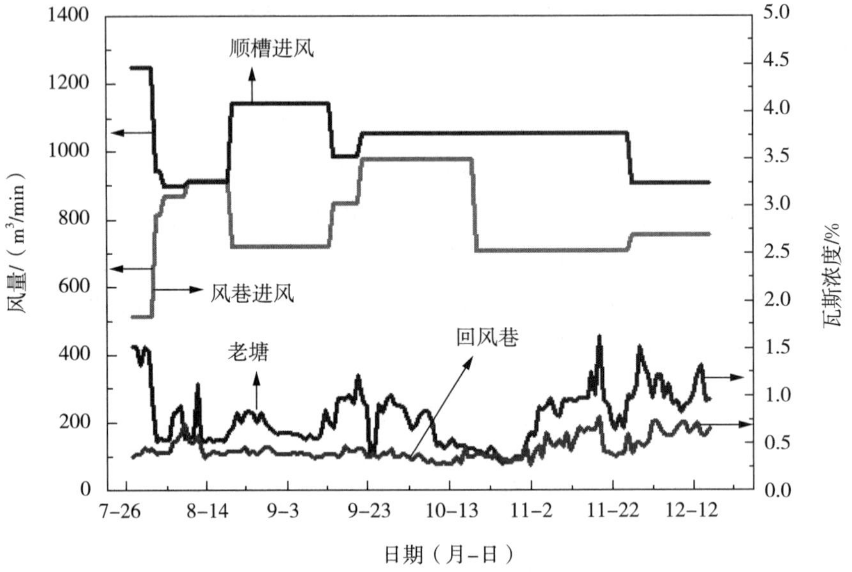

图 6-163 新庄孜矿 52210 工作面顺槽、风巷不同进风比条件下上隅角和回风流瓦斯浓度变化情况

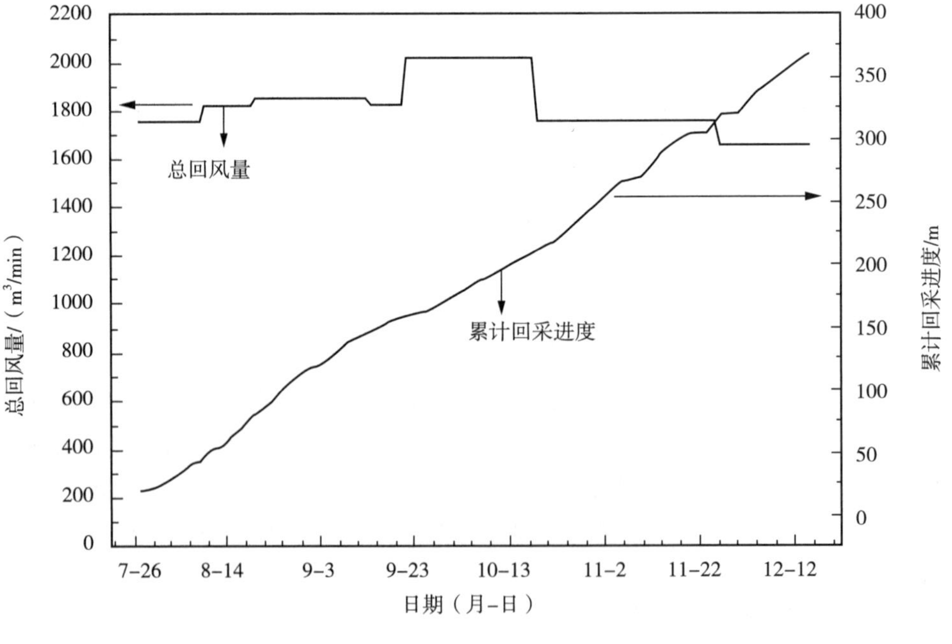

图 6-164 新庄孜矿 52210 工作面总回风量与累计回采进度变化情况

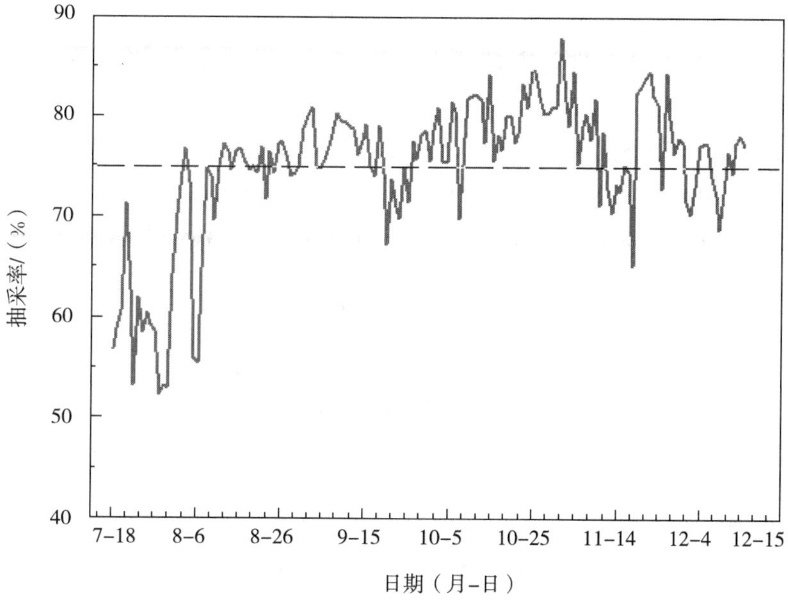

图 6-165　新庄孜矿 52210 工作面抽采率随时间变化情况

3)瓦斯综合治理效果

52210 工作面的瓦斯总量计算为 8820.9 万 m^3，抽采瓦斯 553.77 万 m^3，其中 B11b 煤层抽采 241.16 万 m^3，B8 煤层抽采 267.13 万 m^3。解放上覆 B11b 煤层 5.52 万 m^2，解放煤量 30.95 万 t；解放下伏 B8 煤层 5.06 万 m^2，解放煤量 14.16 万 t；总计解放煤量 45.11 万 t。

采用"Y"形通风综合瓦斯治理技术大大改善了新庄孜矿 52210 工作面的通风环境，增强了回采工作面的抗灾能力，加强了上隅角瓦斯管理和防火管理，保证了工作面安全高效回采。

6.4.6　充填工艺设计

1. 充填体材料

(1)充填体材料的选择：选用混凝土膏体材料，主要成分是硅酸盐水泥、砂子、粉煤灰及水拌和的膏体混凝土材料外加添加剂材料。

(2)充填体材料的运输与储存。

风巷：五四轨道石门→－612 m B10 底板轨道巷→52210 N 轨道上山→－556 m B10 联络巷。

充填体材料的上料方式：利用人工上料、手动控制进水、机械拌料。要求进水管安装压力表，保证水压均衡，水量合适。

2. 充填设备

采用德国 BSM1002E 新型充填泵，在－556 m B10 联络巷布置一台充填泵对新庄孜矿 52210 工作面上风巷进行充填(初期充填泵布置在上风巷)。

1)充填管路敷设

从－556 m B10联络巷进入新庄孜矿52210工作面上风巷,通过新庄孜矿52210工作面上风巷采空区对上风巷进行充填。充填管路总长约630 m,基本无落差,只设一个弯头。

充填设备供电设计:风巷充填泵从5410移动变电站供电,利用其原有移动变电站的供电设备,高压采用双路供电方式,利用两台移动变电站同时向两台充填泵供电,一台使用,一台备用。所有电气设备、电缆及充填泵全部安设在新鲜风流中,以便容量满足充填泵的供电负荷要求。

2)充填工艺

充填工艺流程:替棚、清理→支模→搅拌输送→充填清洗→拆模。

清理、支模:在工作面上风巷,采用木棚和一梁两柱替换工作面单体和铰接顶梁。替换长度一般为工作面日推进度3.6 m。管理好巷道顶板,清理巷道底板虚矸至实茬,使用木板支设留巷充填模板。

搅拌输送:检查确定混凝土充填泵工作状况正常,管路畅通后,即可进行材料的搅拌输送。进料要均匀连续,要严格控制配水的水灰分,进水管要安装压力表,保证供水均压,水量均衡。掌握设备的工作压力,防止管路阻塞。

充填清洗、拆模:高添量粉煤灰膏体混凝土材料进入留巷充填模,要观察材料的平流堆积状况,材料要充满充填模并接顶充分。充填工作完成及时放清洗球用清水清洗管道及泵,清洗管道污水排入采空区。充填后拆模前动态观测充填体的强度和矿压显现,发现问题及时处理。新庄孜矿52210工作面上风巷沿空留巷充填图如图6-166所示,其充填垛示意图如图6-167所示。

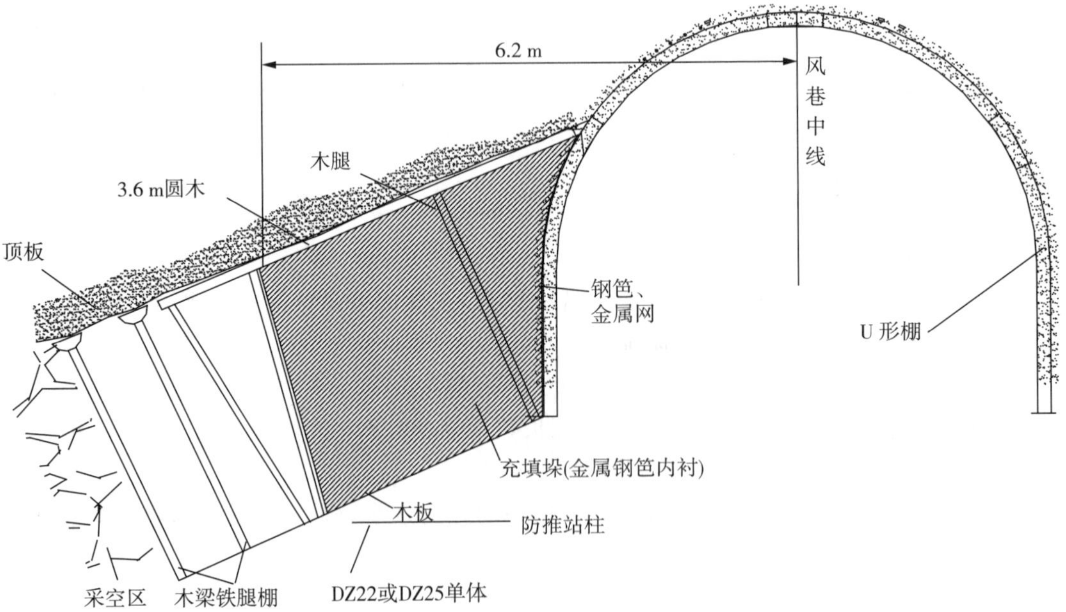

图6-166 新庄孜矿52210工作面上风巷沿空留巷充填图

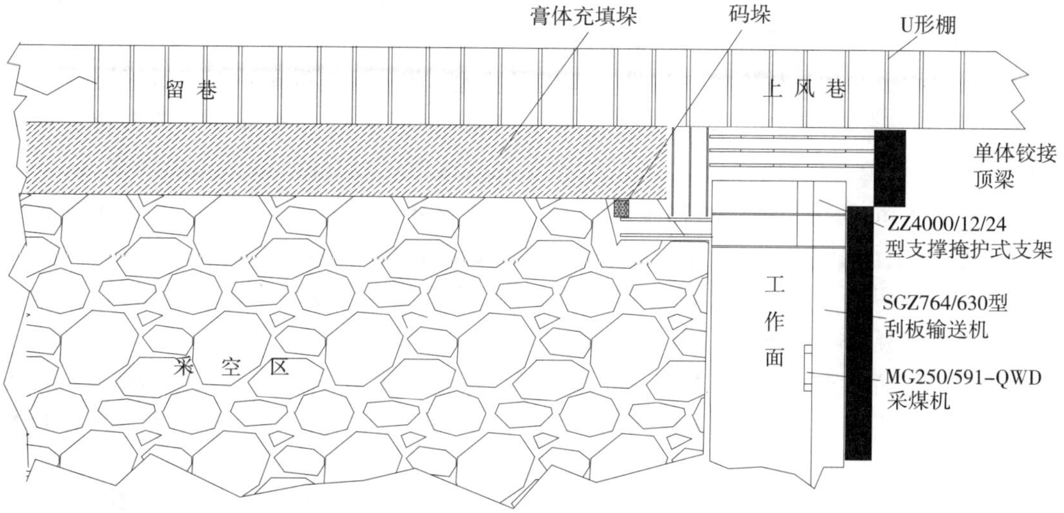

图 6-167　新庄孜矿 52210 工作面上风巷充填垛示意图

注：充填垛内筋骨为金属钢笆和钢筋(或废锚杆)用 16# 钢筋捆扎而成

3. 技术安全措施

(1)上风巷超前工作面煤壁 20 m 范围及时在"U"形棚下靠运输轨道两边用 DZ28 单体和 HDJA-1200 铰接顶梁挑齐双排一梁一柱走向挑棚。架棚时，铰接顶梁上方第一层按中—中 800 mm 间距顺山铺设(2.8～3.2)m×ϕ20 cm 圆木，圆木上方顶板空隙处用半圆木或方木接上劲，木料成"#"形架设；当工作面向前回采至老塘范围时，把铁挑棚单体腿子替换成木腿作为尾巷支护。

(2)上风巷刷帮时提前在顶板顺山铺设规格为 5 m×1.2 m 的金属网，若顶板破碎压力大，可铺设双层金属网，铺网时，金属网顺茬且紧贴"U"形棚铺设，并用铁丝在"U"形棚上扣紧，且金属网走向必须有 200 mm 的搭茬。多余的金属网卷好用铁丝绑扎在棚梁上，以免煤机滚筒绞到。

(3)上风巷金属网铺齐后，修护区在刷帮峒顶板打上锚杆(索)进行加固。打锚杆(索)一般在早班进行，打锚杆(索)支护宽度和刷帮峒宽度一致(4 m 宽)，长度不得少于 5 m。

(4)留巷架棚时，上端梁头距风巷"U"形棚梁不得超过 0.5 m；支设腿子时，上端腿子距"U"形棚腿 100 mm 左右，不得超出"U"形棚腿。架棚必须正规有劲，腿子垂直顶底板架设，到底处柱窝刨麻面，不到底处柱窝深度不低于 100 mm。

(5)若上出口顶板破碎压力大，待充填大棚架好后，及时在棚梁下挑齐一梁一柱铁挑棚，梁子为 HDJA-1200 型铰接顶梁，梁子必须铰接使用，腿子为 DZ22 或 DZ25 型单体。

(6)沿空留巷架棚单体腿子支设后及时拴防倒绳，班中注液，确保初撑力不低于 50 kN(7 MPa)。

(7)上出口第一、第二支架移架时，要注意顶梁与金属网保持好距离，防止金属网被顶梁刮坏。

(8)上出口过金属网至少过到 3 号支架上,多余的金属网卷好,防止煤机滚筒绞到。

(9)工作面采煤时,风巷"U"形棚不回收。

(10)沿空留巷用膏体充填前架设充填垛子模型,充填垛上帮紧贴"U"形棚腿用钢笆铺设,再铺一层金属网,并用铁丝固定,其余用木板固定,然后在充填垛模型内铺上塑料膜或胶织袋,避免充填料泄漏和充填料凝固后回收模板,架设好后确保充填垛宽、高分别为3.0 m、1.8 m,充填长度以走向进度为准。架设充填垛子模型时,用单体打好防推站柱,下一次充填前回收掉。

(11)沿空留巷充填时要确保充填质量,确保每个充填垛与顶底板充分接触,并保证不少于 4 h 的凝固时间,确保承压能力达到 7 MPa 以上。

(12)沿空留巷充填期间,充填当班充填棚铁腿子不回收,待下一班充填垛来劲后再回收。回收时,先从外向里回收充填垛防推站柱,然后按从下向上、从里向外回收走向木梁铁腿棚。

(13)沿空留巷充填必须保证每天充填一次,上出口顶板破碎时必须对架棚加强维护,且充填棚挡严格按中—中 600 mm 架设。

(14)工作面开始回采后,切眼处必须加强顶板维护,并对切眼上口进行充填,充填必须填实顶板,以免采空区气体泄漏。

(15)充填时操作人员必须熟悉充填泵的性能及保养、维护常识,充填前后必须清洗管路。

(16)沿空留巷期间,回风巷内要经常安排人员进行清理、卧底维护,断梁折柱及时更换,确保不少于 8 m^2 的通风断面。

(17)沿空留巷期间,在充填垛内必须每隔 20 m 预埋一路 ϕ10 寸站管抽采采空区瓦斯,每个 ϕ10 寸站管上要单独安设闸阀,待工作面向前回采时抽采老塘瓦斯。同时,每间隔 15 m 预埋一 ϕ4 寸铁管,长 15 m,内布置两根束管,分别在 5 m 和 15 m 处留有束管口,两根束管连接到井下束管监测系统,实时监测不同距离处束管位置处 CO、O_2、CH_4 等有害气体浓度,判断采空区遗煤自燃状态,以便及时采取有效措施。

(18)工作面回采期间,通风区安排专职测气员对沿空留巷内气体进行检查,发现采空区气体泄漏或回风巷内气体超限,必须立即采取措施处理,并对回风巷内瓦斯监测探头做定期校检,确保监测探头灵敏可靠。

6.5 石门揭煤防突技术

6.5.1 潘三矿东四 B 组煤带式输送机下山深孔松动爆破试验效果考察

1)深孔松动爆破煤层松动半径考察

(1)试验地点概况。

东四 B 组煤带式输送机下山自东四 8 煤输送带上山 XP7 测点前 15 m 处拨门,以 38°方位 15°下山施工,巷道将先后揭露 7－2、7－1、8－2、8－1、5－2、5－1、4－2、4－1 煤层群,最后进入 4－1 煤层底板施工。巷道设计总长为 348 m，底板标高为－721～－630 m。目前工作面还未拨门，另外东四 8 煤输送带上山巷道底板距 7－2 煤层顶板法距 6.8 m，距 7－1煤层顶板法距 9 m。

7 煤层实测瓦斯压力为 2.8 MPa，瓦斯含量为 8.6 m^3/t · 燃。7－2 煤层厚约为0.4 m，与下伏 7－1 煤层层间距约 1.6 m；煤层顶板为泥岩，厚约为 1.3 m，灰色，含少量砂质成分及较多植化碎屑，滑面发育，较破碎；底板为泥岩，厚约为 0.4 m，灰色，较破碎，含植化碎片；7－1 煤厚约为 1.4 m，煤层顶板为泥岩，厚约为 1.0 m，灰色，较破碎，含植化碎片；底板为砂质泥岩，厚约为 16.0 m，灰色，厚层状，富含植化碎屑及碎片，上部夹粉砂岩。

邻近采掘关系：掘进区段位于东四采区上山，已掘巷道多，附近的 16－1 煤工作面已采完收作，现北部的东三～东四新增回风巷、东四 B 组轨道石门正在掘进、西南部 11－2 煤层的 1742(1)工作面已收作、1792(1)工作面正在回采、17131(1)轨运顺正在掘进。

(2)松动半径考察方案。

本次深孔松动爆破松动半径分两组考察，第一组在东四 8 煤带式输送机上山 XP7 测点前 13.5 m 处施工，考察半径为 4 m 和 4.5 m；第二组在东四 8 煤带式输送机上山 XP7 测点前 80 m 处施工，考察半径为 3.5 m 和 4 m。先考察第二组，然后考察第一组。在实际施工过程中，由于施工误差，第一组考察半径为 4 m 和 4 m，第二组考察半径为 3.5 m 和 3.7 m。两组松动爆破考察方法相同，都是采用测定爆破前后抽采钻孔的瓦斯浓度、瓦斯流量和抽放负压。

在东四 8 煤带式输送机上山先施工两个抽采钻孔，待抽采 48 h 煤层瓦斯稳定后，施工一个爆破孔，爆破孔施工结束后立即装药爆破，由于达到松动爆破增透效果，两抽采钻孔抽采瓦斯流量比爆破前抽采瓦斯流量高 10%，认为抽采钻孔处于爆破孔有效松动半径内。

① 布孔方式：分别在东四 8 煤带式输送机上山 XP7 测点前 13.5 m、80 m 处右帮底板各施工一组松动爆破考察孔，即在此两处各布置一个爆破孔，分别为 4 号、7 号爆破孔，在 4 号爆破孔上下分别距离 3.5 m、4 m 处各施工一个抽采钻孔，在 7 爆破孔上下分别距离 4 m、4.5 m 处各施工一个抽采钻孔，6 个钻孔均垂直于巷帮以－25°俯角施工，钻孔直径均为 113 mm(钻孔具体布置如图 6－168～图 6－170 所示，钻孔参数如表 6－32 所示)，钻孔必须穿透 7－1 煤层并进入煤层底板 500 mm(爆破孔穿过煤层 1 m)。

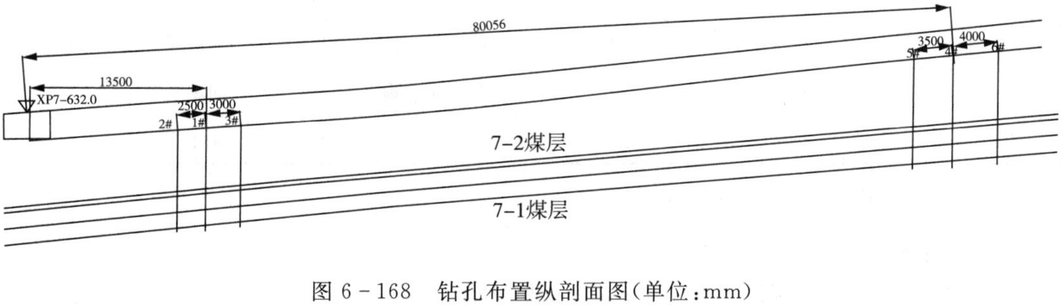

图 6－168　钻孔布置纵剖面图(单位：mm)

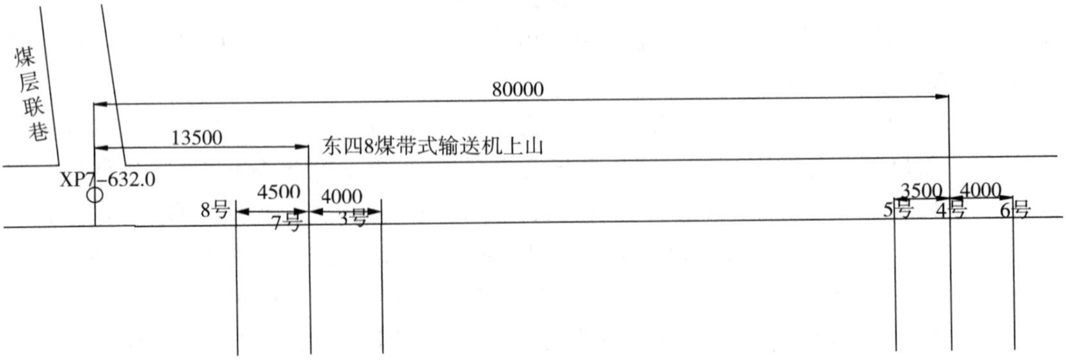

图 6-169　钻孔布置平面图(单位:mm)

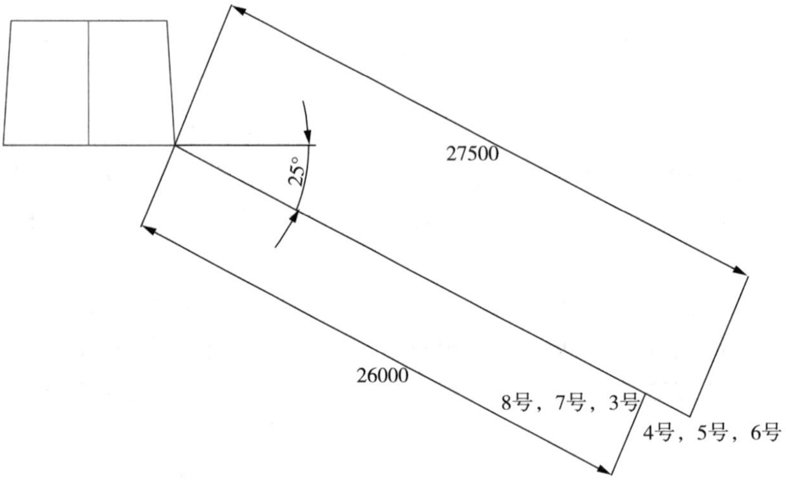

图 6-170　巷道断面图(单位:mm)

表 6-32　各钻孔布置情况表

孔号	倾角/°	方位	钻孔长度/m	位置	用途	装药/m
4	-25	垂直巷帮	27.5	距 XP7 测点 80 m	爆破孔	14
5	-25	垂直巷帮	27.5	距 XP7 测点 76.5 m	抽采孔	—
6	-25	垂直巷帮	27.5	距 XP7 测点 84 m	抽采孔	—
7	-25	垂直巷帮	26	距 XP7 测点 13.5 m	爆破孔	14
3	-25	垂直巷帮	26	距 XP7 测点 11 m	抽采孔	—
8	-25	垂直巷帮	26	距 XP7 测点 16.5 m	抽采孔	—

注:装药长度根据实际见煤深度确定。

② 抽采钻孔封孔、爆破工艺

a. 钻孔施工:用 SGZ-300A 型钻机打钻,采用压风排渣,为防止垮孔,当爆破孔施工完毕后,立即用探孔管探孔,验明孔深,验孔完毕且合格后,立即装药。

b. 装药参数：煤矿瓦斯抽排专用爆破药管的装药参数，如表 6－33 所示。

表 6－33　煤矿瓦斯抽排专用爆破药管装药参数

钻孔直径/mm	炮孔深/m	装药直径/mm	装药长度/m	封孔长度/m
113	26.2	42	12	14.2

c. 装药方法：先用两发毫秒 1 段雷管、一根煤矿瓦斯抽排专用爆破药管和放炮用的胶质线做一个炮头，并用绝缘胶带裹紧，防止短路和断路。在爆破孔见煤至终孔段装药，装药时采用正向装药方式。将煤层深孔松动爆破专用药管按其自身螺纹一管一管对接地装入炮孔中，尤其注意母线附于管壁侧面，并用胶带固定，以防管与孔壁的摩擦使雷管脚线与母线脱落，导致雷管断路和短路。

d. 接线与起爆方式：采用正向起爆方式。

e. 爆破封孔方式：装药完毕，随即采用压风喷泥封孔器将略潮的黄土，粒度为 5 mm 以下封孔（专用封孔黄土），压风不足 0.4 MPa 时，不得封孔。封孔长度为 14.2 m。封孔时应注意，防止孔内煤泥砂由压风冲伤人。因此，要求撑封孔器输送管的操作人员，在孔口用麻袋片护住孔口，以免煤泥砂冲出。

f. 放炮方法：按煤矿爆破有关安全规程放炮，具体操作由矿专职爆破员负责实施。

(3)效果考察分析。

爆破前后，分别对 5 号抽采钻孔、6 号抽采钻孔、3 号抽采钻孔、8 号抽采钻孔的抽采瓦斯浓度、抽采负压、混合流量和抽采瓦斯纯量等参数进行了系统的测试。

① 5 号抽采钻孔相应测试结果分别如表 6－34 和图 6－171 所示。

表 6－34　5 号抽采钻孔爆破前后抽采参数数据表

孔号	日期	测量时间	抽采负压/kPa	抽采瓦斯浓度/%	瓦斯混合量/(m^3/min)	抽采瓦斯纯量/($\times10^{-3}$ m^3/min)	备注
5	3 月 18 日	10:00	37	8.37	0.1482	12.40	爆破前
5	3 月 18 日	10:05	36.9	7.38	0.1217	8.98	爆破前
5	3 月 19 日	2:30	38.9	4.83	0.0408	1.97	爆破前
5	3 月 19 日	2:35	38.9	5.15	0.0476	2.45	爆破前
5	3 月 19 日	2:50	38.7	5.41	0.0136	0.74	爆破前
5	3 月 19 日	16:50	35.9	4.23	0.0714	3.02	爆破前
5	3 月 19 日	17:20	36.5	8.7	0.1251	10.88	爆破后
5	3 月 19 日	17:30	36.4	8.42	0.0476	4.01	爆破后
5	3 月 19 日	18:10	36.4	4.76	0.036	1.71	爆破后
5	3 月 19 日	18:50	36.5	2.89	0.0258	0.75	爆破后
5	3 月 19 日	19:40	36.4	2.99	0.0204	0.61	爆破后
5	3 月 19 日	20:25	36.3	8.99	0.0001	0.01	爆破后

（续表）

孔号	日期	测量时间	抽采负压/kPa	抽采瓦斯浓度/%	瓦斯混合量/(m^3/min)	抽采瓦斯纯量/($\times10^{-3}$ m^3/min)	备注
5	3月19日	21:20	36.3	7.64	0.0001	0.01	爆破后
5	3月19日	22:00	36.2	6.91	0.0001	0.01	爆破后
5	3月19日	23:12	36	6.49	0.0001	0.01	爆破后
5	3月20日	0:12	36	9.41	0.0001	0.01	爆破后
5	3月20日	2:10	36	10.93	0.0001	0.01	爆破后
5	3月20日	4:15	36.1	6.73	0.0001	0.01	爆破后
5	3月20日	9:00	36.1	7.49	0.0001	0.01	爆破后
5	3月20日	10:05	35.9	4.93	0.0001	0.01	爆破后

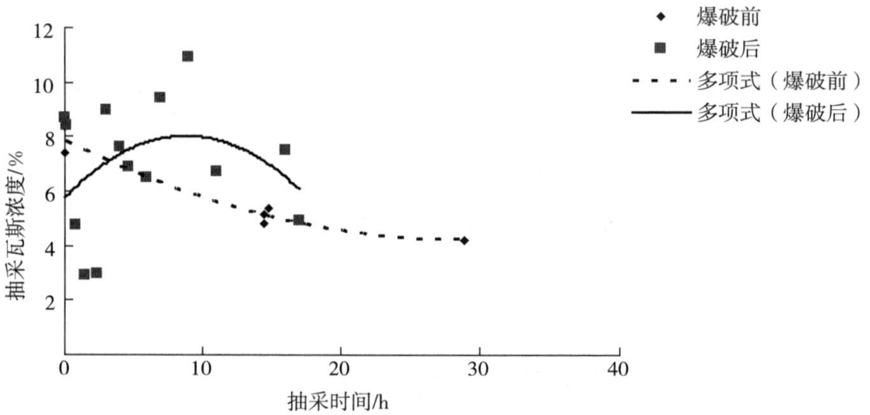

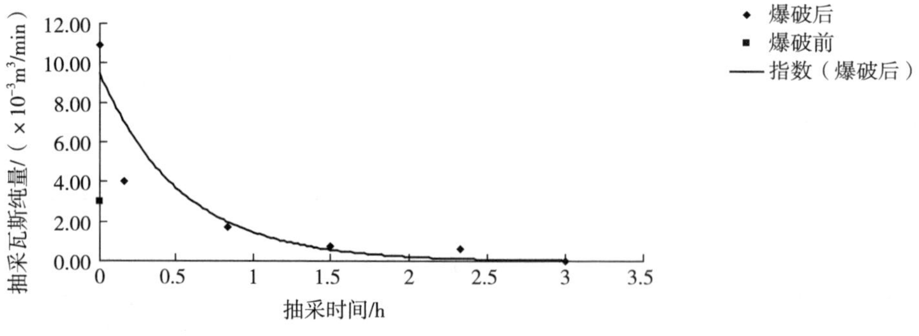

图 6-171　5号抽采钻孔距爆破孔 3.5 m 时爆破前后的抽采参数

从表 6-34 和图 6-171 可以得出：抽采钻孔与爆破孔相距 3.5 m 时，爆破后抽采瓦斯浓度比爆破前抽采瓦斯浓度高 2 倍，爆破后 30 min 内，抽采瓦斯纯量比爆破前提高 2 倍，随着时间的推移，抽采瓦斯纯量随之降低。

② 6 号抽采钻孔相应测试结果分别如表 6-35 和图 6-172 所示。

表 6-35　6 号抽采钻孔爆破前后抽采参数数据表

孔号	日期	测量时间	抽采负压/kPa	抽采瓦斯浓度/%	瓦斯混合量/(m^3/min)	抽采瓦斯纯量/($\times10^{-3}m^3$/min)	备注
6	3 月 18 日	10:25	37.33	3.41	0.0001	0.00	爆破前
6	3 月 19 日	3:05	38.19	5.47	0.0068	0.37	爆破前
6	3 月 19 日	3:10	37.9	4.59	0.0018	0.08	爆破前
6	3 月 19 日	16:55	35.89	5.81	0.0008	0.05	爆破前
6	3 月 19 日	17:25	36	20.38	0.3679	74.98	爆破后
6	3 月 19 日	17:35	36.2	19.68	0.2094	41.21	爆破后
6	3 月 19 日	18:15	36.6	20.54	0.0027	0.55	爆破后
6	3 月 19 日	18:55	36.57	19.77	0.0001	0.02	爆破后
6	3 月 19 日	19:35	36.5	20.57	0.0007	0.14	爆破后
6	3 月 19 日	20:20	36.3	22.3	0.0001	0.02	爆破后
6	3 月 19 日	21:25	36.15	22.87	0.0001	0.02	爆破后
6	3 月 19 日	22:05	36.2	25.96	0.0001	0.03	爆破后
6	3 月 19 日	23:20	35.9	24.03	0.0001	0.02	爆破后
6	3 月 20 日	0:05	35.91	19.45	0.0001	0.02	爆破后
6	3 月 20 日	0:22	35.9	23.43	0.0001	0.02	爆破后
6	3 月 20 日	2:02	36.06	18.78	0.0001	0.02	爆破后
6	3 月 20 日	4:20	36	21.92	0.0001	0.02	爆破后
6	3 月 20 日	9:05	35.9	29.55	0.0001	0.03	爆破后
6	3 月 20 日	10:15	35.9	17.84	0.0001	0.02	爆破后

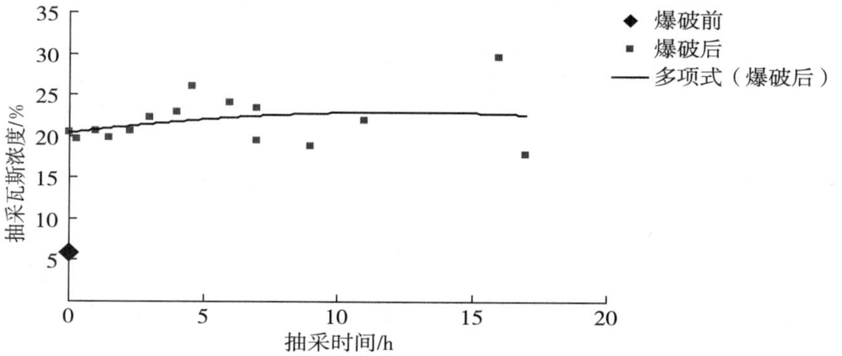

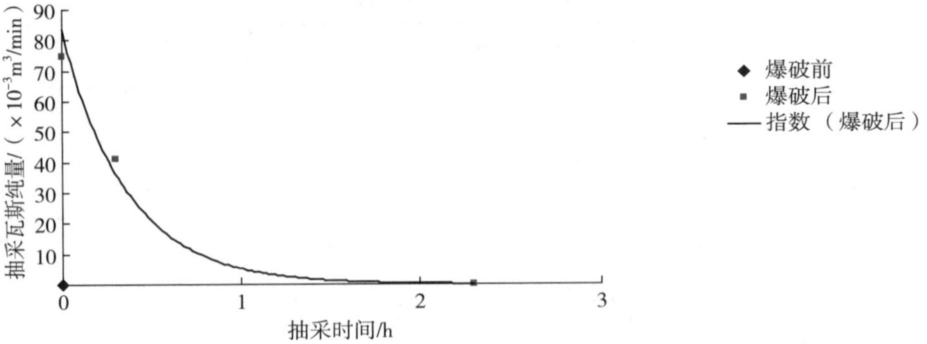

图 6-172　6 号抽采钻孔距爆破孔 3.7 m 时爆破前后的抽采参数

从表 6-35 和图 6-172 可以得出：抽采钻孔与爆破孔相距 3.7 m 时，爆破后抽采瓦斯浓度比爆破前抽采瓦斯浓度提高 4～5 倍，爆破后 30 min 内，抽采瓦斯纯量为5.8×10^{-2} m^3/min，而爆破前抽采瓦斯纯量仅为5×10^{-5} m^3/min，爆破后与爆破前相比抽采瓦斯纯量提高 1000 倍，爆破 1 h 后，抽采瓦斯纯量随之降低。

③ 3 号抽采钻孔相应测试结果如表 6-36 和图 6-173 所示。

表 6-36　3 号抽采钻孔爆破前后抽采参数数据表

孔号	日期	测量时间	抽采负压/kPa	抽采瓦斯浓度/%	瓦斯混合量/(m^3/min)	抽采瓦斯纯量/($\times10^{-3}$ m^3/min)	备注
3	3 月 22 日	23:15	37.18	19.11	0.0001	0.02	爆破前
3	3 月 22 日	23:20	37.3	0.76	0.0001	0.01	爆破前
3	3 月 23 日	0:05	37.11	0.4	0.0001	0.01	爆破前
3	3 月 23 日	1:45	37.7	0.1	0.0001	0.01	爆破前
3	3 月 23 日	3:50	37.75	0	0.0001	0.01	爆破前
3	3 月 23 日	13:50	36.6	18.08	0.0001	0.02	爆破前
3	3 月 23 日	16:45	38.63	4.06	0.0001	0.01	爆破前
3	3 月 23 日	17:50	38	15.55	0.0163	2.53	爆破后
3	3 月 23 日	18:25	37.53	30.5	0.0061	1.86	爆破后
3	3 月 23 日	18:50	37.34	27.19	0.0054	1.47	爆破后
3	3 月 23 日	19:50	37.2	22.26	0.0007	0.16	爆破后
3	3 月 23 日	20:25	36.71	33.5	0.0001	0.03	爆破后
3	3 月 23 日	20:45	36.7	21.18	0.0001	0.02	爆破后
3	3 月 23 日	21:25	36.21	24.6	0.0001	0.02	爆破后
3	3 月 23 日	21:50	36.2	23.35	0.0001	0.02	爆破后

（续表）

孔号	日期	测量时间	抽采负压/kPa	抽采瓦斯浓度/%	瓦斯混合量/(m^3/min)	抽采瓦斯纯量/($\times10^{-3}m^3$/min)	备注
3	3月23日	22:50	35.75	16.35	0.0001	0.02	爆破后
3	3月23日	23:20	35.59	23.7	0.0001	0.02	爆破后
3	3月23日	23:50	35.52	22	0.0001	0.02	爆破后
3	3月24日	0:50	35.31	24.58	0.0001	0.02	爆破后
3	3月24日	4:20	35.09	13.09	0.0001	0.01	爆破后
3	3月24日	5:20	34.73	13.85	0.0001	0.01	爆破后
3	3月24日	6:20	34.68	14.55	0.0001	0.01	爆破后

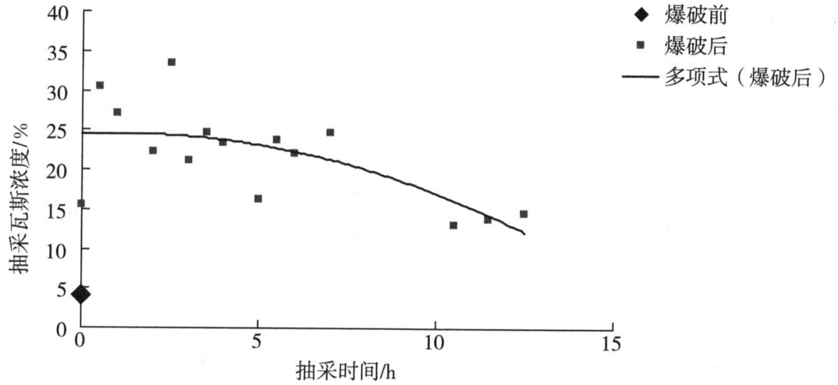

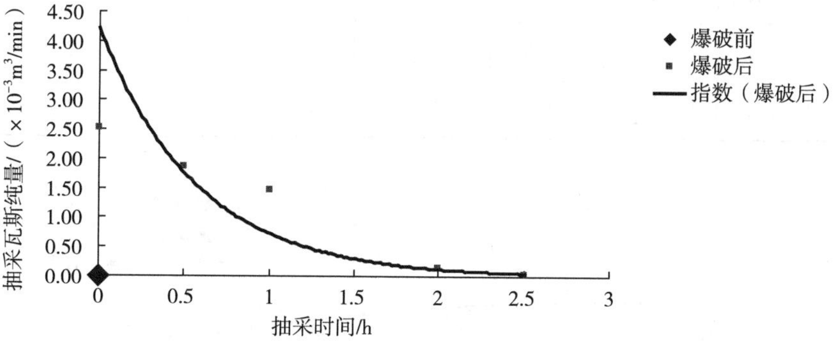

图 6-173　3号抽采钻孔距爆破孔4 m时爆破前后的抽采参数

从表6-36和图6-173可以得出：抽采钻孔与爆破孔相距4 m时，爆破后抽采瓦斯浓度比爆破前抽采瓦斯浓度提高5～6倍，爆破后60 min内，爆破后与爆破前相比抽采瓦斯纯量提高近100倍，爆破1 h后，抽采瓦斯纯量随之降低。

④ 8号抽采钻孔相应测试结果如表6-37和图6-174所示。

表 6-37 8 号抽采钻孔爆破前后抽采参数数据表

孔号	日期	测量时间	抽采负压/kPa	抽采瓦斯浓度/%	瓦斯混合量/(m^3/min)	抽采瓦斯纯量/($\times10^{-3}$ m^3/min)	备注
8	3月23日	13:40	35.35	18.52	0.0001	0.02	爆破前
8	3月23日	16:40	37.86	28.51	0.0001	0.03	爆破前
8	3月23日	17:55	37.7	22	0.0619	13.62	爆破后
8	3月23日	18:20	37.55	20.9	0.0272	5.68	爆破后
8	3月23日	18:55	37.2	22.58	0.0007	0.16	爆破后
8	3月23日	19:45	37.29	18.77	0.0007	0.13	爆破后
8	3月23日	20:15	36.82	20.5	0.0001	0.02	爆破后
8	3月23日	20:55	36.4	21.3	0.0007	0.15	爆破后
8	3月23日	21:15	36.36	20.5	0.0007	0.14	爆破后
8	3月23日	21:55	36	20.52	0.0007	0.14	爆破后
8	3月23日	22:45	34.92	26.32	0.0001	0.03	爆破后
8	3月23日	23:25	34.68	20.22	0.0001	0.02	爆破后
8	3月23日	23:55	34.46	19.78	0.0001	0.02	爆破后
8	3月24日	0:55	34.24	19.59	0.0001	0.02	爆破后
8	3月24日	4:25	34.01	18.59	0.0001	0.02	爆破后
8	3月24日	5:25	33.72	17.51	0.0001	0.02	爆破后
8	3月24日	6:25	33.7	17.34	0.0001	0.02	爆破后

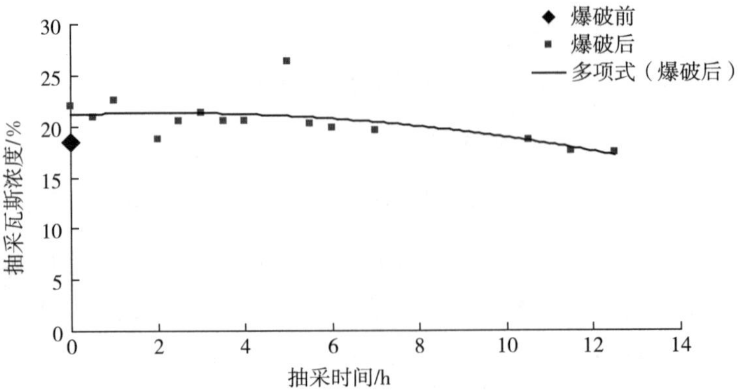

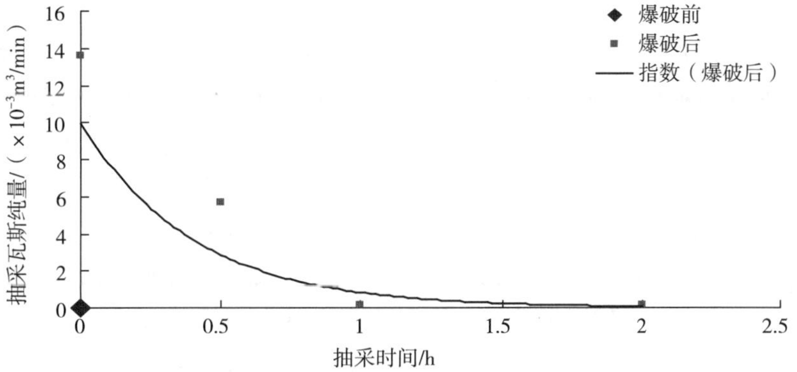

图 6－174　8 号抽采钻孔距爆破孔 4 m 时爆破前后的抽采参数

从表 6－37 和图 6－174 可以得出：抽采钻孔与爆破孔相距 4 m 时，爆破后抽采瓦斯浓度与爆破前抽采瓦斯浓度基本相当，爆破后 120 min 内，爆破后与爆破前相比抽采瓦斯纯量提高近 4 倍，并共保持了 4 h。

(4)结论。

经对测试数据综合分析和其他因素的共同影响得出，东四 B 组带式输送机下山 7 煤深孔松动爆破的松动半径为 3.5～4 m。

6.5.2　深孔松动爆破 7－1 煤层现场试验效果考察

1)7－1 煤层基本概况

7 煤层实测瓦斯压力为 2.8 MPa，瓦斯含量为 8.6 m^3/t·燃。7－2 煤层厚约 0.4 m，与下伏 7－1 煤层层间距约为 1.6 m；煤层顶板为泥岩，厚约为 1.3 m，灰色，含少量砂质成分及较多植化碎屑，滑面发育，较破碎；底板为泥岩，厚约为 0.4 m，灰色，较破碎，含植化碎片；7－1 煤厚约 1.4 m；煤层顶板为泥岩，厚约为 1.0 m，灰色，较破碎，含植化碎片；底板为砂质泥岩，厚约为 16.0 m，灰色，厚层状，富含植化碎屑及碎片，上部夹粉砂岩。

2)试验方案

本次深孔松动爆破在东四 B 组带式输送机下山施工 7－1 煤层钻孔中选取 6 个钻孔作为爆破孔，即 3′－5，3′－9，5′－9，7′－9，9′－3，9′－7，其参数如表 6－38 所示。

表 6－38　钻孔参数数据表

钻孔号	俯角/°	巷中线夹角/°	钻孔长度/m	过煤段长度/m	用途	装药/m
3′－5	27.1	－12.6	20	7	爆破孔	7
3′－9	27.1	20.5	20.6	7	爆破孔	7
5′－9	24.3	19.5	21.2	7	爆破孔	7
7′－9	22.7	18.5	22	7	爆破孔	7
9′－3	21.2	－9.1	22.2	7	爆破孔	7
9′－7	21.2	18.3	22.9	7	爆破孔	7

注：装药长度根据实际见煤深度确定。

3)效果考察

(1)爆破前,对抽采总管中瓦斯流量和瓦斯浓度及风巷风流中的瓦斯浓度、风量进行一次全面测量。

(2)爆破 30 min 后,由救护队进入控制爆破区域进行安全检查,确定该工作面系统及爆破区域处于正常、安全状态,测试人员进入 8 煤带式输送机巷进行巷道风流中风量测量,对抽采总管中的瓦斯流量、瓦斯浓度等进行测定、计量,以后每隔 30 min 重复上述一次测试内容,总达 8 h。以后每 6 h 统计一次。计算爆破前后的抽采瓦斯纯量,并进行对比。松动爆破效果考察参数测定结果如表 6-39 和图 6-175 所示。

表 6-39 松动爆破效果考察参数测定结果

时间	抽采负压/kPa	抽采瓦斯浓度/%	抽采瓦斯纯量/($\times10^{-3}$ m^3/min)	爆破前/爆破后
2008.11.6 18 时	15	2	0.92	爆破前
2008.11.6 19 时	15	3	1.2	爆破后
2008.11.7 12 时	15	2.3	1.09	爆破后
2008.11.8 12 时	15	2	0.92	爆破后

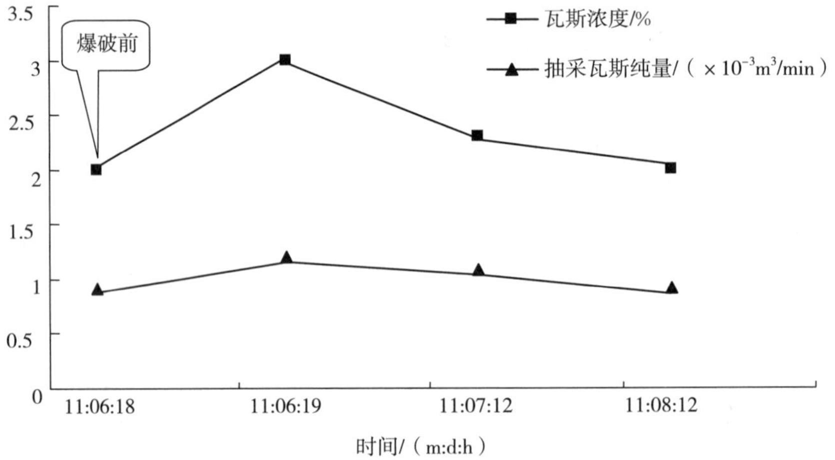

图 6-175 松动爆破效果考察参数测定结果

从测试数据分析可以得出,在 7-1 煤层已抽采数月的情况下,采用深孔松动爆破增透技术使煤层抽采瓦斯纯量增加到爆破前的 1.5 倍,揭煤过程中回风流瓦斯浓度为 0.15%。

6.5.3 深孔松动爆破 5-2 煤层现场试验效果考察

1)5-2 煤层基本概况

5-2 煤厚约为 2.6 m,与下伏 5-1 煤层层间距约为 1.5 m;煤层顶板为泥岩,厚为 6.0 m,浅灰至灰色,含植化碎片,顶底部较破碎,中部含砂质,局部夹有粉细砂岩薄层;底板为泥岩,厚为 2.0 m,含植物根部化石,局部含砂质。

实测 5－2 煤层瓦斯压力为 2.9 MPa，瓦斯含量为 9.5 m^3/t·燃，瓦斯放散初速度 Δp 为 12，煤的坚固性系数 f 为 0.5，综合指标 D 为 6.98，k 为 14.86，预测具有突出危险性。

2)试验方案

在巷道迎头距 5－2 煤层顶板法距 5 m 时共设计 144 个钻孔，其中设计 16 个钻孔作为深孔松动爆破钻孔。先施工完毕爆破孔两边的所有抽采钻孔，并进行合茬抽采，然后施工 19、20、99、100 号钻孔装药爆破并进行效果考察。其钻孔具体布置如图 6－176 所示，装药参数如表 6－40 所示。

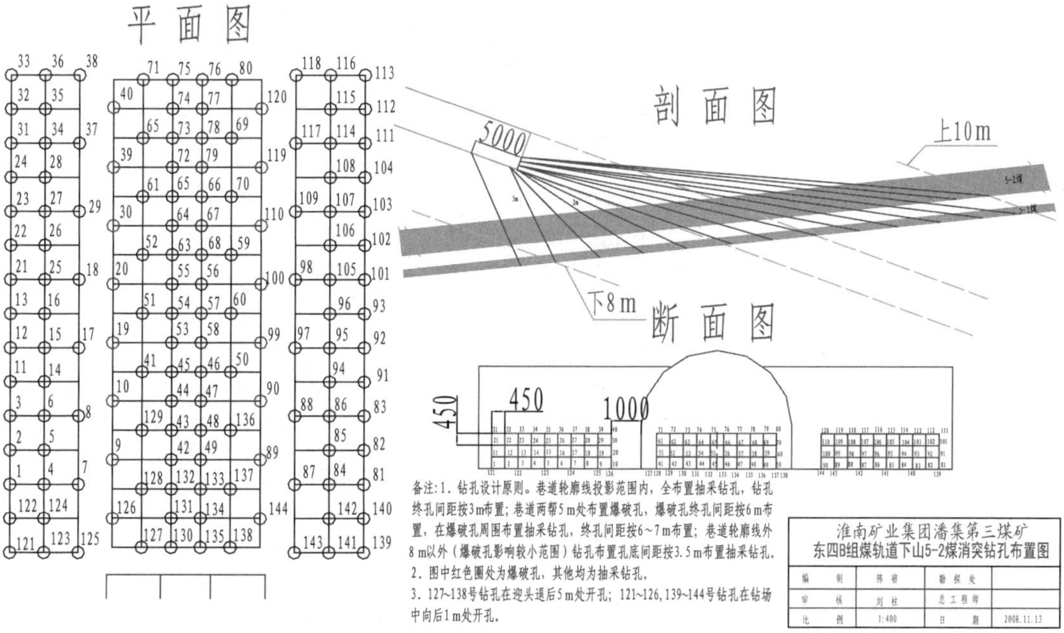

图 6－176　东四 B 组轨道下山 5－2 煤抽采钻孔布置图

表 6－40　装药参数

钻孔号	孔径/mm	俯角/°	巷中线夹角/°	钻孔长度/m	煤孔长度/m	药管直径/mm	装药长度/m
19	113	－10.4	19.3	32.68	16～21.5	73	14～23
20	113	－8.9	13.9	28.94	18.5～24.5； 26.6～27.5	73	17～27
99	113	10.4	19.3	30.5	14.1～19.4	73	13～22
100	113	8.9	13.9	32.8	18.94～27.58； 28.7～31.12	73	17～30

注：每米装药量为 3 kg，4 个爆破孔共装药 90 kg。

3)效果考察

对爆破前后抽采瓦斯干管的抽采瓦斯浓度、管道静压、混合流量等进行测试对比，具体如表 6－41 所示。

表 6-41 东四 8 槽轨道石门爆破前后瓦斯抽采量对比表

时间	爆破时间 15:40	测试时间	抽采瓦斯浓度/%	管道静压/MPa	混合流量/(m^3/min)	抽采瓦斯纯量/(m^3/min)
12 月 1 日	爆破前	13:40	2.0	0.06	8.5950	0.1719
		14:40	2.0	0.06	8.5950	0.1719
		15:40	2.0	0.06	8.5950	0.1719
	爆破后	16:30	8.0	0.06	10.5267	0.8421
		17:00	8.0	0.06	10.5267	0.8421
		17:30	9.0	0.06	8.5950	0.7735
		18:00	10.0	0.06	8.5950	0.8595
		18:30	10.0	0.06	8.5950	0.8595
		19:00	10.0	0.06	9.6095	0.9610
		19:30	10.0	0.06	8.5950	0.8595
		20:00	10.0	0.06	8.5950	0.8595
		20:30	10.0	0.06	8.5950	0.8595
		21:00	10.0	0.06	8.5950	0.8595
		21:30	10.0	0.06	8.5950	0.8595
		22:00	10.0	0.06	8.5950	0.8595
		22:30	10.0	0.06	8.5950	0.8595
		23:00	10.0	0.06	8.5950	0.8595
		23:30	10.0	0.06	8.5950	0.8595
		24:00	10	0.06	8.5949	0.8594
12 月 1 日		平均	2	0.06	9.4320	0.1886
12 月 2 日		平均	5.2	0.062	12.9351	0.6726
12 月 3 日		平均	4.3	0.057	14.5614	0.6261
12 月 4 日		平均	4.5	0.049	14.4437	0.6499
12 月 5 日		平均	3	0.048	13.7037	0.4111
12 月 6 日		平均	3.7	0.057	14.966	0.5537
12 月 7 日		平均	4	0.055	14.5529	0.5821
12 月 8 日		平均	4	0.051	13.0742	0.5229
12 月 9 日		平均	4	0.052	12.2685	0.4907
12 月 10 日		平均	3.7	0.055	12.6668	0.4686

从表 6－41 可以看出：

(1)爆破后每天的抽采瓦斯浓度和抽采瓦斯纯量均为爆破前的 2～3 倍；按抽采瓦斯 45％计算，共需抽采瓦斯量为 35×48×2.6×1.35×9.5×0.45≈25208(m^3)，如不采取松动爆破每天抽采瓦斯量为 410 m^3，共需抽采瓦斯 25208÷410≈61(d)；松动爆破后每天抽采瓦斯量为 860 m^3，共需抽采瓦斯 25208÷860≈29(d)，缩短了抽采瓦斯时间 32 d，大大提高了钻孔瓦斯抽采半径、瓦斯抽采量，缩短了瓦斯抽采时间。

(2)钻孔设计控制面积为 35×48＝1680(m^2)，按常规钻孔终孔间距不大于 3 m 布置钻孔，共需要 192 个抽采钻孔。现钻孔设计：巷道轮廓线投影范围内，按终孔间距每 3 m 布置抽采钻孔；巷道两帮 5 m 处布置爆破孔，爆破孔终孔间距按 6 m 布置，在爆破孔周围布置抽采钻孔，终孔间距按 6～7 m 布置；巷道轮廓线外 8 m 以外(爆破孔影响较小范围)钻孔布置孔底间距按 3.5 m 布置抽采钻孔，共 144 个钻孔，对比常规钻孔布置方式减少了 48 个钻孔，缩短了 6 d 钻孔施工时间。

(3)采取松动爆破后共缩短消突时间 32＋6＝38(d)，爆破后增加了煤层透气性，巷道掘进过程中钻场钻孔保持连续抽采，更为揭煤提供了安全保障。

6.6　竖井揭煤防突技术

6.6.1　潘一东矿井筒揭 13 煤层前深孔松动爆破增透试验

1)工程概况

(1)所揭煤岩层赋存状况。

根据《潘一东区矿井井筒检查孔地质报告资料、注浆孔资料及三维地震资料》提供的资料：预计 16－2 煤层顶板井筒深度为 799.05 m(标高－775.85 m)，底板井筒深度为 799.65 m(标高－776.45 m)，煤厚为 0.6 m；预计 16－1 煤层顶板井筒深度为 807.65 m(标高－784.45 m)，底板井筒深度为 812.4 m(标高－789.2 m)，煤厚 4.75 m；预计 12 煤顶板井筒深度为 813.8 m(标高－790.6 m)，底板井筒深度为 814.4 m(标高－791.2 m)，煤厚为0.6 m。16－2、16－1 及 12 煤层间距依次分别为 8.0 m、1.4 m、三层煤(岩)。

(2)构造及水文地质情况。

本区段位于潘集背斜南翼，总体上为一南倾的单斜构造形态，根据井筒检查孔、注浆孔资料及三维地震勘探资料，掘进区段构造地质条件复杂，预计风井井筒施工至 775 m 左右时会揭露 F32 断层，距 16－2 煤层顶板约为 24 m。F32 断层落差大，其位置可能有一定摆动，发育宽约为 5 m 的破碎带，附近可能发育较多派生小断层，断层附近煤岩层较破碎，且易引起煤厚变化和瓦斯赋存异常，对揭煤及施工影响较大。所揭露岩性主要为砂质泥岩、泥岩、粉细砂岩和煤层，以软岩为主，自上而下将依次揭开 16－2、16－1 和 12 煤层，其中 16－1 煤层为厚煤层，煤岩层产状为 190°～210°∠3°～8°。

水文地质：根据风井检查孔抽水试验资料分析，预计风井井筒本段将位于基岩面下第八含水层以下，第八含水层深度为 799.90～811.0 m，岩性主要为粉砂岩，厚度约为 11.1 m。本井筒本基岩段已进行了地面预注浆堵水，水文地质条件简单。井筒出水主要以排为主。井筒检查孔资料预计最大涌水量为 8 m^3/h，正常涌水量为 3.5 m^3/h。

(3)瓦斯含量、动力现象及突出指标。

副井检查孔取样测定 16－1 层煤 $f=1.15$，$\Delta p=5.0$，$k=4.35$，CH_4 含量为 3.40 mL/g·燃，CH_4 比例为 42.25%，N_2 含量为 3.63 mL/g。

12 煤层 $f=0.75$，$\Delta p=5.5$，$k=7.33$，CH_4 含量 8.18 mL/g·燃，CH_4 比例为 64.19%，N_2 含量为 2.95 mL/g。

由于揭煤段距 F32 断层较近，F32 断层落差大且有一定摆动范围，该断层对煤层厚度变化、瓦斯赋存、应力分布影响较大，对揭煤及施工影响也较大。

2)煤层快速瓦斯压力测定

由于待揭 13 煤层附近有一 F32 断层，并且断层落差大有一定的摆动范围，测试瓦斯压力钻孔为下向钻孔，同时测试区域存在大量的水，采用常规的瓦斯压力测定方法测试 13 煤层的准确瓦斯压力值难度非常大。为了准确快速测试待揭煤层瓦斯压力，特制定了一套可行的瓦斯压力测试方法和工艺，即钻孔开孔用直径 ϕ133 mm 钻头，钻进 5 m 深时停止钻孔，退出钻杆，下 5 m 孔口管(ϕ108 mm 无缝钢管)，孔口管外露 0.3 m，外口安设闷盖，注浆加固孔口管(注浆压力不小于8 MPa)，待浆液凝固 16 h 后，使用 ϕ75 mm 钻头钻至 4 m，退出钻杆，进行孔口管耐压试验(注水压力不小于 8 MPa 且保持 30 min 以上)。孔口管耐压实验合格后，用 ϕ75 mm 钻头钻进 9 m 停止，注浆(压力不小于8 MPa)，待浆液凝固 16 h 后，用 ϕ75 mm 钻头重复钻进 9 m 停止，再改用 ϕ58.5 mm 钻头钻进至欲预测瓦斯压力煤层 13 煤层，并进入底板 0.5 m 深；使用 4 分钢管作为测压管，测压管上焊接挡板，挡板下至孔内 9 m 处，注浆封孔；具体测试工艺如图 6－177 所示。

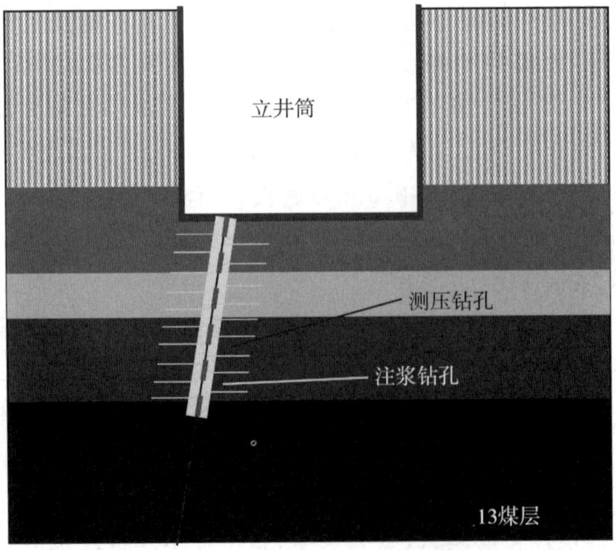

(a)煤层瓦斯压力快速测试方法示意图

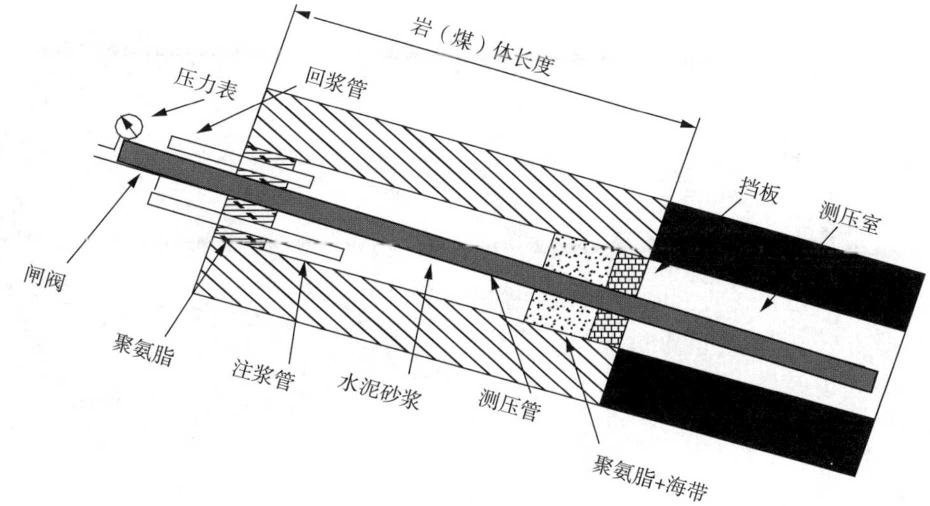

(b)煤层瓦斯压力快速测试工艺示意图

(c)煤层瓦斯压力实测工艺示意图

图 6 - 177　13 煤层瓦斯压力测试工艺

通过测定，16 - 1 煤层瓦斯压力为 1.8 MPa。

3)抽采钻孔抽采设计

根据 13 煤层原始抽采半径和揭煤设计规程，对待揭 13 煤层共布置了 8 圈 159 个抽采瓦斯钻孔。在施工抽采钻孔时，由于 13 煤层原始瓦斯含量较大，原始瓦斯压力为 1.8 MPa，为防止在钻孔施工过程中回风流瓦斯浓度超限，设计了钻孔防喷装置。该钻孔防喷装置的主要组成有瓦斯煤尘分离器、带压封孔煤与瓦斯分离装置，钻屑储存输运装置等。钻进时，喷出的煤和瓦斯分别进入设定系统，从根本上消除钻孔强烈喷孔或钻孔突出带来的安全隐患。该钻孔防喷装置如图 6 - 178 所示。

在施工 159 个钻孔中未发生回风流瓦斯超限问题。每施工完一个钻孔后就合茬抽采，合茬钻孔初期抽采瓦斯量和抽采瓦斯浓度效果不错，随后抽采时间越长，钻孔抽采瓦斯量和抽采瓦斯浓度效果较差，主要是由煤层透气性较低所致。在此基础上，经研究对 159 个抽采钻孔选择部分钻孔实施深孔预裂爆破以增加煤体透气性，提高煤层瓦斯抽采效果，使揭煤控制范围内瓦斯抽采率达到45%以上。

(a)瓦斯煤尘分离器示意图

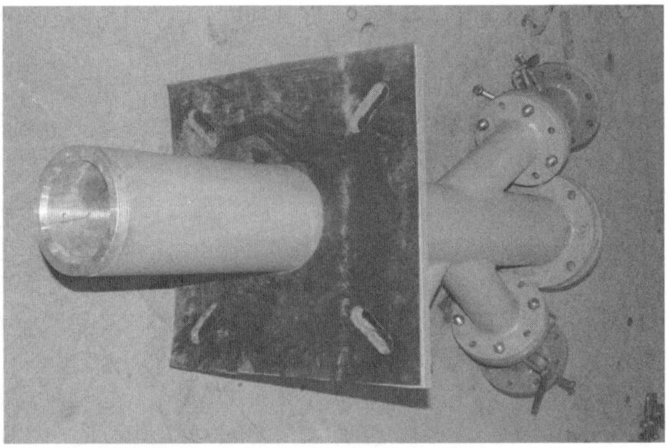

(b)带压封孔煤与瓦斯分离装置示意图

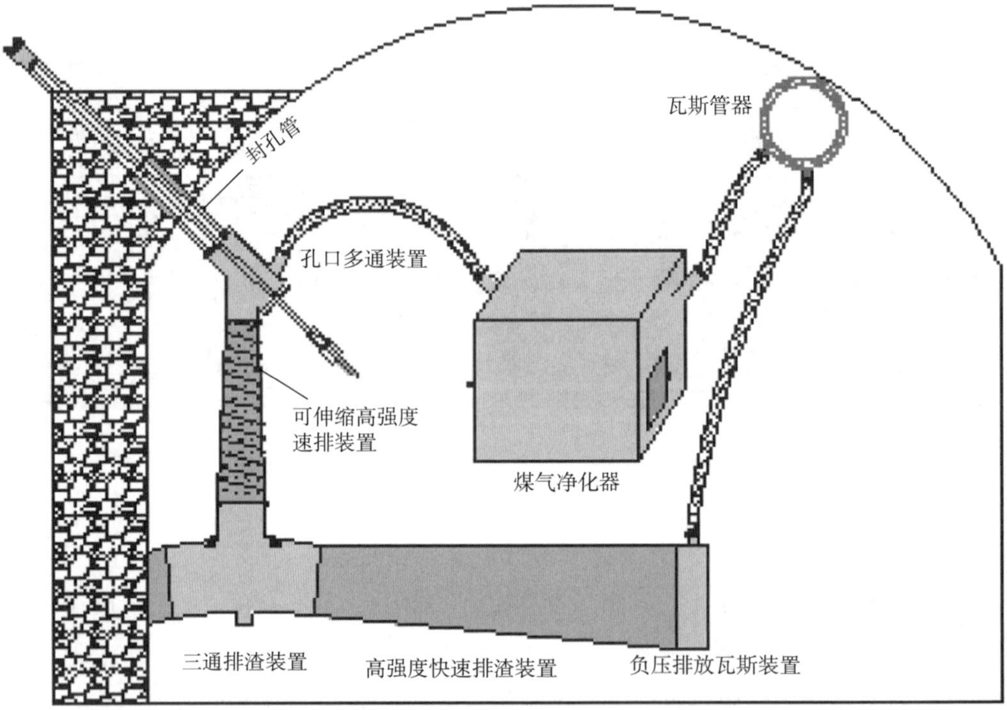

(c)钻屑储存装置示意图

图6-178 钻孔防喷装置

4)深孔爆破增透试验方案

根据潘一东矿编制的中央风井井筒揭13煤层防突设计，在待揭13煤层布置了8圈共159个抽采瓦斯钻孔，其中第七圈中73号、75号、77号、79号、81号、83号、85号、87号、90号、92号、94号、96号、98号、100号为爆破孔，抽采钻孔布置图如图6-179所示。

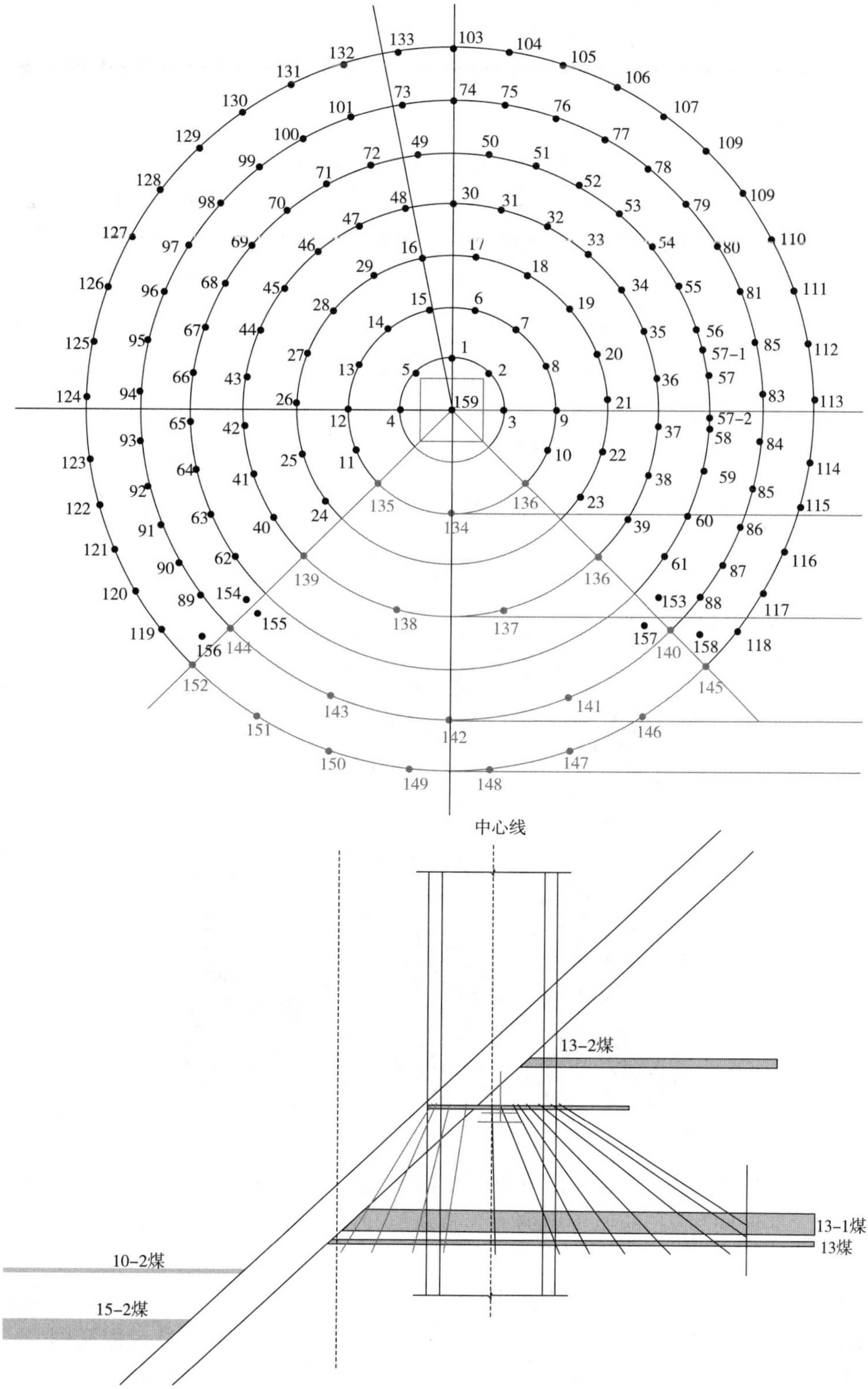

图 6-179　抽采钻孔布置图

5)深孔松动爆破效果考察

2009 年 4 月 7 日,利用第 7 圈抽采钻孔(断层影响外的钻孔)中的 8 个孔(47 号、75 号、77 号、79 号、82 号、84 号、91 号、93 号)对 16－1 煤实施了深孔预裂爆破,爆破前后瓦斯抽采变化如表 6－42 所示。

表 6－42 深孔预裂爆破前后瓦斯抽采变化对比表

类别	抽采瓦斯浓度/%		混合流量/(m^3/min)		抽采瓦斯纯量/(m^3/min)	
	最大值	平均值	最大值	平均值	最大值	平均值
深孔爆破前	7.5	7	8.54	8.03	0.58	0.56
深孔爆破后	9.6	8.03	9.68	9.65	0.9	0.78

从表 6－42 可以看出:爆破后抽采瓦斯纯量比爆破前提高 1.5 倍;随后的揭煤过程中,抽采瓦斯纯量成倍增加,回风流瓦斯浓度为 0.12%,煤层瓦斯抽采率达到 67%。

6)揭煤金属骨架注浆加固松软煤体

为了防止揭 13 煤层期间,未抽采区域的瓦斯补充到抽采区域,对第 4 圈抽采钻孔抽采结束后,向抽采钻孔中下 ϕ50 mm 无缝钢管并进行钢管内外高压注浆,从而形成一道阻挡外围瓦斯补充的坚固外体,如图 6－180 所示。

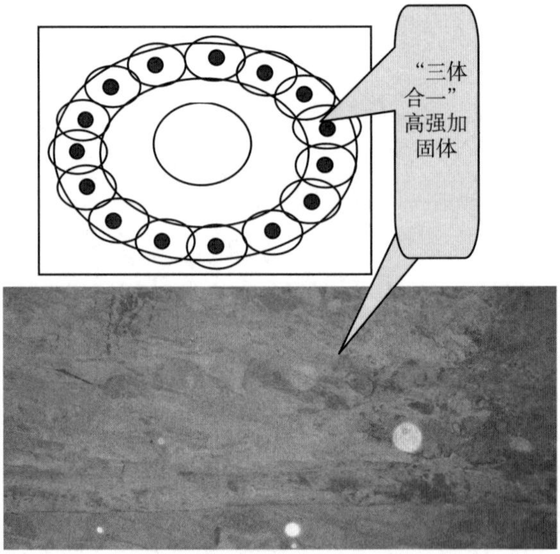

图 6－180 揭煤金属骨架注浆加固松软煤体工艺示意图

通过钻孔预抽煤层瓦斯、深孔预裂爆破增透、金属骨架加固煤体等技术实施,揭 13 煤层整个工期时间为 26 d,比传统的揭煤方法缩短了 61 d,创造了良好的经济效益和社会效益。

同样的方法也对副井揭 13 煤层进行了成功的应用,一次爆破 14 个爆破孔,爆破后 30 min 内,井筒 T1 探头的最高瓦斯浓度为 0.5%,抽采瓦斯浓度从 2%提高到 31%,抽采瓦斯纯量由 0.6 m^3/min 提高到 2.1 m^3/min。副井揭煤时间为 27 d,揭煤过程中,回风流瓦斯浓度最大为 0.3%,煤层瓦斯抽采率达到 76%。

6.6.2 谢桥煤矿井筒揭 13 煤层前深孔松动爆破增透试验

1)第二中央风井揭 13 煤层前深孔松动爆破增透试验

(1)工程概况。

① 地理位置及工程技术特征。

中央风井井口永久锁口设计标高为+26.2 m,井筒设计净直径为 7.5 m,井筒设计深度为 986.2 m,壁厚为 500 mm。中央风井中心点与二副井中心点直线距离为 60.2 m,与箕斗井中心点直线距离为 300 m。

16-1 煤为突出煤层,煤厚约为 4.55 m,煤层产状为 186°~196°∠12°~14°,煤层结构 3.45(0.3)0.8。煤层特征:黑色,以块状为主,夹少许粉末状,以暗煤为主,少许亮煤,夹有一层厚约为 0.3 m 的炭质泥岩。

邻近采掘关系:二副井中心点距中央风井中心点平面距离为 60.2 m,至 2009 年 2 月 10 日已掘砌 526.9;箕斗井中心点距中央风井中心点平面距离为 300 m,至 2009 年 2 月 10 日早班已掘砌 344 m。

② 煤层赋存状况及瓦斯地质情况。

a. 瓦斯情况。二副井检查孔及箕斗井检查孔 16-1 煤均取样化验,二副井检查孔和箕斗井检查孔 16-1 煤化验指标如表 6-43 所示。中央风井井中与二副井井中平面距离为 60.2 m,中央风井井中与箕斗井井中平面距离为 300 m,因此中央风井 16-1 煤瓦斯情况可参考二副井检查孔和箕斗井检查孔化验指标。

表 6-43 二副井检查孔和箕斗井检查孔 16-1 煤化验指标

煤层名称	瓦斯成分/%			突出危险性指标			瓦斯含量/(m^3/t)	取样地点
	N_2	CH_4	CO_2	f	Δp	k		
16-1	23.36	64.32	3.65	—	—	—	4.97	二副井检查孔
	—	—	—	0.82	5	6.09	—	箕斗井检查孔

b. 煤层顶底板岩性。16-1 煤层的伪顶为泥岩及 16-2 煤层的复合伪板,总厚约为 3.35 m;直接顶为泥岩,厚约为 4.90 m;直接底为泥岩,厚约为 1.35 m;老底为粉砂岩,厚约为 4.35 m。

c. 地质构造及勘探情况。勘探控制程度:中央风井井筒检查孔测井资料较可靠,二副井检查孔已取芯验证。

井下采掘工程控制:谢桥矿井下巷道-720 m 东、西翼新增进风石门,-720 m 西翼轨道石门已揭露 16-1 煤层,控制程度可靠。

(2)16-1 煤层瓦斯压力快速测定。井筒周围进行了预注浆,使井筒周围煤层透气性发生变化,为了准确测定煤层原始瓦斯压力,测压钻孔终孔位置必须落在注浆帷幕的外侧。由于测试 16-1 煤层瓦斯压力钻孔为下向钻孔,并且有水,采用常规的瓦斯测压方法很难准确测出 16-1 煤层瓦斯压力值。因此,必须对其瓦斯压力测试工艺进行改进,使瓦斯测压装置能够具备气水分离功能;其气水分离测压装置示意图如图 6-181 所示。由于水的存在，其测压装置的封孔采用了新的封孔方法——多步分段注浆封孔技术，其布置方式如图 6－182 所示。

通过测定，16－1 煤层原始瓦斯压力为 2.1 MPa。

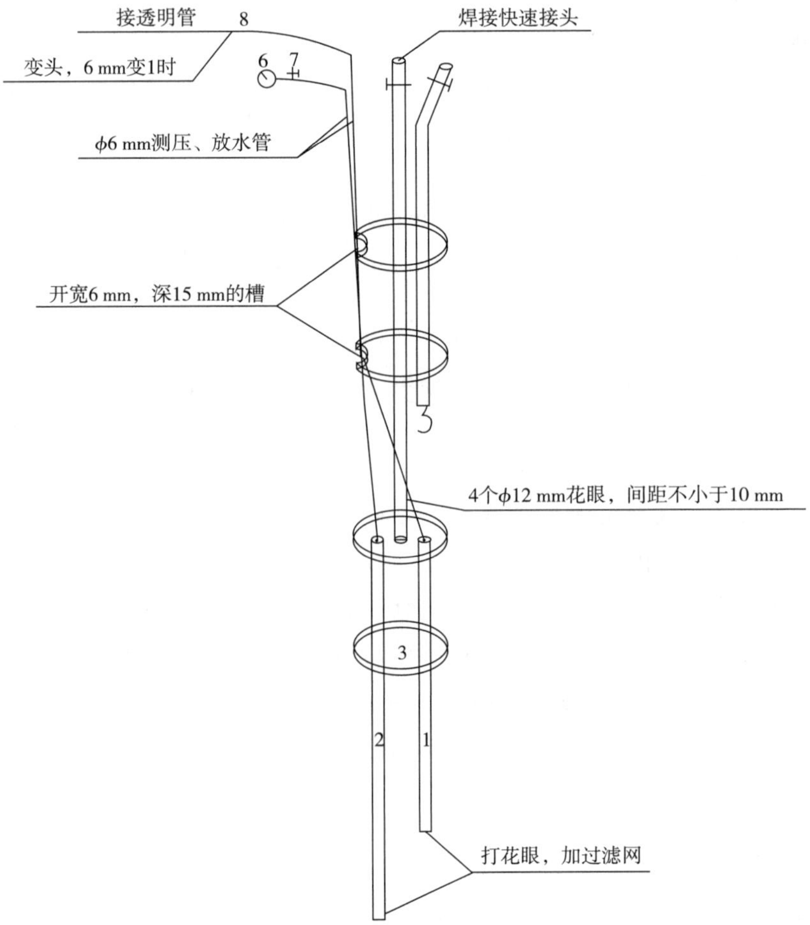

1—瓦斯管；2—放水管；3—挡盘；4—注浆管；5—返浆管；6—闸阀；7—瓦斯压力表；8—放水闸阀。

图 6－181　气水分离测压装置示意图

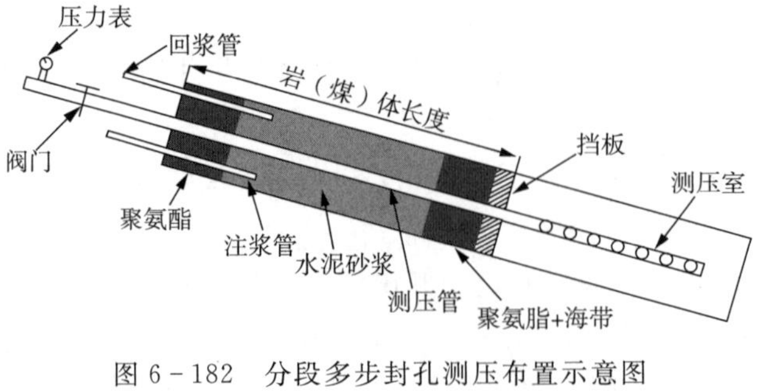

图 6－182　分段多步封孔测压布置示意图

(3)抽采钻孔抽采设计。

根据 16－1 煤层原始抽采半径和揭煤防突相关规定，此次揭 16—1 煤层共设计 163

个抽采钻孔，为了防止在打钻孔期间回风流瓦斯浓度超限，在施工每个钻孔过程中都采用防喷装置，其防喷装置如图 6－181 和图 6－182 所示。在整个钻孔施工期间，未发生回风流瓦斯超限现象发生。

(4)深孔爆破增透试验方案。

根据谢桥矿编制的中央风井井筒揭 13 煤层防突设计，在待揭 13 煤层布置了 8 圈共 163 个抽采瓦斯钻孔，其中对抽采钻孔中的第 2 圈、第 4 圈和第 8 圈采用深孔爆破增透试验，爆破孔为 36 个，钻孔布置示意图如图 6－183 所示。

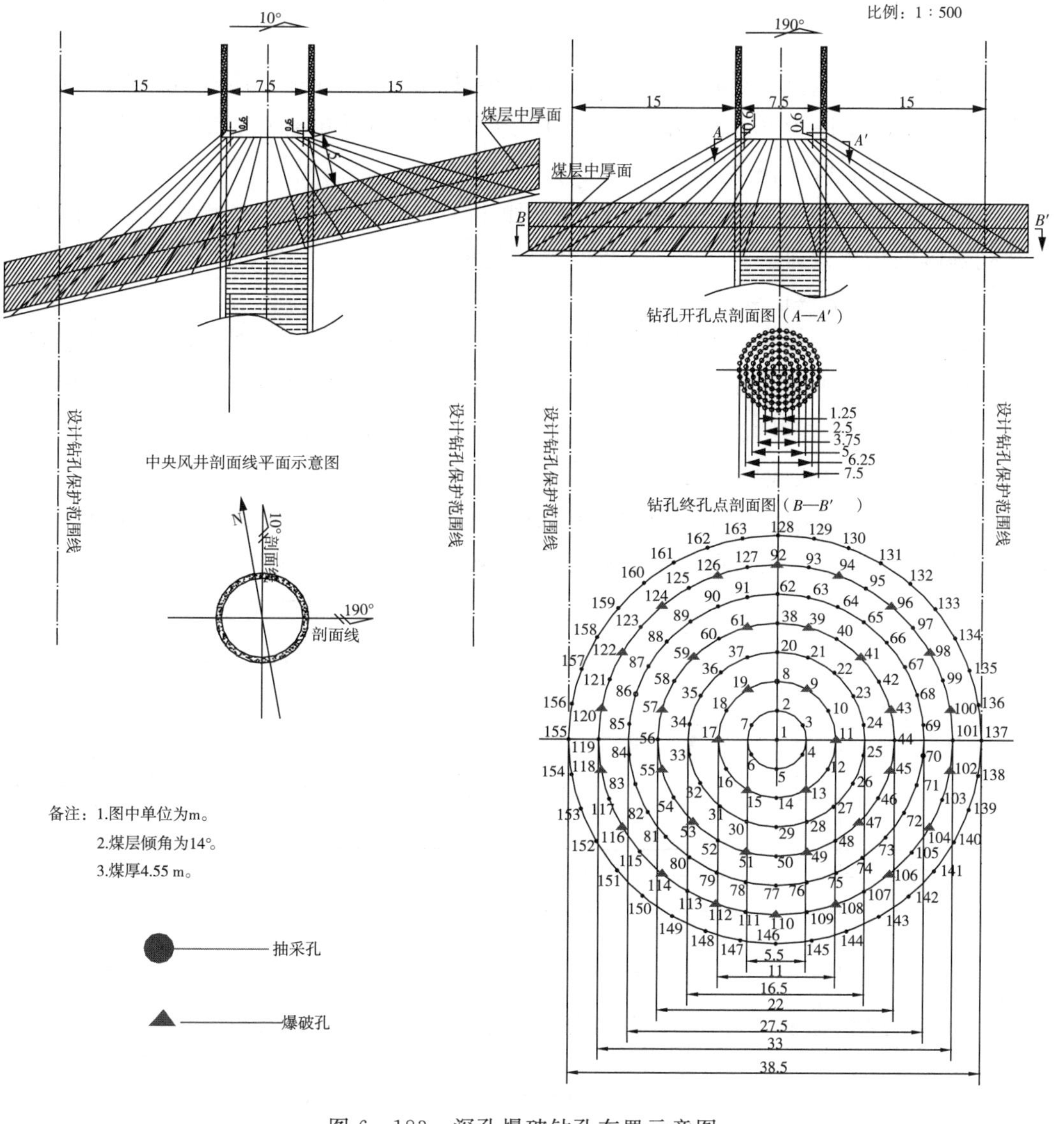

图 6－183　深孔爆破钻孔布置示意图

(5)深孔松动爆破效果考察。

由于爆破孔为下孔钻孔，打钻过程中排渣较难，药柱不能装进爆破孔内，因此现场一次爆破 13 个爆破孔，抽采瓦斯纯量提高了 3～5 倍，整个过程中回风流瓦斯浓度为

0.15%，揭 16－1 煤层控制区域内瓦斯抽采率达到 75%。

(6)揭煤过程金属骨架坚固煤体。

为了防止未抽采区域内瓦斯补充到抽采区域内，利用第 5 圈抽采钻孔抽采瓦斯完毕后向其内下 φ50 mm 的无缝钢管，在钢管内外高压注浆以达到无缝钢管、水泥浆、煤岩体形成“三体合一”的坚固体，为揭煤形成一道天然屏障。

第二中央风井揭煤时间仅为 27 d，比传统揭煤时间缩短了 40 d，整个过程无发生回风流瓦斯浓度超限现象，控制区域内煤层瓦斯抽采率 75%。

2)第二副井井筒揭 13 煤层前深孔松动爆破增透试验

(1)工程概况。

二副井井口永久锁口设计标高为＋26.2 m，井筒设计净直径为 8.2 m，井筒设计深度为 1011.2 m，壁厚为 650 mm。二副井中心点与中央风井中心点直线距离为 60.2 m，与箕斗井中心点直线距离为 240 m。

第二副井揭 16－1 煤层采用的方法也是如第二中央风井一样，在此只是重点阐述一下深孔爆破的增透效果。

(2)深孔爆破增透试验方案。

根据谢桥矿编制的第二副井井筒揭 13 煤层防突设计，在待揭 13 煤层布置了 8 圈共 169 个抽采瓦斯钻孔，其中对抽采钻孔中的第 2 圈、第 4 圈和第 8 圈采用深孔爆破增透试验，爆破孔为 36 个，深孔爆破钻孔布置示意图如图 6－183 所示。

(3)深孔松动爆破效果考察。

由于受现场条件限制，本次深孔松动爆破只爆破了 7 个孔，钻孔最大装药长度为6 m，总装药量约为 40 kg，其爆破前后抽采瓦斯浓度、纯量如图 6－184 和图 6－185 所示。

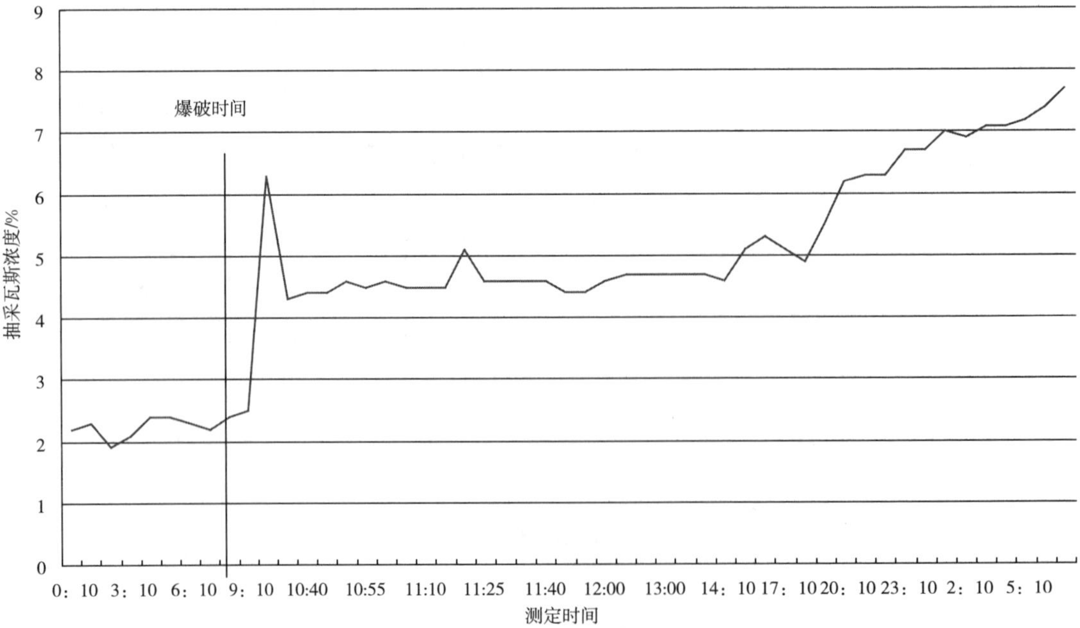

图 6－184　爆破前后瓦斯抽采浓度变化曲线图

从图6－184和图6－185中可以看出：爆破后抽采瓦斯浓度明显上升，最高浓度达7.7%，平均瓦斯浓度比爆破前提高2.4倍，抽采瓦斯纯量最高达2.14 m^3/min，平均流量比爆破前提高约4倍，取得良好的抽采效果，揭煤过程中回风流瓦斯浓度0.15%，揭煤工期为31 d，比采用传统揭煤技术缩短了2个月。

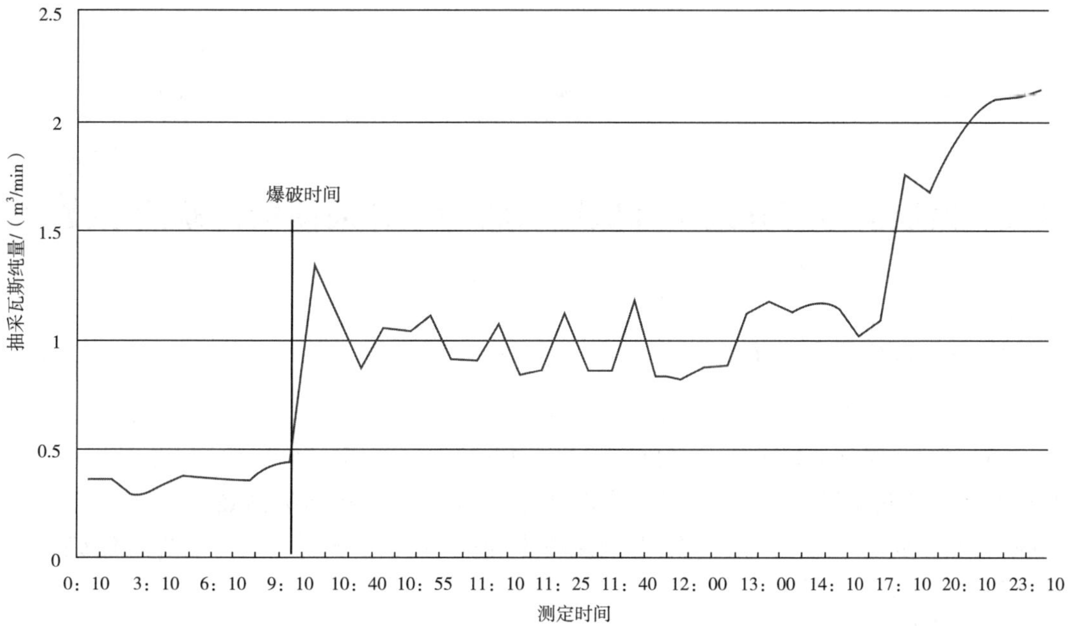

图6－185　爆破前后瓦斯抽采纯量变化曲线图

第7章 煤与瓦斯共采工程实践

7.1 煤层群多层开采上部煤层膨胀卸压开采顶板瓦斯抽采技术

7.1.1 实践工作面及概况

1. 首采保护层工作面开采范围

谢一矿 51 采区 C15 煤层的 51115C15 工作面作为保护层试验工作面，该工作面回采巷道及考察钻孔布置平面图如图 7-1 和图 7-2 所示。工作面标高在－635～－702 m 之间，北起Ⅳ以南－720 m 二号石门，南至谢李深井煤柱 F1 断层带。C15 煤层保护层工作面参数如下。

工作面走向长：650 m。

工作面倾斜长：180 m。

煤层厚度：1.0～1.5 m，平均 1.1 m。

煤层倾角：19°～22°，平均 21°。

注意：距工作面开切眼 95 m 范围内，工作面长度为 90 m，之后工作面长度为 180 m。

2. 被保护层工作面的开采范围

1)倾斜方向的保护范围

在下部被保护层中，沿倾斜方向的被保护范围可按卸压角划定。当煤层倾角为 21°时，倾斜下部卸压角 $\delta_3=75°$，倾斜上部卸压角 $\delta_4=75°$。51115C15 工作面回采对 C13 煤层倾向保护范围如图 7-2 所示。在被保护层 C13 煤层的上部，被保护边界标高位于－666.6 m，上区段机巷已采标高为－645 m，其中沿 C13 煤层倾斜有 60.7 m 长的未保护带；在被保护层 C13 煤层的下部，被保护边界标高位于－718 m，被保护层工作面运输巷可布置在－718 m 水平以上的被保护范围内，被保护带倾斜长度为 137.3 m。

2)走向方向的保护范围

本设计走向方向的保护范围是指被保护层工作面的开切眼和停采线向里的卸压角或内错的距离，根据规定该卸压角 δ_5 为 56°～60°，按 60°计算内错距离为

开切眼向里内错：$L_5=19\cot 60°=11.0$ m；

停采线向里内错：$L_5=19\cot 60°=11.0$ m。

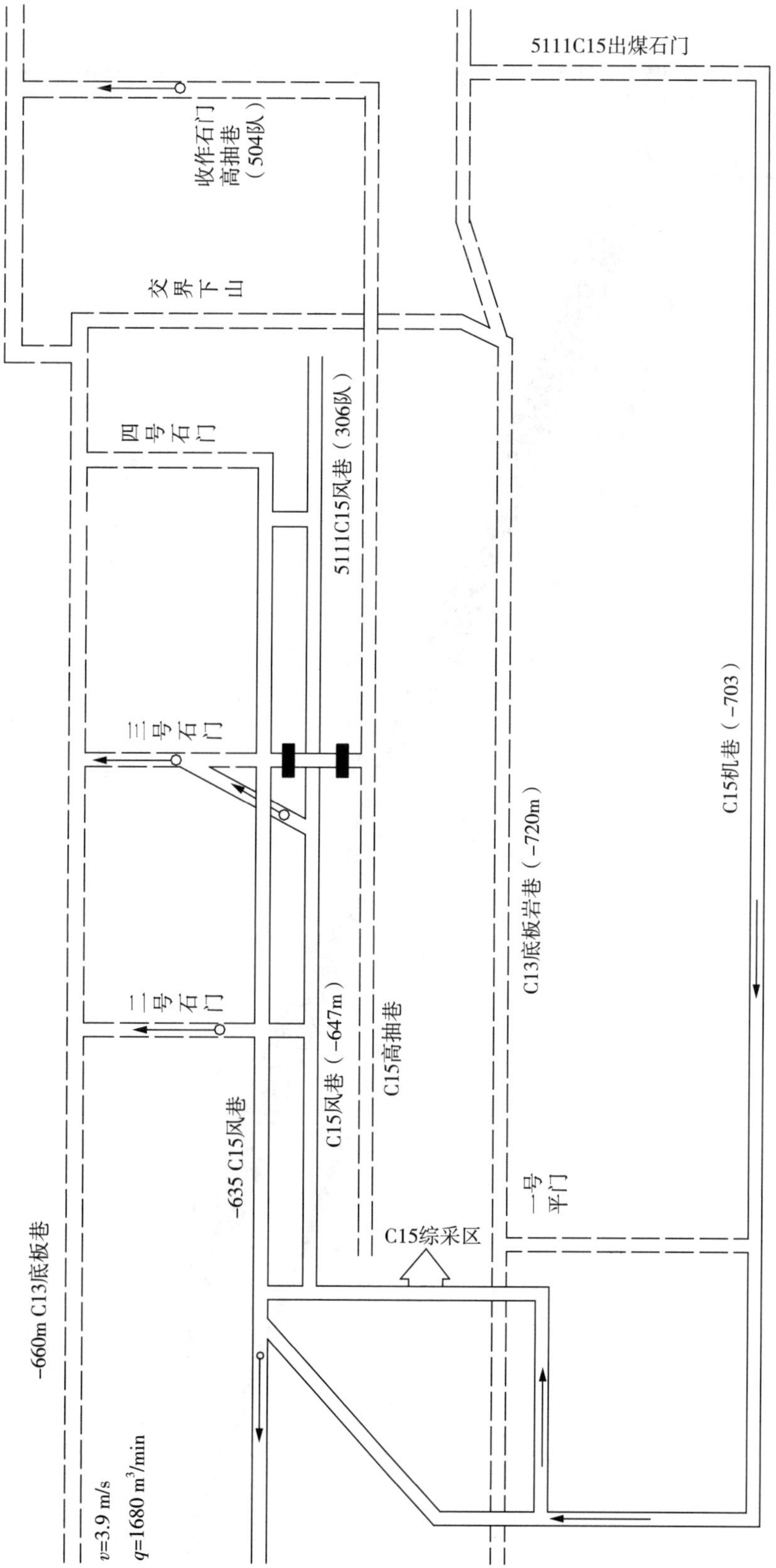

图7-1　试验区工作面及巷道布置平面示意图

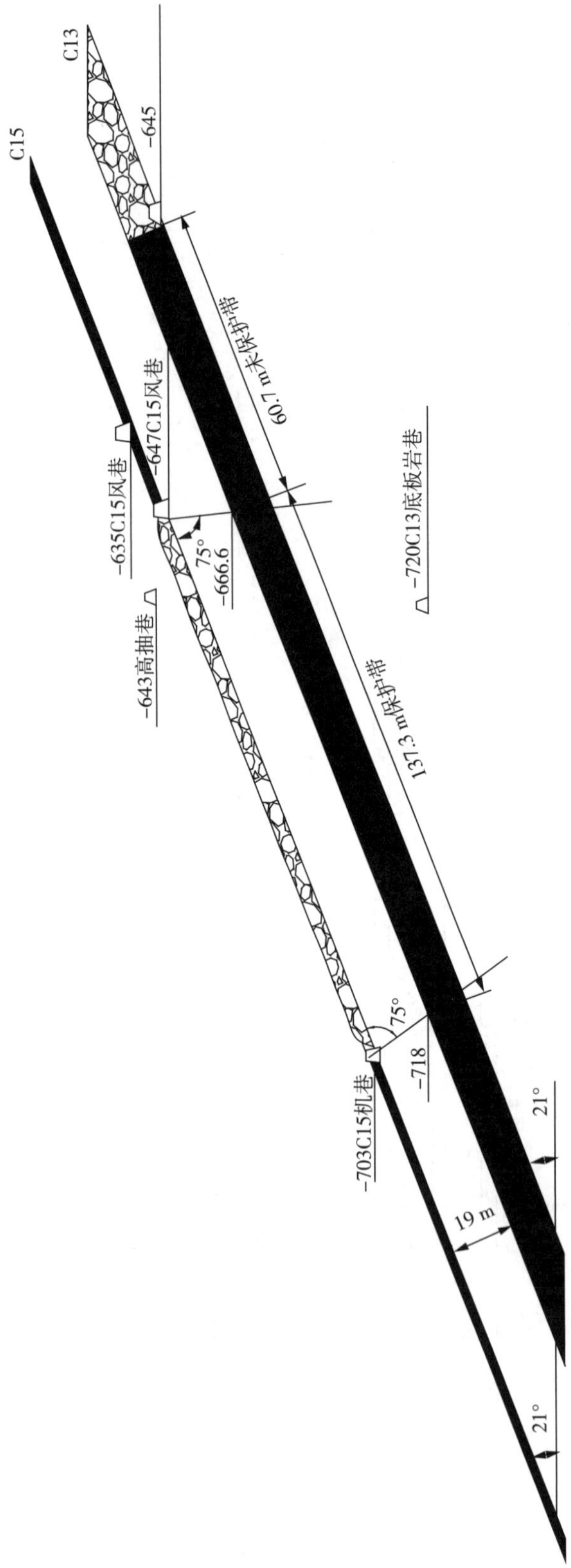

图7-2 试验区工作面及巷道布置剖面示意图

3)被保护层工作面参数

下部被保护层工作面为C13煤层的51113C13工作面，与保护层工作面层间距平均19 m，工作面标高为−666.6～−718 m。工作面参数为

工作面走向长：650 m。

工作面倾向长：198 m。

煤层厚度：5.8～8.7 m，平均6.5 m。

煤层倾角：21°。

走向被保护带长：650−2×11.0=628(m)。

倾向被保护带长：137.3 m。

倾向上部未被保护带长：60.7 m。

3. 瓦斯基础参数

5111C15保护层工作面对应的被保护层5111C13工作面保护范围的上限、下限标高为−666.6～−718 m，−666.6 m处煤层瓦斯压力为4.2 MPa，−718 m处煤层瓦斯压力为4.9 MPa，工作面煤层平均瓦斯压力为4.5 MPa，煤层平均瓦斯含量为16.2 m^3/t。

7.1.2 保护层开采瓦斯综合防治技术方案

在不进行C13、C12煤层瓦斯卸压抽放的条件下，预测5111C15工作面的相对瓦斯涌出量将达到74.0 m^3/t，其中本层瓦斯涌出量为14.0 m^3/t，占总涌出量的27.6%；下邻近层瓦斯涌出量达60.0 m^3/t，占总涌出量的81.1%。当工作面日产量达1000 t时，工作面绝对瓦斯涌出量将达到51.4 m^3/min。这样大的瓦斯涌出量用通风方法是不可能解决的，必须通过风排、尾排、尾抽、顶板高位巷抽放和C13煤层底板巷道网格式上向钻孔卸压抽放等综合措施加以解决。

1. 风排瓦斯治理方法

工作面风排瓦斯计算方法如式(7-1)所示，式中系数80是按照淮南矿业集团制定的瓦斯管理规定，工作面回风流中瓦斯浓度上限为0.8%确定的。

$$Q=80\cdot k\cdot q_{CH_4} \tag{7-1}$$

式中，k——瓦斯涌出不均衡系数，取1.2；

q_{CH_4}——工作面绝对瓦斯涌出量，m^3/min。

5111C15工作面由−703机巷进风，经工作面、−647风巷及回风石门进入采区回风系统。根据工作面巷道断面和系统供风能力，并考虑通风排放瓦斯和尾巷排放瓦斯的关系，确定工作面回风量上限为1000 m^3/min，由式(7-1)计算得出工作面风排瓦斯量上限为10.4 m^3/min。

2. 尾排及尾抽瓦斯治理方法

5111C15工作面上部有−647和−635两条回风巷，在两条风巷之间每隔30～40 m打一条联络巷，这样通过工作面风流的一部分经采空区、联络巷、−635风巷进入采区回风系统，形成尾排。尾排的瓦斯主要包括：①工作面采落煤炭释放的部分瓦斯；②邻近层及围岩赋存的瓦斯，在采动应力作用下解吸，通过采动裂隙进入采空区并积存在采空区

底部的部分瓦斯。尾排风流中瓦斯浓度最大按2.5%控制，尾排风量取决于工作面与尾排联络巷之间阻力分配，即工作面与尾排联络巷之间的距离。尾排风量平均按600 m^3/min设计，尾排最大瓦斯量为30 m^3/min。

将靠近开切眼附近的尾排联络巷封闭，将抽放管路插入密闭内，对工作面采空区后部进行尾抽，抽放的瓦斯主要来自邻近层及围岩赋存的瓦斯，在采动应力作用下解吸，通过采动裂隙进入采空区并积存在采空区后部的部分瓦斯。根据谢一矿的经验，尾抽瓦斯量按10.0m^3/min设计。

3. 顶板高位巷瓦斯抽放方法

根据理论、实验研究成果，采空区的瓦斯来源于开采层本身和邻近卸压煤岩层；采空区内部，卸压瓦斯在瓦斯压力、通风压差及升浮漂移等作用下向采空区顶部靠近回风巷侧运移，并形成高浓度瓦斯区。在5111C15工作面煤层顶板10 m，距－647风巷20 m的顶板岩层中，平行于工作面回风巷布置一条走向高位巷，巷道断面5 m^2，用于抽放赋存于采空区冒落拱内的瓦斯。根据谢一矿的经验，顶板高位巷瓦斯量按12.0 m^3/min设计。

4. C13煤层底板巷道网格式上向钻孔卸压抽放方法

由于C13煤层和C15煤层相距19.0 m，5111C15工作面开采过程中，下部被保护层工作面5111C13对应的区域将产生底鼓膨胀，C13煤层瓦斯将大量解吸。如果不对C13煤层的卸压瓦斯进行预抽，这些卸压瓦斯的大部分将沿采动裂隙进入5111C15工作面，对工作面安全生产造成不利影响。根据前面的瓦斯涌出量预测，在不进行预抽的前提下，C13煤层相对瓦斯涌出量达54.2 m^3/t，占工作面瓦斯涌出量的73%。如果工作面产量为1000 t/d，则来自C13煤层的瓦斯涌出量预计达到37.6 m^3/min。由此可见，为了保护层工作面的安全开采，必须对C13煤层的卸压瓦斯进行预抽。

C13煤层的卸压瓦斯预抽采用底板岩巷网格式上向穿层钻孔瓦斯抽放方法，在5111工作面倾向中部，距C13煤层底板20.0 m的岩层中布置一条走向底板瓦斯抽放巷，巷道标高为－720 m。沿瓦斯抽放巷每隔20 m布置一个抽放钻场，在每个钻场内沿煤层倾斜方向，每隔20 m布置一个穿层瓦斯抽放钻孔，每个钻场内布置8个瓦斯抽放钻孔，钻孔直径91 mm，钻孔进入C13煤层顶板1.0 m。

设计同时起作用的抽放钻孔为4排，同时起作用的钻孔数目为32个，单孔瓦斯抽放量按0.5 m^3/min设计，底板巷道瓦斯抽放量为16.0 m^3/min。

5. 设计系统瓦斯抽排能力

5111C15保护层工作面瓦斯抽排系统由风排、尾排、尾抽、顶板高位抽放巷和底板岩巷网格式上向穿层钻孔组成。根据上面的分析，各子系统的设计瓦斯抽排能力汇总如下。

风排瓦斯：10.4 m^3/min。

尾排瓦斯：30.0 m^3/min。

尾抽瓦斯：10.0 m^3/min。

高位抽放巷抽放瓦斯：12.0 m^3/min。

底板穿层孔抽放瓦斯：16.0 m^3/min。

系统最大瓦斯抽排能力：78.4 m^3/min。

考虑系统的匹配关系，系统瓦斯抽排能力按最大80%计算，系统瓦斯排放能力

62.7 m^3/min。当工作面产量为 1000 t/d 时，工作面绝对瓦斯涌出量为 51.4 m^3/min，工作面瓦斯抽排系统可以满足生产的需要。

C13 煤层底板巷道网格式上向抽排钻孔设计图见图 7－3，实际布置竣工图见图 7－4。

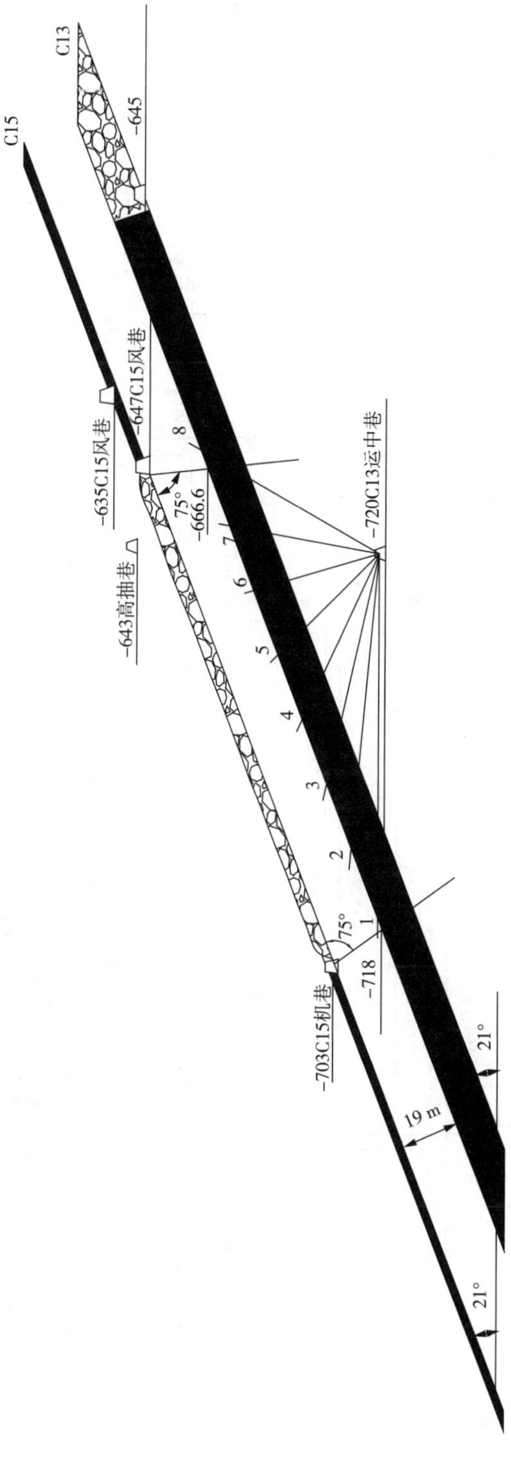

图7−3　C13煤层底板巷道网格式上向抽排钻孔设计图

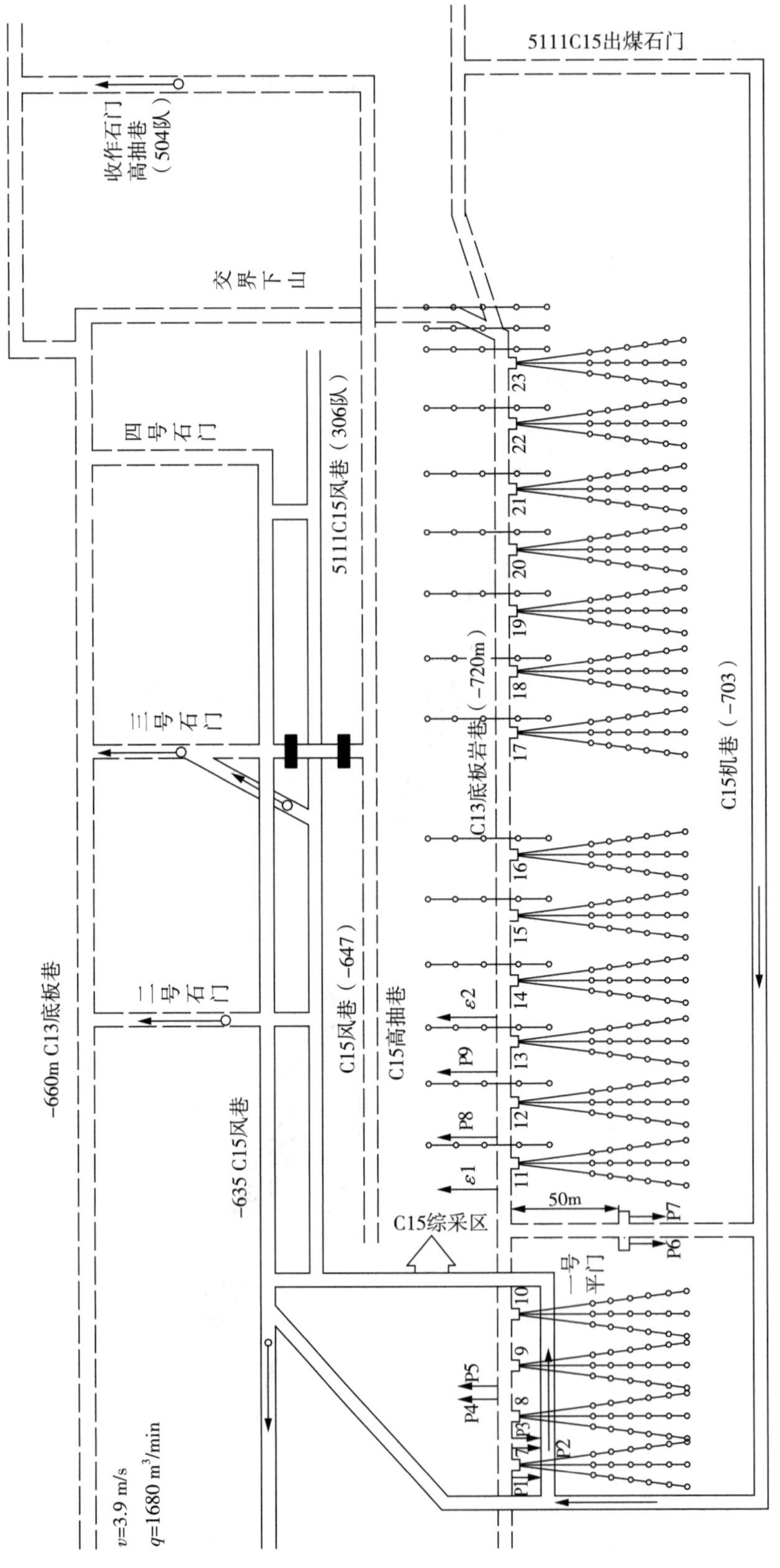

图7-4 C13煤层底板巷道网格式上向抽排钻孔施工竣工图

7.1.3　保护层开采参数考察技术方案及参数测定方法

1. 考察内容

(1)在 C15 煤层 51115C15 工作面进行回采并对 C13 煤层的卸压瓦斯进行抽放的过程中，考察被保护煤层(C13 煤层)的瓦斯压力、瓦斯含量、煤层膨胀变形和透气性系数等参数的变化规律。

(2)进行对应于 C15 煤层 51115C15 工作面始采线和采止线考察在被保护煤层(C13 煤层)内被保护走向边界的位置。

(3)进行对应于 C15 煤层 51115C15 工作面风巷上帮线和机巷下帮线考察在被保护煤层(C13 煤层)内被保护倾斜边界的位置。

(4)在 51115C15 工作面回采过程中对被保护煤层(C13 煤层)钻孔瓦斯流量及其变化进行考察。

(5)在 51115C15 工作面老顶(或老底)初次来压前后，考察工作面瓦斯涌出量的变化及和 C13 煤层卸压瓦斯抽采量变化规律。

2. 考察方案

1)走向方向的被保护范围

C13 煤层走向卸压边界的考察在 C13 工作面开切眼侧的卸压区和未卸压区边界处进行，考察钻孔布置方式如图 7－5 所示。

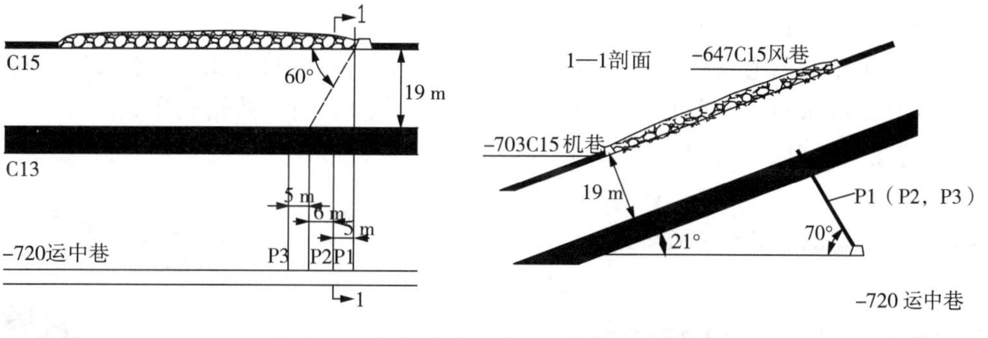

图 7－5　走向保护边界考察钻孔布置方式

共布置 3 个瓦斯压力测定钻孔，各孔平行而且都垂直煤层，即钻孔垂直于煤层走向、钻孔仰角为 70°，钻孔开孔位置在底板抽放巷道中。1 号钻孔见煤与终孔位置在未卸压带，即距 51115C15 开切眼煤柱边沿线在 C13 煤层上的投影线 5 m；2 号钻孔见煤与终孔位置落在《防治煤与瓦斯突出细则》规定（走向卸压角 60°）的卸压边界线上，即距 51115C15 开切眼煤柱边沿线在 C13 煤层上的投影线 11 m；3 号钻孔见煤与终孔落在《防治煤与瓦斯突出细则》规定的卸压范围内，即距 51115C15 开切眼煤柱边沿线在 C13 煤层上的投影线 16 m。

2)倾斜方向的被保护范围

倾斜方向的卸压范围分为工作面上部卸压边界和工作面下部卸压边界。本次设计了 51115C13 工作面回采对 C13 煤层上部与下部卸压边界的考察。

由－720C13 底板巷(运中巷)向初采面风巷保护边界打考察钻孔 P4 和 P5,由－720 一号石门 C13 煤层底板距 C13 煤层 10 m 开钻场打考察钻孔 P6 和 P7,倾斜保护边界考察钻孔布置方式如图 7－6 所示。P4 钻孔见 C13 煤层中线位置在《防治煤与瓦斯突出细则》规定的倾斜方向上部卸压边界线上,P5 钻孔见 C13 煤层中线距离 P4 钻孔见 C13 煤层中线向外 10 m;P7 钻孔见 C13 煤层中线位置在《防治煤与瓦斯突出细则》规定的倾斜方向下部卸压边界线上,P6 钻孔见 C13 煤层中线距离 P7 钻孔见 C13 煤层中线向外 10 m。

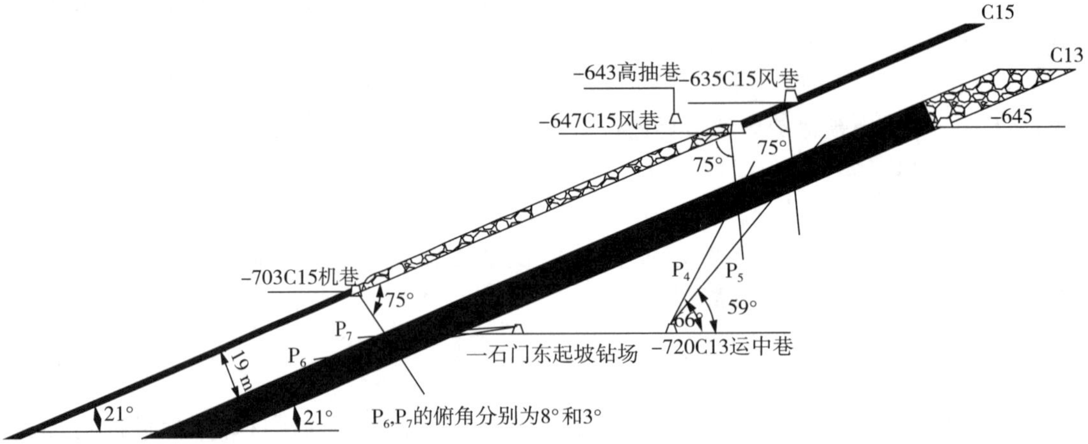

图 7－6 倾斜保护边界考察钻孔布置方式

3)对被保护层瓦斯压力与透气性的影响

在被保护范围内通过测定 C13 煤层瓦斯压力和透气性系数变化,考察 C15 保护层回采及卸压瓦斯抽采对 C13 煤层瓦斯压力、煤层透气性的影响。其钻孔布置如图 7－7 所示,共布置了 8 号(P8)和 9 号(P9)2 个测压孔,要求考察钻孔尽可能垂直于煤层。

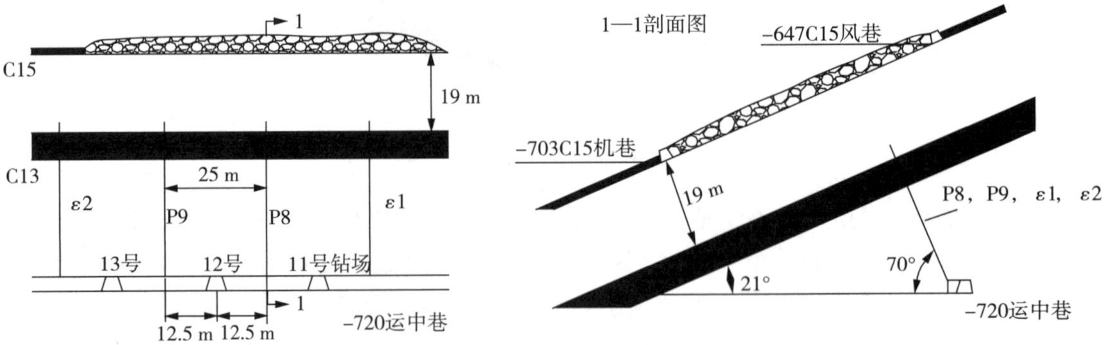

图 7－7 51115C15 回采对 C13 变形、瓦斯压力及透气性影响考察钻孔布置图

4)保护层回采对卸压瓦斯抽放影响的考察

在 51115C15 工作面回采过程中,每天测定并记录采煤工作面位置(进度)的同时,测定并记录每个钻场和指定抽放瓦斯钻孔的抽放流量。

5)保护层回采对被保护层煤层变形影响的考察

在 51115C13 工作面回采过程中,通过测定 C13 煤层顶底板相对变形的变化,考察保护层的回采对被保护层煤层膨胀变形的影响。相应钻孔布置如图 7－7 所示，共布置了 ε1 和 ε2 两个变形孔，要求考察钻孔尽可能垂直于煤层。变形钻孔要求进入 C13 煤层顶板0.5 m。ε1 和 ε2 变形孔分别打在一号石门与 11 号钻场和 13 号钻场与 14 号钻场之间、地质条件稳定而且煤层顶底板岩性完好的地点。

7.1.4　保护层开采及卸压瓦斯抽放效果分析

1. C15 煤层相对变形及瓦斯压力

根据 7.1.3 节的设计要求，在 5111C15 保护层工作面开采之前共施工了 9 个测压钻孔和 2 个变形测定钻孔。其中，P1、P2、P3 用于测定走向卸压边界，P4、P5、P6、P7 测定倾斜卸压边界，P8、P9 用于测定煤层卸压及瓦斯抽排效果，ε1、ε2 用于测定 C13 煤层的相对变形。

测定 C13 煤层的相对变形时，采用基点法，即通过深部钻孔，在煤层的顶、底板岩石中分别安设测点，通过观测两个测点之间的相对位移来确定煤层的变形。共布置了两个测定煤层变形的钻孔，其中 2 号变形孔由于底板巷道封闭没能获得测定结果，1 号变形孔的测定结果如图 7－8 所示。可以看出，在 C15 煤层开采期间，当工作面距钻孔约45 m，C13 煤层开始发生压缩变形，最大压缩变形为 9.5 mm，最大的相对压缩变形为 1.14‰；当工作面距钻孔约 10 m，C13 煤层开始发生膨胀变形；当工作面距钻孔约 55 m，C13 煤层将接近最大膨胀变形，测定最大相对膨胀变形为 4.00‰。

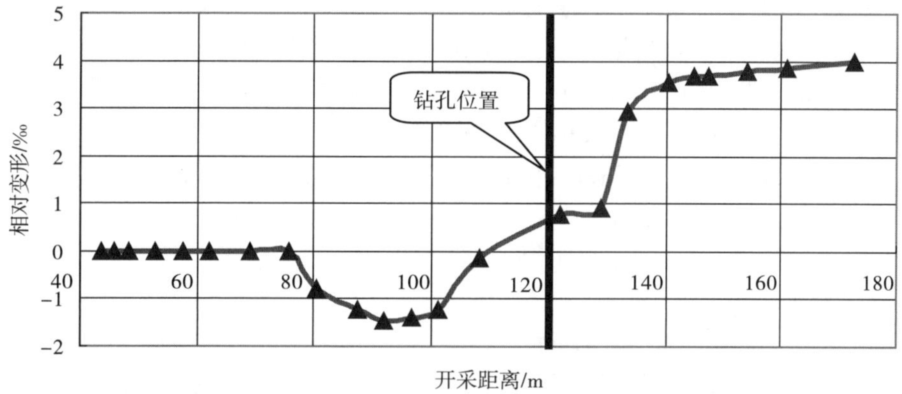

图 7－8　1 号变形孔的测定结果

正是由于在 C15 煤层开采过程中，C13 煤层对应区域发生膨胀变形，煤层卸压，吸附瓦斯解吸，形成瓦斯活化流动条件。卸压瓦斯一部分通过 C15 和 C13 煤层之间的采动裂隙进入 C15 煤层工作面采空区，另一部分通过底板巷道网格式上向抽放钻孔抽出。两部分瓦斯量的比例主要取决于层间距、层间岩性、穿层钻孔密度、钻孔封孔质量及钻孔抽放负压和通风压力的关系等。

由于 C13 煤层底板岩性完整性较差，再加上封孔等技术原因，此次施工的 9 个瓦斯压力测定钻孔，只有两个钻孔有数据，具体结果见表 7－1。从表 7－1 中可以看出，测定的最大瓦斯压力仅为 0.41 MPa，原始瓦斯压力应达到 4.5 MPa。由于测定结果相差较大，在实际瓦斯参数计算过程中没有采用本次的测定结果。

表 7-1 C13 煤层瓦斯压力测定结果汇总表

日期	7.29	8.03	8.10	8.16	8.20	8.23	9.02	9.11	9.18
P1	0.38	0.40	0.41	0.41	0.30	0.22	0.21	0.21	0.20
P2	0.30	0.36	0.38	0.38	0.38	0.38	0.40	0.41	0.41

2. 保护层工作面初采阶段瓦斯抽排情况分析

保护层工作面初采阶段是指从工作面开采到工作面顶底板煤岩层全面卸压、顶底板内瓦斯抽放工程生效之前的开采时段。该阶段又可分成两个时段，第一时段为顶底板煤岩层卸压之前。此时工作面的瓦斯涌出主要来自开采煤层本身及距开采煤层较近的煤岩层，瓦斯涌出量相对较小；第二时段为从顶底板煤岩层卸压到顶底板内瓦斯抽放工程生效之前，此时由于顶底板内煤岩层全面卸压，大量瓦斯解吸并沿层间裂隙向工作面涌出，而此时顶底板内的瓦斯抽放工作面还没有完全发挥作用，工作面风排瓦斯量较大。

图 7-9～图 7-11 给出了 5111C15 保护层工作面初采期间风排瓦斯量、抽放瓦斯量随开采时间的变化。可以看出，在初采阶段的第一时段，工作面回风排放瓦斯量最小为 2.0 m^3/min，最大为 3.5 m^3/min，平均为 2.5 m^3/min；工作面尾排瓦斯量最小为 10.0 m^3/min，最大为 12.8 m^3/min，平均为 11.5 m^3/min；工作面风排瓦斯量为回风与尾排瓦斯量之和，工作面风排瓦斯量最小为 13.3 m^3/min，最大为 15.1 m^3/min，平均为 14.0 m^3/min。在初采阶段的第二时段，工作面回风排放瓦斯量最小为 1.3 m^3/min，最大为 3.9 m^3/min，平均为 2.7 m^3/min；工作面尾排瓦斯量最小为 10.8 m^3/min，最大为 26.5 m^3/min，平均为 20.0 m^3/min；工作面总瓦斯抽排量最小为 13.6 m^3/min，最大为 35.6 m^3/min，平均为 32.0 m^3/min；瓦斯抽放量主要以底板巷道网格式上向穿层钻孔为主，最小为 6.2 m^3/min，最大为 8.6 m^3/min，平均为 7.5 m^3/min。

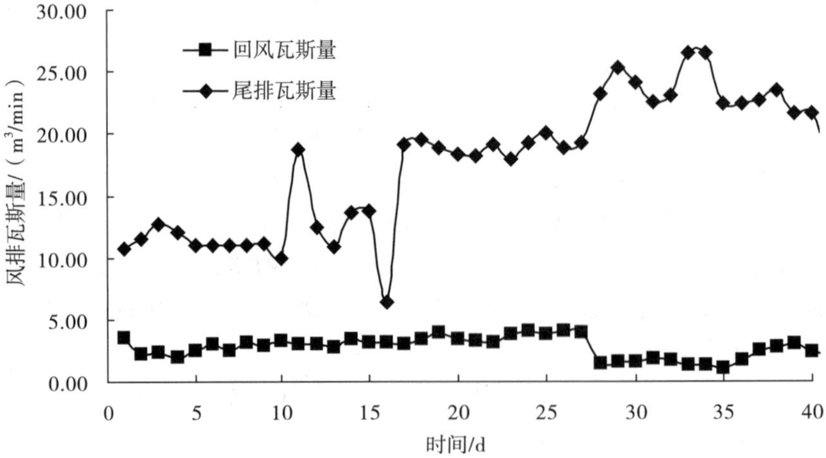

图 7-9 工作面初采期间风排瓦斯量变化

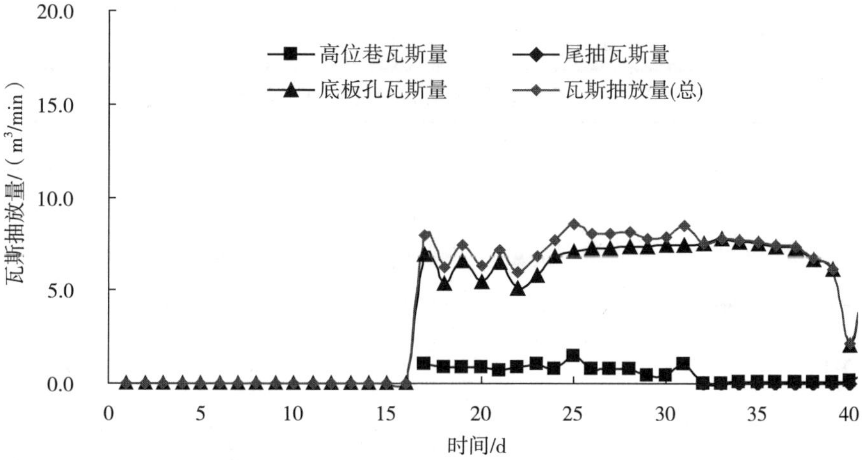

图 7-10　工作面初采期间抽放瓦斯量变化

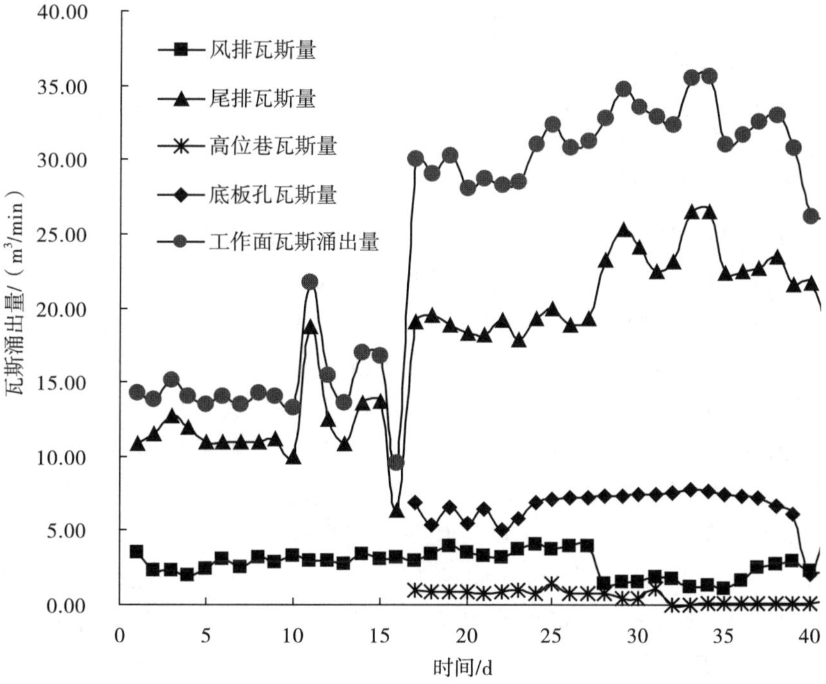

图 7-11　工作面初采期间抽排瓦斯量变化

在初采阶段，顶底板煤岩层卸压之后，顶底板瓦斯大量涌出，而此时由于工作面顶底板瓦斯抽放工程没有完全到位（如底板钻孔数量不足，顶板高位抽放巷没有覆盖小面），致使初采阶段大量的卸压瓦斯需要通过尾巷排放，最大排放量达 26.5 m^3/min。按照《煤矿安全规程》规定，工作面尾巷风流中瓦斯浓度最大不能超过 2.5%，这样就需要有大量的风流通过采空区，并携带采空区的瓦斯从尾巷排出。在初采阶段，工作面回风风量为 240～580 m^3/min，回风瓦斯浓度为 0.39%～0.94%；尾巷风量为 310～1092 m^3/min，尾巷瓦斯浓度为1.60%～2.50%。

表7-2给出了C15煤层瓦斯含量的统计计算结果。

表7-2 C15煤层瓦斯含量的统计计算结果

项目	参数	单位	备注
工作面平均日产	750	t	
C15煤层、C14煤层及围岩平均瓦斯涌出量	14.0	m^3/min	
C15煤层平均瓦斯涌出量	8.0	m^3/min	煤层平均厚度1.1 m,瓦斯涌出量为C15及C14煤层瓦斯涌出量的2/3
C14煤层平均瓦斯涌出量	4.0	m^3/min	煤层平均厚度0.6 m,瓦斯涌出量为C15及C14煤层瓦斯涌出量的1/3
围岩平均瓦斯涌出量	2.0	m^3/min	围岩瓦斯涌出量按15 %计算
C15煤层吨煤瓦斯涌出量	13.6	m^3/t	8×1440/750
C15煤层采出煤炭残存瓦斯量	2.0	m^3/t	根据淮南矿区经验
C15煤层瓦斯含量	15.6	m^3/t	13.6+2.0

统计时间为2004年8月1日～2004年8月10日,此时段对应5111C15工作面初采阶段的第一时段,即为工作面顶底板煤岩层卸压之前。此时工作面的瓦斯涌出主要来自开采煤层本身及距开采煤层较近的煤岩层,这里包括C15煤层、C14煤层及围岩,平均瓦斯涌出量为14.0 m^3/min,其中围岩瓦斯涌出量按15%计算,为2.0 m^3/min,C15煤层和C14煤层瓦斯涌出量为12.0 m^3/min,工作面平均日产750 t。由于C15和C14煤层相距仅2.6 m,认为在C15煤层回采期间,C14煤层对应区域可解吸瓦斯量全部解吸并涌向工作面。C15煤层平均厚度为1.1 m,C14煤层平均厚度为0.6 m,瓦斯涌出量分配比例为C15煤层瓦斯涌出量占C15和C14煤层瓦斯涌出量的2/3,为8.0 m^3/min;C14煤层瓦斯涌出量占C15和C14煤层瓦斯涌出量的1/3,为4.0 m^3/min。通过计算得出C15煤层吨煤瓦斯涌出量为13.6 m^3/t,根据淮南矿区经验,C15煤层残存瓦斯含量取2.0 m^3/t,由此获得C15煤层瓦斯含量为15.6 m^3/t。

3. 保护层工作面瓦斯抽排效果分析

1)风排瓦斯效果分析

图7-12给出了工作面回风及尾排风量变化。从图7-12中可以看出,工作面回风量为200～932 m^3/min,平均为600 m^3/min;工作面尾排风量为240～1120 m^3/min,平均为570 m^3/min;工作面总风量为700～1434 m^3/min,平均为1150 m^3/min。工作面回风量和尾排风量变化均较大,这主要取决于尾巷联络巷与工作面的位置关系。当尾巷联络巷距工作面较近时,尾巷阻力较小,尾排风量大;当尾巷联络巷距工作面较远时,尾巷阻力增大,尾排风量减小。说明用尾巷排放瓦斯通风系统的稳定性差,这也是造成工作

面回风及尾巷风流中瓦斯浓度波动范围大的主要原因。

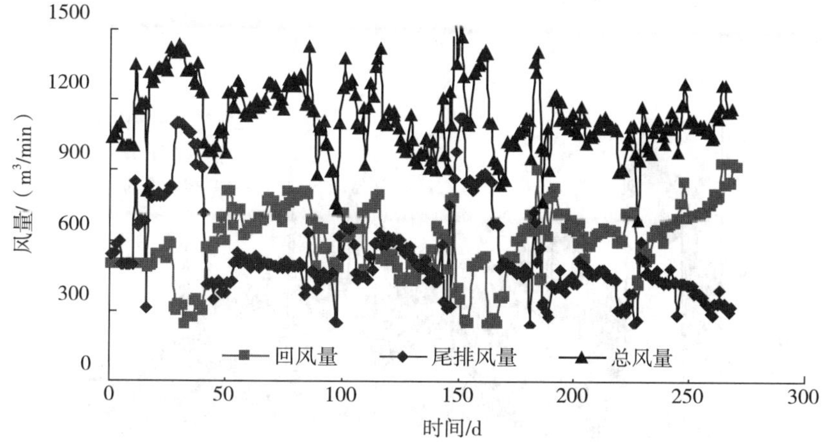

图 7－12　工作面回风及尾排风量变化

图 7－13 给出了工作面回风及尾排风流中瓦斯浓度变化。从图 7－13 中可以看出，工作面回风瓦斯浓度为 0.28％～0.94％，平均为 0.75％。尾排风流中的瓦斯浓度可分为 3 个阶段，初期阶段瓦斯浓度为 1.40％～2.50％，平均为 2.3％；中期阶段瓦斯浓度为 0.92％～3.60％，平均为 2.0％；末期阶段由于抽放效果接近 40.0 m^3/min，尾排瓦斯浓度仅为 0.50％～1.50％，尾排风量为 300～400 m^3/min。

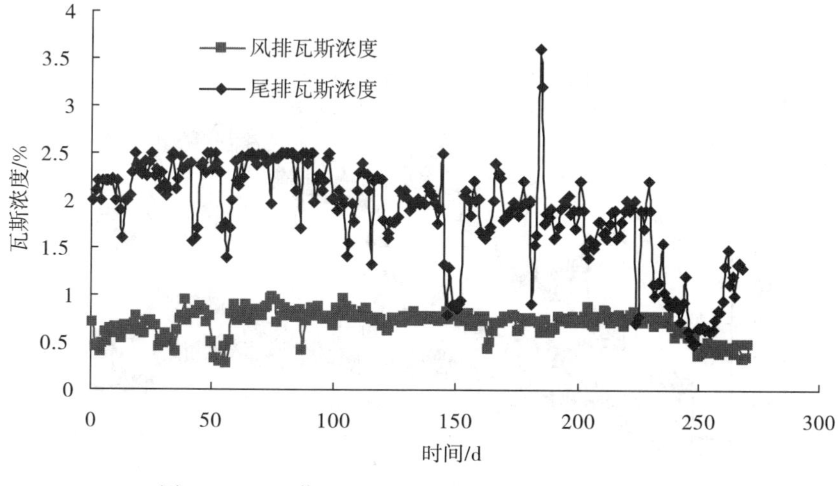

图 7－13　工作面回风及尾排风流中瓦斯浓度变化

图 7－14 给出了工作面风排瓦斯量变化。从图 7－14 中可以看出，工作面开采初期，由于工作面瓦斯抽放系统效果较差，瓦斯抽放量较小，致使工作面风排瓦斯量较大，工作面回风排放瓦斯量为 1.05～3.94 m^3/min，工作面尾排瓦斯量为 3.36～26.5 m^3/min，工作面风排瓦斯量为 9.60～27.9 m^3/min。工作面开采中期瓦斯抽放效果相对稳定，工作面风排瓦斯量相对稳定，工作面回风排放瓦斯量为 1.24～7.05 m^3/min，平均为 4.90 m^3/min；工作面尾排瓦斯量为 2.20～18.5 m^3/min，平均为 11.0 m^3/min；工作面风排瓦斯量为 7.60～24.7 m^3/min，平均为 15.0 m^3/min。工作面开采末期由于抽放效

果较好，风排瓦斯下降，工作面回风排放瓦斯量为 2.71～5.00 m^3/min，平均为 3.70 m^3/min；工作面尾排瓦斯量为 2.06～5.00 m^3/min，平均为 3.00 m^3/min；工作面风排瓦斯量为 5.00～8.00 m^3/min，平均为 7.00 m^3/min。

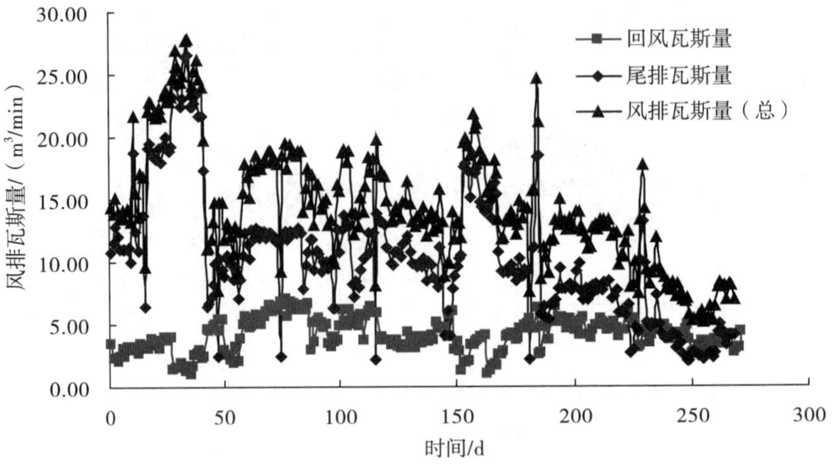

图 7-14　工作面风排瓦斯量变化

2)抽放瓦斯效果分析

图 7-15 给出了工作面瓦斯抽放量变化，包括顶板高位巷瓦斯抽放量（简称顶板巷瓦斯量）、尾抽瓦斯量、底板巷道网格式上向穿层钻孔瓦斯抽放量（简称底板孔瓦斯量）和瓦斯抽放总量。

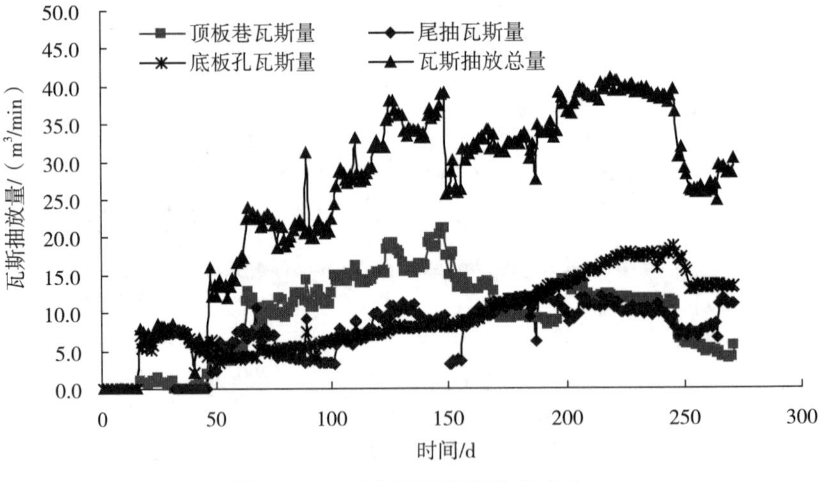

图 7-15　工作面瓦斯抽放量变化

从图 7-15 中可以看出，在工作面开采初期，工作面瓦斯抽放量主要来自底板穿层钻孔，平均为 7.5 m^3/min；之后随着工作面的推进，底板穿层钻孔数量增多、顶板高位巷和尾排巷道的作用，工作面瓦斯抽放量逐渐增加，底板孔瓦斯量为 4.00～18.9 m^3/min；顶板巷瓦斯量为 5.00～21.2 m^3/min；尾抽瓦斯量为 3.10～12.1 m^3/min；瓦斯抽放总量为 12.0～40.7 m^3/min，稳定在 30.0～40.0 m^3/min，平均为 36.0 m^3/min。随着底板孔瓦斯量的增加，顶板巷瓦斯量下降。

图 7－16 给出了工作面产量及相对瓦斯涌出量变化。从图 7－16 中可以看出，工作面前期平均日产约为 750 t，工作面后期平均日产约为 900 t；在工作面顶底板煤岩卸压之前，工作面平均相对瓦斯涌出量约为 40 m^3/t，在工作面顶底板煤岩卸压之后，工作面平均相对瓦斯涌出量约为 78 m^3/t。

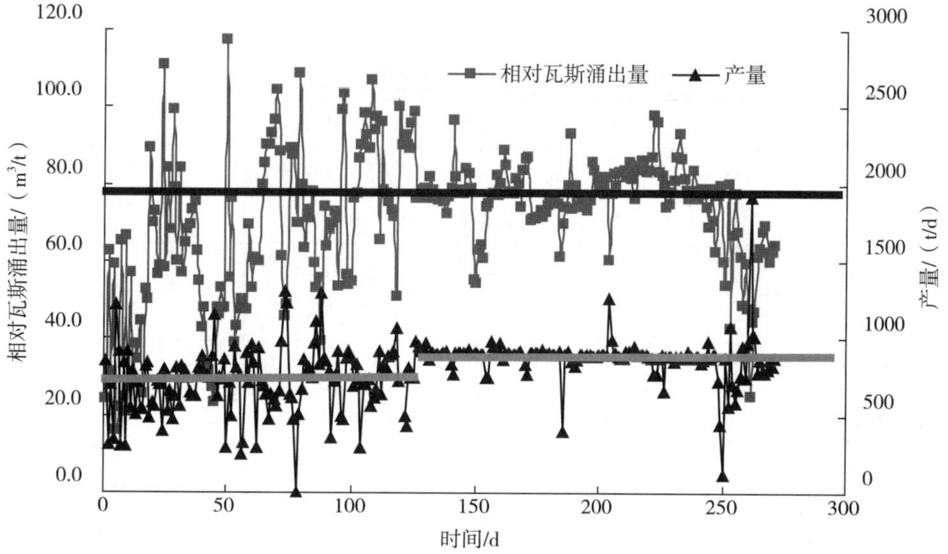

图 7－16　工作面产量及相对瓦斯涌出量变化

4．被保护层工作面瓦斯抽排率

为了分析被保护煤层 5111C13 工作面的瓦斯抽放率，我们选择了瓦斯抽放量及工作面产量较为稳定的 2005 年 3 月作为分析月份。图 7－17 给出了 2005 年 3 月份工作面抽

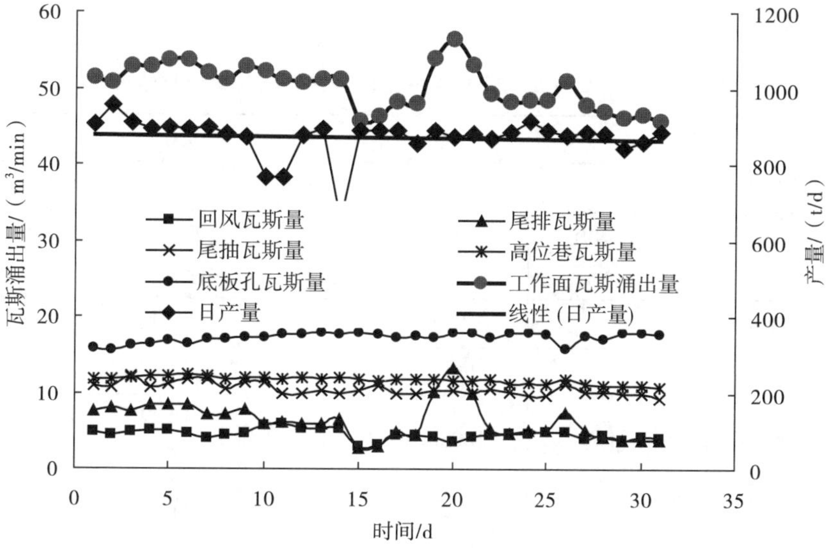

图 7－17　2005 年 3 月份工作面抽排瓦斯量及产量变化

排瓦斯量及产量变化。从图 7－17 中可以看出，2005 年 3 月，工作面回风瓦斯量平均为 4.5 m^3/min，工作面尾排瓦斯量平均为 5.5 m^3/min，工作面尾抽瓦斯量平均为 10.5 m^3/min，工作面高位巷瓦斯量平均为 12.0 m^3/min，工作面底板孔瓦斯量平均为 17.5 m^3/min，工作面绝对瓦斯涌出量平均为 50.0 m^3/min，工作面平均日产量为 870 t。表 7－3 给出了 2005 年 3 月 5111C15 与工作面瓦斯涌出来源及其分布结果。

表 7－3　2005 年 3 月 5111C15 工作面瓦斯涌出来源及其分布结果

项目	参数	单位	备注
回风平均瓦斯量	4.5	m^3/min	
尾排平均瓦斯量	5.5	m^3/min	
尾抽平均瓦斯量	10.5	m^3/min	
高位巷平均瓦斯量	12.0	m^3/min	
底板孔平均瓦斯量	17.5	m^3/min	
总瓦斯涌出量	50.0	m^3/min	
C15 煤层瓦斯涌出量	8.2	m^3/min	按表 6－14 的计算结果
C15 煤层瓦斯涌出比例	16.4	%	
C13 煤层及其邻近层瓦斯涌出量	41.8	m^3/min	
C13 煤层及其邻近层瓦斯涌出比例	83.6	%	

将上述考察结果整理计算得出 5111C13 工作面被保护范围内瓦斯抽放率计算结果，见表 7－4 所列。从表 7－4 中可以看出，在计算区域内，C13 煤层瓦斯抽排量为11.2 m^3/t，C13 煤层残余瓦斯含量为 4.3 m^3/t，C13 煤层残余瓦斯压力为 0.48 MPa，C13 煤层瓦斯抽排率达 68%。

表 7－4　5111C13 工作面被保护范围内瓦斯抽放率计算结果表

项目	参数	单位	备注
工作面瓦斯抽排总量	2343145	m^3	
C15 煤层、C14 煤层、及围岩平均瓦斯抽排量	624960	m^3	平均瓦斯抽排量按 14 m^3/min 计算
C13 煤层瓦斯抽排总量	1618185	m^3	2343145－624960
5111C15 工作面推进度	90.0	m	
C13 煤层抽排区煤炭储量	122850	t	C13 煤层平均厚度按 6.5 m 计算
C13 煤层围岩瓦斯抽排量	2.0	m^3/t	围岩瓦斯抽排量按 15%计算
C13 煤层吨煤瓦斯抽排量(含围岩)	13.2	m^3/t	1618185/122850
C13 煤层吨煤瓦斯抽排量(含围岩)	11.2	m^3/t	13.2－2.0

（续表）

项目	参数	单位	备注
C13 煤层吨煤瓦斯含量	16.5	m^3/t	根据吸附实验及瓦斯压力计算
C13 煤层吨煤残余瓦斯含量	4.3	m^3/t	16.5－(13.2－2.0)
C13 煤层残余瓦斯压力	0.50	MPa	根据吸附实验反算
C13 煤层被保护范围内瓦斯抽排率	68.0	%	(13.2－2.0)/16.5
注:统计时间为 2004 年 8 月 1 日～2004 年 8 月 20 日			

5. 被保护层工作面已无煤与瓦斯突出危险性论证

由图 7－4 C13 煤层底板巷道网格式上向穿层钻孔实际竣工情况可知，在 5111C13 工作面的被保护范围内，抽放钻孔能够控制整个卸压预抽区域并布孔均匀，满足《防治煤与瓦斯突出细则》第 53 条的规定。

将表 7－4 中 5111C13 工作面被保护范围内瓦斯抽放率计算结果汇总于表 7－5。由被保护层工作面已无煤与瓦斯突出危险性论证结果汇总结果可以看出，C13 煤层瓦斯抽放率达到 68.0%，大于《煤矿安全规程》规定的 30%，C13 煤层残余瓦斯含量仅为 4.3 m^3/t，小于突出危险区域标高处瓦斯含量。这说明在 5111C13 工作面的被保护范围内不但已经全面消除了煤与瓦斯突出危险性，而且该工作面已经由高瓦斯突出危险煤层变为低瓦斯无突出危险煤层。

表 7－5　被保护层工作面已无煤与瓦斯突出危险性论证结果汇总

项目	实际参数	规定指标	突出危险性	备注
钻孔布置均匀度	均匀布置	均匀布置	无	《防治煤与瓦斯突出细则》第 53 条
残余瓦斯含量/(m^3/t)	4.3	8.0	无	《煤矿安全规程》第一百九十条
瓦斯抽放率/(%)	68.0	30	无	《煤矿安全规程》第一百九十条

7.2　煤层群多层开采底板卸压瓦斯抽采技术

7.2.1　实践工作面及概况

实践工作面为 52210 工作面，位于新庄孜矿五水平二采区，F10－5 断层以北，F10－5(8)断层以南。上限标高为－556 m，下限标高为－612 m。工作面走向长为 650 m，倾斜长为 130 m。应地表为淮河漫滩及淮河河床，可采储量约 195380 t。该块段煤岩层走向 325°～335°，倾向 NE，倾角为 22°～26°，平均 24°，52210 工作面布置如图 7－18 所示。

B10 煤层为结构复杂的薄煤层，煤厚结构为 0.2～0.4(0.2～0.7)0.6～1.2 m，煤层赋存状态不稳定，煤厚变异系数大，顶部煤质较差。局部有底鼓变薄带。

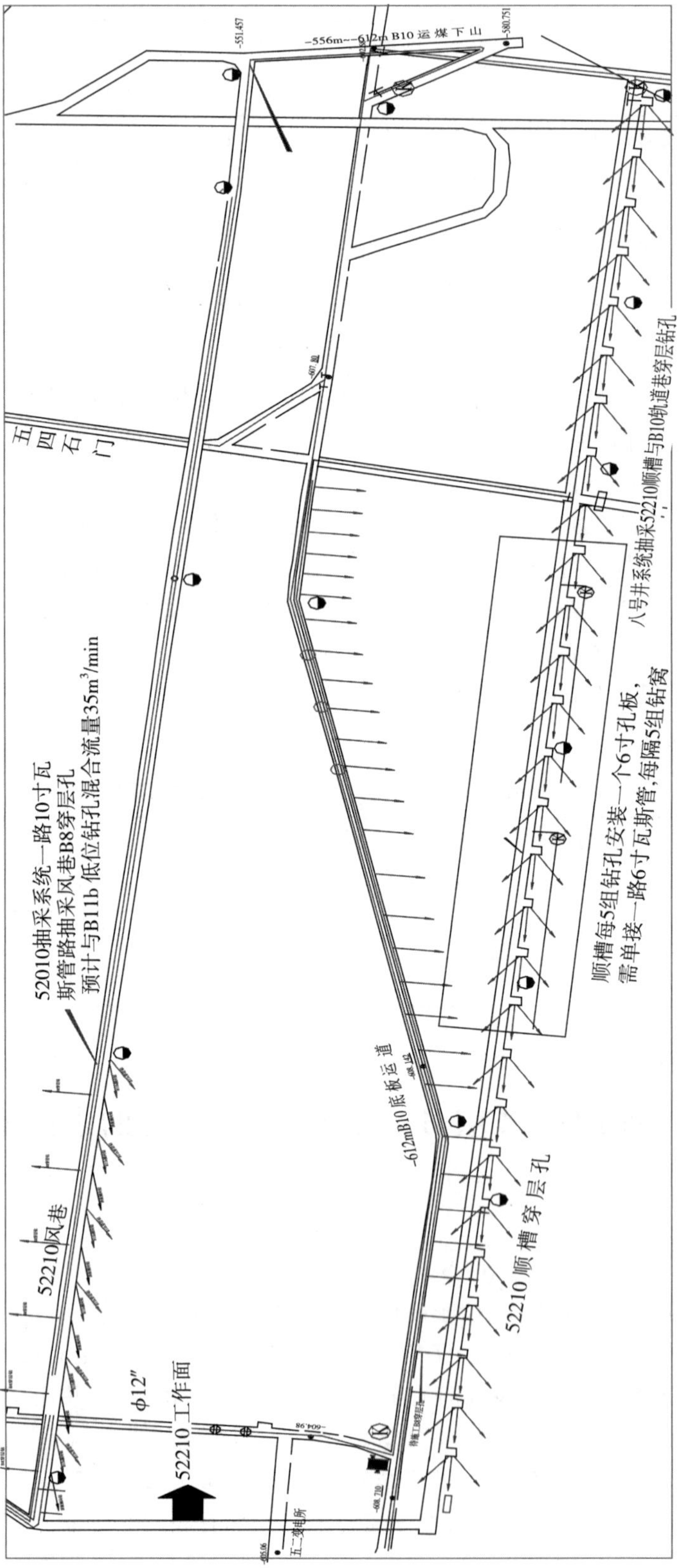

图7-18 52210工作面布置

B10 煤层直接顶板为灰色砂质泥岩，含植物碎片，局部相变为灰白色细砂岩，厚 2.0～3.0 m，老顶为细中粒砂岩，厚约 4.0 m；B10 煤层直接底板为灰褐色砂质泥岩，厚约 2.5 m，老底为灰白色粉砂岩，厚约 3.5 m。

本工作面主要充水因素为构造裂隙水及老顶砂岩水，老顶砂岩水为静储量，表现为先大后小，直至消失。风巷为沿空留巷，上阶段老塘水对本工作面不构成威胁。

B10 煤层为非突出煤层，根据瓦斯地质资料，该块段 B10 煤层预计原始瓦斯含量 $X_0=7\ m^3/t$，与下伏煤层 B8 煤层层间距为 38 m，B8 煤层预计原始瓦斯含量为 18 m^3/t，与上覆煤层 B11 煤层层间距为 28 m，B11 煤层预计原始瓦斯含量为 17 m^3/t。预计开采 B10 槽煤按日进 3.6 m 计算，瓦斯绝对涌出量为 58.3 m^3/min。B10 槽煤具有煤尘爆炸危险性，自然发火期一般为 3～6 个月。

B10 煤层直接顶板为灰色砂质泥岩，含植物碎片，局部相变为灰白色细砂岩，厚 2.0～3.0 m，老顶为细中粒砂岩，厚约 4.0 m；B10 煤层直接底板为灰褐色砂质泥岩，厚约 2.5 m，老底为灰白色粉砂岩，厚约 3.5 m。该地段由于处在 F10－5、F10－5(8)断层之间，受其影响，次生断层发育，工作面由上阶段资料及掘进巷道揭露的资料判断，预计发育 14 条正断层，落差 0.5～5.0 m，对回采影响较大。52210 工作面断层赋存情况一览表见表 7－6 所列。

表 7－6　52210 工作面断层赋存情况一览表

构造名称	走向/(°)	倾向/(°)	倾角/(°)	性质	落差/ m	对回采影响程度
Fa	240	150	55	正	2.0	影响较大
Fb	295	25	50	正	2.0	影响较大
Fc	205	115	47	正	1.0	有一定影响
Fd	270	360	45	正	2.0	影响较大
Fe	300	30	65	正	1.0	有一定影响
Ff	235	145	55	正	0.6	有一定影响
Fg	250	15	45	正	1.5	有一定影响
Fh	270	360	70	正	1.8～5.0	影响较大
Fi	265	355	50	正	1.1	有一定影响
Fj	360	90	55	正	＞2.5	有一定影响
Fk	248	338	50	正	1.2	有一定影响
Fl	250	340	65	正	0.9	有一定影响
Fm	270	360	40	正	3.0	影响较大
Fx	245	335	50	正	1.2	有一定影响

7.2.2　52210 工作面回采卸压瓦斯抽采

52210 工作面回采对 B11b 煤层的瓦斯抽采包括采前抽采和卸压抽采两部分。采前抽采是采前在工作面风巷、顺槽施工穿层钻孔预抽 B11b 煤层的瓦斯。在采面回采过程中(采后)，采取顶板倾向钻孔和风巷、顺槽穿层钻孔抽采采动卸压瓦斯，如图 7－19 所示。抽采方法有以下几种：

1. 顺槽穿层钻孔抽采

如图7－19所示。在52210工作面顺槽中每20 m布置一个钻场，在每个钻场内布置一组6～7个抽采钻孔，钻孔终孔位置间隔20 m，钻孔布置参数见表7－7所列。顺槽内共布置29个钻场，196个钻孔，钻孔总长度9819 m。

表7－7　52210工作面顺槽穿层钻孔布置参数

孔号	方位(与顺槽夹角)/(°)	仰角/(°)	预计孔深/m	备注
1	90(顺槽左夹60)	50	30	
2	90(顺槽左夹60)	6	58	
3	210(顺槽左右夹60)	72	45	
4	210(顺槽左右夹60)	59	58	
5	210(顺槽左右夹60)	50	77	
6	150(顺硐)	60	38	
7	90(顺槽左夹60)	60	45	8号场南开始增加

2. 风巷穿层钻孔抽采

风巷钻孔抽采B11b煤层瓦斯的方法分为14号钻场前和14号钻场后两部分。

1)14号钻场前瓦斯抽采

14号钻场前瓦斯抽采方法有顶板倾向钻孔和穿层钻孔抽采。顶板倾向钻孔每10 m布置一组，共11组；一组3个，共33个。B11b穿层钻孔每20 m布置一组，共6组；一组4个，共22个。14号钻场前钻孔总工程量为3010 m，钻孔布置参数见表7－8所列。

表7－8　52210工作面风巷1～14号钻场抽采钻孔布置参数

孔号	方位角/(°)	倾角/(°)	预计孔深/m
倾向孔1	135(左15)	50	53.2
倾向孔2	135(左15)	60	37.5
倾向孔3	135(左15)	65	38
穿层孔1	105	34	45
穿层孔2	105	18	47.2
穿层孔3	105	8	37.5
穿层孔4	左75	2	43.5

2)14号钻场后瓦斯抽采

从15号钻场开始，采用风巷倾斜穿层钻孔B11b煤层瓦斯。在回风巷内每10 m布置一组，一组4个钻孔，钻孔总工程量11280 m，钻孔布置参数见表7－9所列。

表7－9　52210工作面风巷15号钻场后抽采钻孔布置参数

孔号	方位角/(°)	倾角/(°)	预计孔深/m
1	135(左15)	55	42
2	135(左15)	40	51
3	135(左15)	30	64
4	135(左15)	22	78

图 7－20 为 52 采区回采 B10 过程中强化抽采 B11b 煤层卸压瓦斯钻孔布置总图。

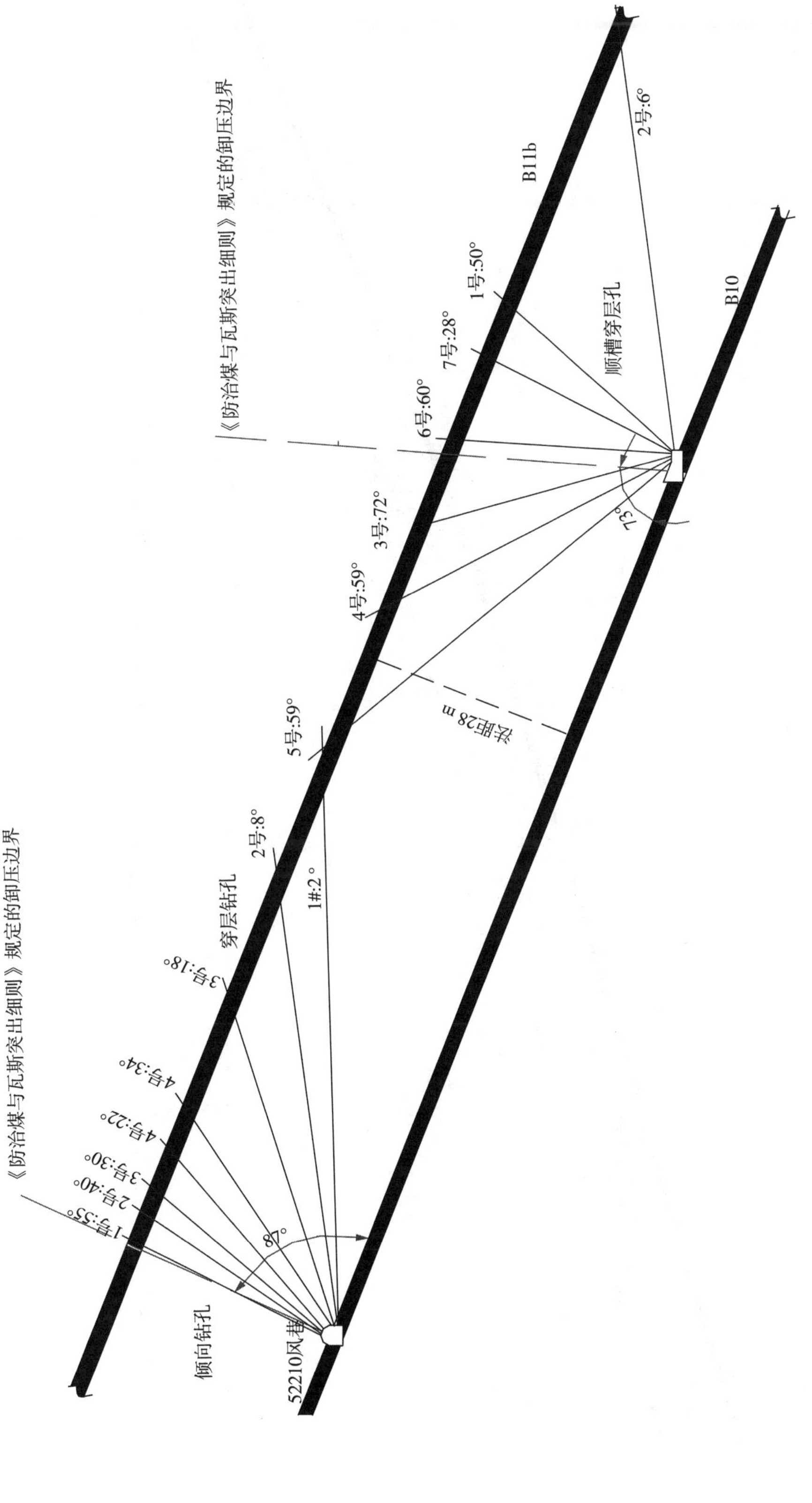

图7-19 52210工作面穿层钻孔布置剖面示意图

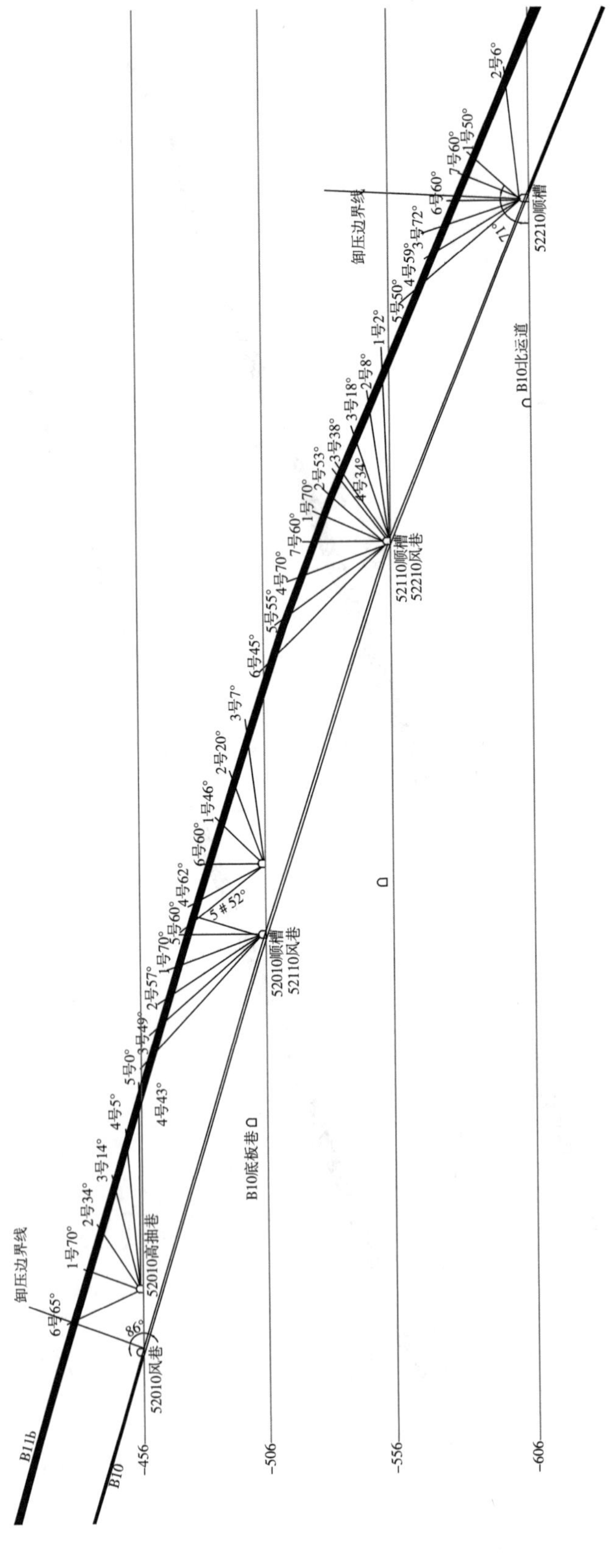

图7-20 52采区回采B10过程中强化抽采B11b煤层卸压瓦斯钻孔布置总图

7.2.3　52210 工作面 B11b 煤层瓦斯抽采

52210 工作面回采抽采 B11b 煤层的瓦斯采用风巷和顺槽穿层钻孔的方法。图 7-21 为 52210 工作面回采对应 B11b 煤层的瓦斯抽采情况。从图 7-21 中可以看出，风巷穿层孔的流量为 4.28～24.37 m^3/min，平均为 11.0 m^3/min；顺槽穿层钻孔流量为0.2～4.35 m^3/min，平均为 1.85 m^3/min。对 B11b 煤层的总抽采量为 4.13～24.7 m^3/min，平均为 12.6 m^3/min。

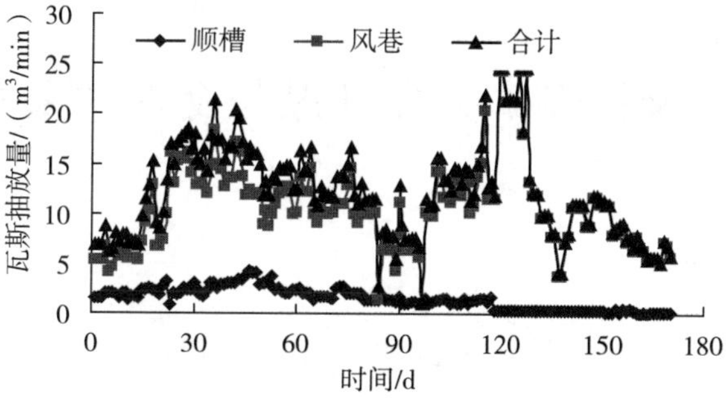

图 7-21　52210 工作面回采对应 B11b 煤层的瓦斯抽采情况

2007 年 7 月 18 日～2007 年 10 月 22 日 52110 工作面推进了 194.5 m，可用来计算对应 B11b 煤层 194.5 m 范围内的瓦斯抽采率。B10 煤层上方的 B11b、B11a 和 $B11a_{下}$ 煤层为同一时期沉积的煤层，且层间距较近，因此这 3 个煤层可以一起计算瓦斯抽采率。如图7-19所示，顶板高抽巷穿层钻孔和下顺槽穿层钻孔在倾斜方向控制范围为 130 m，而工作面受保护的倾斜范围为 120 m(52110 工作面倾斜长度)，多出的 10 m 为下顺槽钻孔抽采的被保护范围以外的区域。在抽采过程中，这 10 m 区域内的瓦斯未作单独计量，无法分离出这部分瓦斯。因此，考察整个钻孔控制区域的瓦斯抽采情况，如果钻孔控制区域的瓦斯抽采能够满足消突的需要，则工作面的被保护区域内同样能达到消突的要求(因为未被保护区域瓦斯抽采率应低于总体瓦斯抽采率，相应的被保护区域瓦斯抽采率应高于总体瓦斯抽采率)。

这段时间内(对应图 7-21 中 0～97d)，对应 B11b 煤层瓦斯抽采量平均为 16.0 m^3/min。52210 工作面对应 B11b 煤层瓦斯抽采情况见表 7-10 所列。

表 7-10　52210 工作面对应 B11b 煤层瓦斯抽采情况

项目	单位	数值	备注
回采时间	d	225	第 1～225 d
推进距离	m	536.1	0～536.1 m
抽采瓦斯量	m^3/min	16.0	轨道巷钻孔＋风巷钻孔
B11 煤瓦斯抽采量	万 m^3	223.488	16×1440×97
钻孔控制区域煤炭储量	t	215428.2	194.5×130 m×(4.3＋1.0＋0.7)×1.42

（续表）

项目	单位	数值	备注
B11 煤层吨煤瓦斯含量	m^3/t	16.5	取预测均值
钻孔控制区域瓦斯含量	万 m^3	355.4565	215428.2×16.5
瓦斯抽采率	%	62.9	223.488/355.4565
残余瓦斯含量	m^3/t	6.1	

7.3 顾桥煤矿无煤柱煤与瓦斯共采实践

7.3.1 试验工作面概况

1115(1)工作面为北一 B11－2 采区的第五个条带，工作面净长 220 m，回采长度 2596.3 m，工作面标高－765.8～－656.2 m。该工作面井下位于东至 1114(1)运输顺槽，西至 1114(1)运输顺槽，南到工业广场保护煤柱，北为 F87 采区边界断层。周围除 1117(1)工作面正在回采外其余上下煤层均未开采。

1115(1)工作面运输顺槽(一次沿空留巷巷道)为锚梁网支护，在断层破碎带附近及顶板淋水段为“U”形棚支护；矩形断面，巷道设计中高为 3.2 m，宽为 5.0 m，断面 16.0 m^2；运输顺槽用于进风、运煤及辅助运输。

1115(1)工作面轨道顺槽(一次沿空留巷巷道)为锚梁网支护，在断层破碎带附近及顶板淋水段为“U”形棚支护；矩形断面，巷道设计中高为 3.4 m，宽为 5.0 m，断面 17.0 m^2；轨道顺槽用于进风及辅助运输。

1114(1)工作面运输顺槽、边界煤层回风上山为锚梁网支护，在断层破碎带附近及顶板淋水段为“U”形棚支护；矩形断面，巷道设计中高为 3.2 m，宽 5.0 m，断面 16.0 m^2；1114(1)运输顺槽、边界煤层回风上山作为 1115(1)工作面回采时的回风通道。

1115(1)工作面于 2007 年 8 月中旬开始回采，于 2008 年 5 月底回采完毕，工作面设计日产量为 10000 t。

回采时瓦斯相对涌出量 5.4 m^3/t，绝对瓦斯涌出量为 37.4 m^3/min。其中，约 7.1 m^3/min(19%)为工作面落煤时瓦斯涌出量，30.3 m^3/min(81%)为采空区遗煤、邻近层等采空区瓦斯涌出量。

工作面设计风量为 2730 m^3/min，则工作面的风排瓦斯能力为

$$q=Q\times 0.8/100/k$$

式中，q——风排瓦斯量，m^3/min；

k——瓦斯涌出不均衡系数，取 1.5。

则

$$q=2730\times0.8/100/1.5\approx14.6(\mathrm{m^3/min})$$

因此，风排瓦斯量为 14.6 m^3/min，剩余的 22.8 m^3/min 瓦斯必须进行抽采。

7.3.2 多向钻孔布置方案及参数设计

1115(1)综采工作面是顾桥矿第一个沿空留巷“Y”形通风工作面，为减小采空区向工作面的瓦斯涌出量，减轻风排瓦斯量，采用顶板穿层钻孔和顶板走向钻孔抽采采空区和上临近层瓦斯。

煤层在开采的过程中，由于受采动影响，煤层的顶板和底板的围岩产生裂隙，特别在采空区上方形成冒落带和裂隙带，造成邻近煤层特别是上临近层的卸压，引起瓦斯的解吸和流动效应，邻近煤层与围岩中的大量卸压瓦斯通过层间的裂隙涌向开采层的回采面，利用顶板穿层钻孔抽采上临近层特别是 C13－1 煤层瓦斯可减小其向采空区的涌出量。

煤层开采后的上覆岩层形成两类裂隙，一类是离层裂隙，另一类是竖向破断裂隙。工作面回采初期随着工作面推进，离层裂隙不断增大，采空区中部离层裂隙最先发育；工作面采过一定距离以后，采空区中部离层裂隙趋于压实，离层裂隙下降，而采空区两侧特别是轨顺留巷侧离层裂隙仍能长期保持，从而在采空区上边缘沿走向方向上存在一连通的离层裂隙发育区。该离层裂隙发育区的存在，为采空区积存的高浓度瓦斯和上覆卸压煤岩层的卸压瓦斯流动提供了通道和空间，是采空区高浓度瓦斯富集区域。利用顶板走向钻孔抽采这一富集区高浓度瓦斯，能够有效减小采空区向工作面的瓦斯涌出量。

钻孔布置方案及参数设计如下：

1)顶板倾向穿层钻孔

顶板穿层钻孔布置原则：钻孔在工作面煤层回采后沿空留巷内施工，钻孔的倾角应小于采动卸压角，对缓倾斜煤层，钻孔倾角不大于 80°，倾角确保钻孔穿过顶板裂隙带上部，穿过 C13－1 煤层。钻孔直径不小于 90 mm，每组抽采钻孔数量 2 个，抽采钻孔组间距 20 m，见表 7－11。

表 7－11 顶板穿层钻孔设计参数表

孔号	夹角/(°)	倾角/(°)	孔径/mm	预计钻孔长度/m	终孔距回风巷倾向水平距离/m	终孔距开孔点走向水平距离/m
1	70	70	94	83	27	10
2	65	65	94	85	33	15

注：煤层倾角按 3°计算。

2)顶板倾向裂隙区钻孔

顶板倾向裂隙区钻孔布置原则：钻孔在工作面煤层回采后沿空留巷内施工，顶板倾向裂隙区抽采瓦斯钻孔的倾角应小于采动卸压角(缓倾斜煤层倾角不大于 80°)，倾角确保钻孔在顶板冒落后不会断开且位于裂隙带上部，钻孔终孔位置位于 B11－2 煤层顶板接近 C13－1 煤层的稳定的砂岩内。

(1)初采时钻孔布置

初采时，从切眼北 10～30 m 处回风巷内施工顶板倾向钻孔，每 5 m 施工 1 组，每组 4 个孔，钻孔终孔位置距回风巷平距 18～33 m，距 B11－2 煤层顶板法距 50～60 m。钻孔直径不小于 90 mm。钻孔具体布置参数见表 7－12 和表 7－13 所列。

表 7－12 切眼北 10～30m 处倾向顶板钻孔设计参数表

孔号	夹角/(°)	倾角/(°)	孔深/m	孔径/mm	距 B11－2 煤层顶板法距/m	终孔距切眼长度/m	倾向长度/m	孔口距切眼距离/m
1	20	40	70	94	51	20～40	18	10～30
2	20	30	90	94	54	43～63	27	10～30
3	25	40	70	94	51	40～40	23	10～30
4	25	30	90	94	54	43～63	33	10～30

表 7－13 距切眼 35m 处钻孔设计参数表

孔号	夹角/(°)	倾角/(°)	孔深/m	孔径/mm	距 B11－2 煤层顶板法距/m	终孔距切眼长度/m	倾向长度/m	孔口距切眼距离/m
1	20	25	120	94	63	71	37	35
2	20	20	120	94	54	71	39	35
3	25	25	120	94	63	64	46	35
4	25	20	120	94	54	64	39	35

(2)沿空留巷后正常回采时钻孔布置

走向顶板抽采瓦斯钻孔布置的参数选取：钻孔终孔倾向投影距离 20～40 m，距 B 11－2煤层顶板法距 45～55 m 的稳定砂岩顶板内。走向顶板抽采钻孔直径不小于 90 mm，每组抽采钻孔数量 2 个，抽采钻孔组间间距 20 m，钻孔具体布置参数见表 7－14 和表 7－15 所列。

钻孔倾角决定钻孔在采空区三带内的位置，与钻孔抽采效果关系密切，故在初采阶段施工不同倾角钻孔对抽采效果进行考察，钻孔按照考察后抽采效果较好的参数施工。

表 7－14 切眼 0～20 m 范围内走向顶板钻孔设计参数表

孔号	夹角/(°)	倾角/(°)	孔深/m	距 B11－2 煤层顶板法距/m	钻孔倾向投影距离/m	钻孔走向投影距离/m
1	70	55	65	55	35	13
2	65	45	65	48	42	19

表7-15 20～40 m走向顶板钻孔设计参数表

孔号	夹角/(°)	倾角/(°)	孔深/m	距B11-2煤层顶板法距/m	钻孔倾向投影距离/m	钻孔走向投影距离/m
1	70	60	60	54	28	10
2	65	55	60	51	31	15

1115(1)工作面瓦斯抽采钻孔布置如图7-22所示。

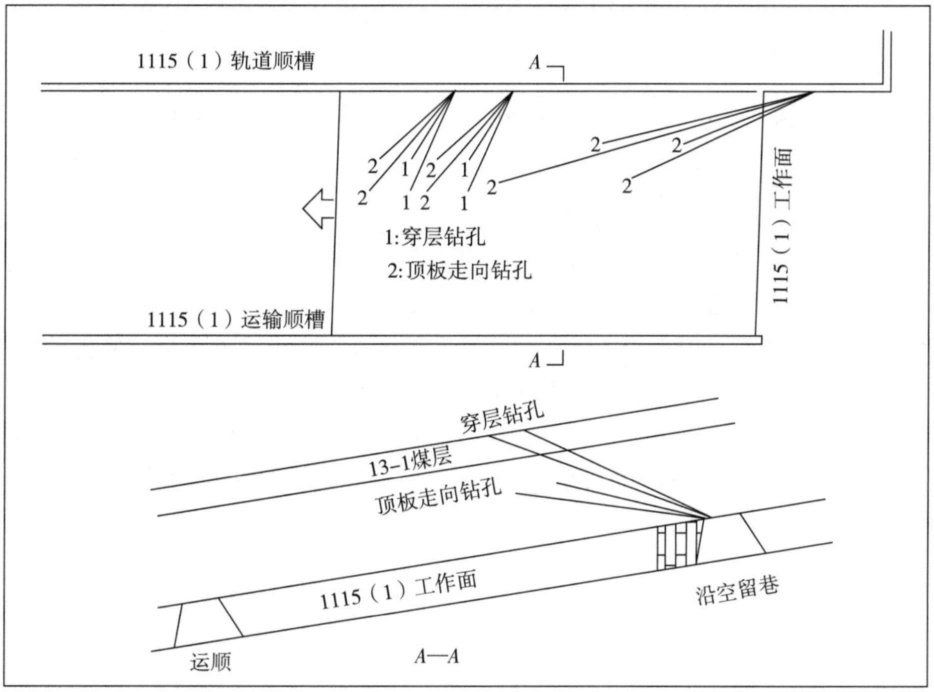

图7-22 1115(1)工作面瓦斯抽采钻孔布置图

7.3.3 煤气共采效果考察及分析

1. *初采期间瓦斯抽采效果*

图7-23是1115(1)工作面初期回采期间瓦斯涌出量的变化关系，从图7-23可以看出，由于设计施工的顶板穿层钻孔层位合理，钻孔封孔和抽采系统完善，顶板倾向穿层钻孔抽采瓦斯效果较好。上部邻近煤层C13的卸压瓦斯基本上全部被顶板倾向穿层钻孔拦截抽采，抽采瓦斯浓度在20%以上，采空区内基本上没有高浓度瓦斯积聚区，上隅角瓦斯一直在0.3%以下，埋管抽采的瓦斯浓度和瓦斯量较小。2007年10月起取消了埋管抽采瓦斯措施，工作面留巷回风和上隅角的瓦斯浓度均控制在0.5%以下。日产万吨原煤工作面绝对瓦斯涌出量约为20 m^3/min，工作面瓦斯抽采量占总涌出量的50%～70%，杜绝了工作面瓦斯超限现象，取得了较好的安全效果。

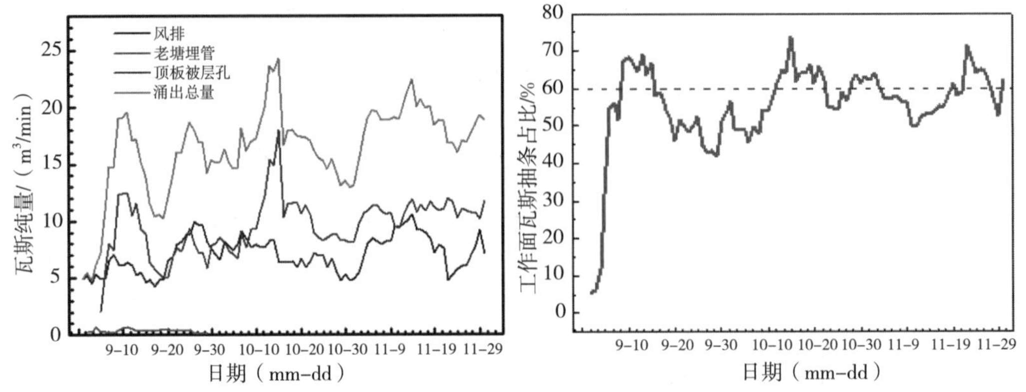

图 7－23　1115(1)工作面初期回采期间瓦斯涌出量的变化关系

2. 正常生产期间的瓦斯抽采效果

在初采期间留巷抽采试验考察基础上，优化钻孔布置，穿层钻孔仍按原设计方案施工；由于裂隙带与下部冒落空隙部分连通且裂隙发育，裂隙带内低位抽采钻孔抽采影响范围大，考察后将低位抽采钻孔由 2 个调整为 1 个。

图 7－24 是正常生产时期留巷卸压抽采钻孔抽采瓦斯浓度和抽采瓦斯量关系曲线。由图 7－24 可以看出，穿层钻孔抽采远程卸压瓦斯，具有抽采浓度高(基本能保持在 30％以上)、抽采纯量大的特点(7.5～25 m^3/min)；低位钻孔由于其与冒落带连通，抽采的浓度相对要低一些(8％～10％)，抽采纯量相对小(5～8 m^3/min)；总的抽采量维持在 15～25 m^3/min，风排瓦斯量在 10 m^3/min 以下，抽采率平均达 72％，取得了较好的安全生产效果。

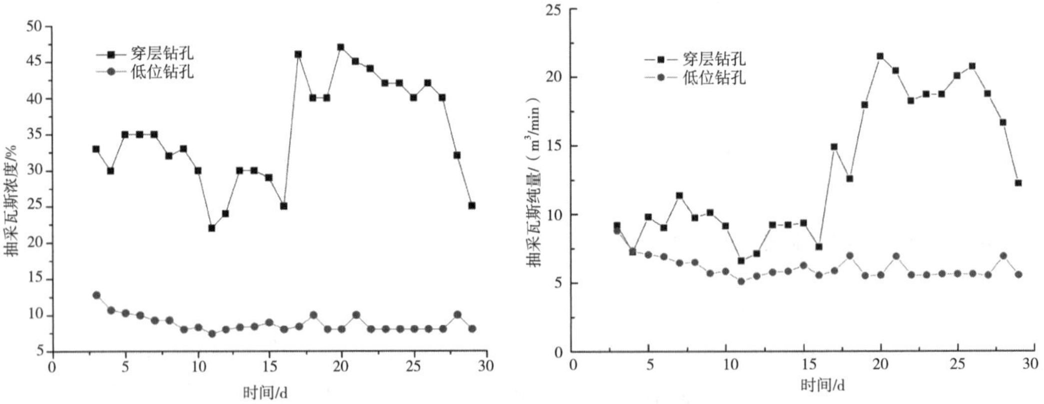

(a) 抽采瓦斯浓度　　(b) 抽采瓦斯量

图 7－24　正常生产时期留巷卸压抽采钻孔抽采瓦斯浓度和抽采瓦斯量关系曲线

3. 留巷钻孔法抽采卸压瓦斯效果

1115(1)综采工作面采用沿空留巷“Y”形通风卸压抽采瓦斯技术，远程穿层钻孔替代传统的 C13 煤层底板抽放巷及其在该巷内施工的抽采钻孔；留巷内施工的低位抽采钻孔替代传统的抽采本煤层瓦斯的高抽巷，取得了较好的瓦斯治理效果。如图 7－25 所示，正

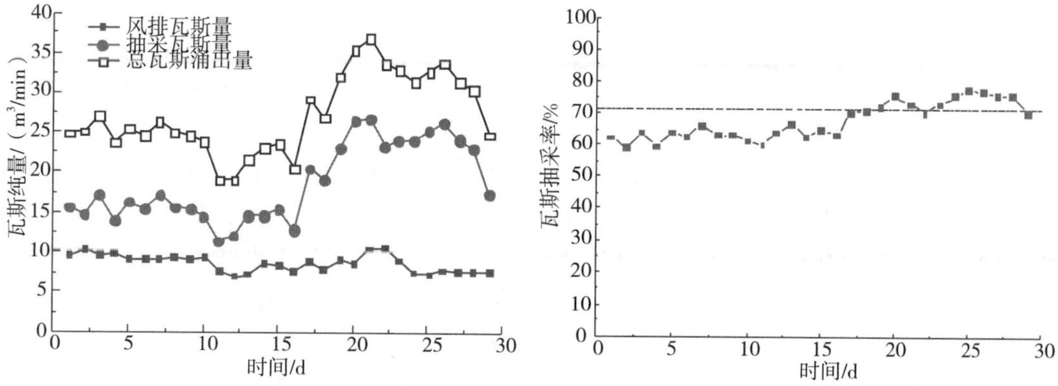

（a）风排瓦斯量、抽采量和总涌出量　　（b）瓦斯抽采率

图 7－25　1115(1)工作面正常生产时期瓦斯涌出情况及瓦斯抽采率

常生产阶段工作面瓦斯抽采率在 70％以上，留巷回风流瓦斯浓度在 0.4％以下，消除了上隅角瓦斯超限现象，综采生产的安全、可靠性显著提高。

首采关键卸压层留巷钻孔法抽采瓦斯省去了高抽巷、低抽巷两条岩巷，同时留巷仍作为邻近阶段工作面的煤巷，大大节省了岩巷和煤巷的掘进费用，显著提高了矿井安全生产效益和效率。

7.4　谢一煤矿望峰岗井无煤柱煤与瓦斯共采实践

7.4.1　试验工作面概况

5121(0)工作面位于 51 采区，上限标高－714.6 m，下限标高－783.6 m，工作面范围内 B10 煤层总体呈单斜构造，根据现有资料推断块段内共有 15 个断层，落差 0.3～7.0 m。工作面走向长 1100 m，上巷、下巷均采用树脂加长锚固强力锚杆锚索组合支护系统，斜梯形断面，净宽×净高＝5000 mm×2810 mm；切眼长 168 m，矩形断面，平均倾向长 170 m，煤层厚度 1.0～1.5 m，部分区域煤层较薄(＜0.7 m)，平均厚度 1.2 m，煤层倾角 21°～25°，本工作面可采储量 390342 t。

距离本煤层法距 25m 的上覆 B11b 煤层，平均煤厚 4.0 m，瓦斯含量为 22 m^3/t，下覆 B9 煤层距本煤层法距 35 m，平均煤厚 2.0 m，瓦斯含量 15 m^3/t，B10 煤层作为首采关键卸压层，该煤层开采后可直接上保护 B11b 煤层，下保护 B9 煤层。

设计采用沿空留巷“Y”形通风方式，上巷为沿空留巷回风巷，并作为上阶段 5111(0)工作面机巷用。进风路线：①机巷进风：－780 m C13 底板巷→－780 m Ⅳ线石门→机巷→工作面。②风巷进风：－660～－720 m C13 底板下山→－720 m C13 底板巷→－720 m Ⅳ线石门→风巷。回风路线：5121(0)工作面→沿空留巷→－660～－715 m B10 回风上山→－660 m N2 回风石门→二号风井→地面。设计工作面风量 2400 m^3/min，其中下巷进风 1300 m^3/min，上巷进风 1100 m^3/min。工作面日产 2000 t 的绝对瓦斯涌出量 106 m^3/min，设计采煤工作面抽采率 85％。

7.4.2 沿空留巷设计

5121(0)工作面上巷采后进行沿空留巷，作为5121(0)工作面"Y"形通风的回风巷及上阶段机巷。

(1)为加强工作面充填段的顶板支护，减少悬臂顶板对充填跺的压力，在5121(0)采面端头超前主动支护。上端头超前煤壁5.0 m采用顺山钢带、锚杆、锚索及金属网支护，顺山钢带间距为800 mm，锚杆采用ϕ22 mm×2200 mm的左旋无纵筋螺纹钢锚杆；锚索采用ϕ17.8 mm的钢绞线，长6500 mm；托盘为δ12 mm的钢板加工的特殊盖板，规格245 mm×245 mm；钢带为GT－M5，金属网规格为3300 mm×900 mm。

(2)支护挡风板：自主研制的新型装备，选用20 mm厚钢板加工，长3.5 m，高度1.0～1.7 m可调，内设液压支伸缩油缸，把支护和通风有机地结合起来，既解决了上端头支架移架后尚未充填前与采空区之间的临时支护，又改变了上隅角通风流场迫使漏风流向埋管抽采系统。

(3)充填模板：自主研制的新型装备，选用20 mm厚钢板加工，模板规格为2.5 m×3.9 m，充填高度随采高进行伸缩调节，采用液压升降和移动，随工作面推进自移。

(4)充填材料及充填设备。充填材料选用亿万达公司生产的充填膏体材料，充填设备选用德国普茨迈特公司生产的BSM1002E充填泵。

(5)充填管路及敷设。充填管路选用耐压10 MPa，管径108 mm，壁厚≥6 mm，低阻尼耐磨的无缝钢管，管道连接采用耐压10 MPa管道快速接头及"O"形橡胶圈密封。充填管路敷设在巷道底板并用两根锚杆固定，输送距离为400m。

7.4.3 立体瓦斯抽采设计

图7-26为5121(0)工作面留巷钻孔法卸压抽采瓦斯布置图，根据工作面采区巷道布置系统，设计的立体瓦斯抽采如下：

1)采空区埋管抽采

工作面开采后在工作面切眼处埋两根ϕ200 mm抽采管($L=3.5$ m)，随着工作面向前推进，在工作面充填垛内每隔20 m埋一根ϕ325 mm抽采管($L=3.5$ m)，抽采管口距离充填垛内墙面不大于0.3 m，高度位于充填垛中上部。

2)－710 m 5121(0)工作面风巷上向钻孔抽采

从开切眼上口向北在5121(0)工作面风巷和机巷内布置上向抽采钻孔，钻孔开孔为ϕ153 mm，钻孔终孔在B11a位置，主要拦截B11b卸压瓦斯，上向钻孔20 m一组。

3)－710 m 5121(0)工作面风巷下向穿层钻孔抽采

在5121(0)工作面风巷内布置下向穿层抽采钻孔，钻孔间距为10 m一组，每组2个孔，钻孔开孔为ϕ108 mm。钻孔终孔至B9b底板，主要抽采B9b卸压瓦斯。

4)工作面采后顶板倾向穿层钻孔抽采

(1)在5121(0)工作面留巷段内施工穿层抽采钻孔，每隔10 m布置一组，每组3个孔钻孔，孔径为ϕ133 mm，终孔至B11b顶板0.5 m位置，主要抽采B11b卸压瓦斯。

(2)在5121(0)工作面机巷超前工作面煤壁30 m施工穿层抽采钻孔，每10 m布置一

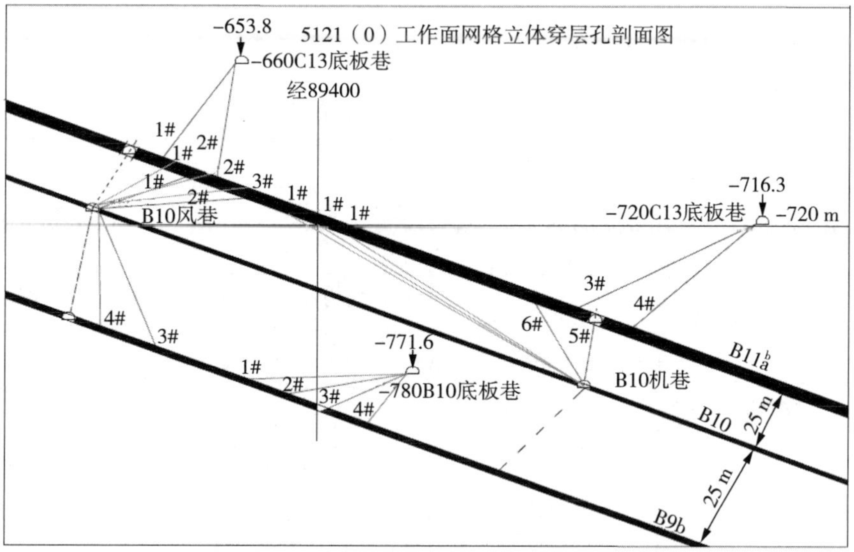

图7-26 5121(0)工作面留巷钻孔法卸压抽采瓦斯布置图

组钻孔，每组3个钻孔，终孔在B11b顶板0.5 m位置，主要抽采B11b卸压瓦斯。

5)－660 m C13底板巷下向穿层抽采钻孔

在－660 m C13底板巷道内沿走向每20 m布置一组下向穿层钻孔，每组2个孔。终孔在B11b底板0.5 m位置，主要抽采B11b卸压瓦斯。

6)－720 m C13底板巷下向穿层抽采钻孔

在－720 m C13底板巷道内沿走向每20 m布置一组下向穿层钻孔，每组2个孔，终孔至B11b底板0.5 m位置，主要抽采B11b卸压瓦斯。

7)－780 m B10底板巷下向穿层抽采钻孔

在－780 m B10底板巷道内沿走向每10 m布置一组下向穿层钻孔，每组4个孔，钻孔终孔至B9b底板位置，主要抽采B9b卸压瓦斯。

工作面瓦斯抽采系统采用矿井地面永久抽采泵站进行抽采。

(1)望井地面永久抽采泵站4台2BEF72型水环式真空泵(2用2备)，通过两路D630×14钢管经二号风井到－660 m水平，经－660 m N2回风石门、－660～－720 m B10底板下山上平巷至5121(0)工作面风巷。其中一路D630通过变径为一路ϕ325 mm及一路ϕ377mm管路分别与5121(0)综采面风巷上向、下向穿层孔合茬，抽采上下临近煤层的卸压瓦斯。另一路D630变径为ϕ426 mm管路，采用充填垛内埋管抽采5121(0)工作面采空区内瓦斯。

(2)谢一井地面永久抽采泵站2台2BEF6702及2台2BE1－355型水环式真空泵(1用1备)，通过两路ϕ325 mm管路经中央风井到达－660 m、－720 m、－780 m水平，抽采－660 m C13底板巷下向穿层孔、－720 m C13底板巷下向穿层孔、－780 m 5121(0)机巷(上向穿层孔)、－780 m B10底板巷下向穿层孔等临近煤层的卸压瓦斯。

7.4.4 工作面设备及参数

5121(0)工作面设备及参数见表7-16所列。

表7-16 5121(0)工作面设备及参数

序号	设备名称		型号	技术参数
1	采煤机		MG2×150/700—WD	采高1.2～2.05 m,装机功率700 kW,电压3300 V,牵引力456 kN
2	工作面输送机		SGZ800/800	输送能力1500 t/h,装机功率2×400 kW,电压3300 V、转速1485/735 r/min
3	转载机		SZZ800/250	输送能力1800 t/h,装机功率250/125 kW,电压3300 V,减速机形式:圆锥/行星传动
4	破碎机		PCM200	破碎能力2000 t/h,电动机功率200 kW,最大输入块度800 mm×800 mm,破碎锤头冲击速度:20 m/s
5	带式输送机		DTL1000/63/2×75	运输能力400 t/h,电压1140/660 V,电动机功率2×75 kW,带宽1100 mm,带速2 m/s
6	乳化泵站		BRW—400/31.5	电动机功率250 kW,额定工作压力31.5 MPa,公称流量400 L/min、配套液箱3000 L(主2000 L,辅1000 L,每套二泵二箱)
7	支架	液压支架	ZY5000/8.5/17D	支撑高度0.85～1.7 m,支护强度0.56～0.62 MPa,初撑力3087～3387 kN,支护强度0.56～0.62 MPa
		端头支架	ZY5000/11/26D	支架中心距1750 mm,支撑高度1.1～2.6 m,支护强度0.56～0.62 MPa,支架宽度1650～1850 mm,系统压力31.5 MPa,适应倾角≤30°,移架步距800 mm
8	支护挡风板		自主研制	长3.5 m,高度1.0～1.7 m
9	充填模板		自主研制	长×宽:3.9 m×2.5 m,高度1.0～1.7 m

7.4.5 煤气共采效果考察与分析

图7-27为5121(0)工作面留巷钻孔法卸压抽采瓦斯效果图。由图7-27(a)(b)可以看出,5121(0)工作面期间,工作面下巷进风量约1300 m^3/min,上巷进风量约1000 m^3/min,采空区抽采混合量约370 m^3/min。正是采取首采卸压层留巷综合卸压抽采技术,实现了工作面卸压瓦斯高效抽采,工作面回风流的瓦斯浓度在0.4%以下,工作面煤壁瓦斯浓度在0.8%以下,保证了工作面安全高效开采。

由图7-27(c)可以看出,随着工作面的推进,—660 m C13底板巷下向穿层孔(抽B11煤层)先进入采动卸压区,钻孔瓦斯抽采量首先出现跳跃上升,当采面采至−780 m B10 底板巷下向穿层孔(抽 B9 煤层)附近时,−780 m B10 底板巷下向穿层孔(抽 B9 煤层)瓦斯抽采量也出现跳跃上升,而后抽采量基本上能稳定在较大值;而−720 m C13 底板巷下向穿层孔(抽 B11 煤层)由于处于采动卸压区外,钻孔抽采瓦斯量基本变化不大。由图 7-27(d)可以看出,上向穿层钻孔由于受采动裂隙影响,钻孔封孔较难完全封实,上向穿层钻孔的抽采浓度相对要低。由于 5121(0)工作面为近距离煤层群开采,邻近卸压煤层瓦斯易于涌入开采煤层采空区,增加采空区埋管抽采量能取得较好的效果,5121(0)工作面采空区抽采量约占总抽采量的 50%。

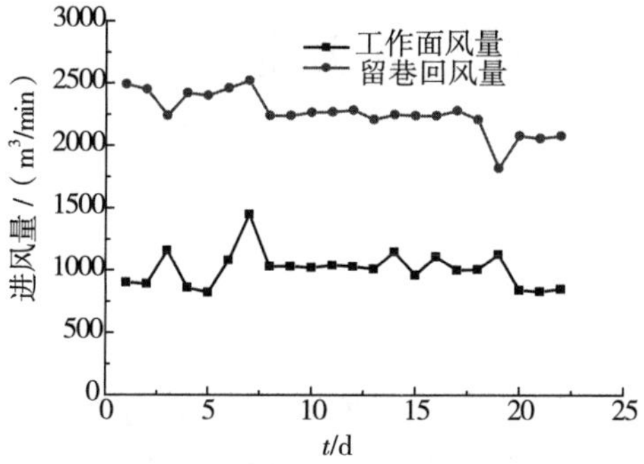

(a) 留巷回风量和工作面风量

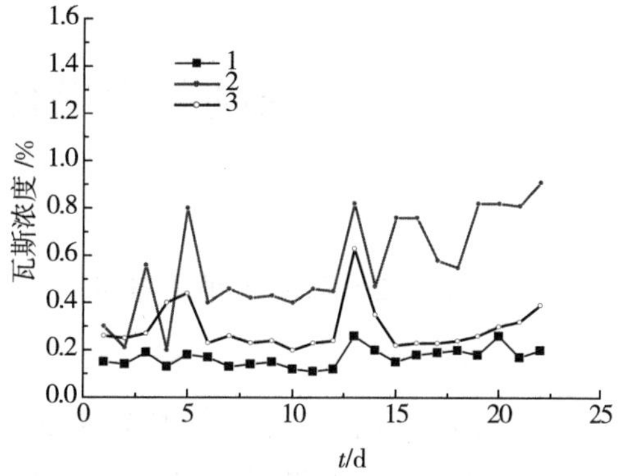

(b) 工作面上巷(1)、回风巷(3)和工作面煤壁(2)瓦斯浓度

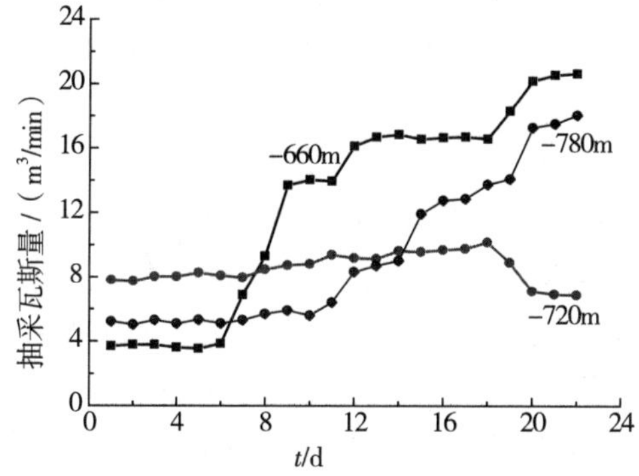

(c) 下向穿层钻孔抽采瓦斯量

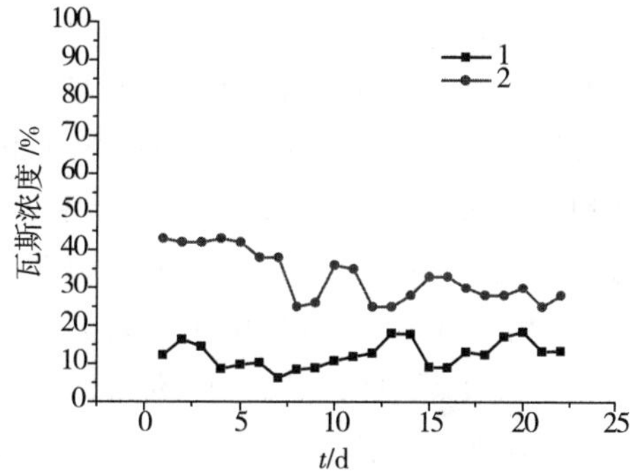

(d) 上(1)、下(2)向穿层钻孔抽采瓦斯浓度

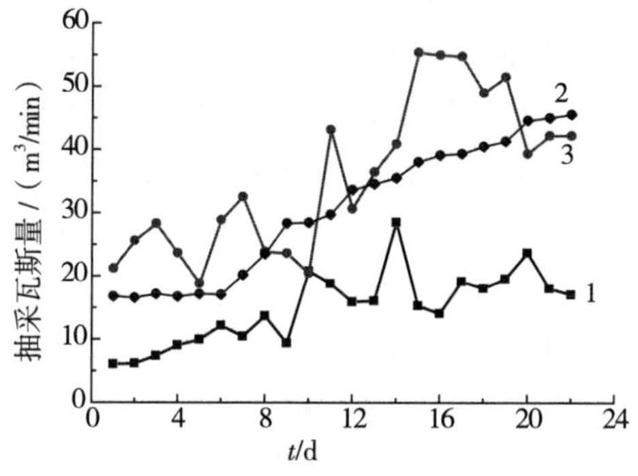

(e) 上向穿层孔(1)、下向穿层孔(2)和采空区(3)抽采瓦斯量

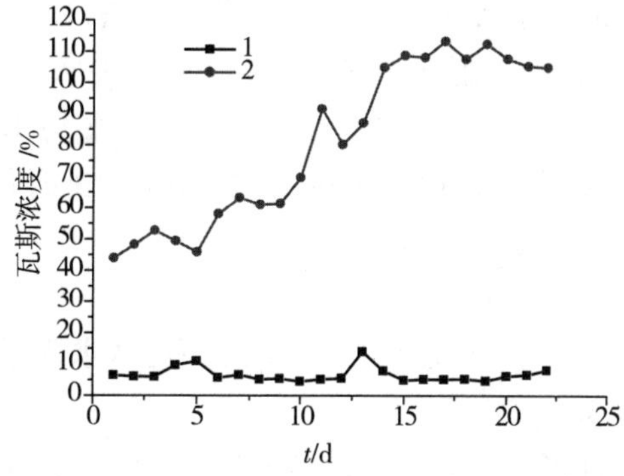

(f) 风排瓦斯量(1)和抽采瓦斯量

图 7-27　5121(0)工作面留巷钻孔法卸压抽采瓦斯效果图

通过对5121(0)工作面日产量和瓦斯抽采率情况的分析可以看出,5121(0)工作面开采前期工作面的绝对瓦斯涌出量在50 m^3/min,中后期在100 m^3/min左右,最大达119 m^3/min,工作面回采期间瓦斯涌出量大。正是通过实施首采关键卸压煤层沿空留巷"Y"形通风煤气共采技术,优化抽采钻孔布置,研究并实施了倾向钻孔抽采顶底板被保护煤层(高瓦斯强突出煤层)卸压瓦斯。首采关键卸压层工作面回采期间瓦斯抽采率最高达95%,平均为90%,大大降低了高瓦斯煤层群采煤工作面回采期间的风排瓦斯量,实现了工作面安全高效生产,经济效益和社会效益显著。

7.5 卧龙湖矿无煤柱煤与瓦斯共采实践

7.5.1 卧龙湖103工作面基本地质条件

1. 地质概况

103工作面为卧龙湖煤矿首采工作面,北部位于工厂保护煤柱线南300 m,南部尚未开拓,西部以F2断层东的岩浆岩侵蚀区为界,东至大巷保护煤柱线。地面地势平坦,地面标高+29.7～+30.2 m,有张黄庄、丰庄、王水寨等村庄,无大的河流,有丰沟等季节性水沟。工作面机巷标高为－530～－402 m,风巷标高为－515～－397 m。工作面长度150 m,推进长度800 m,面积约11.1万 m^2。

可采煤层为10煤,黑色,碎块状、粉末状,强玻璃光泽,以亮煤、镜煤为主。工作面西北部和切眼附近,位于岩浆岩侵蚀边界附近,受岩浆岩侵蚀影响,部分煤层已变质为天然焦。煤层结构较简单,无夹矸,煤层倾角平均9°,倾向50°左右。工作面煤厚0.3～3.05 m,平均2.52 m。机巷位于岩浆岩侵蚀边界附近,受岩浆岩侵蚀影响,局部煤层可能出现增厚或变薄现象。风巷里段局部煤层亦被岩浆岩侵蚀,受其影响,煤层变薄,煤厚0.5～1.5 m,现已揭露25 m煤层变薄带,根据三维地震资料,风巷里段异常区范围约120 m,属较稳定煤层。

本工作面煤层局部受岩浆岩侵蚀,分别为103风巷F 24点前34 m揭露,工作面风巷揭露220 m,到103机巷高抽巷处尖灭,在工作面内延展长度约190 m,侵蚀面积约1.6万 m^2,侵蚀区煤厚0.5～1.4 m,平均1.2 m,预计对回采影响较大;103切眼前33 m揭露,在本工作面内延展约150 m,侵蚀面积约1.7万 m^2,工作面会揭露0.11万 m^2,预计对回采有一定影响。

2. 顶底板情况

老顶:以灰色粉砂岩、泥岩为主,水平缓波状层理,钙质胶致密,局部含菱铁结核,厚度为3.7～18.72 m。

直接顶:泥岩,灰黑色～黑色,均一结构,块状构造,易碎,含炭质及植物碎片化石,参差状断口,厚度4.04～21.83 m。岩浆岩侵蚀区直接顶顶板局部为岩浆岩。岩浆岩,灰白色,粗砂状,块状结构,厚层状,质硬,厚度2～4 m。

底板：深灰色泥岩、粉砂岩，块状构造，含较多植物根部化石，具滑面，厚度 1.5～13.07 m。103 工作面煤层赋存柱状图见图 7－28。

岩性	平均厚度 /m	层厚 /m	柱状 1 : 200	标高 /m
泥岩		16.64～49.81		−443.74～−309.9
岩浆岩	2	0～5		−498.24～−328.24
煤线		0～0.25		−498.24～−328.24
粉砂岩	12.80	7.07～18.72		−511.04～−341.04
细砂岩	4.60	3.70～5.45		−515.64～−345.64
岩浆岩	1.36	0～2.80		−517.00～−347.00
天然焦		0～0.38		−517.01～−347.01
泥岩	10.47	4.04～21.82		−527.48～−357.48
10煤	2.52	1.81～2.93		−530～−360
泥岩	0.38	0～1.50		−530.38～−360.38
粉砂岩	12.2	10.51～13.07		−542.58～−372.58

图 7－28　103 工作面煤层赋存柱状图

3. 地质构造情况

本工作面地质构造较复杂，根据勘探及生产揭露资料，主要表现为西高东低的单斜构造，平均倾角 9°。共揭露 4 条正断层，具体情况如下。

DF8：正断层，位于本工作面中部，断层产状 140°∠60°，H＝12 m，断层破碎带宽约

1 m，为大角度破碎泥岩填充，无淋水。工作面风巷揭露该断层，机巷未揭露，预计该断层在工作面内将延伸约 130 m 尖灭，对生产影响较大，应施工改造切眼过此断层。

F103－1：正断层，103 机巷 J17 点前 4 m 揭露该断层，断层产状 130°∠65°，H＝1.4 m，无破碎带，无淋水，预计向工作面内延伸 70 m 左右尖灭。此断层可能为 DF8 断层的次生断层，和 DF8 断层共同牵引影响，中间有宽约 42 m 煤层变薄带，对回采的影响较大。

F103－2：正断层，103 风巷 F14 点前 22 m 揭露该断层，断层产状 280°∠30°，H＝1.8 m，顶断底不断，无破碎带，无淋水，预计向工作面内延伸 50 m 左右尖灭。上盘煤层受断层牵引变薄为 0.6 m，影响宽度 12 m，下盘煤厚正常，预计对回采影响较大。

F103－3：正断层，103 风巷 F17 点前 3 m 揭露该断层，断层产状 240°∠35°，H＝1 m，无破碎带，无淋水，预计向工作面内延伸 30 m 左右尖灭，对回采影响不大。

4. 水文地质情况

本区"四含"不发育，"三隔"厚度在 60 m 以上，加上 10 煤上部 210～330 m 的岩柱，导致"三含"与"四含"及煤系水力失去联系，松散层水对回采无影响。工作面部分地段煤层受岩浆岩侵蚀，直接顶板为岩浆岩。另外，部分地段 10 煤层上方 4 m 及 30 m 处各赋存一层 2～4 m 厚的岩浆岩，岩浆岩层位垂直裂隙发育，虽然掘进巷道对次层裂隙水有一定的疏放，但由于岩浆岩水平裂隙不太发育，连通性较差，局部地段赋水性较强，受回采扰动影响，岩浆岩裂隙水将涌入工作面，预计涌水量约为 10～20 m^3/h。

经过 103 工作面底板灰岩探查孔灰岩水疏放，截至 2007 年 11 月 19 日，工作面灰岩水水压降至 0.17～1.5 MPa，工作面最大突水系数降至 0.039。根据《矿井水文地质规程》要求，本工作面灰岩水对回采影响不大，可以安全回采。

7.5.2 巷道支护方案与参数

1. 巷道掘进支护方案与参数

卧龙湖矿 103 工作面掘进期间基本支护情况，巷道断面为矩形断面：宽×高＝4.0 m×2.6 m，巷道顶板采用锚网梁联合支护，顶部布置 5 根锚杆，锚杆规格为 ϕ20 mm×2000 mm的右旋全螺纹钢锚杆，间排距 900 mm×800 mm，每孔采用 2 卷 Z2350 树脂锚固剂锚固。顶板锚索采用 ϕ15.24 mm×7.5 m 钢绞线，锚索布置在顶板中间位置，锚索间距为 1.6 m，每孔 2 卷 Z2350、2 卷 K2350 树脂锚固剂锚固，外露 250 mm，预紧力为120 kN。帮部采用竹锚杆支护，竹锚杆长为 1600 mm，每帮 3 根，最上面一根锚杆距顶板 200 mm，帮部每孔采用 2 卷水泥锚固剂，回采帮采用竹锚杆支护，非回采帮采用竹锚杆挂网支护。顶部锚杆锚固力为 50 kN，螺母转矩不小于 100 N·m，梁为 ϕ12 mm 钢筋焊制的梯子梁，梁长为 3800 mm，网为 10 号铁丝编织网，网幅为 6000 mm×900 mm、网孔大小 80 mm×80 mm。少数地段为工字钢棚支护。

2. 回采前原位巷道加固方案及参数

考虑留巷维护的长期性和承载的周期性与剧烈程度，就该巷道目前的支护状况还不能确保该巷道长期稳定性，为了使留巷在最终变形后能满足通风、行人等安全生产及下一个工作面回采需要，保证沿空留巷的可靠性，考虑要对原位巷道和后期的充填墙体进行必要的补强加固。

根据本工作面巷道煤层赋存条件，按直接顶岩层性质将巷道分为 3 种类型，即泥岩顶、火成岩（砂岩）顶、煤顶。针对这 3 种不同顶板条件给出如下具体加固方案及参数。

1）泥岩顶巷段顶板加固方案及参数

顶板锚杆：在原巷道顶板钢筋梯子梁上两锚杆中间位置补打单体锚杆，每排顶板钢筋梯子梁上共补打 4 根，锚杆规格为专用螺纹钢（左旋）超高强预拉力锚杆，锚杆规格为 ϕ20－M22－2500 mm，每根锚杆采用两节 Z2550 型中速树脂药卷加长锚固；排距同原巷道顶板支护。

顶板锚索梁或锚索：在顶板每排锚杆中间位置施工锚索梁（一梁两锚索），锚索钢绞线规格为 ϕ17.8 mm×6.3 m，眼孔深度 6.0 m，每孔采用三节 Z2550 中速树脂药卷加长锚固；两根锚索采用 24 号槽钢梁连接，槽钢梁长 2.4 m，眼距 1.8 m，即锚索间距为 1.8 m（距离巷道中心各 0.9 m），并配 100 mm×150 mm×12 mm 规格的矩形钢垫板。

顶板破碎不平时，锚索梁改为两根单体锚索，单体锚索配 400 mm×400 mm 大托盘（并配 100 mm×150 mm×12 mm 规格的矩形钢垫板），预紧力 80～100 kN，锚固力不低于 200 kN。锚索间距为 1.8 m（距离巷道中心各 0.9 m），排距同锚杆排距。

泥岩顶板锚杆锚索布置参数图如图 7－29 所示，其中虚线和小圆表示掘进时锚杆，实线和大圆表示加固支护的锚杆锚索。

2）火成岩（砂岩）顶巷段顶板加固方案及参数

顶板锚杆：顶板每排施工 4 根专用螺纹钢（左旋）超高强预拉力锚杆，锚杆规格为 ϕ20－M22－2500 mm，锚杆间距 1200 mm；沿巷道走向排距为 1500 mm。每根锚杆采用两节 Z2550 型中速树脂药卷加长锚固。

顶板锚索：在顶板每两排新加固锚杆中间位置施工两根锚索，钢绞线规格为 ϕ17.8 mm×6.3 m，眼孔深度 6.0 m，间距 1.8 m（距离巷道中心各 0.9 m），排距 3.0 m。锚索每孔采用三节 Z2550 中速树脂药卷加长锚固；锚索配 400 mm×400 mm 大托盘（并配 100 mm×150 mm×12 mm 规格的矩形钢垫板），预紧力 80～100 kN，锚固力不低于 200 kN。

火成岩（砂岩）锚杆锚索布置参数图见图 7－30。

3）煤顶巷段顶板加固方案及参数

考虑工字钢棚支护巷段基本为松散破碎的断层等复杂地质构造带，岩层松散破碎，松动范围较大，施工锚杆锚索难度较大，达不到加固巷道围岩稳定的预想效果；同时，在受外界开挖和扰动时很可能产生垮冒。因此，加固工作应建立在胶结紧固原位巷道顶板松散破碎岩层的基础之上进行。经研究并和矿方讨论，确定替换方案如下：煤顶巷道表面初喷—顶区超前注水泥浆（断层带进一步深孔注化学浆胶结破碎岩体）—拆工字钢棚（锚索控顶）—帮顶锚杆锚索支护。

替换步骤和相关支护参数分述如下。

初喷密封：由于工字钢棚支护段围岩相对比较破碎，为了保证注浆效果，需要在工字钢棚支护段围岩表面喷射薄层混凝土封闭围岩，喷层厚度为 50～70 mm（将工字钢棚喷平盖严)，防止浆液泄漏。喷浆拌料要均匀，材料的配比为水泥∶黄沙∶石子＝1∶2∶2，水灰比为45％，速凝剂掺量为水泥质量的2.5％～4％，拌料要均匀。

超前注水泥浆：在初喷密封的工字钢棚支护巷段，每两排工字钢棚在巷道顶板位置均匀布置3～4根2.0 m长注浆孔，对破碎顶板进行胶结，注浆锚杆长度为1～1.5 m；注浆压力一般不超过1.0 MPa，注浆量以不发生大量跑浆为准。深度破碎的断层带可进一步采用化学材料深孔注浆加固，根据围岩条件随机布孔注浆，孔深4m，作为临时措施防止顶板垮冒，为拆工字钢棚创造条件。

拆工字钢棚(锚索控顶)：注完水泥浆，待围岩胶结后打落围岩表面喷层，逐架拆除工字钢棚。若围岩胶结效果不好顶板易下沉冒落，及时采用锚杆或锚索控制顶板，钢绞线规格为ϕ17.8 mm×6.3 m，眼孔深度6.0 m。每孔采用三节Z2550中速树脂药卷加长锚固，以保证锚固效果。锚索预紧力80～100 kN，锚固力不低于200 kN，采用400 mm×400 mm大托盘(并配100 mm×150 mm×12 mm规格的矩形钢垫板)，预紧力80～100 kN，锚固力不低于200 kN。

顶锚杆锚索支护(断层带深孔注化学浆胶结破碎岩体)：在锚网替换工字钢棚支护的施工过程中，采用"拆一锚一"的方式进行。即拆一架工字钢棚，空顶距离够一排锚杆时及时施工一排锚网支护，够一排锚索时及时安装锚索，严格执行紧跟迎头的原则，根据实际情况临时增加锚杆锚索护顶，锚网支护基本参数如下。

顶板锚杆：巷道顶板采用5根左旋锚杆专用螺纹钢超高强预拉力锚杆加3.6 m长M4型钢带(一根钢带上5个眼孔)、8号钢筋网(网孔尺寸70 mm×70mm)联合支护，锚杆规格为ϕ20－M22－2500 mm，每根锚杆采用两节Z2550型中速树脂药卷加长锚固；锚杆间距800 mm，排距700 mm。

在断层带等围岩破碎难以施工安装锚杆和锚索处，可采用深孔注化学浆胶结破碎岩体再施工安装锚杆和锚索，注浆材料可选用马丽散或瑞米加固Ⅰ号。具体为：迎头顶部施工3个注浆钻孔，孔间距1.2～1.5 m，超前胶结煤岩控制顶板；钻孔角度带＋20°～30°，钻孔深度3～4 m。注浆锚杆：长度2.6 m，4分钢管制成，钢管底端砸成扁状；钢管底端1.0 m长度内错开钻孔，孔径由大逐渐变小，前端孔径ϕ＝8 mm，后端孔径ϕ＝4 mm；采用专用封孔器封孔，封孔深度为1.0 m；具体施工时参考井下具体情况执行。

煤顶顶板锚杆、锚索加固参数图见图7－31。

4)保留煤帮加固方案及参数

以上4种顶板加固方式中对保留煤帮的加固方案及参数均为在原位巷道保留煤帮，每排支护中间重新加设锚带网支护，采用4根Ⅳ级左旋锚杆专用螺纹钢(左旋)超高强预拉力锚杆加一根2.2 m长、4组孔的M4型钢带、8号钢筋网(网孔尺寸70 mm×70 mm，在墙体不平整处可采用菱形金属网)联合支护，锚杆规格为ϕ20－M22－2500 mm。每根锚杆采用两节Z2550型中速树脂药卷加长锚固；锚杆间距为600 mm；排距同原巷道帮部支护。上排锚杆75°迎角，如图7－32所示。

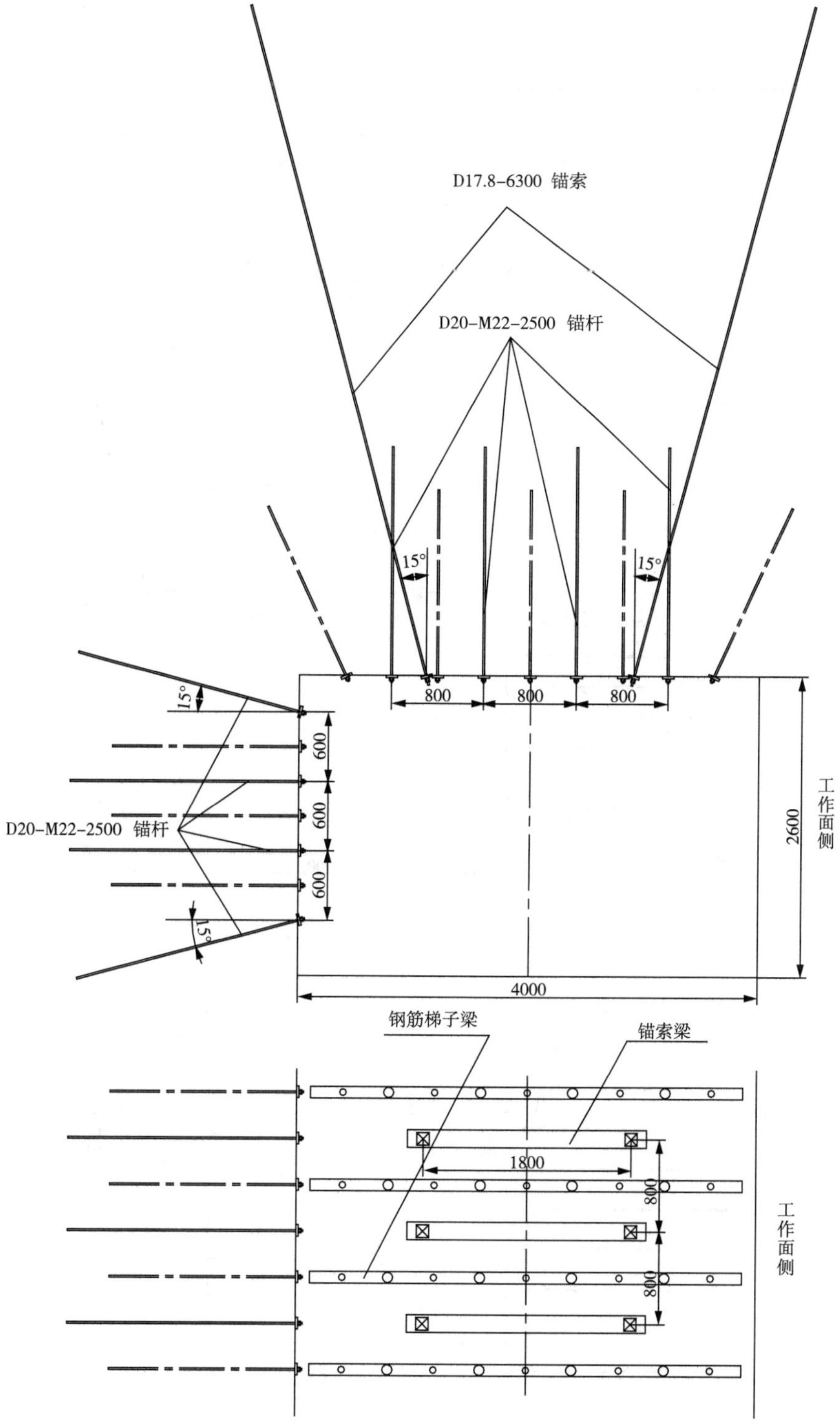

注：虚线和小圆表示原有锚杆；
实线和大圆表示加固支护的锚杆、锚索；
图中数值单位为mm。

图 7－29　泥岩顶板锚杆锚索加固参数图

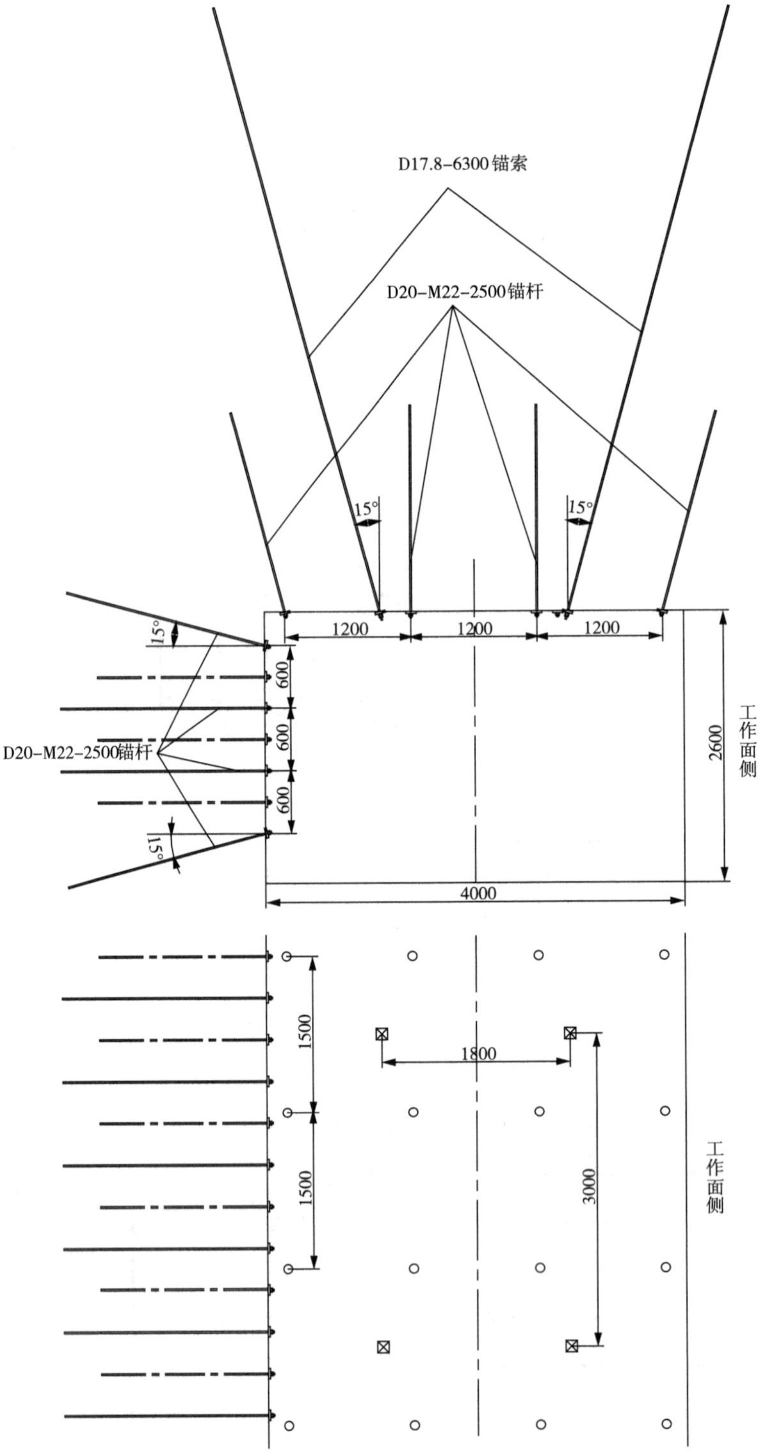

注：虚线和小圆表示原有锚杆；
实线和大圆表示加固支护的锚杆、锚索；
图中数值单位为mm。

图 7－30　火成岩(砂岩)顶巷段顶板锚杆锚索加固参数

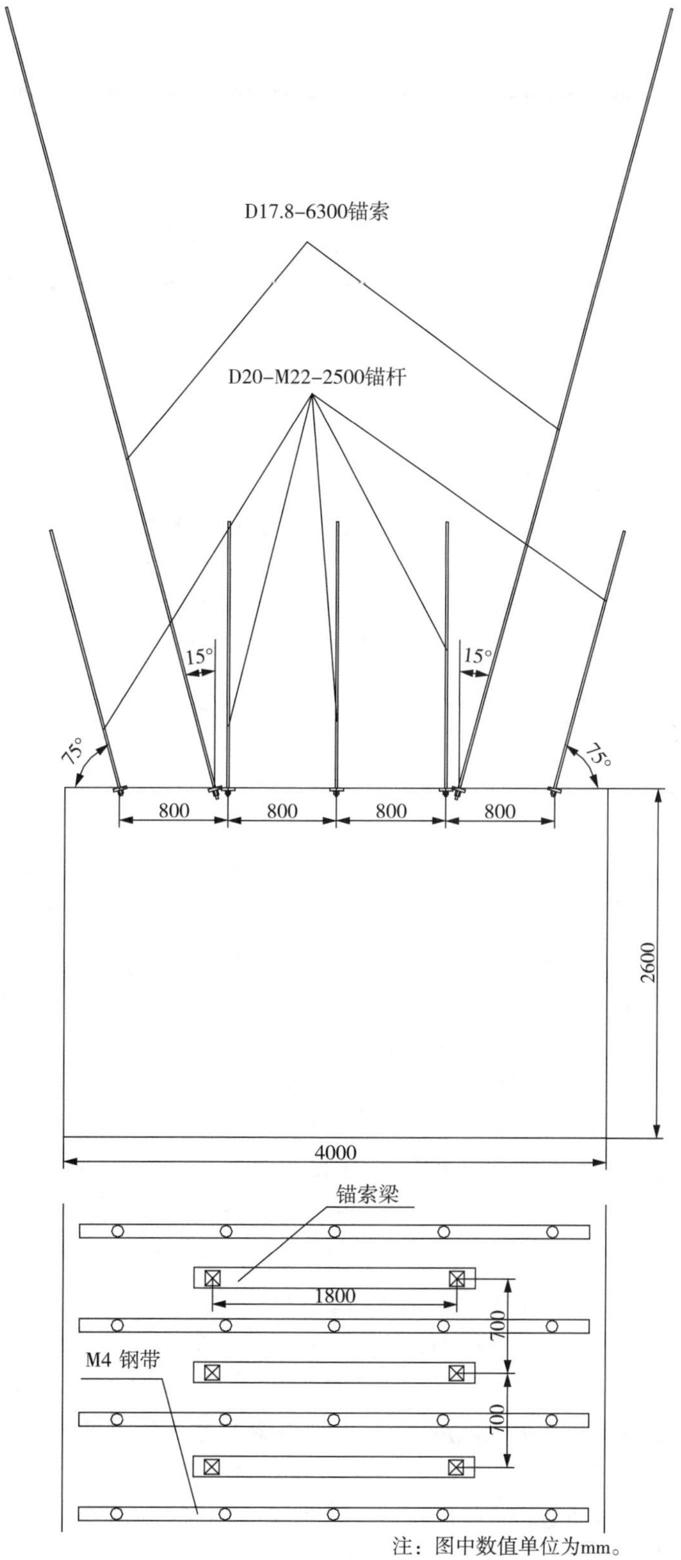

注：图中数值单位为mm。

图 7 - 31　煤顶顶板锚杆、锚索加固参数

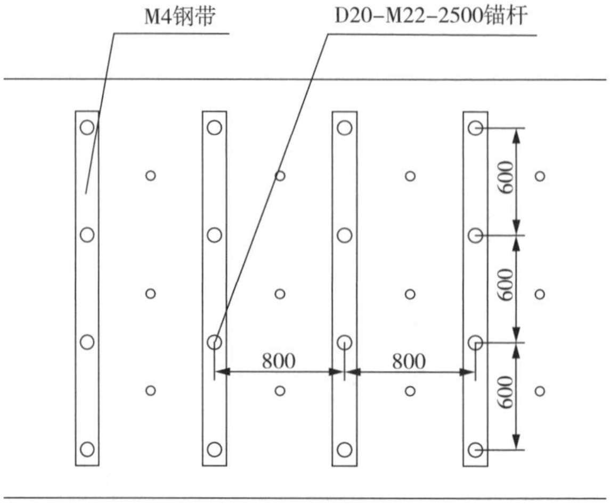

注：虚线和小圆表示原有锚杆；
实线和大圆表示加固支护的锚杆；
图中数值单位为mm。

图 7-32 保留煤帮加固参数

7.5.3 矿压观测及支护效果分析

1. 矿压观测的主要内容和测点布置

1)观测的主要内容

沿空留巷不同于一般的回采巷道，前后要经历两次采动影响。随着工作面的推进，沿采空区边缘构筑护巷充填带，使工作面推过后巷道仍能保留，作为相邻区段工作面回采的进风巷或回风巷。要研究留巷过程中巷道围岩的活动规律，尤其是上覆顶板岩层的活动规律和充填墙体的变形规律，观测内容的选择必须充分考虑巷道围岩的运动状况，从观测数据直接判断围岩是否稳定，并进行系统研究和分析。因此根据现场实际情况主要观测巷道表面位移，反映巷道表面位移的大小及巷道断面缩小程度，判断围岩的运动是否超过其安全允许值，是否影响巷道的正常使用。具体包括顶底、两帮 4 个值，即顶板下沉量及下沉速度、底鼓量及底鼓速度、实体煤侧巷帮位移量及位移速度、充填墙体的位移量及位移速度，进一步得到顶底板、两帮相对位移量及位移速度。

岩层钻孔探测仪主要用来通过在岩层中钻孔探测岩层的构造，探测巷道围岩松动圈范围及其变化情况，测试围岩岩层在受力过程中位移变化量，探测煤层及其顶板岩层的岩性、厚度，探测巷道及采煤工作面顶板离层、破裂、破坏情况，探测断层、裂隙等地质构造。

多点位移计是观测巷道在掘进和受采动影响的整个服务期间深部围岩变形随时间变化情况的一种仪器。安设多点位移计的目的：①了解巷道围岩各部分不同深度的位移，岩层弱化和破坏的范围(离层情况、塑性区、破碎区的分布等)；②判断锚杆与围岩之间是否发生脱离，锚杆应变是否超过极限应变量；③为修改锚杆支护设计提供依据。

2)测点布置

在工作面前方 5 m 左右开始设测点,每 15m 设一个测点进行观测,共设置 6 个测点,其目的就是观测超前采动影响下巷道的变形速度、变形量以及超前支承压力峰值离工作面的距离。在工作面后方 10 m 处安设测点,以后每 15 m 设置一个测点,共设置 4 个测点,主要是为了观测回采过程中巷道的变形情况。103 工作面测点布置平面图见图 7-33,测点的观测采用十字断面法进行表面位移观测。

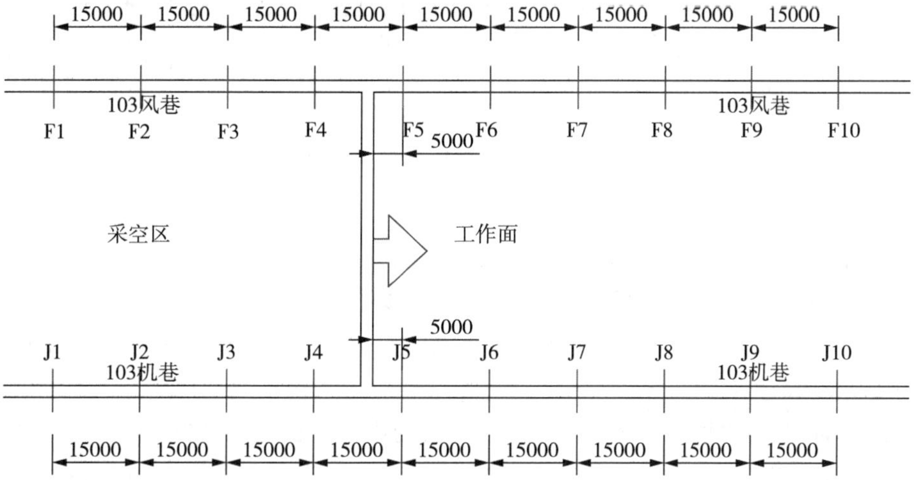

图 7-33 103 工作面测点布置平面图(单位:mm)

2. *矿压观测分析*

1)巷道表面位移分析

(1)工作面前方表面位移

巷道表面位移是反映巷道围岩稳定状况的综合指标。在受工作面采动影响前,巷道表面位移较小。随着工作面的推进,各个观测点相继受工作面的采动影响,图 7-34 和图 7-35 为工作面前方测站的表面位移速度、位移量与工作面的相对位置关系。

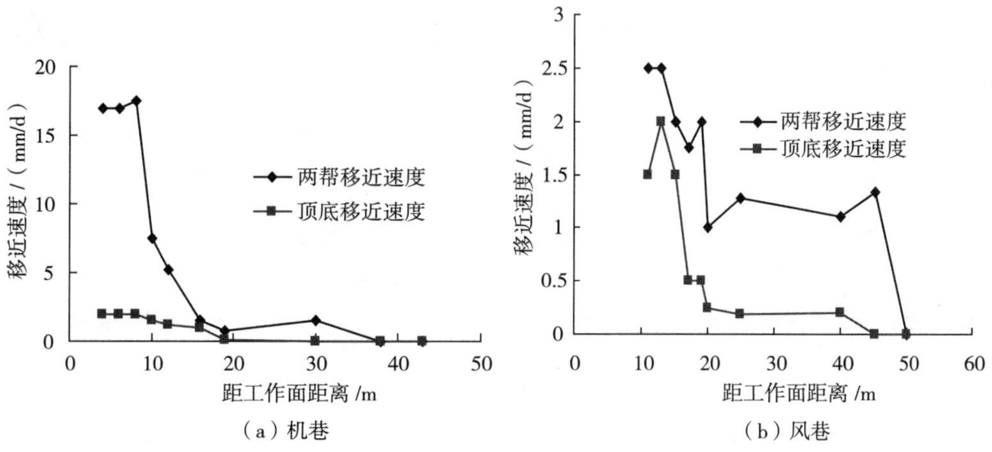

图 7-34 巷道围岩移近速度图

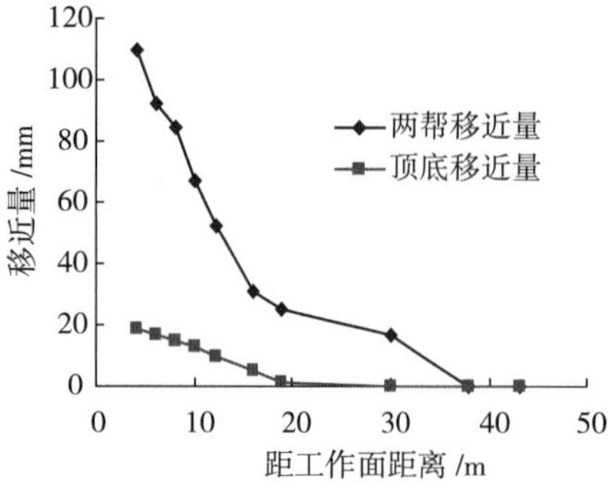

(a)机巷

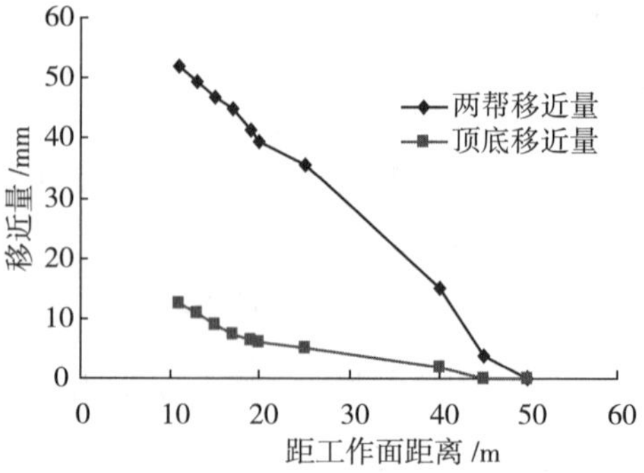

(b)风巷

图 7-35 巷道围岩移近量图

由图 7-34 和图 7-35 可知：

① 超前工作面 20～50 m 范围内，巷道表面位移速度很小，变形速度不超过1 mm/d。随着工作面的临近，顶底和两帮的相对位移均逐步增大。巷道整体变形量不大，比较明显的影响范围大约是 20 m，机巷和风巷围岩表面位移变形速度快速增加，工作面的超前影响范围为 20 m 左右。

② 工作面回采对两帮的影响大于对顶底板的影响。因为巷道顶板为砂岩，且顶板完整性较好，所以顶底板相对移近量远小于两帮相对移近量。从图 7-35 可以看出，两帮移近量可达 52～110 mm，而顶底板移近量只有 12～20 mm。

③ 工作面回采对机巷的影响大于风巷。从图 7-34 中可以看出，机巷两帮移近速度最大可达到 17 mm/d，顶底板移近速度最大只有 2 mm/d；风巷两帮移近速度及顶底板移近速度较小，两帮最大移近速度只有 2.5 mm/d。

④ 工作面回采前曾对巷道进行加固，加固措施有效控制了围岩的变形，巷道受采动影响变形较小，回采前两帮最大变形量只有 110 mm，为后期充填留巷打下了良好的基础。

(2)工作面后方表面位移

对工作面后方围岩表面变形进行连续观测，得到工作面后方不同位置处巷道表面位移量、表面位移速度，见图 7-36～图 7-39。

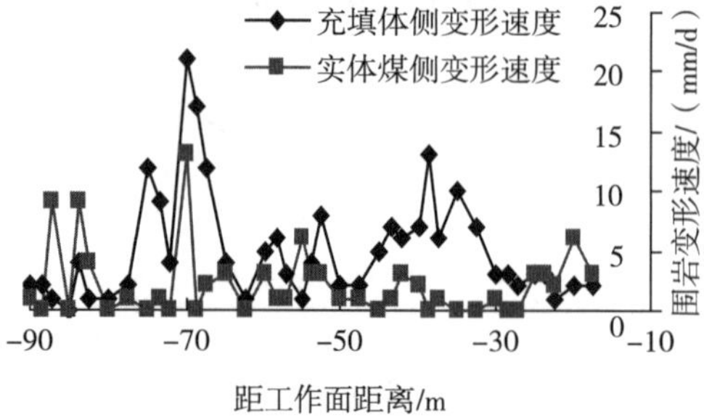

(a)变形速度

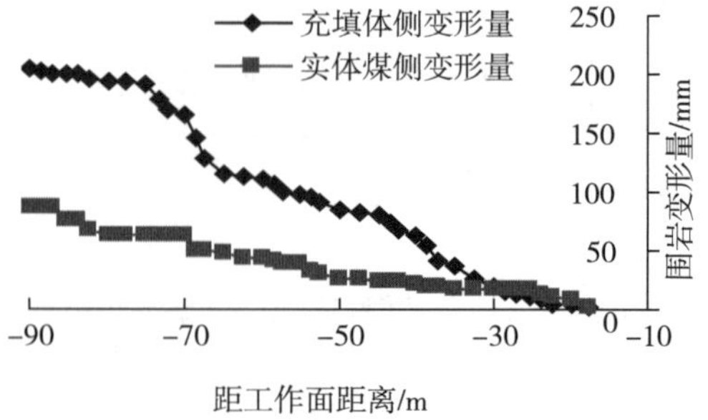

(b)变形量

图 7-36 风巷工作面后方两帮变形图

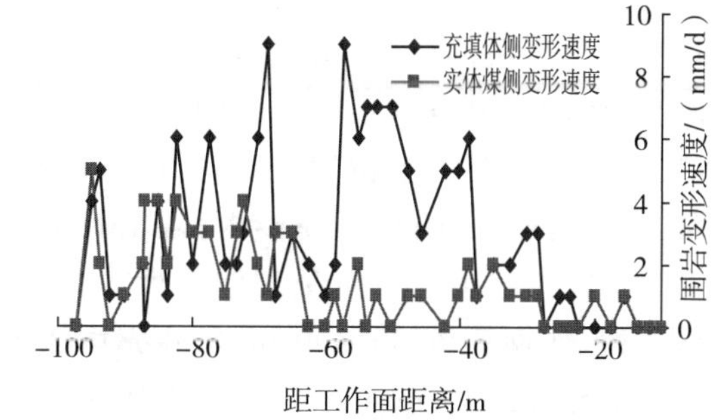

（a）变形速度

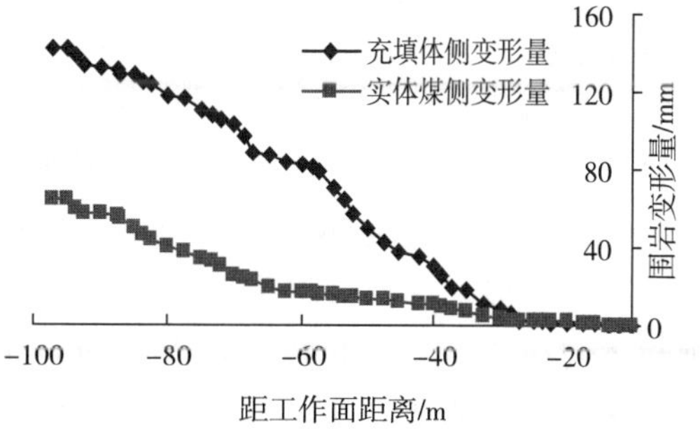

（b）变形量

图 7－37　机巷工作面后方两帮变形图

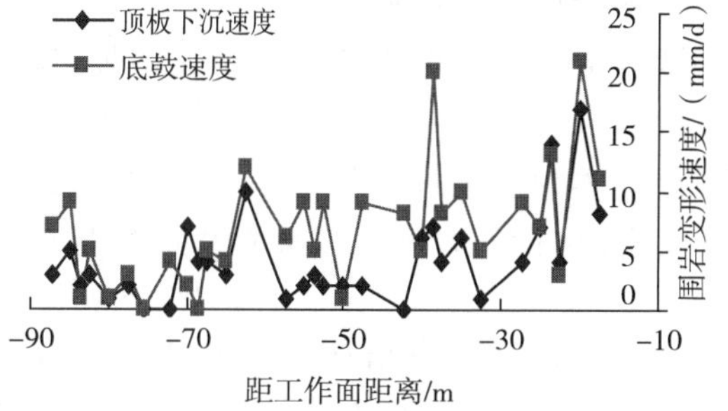

（a）变形速度

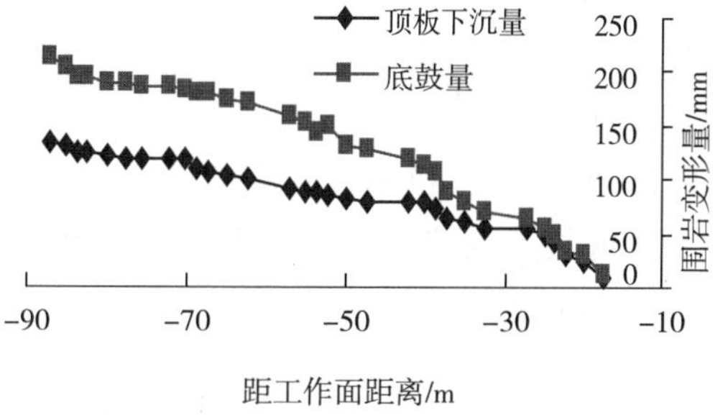

（b）变形量

图 7－38　风巷工作面后方顶底板变形图

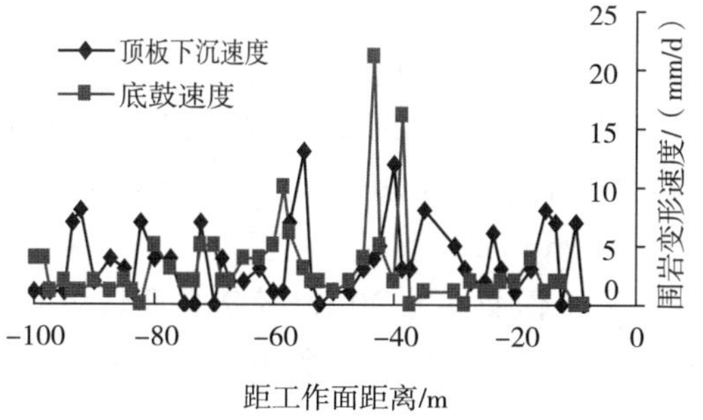

（a）变形速度

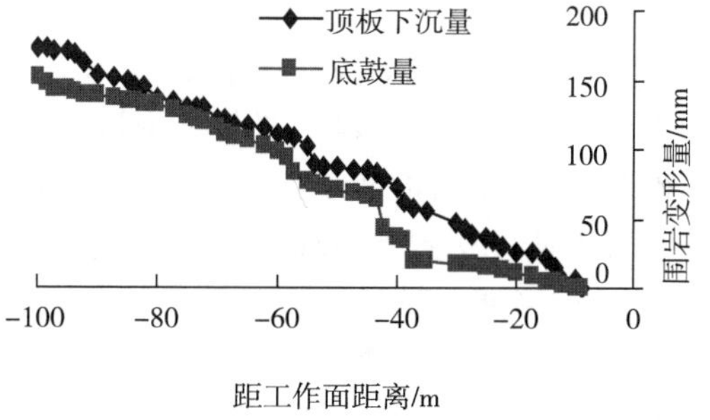

（b）变形量

图 7－39　机巷工作面后方顶底板变形图

从图 7－36 和图 7－37 可以看出：

① 工作面后方 35 m 以内，无论是风巷还是机巷，巷道表面位移速度均较小，变形速度不超过 7 mm/d。由于顶板岩性较好，且工作面回采速度较慢，回采速度仅为 1.8 m/d，顶板缓慢回转下沉，且工作面后方单体支柱能及时支设，有效维护了巷道围岩的稳定性。

② 随着工作面的推进，上覆岩体不断弯曲、下沉和破坏，留巷采空区侧的基本顶在自重及支护体产生的切顶阻力作用下破断。随着基本顶岩块的旋转，基本顶岩块在下部冒落碎矸石的支撑下形成的“三角块结构”逐渐稳定，从而使沿空巷道一定范围内的应力小于原岩应力。随着矸石的逐渐压实，形成稳定“三角块结构”的上位岩层也将折断、变形、下沉，使煤壁乃至直接顶产生损伤，支承压力影响范围加大，峰值进一步内移，留巷上方顶板产生平移下沉。由于受基本顶分层垮落的影响，巷道顶板下沉呈现波动性。此时，顶板运动特征以旋转下沉为主，但下沉速度较小。工作面后方 35～90 m，风巷充填体侧变形速度最大达到 21 mm/d，实体煤侧变形速度最大达到 13 mm/d；机巷充填体侧变形速度最大达到 9 mm/d，实体煤侧变形速度最大达到 5 mm/d。

③ 工作面后方 90 m 以外，随着充填墙体承载强度的增加，顶板回转下沉趋于稳定，受采动影响减小，巷道变形速度逐渐下降，进入变形稳定期。

④ 无论是机巷还是风巷，充填体侧变形是实体煤侧变形的两倍，说明工作面采动对充填体的影响比较强烈。由于上覆岩体发生断裂，充填墙体承受的压力迅速增加，墙体发生不同程度的破坏。

⑤ 两帮移近和顶底板移近受周期来压影响，基本顶发生周期性破断时，两帮移近速度和顶底板移近速度也相应发生周期性、跳跃性增加，且随着离工作面距离的增加振幅呈衰减趋势。

⑥ 工作面回采对风巷的影响大于对机巷的影响，风巷充填体侧最终变形量达到 200 mm，机巷充填体侧最终变形量只有 140 mm。其主要原因是由于该段风巷顶板为岩浆岩侵入，随工作面回采顶板不能及时垮落以充填采空区，顶板活动长期不能稳定，造成风巷持续不断的变形；而机巷顶板随采随冒，顶板活动很快即趋于稳定，巷道围岩稳定时间也较短。

从图 7-38 与图 7-39 可以看出：

① 变形速度增加区为距离工作面煤壁 40 m 范围以内。随着工作面的推进，上覆岩体不断弯曲、下沉和破坏，留巷采空区侧的基本顶在自重及支护体产生的切顶阻力作用下破断，巷道围岩的变形速度呈现明显的上升趋势。工作面后方 30～50 m 范围内，顶板下沉最大速度达到 21 mm/d，底鼓最大速度达到 13 mm/d。

② 变形速度降低区为工作面后方 40 m 范围到工作面后方 90 m，随基本顶岩块的旋转，基本顶岩块在下部冒落碎矸石的支撑下形成的“三角块结构”逐渐稳定，从而使沿空巷道一定范围内的应力小于原岩应力。

③ 工作面后方 90 m 以外，随着充填墙体承载强度的增加，顶板回转下沉趋于稳定，受采动影响减小，巷道变形速度逐渐下降，进入变形稳定期。

④ 无论是机巷还是风巷，顶板下沉量和底鼓量相差不大。说明工作面采动对顶底板活动都造成了比较强烈的影响。

⑤ 顶板下沉和底鼓受周期来压影响，基本顶发生周期性破断时，顶板下沉和底鼓速度也相应发生周期性、跳跃性增加。

⑥ 工作面回采对风巷的影响大于对机巷的影响，风巷顶板最终下沉量达到210 mm，机巷顶板最终下沉量只有 170 mm。其主要原因是该段风巷顶板为岩浆岩侵入，顶板不

能及时垮落，造成风巷持续不断地变形。

2)钻孔探测仪观测

用钻孔窥视仪观测顶板岩石赋存状况和受采动影响裂隙发育状态，所选地点为机巷，分别在工作面前方20 m处和工作面后方20 m处布置钻孔。钻孔深8 m，钻孔距距离巷帮0.5 m、倾斜工作面方向20°施工，通过观测得到不同深度的钻孔探测记录，如图7－40和图7－41所示。

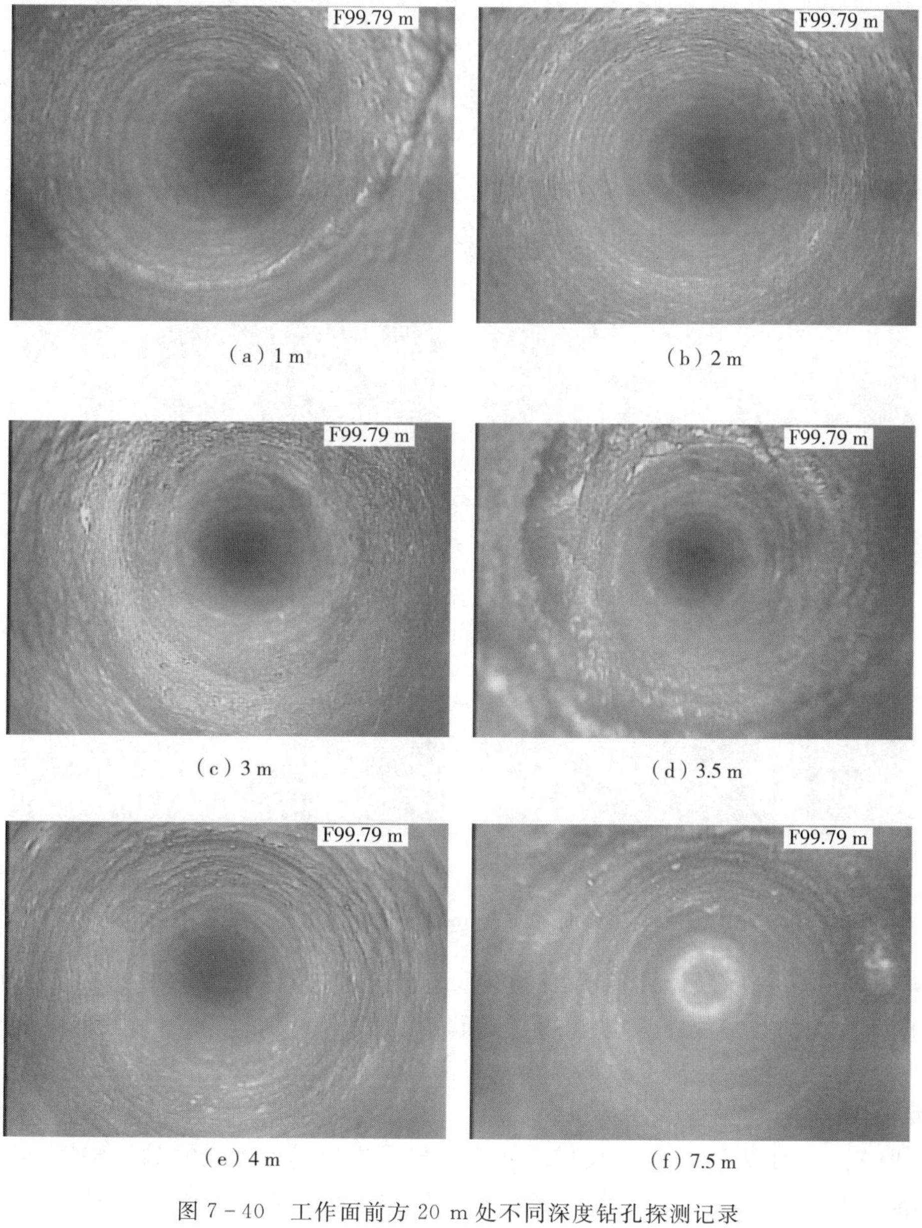

(a) 1 m　(b) 2 m

(c) 3 m　(d) 3.5 m

(e) 4 m　(f) 7.5 m

图7－40　工作面前方20 m处不同深度钻孔探测记录

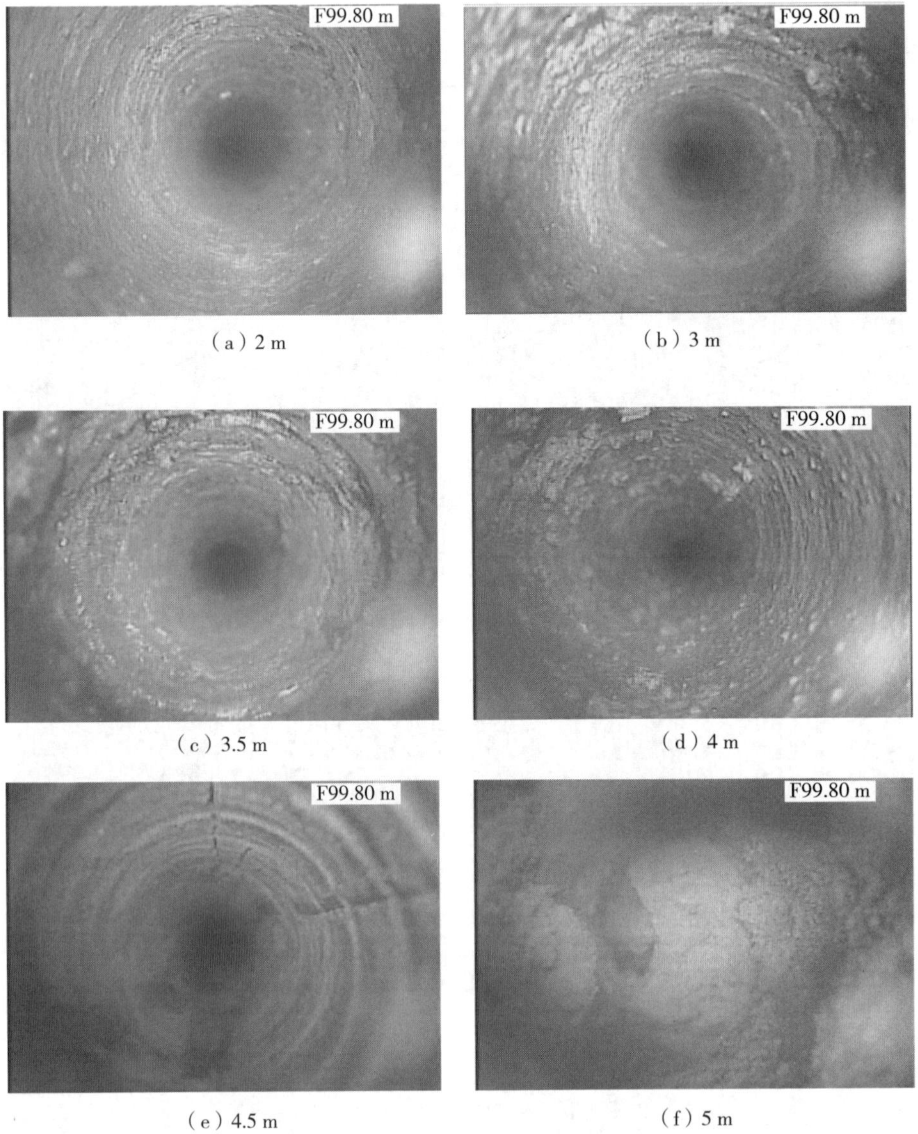

图 7-41　工作面后方 20 m 处不同深度钻孔探测记录

从图 7-40 可以看出，机巷顶板岩层 3 m 以下主要以砂岩为主，3 m 以上有泥岩成分存在；工作面前方虽受采动影响，但顶板完整性保存较好，1 m 以内浅部有些许裂隙，3.5 m 左右砂岩与泥岩交界面处顶板有离层现象，围岩深部完整性较好，没有明显破坏发生。

从图 7-41 可以看出，工作面后方浅部砂岩段岩层仍保持较好的完整性，但在 3～3.5 m范围内，岩层间离层现象明显，同时围岩深部开始出现裂隙，在 4.5～5 m 处顶板垂向裂隙十分发育。由于钻孔为前一天所施工，观测时钻孔已受工作面采动影响，岩层间发生错动，顶板冒落导致钻孔 5 m 深处即被泥岩封孔，无法继续进行观测。

7.6 卸压开采裂隙发育区地面钻孔管抽瓦斯技术

地面钻井抽采裂隙发育区瓦斯技术，通常是从地面向煤层施工直径 300～450 mm 的竖直钻井，井底距开采层一般为 5～10 m。当顶板垮落后，可利用钻井从具有大量裂隙的顶板岩层中抽采瓦斯，钻井上部完全使用套管加固，底部使用槽管，可防止由于冒落造成的钻井破坏。地面钻井抽采卸压煤层瓦斯技术的成功与应用缓解了井下瓦斯治理工程实施与生产接替紧张的矛盾。地面钻井抽采瓦斯浓度高、井下抽瓦斯浓度不稳定，因此，其经济和效益均十分显著。

7.6.1 煤层群开采采场裂隙演化特征

地层是由一层或多层复杂层构成的，在采场覆岩移动活动中起主要控制作用的岩层称为关键层。关键层是主要的承载层，对上覆全部岩层活动起控制作用的岩层称为主关键层。主关键层破断会引起上覆煤层至地表的同步破断下沉，导致采场出现强烈的来压显现；相应地对上覆岩层局部起控制作用的岩层称为亚关键层。岩层断裂前是以“板”的结构形式，支撑着上部岩层的部分载荷，断裂后就形成“砌体梁”的结构形式。

在岩层移动与破断过程中，上覆岩层形成采动裂隙。按照出现的位置，其可分为地表采动裂隙、顶板岩层采动裂隙、煤层采动裂隙和底板岩层采动裂隙；按照性质，其可分为离层裂隙、竖向破断裂隙和断层面的活化。

离层裂隙是覆岩中不同岩层间移动不同步下沉引起的，假设煤层顶板上各层的岩性相等(即弹性模量 E 相同)，层与层之间的黏结力忽略不计，由弹性理论可知，板的弹性曲面方程为

$$\nabla^2\nabla^2\omega=\frac{12(1-v^2)q}{Eh^3}$$

即板的弯曲度挠度(ω)与其厚度(h)的立方成反比。由于上、下岩层之间强度和厚度不同，其下沉的挠度值也就不等。当上层岩层的挠度小于下层岩层的挠度时，此时在上、下岩层之间形成了离层裂隙，迫使煤岩层产生膨胀变形，从而将吸附瓦斯煤层卸压，同时也可沿离层裂隙流动；竖向裂隙是伴随岩层下沉破断形成的穿层裂隙，也是地下水与瓦斯穿层流动的通道，故而又称导水、导气裂隙；采动断层活化形成的裂隙会加剧采场的破坏和地表沉陷，也是地下水与瓦斯流动的通道。

1. *离层裂隙发展特征*

随工作面推进，覆岩离层裂隙分布呈现 2 阶段发展规律，阶段Ⅰ从开切眼开始到关键层初次垮落，离层裂隙不断发育，离层量沿工作面走向分布曲线呈高帽状，采空区中部的裂隙最发育、离层量最大，并且不随着推进速度不同而改变，此阶段内裂隙发展可分 3 个区：I_1离层始动区、I_2离层扩展区、I_3离层闭合区。

I_1离层始动区：随着工作面的推进，关键层下部的岩层裂隙不断发育，开始出现离

层量很小的离层，推进的这段距离称为离层始动距离(d_s)，从开切眼到离层始动距离的这段区间称为离层始动区。

Ⅰ$_2$离层扩展区：工作面不断地推进，直到关键层下部出现的离层量达最大值为止，从开切眼到此时工作面的距离称为最大离层距离(d_m)，从离层开始出现到离层量达到最大值的这段区间称为离层扩展区，即为(d_m-d_s)。

Ⅰ$_3$离层闭合区：当关键层下部离层量达到最大值时，工作面不断推进，关键层下部软岩下沉的速度要小于上覆关键层下沉的速度，从而使关键层下部的离层不断地减少，并且也开始逐渐地闭合，最终导致关键层发生了初次垮落，从开切眼到这时工作面的距离称为离层闭合距离(d_c)，从出现最大离层的位置开始至关键层初次垮落的这段区间称为离层闭合区，即为(d_c-d_m)。

阶段Ⅱ：当关键层初次垮落后，位于采空区中部的离层逐渐趋于压实状态，而在采空区两侧(即开切眼一侧与工作面一侧)仍各自保持一个离层区，离层量沿工作面走向分布曲线呈驼峰状。开切眼一侧的离层区在开采一段时间后基本保持稳定，工作面一侧的离层区则不同，其伴随着工作面不断推进动态地向前移动；不过，离层区的最大离层量、长度，以及工作面一侧到出现最大离层量的距离，并不会随着工作面推进而有很大的变化。

沿着煤层顶板垂直方向，离层随工作面推进自下而上出现跳跃式发展。开始第Ⅰ亚关键层下部出现离层，破断后下离层呈现"O"形圈分布；此时，上部的第Ⅱ亚关键层下部出现离层，破断后离层也为"O"形圈分布；如此循环往复直至主关键层。

2. 竖向裂隙发展特征

竖向裂隙在采动覆岩一定的高度范围内发育，最大发育高度与岩性和采高有关。在煤层开采开始阶段，下部关键层的破断对穿层裂隙自下而上非匀速的动态发展过程起控制作用，随着关键层的破断而发生突变。当采空区的面积达到一定值后，竖向裂隙的分布呈现"O"形圈特征。这种分布特征类似以开切眼的煤体和开采前方煤体为支撑点的"拱"形结构(即为"O"形、环形或椭抛圆形)，并随着工作面的推进距离不断增加，这种"拱"形结构也不断扩大。对于缓倾斜煤层，采动上覆煤岩裂隙在空间任意水平面内的演变，沿着采空区走向和倾向中心线基本呈现对称分布，如图 7-42 所示。

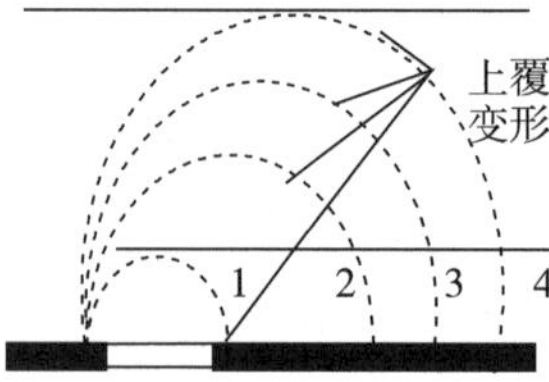

(a) 煤层上覆岩层走向方向

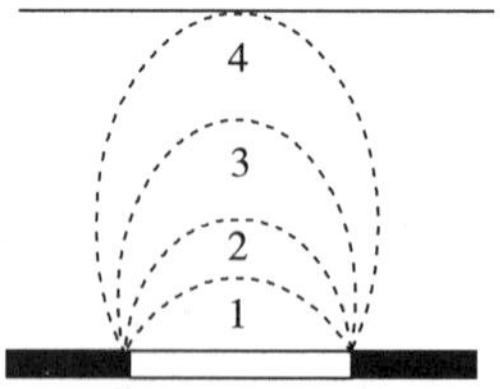

(b) 煤层上覆岩层倾向方向

图 7-42 上覆岩层破断圈的演化

上、下岩层间的岩性不同，使得抗弯挠度也不同，致使相邻两岩层之间必然会产生位移形变。当上部岩层的抗弯挠度大于下部岩层时，就会产生离层运动；反之，产生组合运动。当相邻岩层抗弯挠度接近时，自下而上逐层发展的覆岩变形，则会产生离层发育区。在覆岩运动的动态演化过程中，在采空区上部的覆岩中存在大量的离层裂隙及竖向裂隙，覆岩中的横向离层面和纵向断裂面存在张开和闭合，从产生、发育直至最终闭合是一个动态不断变化的过程。

当关键层破断后，采空区中部离层由于自身重力逐渐趋于闭合，同时在采空区的两侧一直存在离层发育区域。因此，在采空区四周存在沿卸压煤岩层面贯通的离层发育区，其形状与基本顶破断的“O－X”形形成的结构相似，从平面和倾向上看卸压圈呈“O”形。

“O”形圈是采空区四周离层裂隙发育区域的形状描述，它四周的裂隙区域是瓦斯运移的通道。由于“O”形圈的存在，为采空区及上覆岩层裂隙区域的瓦斯储存与流动提供了通道和空间。因此，确定采动裂隙“O”形圈的存在和位置，有利于确定瓦斯抽采钻井(孔)的位置，并有助于提高对瓦斯运移机理和流动规律的研究。

7.6.2　煤层群首采关键卸压煤层瓦斯富集区确定

煤层是由固体骨架及孔隙裂隙构成的多孔介质，采动卸压过程中形成的孔隙裂隙是瓦斯储存之处与运移的通道。瓦斯受采动(或风流)影响在裂隙场中局部地方存在分布不均匀，与周围气体存在浓度差，瓦斯会沿着离层裂隙与竖向裂隙不断向上升浮与扩散，瓦斯在升浮与扩散过程中不断卷积着周围气体使得浓度差逐渐减小，直至达到一个动态平衡为止，混合气体聚集到裂隙带的下部冒落带的上部裂隙发育较好的区域，即为瓦斯富集区域。

流向采空区的瓦斯按其来源可分为本煤层的瓦斯、上邻近层的瓦斯及下邻近层的瓦斯。本煤层开采面暴露的煤、煤壁、周围煤岩和采空区遗煤析出的瓦斯涌向采场，积聚在工作面的上部区域；保护层开采上、下邻近层中瓦斯通过升浮或风流积聚在工作面的上部区域，如图 7－43 所示。

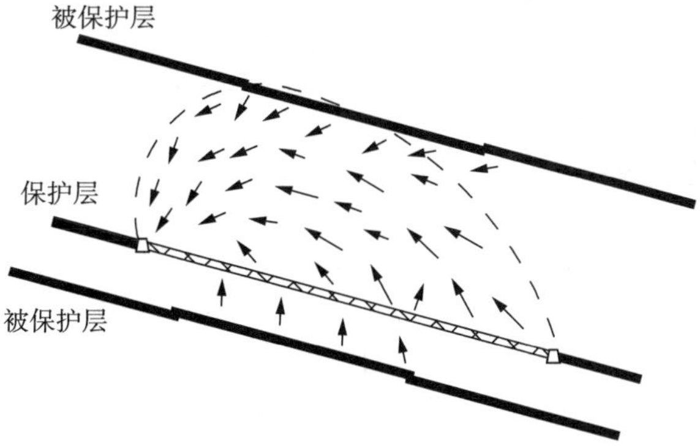

图 7－43　保护层开采瓦斯升浮与聚集的示意图

瓦斯运移的规律：

(1)由图 7－43 分析可知，下邻近的煤层受采动影响产生卸压瓦斯，通过升浮扩散及渗流的作用下，从下部被保护层通过底板影响带的裂隙向上部开采层扩散，再通过开采煤层的裂隙进入采空区；上邻近的煤层受采动影响亦产生卸压瓦斯，因采空区拥有较大卸压空间与上邻近的卸压瓦斯造成浓度差，在浓度梯度的作用下，上邻近层的卸压瓦斯也涌向采空区。

(2)位于本煤层的瓦斯和采空区的瓦斯因密度比空气轻，致使在竖直方向上瓦斯浓度分布不均，沿着裂隙升浮到“O”形或环形的卸压圈内，采场裂隙内的瓦斯垂直方向上呈现从下部的低浓度区流向上部高浓度区，上部的瓦斯浓度大于下部的瓦斯浓度。

(3)采空区的瓦斯在进风巷、回风巷压差的作用下向回风侧运移，在工作面瓦斯浓度由进风侧沿倾斜方向向上逐渐增大，而离工作面较远的压实区，风流量较小，孔隙率也小，因而压实区的瓦斯浓度低于进风巷、回风巷附近的瓦斯浓度，从而形成了两端的瓦斯浓度高(凸)、中间瓦斯浓度低(凹)，形如马鞍状的分布。

煤层群开采以后，上覆岩层开始移动破断在煤层竖直方向上划分“三带”，即冒落带、裂隙带和弯曲下沉带。根据煤岩层破断移动裂隙演化的规律和瓦斯升浮与聚集的特征，距开采层越近，卸压越充分，解吸出的瓦斯积聚浓度越高。又由于裂隙带同时具有离层裂隙和竖向裂隙，且二者相互贯通，为瓦斯运移和积聚创造了良好的通道和空间。沿开采煤层走向和垂直方向上瓦斯浓度分布情况如图 7-44 所示。

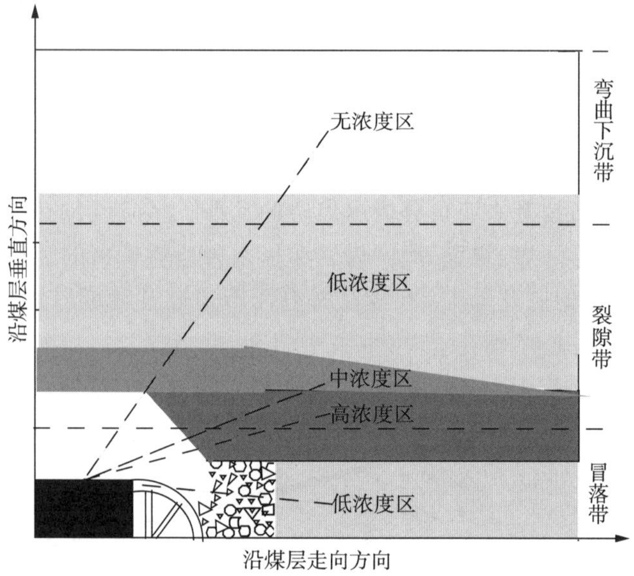

图 7-44　沿开采煤层走向和垂直方向上瓦斯浓度分布情况

由图 7-44 可知，冒落带上方、裂隙带中下方是卸压瓦斯高浓度积聚的区域，这个高渗区域是布置地面钻井比较理想的地带。

随着开采不断推进，采动裂隙演化分布逐渐形成“O”形圈、环形圈和椭抛带的卸压圈，采空区、邻近层围岩的部分瓦斯通过裂隙升浮到卸压圈内，汇成一条“瓦斯河”或“瓦斯库”；通过地面钻井打到这一高渗瓦斯富集区域，一般位于裂隙带中下方，冒落带的上方，从而可以将本煤层的采空区瓦斯、邻近层及围岩的部分瓦斯抽采至地面，由保护层和邻近被保护煤层的卸压瓦斯作为补给源，从而保证钻井有较长的抽采时间、较大的抽采范围及较高的抽采率，同时实现一井多用，避免大量的采空区瓦斯涌向回采空间，有效地降低瓦斯排放。

7.6.3　地面钻井井位设计

卸压煤层气地面钻井的井位设计应综合考虑卸压煤层气井开采地质条件、采动区范围及卸压带推进速度、地面条件、煤层气井控制范围与服务年限等。

卸压煤层气地面抽采钻井布设在煤矿准备采区范围内，抽采被保护层中煤层瓦斯。在工作面未回采之前，地面抽采钻井要施工完毕。

卸压煤层气地面钻井一般布置在采煤工作面倾向中部，这是因为在充分开采的条件下，采煤工作面中部岩石移动量最大，其活跃期为 2～3 个月。因此，该位置曾被认为是抽放瓦斯的理论最佳位置。实践证明，卸压煤层气抽放钻井的井位布置还应综合考虑工作面采动对钻孔的影响，卸压煤层气地面钻井井位布置于采煤工作面上部且岩层下移速度相对较小区域更为有利。地面钻井有效的抽放半径一般为 200 m 左右，因此，卸压煤层气地面钻井两井间距一般不大于 400 m。同时，地面钻井井位部署还应考虑地面作业的适宜性。

目前淮南矿区卸压煤层气地面钻井进位部署主要有两种方式（图 7－45）：第一种，将井位布置于工作面正中间，井间距不超过 400 m；第二种，将井位布置于工作面布置于离回风巷三分之一处。井间距一般不超过 400 m。

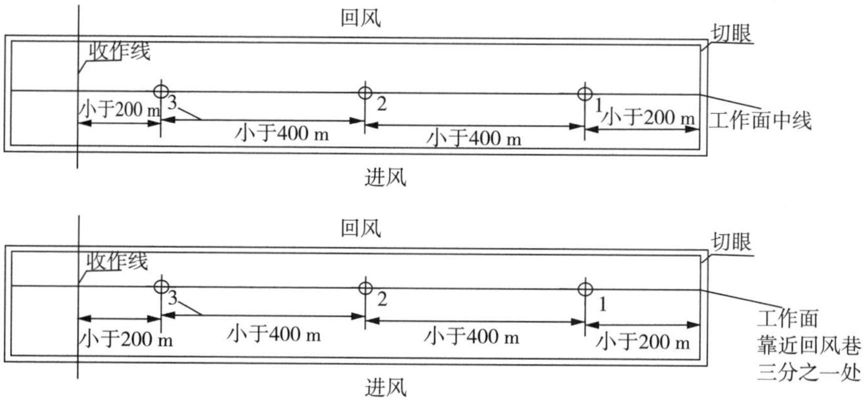

图 7－45　井巷与卸压煤层气井联合部署图

卸压煤层气地面钻孔终孔层位在保护层与被保护层之间，井底到被保护层煤顶板间 20～30 m 井段下筛管，作为煤层气抽采段，其上用套管进行永久封闭。

当下部保护层煤层工作面推进至距煤层气地面抽采井 50 m 左右时，卸压煤层气地面钻井开始产气。这是因为在采动影响下，钻孔内清水通过变形裂隙渗漏到采空区，被保护层煤层内水也被疏干，同时受采动影响被保护层煤层渗透率增大几百倍，甚至上千倍。被保护层煤中解吸煤层气（瓦斯）先通过筛管流入井孔，再从井孔中被抽至地面。当工作面继续推进，开采保护层煤采空区瓦斯也被地面抽采井抽采出来。

由此可见，卸压煤层气地面抽采可大致分 3 个阶段：第一阶段，保护层工作面回采期采动区抽采；第二阶段，保护层停采后采动区抽采；第三阶段，被保护层工作面采空区抽采。

7.6.4 地面钻井井位优化布置

为了研究下保护层开采后上覆被保护层的裂隙分布情况，采用研究区顾桥矿1117(1)工作面上覆岩层为相似材料模拟试验的原型，利用相似理论三定律，采用1/150的几何相似比，1/12时间相似比，利用砂、碳酸钙、石膏、水等为原料，以力学强度相似为原则，设计了相似材料模拟试验。模型长×宽×高=5 m×0.3 m×2.2 m，采高为2 cm，每隔2 h采一次。本次试验的目的主要是观测下保护层11-2煤采动后，上覆被保护层13-1煤层中的应力变化和裂隙发育情况。

1)相似材料模拟试验初步结果

相似材料模拟试验结果表明，采动初期，采空区中心上覆岩层的裂隙最为发育，但随着时间的推移，垮落的岩石在上覆岩层应力作用下逐渐压实，采空区中部的岩层压实最为紧密。而采空区四周岩层由于受到四周煤柱的支撑和拉伸作用，在采空区四周上覆岩层中存在大量裂隙。这些裂隙在相对较长的时间能够保持连通，因此在采动后期，采空区四周的上覆岩层内游离态煤层气相对富集。

布于工作面中心线上的测点测试结果表明，位于工作中心线上被保护煤层经历了压缩—膨胀—压实—稳定的过程，裂隙发育经历了增大—缩小—稳定的过程，采动裂隙的发育具有明显的阶段性。

自开切眼回采初期，卸压裂隙主要发育于采空区中部，但随着回采工作面的推进，采动作用的影响上移，上覆岩层逐层下移，弯曲下沉带内的离层裂隙逐渐闭合，远离回采工作面的采空区中部逐渐演变为压实区。而靠近回采工作面的采空区中部，由于采动作用尚未导致上覆较厚的关键层大幅弯曲变形，裂隙非常发育，因而为卸压裂隙发育区。卸压裂隙发育区和压实区都逐渐随回采工作面前移，最终采动结束后，采空区中部逐渐演变为压实区，采空区四周受到四周煤柱的支撑作用，虽然裂隙发育也经历了增大一缩小一稳定的过程，但其裂隙闭合速度远比采空区中部缓慢，因此靠近开切眼和停采线及进风回风巷的区域，在采动后期逐渐演变为裂隙发育区。

对于远距离被保护层，主要发育离层裂隙，其采动中和采动后裂隙分布如图7-46所示。许家林等学者研究后认为，采动后裂隙发育区为靠近开切眼及停采线的裂隙发育区为34 m左右，而靠近回风巷、进风巷的裂隙发育区为24m左右，这只是针对某一特定工作面的数据。不同的工作面不同的采高，其裂隙发育区是不一样的，裂隙发育区主要由压实线和采动影响线来决定。

2)井位优化部署方案与机理探讨

采动区卸压煤层气地面井主要利用下覆煤层的采动作用，抽采上覆被保护层中卸压煤层气。采动影响作用对卸压煤层气地面井具有重要作用。煤层采动后，煤层上覆煤岩层向采空区方向移动，覆岩经历变形、离层弯曲、断裂、垮落几个阶段，先后在采空区上方形成冒落带、裂隙带、弯曲下沉带，从而减小了上覆煤层所承受的地应力，增加了煤层中的裂隙密度，使煤层中煤层气得以解吸流动。因此，在采动过程中，被保护层经历的应力变化及裂隙变化对地面井产能有重要影响。

采空区中部的任何一点煤体都经历了压缩—膨胀—压实—稳定的过程，其裂隙发育经历了增大—减小—稳定的过程，其裂隙增大和减小幅度较采空区四周大。因此，绝大多数位于采空区中心的井，产能具有明显增大一减小一稳定的过程。这和裂隙发育规律一致，位于采空区四周的煤体和裂隙经历了同样的过程，但其煤体在膨胀过程中，卸压较小，膨胀程度小于采空区中心的井，其裂隙发育程度也小于采空区中心部位的井。煤体在压实过程中，压实程度较小，其裂隙减小程度远小于采空区中部。因此，采空区四周的井产能在增大时是缓慢上升的，产能在减小的过程中也是缓慢减小的，并在较长的一个时期内均能保持一定的产能。1117-1号井的产能曲线完全符合这一特点。采空区中部的绝大多数井如1792-1、1792-2、1262-1、1262-4井等的产能特点是产能迅速增大，并在较短的时间内迅速减小，这和裂隙发育规律是充分一致的。这也说明采动裂隙的发育规律和发育程度对卸压煤层气地面井的产能具有重要控制作用，将地面井井位位于裂隙发育且长期保持的区域，才能保障地面井有较长的产气时间和较高的产能。

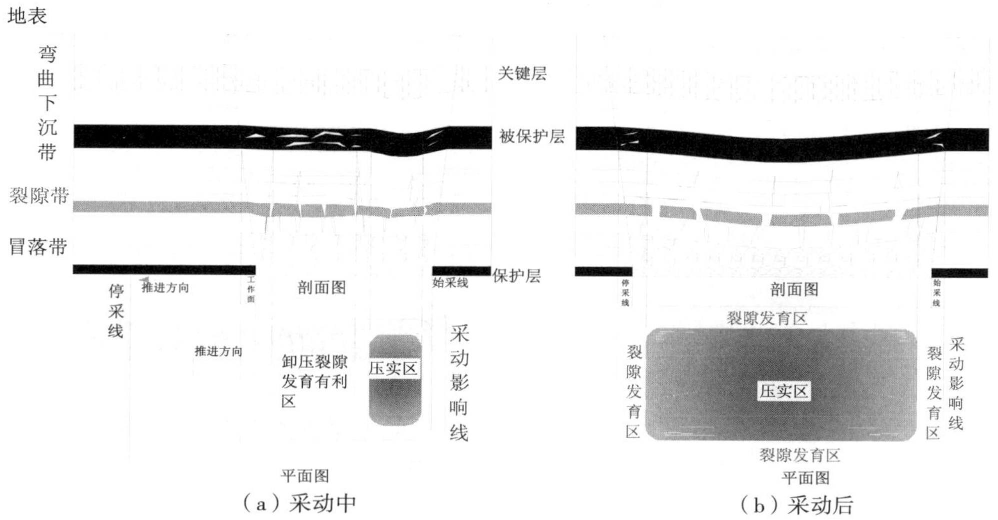

图7-46　采动前和采动后采动裂隙分布图

淮南矿区工程实践表明，位于采空区四周的井产气时间相对较长，产能较高。在低采高薄松散层区域，采高较小，上覆岩层厚度相对较薄，采空区中心区域的压实程度相较于厚松散层区域的压实程度小，压实后尚有部分贯通小裂隙，小采高也使得薄松散层区域的采动对井身的破坏程度相较于厚松散层区域小。因此，在低采高薄松散层区域地面井井位布置于工作面的各个区域都有可能取得较高的产能，但就裂隙发育程度而言，处于采空区四周的采动裂隙更为发育，故在低采高薄松散层区域将井布置与采空区四周能获得相对更好的产能。例如，位于靠近进风巷50～63 m内的2361-1、2361-2、2361-3井单井平均产能是$138.4\times10^4\ m^3$；位于靠近回风巷42 m处的14102-1井，其总产能是$117.49\times10^4\ m^3$。大采高厚松散层区域内1117-1井位于靠近开切眼处，产能达$357.99\times10^4\ m^3$，1117-4井位于靠近回风巷25 m处，井孔虽被破坏，其产能也达$58.16\times10^4\ m^3$，在1117工作面相同井身结构的井中获得最好的总产能。

国外的数值模拟和工程实践结果也证明了位于采空区四周的地面井能获得更好的

产能。C. O. Karacan 等通过 FLAC 软件数值模拟得到，将采动区井的井位沿回风巷到采空区走向中心线上移动 60 m，会使井的产能下降 12MMSCF（百万标准立方英尺）。William P. Dimond 等通过在 Pennsylvania 的 Lower Kitanning 煤层 216 m 宽的工作面上，试验了 5 口井在工作面中心线上，7 口井在靠近进风巷的 16.8～59.4 m 处，结果表明，4 口位于靠近工作面边缘的井在 7 个月的产量比 2 口位于中心线上的井的产量高 37%，7 口位于工作面边缘的井孔的平均单井气产量比位于中心线上的井高 77%。位于工作面边缘的井比位于工作面中心线上的井的产量要高，产气时间要长。

3）井位部署方案

将卸压煤层气地面井的“生产套管”置于裂隙发育且长期保持处，是卸压煤层气地面井高产的关键。采动导致的岩层移动稳定后，裂隙发育且长期保持的区域位于采空区四周，即靠近工作面开切眼、收作线及靠近回风巷、进风巷的采动影响线与压实线确定的区域内。因此，将井位布置于该区域将使地面井有相对较长的产气时间。由于煤层气密度低于空气，煤层气在运移过程中会偏向富集于工作面上倾方向，即将井位布置于采空区靠近回风巷的裂隙发育区将会有更好的产气效果。采动区卸压煤层气地面井高产的最佳井位如图 7－47 所示。

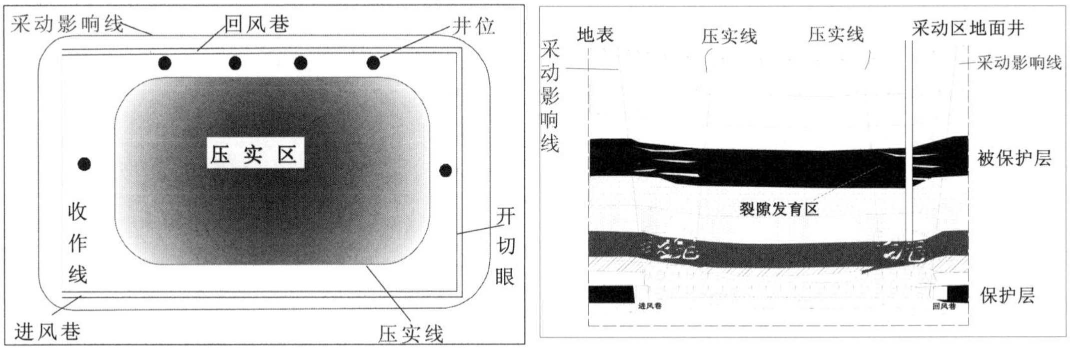

（a）平面图　　（b）剖面图

图 7－47　采动区卸压煤层气地面井高产的最佳井位

7.6.5　地面钻井抽采煤层群卸压瓦斯实践

1. 试验一：丁集煤矿

1）矿井及地质概况

丁集矿位于潘谢矿区中部，与潘三和潘北井田相邻，西与顾桥井田相接，北与朱集勘察区接壤，南以各拐点坐标连线为界。东西走向长 6～15 km，南北倾向宽 11 km，井田面积 107.09 km^2。矿井设计生产能力 5.0 Mt/a，矿井于 2004 年 6 月 28 日开工，2007 年底试生产。

井田新生界松散层厚 347～564 m，其厚度变化随地形由东南向西增厚，属巨厚流沙层。含煤地层为石炭二叠系，共有可采煤层 9 层，平均总厚度 24.1 m，其中，13－1、11－2、8、6、1 煤为主采煤层，平均总厚 21.74 m。各煤层储层较稳定，倾角一般为 5°～15°，全井田 9 层煤共有地质储量 1282 Mt，可采储量 687 Mt，其中一水平可采储量 44.87 Mt。

矿井分两个水平：一水平－826 m；二水平－1000 m。

矿井水文地质：含水层由新生界松散流沙层、砂岩层空隙水，二叠系砂岩裂隙和石炭系太原组及奥陶系灰岩岩溶裂隙水 3 个部分组成。其中，煤系砂岩裂隙水是矿井直接充水水源。矿井正常涌水量为 226 m^3/h，最大涌水量为 583 m^3/h。

矿井原设计为高瓦斯矿井，由于井下施工过程中发生煤与瓦斯动力现象，因此矿井瓦斯等级升级为煤与瓦斯突出矿井，设计建立永久瓦斯抽采系统，在中央工厂内建立瓦斯抽采泵站，安装 4 台 2BE1－720 型水环式真空泵(2 用 2 备)，专门用于抽采井下瓦斯，地面抽采管通过 ϕ520 mm 地面大口径抽采钻孔与井下抽采瓦斯管路连接，本次设计新安装 2 台 2BE1－505 型水环式真空泵(1 用 1 备)，专门用于地面钻井抽采瓦斯。

11－2 煤层厚度 0.36～6.05 m，平均煤厚 2.19 m，一般厚 2～3 m，除 17.14 外，全区可采，煤层厚度变化小，变化规律明显(厚度突变点均为构造煤)，二十八线以西一般厚 2～3 m，二十八线以东厚度一般在 2 m 以下，局部有少数不可采点，厚度略小于可采厚度，形成小片不可采区。煤层结构较简单，局部有 1～2 层夹矸，井田东部局部煤层被岩浆岩侵蚀，煤质变化不大，变异系数 35.48%，可采指数 95.9%，属稳定煤层。13－1 煤层厚度为 0.50～10.68 m，平均厚 3.70 m，一般厚 2.5～4 m，全区可采，煤层厚度变化小、变化规律明显。二十八线以西厚 2～3 m，以东中部地区煤层偏薄为 1～3 m，南北翼较厚煤层结构较简单，再往最东端至十五线煤层又逐渐增厚，平均厚约 3 m，大部分含 1～2 层夹矸，东部岩浆岩局部侵蚀煤层，煤质变化小，变异系数 25.92%，属稳定煤层。

11－2 煤层的 1262(1)下保护层工作面，位于西一采区第六小阶段。该段顺槽标高－890～850 m，轨道顺槽标高－830～840 m，地面标高＋22.73 m～＋23.38 m。工作面走向长 2148 m，可采走向长 1828 m，倾斜宽 253 m。煤层厚度 1.2～3.37 m，平均2.6 m，煤容重 1.42 t/m^3，可采储量 1.71 Mt。煤层倾角 0°～6°，平均倾角 3°。煤种为中一中低的气煤，1/3 焦煤，属中灰煤。巷道掘进过程中局部顶板有淋水现象，但能自行疏干。预计正常涌水量为 30 m^3/h。地面打钻过程中出现泥浆流失，抽采瓦斯时易造成钻井下口被煤泥堵塞，对抽采瓦斯极为不利。工作面上覆巨厚流沙层厚度大于 500 m，极易造成表土层段工作套管弯曲，甚至断裂或挤瘪，水沙进入套管堵塞套管而终止抽采事故。对此，本次设计采用改进的钻井结构，表土松散层段、内外套管各安装 3 个“活管节”，以提高拉伸和弯曲能力。

2)丁集矿含气性特征

丁集矿在构造背景上位于潘集背斜和陈桥向斜的衔接带，其东北部为潘集背斜的最西翼。井田按地层走向可以划分为 3 个次级单元，即北部波曲区(走向北西西)、西部波曲区(走向南北)、南部波曲区(走向近南北)，其中北部为潘集背斜的西缘，埋深从北到南渐增，整体形态较为完整，但断层发育。西部地层从西到东埋深逐渐增大，区内北东东走向的断层发育。井田南部从地层走向来看，应为潘集背斜和陈桥向斜衔接带的核心部位，该区西面地层走向近南北，东部地层波状扭曲。

丁集矿区煤层气风化带各煤层不尽一致，13－1 煤层风化带在距基岩面 200 m 以下，埋深大于 700 m；11－2 煤层风化带在距基岩面 370 m 以下，埋深接近 900 m。13－1 煤层埋深在 400～1100 m 之间，11－2 煤层埋深在 500～1100 m 之间。据全区 13－1 煤层

52 个勘探孔资料，13－1 煤层甲烷含量介于 0.06～17.33 m^3/t 之间，平均 4.79 m^3/t；11－2煤层共有煤层气勘探孔资料 37 个，煤层气含量介于 0.003～12.95 m^3/t 之间，平均 4.3 m^3/t。丁集矿不同埋深水平含气特征如表 7－17 所示。

表 7－17 丁集矿不同埋深水平含气性特征

煤层	水平/m	基岩盖层平均厚度/m	煤层气含量/(m^3/t)	煤层气成分/%		
			CH_4	CH_4	CO_2	N_2
13－1	－400～－500	27.37 (3)	0.00～0.06	0.00～1.88	2.43～24.49	73.63～97.41
			0.03(3)	0.68(3)	11.60(3)	87.72(3)
	－500～－600	58.78 (4)	0.03～5.41	1.74～48.12	0.84～9.34	42.54～97.43
			1.46(4)	14..69(4)	5.35(4)	79.42(4)
	－600～－700	196.08 (7)	0.01～6.18	0.60～79.47	2.73～14.38	14.48～85.03
			3.19(7)	47.48(7)	9.82(7)	42.58(7)
	－700～－800	296.76 (17)	0.11～13.32	4.96～94.39	1.38～42.10	3.23～87.91
			4.59(17)	62.63(17)	7.59(17)	29.77(17)
	－800～－900	409.10 (13)	3.28～17.33	47.83～92.16	0.52～8.70	2.75～49.30
			7.02(13)	78.07(13)	3.78(13)	18.00(13)
	－900 以下	536.69 (8)	4.31～7.45	74.09～87.93	1.76～6.10	5.55～22.31
			5.67(8)	81.90(8)	3.76(8)	13.49(8)
11－2	－500～－600	92.78 (6)	0.003～12.95	0.05～76.04	2.56～10.14	16.72～97.39
			3.30(6)	44.87(6)	6.84(6)	48.01(6)
	－600～－700	193.73 (3)	0.03～1.33	0.29～32.17	0.19～9.40	60.20～99.52
			0.67(3)	20.69(3)	5.74(3)	73.57(3)
	－700～－800	291.89 (6)	0.01～5.98	0.00～93.70	1.87～19.81	2.06～92.42
			2.53(6)	53.51(6)	8.87(6)	37.57(6)
	－800～－900	398.89 (14)	0.05～12.85	3.54～94.41	1.31～59.70	3.65～55.80
			5.14(14)	67.83(14)	10.07(14)	22.02(14)
	－900 以下	503.08 (8)	4.16～7.68	55.24～86.94	3.36～9.75	3.31～35.31
			6.23(8)	77.94(8)	6.67(8)	14.82(8)

丁集矿 13－1 和 11－2 煤层瓦斯含量等值线图如图 7－48 和图 7－49 所示。如前所述，丁集矿位于潘集背斜和陈桥向斜的衔接带，煤层埋深从东往西呈一宽缓、扭曲的“V”形面，13－1 和 11－2 煤层埋深东西部浅，北部中央、中南部深，煤层瓦斯含量仍与埋深显示较好的一致性。西部和东北部埋深较浅，煤层含气性低，中南部埋深较大，含气性较高。

从 13－1 煤层 52 个勘探孔、11－2 煤层 37 个勘探孔资料中剔除不合格样品，共利用 13－1 煤层瓦斯资料 37 个，11－2 煤层瓦斯资料 33 个求得煤层含气性与埋深的关系，13－1煤层和 11－2 煤层瓦斯梯度为 1.57 m^3/t。

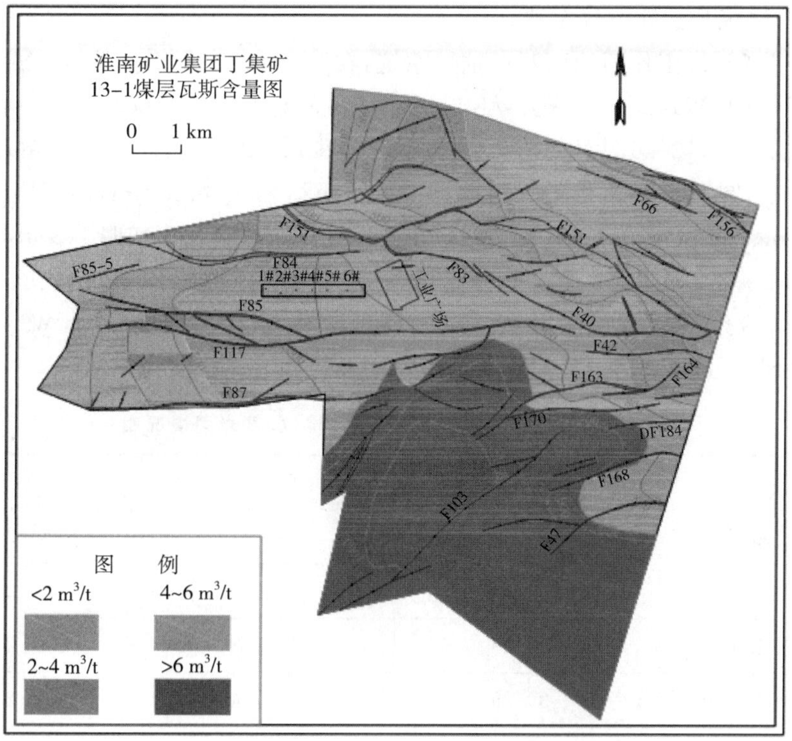

图 7-48　丁集矿 13-1 煤层瓦斯含量等值线图

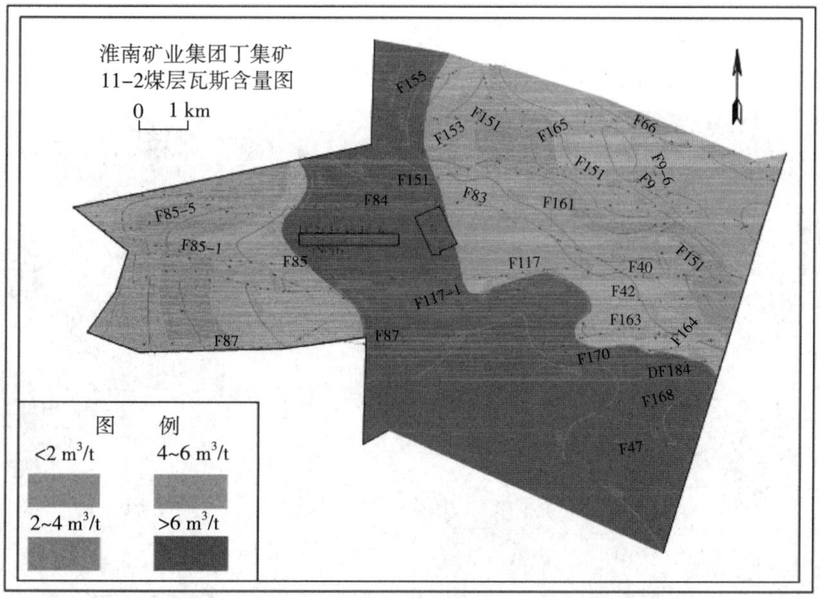

图 7-49　丁集矿 13-1 煤层瓦斯含量等值线图

3)丁集矿 1422(1)地面钻井布置与施工

(1)钻孔概况和钻孔位置布置。

为建立 1422(1)工作面地面瓦斯抽放系统,在 1422(1)工作面上共设计施工 6 个地面抽采钻孔,分别为 W142－1 钻孔、W142－2 钻孔、Ⅱ型 1 钻瓦斯试验孔、W142－4 钻孔、W142－5 钻孔、W142－6 钻孔。W142－1 钻孔、W142－2 钻孔、W142－3 钻孔、W142－4 钻孔、W142－5 钻孔 5 个钻孔距轨道顺槽 80 m、距运输顺槽 160 m,距切眼距离分别为 260 m、575 m、890 m、1205 m 和 1520 m;Ⅱ型 1 号瓦斯试验孔距切眼 775 m,距轨道顺槽 50 m,距运输顺槽 190 m。6 个钻孔分二轮施工,第一轮施工 W142－1 钻孔、W142－2 钻孔、W142－3 钻孔,第二轮施工Ⅱ型 1 钻瓦斯试验孔、W142－4 钻孔及 W142－5 钻孔。钻孔的终孔深度、终孔层位、基岩面等如表 7－18 所示。

表 7－18 钻孔的终孔深度、终孔层位、基岩面情况表

孔号	基岩面/m	终孔深度/m	终孔层位
W142－1 钻孔	484.00	919.50	11－2 煤底板
W142－2 钻孔	497.20	923.52	11－2 煤底板
W142－3 钻孔	500.10	931.50	11－2 煤底板
Ⅱ型 1 瓦斯试验孔	499.25	925.00	11－2 煤底板
W142－4 钻孔	498.80	929.32	11－2 煤底板
W142－5 钻孔	501.90	932.76	11－2 煤底板

下面以Ⅱ型 1 号瓦斯试验孔为例,具体介绍钻孔的布置和施工。丁集矿Ⅱ型 1 号地面钻孔工作面平面布置图如图 7－50 所示。

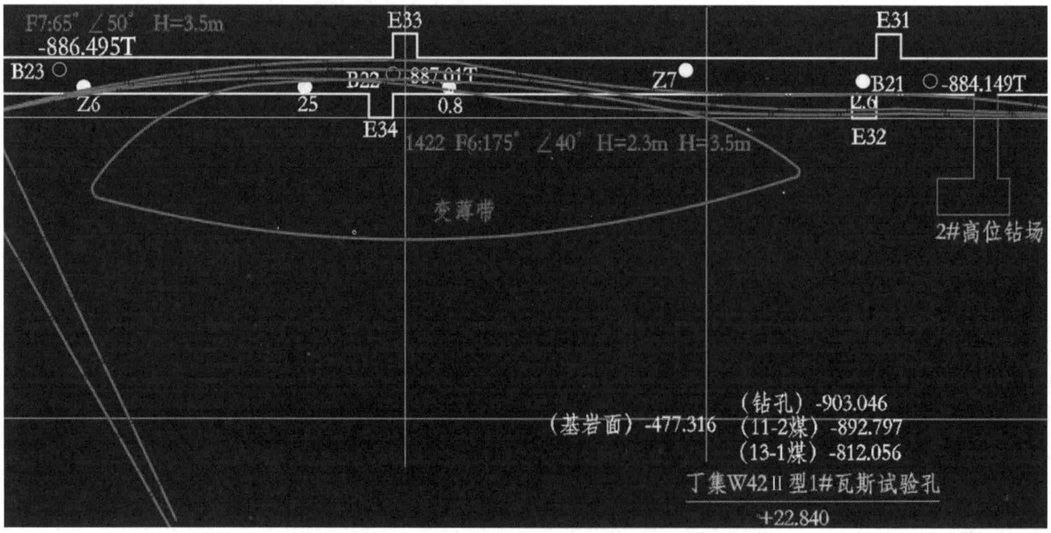

图 7－50 丁集矿Ⅱ型 1 号地面钻孔工作面平面布置图

(2)丁集矿Ⅱ型 1 号地面钻孔施工设备。

丁集矿Ⅱ型 1 号地面钻孔的施工设备主要包括：

① 钻塔：A 型钻塔；

② 钻机：SPS－2000 NM；

③ 水泵：TBW－850/6 型泥浆泵；

④ 6135 柴油机；

⑤ 排污泵；

⑥ 振动筛。

(3)钻具组合。

① ϕ245 mm 孔段钻具组合：ϕ245 mm(ϕ216 mm)牙轮钻头＋ϕ203 mm 加重钻铤 1 立根＋ϕ146 mm 加重钻铤 1 立根＋ϕ89 mm 钻杆若干＋主动钻杆。

② ϕ152 mm 孔段钻具组合：ϕ152 mm 牙轮钻头＋ϕ146 mm 加重钻铤 1 立根＋ϕ105 mm加重钻铤 1 立根＋ϕ89 mm 钻杆若干＋主动钻杆

③ ϕ118 mm 孔段钻具组合：ϕ118 mm 牙轮钻头＋ϕ105 mm 加重钻铤 1 立根＋ϕ73 mm钻杆若干＋主动钻杆。

④ 扩孔时钻具组合：ϕ350 mm(ϕ311 mm)六翼钻头＋ϕ203 mm 加重钻铤 1 立根＋ϕ146 mm加重钻铤 1 立根＋ϕ89 mm 钻杆若干＋主动钻杆。

(4)钻孔结构。

丁集矿Ⅱ型 1 号地面钻孔结构如图 7－51 所示，具体详细尺寸如下：

① 0～816.00 m，ϕ350 mm 孔径，0～813.99 m 下置 ϕ273 mm×10.16 mm 石油套管，套管底口距 13－1 煤顶板 16.36 m，底口岩性为煤线。

② 816.00～906.50 m，ϕ245 mm 孔径，其中由下而上 809.25～906.50 m 下置 ϕ177.8 mm×13.72 mm 石油花管；0～809.25 m，下置 ϕ177.8 mm×9.19 mm 石油套管，套管底口连接 8 m 长 ϕ139.7 mm×12.7 mm 石油套管与 ϕ177.8 mm×13.72 mm 石油花管重叠。石油花管底口距 11－2 煤顶板 5.40 m，岩性为细砂岩，整个花管段的岩性以砂质泥岩为主夹细砂岩、粉砂岩、碳质泥岩及煤层，其中细砂岩、粉砂岩总厚为 39.2 m，占花管段的 40.3%。

③ 906.50～925.00 m，ϕ118 mm 孔径，裸孔。

(5)固管。

① ϕ273 mm×10.16 mm 石油套管：ϕ273 mm×10.16 mm 石油套管的固井深度为 816.00 m(ϕ273 mm×10.16 mm 套管底口为 813.99 m)。固井前先进行管路试压，压力达 15 MPa，不刺不漏为合格。7 月 5 日开始固井工作，整个过程用时 76 min，共用嘉华 G 级水泥 70 T，注完水泥后压塞及替浆用清水 40.22 m^3，碰压压力 10 MPa，检查回压凡尔位置正常。

② ϕ177.8 mm×9.19 mm 石油套管：ϕ177.8 mm×9.19 mm 石油套管的固井深度为 797.50 m(ϕ177.8 mm×9.19 mm 套管底口为 809.25 m)。固井前先进行管路试压，压力达 15 MPa，稳压 3 min，压力不降后放压。7 月 26 日 20 时 30 分开始固井，共用嘉华 G 级水泥 30 T，注完水泥后压塞及替浆，用清水 15.87 m^3，至 21 时 40 分碰压且碰压信号明显，稳压 3 min 后，放压检查井口，无溢流现象。

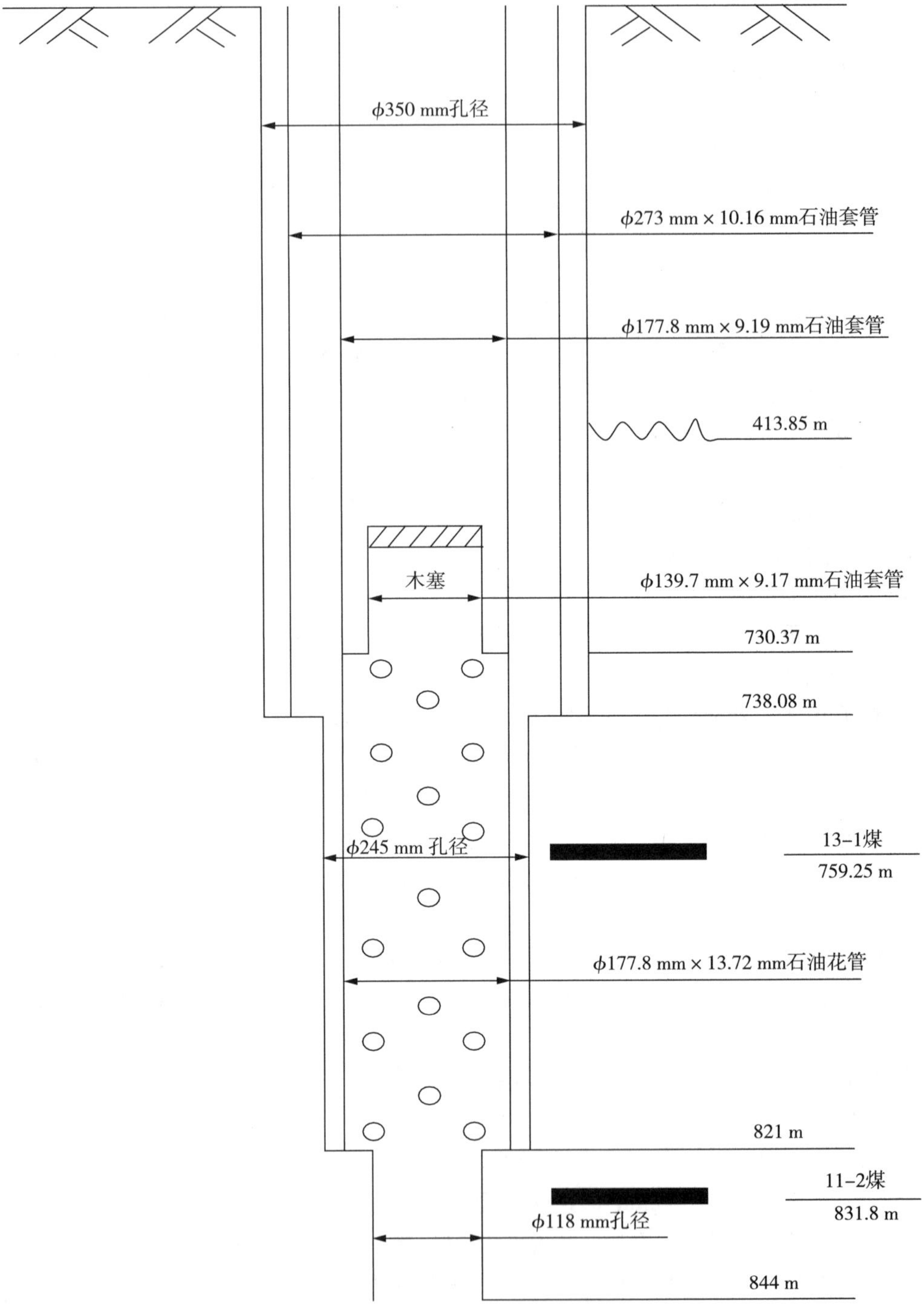

图 7-51　丁集矿Ⅱ型 1 号地面钻孔结构图

(6)钻孔施工概述。

该孔于 2009 年 5 月 25 日开工，施工过程主要分以下 3 个部分。

① ϕ350 mm 孔径钻进。ϕ350 mm 孔径主要为新地层及 13-1 煤层顶板基岩段。钻

孔先用 ϕ311 mm 钻头钻进至 505.30 m 改用 ϕ216 mm 钻头钻进，孔深 820 m 时进行常规测井，确定 ϕ350 mm 扩孔位置为 816.00 m，然后用 ϕ246 mm、ϕ311 mm、ϕ350 mm 钻头进行逐级扩孔。2009 年 7 月 2 日扩孔到位，7 月 4 日下置 ϕ273 mm×10.16 mm 石油套管，套管深度为 813.99 m，7 月 5 日进行固井工作。

② ϕ245 mm 及 ϕ118 mm 孔径钻进。ϕ273 mm×10.16 mm 套管固管合格以后用 ϕ245 mm 钻进至 895.00 m 改用 ϕ118 mm 钻进，经钻探判层 11－2 煤底板为 914.36 m，然后钻进至 925.00 m 终孔进行常规测井并确定 ϕ177.8 mm×13.72 mm 石油花管底口位置为 906.50 m，7 月 17 日 ϕ245 mm 钻头扩孔到位。7 月 17 日下置 ϕ177.8 mm×13.72 mm 石油花管，花管长 97.25 m，花管段为 809.25～906.50 m。7 月 20 日下置 ϕ177.8×9.19 mm 套管，套管长 809.25 m，底口连接 8 m 长 ϕ139.7 mm×12.7 mm 石油套管与 ϕ177.8 mm×13.72 mm 石油花管重叠。ϕ177.8 mm×9.19 mm 石油套管于 808 m 处缠膨胀橡胶，于 797.5 m 处打眼待膨胀橡胶膨胀以后对 797.5 m 以上之环状间隙采用石油固井技术进行全封闭，7 月 26 日进行固井工作。

③ 洗孔。本孔从 2009 年 8 月 3 日 8 时开始洗孔。先将冲孔器下至孔底进行冲孔，孔口返清水后，将焦磷酸钠用泥浆泵注入孔内，在孔内浸泡 24 h。8 月 5 日开始从对花管段由下而上、由上而下用高压射流洗孔器逐节冲洗，由于 6～8 日更换设备到 8 日 22 时才得以继续洗孔，直至孔口完全返清水。然后下钻探测淤塞长度，探得孔内淤塞为 1 m，将洗孔器下至 923.00 m 处冲孔，再次对花管段由下而上进行冲洗，8 月 10 日 21 时，洗孔工作结束。

(7)钻孔防斜及数字测井。

该孔采用国内先进的 TYSC－3Q 型数字测井仪进行全孔的数字测井工作，采用武汉产 CX－56 型高精度测斜仪进行测斜工作。

Ⅱ型 1 号瓦斯试验孔共进行 4 次测斜工作，详细情况如表 7－19 所示。整个钻孔天顶角最大 1.09°，为孔深 80 m 处；偏距最大 2.16 m，为终孔点处，达到设计要求。

表 7－19　丁集矿Ⅱ型 1# 瓦斯试验孔测斜情况表

测斜次数	测斜日期	钻孔深度/m	最终测点/m	天顶角/(°)	方位角/(°)	偏距/m
第一次	09.5.27	382.72	285	0.74	149.6	1.55
第二次	09.6.4	655.56	650	0.27	183.7	0.28
第三次	09.6.13	820	820	0.48	92.4	0.65
第四次	09.7.16	925	920	0.84	54	2.16

(8)孔口装置。

ϕ273 mm 石油套管上口用 ϕ300 mm 托盘覆盖，托盘内圈与 ϕ177.8 mm 石油套管焊死；ϕ177.8 mm 石油套管之上连接 3.50 m 长的 ϕ177.8 mm 石油套管短接，短接上口用 ϕ280 mm 闷盖闷死，闷盖中尽留设 ϕ10 mm 的气孔。

距离孔口 3 m，以 5 m 间距均布 6 个接地极，接地极采用 ϕ50 mm×2500 mm 镀锌钢管，且埋深 1 m，接地线采用 40 mm×4 mm 镀锌扁钢，并焊接到孔口托盘上，施工完毕后，经摇测，接地电阻为 2.50 Ω，符合设计要求。

4)丁集矿卸压瓦斯地面钻孔抽放考察

丁集矿Ⅱ型试验钻井自2009年10月25日抽采至今抽采瓦斯已超过200万 m^3，目前纯流量仍稳定在3.5 m^3/min，标志着Ⅱ型试验钻井在丁集矿获得成功，后又在丁集矿1321(1)工作面布置了3口Ⅱ型钻井，抽采效果均良好，目前仍在抽采，抽采量都将达到100万 m^3 以上，抽采效果明显比Ⅰ型钻井提高。可以认为，Ⅱ型钻井结构及其工艺技术适应丁集矿地质及开采条件。

丁集矿1422(1)工作面Ⅱ型地面钻井抽采纯量变化曲线如图7-52所示。

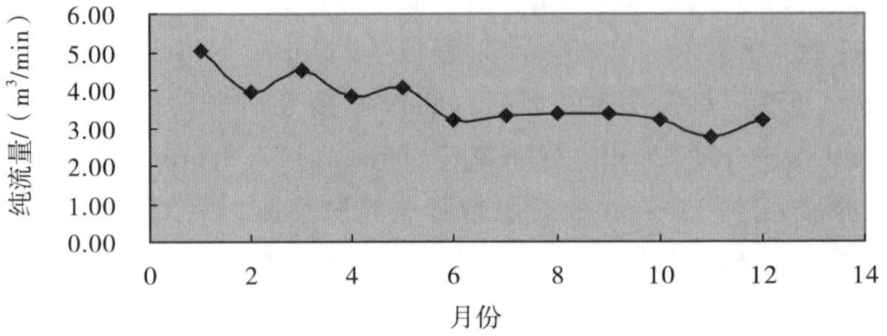

图7-52 丁集矿1422(1)工作面Ⅱ型地面钻井抽采纯量变化曲线

丁集矿1422(1)工作面Ⅱ型地面钻井每月抽采总纯量变化曲线如图7-53所示。

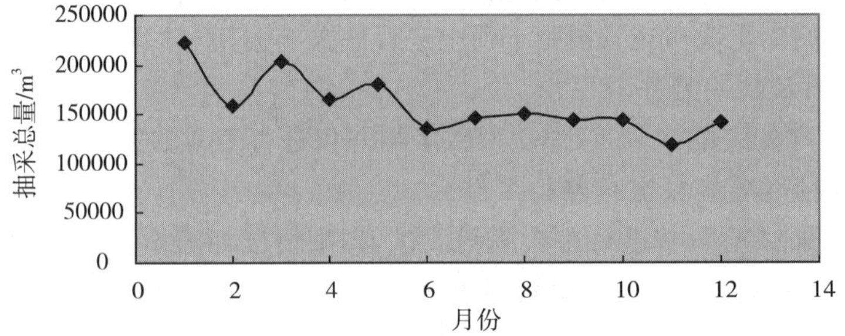

图7-53 丁集矿1422(1)工作面Ⅱ型地面钻井每月抽采总纯量变化曲线

丁集矿各个工作面卸压瓦斯地面钻孔抽采量如表7-20所示。

表7-20 丁集矿地面钻井抽采卸压瓦斯量

矿别	工作面名称	回采时间(年月日～年月日)	地面钻井数	各钻井抽采瓦斯量/m^3						累计抽采量/(万 m^3)
				1	2	3	4	5	6	
丁集矿	1262(1)	2007.12.26～2009.3.31	6	868801	5245186	289034	725807	246821	1110074	848.57
	1311(1)	2008.12.1～2009.7.30	3	943616	1278150	823725				304.55
	1422(1)	2009.4.20～2010.4.30	6	3119681	1496500	4244771	581960	2964361	3785630	1619.29
	1321(1)	2010.1.1～2010.7.31	3	2099225	1171306	928138				419.87
	1412(1)	2010.9.16～至今	6	2042821	1985260	1131944	180738	878031	71924	629.07
	1252(1)	2011.10.15～至今	6	27842						

从表7-20中可以看出，丁集矿地面钻井抽采瓦斯量累计超过了3000万 m^3。地面钻井在丁集矿取得了成功。

2. 试验二：顾桥煤矿

1)顾桥矿井概况

顾桥井田二叠系含煤层段总厚734 m，共含煤33层，煤层总厚30.08 m，含煤系数为4.10%，自下而上依次可分为7个含煤段。主要可采煤层为13－1、11－2、8、6－2和1煤层，平均总厚19.65 m，占可采煤层总厚的89%。

13－1煤层煤厚1.70～8.25 m，平均厚4.65 m，五线以北厚度多低于平均值，十一线以南多高丁平均值。结构较简单，常见1～2层夹矸。煤厚变异系数为25.6%，属稳定煤层。13－1下煤层系13－1煤层的下分层，两者呈合并分叉关系，最大厚度1.85 m，平均厚0.56 m。七线～十二线－750 m～－800 m以浅地段为分叉区，其平均厚为1.04 m，结构简单，顶底板多泥质岩，变异系数25%，煤层较稳定。11－2煤层上距13－1煤平均69 m，厚0.89～7.23 m，平均厚3.10 m。结构简单～较简单，煤层稳定，变异系数27.9%。

2)顾桥矿含气性特征

顾桥井田位于陈桥背斜东翼，丁集矿正南部，总体构造形态为走向南北，向东倾斜的单斜构造，地层倾斜平缓，倾角5°～15°，并有发育不均的次级宽缓褶曲和断层。由于顾桥矿资料较为简单，没有具体的构造纲要图，顾桥含气性特征采用顾桥井田地质报告的研究部分。

顾桥矿瓦斯风化带在基岩面向下垂深160 m、埋深550 m左右，瓦斯风化带的甲烷成分小于50%，氮气大于30%，可燃气(分析基)小于2 cm^3/g。沼气带甲烷成分大于60%，可燃气含量大于2 cm^3/g。顾桥矿13－1煤层埋深在400～1000 m之间，11－2煤层埋深在500～1000 m之间，顾桥井田地质报告中13－1煤层钻孔瓦斯数据24个，11－2煤层钻孔瓦斯数据16个，13－1煤层含气量介于0.066～15.858 m^3/t之间，平均为5.014 m^3/t，11－2煤层含气量介于0.034～15.421 m^3/t之间，平均4.410 m^3/t。不同埋深水平含气性分布如表7－21所示。

表7－21　顾桥矿不同埋深水平含气性特征

煤层	水平	可燃气含量/(cm^3/g可燃基)			可燃气成分/%		
		样数	最大值	平均值	样数	最大值	平均值
13－1	－600 m以上	5	6.48744	2.96352	5	85.09	44.72
	－600～－750 m	11	15.85788	6.81684	12	89.21	80.40
	－750 m以下	8	8.16228	5.51868	8	96.61	87.88
11－2	－600 m以上	4	8.10828	4.2672	4	75.06	64.87
	－600～－750 m	3	4.72212	2.26212	3	92.92	85.01
	－750 m以下	9	15.42108	5.51952	9	93.70	80.07

顾桥矿北一采区13－1和11－2煤层瓦斯含量等值线图如图7－54和图7－55所示。从图中可以看出，顾桥矿瓦斯样品分布的不均匀，瓦斯含量平均值不能反映煤层瓦斯分布的基本特征，通过以下分析处理：同一煤层同一钻孔中的两个测试样，舍去偏小的一个值；剔除氧含量大于7%或瓦斯煤样灰分大于40%的样点，回归分析时舍去离散程

度大的个别值。实际利用测试成果：13－1煤层16个、11－2煤层7个。由此建立了瓦斯含量与煤层埋深之间的相关分析。13－1煤层煤层气含量梯度为1.99 m^3/hm，11－2煤层煤层气含量梯度为1.89 m^3/hm。

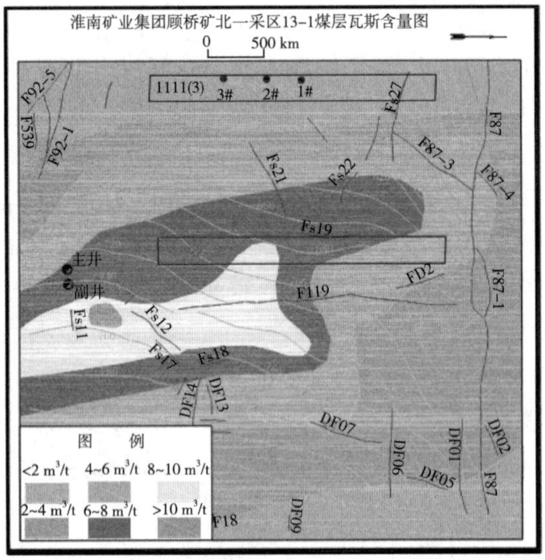

图7－54 顾桥矿北一采区13－1煤层瓦斯含量等值线图

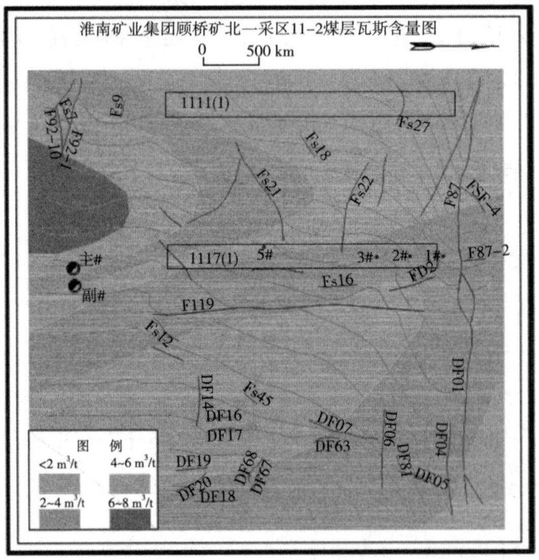

图7－55 顾桥矿北一采区11－2煤层瓦斯含量等值线图

3）顾桥矿地面钻井结构设计

顾桥矿1121(1)工作面地面抽采钻井结构图为Ⅲ型井，如图7－56所示。以1号孔为例，具体尺寸如下：

(1)0～663.00 m，孔径 ϕ350 mm。0～662.98 m，下置 ϕ273 mm×10.16 mm的石油套管。

(2) 663.00～740.00 m，孔径 ϕ420 mm，其中由下而上 661.48～740.00 m 下置 ϕ177.8 mm×19.05 mm 石油花管，花管上口连接 7.50 m 长 ϕ177.8 mm×19.05 mm 石油套管；0～498.38 m下置 ϕ177.8 mm×9.19 mm 石油套管，管长 498.70 m，高出地面0.32 m；498.38～653.08 m 下置 ϕ177.8 mm×19.05 mm 石油套管，套管底口连接 8.40 m ϕ219×10 mm无缝钢管(653.08～661.48 m)与花管上口 ϕ177.8 mm×19.05 mm 实管重叠。

(3)740.00～760.34 m，ϕ133 mm 孔径，裸孔。738.38～748.35 m，ϕ89 mm 钻杆(孔内遗留物)。

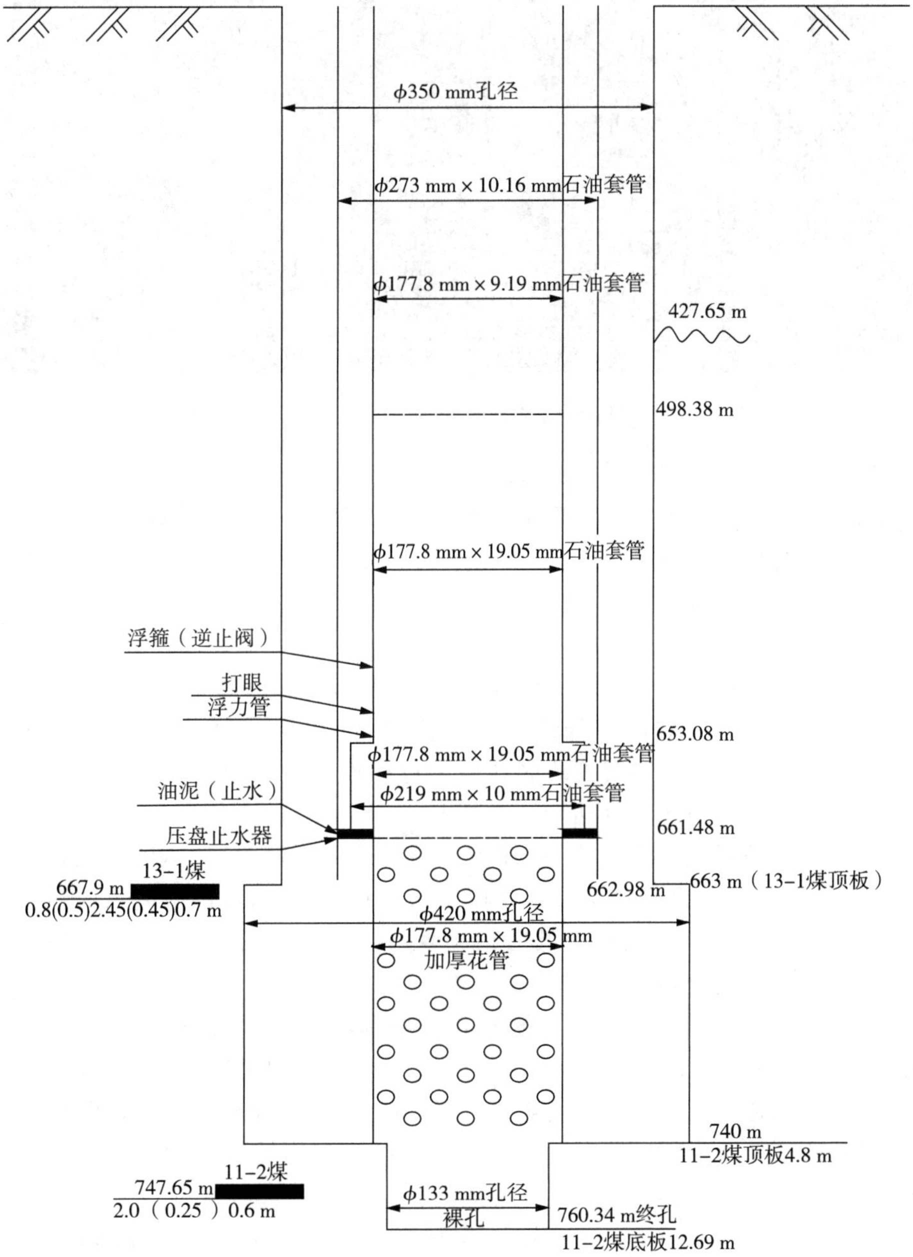

图 7－56　顾桥矿 1121(1)工作面Ⅲ型 1 号地面钻井的结构

4)地面钻井井位布置与施工

顾桥矿1121(1)工作面Ⅲ型1号钻孔于2010年1月13日开工，于2010年4月29日竣工。其孔深为760.34 m，最终测点为755.00 m，天顶角1.61°，方位角310.2°，偏斜平距为3.74 m。钻孔的终孔深度为760.34 m，终孔层位为11－2煤底板，基岩面深度为427.65 m。顾桥矿1121(1)工作面Ⅲ型1号地面抽采钻井的结构如图7－56所示，顾桥矿1121(1)工作面Ⅲ型1号井位部署如图7－57所示。

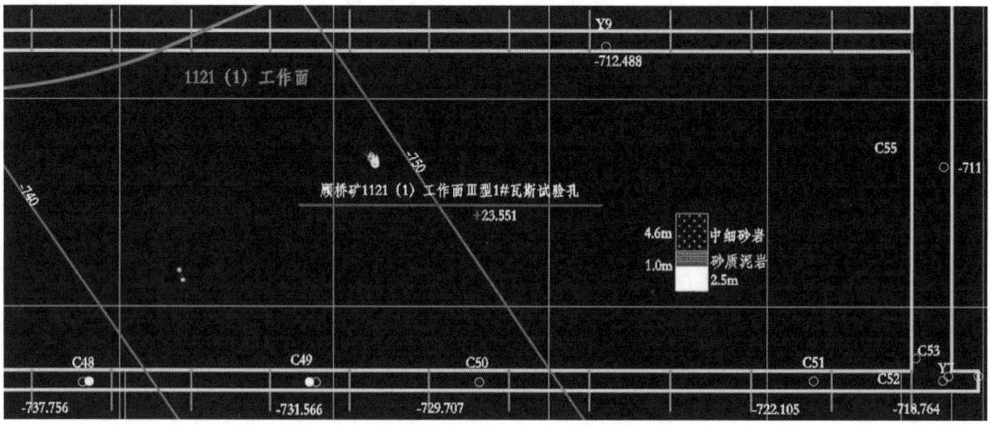

图7－57 顾桥矿1121(1)工作面Ⅲ型1号钻孔井位部署

(1)测井：常规测井、测斜；钻孔穿过新地层至基岩段硬岩(约60 m)时，要进行常规测井，确定新地层及基岩段岩性，以便确定ϕ298.5 mm套管底口位置；钻进至13－1煤底板10 m时进行常规测井，以便确定ϕ177.8 mm套管底口位置；钻进至11－2煤层底板10 m后，进行常规测井，以确定ϕ127 mm花管位置。孔斜要求：钻孔尽量垂直，终孔点平面上距孔口点小于10 m。

(2)固管：ϕ273 mm×10.16 mm石油套管及ϕ177.8 mm×9.19 mm、ϕ177.8 mm×19.05 mm石油套管外环状间隙均采用石油固井技术进行全封闭。固井深度分别为665.00 m和652.00 m。二路套管的固井施工过程连续，密度控制均匀，水泥返深至孔口，全井封固质量合格，各项指标达到设计要求。

(3)冲洗液：冲积层段钻进速度快，在施工中要严格控制泥浆的黏度、比例、失水量、含砂量，在泥浆的调配中要适量加入部分降失水剂和稀释剂，以确保施工的顺利进行和下套管的一次性成功。基岩段选用低固相泥浆，具有除砂好、流变性好、配制简单的特点，泥皮薄而坚韧，可防止地层垮塌。

泥浆的净化采用机械净化、人工捞砂和长槽沉淀3种方法同步进行，其中机械除砂为主，人工捞砂和长槽沉淀为辅，以求全面清除泥浆中的无用固相，保持和稳定泥浆的性能，达到良性循环。设置专职泥浆管理员，保证泥浆性能稳定，配备泥浆性能测量仪器，定期测量泥浆性能，以便及时调整和补充，护壁管固管后要彻底更换池内和孔内陈泥浆。

(4)井斜控制：开始钻进50～100 m、下套管前各测斜一次，发现问题及时研究处理。严把开孔关，新地层段要轻压、快速、大泵量钻进，逐根加入加重管。

(5)孔口装置：ϕ273 mm 石油套管上口用 ϕ300 mm 托盘覆盖，托盘内圈与 ϕ177.8 mm石油套管焊死；ϕ177.8 mm 石油套管之上连接 3.50 m 长的 ϕ177.8 mm 石油套管短接，短接上口用 ϕ280 mm 闷盖闷死，闷盖中心留设 ϕ10 mm 的气孔。

距离孔口 3 m，以 5 m 间距均布 6 个接地极，接地极采用 ϕ50 mm×2500 mm 镀锌钢管，且埋深 1 m，接地线采用 40 mm×4 mm 镀锌扁钢，并焊接到孔口托盘上，施工完毕后，经摇测，接地电阻为 2.8 Ω，符合设计要求。

5)顾桥矿 1121(1)工作面Ⅲ型地面钻井抽采效果

(1)W1121－1 井抽采效果。

工作面推过 1 号(W1121－1)地面钻井 27.3 m 开始稳定出气，抽采浓度为 17.4%～58.6%，混合量为 10.37～23.64 m^3/min，纯量为 2.28～12.62 m^3/min。至 8 月 25 日已抽采 65 d，共抽采瓦斯 531368 m^3，正常抽采日抽采量 9187 m^3。

在工作面距 1 号为 14.2 m 时出气量为 2.38 m^3/min，随着工作面距钻井靠近抽采量逐步下降至 0.7 m^3/min，工作面推过钻井 19 m 后抽采量上升至 1.45 m^3/min，工作面回采期间抽采量为 2.28～12.62 m^3/min，平均为 6.5 m^3/min，工作面推过钻井 317 m 后抽采量逐步下降至 8.46 m^3/min，工作面推过 413 m 后钻井抽采量降为 3.27 m^3/min。W1121－1 地面瓦斯钻井抽采纯量变化曲线如图 7－58 所示。

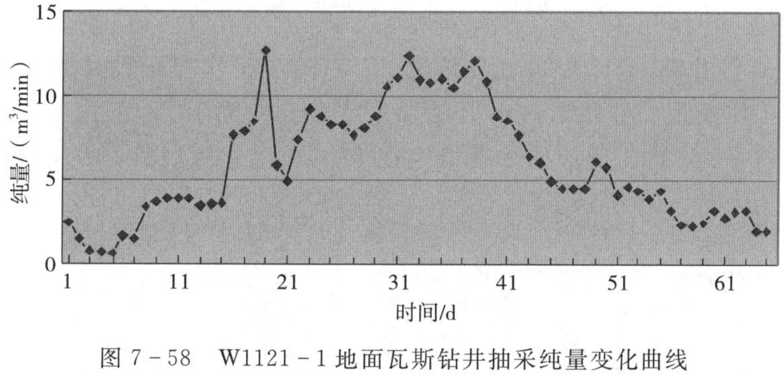

图 7－58　W1121－1 地面瓦斯钻井抽采纯量变化曲线

工作面距 1 号钻井 14.2 m 时钻井瓦斯浓度为 60%，随着工作面向钻井位置靠近，抽采量逐步下降至 4.0%；当工作面推过钻井 27.3 m 后抽采浓度又逐渐上升至 17.4%，工作面回采期间抽采浓度 17.4%～58.6%，平均 40%；当工作面推过钻井 378.7 m 后，抽采浓度由 30%逐步下降至 19%。W1121－1 地面瓦斯钻井抽采浓度变化曲线如图 7－59 所示。

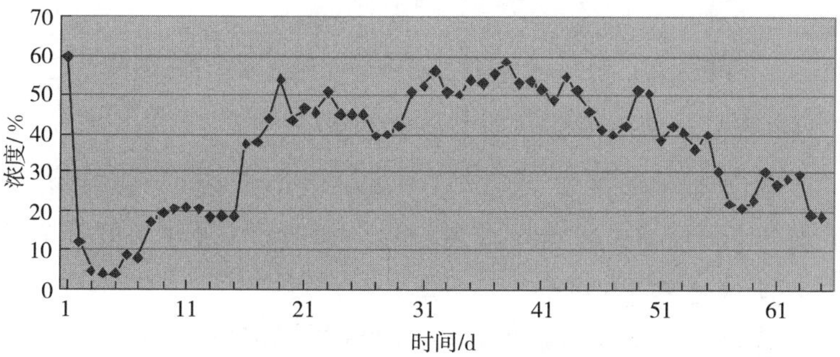

图 7－59　W1121－1 地面瓦斯钻井抽采浓度变化曲线

(2)W1121－2井抽采效果。

工作面距2号地面钻井2.5 m开始稳定出气，抽采浓度为41%～93%，混合量18.3～23.9 m^3/min，纯量8.3～18.4 m^3/min。至2010年8月25日已抽采27 d，共抽采瓦斯510504 m^3，正常抽采日抽瓦斯20455 m^3。

工作面距2号地面钻井13.1 m开始出气4.62 m^3/min，随着工作面距钻井靠近抽采量逐步下降至2.05 m^3/min，工作面推过钻井后抽采量上升至15.56 m^3/min，工作面回采期间抽采量8.3～18.4 m^3/min，平均14.2 m^3/min。W1121－2地面瓦斯钻井抽采纯量变化曲线如图7－60所示。

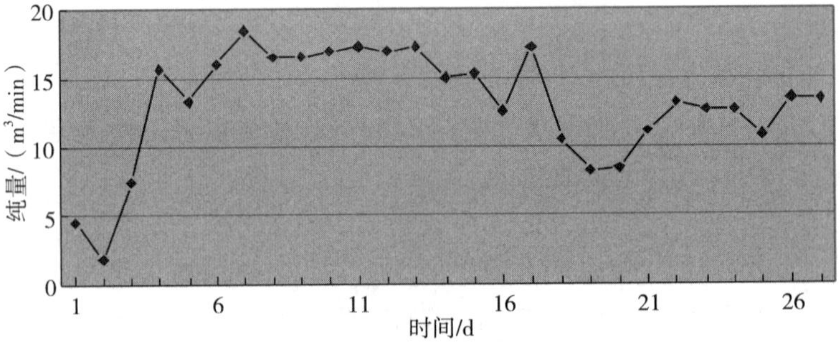

图7－60　W1121－2地面瓦斯钻井抽采量变化曲线

工作面距2号井23.7 m钻井瓦斯浓度95%，随着工作面距钻井靠近抽采量逐步下降至16.6%，工作面距2号井2.5 m开始抽采浓度上升至56%，工作面回采期间抽采浓度41%～93%，平均71%，现抽采浓度稳定在60%以上。W1121－2地面瓦斯钻井抽采浓度变化曲线如图7－61所示。

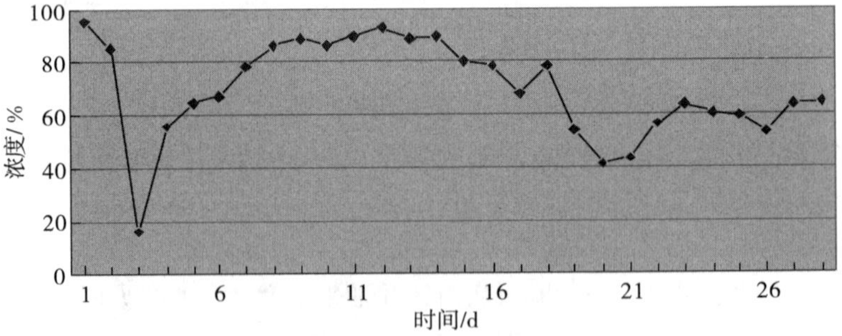

图7－61　W1121－2地面瓦斯钻井抽采浓度变化曲线

(3)1121(1)工作面Ⅲ型地面钻井抽采效果分析。

W1121－1井正常抽采纯量为2.3～12.6 m^3/min，平均6.5 m^3/min，W1121－2井正常抽采纯量为8.3～18.4 m^3/min，平均14.2 m^3/min，两井同时抽采纯量为10.6～23.4 m^3/min，平均18.4 m^3/min。

1121(1)工作面配风量为2685 m^3/min，回风瓦斯浓度平均0.3%。瓦斯涌出量为34 m^3/min，抽采量为26 m^3/min，工作面抽采率为77%，其中2口地面钻井平均抽采量为 18 m^3/min，占工作面抽采总量的 69%。

现工作面平均日产 9500 t 原煤，由于地面瓦斯钻井有效抽采了 13－1 煤层卸压瓦斯，生产以来没有因瓦斯影响生产。同时，地面钻井抽采浓度在 40%以上，满足了地面高浓瓦斯机组发电需要，自 2010 年 7 月 14 日至 8 月 25 日累计发电 89 万 kW·h，取得良好经济效益。

第8章　结　语

瓦斯抽采及煤与瓦斯突出防治是一项长期的系统工程，它综合了岩体力学、材料力学、流体力学、渗流力学等基础理论研究，相似材料模拟实验及示踪气体实验等实验研究，RFPA、ANSYS、LS-DYNA等数值模拟研究，现场工程试验研究及最终的现场应用为一个统一的整体，缺一不可，任何一个环节上的缺失，就算在一时取得一定的抽采和防治效果，却无法经得起大量工程实践的验证。

淮南矿区地处华东地区，有"华东能源之仓"的美誉，其瓦斯储层具有低压力、低渗透率、低饱和度及非均质性强的"三低一强"的特性，尤其是低渗透率和非均质性，很不利于直接抽采，《矿井抽采瓦斯工程设计规范》划定渗透率低于0.1 $m^2/(MPa^2 \cdot d)$的煤层即属于难以抽采的煤层。1991年以来，先后有华北石油地质局、中国煤田地质总局、西安煤科分院、美国安然公司、德士古公司等在安徽两淮煤田进行过瓦斯勘探评价工作，共计施工14口井，测得的有关参数为渗透率0.001～0.104 $m^2/(MPa^2 \cdot d)$，储层压力3.3～12.68 MPa，煤层含气量2.0～18.16 m^3/t；14口井中，采气量最大的达到1000 m^3/d，绝大多数只有几百立方米，且迅速衰减，有的基本采不出气（非均质性）。全国80%以上的矿区与此类似。同时，瓦斯选区评价与勘探技术、瓦斯生产井钻井成井技术、瓦斯多分支水平井钻井与排采工艺技术、瓦斯储层增透技术及工艺等关键技术仍需要大量的工程配套和科技投入才能进行大规模试验。在现有技术工艺条件下，直接从地面开采瓦斯在技术上还有相当大的难度，经济上缺乏风险投资渠道，难以形成规模，因此，矿区瓦斯抽采的重点是走煤矿井下全面卸压开采、煤气共采的技术路线。

淮南矿业集团经过近20年的长期攻关和不懈努力，克服了重重困难，实现了关键技术突破，研发了瓦斯抽采及突出防治设备和成套技术，实现了低透性突出煤层的瓦斯抽采效率提高6～8倍，淮南矿区单个深井煤层群安全揭煤工期从平均21个月缩短到4～5个月，原始煤层的石门揭煤工期平均从6～7个月缩短到1～2个月，缓解了采掘比失调矛盾，瓦斯抽采与治理技术推广到全国多个矿区并取得了良好的应用效果；淮南矿区煤炭产量从2005年的3000万t提高到2012年的7500万t，瓦斯超限次数从2005年的802次降低到2012年的12次，百万吨死亡率从0.6降低到0.135。

经过长期的科研攻关和科研成果转化，淮南矿业集团实现了质的飞跃，实现了科研和生产相辅相成，体会到了煤炭生产企业必须针对自己的煤层赋存特性，坚持科技攻关和技术创新，攻坚克难，这样才能找到适合自己的瓦斯抽采与突出防治道路。

希望此书能够为相似地质条件下的瓦斯抽采与煤与瓦斯突出防治技术提供借鉴。

参考文献

[1] 周世宁,鲜学福,朱旺喜．煤矿瓦斯灾害防治理论战略研讨[M]．徐州:中国矿业大学出版社,2001.

[2] 芮素生,成玉琪,叶显彬．中国煤炭开发利用现状与发展洁净煤技术[J]．煤炭学报,1994,19(4):333－342.

[3] 孙茂远,黄盛初,朱超,等．中国煤层气开发前景联合报告[M]．中国煤炭工业部煤层气信息中心;美国环保局,1995.

[4] 周世宁,孙辑正．煤层瓦斯流动理论及其应用[J]．煤炭学报,1965,2(1):24－37.

[5] 杨其銮,王佑安．煤屑瓦斯扩散理论及其应用[J]．煤炭学报,1986(3):87－93.

[6] LAMA R D,BODZIONY J. Management of outburst in underground coal mines[J]. International Journal of Coal Geology,1998,35(1－4):83－115.

[7] CAO Y X,HE D D,GLICK D C. Coal and gas outbursts in footwalls of reverse faults[J]. International Journal of Coal Geology,2001,48(1－2):47－63.

[8] 何学秋,周世宁．煤和瓦斯突出机理的流变假说[J]．中国矿业大学学报,1990,19(2):1－8.

[9] 何学秋．含瓦斯煤岩流变动力学[M]．徐州:中国矿业大学出版社,1995.

[10] 梁冰,章梦涛,潘一山,等．煤和瓦斯突出的固流耦合失稳理论[J]．煤炭学报,1995,20(5):492－496.

[11] 章梦涛,徐曾和,潘一山,等．冲击地压和突出的统一失稳理论[J]．煤炭学报,1991,16(4):48－53.

[12] 蒋承林,俞启香．煤与瓦斯突出的球壳失稳机理及防治技术[M]．徐州:中国矿业大学出版社,1998.

[13] 俞善炳,郑哲敏,谈庆明等．含气多孔介质的卸压破坏及突出的极强破坏准则[J]．力学学报,1997,29(6):1－6.

[14] 俞启香．矿井瓦斯防治[M]．徐州:中国矿业大学出版社,1993.

[15] 于不凡．煤和瓦斯突出机理[M]．北京:煤炭工业出版社,1985.

[16] 李金奎,崔世海．高应力软岩巷道基角深孔爆破卸压的试验研究[J]．铁路建筑,2005(z1):79－80.

[17] 徐金平．松动爆破技术在综采面防治瓦斯上的运用[J]．煤,2006,15(5):3,10.

[18] 周世宁,林柏泉．煤层瓦斯赋存与流动理论[M]．北京:煤炭工业出版

社,1999.

[19] 孙茂远,黄盛初. 煤层气开发与利用手册[M]. 北京:煤炭工业出版社,1998.

[20] 于不凡. 煤矿瓦斯灾害防治及利用技术手册[M]. 北京:煤炭工业出版社,2000.

[21] 赵阳升. 矿山岩石流体力学[M]. 北京:煤炭工业出版社,1994.

[22] 刘泽功,袁亮,戴广龙,等. 开采煤层顶板环形裂隙圈内走向长钻孔法抽放瓦斯研究[J]. 中国工程科学,2004,6(5):32－38.

[23] 孔祥言. 高等渗流力学[M]. 合肥:中国科学技术大学出版社,1999.

[24] 霍多特. 煤与瓦斯突出[M]. 宋士钊,王佑安,译. 北京:中国工业出版社,1966.

[25] GAN H, NANDI S P, WALKER P L. Nature of the porosity in American coals[J]. Fuel,1972,51(4):272－277.

[26] 郝琦. 煤的显微孔隙形态特征及其成因探讨[J]. 煤炭学报,1987(4):51－56,97－101.

[27] 曹树刚,鲜学福. 煤岩固-气耦合的流变力学分析[J]. 中国矿业大学学报,2001,30(4):42－45.

[28] 林柏泉,周世宁. 煤样瓦斯渗透率的实验研究[J]. 中国矿业学院学报,1987(1):24－31.

[29] 黄延章. 低渗透油层渗流机理[M]. 北京:石油工业出版社,1998.

[30] 王恩志,韩小妹,黄远智. 低渗岩石非线性渗流机理讨论[J]. 岩土力学,2003,24(S2):120－124,132.

[31] 仵彦卿. 裂隙岩体应力与渗流关系研究[J]. 水文地质工程地质,1995(6):30－35.

[32] BEMABE Y. The effective pressure law for permeability in Chelmsford graniteand Barre granite[J]. International Journal of Rock Mechanics and Mining Sciences & Geomechanics Abstracts,1986,23(3):267－275.

[33] 李世平,李玉寿,吴振业. 岩石全应力应变过程对应的渗透率-应变方程[J]. 岩土工程学报,1995,17(2):13－19.

[34] LI S P, WU D X. Effect of confining pressure, pore pressure and specimen dimension on permeability of Yinzhuang Sandstone[J]. International Journal of Rock Mechanics and Mining Sciences. 1997,34(3－4):432.

[35] 许江,鲜学福,杜云贵,等. 含瓦斯煤的力学特性的实验分析[J]. 重庆大学学报:自然科学版,1993,16(5):42－47.

[36] 赵阳升,杨栋,郑少河,等. 三维应力作用下岩石裂缝水渗流物性规律的实验研究[J]. 中国科学(E辑):技术科学,1999,29(1):82－86.

[37] 中华人民共和国煤炭工业部. 防治煤与瓦斯突出细则[M]. 北京:煤炭工业出版社,1995.

[38] 张兴华. 利用深孔控制预裂爆破强化瓦斯抽放消除回采工作面突出危险

性[J]. 煤矿安全,2006,37(2):22－24.

[39] 石必明,成新龙,任克斌. 低透气性高瓦斯突出煤层快速掘进综合防突技术[J]. 煤炭工程,2002(11): 53－55.

[40] ROY P P, SAWMLIANA C, BHAGAT N K, et al. Induced caving by blasting:Innovative experiments in blasting gallery panels of underground coal mines of India[J]. Mining Technology: Transactions of the Institutions of Mining and Metallurgy: Section A, 2003,112(1):57－63.

[41] KUMAR M, GHOSH P K, SINGH A K, et al. Management of hard roof Under Indian geo－mining conditions[J]. Journal of Mines, Metals & Fuels, 2003, 51(3):143－146.

[42] MANDAL S K, SINGH M M ,SINGH R B. Segregation of coal by single－shot blasting of composites trata in opencast mines[J]. Mining Technology: Transactions of the Institution of Mining and Metallurgy, 2001,110(1－4):69－72.

[43] WINSTON S. High density pressure resistant invert blasting Emulsions: US4555276 [P]. 1985－11－26.

[44] 蔡峰,刘泽功,张朝举,等. 高瓦斯低透气性煤层深孔预裂爆破增透数值模拟[J]. 煤炭学报,2007,32(5):499－503.

[45] 田建胜,东兆星. 周边控制爆破引起的围岩松动效应分析[J]. 煤炭学报,1998,23(4):352－356.

[46] 张宝平,张庆明,黄风雷. 爆轰物理学[M]. 北京:兵器工业出版社,2009.

[47] 石必明,俞启香. 低透气性煤层深孔预裂控制松动爆破防突作用分析[J]. 建井技术,2002,23(5):27－30.

[48] 林柏泉. 深孔控制卸压爆破及其防突作用机理的实验研究[J]. 阜新矿业学院学报:自然科学版,1995,14(3):16－21.

[49] 王文龙. 钻眼爆破[M]. 北京:煤炭工业出版社,1984.

[50] 宋守志. 固体介质中的应力波[M]. 北京:煤炭工业出版社,1989.

[51] 时党勇,李裕春,张胜民. 基于 ANSYS/LS－DYNA 8.1 进行显式动力分析[M]. 北京:清华大学出版社,2005.

[52] 刘健,刘泽功,石必明,等. 井筒穿过突出危险煤层时综合防突技术[J]. 煤炭科学技术,2006,34(11):37－40.

[53] 刘健,刘泽功,石必明. 低透气性突出煤层巷道快速掘进的试验研究[J]. 煤炭学报,2007,32(8):827－831.

[54] 石必明,刘健,俞启香. 型煤渗透特性试验研究[J]. 安徽理工大学学报:自然科学版,2007,27(1):5－8.

[55] 刘健. 低透气性突出煤层深孔控制爆破防突的技术研究[D]. 淮南:安徽理工大学,2003.

[56] 姜年朝. ANSYS 和 ANSYS/FE－SAFE 软件工程应用及实例[M]. 南京:河海大学出版社,2006.

[57] 李皓月,周田朋,刘相新. Ansys工程计算应用教程[M]. 北京:中国铁道出版社,2002.

[58] 倪栋,段进,徐久成,等. 通用有限元分析ANSYS 7.0实例精解[M]. 北京:电子工业出版社,2003.

[59] LIU J,LUO Y,LIU Z G,et al. Study on the law of methane seepage in the wall of drainage roadway in mining seam - group [J]. Journal of Coal Science & Engineering(China),2005,11(2):64 - 66.

[60] GOWD T N,RUMMEL F. Effect of confining pressure on the fracture behaviour of a porous rock [J]. International Journal of Rock Mechanics and Mining Sciences & Geomechanics Abstracts,1980,17(4):225 - 229.

[61] 孙培德. 变形过程中煤样渗透率变化规律的实验研究[J]. 岩石力学与工程学报,2001,20(S1):1801 - 1804.

[62] 李永盛. 单轴压缩条件下四种岩石的蠕变和松弛试验研究[J]. 岩石力学与工程学报,1995,14(1):39 - 47.

[63] 胡耀青,赵阳升,魏锦平,等. 三维应力作用下煤体瓦斯渗透规律实验研究[J]. 西安矿业学院学报,1996,16(4):308 - 311.

[64] 袁亮,刘泽功. 淮南矿区开采煤层顶板抽放瓦斯技术的研究[J]. 煤炭学报,2003,28(2):149 - 152.

[65] 刘泽功,戴广龙,石必明,等. 高位巷道抽放采空区瓦斯实践[J]. 煤炭科学技术,2001,29(12):10 - 13.

[66] 刘泽功,戴广龙,卢平,等. 顶板巷道抽放瓦斯试验与效果分析[J]. 煤矿安全,2001,32(12):13 - 15.

[67] 陈秋. 温室气体与全球变暖[J]. 电力环境保护,2003,19(3):11 - 13.

[68] 吕渊,徐颖. 深井软岩大巷深孔爆破卸压机理及工程应用[J]. 煤矿爆破,2005,71(4):30 - 33.

[69] 田会礼,周茂普. 大断面岩巷中深孔爆破试验研究[J]. 煤炭工程,2004(9):62 -64.

[70] 蓝成仁. 穿层深孔爆破提高瓦斯抽放量[J]. 煤矿安全,2003,34(8):14 - 16.

[71] 杨军. 岩石爆破分形损伤模型研究[D]. 北京:中国矿业大学,1994.

[72] 金乾坤. 岩石爆破破碎三维逾渗损伤模型的非线性数值模拟[D]. 徐州:中国矿业大学,1996.

[73] 杨军,金乾坤,黄风雷. 岩石爆破理论模型和数值计算[M]. 北京:科学出版社,1999.

[74] 郭文章,冯顺山,王树仁,等. 节理岩体爆破研究进展[J]. 工程爆破,1999,5(4):72 - 77.

[75] DONZE F V,BOUCHEZ J,MAGNIER S A. Modeling fractures in rock blasting[J]. International Journal of Rock Mechanics and Mining Sciences, 1997, 34(8):1153 - 1163.

[76] SHARON E, FINEBERG J. Universal features of the microbranching instability in dynamic fracture[J]. Philosophical Magazine Part B, 1998, 78(2): 243-251.

[77] RICE J R. 裂纹和断层动力学的新进展[J]. 郭高峰,译. 力学进展,2001,31(3):447-460.

[78] SHARON E,COHEN G,FINEBERG J. Propagating solitary waves along a rapidly moving crack front[J]. Nature, 2001, 410(6824):68-71.

[79] HE H L,AHRENS T J. Mechanical Properties of Shock-Damaged Rocks[J]. International Journal of Rock Mechanics and Mining Science & Geomechanics Abstracts, 1994, 31(5):525-533.

[80] 卢文波,陶振宇. 爆生气体驱动的裂纹扩展速度研究[J]. 爆炸与冲击,1994,14(3):264-268.

[81] 王明洋,钱七虎. 爆炸应力波通过节理裂隙带的衰减规律[J]. 岩土工程学报,1995,17(2):42-46.

[82] 张志呈. 岩石断裂控制爆破的裂纹扩展[J]. 西南工学院学报,2000,15(1):60-66.

[83] 林鹏. 含裂纹与孔洞缺陷介质的脆性破坏行为[D]. 沈阳:东北大学,2002.

[84] 余寿文,冯西桥. 损伤力学[M]. 北京:清华大学出版社,1997.

[85] 郭田福,杨卫. 平面应变脆性损伤裂纹场分析[J]. 固体力学学报,1995,16(2):132-139.

[86] 徐颖,孟益平,宗琦. 断层带爆炸裂隙区范围及裂纹扩展长度的研究[J]. 岩土力学,2002,23(1):81-84.

[87] 齐金铎. 裂隙岩体的爆破理论[J]. 西部探矿工程,1997,9(1):49-59.

[88] 吴立,屠厚泽. 岩体爆破破碎的微观机理[J]. 探矿工程,1998(5):47-49.

[89] 张大林,张飞,刘占魁. 爆破对岩体节理裂隙的影响[J]. 包头钢铁学院学报,1999,18(1):9-11.

[90] 郭文章,王树仁,陈寿峰,等. 节理岩体爆破数值模型及模拟研究[J]. 岩土力学,1998,19(3):1-9.

[91] 段宝福,费鸿禄. 岩体性质与爆破效果的灰关联度分析[J]. 爆破,1998,15(3):20-23.

[92] 吴立,张天锡. 爆破冲击波特性的理论分析[J]. 爆破,1992(4):8-13.

[93] 戴俊. 岩石动力学特性与爆破理论[M]. 北京:冶金工业出版社,2002.

[94] 杨善元. 岩石爆破动力学基础[M]. 北京:煤炭工业出版社,1993.

[95] 张奇. 工程爆破动力学分析及其应用[M]. 北京:煤炭工业出版社,1998.

[96] 沈成康. 断裂力学[M]. 上海:同济大学出版社,1996.

[97] 徐颖,宗琦. 地下工程爆破理论及应用[M]. 徐州:中国矿业大学出版社,2001.

[98] 张奇. 岩石爆破的粉碎区及其空腔膨胀[J]. 爆炸与冲击,1990,10(1):68-75.

[99] 刘希国,赵红平,吴永礼,等. 裂纹在冲击载荷作用下起裂的临界载荷面[J]. 爆炸与冲击,2001,21(3):198 - 204.

[100] 王家来,徐颖. 应变波对岩体的损伤作用和爆生裂纹传播[J]. 爆炸与冲击,1995,15(3):212 - 216.

[101] 宗琦. 刻槽爆破成缝规律及其动态效应[J]. 爆破,1997,14(1):1 - 4,40.

[102] 朱瑞赓,李新平,陆文兴. 控制爆破的断裂控制与参数确定[J]. 爆炸与冲击,1994,14(4):314 - 318.

[103] 陆毅中. 工程断裂力学[M]. 西安:西安交通大学出版社,1987.

[104] WANG E Z,SHRIVE N G . Brittle fracture in compression: Mechanisms, models and criteria[J]. Engineering Fracture Mechanics, 1995, 52(6):1107 - 1126.

[105] 白雪. 矿井瓦斯抽采管道安全防护装置控制系统设计[J]. 煤矿机电,2020,41(6):16 - 20.

[106] LIANG R ,CHANG X ,JIA P ,et al. Mine gas concentration forecasting model based on an optimized BiGRU network[J]. ACS Omega, 2020, 5(44): 28579 -28586.

[107] 刘明杰. 沙曲矿 2 号煤层瓦斯赋存规律研究[J]. 能源与环保,2020,42(10):100 - 105.

[108] 王耀锋. 中国煤矿瓦斯抽采技术装备现状与展望[J]. 煤矿安全,2020,51(10):67 - 77.

[109] 谌婕,闫泽宇. 基于矿井瓦斯检测系统的设计[J]. 云南化工,2020,47(10):169 - 171.

[110] 陈勇. 负压动态调控下矿井瓦斯抽采工况参数变化对比与分析[J]. 矿业安全与环保,2020,47(5):108 - 112.

[111] 李勇. 基于 PLC 控制系统的矿井瓦斯浓度监控系统设计研究[J]. 煤炭与化工,2020,43(9):69 - 70,73.

[112] SI L L,ZHANG H T,WEI J P,et al. Modeling and experiment for effective diffusion coefficient of gas in water - saturated coal[J]. Fuel,2021,284:1 - 9.

[113] 刘剑,曲敏,黄德,等. 应急状态下矿井瓦斯爆炸致灾因子传播快速分类器研究[J]. 中国安全生产科学技术,2020,16(8):11 - 17.

[114] BOROWSKI M, YCZKOWSKI, CHENG J, et al. The combustion of methane from hard coal seams in gas engines as a technology leading to reducing greenhouse gas emissions—electricity prediction using ANN[J]. Energies, 2020, 13(17):4429.

[115] ZHU Z,WANG H,ZHOU J . Monitoring and control model for coal mine gas and coal dust[J]. Chemistry and Technology of Fuels and Oils, 2020, 56(3) : 1 -12.

[116] 张柯,孔国利. 红外吸收光谱的矿井瓦斯集中监控及处置系统[J]. 电子器件,2020,43(4):836 - 840.

[117] 王晓蕾,袁印,陈鄢．中国矿井瓦斯浓度检测技术现状及发展趋势[J]．科学技术与工程,2020,20(23):9255－9262.

[118] 唐平．基于分形和曲率评价的构造复杂矿井瓦斯地质规律分析[J]．煤,2020,29(8):87－90.

[119] 武文庆．低瓦斯矿井瓦斯异常区域综合治理技术分析[J]．矿业装备,2020(4):82－83.

[120] 王冬．复产矿井瓦斯涌出量预测影响因素及偏差分析[J]．能源与环保,2020,42(7):5－10.

[121] 伦嘉云,聂百胜．超深高地应力矿井瓦斯赋存规律及瓦斯治理研究[J]．中国矿业,2020,29(7):86－91.

[122] 贾智慧．矿井瓦斯抽采泵运行系统可靠性分析[J]．煤炭技术,2020,39(7):179－181.

[123] 程皓．基于博弈论-云模型的采空区瓦斯抽采效果分析及过程化评价[D]．西安:西安科技大学,2020.

[124] 任小亮．煤与油页岩复合顶板运移及瓦斯涌出规律研究[D]．西安:西安科技大学,2020.

[125] 徐伟．矿井瓦斯治理工艺措施研究[J]．山西冶金,2020,43(3):190－192.

[126] KANG Y,WU Q．Pressure calculation of gas hydrate in the coastal area of the coastal area based on the set pair analysis[J]．Journal of Coastal Research,2020,103(sp1):1018－1021.

[127] 袁文涛．高瓦斯矿井瓦斯治理措施研究[J]．中国石油和化工标准与质量,2020,40(10):80－81.

[128] 岳广英．矿井瓦斯赋存主要控制因素分析[J]．能源技术与管理,2020,45(2):38－40.